建筑工人技术系列手册

装饰工手册（下册）

（第三版）

饶 勃 主编

中国建筑工业出版社

目　录

9 室内轻质隔墙与隔断施工

随着轻质、高强的新型建筑材料的大量推广和应用，新的绝缘技术、铆合技术和装饰施工工艺的实践与普及，使室内轻质隔墙与隔断的发展进入了一个崭新的阶段。轻质隔墙与隔断的最大优点是自重小、墙身薄，可以提高利用系数，增加使用面积，拆装方便，并有利于建筑施工工业化。

隔墙与隔断的种类很多。隔墙依其构造方式，可分为砌块式、立筋式和板材式。隔断按其外部形式，可分为空透式、移动式、屏风式、帷幕式等。其中砌块式隔墙，在构造上与普通的黏土砖隔墙相似，故已较少用于现代装饰施工。

9.1 立筋式隔墙施工

立筋式隔墙泛指那些以饰面板材（也包括玻璃）镶嵌于骨架中间或贴于骨架两侧面形成的轻质隔墙。当然，在隔声要求比较高时，也可在两层面板之间加设隔声层，或可同时设置三、四层面板，形成二至三层空气层，以提高隔声效果。

隔墙骨架一般由沿顶龙骨、沿地龙骨、竖向龙骨、横撑龙骨和各种配套件组成。通常是在沿地、沿顶龙骨布置固定好后，按面板的规格布置固定竖向龙骨，间距一般为 400～600mm。在竖向龙骨上，每隔 300mm 左右应预留一个专用孔，以备安置管线使用。图 9-5 所示的是立筋式隔墙的基本构造。

立筋式隔墙所采用的骨架材料，多为木和型钢。当采用型钢骨架时，相应地选用不锈钢非铁金属或镀锌铁制的连接件，以保证整个骨架具有足够的耐久性和可靠性。

9.1.1 立筋式木骨架隔墙施工

1. 隔墙木骨架的安装

(1) 施工准备

1) 木骨架安装前，应对主体结构进行检查，施工质量是否符合设计要求；水暖、电气管线位置是否符合设计要求。

2) 隔墙木骨架所用木材的树种、材质等级、含水率以及防腐、防火处理，必须符合设计要求和《木结构工程施工质量验收规范》(GB 50206—2002) 的有关规定。

3) 接触砖、石、混凝土的骨架和预埋木砖，应经防腐处理，所用钉件必须镀锌。如系选用市售成品木龙骨，应附产品合格证。

4) 施工工具　常用木工工具有手锤、方尺、卷尺、线坠、粉线包等；常用木工机具有电动圆锯（图 3-45)、电动曲线锯机（图 3-47)、电动刨（图 3-46)，射钉枪（图 3-62）等。

(2) 施工工艺

隔墙木骨架施工工艺如图 9-1 所示。

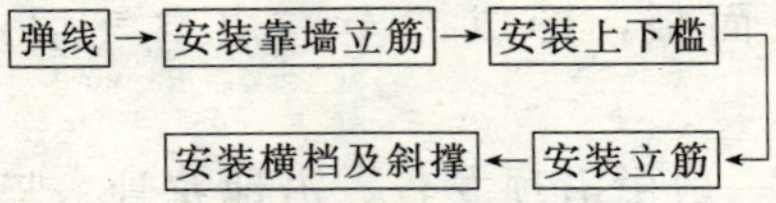

弹线 → 安装靠墙立筋 → 安装上下槛 → 安装立筋 → 安装横档及斜撑

图 9-1　隔墙木骨架施工工艺

(3) 操作要点

1) 弹线　先在楼地面上弹出隔墙的边线，并用线锤将边线引到两端墙上，引到楼板或过梁的底部。根据弹线的位置，检查墙上预埋木砖，检查楼板或梁底部预留钢丝的位置和数量是否正确。

2）预埋木砖、钢丝　按放线的位置，把木砖、钢丝预埋好。

3）安装靠墙立筋　接着钉靠墙立筋，将立筋靠墙直立，钉牢于墙内防腐木砖上。

4）安装上下槛　再将上槛托到楼板或梁的底部，用预埋钢丝绑牢，两端顶住靠墙立筋钉固。将下槛对准地面事先弹出隔墙边线，两端撑紧于靠墙立筋底部，而后，在下槛上划出其他立筋的位置线。

5）安装立筋　安装立筋，立筋要垂直，其上下端要顶紧上下槛，分别用钉斜向钉牢。

6）安装横档及斜撑　在立筋之间钉横撑，横撑可不与立筋垂直，将其两端头按相反方向稍锯成斜面，以便楔紧和钉钉。横撑的垂直间距宜为1.2～1.5m。在门樘边的立筋应加大断面或者是双根并用，门樘上方加设人字撑固定。

2. 胶合板、纤维板罩面安装

木骨架隔墙多采用胶合板、纤维板为罩面板，因此，立柱和横档的间距与面板的长度尺寸相配合。隔声要求和美观要求不高者，可将面板嵌在骨架内，称为镶板式（图9-2*a*）；隔声和美观要求较高者，则将面板贴在骨架之外，称为贴面式（图9-2*b*）。

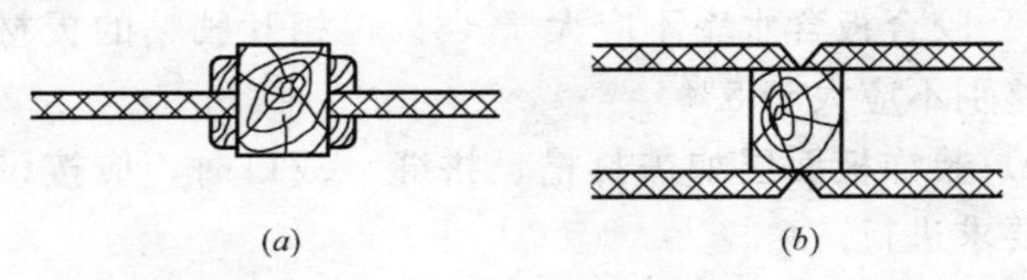

图9-2　人造板镶贴形式示意

（*a*）镶板式；（*b*）贴面式

(1) 施工准备

1) 材料准备

① 胶合板　胶合板规格、性能应符合质量要求。

② 纤维板　纤维板规格、性能应符合质量要求。

③ 压条　30mm×50mm的硬木方条，不能有腐朽、疖疤、劈裂等毛病。还有金属压条。

④ 胶粘剂　可选用竹木类专用胶粘剂。常用的有脲醛胶。

⑤ 腻子　油性腻子。

⑥ 铁钉、射钉、0号砂纸、2号铁砂布等。

2) 施工工具

常用工具有：角尺、线坠、手锤、钳子、螺丝刀、电锯、射钉枪、割刀等。

(2) 施工要点

1) 安装罩面板用的木螺钉应镀锌，连接件锚固件应作防锈处理。

2) 罩面板应钉牢，表面平整，不发生翘曲或呈波浪形等弊病。

3) 钉帽必须打入板中3mm，钉时木面不得有伤痕，板子上口应平整，拉通线检查偏差不大于3mm，接槎平整，误差不大于1mm。

4) 胶合板含水率不应大于18%，相互胶粘的板材含水率的差别不应大于5%。

5) 装饰板面层如需打槽、拼缝、裁口时，应按设计图纸的要求进行。

(3) 操作要点

1) 在钉好墙面立筋和安装墙的罩面板之前，应先检查预埋木砖的位置、数量是否正确，漏放的木砖应补齐。

2）弹线分块。安装罩面板前应先按分块尺寸弹线，板材规格与立筋间距不合时，应按线锯裁加工，所锯的板材的边要齐整，角要方正，然后按弹线安放并作临时固定。

3）经挂线调整后，胶合板用 25～35mm 钉子固定，钉帽要打扁，钉进板面 0.5mm，钉距应不大于 80～150mm，钉眼用油性腻子抹平。纤维板用 20～30mm 长的钉子，钉距不应大于 80～120mm，钉帽进入板面 0.5mm，钉眼用油性腻子抹平。

4）贴面式人造隔墙的面板要在立柱上接缝，并留出5～8mm 的距离，以便适应面板有微量伸缩的可能。缝隙可做成方形，也可做成三角形，装饰要求高时，还可另钉木压条或另嵌金属压条。如图 9-3 所示。

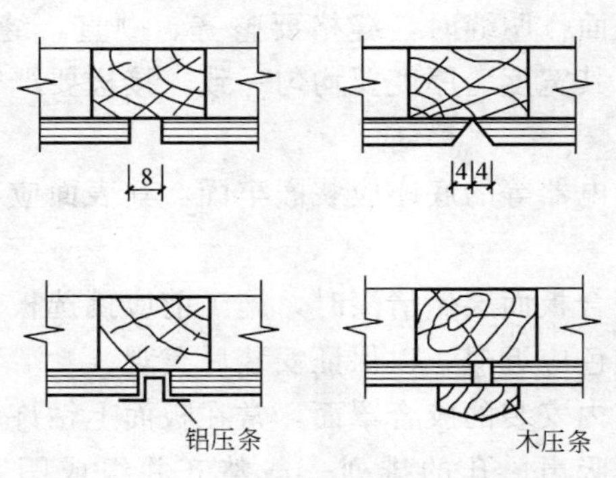

图 9-3 人造板镶板嵌缝示例

5）在门窗和墙面的阳角处，应覆盖贴合板或做木护角，它可以防板边楞角损坏，并增加装饰美观。

6）胶合板、纤维板用木压条固定时，钉距不应大于 200mm，木压条应干燥无裂纹。

7）硬质纤维板吸收空气水分后产生膨胀。如果采用这种板，应提前用水浸透处理，使其湿胀的性能大部分消失，防止安装后产生膨胀、翘曲等弊病。

3. 施工中应注意事项

（1）湿度较大的房间，不得使用未经防水处理的胶合板和纤维板。

（2）基层需作防潮层时，在安装立筋之前进行。用油毡或油纸时，应铺板平整，搭接严密，不得有皱折、裂缝、透孔等弊病；用沥青时，应待基层干燥后，再涂刷沥青，应均匀涂满，不得漏刷。铺涂防潮层时，要先在预埋木砖上钉好钉子，做好标志。

（3）接触砖石、混凝土的木骨架和预埋的木砖，应经防腐处理。

（4）板面作明缝时，缝格要整齐、顺直，缝宽要一致；有盖条时，其宽度、厚度要均匀一致，接槎要严密，缝格要顺直。

（5）沿电器等的底座应装嵌牢固，其表面应与罩面板的座面齐平。

（6）胶合板面层做清漆时，施工前应挑选板材，相邻面的木纹，颜色应近似，以保证安装后美观。

（7）室内安装的胶合罩面，常在板面上钻许多小孔，其目的是为了吸声。孔的排列一般整齐并组成图案，显得美观，有良好的装饰效果。

9.1.2 立筋式钢骨架隔墙施工

1. 立筋式隔墙轻钢龙骨的构造

钢骨架，或称隔墙轻钢龙骨，是以镀锌钢带或薄壁冷轧退火卷带为原料，经龙骨机辊压而成的轻质隔墙骨架支承材料，其配件系冲压制成。按用途分，一般有沿顶沿地龙骨、竖龙骨、加强龙骨、通贯横撑龙骨和配件（见图9-4、图 9-5）。

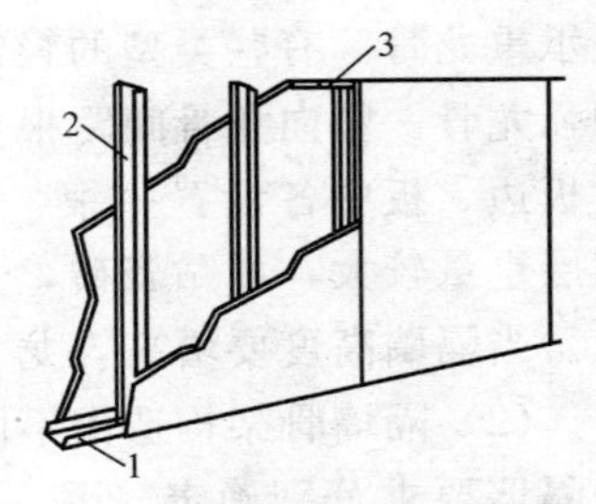

图 9-4 隔墙龙骨布置示意（一）

1—沿地龙骨；2—竖龙骨；3—沿顶龙骨

立筋式隔墙轻钢龙骨的构造特点：

（1）轻钢龙骨一般用于现装石膏板隔墙，也可用于水泥刨花板隔墙、稻草板隔墙、纤维板隔墙等。不同类型、规格的轻钢龙骨，可组成不同的隔墙骨架构造，一般是用沿地、沿顶龙骨与沿墙、沿柱龙骨（用竖龙骨）构成隔墙边框，中间立竖向龙骨，它是主

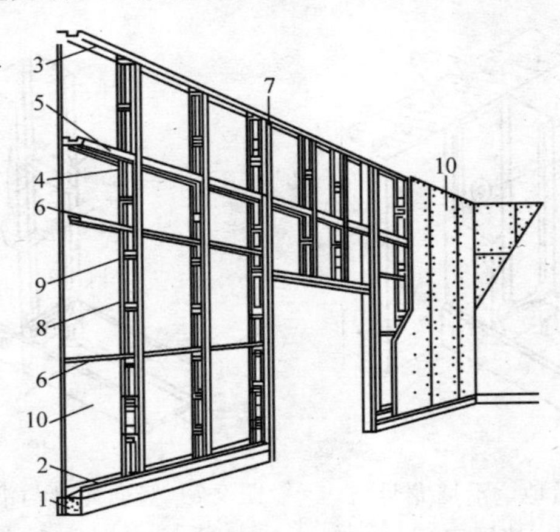

图 9-5 隔墙龙骨布置示意（二）

1—混凝土踢脚座；2—沿地龙骨；3—沿顶龙骨；4—竖龙骨；5—横撑龙骨；6—通贯横撑龙骨；7—加强龙骨；8—贯通孔；9—支撑卡；10—石膏板

要承重龙骨。有些类型的轻钢龙骨，还要加通贯横撑龙骨和加强龙骨。竖向龙骨间距根据石膏板宽度而定，一般在石膏板板边、板中各设置一根，间距不大于 600mm。当墙面装修层重量较大，如贴瓷砖，龙骨间距应以不大于 120mm 为宜。当隔墙高度要增高，龙骨间距也应适当缩小。

（2）隔墙骨架构造由不同龙骨类型构成不同体系，可根据隔墙要求分别确定。图 9-4、图 9-5 为两种不同的龙骨布置形式。

（3）边框龙骨（沿地龙骨、沿顶龙骨和沿墙、沿柱龙骨）和主体结构固定，一般采用射钉法，即按中距<1m 打入射钉与主体结构固定。也可采用电钻打孔打入膨胀螺栓或在主体结构上留预埋件的方法（图 9-6）。

竖龙骨用拉铆钉与沿地、沿顶龙骨固定，如图 9-7 所示。

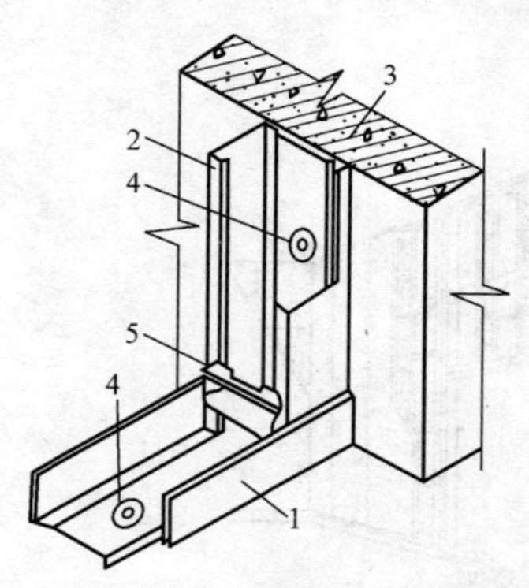

图 9-6　沿地、沿墙龙骨与墙、地固定

1—沿地龙骨；2—竖向龙骨；3—墙或柱；4—射钉及垫圈；5—支撑卡

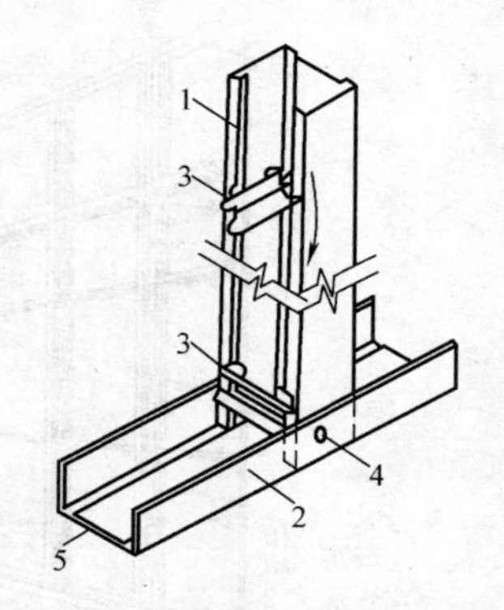

图 9-7　竖向龙骨与沿地龙骨固定

1—竖向龙骨；2—沿地龙骨；3—支撑卡；4—铆孔；5—橡皮条

门框和竖向龙骨的连接，视龙骨类型有多种做法：也可用木门框两侧框向上延长，插入沿顶龙骨，然后固定于沿顶龙骨和竖向龙骨上，也可采用其他固定法，如图 9-8 所示。

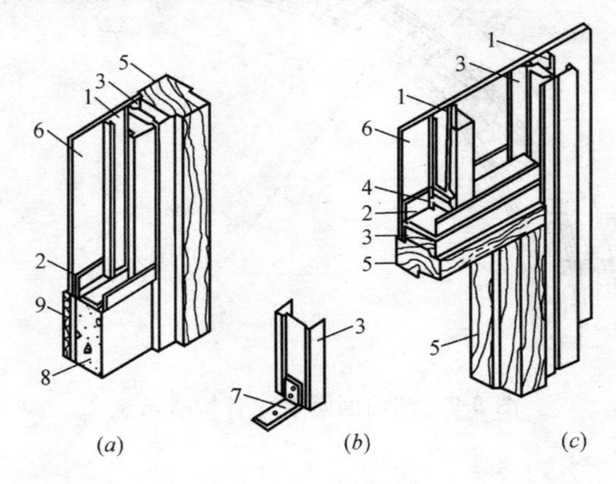

图 9-8　木门框处构造

(a) 木门框处下部构造；(b) 用固定件与加强龙骨连接；

(c) 木门窗处上部构造

1—竖向龙骨；2—沿地龙骨；3—加强龙骨；4—支撑卡；5—木门框；

6—石膏板；7—固定件；8—混凝土踢脚板；9—踢脚板

(4) 圆曲面隔墙墙体构造，应根据曲面要求将沿地、沿顶龙骨切锯成锯齿形，固定在顶面和地面上，然后按较小的间距（一般为 150mm）排立竖向龙骨，如图 9-9 所示。

2. 立筋式隔墙轻钢龙骨的安装

(1) 施工准备

1) 材料准备　沿墙、沿地、沿顶和沿柱钢龙骨的选用，应符合质量要求和规格标准。

竖向龙骨选用应考虑其间距以石膏板的宽度为准。

横撑龙骨的选用应考虑其间距以隔墙高度及石膏板规格

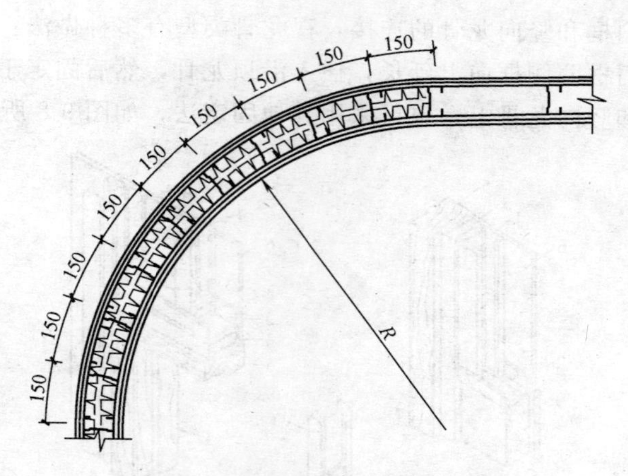

图 9-9 圆曲面隔墙龙骨构造示意

而定。

2）施工工具 卷尺、方尺、水平尺、线坠、电动自攻钻（图 3-41）、电动龙骨剪（图 3-48）、手动龙骨切断机、手电钻。

（2）施工工艺

隔墙轻钢龙骨安装工艺如图 9-10 所示。

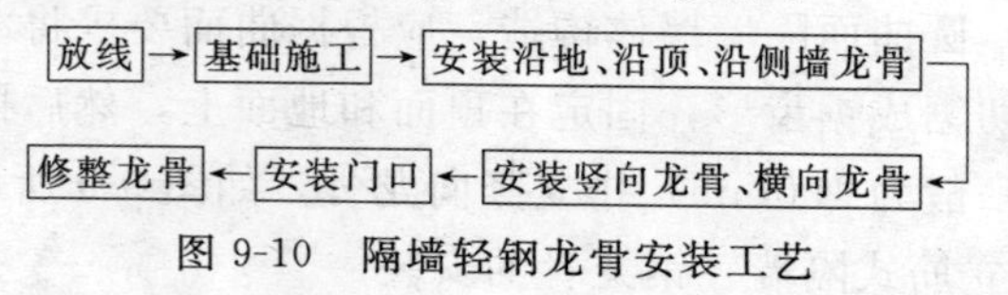

图 9-10 隔墙轻钢龙骨安装工艺

（3）施工要点

1）在沿地、沿顶龙骨与地、顶面接触处，先要铺橡胶条或沥青泡沫塑料条，再按规定间距用射钉（或电钻打眼固定膨胀螺栓），将沿地、顶龙骨固定于地面与顶面。

2）射钉按中距 0.6～1m 的间距布置，水平方向不大于

0.8m，垂直方向不大于1m。

3）将预先截好长度的竖向龙骨，推向横向沿顶、沿地龙骨内，翼缘朝向拟安装的板材方向。

4）竖向龙骨上下方向不能颠倒，现场切割时，只能从上端切割。

5）竖向龙骨接长，应在龙骨的接缝处，用拉铆钉或自攻螺钉固定。

（4）操作要点

1）放线

放置隔墙位置线，并将平面线引至顶板及侧墙，要求线要准确，平面线、顶板线、侧墙立线要保持在同一平面内。

2）基础施工

轻质墙体基础一般是混凝土基础，施工前楼板面一定要清理干净，混凝土基础内要放置构造钢筋。混凝土基础上面要平，两侧面要垂直，位置要准。隔墙基础混凝土模板要平直，最好用工具式钢模板，模板要固定牢固。随浇混凝土随下木砖，中-中50cm。

3）钢龙骨架设

① 钢龙骨架设前的处理。钢龙骨在架设前需要经过调直、除锈、切割等工序。首先将钢龙骨放在木制的长凳处，用木锤敲打平直，然后用钢丝刷除锈，并立即涂红丹防锈漆一道。最后按所需的长度，用砂轮或气割切割。

② 钢龙骨与主体结构的连接和固定。轻质隔墙体系是通过墙体四周的钢龙骨边框与主体结构固定的。整个体系在施工时先固定沿顶、沿地钢龙骨，再固定沿墙或沿柱钢龙骨。

墙体四周钢龙骨与主体结构的固定方式有以下几种：

a. 在钢筋混凝土梁内（或现浇板内）预埋木块（30mm×30mm×40mm），砖墙内现场打入木楔，以木螺钉加钢垫板将钢龙骨与主体结构固定。如图 9-11（*c*）所示。

b. 在钢筋混凝土梁、板、柱及砖墙上打孔，然后以塑料膨胀螺栓将钢龙骨与主体结构固定。如图 9-11（*b*）所示。

c. 用射钉固定。射钉中距 0.8～1m 左右，如遇空心板要选用黄、绿色子弹。如图 9-11（*a*）所示。

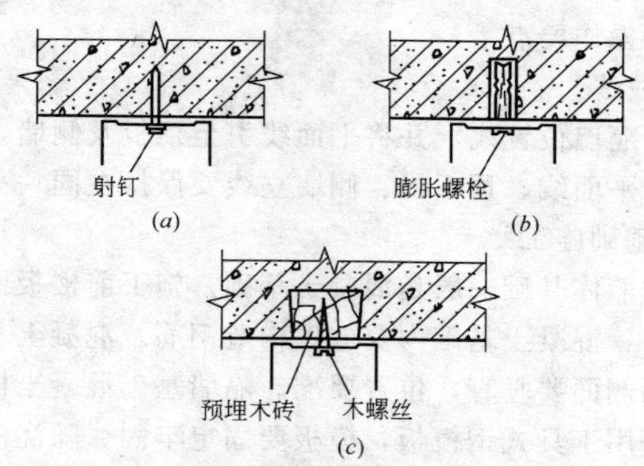

图 9-11　钢龙骨与主体结构固定的不同方法
（*a*）射钉固定；（*b*）膨胀螺栓固定；
（*c*）预埋木砖、木螺丝固定

d. 在主体结构混凝土表面用环氧树脂胶泥粘结木砖，将木砖表面刷冷底子油一道，经 24h 后，将隔墙边框钢龙骨用木螺钉与木砖固定。

e. 安装竖向、横向龙骨。先弹龙骨位置线安装竖向龙骨。安装横向贯通龙骨 3m 高墙安 2 道（＋0.5m、＋2.0m），安装支撑卡中距 40cm。安装门口，双扇门采用加强龙骨。

f. 钢龙骨之间的连接固定。钢龙骨的布置必须满足石膏板尺寸，竖向钢龙骨应垂直于地面。固定后的钢龙骨即涂第二遍红丹防锈漆。钢龙骨之间的连接方式有木螺丝连接和焊接两种。

③ 沿顶、沿地龙骨和墙两端及与柱接触的两根竖龙骨，根据设计要求，有的需要在龙骨的背面粘贴两根氯丁橡胶条作防水、隔音的一道密封。粘贴的方法是用宽 1cm 的双面有胶的胶带，每隔 50cm 左右设一段胶带，然后用氯丁橡胶条粘于胶带之上即可。

④ 铺设沿地、沿顶龙骨时，不同的楼面材料用不同的固定方法，一般的混凝土构件可采用 M5×35 的射钉用射钉枪将龙骨与构件连接。射钉枪的弹头分黑、红、黄头三种，根据不同水泥强度等级选择使用（根据需要，也可在射钉部位加一块 30mm×30mm、厚度 2mm 的钢板，以避免射钉击穿龙骨）。如图 9-12 所示。

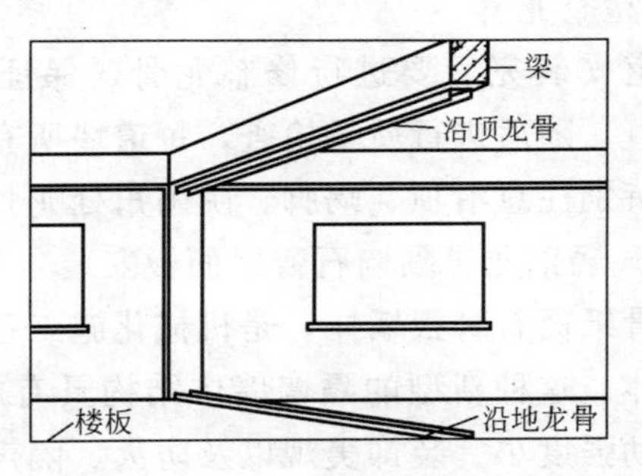

图 9-12　沿顶沿地龙骨的铺设示意

⑤ 竖龙骨安装　竖龙骨上设有方孔，是为了适应于墙内暗穿管线，所以首先要确定龙骨上、下两端的方向，尽量将方孔对齐。竖龙骨的长度应该比沿顶沿地龙骨内侧的距离短一些（15mm），以便于竖龙骨在沿顶沿地龙骨中滑动。

竖龙骨的间距为400～600mm，但第一档的间距应减25mm（图9-13）。完成以上工序后，使用4×8或4×10的抽芯铆钉，在预先钻好的孔径为4.2mm的孔洞中将竖龙骨和沿顶沿地龙骨固定。靠墙（或柱）的竖龙骨，用射钉将其固定，钉距1000mm。

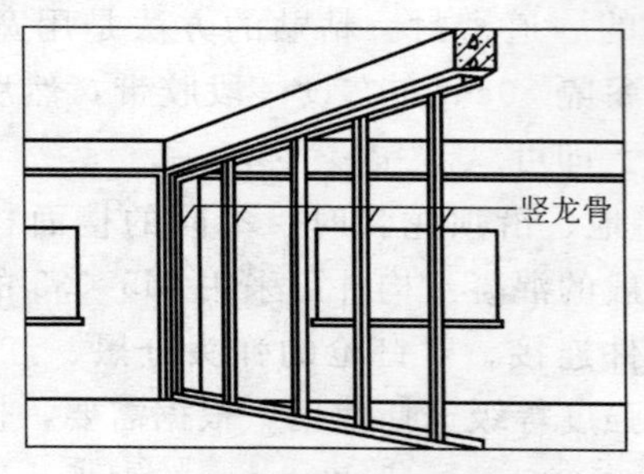

图9-13 竖龙骨安装示意

4）修整检查龙骨

水电管道安装完后要进行修整龙骨，保证龙骨位置准确，横平竖直，随后进行质量检查，每道墙所有龙骨侧面一定要平整，特别注意沿顶、踢脚、阴阳角处龙骨平直。

3. 立筋式轻钢龙骨隔墙石膏罩面板安装

轻钢龙骨纸面石膏板墙体，是机械化施工程度较高的一种干作业墙体。这种新型的隔墙墙体结构具有施工速度快、成本低、劳动强度小、装饰美观以及防火、隔声性能好等特点，因此，它也是当前国内应用最为广泛的室内隔墙形式，很受欢迎。它的施工方法不同于使用传统材料的施工方法，故而在施工过程中必须掌握其施工技术，合理使用原材料，正确使用施工机具，以达到高效率、高质量的目的。

（1）施工准备

1）材料要求：

① 纸面石膏板规格主要技术指标，纸面石膏装饰吸声板的规格及性能均应符合质量标准。

② 玻璃纤维接缝带或穿孔纸带。

③ KF80 嵌缝腻子或石膏腻子。

④ 自攻螺丝。M4×25 用于单层石膏板；

M5×35 用于双层石膏板。

2）施工机具：其主要施工机具有：多用刀、电动冲击钻（图 3-38）、电动螺丝刀（图 3-42）、射钉枪（图 3-63）、拉铆枪、滚锯、板锯、针锉、针锯、平刨、边角刨、曲线锯、圆孔锯、嵌缝枪、脚踏板、丁字橇棍、快装钳以及橡胶锤、水平靠尺等，如图 9-14 所示。

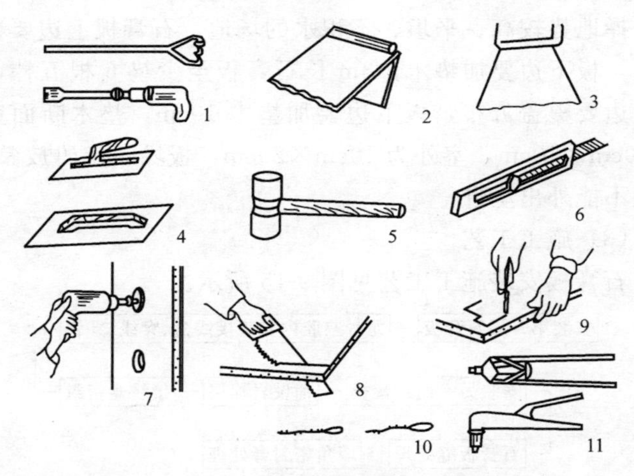

图 9-14　轻钢龙骨纸面石膏板隔墙安装施工机具

1—搅拌器；2—滑梳；3—胶料铲；4—平抹刀；5—橡胶锤；6—多用刀；7—圆孔锯；8—板锯；9—针锉；10—针锯；11—拉铆枪

3）石膏板安装应待屋面防水、水池地面、水磨石地面、顶棚墙面施工完成，水暖通风电气管安装完后进行。

4）石膏板质脆、耐水性差、不耐污损，修复困难，应合理安排施工程序。

（2）石膏板的运输及堆放

1）运输

① 场外运输汽车的长宽尺寸要大于石膏板的尺寸。石膏板码放高度不超过1.5m，雨天运输要覆盖苫布防止受潮。

② 场内运输用平板车，平板尺寸要大于石膏板尺寸。

③ 人工装卸要轻拿轻放，码放整齐，保证棱角整齐。

2）堆放

较长时间的堆放宜放在室内，短期堆放可放在露天，但要选择地势较高、平坦、不积水的场地，石膏板上边要覆盖苫布，板下边要加垫木，3m长石膏板至少垫6根五档，垫木上边要覆盖苫布，板下边要加垫木10cm，垫木断面室内为10cm×10cm，室外为10cm×20cm，板垛一定码放整齐、四边不能外出里进。

（3）施工工艺

石膏板安装施工工艺见图9-15所示。

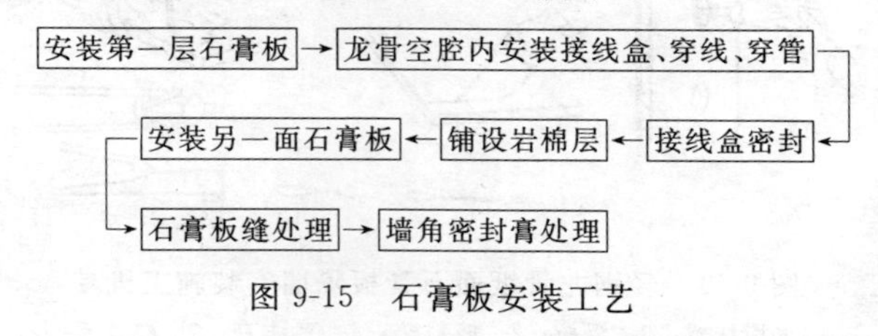

图9-15 石膏板安装工艺

该图是双面双层纸面石膏板内垫岩棉保温层的施工工艺。

(4) 施工要点

1) 石膏板墙面固定有三种方法：一是用钉固定；二是用胶粘剂粘贴；再一种是用卡（图 9-16）。

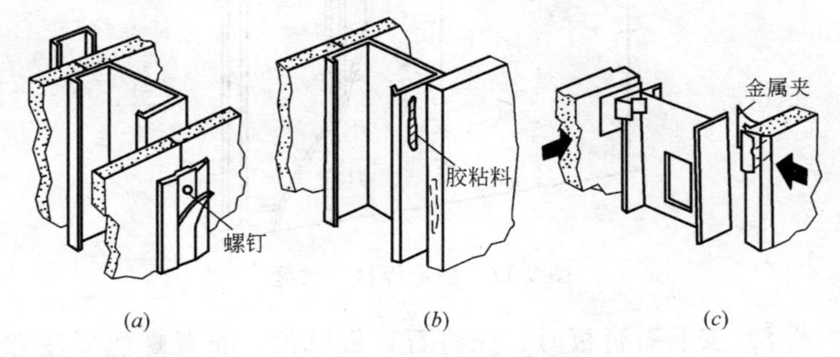

图 9-16 固定石膏面板的方法

(a) 钉；(b) 粘；(c) 卡

2) 安装板材时，把板材贴在龙骨上一起打眼，再拧自攻螺丝。安装双层板，板缝应错开。

3) 板缝应按施工要求进行处理。不能任意嵌镶腻子，因板缝处理不好，会出现裂缝。

4) 石膏板应进行防潮处理。

5) 固定石膏板用平头自攻螺钉，其规格通常为 M4×25 或 M5×35 两种，螺钉的间距为 200mm 左右。固定石膏板应将板竖向放置，当两块板在一条竖向龙骨上对缝时，其对缝应在龙骨中间，对缝的缝隙不得大于 5mm，如图 9-17 所示。

6) 板材应尽量整张地使用，不够整张位置时可以切割，切割石膏板可用墙纸刀、钩刀、板锯进行。

7) 相邻石膏板一定要坡口相拼，必须注意坡口在表面（即正面）向外。

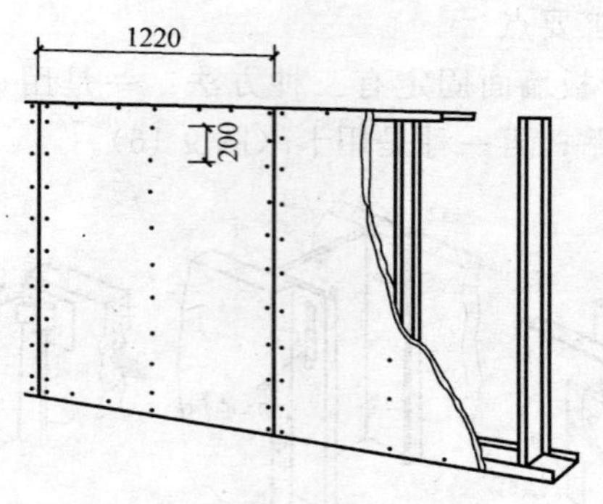

图 9-17　固定板材与对缝

8）安装石膏板时，先将石膏板就位，布置螺丝要注意垂直板面，要比板面低一点，但不能把纸面穿破。板与顶板、板与侧墙均要留 4～6mm 的缝隙。

（5）双层纸面石膏板安装操作要点

以下介绍双面双层纸面石膏板内垫岩棉保温的具体做法：

1）安装第一层纸面石膏板。石膏板的上、下端与楼板应留 6～8mm 的间隙，用建筑嵌缝膏填缝作为第二道密封，将管装的建筑嵌缝膏装入嵌缝枪内，把建筑嵌缝膏挤入预留的间隙内即可。使用高强自攻螺丝钻用 $\phi3.5\times25$ 的自攻螺丝把石膏板与龙骨紧密连接。螺钉的间距为：板边部分为 200mm，中间部分为 300mm（图 9-18）。安装好第一层石膏板后用嵌缝石膏粉，按照粉水比为 1∶0.6 调成石膏腻子处理板与板之间的接缝，以及将钉眼部位补平。

2）安装好第一层石膏板之后，将墙体内需要设置的接线盒、穿线固定在龙骨上。穿线穿管可以通过龙骨的方孔（图 9-19）。接线盒的安装可在墙面开洞，但每一墙面每两

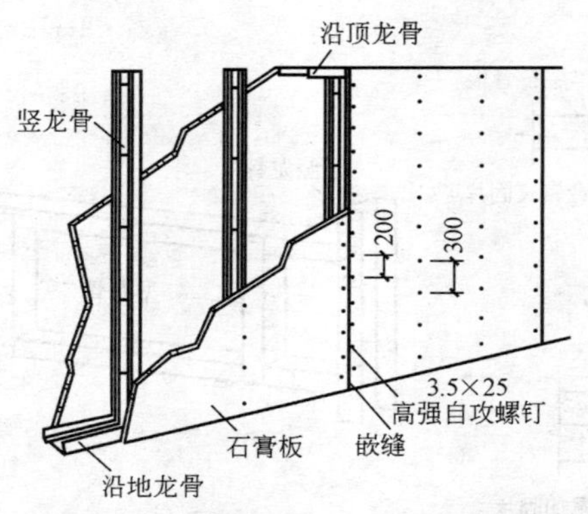

图 9-18　单层石膏板隔墙安装示意图

根竖龙骨间最多可开两个接线盒洞，洞口距竖龙骨距离为15cm；两个接线盒洞口必须上下错开，其垂直边的水平距离不得小于 30cm。接线盒与墙板的连接见图 9-20（*a*）。如果是分户墙，为满足隔音要求，须选用隔声盒套。如果墙内安装配电箱，可在两根竖龙骨间横装辅助龙骨，龙骨与龙骨之间可用抽芯铆钉连接固定，不容许采用电气焊。墙内配电箱的构造见图 9-20（*b*）。

3）穿线部分安装好之后，即将岩棉保温层填入龙骨空腔内。其操作方法：先将岩棉固定钉用 SG792 胶或氯丁胶按 50cm 的距离粘贴在石膏板上，待其牢固后（约 12h），再将岩棉固定在岩棉固定钉上，用固定钉的压圈压紧即可。

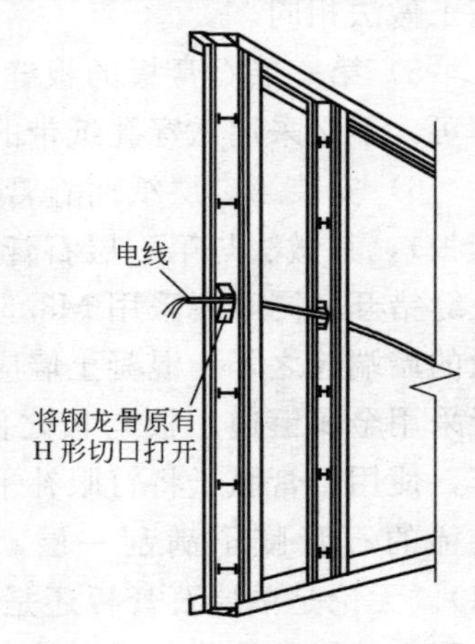

图 9-19　隔墙内穿线示意图

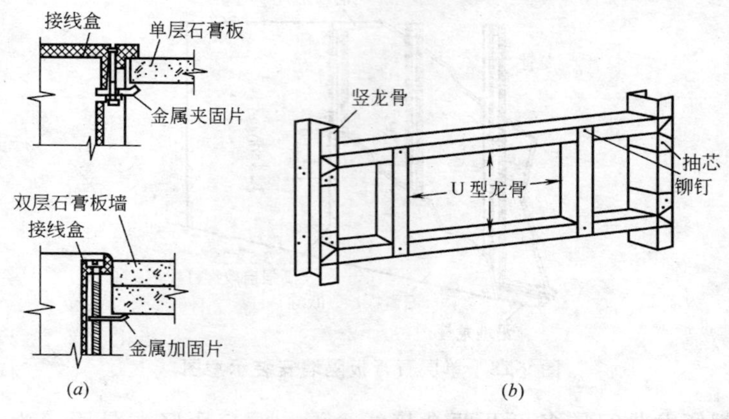

图 9-20 电气接线盒安装构造

(a) 接线盒与墙连接节点；(b) 墙内配电箱构造

4) 完成以上工序后，可以安装另一面的第一层石膏板，装板的板缝必须与对面的板缝错开，其做法与对面石膏板的施工做法相同。

5) 第一层石膏板的板缝处理，只要求用石膏腻子填缝即可，不必采用做穿孔纸带的做法。钉眼也不必补腻子。

6) 安装第二层纸面石膏板（卫生间要采用防水纸面石膏板），其做法与第一层石膏板相同，但必须与第一层板的板缝错开，同时要采用 M3.5×35 的高强自攻螺丝。除踢脚板的墙端缝之外，混凝土墙应采用石膏腻子平贴穿孔纸带或者采用金属镶边。板与板之间的接缝，应严格进行嵌缝操作，使用石膏腻子将钉眼补平，如果要做粉刷和喷涂，应以较稀的石膏腻子满刮一层，使墙面颜色基本相同（图 9-21）。无论是单层石膏板还是再镶固第二层石膏板，只要属于耐火等级的墙体（防火墙），均应注意石膏板的铺设方向，

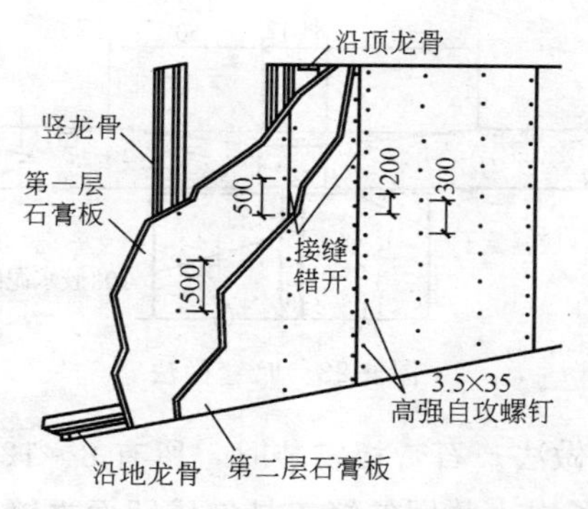

图 9-21　双层石膏板隔墙安装示意图

应该进行纵向铺设，即纸面包封边与竖龙骨平行，但只将平接边固定到龙骨上，注意平接边落在竖龙骨翼板中央，不能将石膏板固定到沿顶沿地龙骨上。一般无防火要求的石膏板墙，石膏板既可纵向铺设，也可横向铺设。

7）板缝处理：

① 板缝构造。石膏板块之间的接缝分明缝和暗缝两种。明缝做法如图 9-22 所示，暗缝做法如图 9-23 所示。两种构造适用于不同的建筑，明缝用于公共建筑大开间隔断，暗缝用于一般居室。

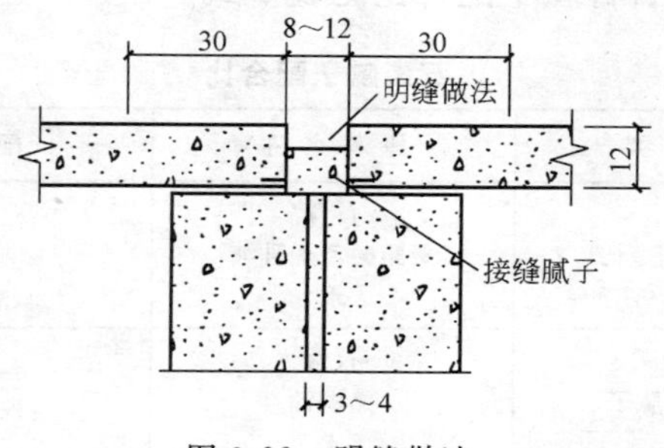

图 9-22　明缝做法

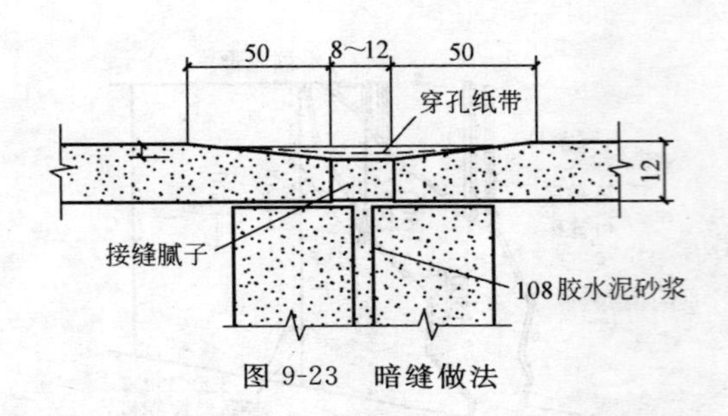

图 9-23　暗缝做法

② 明缝做法。石膏板安装时，留有 8～12mm 间隙，再用石膏油腻子嵌入并用勾缝工具勾成凹面立缝，因装饰效果差，故明缝加嵌入压条（铝合金或塑料压条均可），以改善装饰效果。

③ 暗缝做法。

a. 将石膏板边缘刨成倒角，再与龙骨复合，安装后缝间必须保持清洁，不得有浮灰。

b. 用 50mm 宽的刮刀将石膏腻子嵌入板缝并填实。贴上玻璃纤维布（或穿孔纸带），用刮刀在玻璃纤维接缝带表面上轻轻挤压，使多余的腻子从接缝带的网格空隙中挤出后，再加以刮平。

常用的石膏腻子配合比见表 9-1。

石膏腻子配合比　　　　表 9-1

腻子种类	原料名称	配比
水性石膏腻子	石膏	5
	聚醋酸乙烯乳液	1
	水	2
油性石膏腻子	石膏	1
	熟桐油	1
	水	4～5

c. 用嵌缝腻子将玻璃纤维接缝带加以覆盖，使玻璃纤维接缝带埋入腻子中，并用腻子把石膏板的楔形倒角填平，最后用大刮板将板缝找平。

d. 如果有玻璃纤维端头外露于腻子表面时，待腻子层完全干燥固化后，用砂纸轻轻打磨掉。

8）阴角处理：先将阴角缝填嵌满石膏腻子，把穿孔纸带用折纸夹折成直角后即贴于角缝处，再用滚抹子压实，而后用阴角抹子再加一层薄薄的石膏腻子，待其干燥后（约12h），用2号砂纸磨平磨光（见图9-24）。

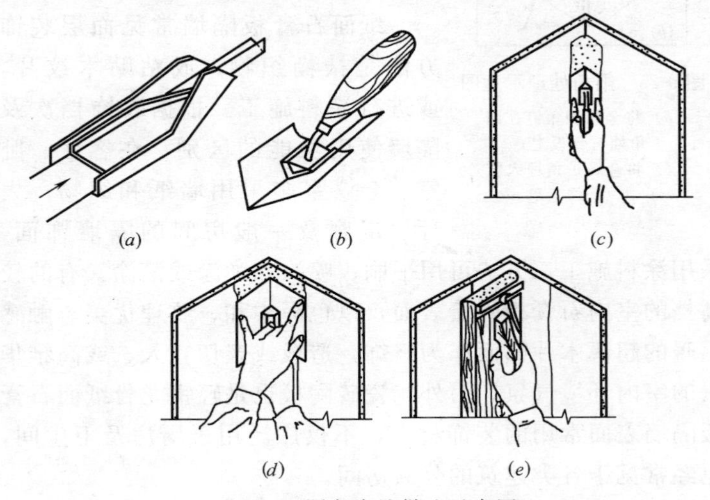

图9-24 阴角嵌缝做法示意图

(*a*) 穿孔纸带通过纸带折角夹折成直角；(*b*) 镶贴穿孔纸带阴角贴带器；(*c*) 加抹一层石膏腻子；(*d*) 将边缘压平；(*e*) 滚抹压平待干燥后用2号砂纸磨光

9）阳角处理：纸面石膏板阳角的转角处，必须使用金属护角（一般为铝质），使用金属护角之后的阳角不怕冲击，

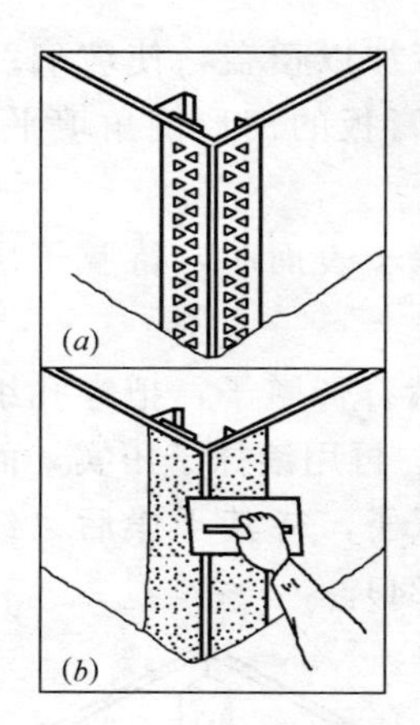

图 9-25 阳角处理示意图
(*a*) 将金属护角钉在阳角处石膏板上；
(*b*) 将金属护角埋入腻子中，干燥后磨光

而且比较美观。施工方法较简单，将金属护角按墙角的高度切断，安装在阳角处，用 12mm 长的圆钉或用阳角护角器临时将其固定于石膏板上，然后用嵌缝石膏腻子把金属护角埋起来，待完全干燥之后（约 12h），用装有 2 号砂布的磨光器磨光，保证墙面的平整光洁（图 9-25）。

（6）隔墙饰面层施工

纸面石膏板隔墙常见面层装饰方法是裱糊织物，或粘贴木纹片，或进行涂料施工。根据装饰档次及隔墙使用功能的区别，在客厅、卧室、会议室多采用墙纸和织物；大厅、走廊及一般房间的隔墙饰面，采用涂料施工，方法可用平刷、喷涂和弹涂或滚涂。有的较高档的室内石膏板隔墙表面，以色泽柔和、纹理优美、触感温暖的超薄木片贴面作为终饰，造成或亲切宜人、或高雅华贵的室内环境气氛。另外，瓷砖陶板也是轻钢龙骨纸面石膏板隔墙表面常用的装饰材料，不仅广泛用于厨房及卫生间，也经常见于各类建筑的公共房间。

（7）石膏板防潮处理

石膏板防潮处理是施工安装的关键，也是避免大量吸水导致变形，以致影响使用效果和装饰外观的必要工艺，故石膏板安装后宜随即做防潮处理。处理时常采用涂料法防潮。

1）防潮涂料配制　防潮涂料有多种配制方法：

① 汽油稀释熟桐油。熟桐油与汽油之比为 3∶7（体积

比），混合均匀即成。

② 氯乙烯-偏二氯乙烯乳液，将原乳液用10％磷酸三钠溶液中和至pH值为7～8，再加乳液量5％的108胶（或浓度10％的聚乙烯醇溶液）增稠，搅拌均匀。

③ 乳化熟桐油。乳化熟桐油的配合比为：熟桐油∶水∶硬脂酸∶肥皂＝30∶70∶0.5∶1～2。配制时先将肥皂溶于开水中冷至常温，再将硬脂酸掺入熟桐油中，用水浴法加热至70～80℃硬脂酸溶于熟桐油中，搅拌均匀后徐徐倒入肥皂水中，呈乳状液即成。

2）防潮涂料施工方法　防潮涂料可以用喷浆器喷涂，也可用排笔刷涂。通常是在墙面刮腻子前刷防潮层涂料，一般涂刷一道，要求涂刷均匀，以见湿不流为宜。

为防止安装施工时石膏板底端吸水，还应在石膏板底端进行防潮处理。

(8) 质量通病及防治措施

1）板缝有痕迹

产生原因：

由于没有处理好石膏板端倒角，板端呈直角，当贴穿孔纸带后，由于纸带厚度，出现明显痕迹。

防治措施：

生产倒角板是处理好板面接缝的基本条件，倒角规格如图9-26所示。

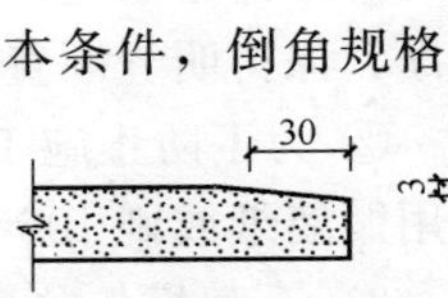

图9-26　倒角规格

2）板缝开裂

竣工5～6个月以后，纸面石膏板接缝陆续出现开裂，开始是不很明显的发丝裂缝，随着时间的延续，裂缝有的可达1～2mm。

产生原因：

板缝节点构造不合理，板胀缩变形，刚度不足，嵌缝材料选择不当，施工操作及工序安排不合理等，都会引起板缝开裂。

防治措施：

① 首先应选择合理的节点构造。图 9-27 中节点上部的做法是：清除缝内杂物，嵌缝腻子填至图中所示位置，待腻子初凝时（大约 30～40min），再刮一层较稀的腻子（厚 1mm），随即贴穿孔纸带，纸带贴好后放置一段时间，待水分蒸发后，在纸带上再刮一层腻子，将纸带压住，同时把接缝板面找平。

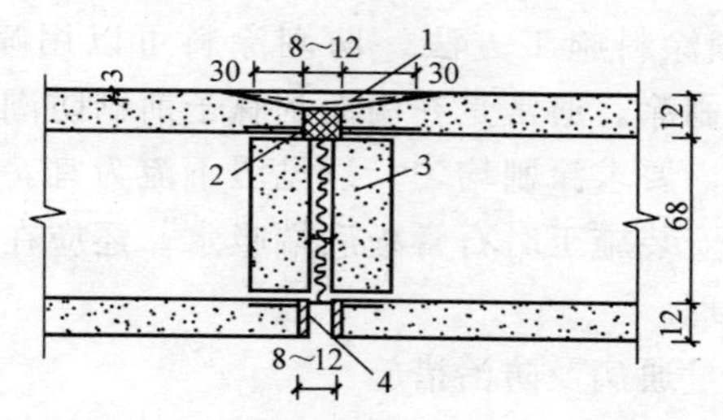

图 9-27　板缝节点

1—穿孔纸带；2—嵌缝腻子；3—108 胶水泥砂浆；4—明缝做法

图 9-27 中节点下部的做法是：在对头缝中勾嵌缝腻子，用特制工具把主缝勾成明缝，安装时应将多余的胶粘剂及时刮净，保持明缝顺直清晰。

② 为了防止施工水分引起石膏变形裂缝，墙面应尽量采用贴墙纸或刷 106 彩色涂料的做法。

3）石膏板与龙骨连接不牢

产生原因：

① 由于自攻螺丝长度没能满足石膏板厚度的要求。

② 施工时没有按操作程序施工。

防治措施：

① 不同层的石膏板，应用不同的自攻螺丝。

M4×25　　用于单层石膏板

M5×35　　用于双层石膏板

② 严格按照操作程序施工。

9.1.3　石膏龙骨隔墙施工

石膏龙骨隔墙，是用石膏龙骨为骨架现装石膏板而构成的隔墙。它质轻、隔声、隔热性能好，施工方便，目前高层建筑广泛用它作隔墙。

1. 石膏龙骨

（1）石膏龙骨种类：石膏龙骨是以浇注石膏适当配以纤维筋或用纸面石膏板复合，粘结、切割而成的石膏板隔墙骨架支承材料。石膏龙骨具有自重轻、强度高、刚度大和可锯、可接长、加工性能好，安装方便等特点。其种类按原料、工艺分，有纸面石膏板龙骨和浇注石膏加筋龙骨；按外形分，有矩形龙骨和工字形龙骨（表 9-2）。

石膏龙骨的规格及主要生产单位　　表 9-2

	断　面	一般规格尺寸(mm)			生产单位
		长度	宽度	高度	
矩形龙骨	68, 25	2400、2500、2750、3000	68	25	北京市石膏板厂 哈尔滨市石膏板厂 沈阳市建材总厂石膏板分厂
工字龙骨(1)	92, 25, 12, 68, 12	2400、2500、2750、3000、3500、4000	68	92	
工字龙骨(2)	118, 25, 25, 68, 25	2400、2500、2750、3000、3500、4000	68	118	

(2) 石膏龙骨构造

石膏龙骨一般用于现装石膏板隔墙。当采用 900mm 宽石膏板时，龙骨间距为 453mm；当采用 1200mm 宽石膏板时，龙骨间距为 603mm；隔声墙的龙骨间距一律为 453mm，并错位排列（见表 9-3）。

石膏板宽与龙骨间距（mm）　　表 9-3

	板宽	龙骨间距	构造
非隔声墙	900	453	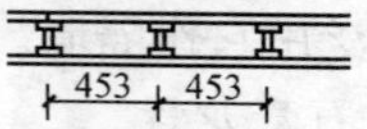 453 453
	1200	603	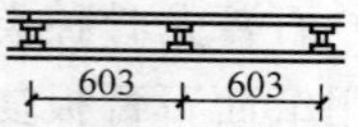 603 603
隔声墙	900	453	 面层板宽1200 453 453
	1200		

根据墙体高度的要求，确定墙体的厚度，并相应选择龙骨类型和确定是否要加设横撑，具体构造见表 9-4 及图 9-28。

不同高度墙体的龙骨和横撑设置（mm）　　表 9-4

	墙高(m)	墙厚	龙骨	横撑设置
非隔声墙	≤3.5	120	工字龙骨(1)	≤3m 不设，>3～3.5m 设一道
	>3.5～4.0	150	工字龙骨(2)	在墙高$\frac{1}{3}$和$\frac{2}{3}$处各设一道
隔声墙	≤3.5	120	工字龙骨(1)	不设
	>3.5～4.0	250	工字龙骨(2)	在墙高$\frac{1}{3}$和$\frac{2}{3}$处各设一道

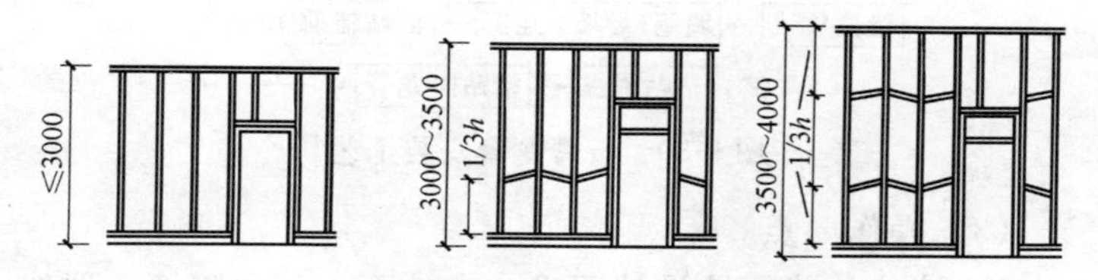

图 9-28 不同高度墙体的龙骨和横撑布置

2. 隔墙石膏龙骨的安装

(1) 施工准备

1) 石膏龙骨按设计要求选用，见表 9-4。

2) 胶粘剂 可选用多用途建筑胶粘剂。

3) 石膏龙骨运输与堆放 石膏龙骨场外运输，宜采用车厢宽度大于 2m、长度大于 3m 的车厢。车厢内堆置高度，工字龙骨不大于 1m。雨雪天运输，须覆盖严密。材料露天堆放时，应选择地势较高而平坦的场地搭设平台，平台上满铺油毡，堆垛周围须用苫布遮盖；室内堆放时，应下垫木方或拍子，堆置高度不大于 1m，堆垛间空隙不小于 30cm，如图 9-29 所示。

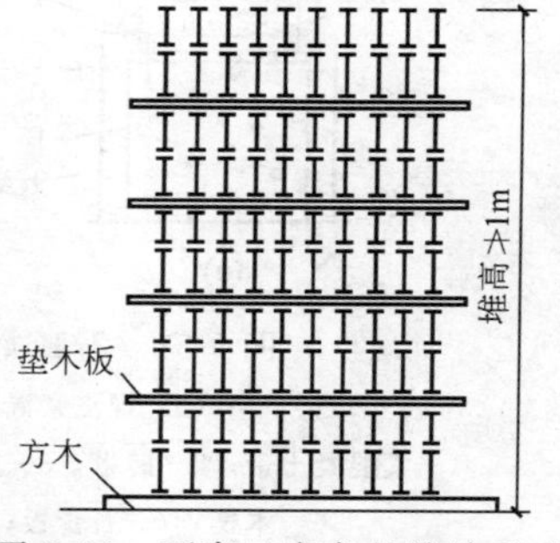

图 9-29 石膏工字龙骨堆放示意

4) 施工工具 常用施工工具有：方尺、卷尺、线坠、橡皮锤、螺丝刀、圆孔锯、板锯、手电钻（图 3-37）、冲击钻（图 3-38）、电动螺丝刀（图 3-42）、曲线锯（图 3-47）等。

(2) 龙骨安装工艺要点

石膏龙骨安装工艺如图 9-30 所示。

墙位放线 → 墙基（导墙）施工 → 粘贴辅助龙骨 → 粘贴竖龙骨 → 粘贴斜撑

图 9-30　石膏龙骨安装工艺

（3）操作要点

1）墙位放线　按设计要求，在地面上划出隔墙位置线，将线引测到侧面墙、顶棚上或梁下面。

2）墙基施工　为了防潮，隔墙下端应做墙基。墙基可打素混凝土（图 9-31*a*），也可砌砖带（图 9-31*b*）。墙基侧面要垂直，上表面要水平，与楼板的结合要牢固。

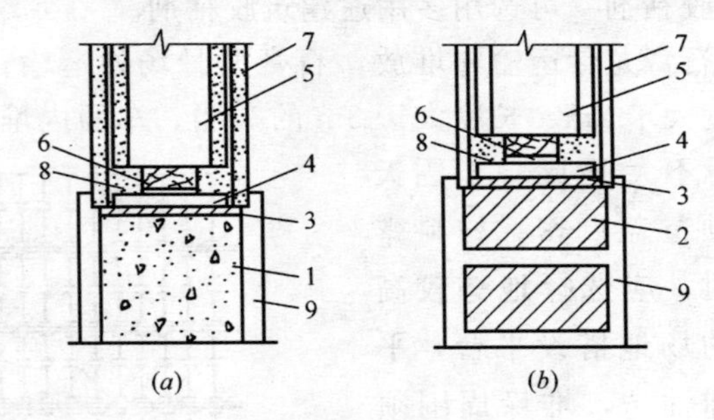

图 9-31　石膏龙骨隔墙下墙基构造

(*a*) 现浇素混凝土带；(*b*) 砖带

1—素混凝土带；2—砖带；3—胶粘剂；4—石膏条板；5—竖龙骨；6—木楔；7—石膏板；8—豆石混凝土；9—踢脚

3）粘贴辅助龙骨　按隔墙放线位置，沿隔墙四周（即墙垫上面、两侧墙面和楼板底面）粘贴辅助龙骨，辅助龙骨用两层石膏板条粘合，其宽度按隔墙厚度选择，在其背后满涂胶粘剂与基层粘贴牢固，两侧边要找直，多余的胶粘剂应及时刮净。

如果隔墙采用木踢脚板且不设置墙垫时，可在楼地面上直接粘贴辅助龙骨，龙骨上粘贴木砖，中距 800mm，并做出标记，以便于踢脚板的安装。

4）粘结竖龙骨　如果隔墙上没有门窗口时，竖龙骨从墙的一端开始排列；若没有门窗口时，则从门窗口开始排列，向一侧或两侧排列。用线坠或靠尺找垂直，先粘结安装墙两端龙骨，龙骨上下端满涂胶粘剂，上端与辅助龙骨顶紧，下端用一对木楔涂胶适度挤压严实，木楔周围用胶粘剂包上，龙骨上部两侧用粘贴石膏块固定。当隔墙两端龙骨安装符合要求后，在龙骨的一侧拉线 1～2 道，安装中间龙骨与线找齐。需注意对于有门窗洞口的隔墙，必须先安装门窗洞口一侧的龙骨，随即立口，再安装另一侧的龙骨，不得后塞口。

5）粘贴斜撑龙骨　斜撑用辅助龙骨截取，两端做斜面，蘸胶与龙骨粘合，其上端的上方和下端的下方应粘贴石膏板块固定，防止斜撑移动；墙高大于 3m 时，龙骨须接长，接头两侧用长 300mm 辅助龙骨（或二层石膏板条）粘贴夹牢（图 9-32），并设横撑一道。横撑水平安装，两端的下方应粘贴石膏板块固定。

当隔墙上需要安装接线盒或插座时，可在两个立柱之间

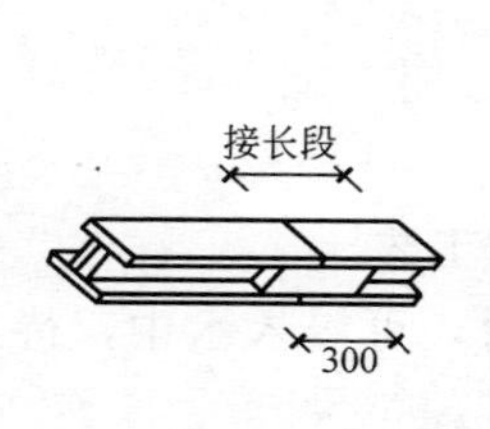

图 9-32　石膏龙骨接长措施

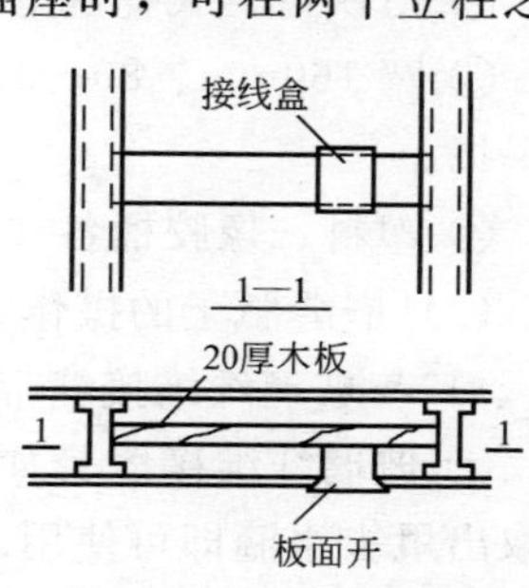

图 9-33　接线盒的安装

加设一块 20mm 厚的木垫板，将接线盒或插座安装在垫板上（图 9-33）。也可以选用石膏板隔墙专用的一种接线盒。

3. 石膏龙骨隔墙面板的安装

石膏龙骨隔墙一般都用纸面石膏板作为面板，固定面板的方法：一是粘，二是钉。

纸面石膏板可用胶粘剂直接粘贴在石膏龙骨上。常用的胶粘剂是聚乙烯醇缩甲酸，即 108 胶，施工配合比是石膏粉：108 胶＝100：45，再加适量缓凝剂。粘贴方法是：先在石膏龙骨上满刷 2mm 厚的胶粘剂，接着将石膏板正面朝外贴上去，再用 5cm 长的圆钉钉上。钉距为 400mm。

4. 石膏板嵌缝施工新工艺

（1）施工准备

1）材料

① KF80 嵌缝腻子。

② 玻璃纤维接缝带或穿孔纸带。

③ 50％浓度的 108 胶水溶液。

2）机具

① 手动搅拌机一台。

② 白铁盘、大瓷碗等不吸水的盛皿。

③ 宽 160mm、80～120mm、50mm 的大、中、小刮刀各一把。

④ 塑料、橡胶桶各一个。

（2）嵌缝腻子的操作工艺

1）与玻璃纤维接缝带配合操作工艺

① 玻璃纤维接缝带如已干硬时，可浸入水中，待柔软后取出甩去水滴即可使用。

② 板缝间隙以 5mm 左右为宜。缝间必须保持清洁，不

得有浮灰。对于已缺纸的石膏外露部分及水泥混凝土面，应先用50%浓度的108胶水溶液涂刷1～2遍，以免此处石膏或混凝土过多地吸收腻子中的水分而影响粘结效果。108胶晾干后即可开始嵌缝。

③ 用1份的水（水温约25±5℃）注入盛器，再将2份KF80嵌缝石膏粉撒入，充分搅拌均匀，根据施工操作方便要求的稠度，可斟酌添少量水分或KF80粉料。每次拌出的腻子不宜太多，以在40min内用完为度。

④ 用50mm宽的刮刀将腻子嵌入板缝并填实。贴上玻璃接缝带，用刮刀在玻璃纤维接缝带表面上轻轻挤压，使多余的腻子从接缝带的网格空隙中挤出后，再加以刮平。

⑤ 用嵌缝腻子将玻璃纤维接缝带加以覆盖，使玻璃纤维接缝带埋入腻子层中，并用腻子把石膏板的楔形倒角填平，最后用大刮板将板缝找平。

⑥ 如果有玻璃纤维端头外露于腻子表面时，待腻子层完全干燥固化后，用砂纸轻轻打磨掉。

2）与接缝纸带配合的操作工艺

① 同9.1.3—4中（2)—1)—②。

② 同9.1.3—4中（2)—1)—③。

③ 刮第一层腻子：用小刮刀把腻子嵌入板缝。必须填实、刮平，否则可能塌陷并产生裂缝。

④ 贴接缝纸带：第一层腻子初凝后，用稍稀的腻子（水：KF80＝1：1.6～1.8）刮上一层，厚约1mm，宽60mm。随即把接缝纸带贴上，用劲刮平、压实。赶出腻子与纸带间的气泡，这是整个嵌缝工作的关键。

⑤ 面层处理：用中刮刀在纸带外刮上一层厚约1mm，宽约80～100mm的腻子，使纸带埋入腻子中，以免纸带侧

边翘起。最后再涂上一层薄层腻子，用大刮刀将墙面刮平即可。

石膏板隔墙需用腻子的数量，随板缝的深浅宽窄和有无倒角等因素而有差异。一般如石膏板厚度为12mm，板间缝隙宽为10mm，板缝的深度为15mm，有倒角的情况下，每1m板缝需用粉状腻子材料约0.3～0.4kg。

(3) 质量标准

1) 板缝填满填实。

2) 接缝带埋入腻子中无空鼓、气泡，表面用腻子覆盖。

3) 表面平整、光滑，无裂缝。

(4) 成品保管

腻子材料保存时，要注意防潮，下面要用跳板垫上，不能直接放置于地面上。石膏板墙要避免碰撞，防止污染，不能被水浸泡。

(5) 注意事项

贴石膏板时，倒角朝外，竖向贴板；搬运石膏板时，要使石膏板保持侧立方向，以免石膏板被折断。

9.1.4 骨架隔墙工程要求及检验标准

(1) 本节适用于以轻钢龙骨、木龙骨等为骨架，以纸面石膏板、人造木板、水泥纤维板等为墙面板的隔墙工程的质量验收。

(2) 骨架隔墙工程的检查数量应符合下列规定：

每个检验批应至少抽查10%，并不得少于3间；不足3间时应全数检查。

1. 主控项目

(1) 骨架隔墙所用龙骨、配件、墙面板、填充材料及嵌缝材料的品种、规格、性能和木材的含水率应符合设计要求。有隔声、隔热、阻燃、防潮等特殊要求的工程，材料应有相应性能等级的检测报告。

（2）骨架隔墙工程边框龙骨必须与基体结构连接牢固，并应平整、垂直、位置正确。

（3）骨架隔墙中龙骨间距和构造连接方法应符合设计要求。骨架内设备管线的安装、门窗洞口等部位加强龙骨应安装牢固、位置正确，填充材料的设置应符合设计要求。

（4）木龙骨及木墙面板的防火和防腐处理必须符合设计要求。

（5）骨架隔墙的墙面板应安装牢固，无脱层、翘曲、折裂及缺损。

（6）墙面板所用接缝材料的接缝方法应符合设计要求。

检验方法：观察。

2. 一般项目

（1）骨架隔墙表面应平整光滑、色泽一致、洁净、无裂缝，接缝应均匀、顺直。

骨架隔墙安装的允许偏差和检验方法　　表 9-5

项次	项目	允许偏差(mm)		检验方法
		纸面石膏板	人造木板、水泥纤维板	
1	立面垂直度	3	4	用 2m 垂直检测尺检查
2	表面平整度	3	3	用 2m 靠尺和塞尺检查
3	阴阳角方正	3	3	用直角检测尺检查
4	接缝直线度	—	3	拉 5m 线，不足 5m 拉通线，用钢直尺检查
5	压条直线度	—	3	拉 5m 线，不足 5m 拉通线，用钢直尺检查
6	接缝高低差	1	1	用钢直尺和塞尺检查

(2) 骨架隔墙上的孔洞、槽、盒应位置正确、套割吻合、边缘整齐。

(3) 骨架隔墙内的填充材料应干燥，填充应密实、均匀、无下坠。

(4) 骨架隔墙安装的允许偏差和检验方法应符合表 9-5 的规定。

9.2 板材式隔墙施工

板材式隔墙，是用高度等于室内净高的条板拼装而成的。常见的条板有：石膏条板、加气混凝土条板、碳化石灰空心板、石膏珍珠岩板、各种面层的复合板及从美国引进的泰柏墙板。

安装板材式隔墙的一般顺序是：做楼地面→放线→安装条板→塞缝→安装设备→进行表面处理和修饰。

安装条板的方法一般有两种：一种是上加楔，另一种是下加楔。通常较多采用下加楔，其具体做法是：先将板顶和侧边刷干净，对吸水性较强的条板先在板顶和侧边浇水，再在其上涂抹胶粘剂，将条板的位置调整准确，从下面撬起来，使条板的顶面与平顶抵紧，再从撬起的缝隙的两侧打进木楔，并在整个缝隙处浇灌细石混凝土。

当隔墙上装有门窗时，可采用立框或塞框法来安装门窗框。门窗框与板条可用圆钉、木螺钉或塑料胀管连接。

9.2.1 石膏条板隔墙施工

1. 石膏条板

石膏条板有三种类型：第一类是一次成型的石膏实心板或空心板；第二类是由石膏骨架和石膏面板组成的盒子或空心板；第三类是由几层石膏板粘结起来的多层板。

我国多用盒子式石膏空心条板，其品种按原材料分，有石膏粉煤灰硅酸盐空心条板；磷石膏空心条板和石膏空心条板；按防潮性能分，有普通石膏空心条板和防潮空心条板。

石膏空心条板一般单层板作分室墙和隔墙，也可用双层空心条板，中设空气层或矿棉组成分户墙。单层盒子式石膏空气板隔墙，也可用裁割开的石膏板条做骨架，板条宽为150mm，整个条板的厚度约为100mm，如图9-34所示。

用几层石膏平板粘结的多层板，可用于要求不高的室内隔墙。一般情况下，可用三层石膏平板粘结组成。芯板与面板错开25mm，使板条的一侧边有凸缘，另一个侧边有凹槽，这样形成企口，在拼装隔墙时就可使条板与条板严格咬合（图9-35）。用这种形式拼装隔墙时，上下宜设导轨，导轨可用木制，也可用钢制。

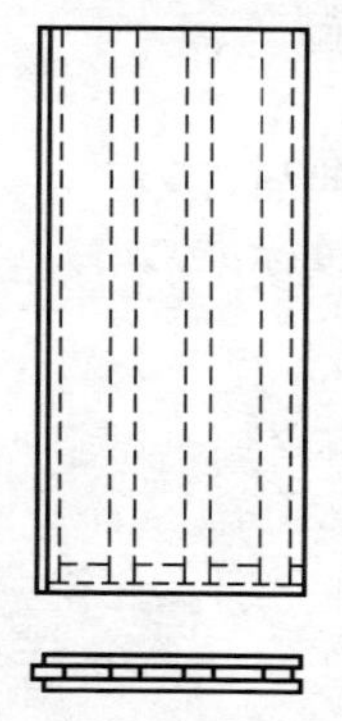

图9-34 用石膏板条作骨架的盒子式石膏空心板

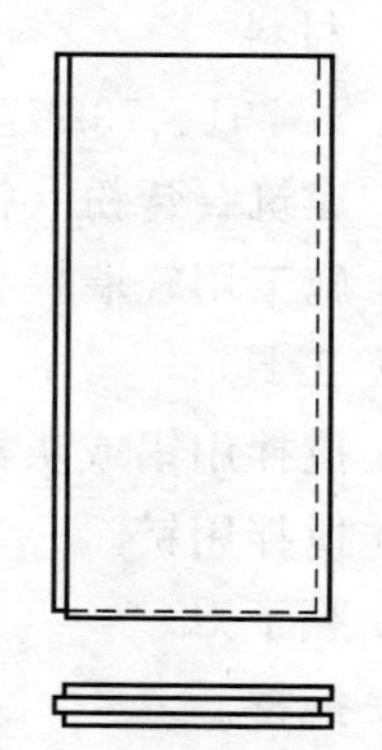

图9-35 带企口的多层石膏平板

石膏空心条板的规格为：长度2400～3300mm，宽度为500～600mm，厚度为60～100mm。其外观尺寸和允许偏差，见表9-6。

石膏空心条板外观和质量允许偏差　　表 9-6

项次	项　　目	指　　标
1	对角线偏差(mm)	<5
2	抽空中心线位移(mm)	<3
3	板面平整度	长度 2m,翘曲不大于 3mm
4	掉角	所掉之角两直角边长度不得同时大于 60mm×40mm,若小于 60mm×40mm,同板面不得有两处
5	裂纹	裂纹长度不得大于 100mm,若小于 100mm,在同一板面不得有两处
6	气孔	不得有大于 10mm 气孔三个以上

2. 石膏墙板施工

(1) 施工准备

1) 材料

① SG791、792 建筑胶粘剂。

② 建筑石膏粉（符合三级以上标准）。

③ 施工用轻墙板材（符合板材质量标准）。

2) 工具

① 搅拌用锅或灰槽。

② 搅拌用铲。

③ 腻子刀。

④ 撬棍。

⑤ 3m 靠尺。

⑥ 线坠。

⑦ 木楔。

3) 作业条件

① 按设计图放线。

② 按设计图进行墙体施工（砌砖或其他墙体）。

③ 清除粘结的表面污染物，表面过分光滑的粘结构件在粘结部分可进行适当的打毛处理。

4）调制胶粘剂　将 SG791 胶与建筑石膏配制，用量以适合粘结施工为宜，一般为石膏用量的 60%左右。如粘结缝大（各种条板的粘结缝）还可加入 1～2 倍石膏量的砂子（中砂），砂子最大粒径可视缝隙大小而定。胶粘剂调制量以一次不超过 20min 使用时间为标准。若施工熟练，20min 可粘结三块条板，最低也可粘两块。因此，在 SG791 胶液用石膏胶凝材料调制胶粘剂时，一定要按需要控制调制量，否则 30min 后胶粘剂凝固造成浪费。

SG792 不需调制可直接使用。

（2）施工操作要点

1）条板墙的施工

① 条板墙与门框的粘结。在条板墙施工中，首先应立门框，然后粘结条板；因施工过程需要后立门框的，也可预留门框尺寸，先立墙板。施工方法是：

先立门框：立门框后，在两侧用 SG792 胶粘剂把条板挤紧粘牢，如图 9-36 所示，最好在门框与墙板上同时涂上胶粘剂，一人在一侧推，一人用撬棍向上顶墙板，一人用木楔顶紧墙板下部。胶粘剂厚度以保持 1mm 为宜。

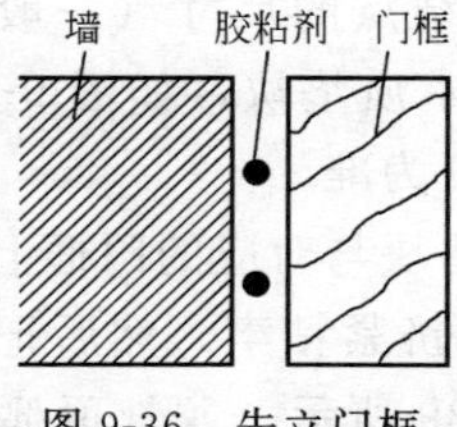

图 9-36　先立门框

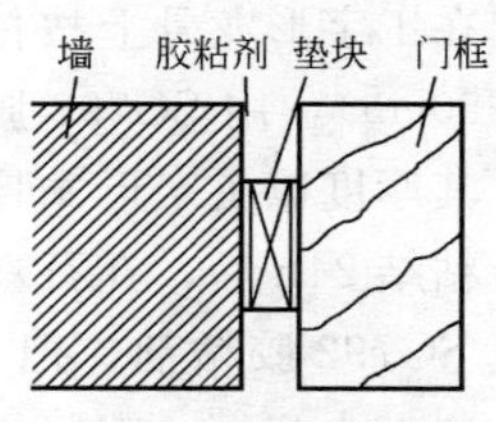

图 9-37　后立门框

后立门框：预留门框尺寸，先立墙板。如：混凝土墙后塞门框。如墙和门框之间的空隙超过了3mm时，应加木垫片过渡（因胶粘剂最佳厚度是1mm），这样才能保证有较高的粘结强度，如图9-37所示。

② 条板的粘结施工（包括石膏条板及加气混凝土条板）。

靠门框向两边进行条板的粘结（无门框处，从承重墙开始进行条板粘结）。

条板的施工一般用下楔法，即在条板的上顶部及一侧涂上已调制好的SG791—石膏胶粘剂，然后一人在另一侧推，一人用特制撬棍在条板底部向上顶，一人打木楔，使条板挤紧，用手推不再移动即可。在施工过程中，一定要注意使条板对准预先在楼板和地板上放好的（墙面）直线，并随时用靠尺（3m长）测量墙面的平整度，对不平整的部位必须在胶粘剂未凝固前修整。

③ 嵌缝。一般条板间的嵌缝处理仍可采用SG791—石膏胶粘剂。菱苦土条板或混凝土条板（5mm厚）的嵌缝处理最好将玻璃纤维接缝带和SG791—石膏胶粘剂配合使用。

2）纸面石膏墙板的施工

① 纸面石膏龙骨与木门框的粘结。纸面石膏墙板的施工最好先立门框。施工方法是：

在工字形龙骨上按门框所分粘结点的尺寸（一般间隔40～50cm），用SG792胶粘剂粘结木质垫块，如图9-38所示，其厚度以工字形龙骨一边的厚度为准。

粘结24h后，在石膏龙骨的木垫块与对应的门框上分别涂上SG792胶粘剂，把龙骨与门框挤紧粘牢。然后把石膏龙骨连带木门框一起竖立，如图9-39所示，龙骨顶部涂以

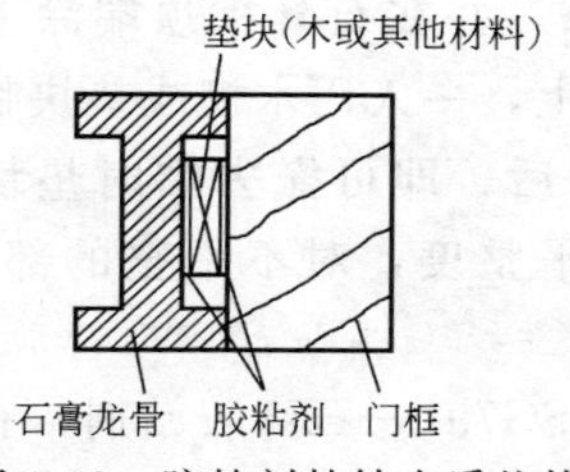

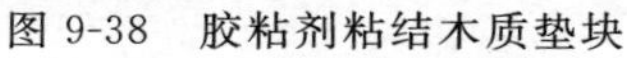

图 9-38 胶粘剂粘结木质垫块

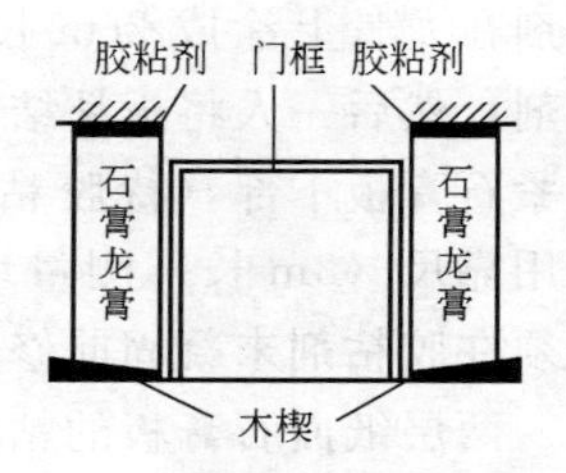

图 9-39 胶粘剂粘结石膏龙骨

胶粘剂（为降低造价，这部分可采用 SG791—石膏胶粘剂），与楼板粘结，下部用木楔涂 SG792 打紧即可。

② 纸面石膏龙骨的粘结施工也用下楔法。在石膏龙骨顶部涂上 SG791—石膏胶粘剂，然后一人手扶龙骨向上与混凝土楼板就位接触，一人在龙骨下部打入木楔，然后在龙骨底部或底部两侧涂上 SG791—石膏胶粘剂。也可将全部龙骨竖立好，打紧楔子后，在顶部及底部两侧涂上胶粘剂。参照下列三种粘结龙骨方法的示意图，如图 9-40 所示，以（*c*）法为佳。注意在涂胶粘剂前，必须用线坠和靠尺检查龙骨的水平和垂直度。

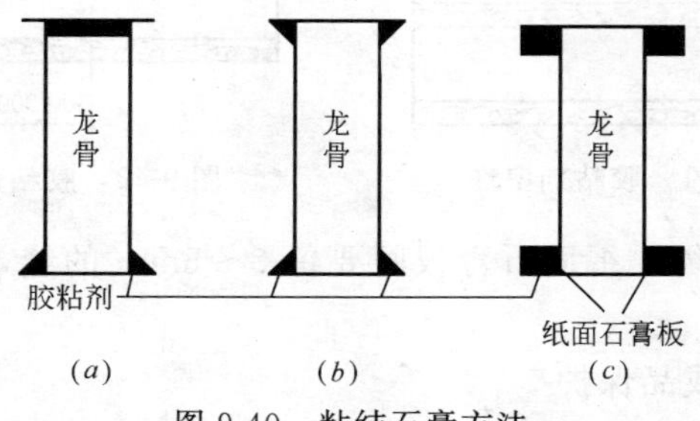

图 9-40 粘结石膏方法

③ 纸面石膏板的粘结。在门框和龙骨已粘完后，即可进行纸面石膏板的粘结施工，即将调制好的 SG791—石膏胶

粘剂在龙骨上涂成 2cm 长的长条，并在石膏板顶端涂上胶粘剂，然后一人将板粘结在龙骨上，一人用木楔或垫块临时顶紧石膏板下部（待胶粘剂凝固后，即可撤去临时垫块），并用靠尺（3m 长）测量墙面的平整度，对不平整的部位，必须在胶粘剂未凝固前修整。

两层纸面石膏板的粘结可用 SG791—石膏胶粘剂，有两种方法：

其一是在面层板的背面涂成宽 2cm、厚 1～2cm 的三条胶粘剂串珠，如图 9-41 所示。然后贴在底层板上用靠尺找平墙面；

其二是在底层板面上涂成 ϕ5cm、厚 1～2cm、相距大约 30cm 的胶粘剂圆饼，如图 9-42 所示，然后把面层板覆合上去，用靠尺找平墙面。此方法一般用于纸面石膏板贴在混凝土或砖墙面上作干粉刷施工时。

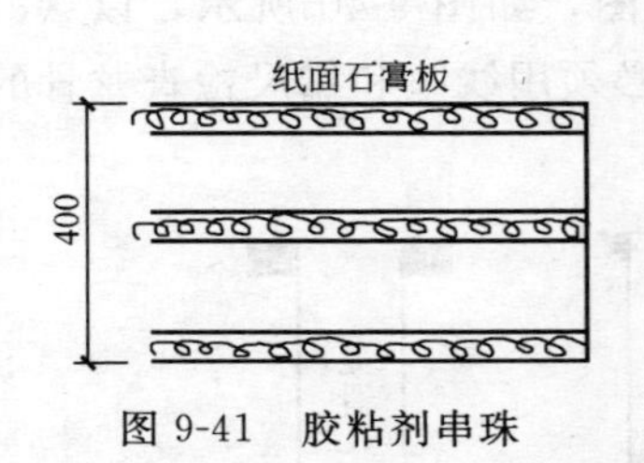

图 9-41　胶粘剂串珠

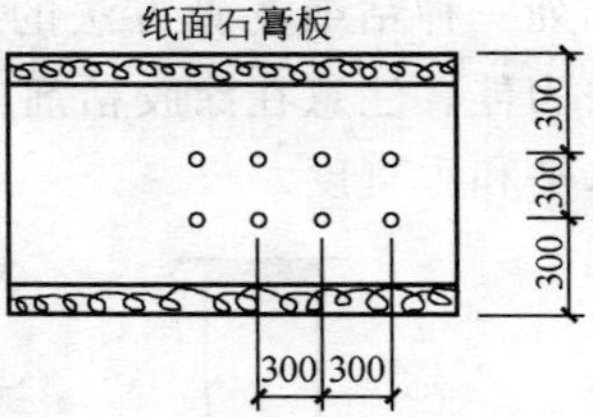

纸面石膏板
300
300
300
300 300

图 9-42　胶粘剂圆饼

④ 嵌缝。纸面石膏板间要留 3～5mm 的缝，以便嵌缝处理。

（3）成品保护

1）被粘结的墙面或龙骨，在粘结 12h 内不能碰撞、敲打，不能进行第二道工序的加工。

2）在施工中掉在墙面上的胶粘剂必须在凝结前清除。

（4）注意事项

1）在冬季储存或运输过程中胶粘剂受冻结冰时，将其搬至温暖房间化开后，可以继续使用，不影响粘结力，但与石膏调制后进行粘结施工时的温度要求不低于5℃。冬季施工时的房间要密封，不得有寒冷的过堂风。

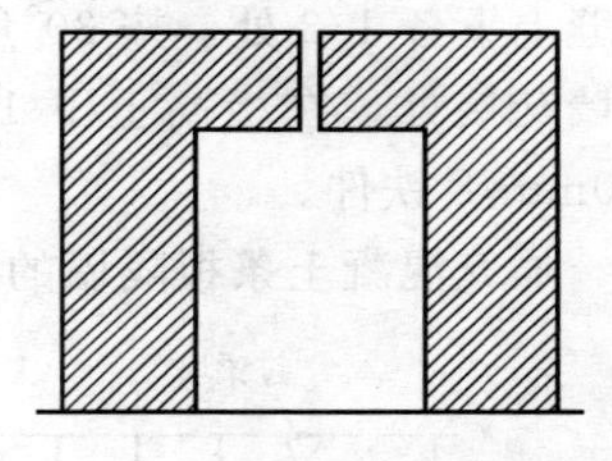

图 9-43　门框上部中间留缝

2）为避免通长裂缝，门框旁边的板必须在门框上部的中间留缝，如图 9-43 所示。

3）受潮湿而未干燥的石膏空心条板、纸面石膏板等不能粘结。

9.2.2　加气混凝土条板隔墙施工

1. 加气混凝土条板

加气混凝土条板是以钙质材料和硅质材料为基本原料，以铝粉为发气剂，经过配料、搅拌、浇注、静停、切割和高压蒸养（一般为 10 个大气压）或常压蒸养等工序制成的一种多孔轻质墙板。也被称为蒸压加气混凝土墙板，它可做室内隔墙，也可作非承重的外墙板。

（1）规格、品种　加气混凝土隔墙条板的一般规格为，厚度 75、100、120、125mm，宽度 600mm，其长度可根据设计要求，即隔墙的高度而定。

加气混凝土条板的品种按其材料分，有水泥—矿渣—砂、水泥—石灰—砂和水泥—石灰—粉煤灰加气混凝土条板；按干密度和强度等级分，有干密度 500kg/m^3、强度等级为 C3 及干密度 700kg/m^3、C5 的条板。

（2）加气混凝土条板隔墙的构造　加气混凝土条板隔

墙，一般采用条板垂直安装，板的上下两端与主体结构紧密牢靠联结，条板与条板之间用上述粘结砂浆接缝的同时，沿板缝上下各 1/3 处，按 30°角斜钉入金属片，在转角墙和丁字墙交接处，在板高上下 1/3 处，应斜向钉入长度不小于 200mmϕ8 铁件。

加气混凝土条板隔墙的基本构造，如图 9-44 所示。

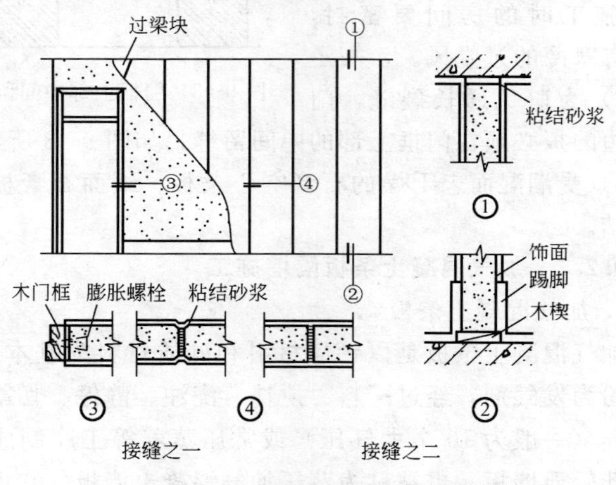

图 9-44 加气混凝土条板隔墙的构造

2. 加气混凝土条板隔墙的安装

(1) 施工准备

1) 材料准备

① 加气混凝土条板，应按设计要求进行选用。

② 砂浆 板条之间的粘结砂浆，可选择使用：

a. 水泥：细砂：108 胶：水＝1：1：0.2：0.3；

b. 水泥：砂＝1：3 加适量 108 胶水溶液；

c. 磨细矿渣粉：中砂＝1：2 或 1：3，加适量水玻璃

（水玻璃波美度 51°左右，相对密度 1.4～1.5）；

d. 水玻璃∶磨细矿渣粉∶细砂＝1∶1∶2。

2）运输与堆放　装卸加气混凝土板材应使用专用工具，运输时应采用良好的绑扎措施。板材于现场的堆放地点应靠近安装地点，地势应坚实、平坦、干燥，不得使板材直接接触地面。墙板的堆放宜侧立放置。在雨季应采取覆盖措施。

3）施工机具及主要配套材料，见表 9-7。

加气混凝土条板隔墙施工主要机具及主要配套材料　　表 9-7

	名　称	用　途
主要施工机具	电动式台锯	板材纵横切锯
	锋钢锯和普通手锯	局部切锯或异形构件切锯
	固定式摩擦夹具	（主要用于外墙施工）吊装横向墙板、窗过梁
	转动式摩擦夹具	（用于外墙）吊装竖向墙板
	电动慢速钻（按钻杆和钻头分扩孔钻、直孔钻、大孔钻）	钻墙面孔穴：扩孔钻用于埋设铁件、暖气片挂钩等 直孔钻用于穿墙铁件或管道敷设；大孔钻用于预埋锚固铁件的垫板、螺栓或接线盒及电开关盒等
	撬棍	调整、挪动墙板位置
	镂槽器	墙板面上镂槽
主要配套材料	塑料胀管 尼龙胀管 钢胀管	用于固定挂衣钩、壁柜搁板、木护墙龙骨及木门窗框等
	铝合金钉 铁销	用于隔墙板之间的连接
	螺栓夹板	用于隔墙板悬挂重物，如厕所水箱、配电箱、洗脸盆支架等

（2）安装操作要点

1）基层清理　在安装板前，应对基层进行清理，并在安装位置上浇水湿润。

2）弹线　根据房屋的轴线位置把墙板线弹出。弹墙板线时应将墙板两侧的边线、墙板节点线、门口及施工洞口位置线用墨线弹出来。

3）安装墙板　加气混凝土墙板一般采用垂直安装，板的两端应与主体结构连接牢靠，板与板之间用粘结砂浆粘结，沿板上下各1/3处按30°角斜钉入金属片，在转角墙和丁字墙交接处，在板高上下1/3处，应斜向钉入长度不小于200mmϕ8铁件，见图9-45、图9-46、图9-47。

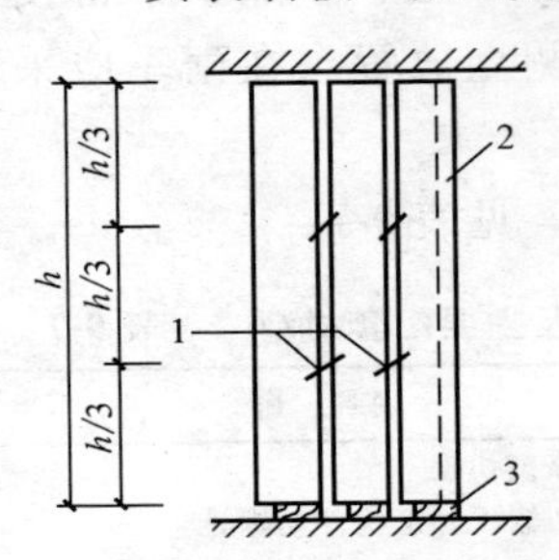

图9-45　加气混凝土条板用铁销、铁钉横向连接示意

1—铁销；2—6″铁钉；3—木楔

4）隔墙板上下连接，较普遍采用刚性节点做法，即在板的上端抹粘结砂浆，与梁或楼板的底部粘结，下部用木楔顶紧，最后在下部的木楔空间填入豆石混凝土，如图9-48所示。

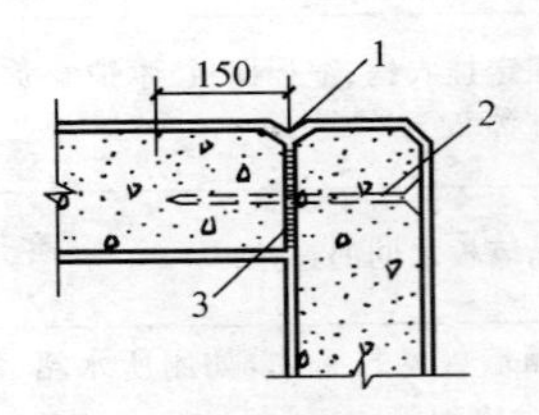

图9-46　转角节点构造

1—八字缝；2—用ϕ8钢筋打尖（经防锈处理）；3—粘结砂浆

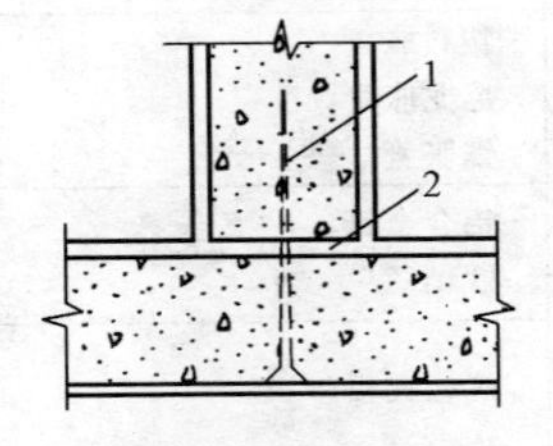

图9-47　丁字墙节点构造

1—用ϕ8钢筋打尖（经防锈处理）；2—粘结砂浆

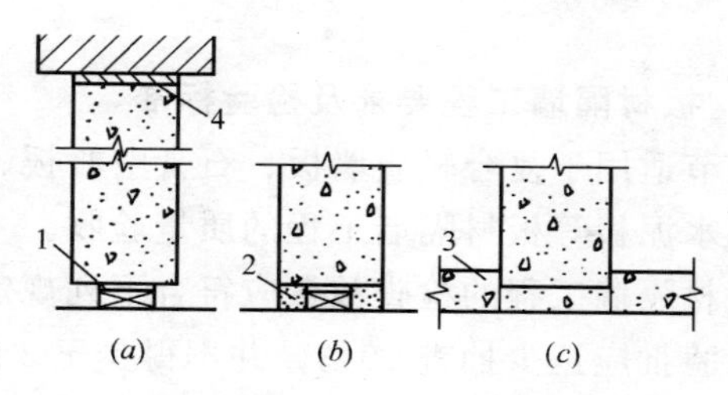

图 9-48　隔墙板上下连接构造方法之一

（a）侧向对打木楔；（b）木楔向空隙塞豆石混凝土；（c）豆石

1—木楔；2—豆石混凝土；3—地面；4—粘结砂浆

5）加气混凝土板内隔墙安装顺序应从门洞处向两端依次进行，门洞两侧宜用整块板。无门洞的墙体，应从一端向另一端顺序安装。

6）安装时拼缝间的粘结砂浆，应以挤出砂浆为宜，缝宽不得大于5mm。板底木楔应经防腐处理，顺板宽方向楔紧。

7）门洞口过梁块的连接，见图9-49。

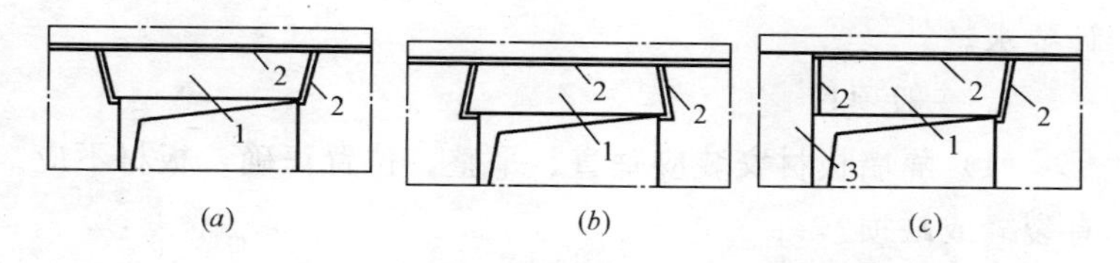

图 9-49　门洞过梁块的连接构造处理

（a）倒八字做法；（b）正八字做法；（c）靠混凝土柱边的做法

1—过梁块（用墙板切锯）；2—粘结砂浆；3—钢筋混凝土柱

（3）加气混凝条板隔墙安装质量要求

加气混凝土条板隔墙安装质量要求与板材隔墙安装质量要求相同。对双层墙板的分户墙，要求两层墙板的缝隙相互错开。

9.2.3 板材隔墙工程要求及检验标准

(1) 本节适用于复合轻质墙板、石膏空心板、预制或现制的钢丝网水泥板等板材隔墙工程的质量验收。

(2) 板材隔墙工程的检查数量应符合下列规定：

每个检验批应至少抽查10%，并不得少于3间；不足3间时应全数检查。

1. 主控项目

(1) 隔墙板材的品种、规格、性能、颜色应符合设计要求。有隔声、隔热、阻燃、防潮等特殊要求的工程，板材应有相应性能等级的检测报告。

(2) 安装隔墙板材所需预埋件、连接件的位置、数量及连接方法应符合设计要求。

(3) 隔墙板材安装必须牢固。现制钢丝网水泥隔墙与周边墙体的连接方法应符合设计要求，并应连接牢固。

(4) 隔墙板材所用接缝材料的品种及接缝方法应符合设计要求。

2. 一般项目

(1) 隔墙板材安装应垂直、平整、位置正确，板材不应有裂缝或缺损。

(2) 板材隔墙表面应平整光滑、色泽一致、洁净，接缝应均匀、顺直。

(3) 隔墙上的孔洞、槽、盒应位置正确、套割方正、边缘整齐。

(4) 板材隔墙安装的允许偏差和检验方法应符合表9-8的规定。

板材隔墙安装的允许偏差和检验方法　　表 9-8

项次	项　目	允许偏差(mm)				检验方法
		复合轻质墙板		石膏空心板	钢丝网水泥板	
		金属夹芯板	其他复合板			
1	立面垂直度	2	3	3	3	用 2m 垂直检测尺检查
2	表面平整度	2	3	3	3	用 2m 靠尺和塞尺检查
3	阴阳角方正	3	3	3	4	用直角检测尺检查
4	接缝高低差	1	2	2	3	用钢直尺和塞尺检查

9.3 石膏板贴面隔墙施工

纸面石膏板可以用粘结石膏直接贴在混凝土板墙、砖墙、砌块墙等隔墙面上。这种方法具有施工速度快、干作业，装饰质量高等优点。同时具有防火、隔声和热工性能很好的效果。

石膏板粘贴方法有直接粘贴法，板条铺板和龙骨铺板等几种方法。

9.3.1 施工准备

1. 材料

(1) 纸面石膏板　纸面石膏板是以矿石为基本原料，经粗碎、粉磨、煅烧而制成熟石膏粉。再加入纤维、胶粘剂、促凝剂、缓凝剂辅料，与水混合成料浆后，铺于废纸，其上再覆以面纸，经整形、胶凝、干燥等工序加工制成。

纸面石膏板规格和种类，见表 9-9。

(2) 粘结石膏粉　粘结石膏粉的主要成分是精细的半水石膏粉加入一定量的胶料等添加剂制成。主要用于石膏板贴面墙和其他需要牢固粘结部分，粘结石膏粉以纸袋包装，每

龙牌纸面石膏装饰板的种类及规格　　表 9-9

种类		规格			板边形状	应用范围	备注
		长(mm)	宽(mm)	厚(mm)			
普通纸面石膏板		2400 2700 3000 3300	900 1200	9.5 12 15 18 25	半圆形边 楔形边 直角边 45°侧角边	建筑物围护墙，内隔墙，吊顶	石膏板长度可按用户要求裁为任意长度
防火纸面石膏板						建筑中有防火要求的部位及钢木结构耐火护面	
防水纸面石膏板				9.5 12		外墙衬板，卫生间，厨房等房间瓷砖墙面衬板	
石膏复合板	石膏龙骨复合板	2400 2700 3000 3300	900 1200	50 92		建筑物内隔墙 保温墙面装修 浮筑干地板	
	石膏复合地板	2000	600	30(无保温层) 50～60(有保温层)			
	石膏板聚苯泡沫复合板	1200	1200	9.5＋20～30			
石膏装饰板		2500	1200	9.5 12 15	直角边	板面粘贴 PVC 等装饰面层可一次完成装修工序	

续表

种类		规格			板边形状	应用范围	备注
		长(mm)	宽(mm)	厚(mm)			
吸声板	圆孔型	600	600 1200	9.5 12	直角边	用于影剧院、餐厅、展厅、电话间、旅游建筑等有吸声要求的地方	孔径 6mm，孔距18mm，开孔率8.7%
	长孔型		600				孔长 70mm，孔距13mm，孔宽 2mm，开孔率5.5%
顶棚	素板	500 600 900 1200	450 500 600	9.5 12		各类建筑室内吊顶	1200板仅限素板
	印花装饰板						
浇注石膏板		600	600			室内吊顶	

袋 25kg。

(3) 粘结石膏腻子，粘结石膏腻子可以自己调配：石膏粉：水=1：0.4（水温不低于 5℃）静置 5～6min 后，用搅拌机将其搅拌成均匀黏稠的膏状物放置 10～20min 即可使用。

(4) 嵌缝石膏粉　嵌缝石膏粉主要成分是精细半水石膏粉加入一定量的缓凝剂，它以纸袋包装，每袋 25kg。嵌缝石膏腻子，可以调配。

调配方法：石膏粉：水=1：0.6（水温不低于 5℃），静置 5～6min，人工或机械搅拌均匀呈糊状，放置半小时后，即可使用。

常温下嵌缝腻子包括调制时间在内的使用时间为 40～70min。

2. 工具

(1) 手工工具　线坠、卷尺、角尺、刀锯、木抹子、手工搅拌器、粉笔。

(2) 电动工具　电钻、型材切割机、电动搅拌器。

9.3.2　直接粘结法粘贴石膏板操作要点

1. 在砌筑墙面上按石膏板宽度画线。

2. 为使石膏板的板面上下对正，用粉笔在顶棚及地面上画定位线。

3. 将粘结石膏粉制成的石膏糊团摊涂到墙面上，糊团直径为 50mm，高度最小为 10mm，在水平垂直方向上的间隔均不超过 450mm（1200mm 宽板上摊 4 排），如图 9-50 所示。

4. 摆正石膏板，用直尺敲压就位。

5. 因为所用粘结石膏的凝固时间较短，故应一块板一

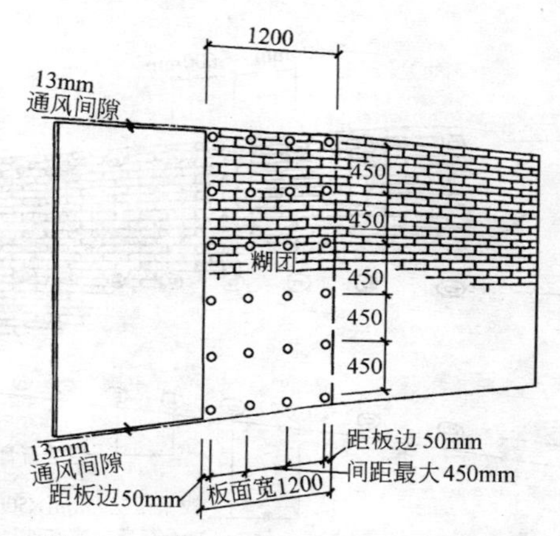

图 9-50　在平整墙面上直接贴板示意

块板地进行摊布糊团与铺贴。

6. 在石膏板上下均要留出 13mm 的间隙以保证石膏板与地面和吊顶处及墙体间有适当通风。

7. 石膏板粘贴时，要在粘贴石膏未凝团之前，将石膏板支顶在墙上，也可以用钉穿入板边钉入砌块。

8. 不平整墙面粘贴石膏板时，可以采用找平垫块，使石膏板有一个平整的背衬面，然后再粘贴石膏板。具体做法如下：

先在墙面上拉线，找出墙凸凹处，并确定石膏板安装位置。布置找平垫块（石膏板切割成 75mm×75mm）并将垫块用粘结石膏贴在墙面上，如图 9-51 所示。找平垫块，即可粘贴石膏板。

9.3.3　板条铺板方法粘贴石膏板

1. 切割石膏板成 100mm 宽的石膏板条。

2. 先将石膏板条粘贴在墙的上下水平边缘，然后根据

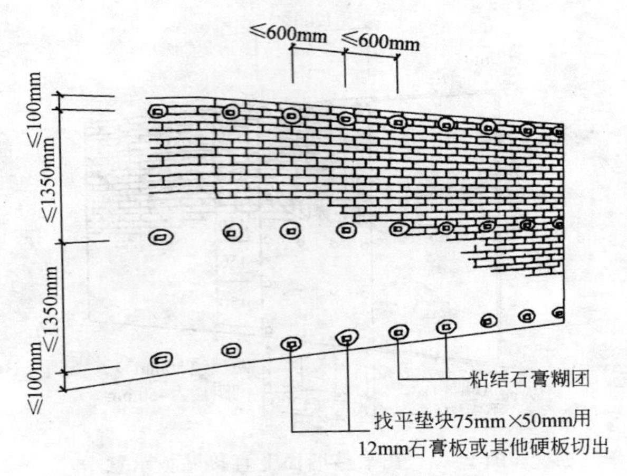

图 9-51 不平整墙面的调平示意

整张石膏板的宽度垂直地粘贴石膏板条，并一起找正。水平板条应与地面和垂直板条之间留有间隙以利通风。若是需要保温的外墙，则板条应叠加至足以容纳岩棉保温层的厚度。

3. 水平板条与地面及顶棚之间应留有 13mm 间隙，垂直板条之间的距离不应超过石膏板允许的跨度，并使其板边落在板条上。

4. 将调好的粘结石膏涂在板条或石膏板的背面，随即贴牢并做到板面齐平，最后进行嵌缝处理。

9.3.4 龙骨铺板方法粘贴石膏板

1. 使用竖龙骨垂直布置，间距最大为 600mm。

2. 用射钉或混凝土钉将竖龙骨固定到墙面上，钉距为 600mm。

3. 剪切小段龙骨安装在墙体的上下沿位置，作为石膏板的上下两端固定之用。小段龙骨的端头与竖龙骨之间留有 25mm 的通风间隙。如图 9-52 所示。

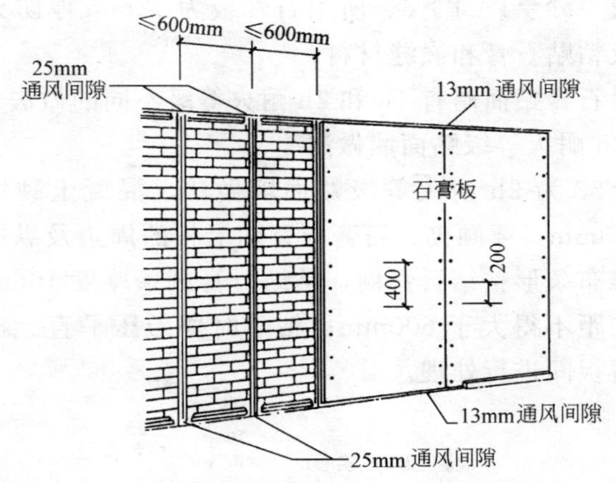

图 9-52　龙骨铺板示意

4. 石膏板可以纵向铺，也可以横向铺，但垂直接缝的必须是落在竖龙骨上。

5. 为保持石膏板与墙体之间的通风，在石膏板的上部与下部也要各留 13mm 的间隙。

6. 用自攻螺钉将石膏板固定在竖龙骨上，石膏板中部的钉距为 400mm，板边钉距为 200mm。

7. 自攻螺钉的位置距板边或板端的距离不得小于 10mm，也不得大于 16mm。

8. 也可以用粘结石膏将石膏板粘贴到木质或石膏板条上（如前述“板条铺板方法”），而板条是预先固定在墙体上。

9.3.5　耐火等级砌体的防火石膏板粘贴

耐火等级的砌筑砌体，是指在混凝土砌块两侧粘贴 12mm 厚的防火石膏板，即防火石膏板贴面墙，砌块墙体的砌块间的缝宽 10mm，两侧要填嵌齐平，所用砂浆比例为水泥：石灰：砂＝1：1：6。所用石膏板为12mm厚防火石膏板，以及粘贴石膏和嵌缝材料。

防火石膏贴面墙有1h和2h耐火等级不同的做法。

1. 2h耐火等级贴面墙做法

图9-53为2h耐火等级贴面墙做法。混凝土砌块（实心）厚90mm，要顺砌、石膏板背面沿板的周边及纵向中心线连续摊布条形粘结石膏糊，粘结石膏糊条厚度10mm，膏条纵向间距不得大于600mm；粘贴时要敲压平直。再用嵌缝材料对板间进行处理。

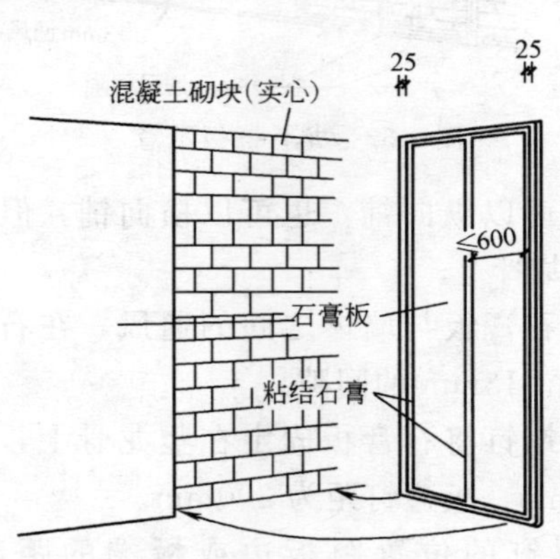

图9-53　2h耐火等级贴面墙

2. 1h耐火等级贴面墙做法

图9-54为1h耐火等级贴面墙做法。

混凝土砌块（空心）厚150mm，压缝砌筑。石膏板背面，沿周边及纵向中心线断续地摊铺粘结石膏糊，膏条长225mm，宽75mm，厚15mm，纵向膏条的间距不大于600mm。铺贴时墙体两侧石膏板的垂直缝要错开，板面要敲压平直，最后用嵌缝材料，将石膏板按缝填严密。用滚抹

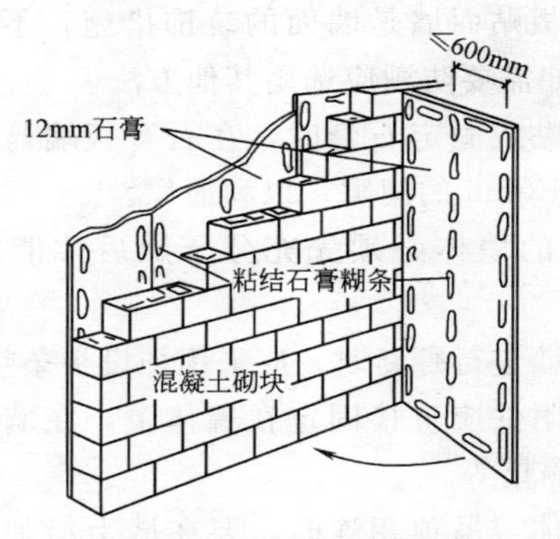

图 9-54　1h 耐火等级贴面墙

子压平。用 2 号砂布磨光。

9.3.6　石膏板贴面墙表面装饰

1. 嵌缝处理

石膏板贴面墙板缝处理，见 9.1.2 中 3.（5）7）②③的内容。

2. 角缝处理

石膏板贴面墙板角缝处理，见 9.1.2 中 3.（5）8）9）。

3. 石膏板贴面墙装饰

石膏板贴面墙表面装饰方法是多种多样的，最常见的是裱糊或镶贴墙纸、墙布、天然织物、超薄木片，瓷砖或镜面玻璃等。也可以采用平刷、喷涂、或滚涂，以不同质地色彩和造型形式，体现不同的装饰效果及适应建筑物的功能要求。

9.3.7　石膏板贴面墙安装注意事项

1. 水分或湿度过大的墙面不能使用。
2. 对于有防火要求的墙面应严格按防火要求施工。

3. 石膏板贴面墙是墙面的装饰措施，不应作为墙体的防潮手段，如需要防潮应选用其他方法。

4. 在粘贴或固定石膏时，在石膏板墙与顶棚及与地板之间应留出 13mm 的间隙，以利通风。

5. 新砌的墙体必须先充分干燥后才能进行贴面墙的施工。

6. 对旧墙进行翻新时，应采用加设板条垫板的做法。

7. 墙体附件应直接固定在墙体上，在墙体与石膏板之间应加金属隔垫等。

8. 当墙体与吊顶相连时，要在墙上沿加胶粘剂将石膏板边部护角固定。

9. 当心石膏板端部与其他结构体相接，或与不同结构的墙体相接，以及墙体的原有结构缝处，均应加膨胀缝。

10. 对于吸水性强的墙面必须预先润湿，以免墙体在粘结石膏在未凝固时将水分吸收。

11. 对于被处理过的光滑不吸水的墙面，预先在粘结处宜涂抹相应涂料，以起“粘贴桥”的作用。“粘贴桥”应保证与墙面及粘结石膏的牢固粘结。

12. 墙体上如存在 200mm 左右的凹凸面时，必须作找平处理，找平处应不低于粘结石膏的粘结强度。

9.4 金属与活动式隔断

金属隔断，就是用金属型材、板材、花格等制作的隔断。用于分隔室内空间，又起到装饰效果，是目前广泛采用的隔断。

按安装方式不同，可分为固定式和移动式两种。

9.4.1 铝合金玻璃隔断

铝合金玻璃隔断，就是用铝合金型材做骨架，用铝合金板和玻璃做隔断芯材而制作的隔断。

1. 铝合金玻璃隔断构造

图 9-55 为铝合金玻璃隔断构造示意图。它是由铝合金型材做边框，由铝合金板和玻璃板做隔断的芯板构成。

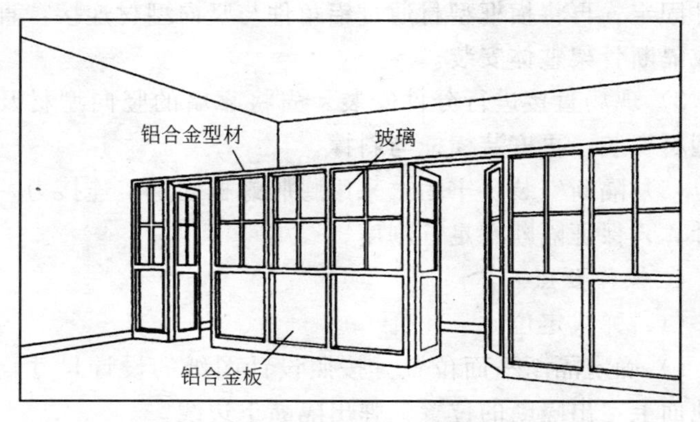

图 9-55 铝合金玻璃隔断

2. 施工工艺

铝合金玻璃隔断施工工艺，如图 9-56 所示。

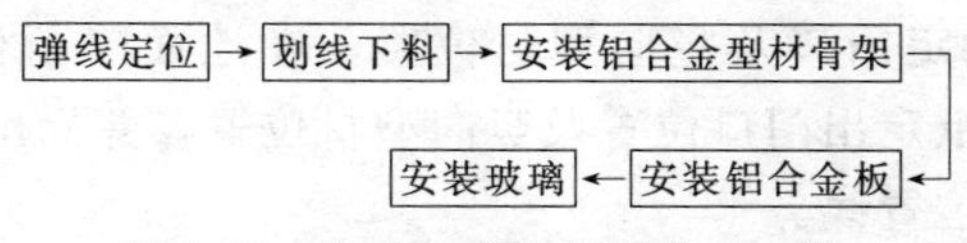

图 9-56 铝合金玻璃隔断施工工艺

3. 施工要点

(1) 隔断安装应保证其垂直度和平整度，符合施工规范要求。

(2) 铝合金型材与地面、墙面接触处，应铺设橡胶条或沥青泡沫塑料条。

(3) 隔断立面处理应均匀合理，竖向型材间距应考虑玻璃、板材尺寸，经过计算进行分格。

(4) 确定骨架安装方法：一是地面组装整体安装；二是在现场直接分件进行安装。

1) 地面组装。从一端开始，先将靠墙的竖向型材与铝角件固定，再将横框型材通过铝角件与竖向型材连接，直接组成隔断骨架整体安装。

2) 现场直接进行分件安装。先将靠墙的竖向型材及地面型材安装，再安装横框与斜撑。

(5) 隔断安装要牢固，采用膨胀螺栓固定，连接力一定要计算，保证隔断有足够刚度。

4. 操作要点

(1) 弹线定位

1) 确定隔断平面位置。按照设计图纸的设计尺寸，在楼地面上定出隔断的位置，弹出隔断下边线。

2) 确定隔断在墙面位置及高度。在隔断两端的墙（或柱）上，用线坠引测隔断垂直线，并弹出墨线。并在隔断垂线上标出隔断的高度符号，并标出靠墙型材固定点的位置线。

3) 确定门口及竖向型材位置。在地面隔断位置线上，按设计图纸定出门口位置及竖向型材位置，并标出靠地型材固定点的位置线。

(2) 划线下料

1) 建立工作平台。在划线下料前，应建立一个工作平台，一方面可以放样，另一方面也可以保证划线下料的准确度。

2) 划线顺序。划线应先划长型材线，后划短型线。并将竖向型材与横向型材分开进行划线。

3）下料尺寸确定。首先应复核实际所需尺寸与施工图中标注的尺寸是否有误差。如误差小于 5mm，则按施工图下料，否则应按实量尺寸施工。

4）划线。首先以竖向型材的端头为基准，划出与竖向型材的各连接位置线，以保证顶地之间，竖向型材安装的垂直度和对位的准确性。再以竖向型材的一端头为基准，划出与横档型材各连接位置线，以保证各竖向型材之间横撑型材安装的水平度。划线的精确度应控制在长度误差的±0.5mm。

5）下料。下料可用铝型材切割机，切割时应齐线切，或留出线痕以保证尺寸准确。切割加工件，应将加工件在操作平台上放平，锯片用力均匀，要求切口边部光滑，若有毛刺应立即铲除。

（3）安装铝合金型材隔断骨架

1）固定靠墙面竖向型材和落地面型材。固定方法有两种：一是用铁脚件固定，二是用膨胀螺栓或射钉固定。

① 用铁脚件固定。在靠墙竖向型材和沿地地面横向型材固定点的位置上，预埋锚固件（或木砖），将铁脚件一端与墙面和地面的预埋件相连接，另一端与竖向和横向型材连接。

② 用膨胀螺栓或射钉固定。用膨胀螺栓固定光电钻孔，孔深 45mm 左右，向孔内放入 M6 或 M8 的膨胀螺栓。也可在固定点位置，用射钉固定。

2）安装竖向型材与横向型材。竖向型材与横向型材连接通过铝角进行的。先在竖向型材与横向型材连接的划线位置上固定铝角件。铝角件上应先打好 $\phi3$ 或 $\phi4$mm 的两个孔，孔中心距铝角件端头 10mm。然后用一小截厚 10mm 左右的型材放于竖向型材与横向型材固定的划线位置上，再将铝件放入这一小截型材上打出两孔，如图 9-57 所示。最后用 M4 或 M5 自攻螺钉把铝角件固定于竖向型材上。这一小截型材实际上起到模规的作用。

安装时，先将竖向型材与地面横材固定，再将横向型材端头插入竖向型材上的铝角件上，并使其端头与竖向型材侧面靠紧，再用手电钻将横向型材与铝角件一并打两个孔，然后用自攻螺钉固定，如图 9-58 所示。自攻螺钉可用半圆头（或沉头）M4×20 或 M5×20。

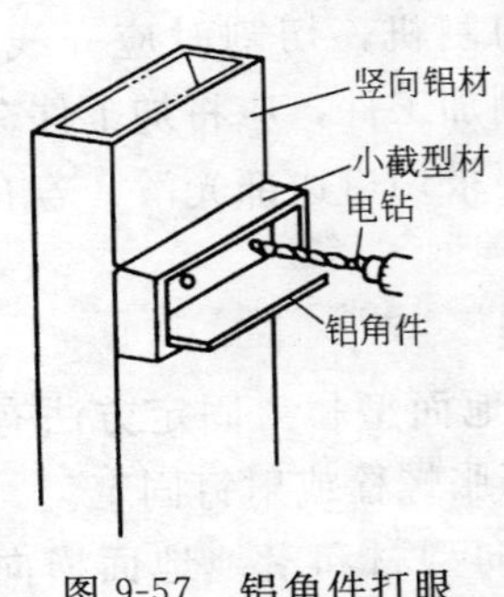

图 9-57　铝角件打眼

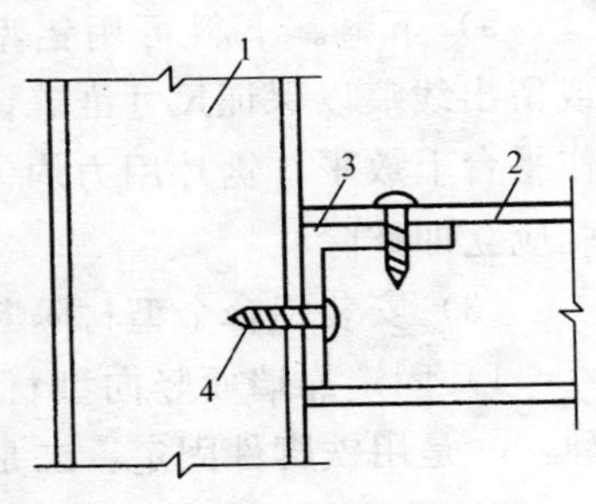

图 9-58　两型材的接合形式

1—竖向型材；2—横向型材；
3—角铝件；4—自攻螺钉

（4）安装隔断铝合金板

铝合金玻璃隔断，在 1m 高度以下，都安装铝合金板。在 1m 上安装玻璃。

铝合金板的安装是用同色铝合金槽条夹住铝合金饰面板，以自攻螺钉固定槽条，如图 9-59 所示。

（5）安装玻璃

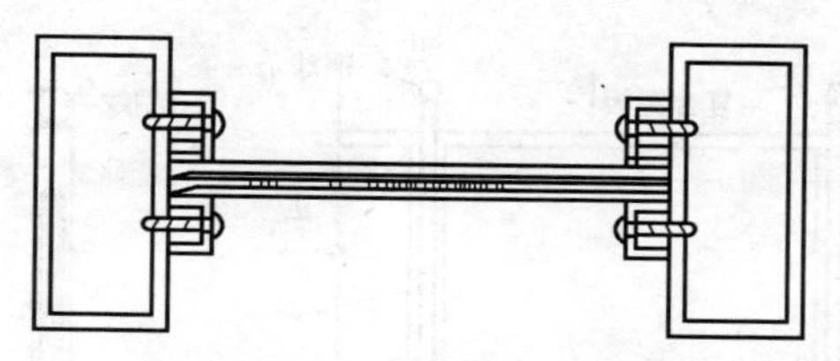

图 9-59 铝合金墙面板的安装

在金属框里安装玻璃，先在框上弹出玻璃位置线，在线的一边固定上金属压条槽（槽内镶木条）安装玻璃，接着在另一边钉金属压条槽，如图 9-60 所示。

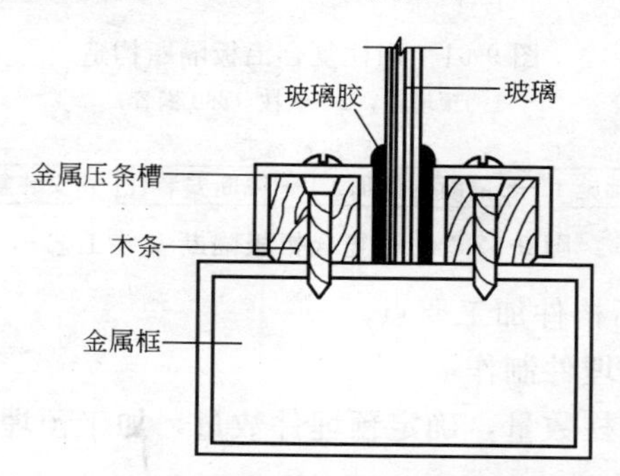

图 9-60 金属框里安装玻璃

9.4.2 铜柱复合铝板隔断

铜柱复合铝板隔断，即用铜管作为立柱，用铝合金复合铝板为隔板安装的隔断。

1. 铜柱复合铝板隔断构造

图 9-61 为铜柱复合铝板隔断构造示意图，它是由铜柱和复合铝板组成。

2. 施工工艺

铜柱复合铝板隔断施工工艺如图 9-62 所示。

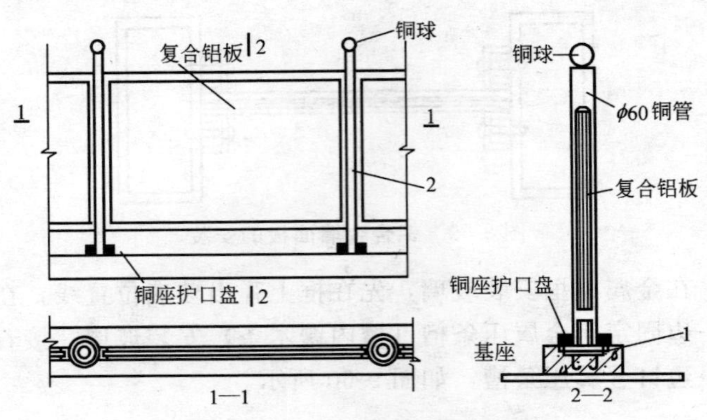

图 9-61 铜柱复合铝板隔断构造

1—预埋件；2—铜柱（φ60 铜管）

隔断基础施工 → 隔断构件加工 → 隔断安装柱 → 安装复合铝板

图 9-62 铜柱复合铝板隔断安装工艺

3. 隔断构件加工要点

（1）预埋件制作

根据立柱数量，确定预埋件数量，加工预埋件采用手工电弧焊。

（2）铜柱加工

铜柱上安装复合铝板，故按槽铝的规格，在铜柱上开槽口。加工方法应是在刨床上进行。

（3）复合铝板加工

复合铝板按尺寸下料，四周应嵌镶槽铝。

（4）铜质成品护口盘加工

铜柱的铜质成品护口盘，可以用薄铜板冲压成，也可用厚铜板在车床上加工而成。

4. 隔断安装要点

（1）弹线定位

根据设计图纸，在楼（地）面上弹出隔断基础位置线，并标出立柱中心位置线。

（2）基础施工

1）支模。按基础尺寸支边模。

2）绑钢筋。绑扎基础钢筋。

3）安放预埋件。将预埋件固定在立柱中心位置上，防止混凝土施工时产生移动。

4）浇筑混凝土。检查钢筋、模板及预埋件，安放合格后浇筑混凝土，养护后方可拆模。

（3）安装立柱

1）安装立柱前，应检查预埋件中心位置是否正确，否则应及时修整。

2）焊接插接管。将插立柱的钢管焊接在立柱的预埋件中心位置上。

3）安装立柱。将铜管立柱插接在钢管上，如图 9-63 所示。

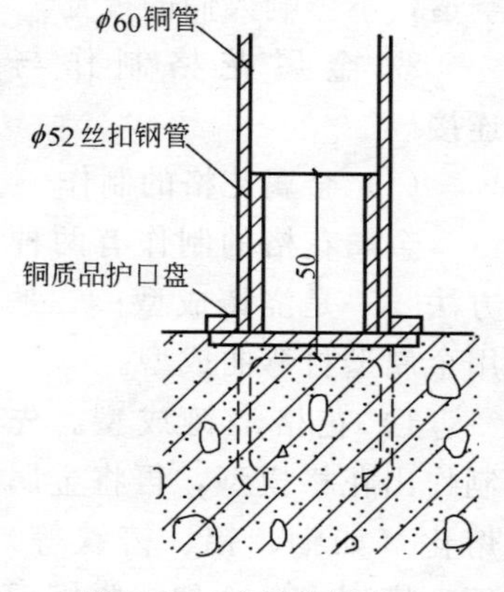

图 9-63　立柱安装节点

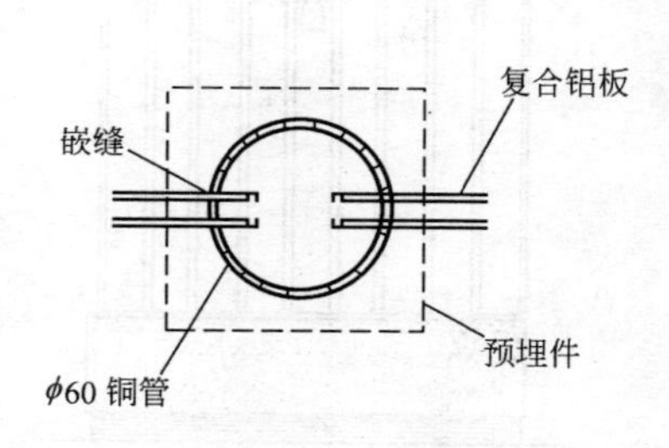

图 9-64　复合铝板安装节点

4）安装护口盘。立柱安装后，应将护口盘套在立柱上。

（4）安装复合铝板

将加工后的复合铝板插进立柱的槽口里，如图 9-64 所示。

（5）嵌缝

复合铝板与立柱的缝隙，用耐候胶进行嵌镶。

（6）焊接铜球

将加工铜球的成品，应通过焊接安装在立柱的顶端。

9.4.3 金属花格隔断

金属花格隔断，就是用金属型材（不锈钢、铝合金、铁等型材）制作花格组成隔断。又因金属花格纤细、精致、空透，用于室内隔断十分美观。再加上嵌彩色玻璃、有机玻璃、硬木等更显富丽。它适用于装饰要求高的住宅及公共建筑中。

1. 金属花格隔断构造

图 9-65 为金属花格隔断构造示意图。它是由金属框架和金属花格构成。其特点是空透，不影响人们的视觉。

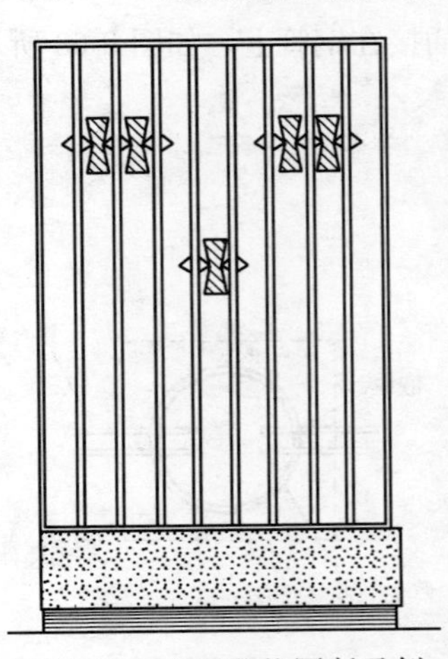

图 9-65 金属花格隔断示例

2. 金属花格制作与连接

（1）金属花格的制作

金属花格的制作有两种方法：一是浇铸成型；二是用金属型材弯曲成型。

1）花格浇铸成型。先制作出花格模型，再将金属熔化（如铜、铝、铸铁等）倒入模型内，冷却、脱模后浇铸成型。

2）金属花格弯曲成型。用金属型材（如不锈钢、铝合金、铜合金、钢管、钢筋等型材），先加工成小花格，再由小花格拼成大花格。

（2）金属花格连接

金属花格连接方法有三种：焊接、铆接和螺栓连接。

1）焊接连接。图 9-66（*a*）为焊接连接。

2）铆接连接。图 9-66（*b*）为铆接连接。

3）螺栓连接。图 9-66（*c*）为螺栓连接。

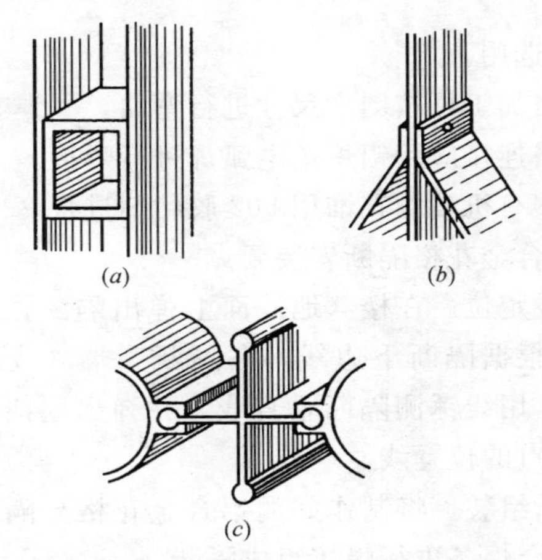

图 9-66　金属花格的连接

（*a*）焊接；（*b*）栓接或铆接；（*c*）栓接

3．铝合金花格隔断安装

（1）铝合金花格制作要点

图 9-67 为铝合金花格节点图和局部立面图。

1）根据图形花格是铝带弯曲加工而成，故按规格按设

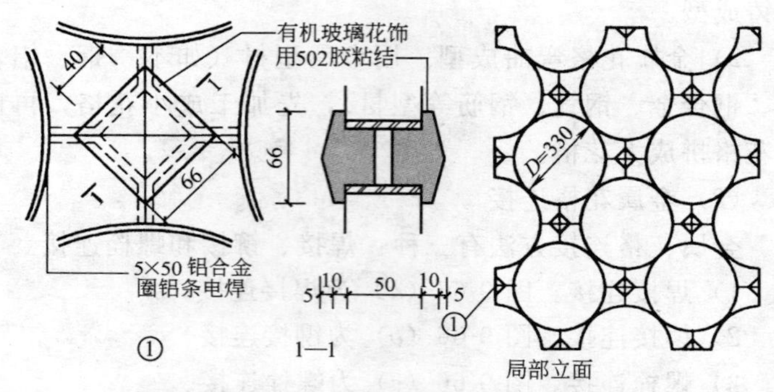

图 9-67 铝合金花格节点图和局部立面图

计要求进行选用。

2）花格加工可按图中尺寸进行弯曲。

3）花格连接应用铝焊条电弧焊进行焊接。

4）嵌镶有机玻璃花饰用 502 胶粘剂进行。

（2）铝合金花格隔断安装要点

1）弹线定位。在楼（地）面上弹出隔断位置线，即隔断下边线。根据隔断下边线，在隔断一端（或两端）的墙（或柱）上，用线锤测隔断垂直线，并弹出墨线，标出高度符号和固定点的位置线。

2）隔断组装。将制作好的铝合金花格与隔断铝合金型材框用铝合金焊条进行焊接组成隔断。

3）隔断安装。铝合金花格隔断组装后，整片进行安装。安装前靠墙、靠地接触处应铺设橡胶条或塑料泡沫沥青条。用膨胀螺栓或用射钉将边框与墙体、地面和屋面固定。

图 9-68 为铝合金花格隔断安装示意图。

4. 轻钢花格隔断安装

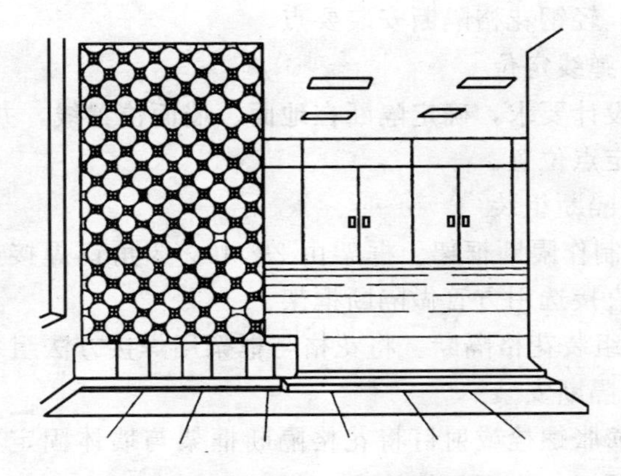

图 9-68 铝合金花格隔断安装示意图

轻钢花格隔断，即用轻钢型材制作的花格，通过焊接与轻钢型材骨架连成整体的隔断。

(1) 轻钢花格制作要点

1) 根据图 9-69 确定花格是由扁钢 40×5 煨成圆圈，从而按图选用材料进行圆圈加工。

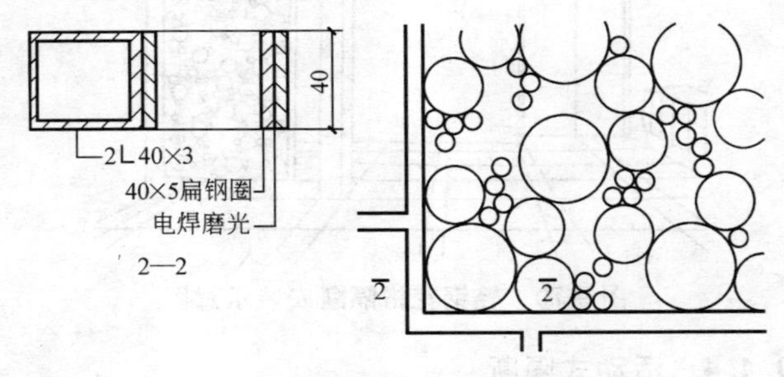

图 9-69 轻钢花格

2) 花格连接是通过焊接方法连接的，故花格焊接处应进行打磨处理。

(2) 轻钢花格隔断安装要点

1) 弹线定位

按设计要求，确定隔断在地面、墙面位置线，并标出标高及固定点位置。

2) 隔断组装

① 制作隔断框架。框架由 2×40×3 角钢焊接成方管，也可以直接选用方管做隔断框架。

② 组装花格隔断。将花格与框架用焊接方法组装隔断。

3) 隔断安装

用膨胀螺栓或射钉将花格隔断框架与墙体固定在一起，也可用预埋件将框架焊接在一起。

图 9-70 为轻钢花格隔断安装示意图。

图 9-70 轻钢花格隔断安装示意图

9.4.4 活动式隔断

移动式隔断可以随意闭合或打开，使相邻的空间随之独立或合成一个大空间。这种隔断使用灵活，在关闭时，也能起到限定空间的作用。

移动式隔断的类型很多，按启闭方式可分为五类，即拼装式、移动式、折叠式、卷帘式、帷幕式。根据隔扇（板）的收藏方式，又可分为一侧收拢或两侧吸拢、明置式和隐蔽式收拢等。

图 9-71 为常见的移动式隔断启闭形式。

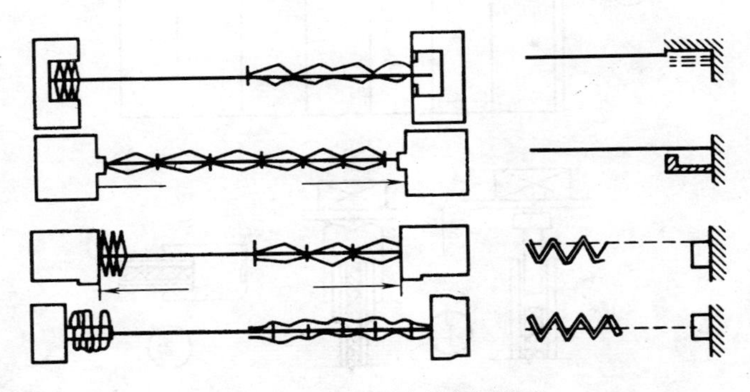

图 9-71　移动式隔断启闭形式

1. 拼装式复合铝板隔断

(1) 拼装式复合铝板隔断构造

图 9-72 为拼装式复合铝板隔断构造示意图。它是由若干独立的隔扇拼装而成。隔扇用复合铝板做板芯，用槽铝做框架；两相邻的隔扇之间做成直缝，也可以做成企口缝。不设滑轮和导轨。隔断的上部应设有通长的上槛。上槛一般有两种形式，一种为槽形，另一种是 T 形。

(2) 加工要点

1) 上槛制作。上槛有 T 形和槽形两种，加工时分别选用轻钢方管和槽形材，根据尺寸焊接成上槛。

2) 隔扇制作。隔扇选用槽铝作扇框，选用复合铝板为扇芯，通过铝焊加工成型。

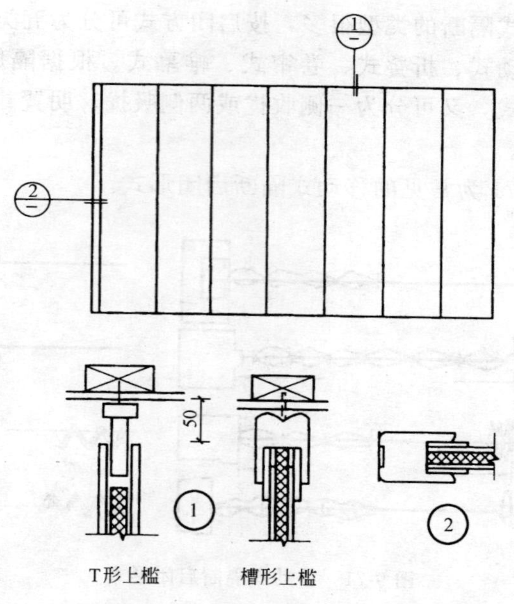

图 9-72　拼装式隔断立面与节点

（3）安装要点

1）将上槛用膨胀螺栓固定在平顶上。

2）隔扇安装时，均要使隔扇的顶面与平顶之间保持50mm左右的空隙，以便安装和拆卸。

3）隔断的一端与墙面之间的缝隙可用一个与上槛大小和形状相同的槽形补充来掩盖，同时也便于安装和拆卸隔墙。

4）隔扇的底部可加隔声密封条或直接将隔扇落在地面上，能起到较好的隔声作用。

2. 折叠式复合铝板隔断

折叠式复合铝板隔断有单面折叠式复合铝板隔断和双面折叠式复合铝板隔断。

(1) 单面折叠式复合铝板隔断

1) 安装形式

这种隔断的隔扇上部滑轮可以设在顶面的一边，即隔扇的边框上，也可以设在顶面的中央，当设在一端时，由于隔扇的重心与作为支承点的滑轮不在同一条直线上，必须在平顶与楼地面上同时铺设轨道，以免隔扇受水平推力的作用而倾斜。如把滑轮设在隔扇顶面中央，由于支撑点与隔扇的重心位于同一条直线上，楼地面上不一定再设轨道。采用手动开关的，可取五扇或七扇。扇数过多，需用机械开关。隔扇之间用铰链连接，少数隔断也可两扇一组地连接起来，如图9-73所示。

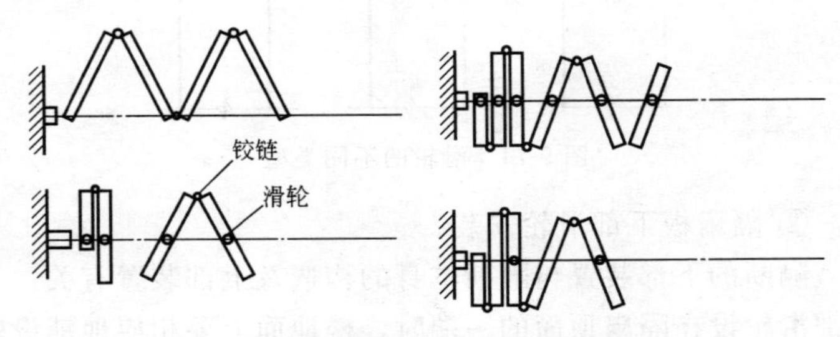

图 9-73　滑轮和铰链的位置示意

2) 隔扇制作要点

隔扇由复合铝板做板芯，槽铝为边框组成。

① 板芯制作。根据隔扇尺寸，将复合铝板下料，四边折叠后封口。

② 边框制作。根据复合铝板规格，选定槽铝，制成边框。

③ 组装隔扇。将槽铝边框安装在复合铝板四周，用胶粘剂（或铝焊）将铝边框与复合铝板芯粘结（焊接）在一起。

3）安装要点

① 隔扇板上部滑轮安装

上部滑轮的形式较多，如图 9-74 所示。隔断较重时，可采用带有滚珠轴承的滑轮，轮缘是钢的或是尼龙的。隔扇较轻时，可采用带有金属轴套的尼龙滑轮或滑组，如图 9-74 所示。

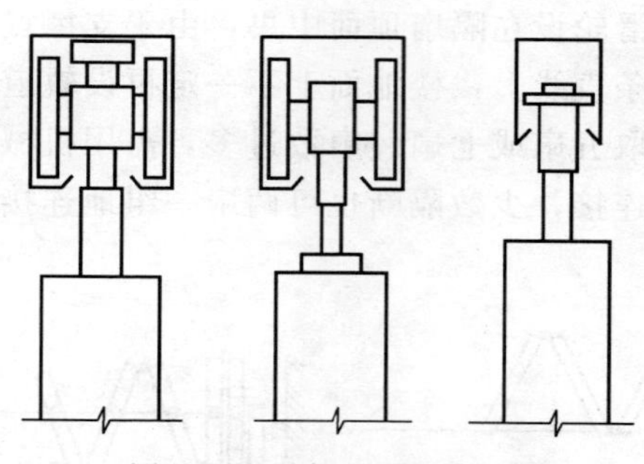

图 9-74　滑轮的不同类型

② 隔扇板下部滑轮安装

隔断的下部装置与隔断本身的构造及上部装置有关。当上部滑轮设在隔扇顶面的一端时，楼地面上要相应地铺设轨道，隔扇底面要相应地设滑轮，构成下部支承点，这种轨道断面多数是 T 形的［图 9-75（*a*）］，如果隔扇较高，可在楼地面上设置导向槽，在隔扇的底面相应地设置中间带凸缘的滑轮或导向杆。防止在启闭过程中间摇摆，如图 9-75（*b*）、（*c*）所示。

（2）双面复合铝板折叠式隔断

这种隔断可以有框架或无框架。所谓有框架就是在双面隔断的中间设置若干个立框，在立柱间设置数排金属伸缩架，如图 9-76 所示。伸缩架的数量依隔断的高度而定，少则

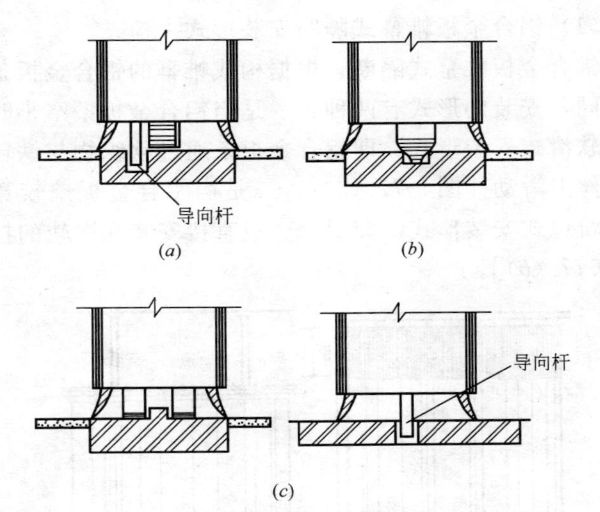

图 9-75 隔断的下部装置

一排，多则两排到三排。

框架的两侧隔板，用复合铝板制成。相邻的隔板多用密实的织物（帆布带、橡胶带等）沿整个高度方向连接在一起，同时，还要将织物或橡胶带等固定在框架的立柱上。

3. 单层铝合金板帷幕式隔断

铝合金板帷幕式隔断分隔室内空间，既可少占使用面积，又能满足遮挡视线的要求。现在多用于住宅、旅店和医院。

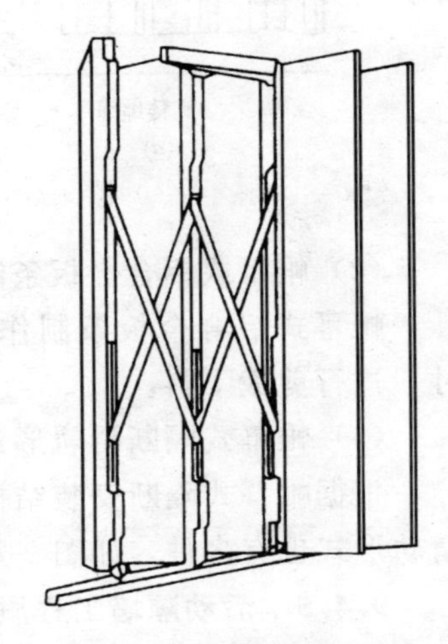
图 9-76 有框架的双面复合铝板隔断

(1) 铝合金板帷幕式隔断安装形式

铝合金板帷幕式隔断，根据构成帷幕的铝合金板条的宽度不同，安装的形式有两种：一是当铝合金板条窄小时，可采用软滑式安装形式，即铝合金板条通过软织物与铁环连接在钢丝上滑动［图 9-77 (*a*)］；二是当铝合金板条较宽时可采用轨道式安装形式。即铝合金板直接安装在滑轨的挂钩上［图 9-77 (*b*)］。

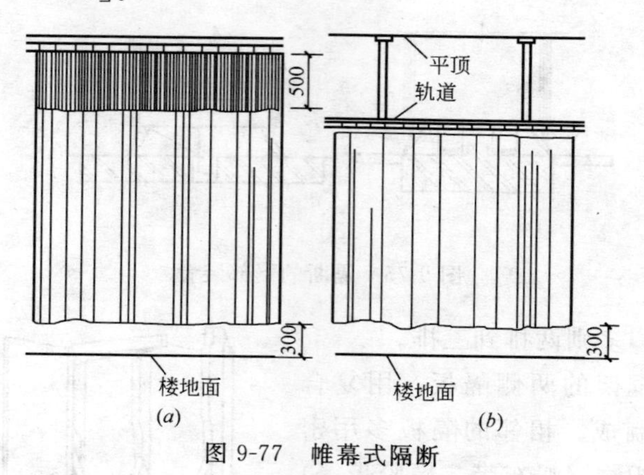

图 9-77　帷幕式隔断

(2) 帷幕式铝合金板条制作

帷幕式铝合金板条制作，可用单层铝板，根据设计尺寸，进行剪裁下料。

(3) 帷幕式隔断滑轨形式

根据帷幕式隔断安装结构不同，故帷幕式隔断所使用的滑轨形式也有多种，如图 9-78 所示。

9.4.5　活动隔墙工程质量要求及检验标准

(1) 本节适用于各种活动隔墙工程的质量验收。

(2) 活动隔墙工程的检查数量应符合下列规定：

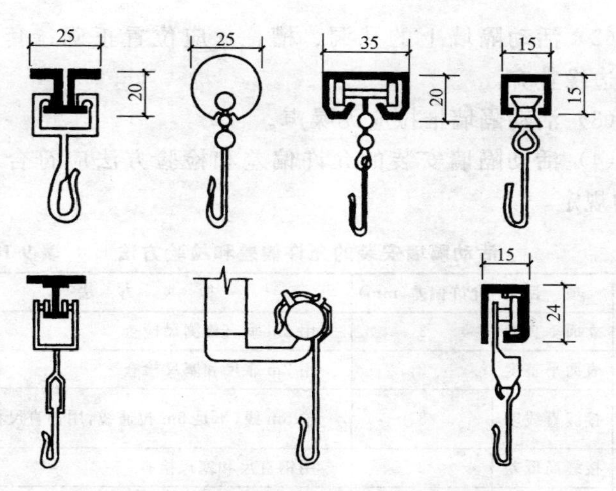

图 9-78 帷幕式隔断的各种滑轨

每个检验批应至少抽查 20%，并不得少于 6 间；不足 6 间时应全数检查。

1. 主控项目

(1) 活动隔墙所用墙板、配件等材料的品种、规格、性能和木材的含水率应符合设计要求。有阻燃、防潮等特性要求的工程，材料应有相应性能等级的检测报告。

(2) 活动隔墙轨道必须与基体结构连接牢固，并应位置正确。

(3) 活动隔墙用于组装、推拉和制动的构配件必须安装牢固、位置正确，推拉必须安全、平稳、灵活。

(4) 活动隔墙制作方法、组合方式应符合设计要求。

2. 一般项目

(1) 活动隔墙表面应色泽一致、平整光滑、洁净，线条应顺直、清晰。

(2) 活动隔墙上的孔洞、槽、盒应位置正确、套割吻合、边缘整齐。

(3) 活动隔墙推拉应无噪声。

(4) 活动隔墙安装的允许偏差和检验方法应符合表 9-10 的规定。

活动隔墙安装的允许偏差和检验方法　　表 9-10

项次	项　目	允许偏差(mm)	检　验　方　法
1	立面垂直度	3	用 2m 垂直检测尺检查
2	表面平整度	2	用 2m 靠尺和塞尺检查
3	接缝直线度	3	拉 5m 线,不足 5m 拉通线,用钢直尺检查
4	接缝高低差	2	用钢直尺和塞尺检查
5	接缝宽度	2	用钢直尺检查

9.5 竹木花格隔断的制作与安装

竹木花格多用于建筑中的花窗、隔断、博古架。这种花格具有加工制作简便、构件轻巧纤细、表面纹理清楚等特点。

竹、木花格空透式隔断显得玲珑剔透、格调清新，运用传统图案更具有浓郁的民族特点和民间色彩。因竹、木隔断适宜与室内绿化相配合，又与其他具有民族风格的室内装饰和陈设协调，使之得到较为广泛的应用（图 9-79）。

9.5.1 竹花格隔断的制作与安装

1. 施工准备

(1) 材料　竹子，应选用质地坚硬、直径匀称、竹身光洁的竹子，一般整枝使用，在使用前应先做好防腐处理，如用石灰水浸泡等。销钉，可用竹销钉或铁销钉。还需要螺

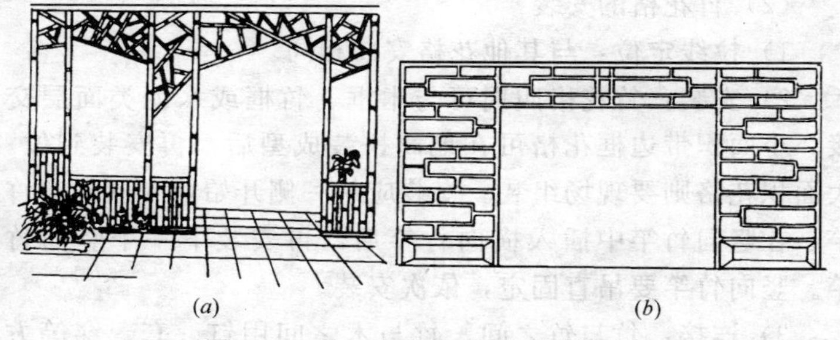

图 9-79　竹、木花格空透式隔断示例
（a）竹花格隔断；（b）木花格隔断

栓、胶粘剂等。

（2）工具　木工锯、曲线锯；电钻或木工手钻；锤子；刷子；锋利刀具等。

2. 操作方法

（1）竹花格的制作方法

1）竹子的选择和加工：用于制作花格的竹子要经过挑选。将符合要求的竹子进行修整，去掉枝杈，按设计要求切割成一定的尺寸，还可在表面进行加工，如斑点、斑纹、刻花等。

2）制作竹销、木塞：竹销和木塞是竹花格中竹竿之间的连接构件。竹销直径 3～5mm，可先制成竹条，使用时根据需要截取；木塞应根据竹子孔径的大小取直径，做成圆木条后再截取修整，塞入连接点或封头。

3）挖孔：竹竿之间插入式连接时，要在竹竿上挖孔，孔径即为连接竹竿的直径，孔径宜小不宜大，安装时可再行扩孔。可用电钻和曲线锯配合使用挖孔，也可用锋利刀具挖孔。

（2）竹花格的安装

1）拉线定位：与其他花格安装相同。

2）安装：竹花格四周可与木框、竹框或水泥类面层交接。小面积带边框花格可在地面拼装成型后，再安装到位。大面积花格则要现场组装。安装应从一侧开始，先立竖向竹竿，在竖向竹竿中插入横向竹竿后，再安装下一个竖向竹竿。竖向竹竿要吊直固定，依次安装。

3）连接：竹与竹之间、竹与木之间用钉、套、穿等方法连接。以竹销连接要先钻孔，竹与木连接一般从竹竿用铁钉钉向木板，或竹竿穿入木榫中（图 9-80）。

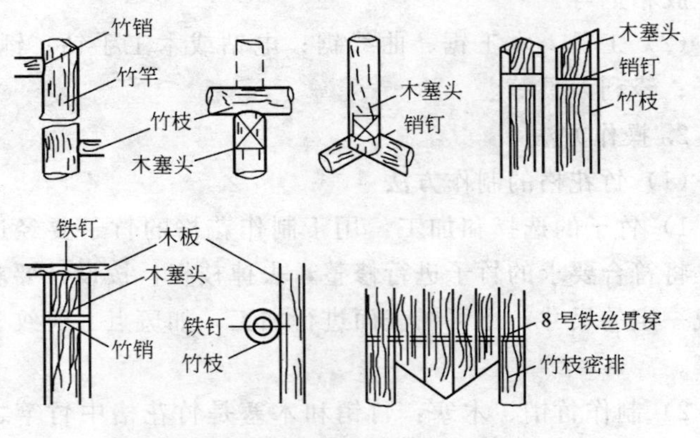

图 9-80 竹花格连接示意

4）刷漆：竹花格安装好后，可以在表面刷清漆，起保护和装饰作用。

9.5.2 木花格隔断的制作与安装

1. 施工准备

（1）材料 木材，木花格宜选用硬木或杉木制作，要求疖疤少、无虫蛀、腐蚀等现象。铁板、铁钉、螺栓、胶粘剂。

(2) 工具　木工刨子、凿子、锯、锤子、砂纸、尺、刷子。

2. 操作方法

(1) 木花格的制作方法

1) 选料、下料：按设计要求选择合适的木材。毛料尺寸应大于净料尺寸 3～5mm，按设计尺寸锯成段，存放备用。

2) 刨面、做装饰线：用木工刨子把毛料刨平刨光，使其符合设计净尺寸，然后用线刨子刮装饰线。

3) 开榫：用锯、凿子在要求连接部位开榫头、榫眼、榫槽，尺寸一定要准确，保证组装后无缝隙。

4) 做连接件、花饰：竖向板式木花格，常用连接件与墙、梁固定，连接件在安装前按设计要求做好。竖向条板间的花饰也应做好。

(2) 木花格的安装

1) 预埋（留）：在拟安装的墙、梁上预埋好预留铁件或凹槽。

2) 小面积木花格可象制作木窗一样先制作好后，再安装到位。竖向板式花格则应将竖向构件逐一定位安装，先用尺量出每一构件位置，检查是否与埋件相对，做出标记。将竖板立正吊直，与连接件拧紧，随立竖板随装花饰（图9-81）。

3) 木花格隔断的连接方法：以榫接为主，也有采用胶接、钉接和螺栓连接等方法（图 9-82）。

4) 表面处理：木花格安装好后，表面应用砂纸打磨、批腻子、刷涂油漆。

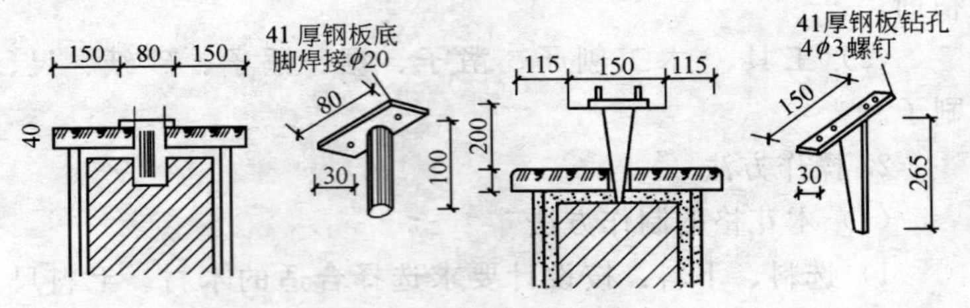

图 9-81　木花格安装示意

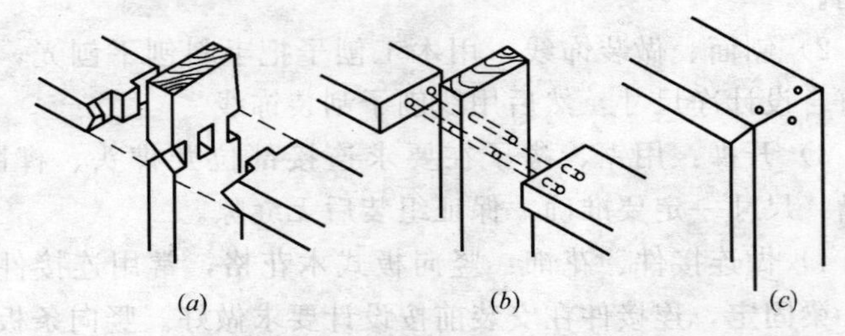

图 9-82　木花格隔断的连接方法

(a) 榫接；(b) 销接；(c) 钉接

10 建筑涂饰工程施工

建筑涂饰工程，是将建筑涂料涂覆在建筑物表面，对建筑物起到保护墙体和美化作用的施工工程，是当代建筑工程中重要组成部分。

10.1 建筑涂饰工程材料

10.1.1 建筑涂料

1. 建筑涂料功能

建筑涂料的功能主要有以下几点：

(1) 保护墙体　建筑物的墙体材料多种多样，有水泥墙、土坯墙、石膏板墙、硅酸盐砌块墙、加气混凝土墙等等。对于这些墙面，可使用适当的建筑涂料进行内外涂饰，都能起到一定的保护作用。一旦涂膜遭到破坏后，还可以重新涂饰，因而使墙面保持完整。

(2) 美化建筑　建筑涂料施工可采用不同方法，如喷涂、弹涂、滚涂、刷涂等，给人以不同的线条感与质感。涂料的颜色可按需要随意调配，使建筑物或建筑群更美观、整齐，与周围环境更加协调。

(3) 多功能　建筑涂料与基层结构相结合，在建筑物的不同部位，分别满足防水、粘结、抗弯、保色、隔声、吸声、透气等多种性能要求，具备现代建筑所必须的多种功能。

(4) 特殊用途　由于一些建筑物对于防火、防霉、防腐、卫生灭蚊、防静电有特殊要求，所以在建筑涂料中掺加一些外加剂或调整配方，生产出如防火涂料、防霉涂料、防腐涂料、卫生灭蚊涂料、防静电涂料等特殊用途的涂料。

2. 建筑涂料分类

（1）从使用角度分

1）合成树脂乳液内墙涂料；2）合成树脂乳液外墙涂料；3）合成树脂乳液砂壁状建筑涂料；4）溶剂型外墙涂料；5）复层建筑涂料；6）外墙无机建筑涂料。

（2）从稀释剂不同分

1）水溶性涂料；2）溶剂型涂料。

3. 建筑涂料规定

（1）合成树脂乳液内墙涂料的主要技术指标应符合现行国家标准《合成树脂乳液内墙涂料》GB/T 9756 的规定和《室内装饰装修材料 内墙涂料中有害物质限量》GB 18582 以及《民用建筑工程室内环境污染控制规范》GB 50325 的环保要求。

（2）合成树脂乳液外墙涂料的主要技术指标应符合现行行业标准《合成树脂乳液外墙涂料》GB/T 9755 的规定。

（3）合成树脂乳液砂壁状建筑涂料的主要技术指标应符合现行行业标准《合成树脂乳液砂壁状建筑涂料》JG/T 24 的规定。

（4）溶剂型外墙涂料的主要技术指标应符合现行国家标准《溶剂型外墙涂料》GB/T 9757 的规定。

（5）复层建筑涂料的主要技术指标应符合现行国家标准《复层建筑涂料》GB 9779 的规定。

（6）外墙无机建筑涂料的主要技术指标应符合现行行业标准《外墙无机建筑涂料》JG/T 26 的规定。

按基层材质选用建筑涂料 **表 10-1**

涂料种类		基层材质类型								
		混凝土基层	轻质混凝土基层	预制混凝土基层	加气混凝土基层	砂浆基层	石棉水泥板基层	石灰浆基层	木基层	金属基层
溶剂型涂料	油性漆	×	×	×	×	×	○	○	△	△
	过氯乙烯涂料	○	○	○	○	○	○	○	△	△
	苯乙烯涂料	○	○	○	○	○	○	○	△	△
	聚乙烯醇缩丁醛涂料	○	○	○	○	○	○	○	△	△
	氯化橡胶涂料	○	○	○	○	○	○	○	△	△
	丙烯酸酯涂料	○	○	○	○	○	○	○	△	△
	聚氨酯系涂料	○	○	○	○	○	○	○	△	△
	环氧树脂涂料	○	○	○	○	○	○	○	△	△
乳液型涂料	聚醋酸乙烯涂料	○	○	○	○	○	○	○	○	×
	乙-丙涂料	○	○	○	○	○	○	○	○	×
	乙-顺涂料	○	○	○	○	○	○	○	○	×
	氯-偏涂料	○	○	○	○	○	○	○	○	×
	氯-醋-丙涂料	○	○	○	○	○	○	○	○	○
	苯-丙涂料	○	○	○	○	○	○	○	○	○
	丙烯酸酯涂料	○	○	○	○	○	○	○	○	○
	水乳型环氧树脂涂料	○	○	○	○	○	○	○	○	×
水泥系	聚合物水泥系涂料	△	△	△	△	△	△	×	×	×
无机涂料	石灰浆涂料	○	○	○	○	○	○	○	×	×
	碱金属硅酸盐系涂料	○	○	○	○	○	○	○	×	×
	硅溶胶无机涂料	○	○	○	○	○	○	○	×	×
水溶性涂料	聚乙烯醇系涂料	○	○	○	○	○	○	△	×	×

注：△—优先选用；○—可以选用；×—不能选用。

（7）外墙涂料使用寿命不得少于 5 年。

4. 建筑涂料的选用

（1）按基层材质选用涂料

建筑物主体所采用材料不同，对其所采用的涂料选择有一定差异。如混凝土和水泥砂浆等基层选用涂料，必须具有较好的耐碱性，并能防止底材的碱分析出膜表面而影响装饰效果。

按基层材质选用建筑涂料，见表 10-1。

（2）按建筑物装修施涂周期选择涂料

建筑物装修施涂周期系指建筑物两次施涂装修的时间间隔。选择建筑涂料时应充分考虑这方面因素的影响。根据拟定建筑装修施涂周期的长短合理选用相应的建筑涂料。按装修施涂周期选用建筑涂料，见表 10-2。

按装修施涂周期选用建筑涂料　　　　表 10-2

涂料种类 \ 装修周期(年)		外墙			内墙			地面		
		1～2	5	10	1～2	5	10	1～2	5	10
溶剂型涂料	油性漆					○		○		
	过氯乙烯涂料		○			○		○		
	苯乙烯涂料		○					○		
	聚乙烯醇缩丁醛涂料		○			○				
	氯化橡胶涂料			○			○			
	丙烯酸酯涂料			○			○			
	聚氨酯系涂料			○			○			○
	环氧树脂涂料									○
乳液型涂料	聚醋酸乙烯涂料					○				
	乙-丙涂料		○			○				
	乙-顺涂料		○			○				
	氯-偏涂料	○				○		○		
	氯-醋-丙涂料		○			○				
	苯-丙涂料		○			○				
	丙烯酸酯涂料		○			○				
	水乳型环氧树脂涂料			○			○			

(3) 按建筑标准和造价选择建筑涂料

对高级建筑可选择高档涂料，施工时可采用三道成活的施工工艺，即底层为封闭层，中间层形成具有较好质感的花纹和凹凸状，面层则使涂膜具有较好的耐水性，耐玷污性和耐久性，从而达到最佳装饰效果。一般的建筑物可采用中档和低档涂料，采用一道或二道成活的施工工艺。

总之，在采用建筑涂料时，应对建筑物的装饰效果，耐久性及经济性三方面综合分析考虑，充分发挥不同涂料的不同性能，以取得最好的装饰性、耐久性和经济性。在选用的涂料确定以后，一定要对涂料的施工要求和注意事项充分了解，并严格按操作工序施工，以达到预期的效果。

10.1.2　腻子

1. 腻子的作用

在涂刷建筑涂料之前，应先用腻子将基体或基层表面的缺陷（或缝隙）和坑洼不平之处嵌实填平。并用砂纸打磨平整光滑。腻子对基体或基层的附着力、机械强度和耐老化性能在施工中往往成为决定整个质量的重要因素。因此在施工中不得减少涂抹腻子的遍数，腻子涂抹后应待其干透及磨光才能涂刷涂料。

2. 腻子的组成

腻子一般是施工单位按需要自行配制。腻子是由体质材料（填料）和少量胶粘剂配制而成。体质材料（填料）常用大白粉（碳酸钙），滑石粉（硅酸镁），重晶石粉（硫酸钡）等；胶粘剂有清漆、合成树脂溶液、乳液和水等；有时并加入着色颜料（氧化铁红、氧化铁黄、炭黑等）。腻子又常以胶粘剂不同又分为水性腻子、胶性腻子、油性腻子等。

3. 腻子使用规定

(1) 建筑涂饰中配套使用的腻子必须与选用的饰面涂料性能相适应。

(2) 内墙腻子的主要技术指标应符合现行行业标准《建筑室内用腻子》JG/T 3049 的规定。

(3) 外墙腻子的强度应符合现行国家标准《复层建筑涂料》GB 9779 的规定，且不易开裂。

4. 腻子的调配

(1) 腻子调配配方

腻子调配配方见表 10-3。

常用腻子的配方　　　　表 10-3

腻子名称	配合比形式	配合比例及调制	用途
石膏腻子	体积比	1. 石膏粉：熟桐油：松香水：水=16：5：1：4～6,另加少量催干剂。调制时,先将熟桐油、松香水、催干剂拌匀,再加石膏粉,并加水调制 2. 石膏粉：白厚漆：熟桐油：松香水(或汽油)=3：2：1：0.6(或 0.7) 3. 石膏粉：干性油：水=8：5：4～6 室外及干燥环境应适量加入煤油	金属、木材及刷过油的墙面
	重量比	1. 石膏粉：熟桐油：水=20：7：50	木材表面
清漆腻子	重量比	1. 大白粉：水：硫酸钡：钙脂清漆：颜料=51.2：2.5：5.8：23：17.5 2. 石膏：清油：厚漆：松香水=50：15：25：10,适量加入水 3. 石膏：油性清漆：颜料：松香水：水=75：6：4：14：1	木材表面刷清漆
油粉腻子	重量比	大白粉：松香水：熟桐油=24：16：2	木材表面刷清漆
水粉腻子	重量比	大白粉：骨胶：土黄(或其他颜料)：水=14：1：1：18	木材表面刷清漆
油胶腻子	重量比	大白粉：动物胶水(6%)：红土子：熟桐油：颜料=55：26：10：6：3	木材表面油漆
虫胶腻子	重量比	虫胶清漆：大白粉：颜料=24：75：1 虫胶清漆浓度为 15%～20%	木器油漆
金属面腻子	体积比	氯化锌：碳黑：大白粉：滑石粉：油性腻子涂料：酚醛涂料：甲苯=5：0.1：70：7.9：6：6：5	金属表面油漆
	重量比	石膏粉：熟桐油：油性腻子(或醇酸腻子)：底漆：水=20：5：10：7：45	

续表

腻子名称	配合比形式	配合比例及调制	用途
喷漆腻子	体积比	石膏粉：白厚漆：熟桐油：松香水＝3：1.5：1：0.6，加适量水和催干剂（为白厚漆和熟桐油总重量的1%～2.5%）	物面喷漆
聚醋酸乙烯乳液腻子	重量比	聚醋酸乙烯乳液：滑石粉（或大白粉）：2% 羧甲基纤维素溶液＝1：5：3.5	混凝土表面或抹灰面
大白腻子及大白水泥腻子	体积比	1. 大白粉：滑石粉：聚醋酸乙烯乳液：羧甲基纤维素溶液（2%）：水＝100：100：5～10：适量：适量 2. 大白粉：滑石粉：水泥：108胶＝100：100：50：20～30，适量加入羧甲基纤维素溶液（2%）和水	混凝土表面及抹灰面，常用于内墙
	体积比	大白粉：滑石粉：聚醋酸乙烯乳液＝7：3：2，适量加入2%羧甲基纤维素溶液	混凝土表面及抹灰面，常用于外墙
内墙涂料腻子	体积比	大白粉：滑石粉：内墙涂料＝2：2：10	内墙涂料
水泥腻子	重量比	1. 水泥：108胶＝100：15～20，适量加入水和羧甲基纤维素 2. 聚醋酸乙烯乳液：水泥：水＝1：5：1 3. 水泥：108胶：细砂＝1：0.2：2.5，加入适量水	外墙、内墙、地面、厨房、厕所墙面涂料

（2）调配腻子注意事项

1）腻子的配合比可根据具体施工条件（如气候等）进行适当的调整。一般天气干燥时可加一点水；天气潮湿或气温较低时可适当减少用水量。

2）腻子的组成材料必须进行严格检验和选择，粉料要过筛。

3）腻子调配时，先按比例在托板上用铲刀充分拌匀，然后加胶粘剂（涂料、水、油等），经搅拌、捏和，调好后要湿布盖好，以免干结。

4）加水后的腻子应在2～3h内用完，以免影响使用效果。

10.2 基层

基层及基层处理在建筑涂料施工中，是非常重要的环节，它直接影响装饰涂饰的质量。因此在施工过程中，操作人员必须引起高度的重视，否则后患无穷。

10.2.1 基层要求

（1）基层表面必须坚固和无酥松、脱皮、起壳、粉化等现象，基层表面的泥土、灰尘、油污、油漆、广告色等杂物脏迹，必须清洗干净，粉化物必须铲除。

（2）基层必须干燥，新抹砂浆面层经10d以上才能进行施工。

（3）基层要平整，但又不应太光滑，孔洞和不必要的沟槽应进行补修，补修材料可用聚合物水泥浆进行。

（4）基层表面的垂直度、平整度、强度，符合施工质量要求。

（5）基层上的各种构件、预埋件，应按设计要求安装就位。

（6）水暖、电气、空调等管线，应按设计要求安装就位。

（7）基层要求pH值必须在10以下，含水率在8%以下。

10.2.2 基层处理方法

为了将基层提高到符合涂饰工程需要的一定标准上，对基层进行全面检查，并对基层的一部分或全部进行的修整，称为基层处理。

1. 混凝土及预制混凝土等的基层处理

（1）在混凝土面层进行基层处理的部分，由于日后修补的砂浆容易剥离，或修补部分与原来的混凝土面层的渗吸状态与表面凹凸状态不同，对于某些涂料品种容易产生涂饰面外观不均匀的问题。因此，原则上必须尽量做到混凝土基层表面平整度良好，不需要修补处理。

（2）对于混凝土的施工缝等表面不平整或高低不平的部位，应使用聚合物水泥砂浆进行基层处理，做到表面平整，并使抹灰层厚度均匀一致。具体做法是先认真清扫混凝土表面，涂刷聚合物水泥砂浆，每遍抹灰厚度不大于 9mm，总厚度为 25mm，最后在抹灰底层用木抹子抹平，并进行养护。

（3）由于模板的缺陷造成混凝土尺寸不准，或由于设计变更等原因以致抹灰找平部分厚度增加，为了防止出现开裂及剥离，应在混凝土表面固定焊接金属网，并将找平层抹在金属网上。

（4）其他基层事故处理方法：

1）微小裂缝。用封闭材料或涂抹防水材料沿裂缝搓涂，然后在表面撒细砂等，使装饰涂料能与基层很好地粘结。对于预制混凝土板材，可用低黏度的环氧树脂或水泥浆进行压力灌浆压入缝中。

2）气泡砂孔。应用聚合物水泥砂浆嵌填气孔直径大于 3mm。对于直径小于 3mm 的气孔可用涂料或封闭腻子处理。

3）表面凹凸。凸出部分用磨光机研磨平整，固化后再用磨光机打磨，使表面光滑平整。

4）露出钢筋。用磨光机等将铁锈全部清除，然后进行防锈处理。也可将混凝土进行少量剔凿，将混凝土内露出的钢筋进行防锈处理，然后用聚合物水泥砂浆补抹平整。

5）油污。油污、隔离剂必须用洗涤剂洗净。

2. 水泥砂浆基层处理

（1）当水泥砂浆面层有空鼓现象时，应铲除，用聚合物水泥砂浆修补。

（2）水泥砂浆面层有孔眼时，应用水泥素浆修补。也可从剥离的界面注入环氧树脂胶粘剂。

（3）水泥砂浆面层凸凹不平时，应用磨光机研磨平整。

3. 加气混凝土板材的基层处理

（1）加气混凝土板材接缝连接面及表面气孔应全刮涂打底腻子，使表面光滑平整。

（2）由于加气混凝土基层吸水率很大，可能把基层处理材料中的水分全部吸干，因而在加气混凝土基层表面涂刷合成树脂乳液封闭底漆，使基层渗吸得到适当调整。

（3）修补边角及开裂时，必须在界面上涂刷合成树脂乳液，并用聚合物水泥砂浆修补。

4. 石膏板、石棉板的基层处理

（1）石膏板不适宜用于湿度较大的基层，若湿度较大时，需对石膏板进行防潮处理。

（2）石膏板多做对接缝，此时接缝及钉孔等必须用合成树脂乳液腻子刮涂打底，固化后用砂纸打磨平整。

（3）石膏板连接处可做成 V 形接缝。施工时，在 V 形缝中嵌填专用的掺合成树脂乳液石膏腻子，并贴玻璃接缝带抹压平整。

（4）石膏板在涂刷前，应对石膏面层用合成树脂乳液灰浆腻子刮涂打底，固化后用砂子等打磨光滑平整。

（5）石棉板对接时往往涂饰装饰涂料，常常由于板材厚度的差异等原因，造成接缝错位不平现象，因而必须用合成树脂乳液腻子刮涂打底。此外对于安装板材的钉子应涂防锈漆，嵌补合成树脂腻子，固化后用砂子打磨平整。

10.2.3 基层管理

基层管理是从基层清扫、处理，直至进入装修涂饰工程为止的基层的维护。若基层管理不好，将直接影响建筑装饰涂料的质量。

1. 外墙

（1）水分　基层处理后遇雨或表面结露时，将造成涂饰工程施工后涂膜剥落或固化不完全，因而在进行涂刷前应再一次检查基层情况。如用手掌触摸基层表面，当感到潮湿时，必须等到基层充分干燥，含水率小于8%时，才能开始进行涂饰。

（2）被涂饰面的温度　由于环境温度的变化，可能导致基层被涂饰面的表面温度不适合装饰涂料的性能要求。一般情况下，当温度在5℃以下或50℃以上时，不能进行涂饰工程施工。

（3）基层的检查　认真检查基层处理完成后产生的裂缝、腻子的塌陷、破裂。并对检查出来的异位部分进行必要的处理及补修。

2. 内墙

（1）结露　内墙表面常有出现结露的情况，特别是当外墙面防水工程和装饰工程已经完成后，水泥系基层中所含有的水分，随同外部气温上升而在室内墙面结露的情况很多。此时应采取室内暖气供暖、通风换气或等待一段时间等措施，等墙体表面的水分消失后再进行涂饰。

（2）发霉　不同的建筑部位，如北侧房间及浴室等，在潮湿的季节有时基层会产生发霉现象。为防止发霉，可用防霉剂稀释液冲洗，等充分干燥后再涂饰掺有防霉剂的装饰涂料。

(3) 发生发丝裂缝　室内墙面多有发生发丝裂缝的情况，特别是水泥砂浆等基层在干燥的过程中进行基层处理时，更会常常在涂饰工程开始前出现发丝裂缝，因而必须再一次进行基层处理。

3. 顶棚

(1) 缝隙处理　顶棚安装完后，进行缝隙处理。但在涂刷前应注意顶棚弯挠下垂、翘曲及歪斜变形情况。

(2) 检查　顶棚与墙壁比较，更易于产生发霉现象，特别是阴角部分，必须在涂饰前进行充分检查。基层含水率不大于 8%。

4. 施工环境要求

由于建筑用装饰涂料的涂饰、干燥、固化及形成涂膜均以一定的温度及湿度（一般应为 20℃及 70%）为标准，在环境条件不符合上述标准的低温、高温及高湿等情况下施工时，必须采取特殊的措施。

(1) 基层温度　基层的温度一般均以施工环境温度为准，但温度很高或很低时，则必须确实掌握被涂饰面的温度，当气温在 5℃以下或 40℃以上时，应确切地测量基层温度。

(2) 基层的水分　当湿度较高或降雨以后，基层已成为潮湿的状态，即使天气转晴，环境湿度减小，亦应重新测量基层表面含水率。

(3) 有害气体对基层的污染　一般排出废气及工厂排除有害气体等在风力影响下，可能对装饰基层造成很严重的污染，特别是硫化氢、亚硫酸废气等都会使基层产生较高的酸性，严重影响建筑用装饰涂料的性能。因此，当发现有臭味的排出废气时，应停止涂饰施工，采用擦洗基层和涂刷耐酸系的封闭底漆等措施。

10.3 施工准备

10.3.1 材料

1. 涂料

（1）按设计要求选用涂料，选定的涂饰材料应是已通过法定质量检查机构检验并出具有有效质检报告的合格产品。

（2）应根据选定的品种、工艺要求，结合实际面积及材料单耗和损耗，确定备料量。

（3）涂饰材料运进现场后，应由有关工程管理人员根据有关规定进行复检，合格后备用。

（4）涂饰材料应存放在指定的专用库房内。溶剂型涂料存放地点必须防火，并应满足国家有关的防火要求。材料应存放在阴凉干燥且通风的环境内，其贮温度应介于5～40℃之间。

（5）工程所用涂饰材料应按品种、批号、颜色分别堆放。

2. 腻子

腻子的选用应根据设计确定的涂料以及封底材料来确定腻子成分和性质。

10.3.2 工具、机具

1. 工具

（1）涂刷、排气、盛料桶、天平、磅秤等刷涂及计量工具；手动搅拌器，搅拌涂料；

(2) 羊毛辊筒、海锦辊筒、配套专用辊筒及匀料板等滚涂工具;

(3) 塑料辊筒、铁制压板滚压工具;

(4) 手动弹涂器、弹涂工具;

(5) 腻子刮铲　调配腻子和刮腻子用。

2. 机具

(1) 无气喷涂设备、空气压缩机、手持喷枪喷斗、各种规格口径的喷筒、高压胶管等喷涂机具;

(2) 电动弹涂器、电动搅拌器。

10.3.3 "样板间"

在施工前，按设计要求，标准工艺做出"样板间"并保留到竣工。

10.4 施工要点及施工工序

10.4.1 施工要点

1. 涂饰工程施工应按"底层，中间涂层，面涂层"的要求进行施工，后一遍涂饰材料的施工必须在前一遍涂饰材料表面干燥后进行；涂饰溶剂型涂料时，后一遍涂料必须在前一遍涂料实干后进行。每一遍涂饰材料应涂饰均匀，各层涂饰材料必须结合牢固。

2. 涂料使用前必须将涂料倾倒于较大的容器充分搅拌，使之均匀，使用过程中仍需不断搅拌，以防涂料厚薄不均匀，填料结块或色泽不一致。

3. 当稠度过大或存放时间较长时出现"增稠"现象时，可通过搅拌降低稠度至呈流体状再使用，也可掺入不超过8%的涂料稀释剂（以主要成膜物质配水而成）稀释，但不能任意加水，以免影响涂膜强度。

4. 根据预定的施工方法（喷涂、刷涂、滚涂、弹涂等）选用相应的稠度和颗粒状的涂料，并应用同一批号、一次备足，以免颜色和稠度不一致而影响装饰效果，给施工带来不便。

5. 配料及操作地点，应经常保持清洁，保持良好的通风条件。

6. 使用可燃性溶剂时严禁明火。

7. 未用完的涂饰材料应采取措施密封保存，不得泄漏或溢出。

8. 施工过程应采取措施防止对周围环境污染。

9. 外墙涂饰施工应由建筑物自上而下进行；材料的涂饰施工分段应以墙面分格缝、墙面阴阳角或落水管分界线。

10.4.2　施工工序

1. 合成树脂乳液型内墙涂料的施工工序应符合表10-4的规定。

合成树脂乳液内墙涂料的施工工序　　表10-4

工序名称	次序
清理基层	1
填补缝隙、局部刮腻子	2
磨平	3
第一遍满刮腻子	4
磨平	5
第二遍满刮腻子	6
磨平	7
涂饰底层涂料	8
复补腻子	9
磨平	10
局部涂饰底层涂料	11
第一遍面层涂料	12
第二遍面层涂料	13

注：对石膏板内墙，顶棚表面除板缝处理外，与合成树脂乳液型内墙涂料的施工工序相同。

2. 合成树脂乳液型外墙涂料、溶剂型外墙涂料、外墙无机建筑涂料施工工序应符合表 10-5 的规定。

合成树脂乳液外墙涂料、溶剂型涂料、无机建筑涂料的施工工序

表 10-5

工 序 名 称	次 序
清理基层	1
填补缝隙、局部刮腻子，磨平	2
涂饰底层涂料	3
第一遍面层涂料	4
第二遍面层涂料	5

3. 合成树脂乳液砂壁状建筑涂料的施工工序应符合表 10-6 规定。

4. 复层涂料的施工工序应符合表 10-7 的规定。

合成树脂乳液砂壁状建筑涂料的施工工序　　表 10-6

工 序 名 称	项 次
清理基层	1
填补缝隙、局部刮腻子，磨平	2
涂饰底层涂料	3
根据设计进行分格	4
喷涂主层涂料	5
涂饰第一遍面层涂料	6
涂饰第二遍面层涂料	7

注：1. 大墙面喷涂施工宜按 $1.5m^2$ 左右分格，然后逐格喷涂。

2. 底层涂料可用辊涂，刷涂或喷涂工艺进行。喷涂主层材料时应按装饰设计要求，通过试喷确定涂料黏度、喷嘴口径、空气压力及喷涂管尺寸。

3. 主层涂料喷涂和套色喷涂时操作人员宜以二人一组，施工时一人操作喷涂，一人在相应位置配合，确保喷涂均匀。

复层建筑涂料的施工工序　　表 10-7

工 序 名 称	次 序
清理基层	1
填补缝隙、局部刮腻子,磨平	2
涂饰底层涂料	4
涂饰中间层涂料	5
(滚压)	(6)
第一遍面层涂料	7
第二遍面层涂料	8

注：1. 底涂层涂料可用辊涂或喷涂工艺进行。喷涂中间层涂料时，应控制涂料的黏度，并根据凹凸程度不同要求选用喷枪嘴口径及喷枪工作压力，喷射距离宜控制在 40～60cm，喷枪运行中喷嘴中心线垂直于墙面，喷枪应沿被涂墙面平行移动，运行速度保持一致，连续作业。

2. 压平型的中间层，应在中间层涂料喷涂表干后，用塑料辊筒将隆起的部分表面压平。

3. 水泥系的中间涂层，应采取遮盖养护，必要时浇水养护。干燥后，采用抗碱封底涂饰材料，再涂饰罩面层涂料二遍。

10.5 施工方法

建筑涂饰工程施工，由于墙面装饰的多样化的要求及装饰质感或涂料性能的要求，建筑涂饰的施工方法有多种：喷涂、弹涂、滚涂、刷涂及刮涂等。下面我们仅介绍喷涂、弹涂及滚涂的施工工艺及施工方法。

10.5.1 喷涂

建筑装饰涂料喷涂饰面做法，是用空气压缩机将空气加压，利用高压空气的能源将涂料作为雾状喷出，涂于基层表面而形成装饰层。为了满足建筑装饰的需要，也可在单色饰面层上再喷射异色涂料花点来提高装饰效果，最后在涂层表面还可再喷一层罩面剂，以提高涂层的耐久性和减少墙面污染。

喷涂饰面常用类型有波面喷涂、粒状喷涂和花点喷涂三种。波面喷涂其表面波纹起伏；粒状喷涂基表面布满细碎颗粒；花点喷涂则是在单一色的涂层上再喷不同色的涂料。

1. 施工要点

(1) 喷涂饰面厚度 3～4mm 时，要求三遍成活。

(2) 波面喷涂。喷头遍时基层变色即可，第二遍喷至出浆不流为度，第三遍喷至全部出涂料浆，表面均匀呈波状，不流挂，颜色一致。喷涂必须连续进行，接“槎”处应留在分格缝处。

(3) 粒状喷涂。采用喷斗进行，喷头遍满喷盖底，收水后开足气门喷布碎点，快速移动喷斗，勿使出浆，第二、三遍应有适当间隔，以表面布满细碎颗粒，颜色均匀不出浆为原则。

(4) 门窗和不做喷涂的部位，应采取措施，防止玷污。

(5) 饰面层收水后，在分格缝处用铁皮刮子沿着靠尺刮去面层，露出基层，做成分格缝，缝内可涂刷涂料。

(6) 炎热干燥季节，喷涂前墙面需湿润。

(7) 面层干燥后，进行罩面处理。

2. 操作要点

(1) 空压机压力须保持在 0.4～0.7N/mm^2，排气量为 0.6m^3。

(2) 根据气压、喷嘴直径、涂料稠度调整气节门，以将涂料喷成雾状为佳。

(3) 喷涂基本要素：

1) 喷涂阴角与表面时，应一面一面分开进行，如图 10-1 (*a*) 所示。

2) 喷涂距离、喷涂宽度及角度如图 10-1 (*b*) 所示。

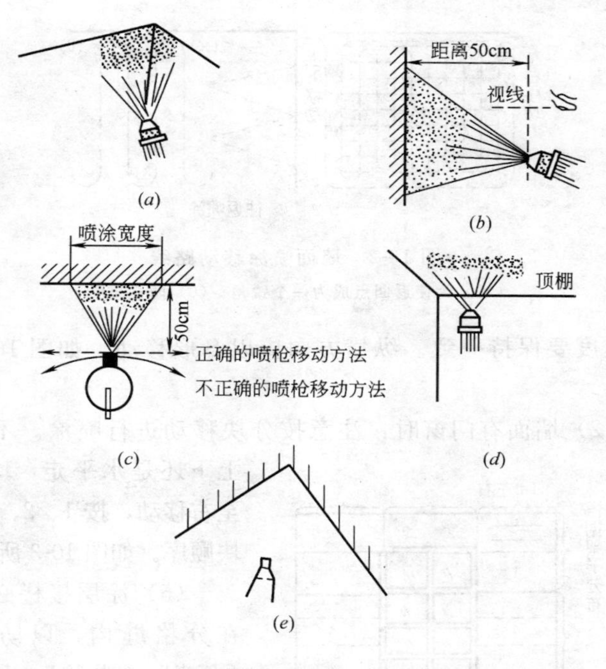

图 10-1　喷涂基本要素

(*a*) 喷涂阳角与表面时一面一面分开进行；(*b*) 角度；(*c*) 喷枪移动方法；(*d*) 喷涂顶棚时尽量使喷枪与顶棚成一直角；(*e*) 墙角处喷涂方向

3) 喷枪移动方向应与墙面平行，如图 10-1 (*c*) 所示。

4) 喷涂顶棚时尽量使喷枪与顶棚成一直角，如图 10-1 (*d*) 所示。

5) 喷涂墙角时，应将喷枪嘴对准墙角线，如图 10-1 (*e*) 所示。

(4) 喷涂移动路线：

1) 墙面喷涂时，喷嘴与被喷涂墙面作平行移动，运

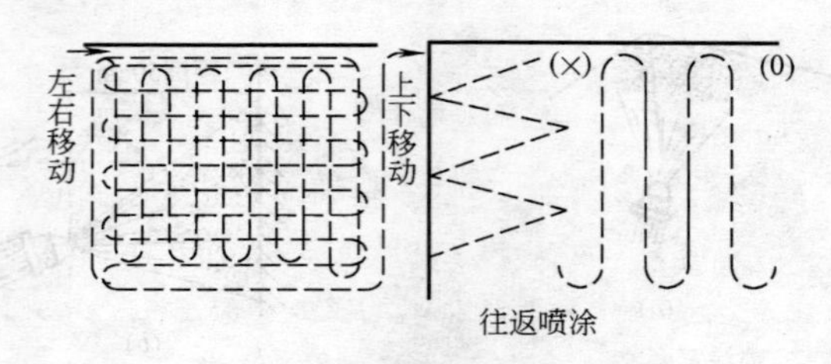

图 10-2 墙面喷涂移动路线
（×）为使返回点成为一个锐角；（0）防止重喷

行速度要保持一致。纵横方向应以S形移动，如图 10-2 所示。

2）墙面有门窗时，注意按分块移动进行喷涂。不论是上下还是水平走，均自左至右移动，按 1、2、3……块顺序。如图 10-3 所示。

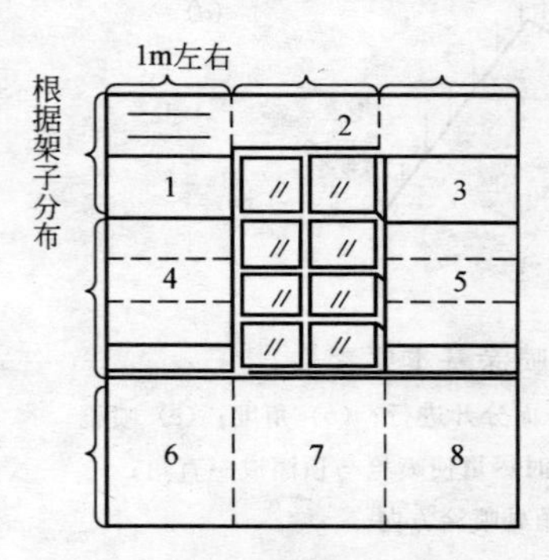

图 10-3 有门窗墙面分块喷涂

（5）涂层接槎必须留在分格缝内，以防出现“虚喷”、“花脸”。如无法留在分格缝时，第二次喷涂必须进行遮挡。

（6）接槎部位出现颜色不匀时，先用砂纸打去较厚部位，然后在分格缝内喷一遍。修补容易产生“花脸”。

（7）涂层表面应均匀分布粗颗粒或云母片等填料，色彩均匀一致，涂层以盖底为佳，不宜过厚。

（8）在墙面喷涂前应作小块样板试验，然后再大面积正式喷涂。

（9）在门窗、阳台等部位喷涂时，应采取必要的遮挡，以免涂料喷到门窗上。

(10) 喷嘴直径的参考选择范围：

砂粒状　　4.0～4.5mm

云母片状　5.0～6.0mm

细粉状　　2.0～3.0mm

5. 养护

外墙涂面在喷涂前为防止直射阳光及风雨，应进行遮盖养护。

10.5.2 弹涂

弹涂施工是借助一种专用的电动（或手动）筒形弹力器，将各种颜色的涂料弹到饰面基层上，形成直径 2～8mm、大小近似、颜色不同、互相交错的圆粒状色点，或深、浅色点相互衬托，形成一种彩色装饰面层。这种饰面层粘结能力强，对基层的适应性较广，可以直接弹涂在底子灰上和基层较平整的混凝土墙板、加气板、石膏板等墙面上。

1. 施工要点

(1) 弹涂前应根据设计要求的花点大小和疏密，先试作样板，施工时必须经常对照样板，以保持整个墙面花点均匀一致。

(2) 色浆稠度以 13～14cm 为宜，若出现色浆下流、拉丝时，应进行调整。拉丝表现胶液过多，应适当加水调解；下流表现水量过多，宜适当加入水泥。

(3) 弹点时，按色浆分色每人操作一色浆、流水作业。即一人弹第一种色浆后，另一人弹另一种色浆。弹点应均匀，相互衬托要一致。弹出色浆应近似圆状。

2. 操作要点

(1) 粘贴分格条。

(2) 装料时，弹力器内的涂料不宜放得过多，否则弹点太大，易流淌；涂料太少又会使弹点太小。加涂料量以弹筒半径的 1/3 为好。

(3) 基层处理后，在基层表面先刷 1～2 度底层涂料，如刷二度应打二次砂子，待底色涂层干燥后，方可弹涂。弹点前应用塑料布或纤维板遮挡门窗，使其不受污染。

(4) 弹涂时，手托弹力器，先调整和控制好浆门、浆量、弹棒和弹点粒径，然后开动电机，使机具的出口垂直对正墙面，保持适当距离（一般 30～50cm）按一定手势动作和速度自上而下，自左至右循序渐进进行。

(5) 弹点时要注意弹点密度均匀适当，上下左右接头不明显。

(6) 弹点应分层次进行。一般要求主色点弹得较多，但不要一次弹成，防止湿点重叠下流。如需几种色点时，待头遍色点半干后，再按顺序弹下一种色点，距离时间太短易出现混色现象。

(7) 在弹涂后，进行批刮压花工作。压花操作要用力均匀，运动速度要适当，方向竖直不偏斜，要单向批刮，不能往复操作。

(8) 弹点干后应喷刷外罩剂。一般可用聚乙烯醇缩丁醛：酒精为 1：19 的材料罩面，或者用甲基硅酸醇钠溶液：水为 1：9 的材料以及甲基硅树脂：乙醇铵为 1000：1～2 的材料罩面。

10.5.3 滚涂

滚涂饰面施工工艺主要是将涂料抹于墙面上，再用辊子滚出花纹。也可以直接用辊子沾涂料，在墙面上滚出花纹。这种方法避免涂料飞溅散失，又不用空气压缩机，可以涂饰出许多特有的样式，是建筑装饰的重要施工工艺；由于滚涂操作简单、不污染墙面及门窗，用来装饰墙面效果好。

1. 滚涂方法

滚涂方法现有两种类型：

(1) 一类分为垂直滚涂（用于墙面）和水平滚涂（用于预制板壁）两种操作方法。

垂直滚涂即滚筒由上往下拉，使滚出的花纹，有自然向下流水的坡度，如图 10-4，以免日后积水污染墙面。

图 10-4 垂直滚涂

水平滚涂，基本上与垂直操作相同，由于壁板水平卧放，辊子把短，不便操作，可将辊子把接长再进行滚拉。由于水平滚涂的花纹易积尘污染，一般不宜采用。

(2) 另一类则分为干滚和湿滚。干滚法滚子上下一个来回，再向下走一遍，表面均匀拉毛即可。滚涂遍数过多，易产生翻砂现象。

湿滚法要求滚子蘸水上墙，一般不会有翻砂现象，但应注意保持整个表面水量一致，否则会造成表面色泽不一致。

(3) 滚涂饰面的腻子要干燥坚硬，粘结力强，以免滚涂时腻子被拉起。

(4) 滚涂用的涂料，填充料的比例不能太大，胶粘度不能过高，否则饰面易出现皱纹不平。

2. 操作要点

(1) 在已清理的基层上，抹底层灰，找平。用靠尺检查平整度和垂直度。

(2) 粘贴分格条（采用贴胶布的方法较好，施工前一天在分格处先刮一层聚合水泥浆，滚涂前将蘸有108胶水溶液的电工胶贴上，等涂料干燥后揭下胶布）。

(3) 滚涂时，辊刷上必须沾少量涂料，自上而下，滚压方向要一致，操作迅速。

(4) 滚涂压花时，涂料罩面后，滚涂必须紧跟进行，否则易出现浆少粒多，颜色变深现象，滚子运行要轻缓平稳，以保持花纹的均匀一致。

(5) 若进行滚花，应将涂料稠度调至适宜并均匀，然后在底色浆的小样板滚花，做出样板至满意后，才能在干燥的基层底色浆上开始滚花。在使用压花辊时，也有时为怕粘辊子而采取在辊子表面涂硅油、煤油以及裹尼龙布等措施。

(6) 滚花时应从左向右，从上往下进行操作。不够一个筒长的留在最后处理，等滚好的墙面花纹干后，再进行纸遮盖办法补滚。

(7) 滚花时每移动一次位置，应先校正好橡皮筒花纹的位置，以保持图案的一致。

(8) 滚涂中若有包泡出现，一是用稀胶料调整；二是稍微吸水后，再用蘸浆较少的滚筒复压一次，进行消泡即可。

(9) 基层不平时，应用短滚筒滚涂，这样可以消除局部浆多拉毛的弊病。

(10) 滚花筒体中的色浆不要装得太多，以防倾斜溢出。一般装到橡皮花筒花纹的位置，以保持图案一致。

3. 滚涂施工注意事项

(1) 施工所用的机具，必须事先彻底清洗干净，不得将灰尘、油垢等杂质带入涂料中。

(2) 施工之后 24h 内不能受雨淋，更不能冒雨施工。

(3) 施工时如出现涂料过干，不得在滚面上洒水（或稀释剂），应在桶内加入稀释剂将涂料拌合均匀。使用时发现涂料沉淀要拌合均匀后再用，否则会产生“花脸”现象。

10.6 建筑涂料施工

10.6.1 多彩涂料施工

1. 多彩涂料

多彩涂料是一次涂饰能形成多彩花纹的涂料，其涂料色调美观，有一定主体质感，综合性能好，是新型的内墙涂料。

(1) 多彩涂料性能

多彩涂料具有两相结构，按两相组成（水、油）的不同可分为水包油型和水包水型两种。

1) 多彩涂料（水包油型）主要性能

多彩涂料（水包油型）主要技术性能，见表 10-8。

2) 两类多彩涂料性能比较

多彩涂料（水包油型）主要技术性能指标　　表 10-8

项　目	技术性能指标
容器中状态	无硬块,均匀
黏度(25℃)	90±10kV
固体含量	20%±3%
贮存稳定性(5～30℃)	6 个月
施工性	施工方便
干燥时间	表干<2h,实干<24h
涂膜外观	与标样品基本相同
耐水性	在清水中浸泡 96h 无异常
耐洗刷性	耐洗刷 1500 次
耐碱性	在饱和 $Ca(OH)_2$ 水溶液中浸泡 24h 无异常

水包水型多彩涂料与水包油型多彩涂料相比较，见表10-9。

两类多彩涂料的性能比较　　表10-9

项　目	水包水型	水包油型
粘结性	好	好
涂膜光泽度	无光	高
有机挥发物质	无	有
不燃性	好	稍差
耐擦洗性	好	好

从表10-9中可以看出水包油型多彩涂料性能略差，其有机溶剂的挥发对环境也有一定的污染，施工中要有防护措施，以防中毒。所以水包水型多彩涂料应是此类产品发展方向。

（2）多彩涂料的特点

1）防火性能好

根据有关部门鉴定，其燃烧比率为A级，烟雾浓度为零，火焰蔓延度为5。

2）适用性广泛

多彩涂料可在各种材质的基层上，进行喷涂。

3）技术性能好

多彩涂料防潮、无毒、无味、无接缝、不起皱、不脱壳、抗腐蚀能力强，对各种基层均有较显著的附着力。

4）色彩丰富

所谓多彩喷涂，即是指丰富的色彩效果，如米黄色、银灰色、粉红色、果绿色等，还有仿天然石材质感和纹理的效果。

5）使用寿命长

多彩涂料饰面可使用15年以上。如污渍，可用洗洁精清洗，清洗次数可达1.5万次以上。

6）施工方便

多彩涂料施工，用小型空压机及喷枪即可对任何的物体表面进行喷涂，对旧物的装饰与翻新时，可不必剥离原涂层。

7）维修简单

多彩喷涂饰面一旦受到损伤，只需用同色、同标号的多彩涂料涂补上即可。

2. 多彩涂料施工工艺

多彩涂料施工工艺：

基层处理（填补缝隙、刮腻子、磨平）→涂饰底层涂料（刷涂、补腻子、磨平）→涂饰中层涂料（刷涂或滚涂或喷涂）→涂饰面层涂料（喷涂）。

3. 多彩涂料施工操作要点

（1）基层处理

根据基层材质按规定进行处理，对于新的混凝土和水泥砂浆表面，含水率大于8%，pH 值大于10时，则可用5%的硫酸锌溶液清洗碱质，第二天再用清水冲洗、干燥后再进行底涂；如时间紧迫、非马上喷涂时，则可加大浓度，用15%～20%的硫酸锌，或氯化铵溶液涂刷水泥表面数次，待干燥后，除去析出的粉末和颗粒，即可喷涂。

（2）涂饰底层涂料

1）底层涂料　底层涂料必须具有抗碱作用能保护涂料免受墙体碱性的侵蚀，另外还有对潮气有一定的封闭能力，同时也增大多彩涂料与基层的附着力。常用的底层涂料有：乳胶涂料、氯化橡胶涂料和乙烯基共聚物涂料。

2）涂饰底层涂料　当基层材料十分平整后，充分干燥，可以用羊毛绒滚筒或用油漆刷将涂料满涂一遍。

底涂层一般涂布量为0.12～0.18kg/m^2。

（3）涂饰中层涂料

常用白乳胶为中层涂料，它具有粘剂作用和遮盖力和附着力。能消除墙面斑剥的色泽差异，可以突出多彩涂料涂膜的光泽和主体感。

中层为水性涂料，涂刷遍数为1～2遍，可用刷涂、滚涂及喷涂施工，操作时可加15%～20%的水稀释，涂布间隔为4h。

中涂层一般涂布量为0.20～0.30kg/m²。

(4) 涂饰面层涂料（喷涂）

1) 多彩涂料涂饰方法和时间

多彩涂料面层涂饰用喷涂方法进行。当中层涂料干燥约4～8h后，即可进行多彩喷涂施工。

2) 多彩喷涂操作条件和方式

多彩喷涂，由于其为水性涂料，固体含量较高，操作时一般采用专用的内压式喷枪，喷涂的压力、喷枪的移动速度、喷距等喷涂条件，会影响到装饰效果，故应参照表10-10的要求进行操作。

多彩喷涂操作条件和方式　　表10-10

项　目	喷　涂　条　件	
喷涂压力	0.15～0.25MPa(2.5～3kg/cm²)	
喷涂速度	第一遍	第二遍
	慢	稍快
喷涂距离	30～40cm(喷涂距墙面)	
干燥环境	相对湿度85%以下	
喷涂方法	纵向与横向垂直交叉	

3) 注意事项

面层多彩涂料不能掺加任何类型的稀释剂。如果由于环境温度降低使多彩涂料的稠度增加时，可将容器放在50～60℃的温水中加温。多彩涂料开盖之前，一般都需摇动容器，以使喷涂液均匀，开盖后再用长柄勺或洁净纤状物轻轻搅动，再装入喷枪料斗 2/3 体积，即可喷涂一般一遍即可成活。

（5）在旧墙基层上施工

1）如果旧涂膜为油性涂料（合成树脂或清漆），可用 0～1 号砂纸打磨旧涂膜表面后，直接进行中涂和面层喷涂。

2）如果旧涂膜为乳液型涂料，待清除灰尘后，可直接进行中涂和面层喷涂。

3）如果旧涂膜为水溶性涂料，应以水（或热水）清洗墙面，然后按顺序涂布底层、中层和喷涂多彩面层。

4. 多彩涂料施工注意事项

（1）多彩涂料喷涂施工应避免在雨天和高湿度的气候条件下进行，还应根据不同的气候条件确定底、中、面层施工的间隔时间，必须待前一道工序的涂层干燥后方可进行下一道工序的施工。

（2）面层多彩涂料时，应将不需喷涂的部位遮挡起来，现场设置的遮盖物可在喷涂完成后趁湿小心清除，不可碰损多彩面层。面层未干之前，不得清扫地面，防止灰尘粘附到未干燥的多彩面层上。

（3）多彩涂料贮存时，应避免在日光下直接曝晒。

（4）喷枪及容器使用后，应立即用水清洗，对于冲洗不掉的多彩涂料，可用棉纱醮丙酮或硝基漆稀释剂擦洗。

（5）多彩涂料施工现场，应保持空气流通，并严格禁止明火。

（6）多彩涂料施工要求细心操作，每道工序均应严格按照产品说明进行施工。

10.6.2　彩砂涂料施工

1. 彩砂涂料

彩砂涂料具有耐候性、耐水性、耐碱性和保色性。它是丙烯酸类建筑涂料的一种。彩砂饰面材料是由基层封闭材料、粘结胶、彩色石粒（砂）和罩面涂料。

（1）基层封闭涂料　是由 BC01 型苯丙乳液加 BCA-01 型混合助剂及水混合配制而成。

（2）粘结胶　构成较复杂，BC-01 乳液为主要成分，其他有由硫酸钡、滑石粉、轻质碳酸钙和石英砂组成的填料；还有成膜物质、分散剂、增稠剂、防霉、防腐等多种助剂。粘结胶是彩砂与墙基层的连结体。

（3）彩色石粒　系各种花岗石、大理石等石材破碎而成，粒径 1.2～3mm，在饰面中起骨架作用。

（4）罩面涂料　由 BC-02 型苯乳液加 BCA-02 型混合助剂混合配制而成。

2. 彩砂涂料施工工艺

彩砂涂料施工工艺：

基层处理→涂刷封闭乳液→喷涂粘结料→喷粘结涂料→喷石粒→滚压两遍喷石料→喷罩面胶（BC-02）。

3. 彩砂涂料施工操作要点

（1）基层处理

根据基层材料不同，按照基层处理规定进行处理。达到墙面光滑、无粉砂、无污染、无裂缝、基层强度符合设计要求等。

（2）涂刷封闭乳液

基层处理后，将封闭乳液涂刷两遍。第一遍刷完待稍干燥后再刷第二遍，不能漏刷。

（3）喷粘结涂料

基层封闭乳液干燥后，即可喷粘结涂料，胶厚度在

1.5mm 左右，要喷匀，过薄则干得快，影响粘结力，遮盖能力低；过厚会造成流坠。接槎处的涂料要厚薄一致，否则也会造成颜色不均匀。

(4) 喷粘结涂料连续喷石粒

喷粘结涂料和喷石粒工序连续进行，一人在前喷胶，一人在后喷石粒，不能间断操作，否则会起膜，影响粘石效果和产生明显的接槎。

喷斗一般垂直距墙面 40cm 左右，不得斜喷，喷斗气量要均匀，气压在 0.5～0.7MPa 之间，保持石粒均匀呈面状地粘在涂料上。喷石的方法以鱼鳞划弧或横线直喷为宜，以免造成竖向印痕。

水平缝内镶嵌的分格条，在喷罩面胶之前要起出，并把缝内的胶和石粒全部刮净。

(5) 滚压两遍喷石粒

喷石粒后 5～10min 用胶滚压两遍，滚压时以涂料不外溢为准，若涂料外溢会发白，造成颜色不均。第二遍滚压与第一遍滚压间隔时间为 2～3min。滚压时用力要均匀，不能漏压。第二遍滚压可比第一遍用力稍大。滚压的作用主要是使饰面密实平整，观感好，并把悬浮的石粒压入涂料中。

(6) 喷罩面胶 (BC-02)

在现场按配合比配好后过钢箩筛子，防止粗颗粒堵塞喷枪，喷完石粒后隔 2h 左右再喷罩面胶两遍。上午喷石下午喷罩面胶，当天喷完石粒，当天要罩面，喷涂要均匀，不得漏喷。罩面胶喷完后形成一定厚度的隔膜，把石渣覆盖住，用手摸感觉光滑不扎手，不掉石粒。

10.6.3 "石头漆"涂料施工

1."石头漆"涂料

（1）特点

“石头漆”涂料，使建筑物表面形成自然，稳重并具有豪华气派的花岗石状貌，其花色、造型、面积等比石材自由，灵活和简易，而且在全面喷涂后，无接缝、防水、防酸雨浸蚀，防污染、易清洗，同时具有不退色，不老化，耐火、隔热、耐候等较全面的性能。

（2）材料组成

“石头漆”材料性质均为水性乳胶漆，用天然花岗岩石屑及特殊矿物盐结合剂等原料加工而成。

2.“石头漆”涂料施工工艺

“石头漆”涂料施工工艺：

基层处理→滚涂底层漆→弹分格线，贴分格胶带条→喷涂“石头漆”中涂层→揭涂分格线条胶带→喷制“石头漆”切片及粘贴→喷涂罩面漆

3.“石头漆”施工操作要点

（1）基层处理（补缝、刮腻子、磨平）

根据基层材料的不同，按基层质量要求进行基层处理，使基层表面平整、牢固、不起砂、不空鼓、不开裂，无石灰爆裂点和无附着力不良的旧涂层等。

图 10-5　滚涂底漆

（2）滚涂底漆

基层处理完干燥后，在基层上滚底漆，以封闭基层，以防止施工时透湿污染“石头漆”而影响施工质量。底漆每遍涂布量为 0.3kg/m^2 以

上，用尼龙毛辊滚涂，均匀滚涂（如图 10-5），直至完全无渗色现象出现为止。

（3）弹分格线、贴分格胶带条

根据设计要求和施工规定，在墙面上弹出纵横分格线，然后分格线粘贴线条胶带，如图 10-6 所示。粘贴胶带条时应先贴竖直方向，后贴水平方向线条，对于有接头处，可临时钉上铁钉，以免喷涂石头漆后找不出胶带头源。

（4）喷涂“石头漆”中涂层

在封底漆施工及粘贴分格胶带后，即可进行中涂层喷涂施工，如图 10-7 所示。

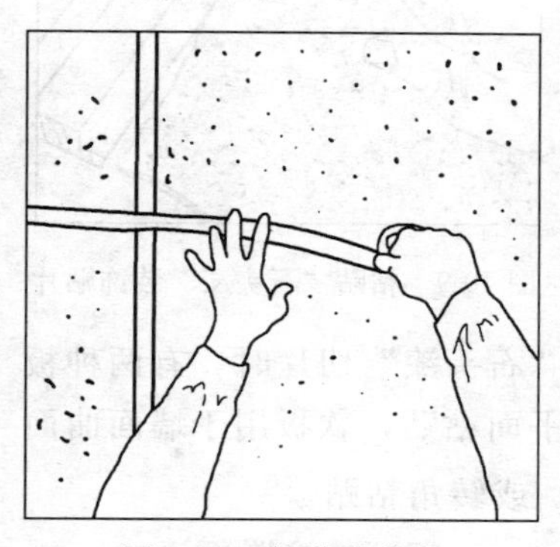

图 10-6 粘贴胶带条

图 10-7 中涂层喷涂

采用喷枪进行喷涂时，空气压力在 6～8km/m^2 涂层厚度为 2～3mm。喷涂后硬化 24h，方可进行下道工序。中涂的喷涂面应与事先所选定的“样板”外观效果相符。

（5）揭除分格线条胶带

中涂层喷涂后，应立即揭除分格胶带，如图 10-8 所示。揭除时应细心，不得损伤涂膜切角，应尽量将胶带向上拉，而不是垂直于墙面牵拉。

（6）喷制“石头漆”切片及粘贴

当墙面装饰要求颜色复杂，造型处理图案多变的情况下，可预先在板片或贴纸类材料上，先喷制成“石头漆”的切片、待涂膜硬化后，即可用强力胶粘剂将其镶贴于既定位置以达装饰效果，如图 10-9 所示。

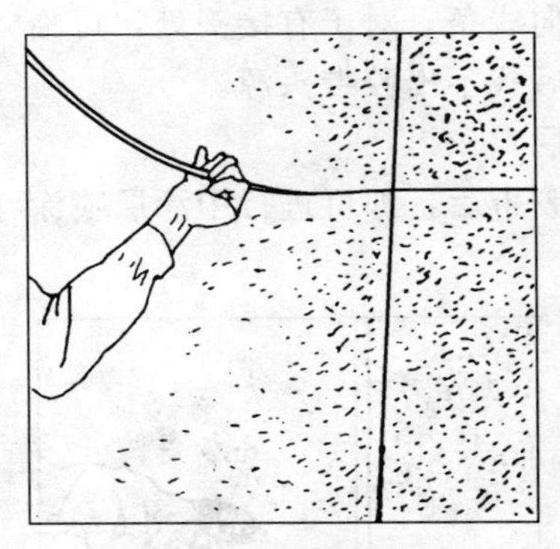

图 10-8　揭分格胶带条

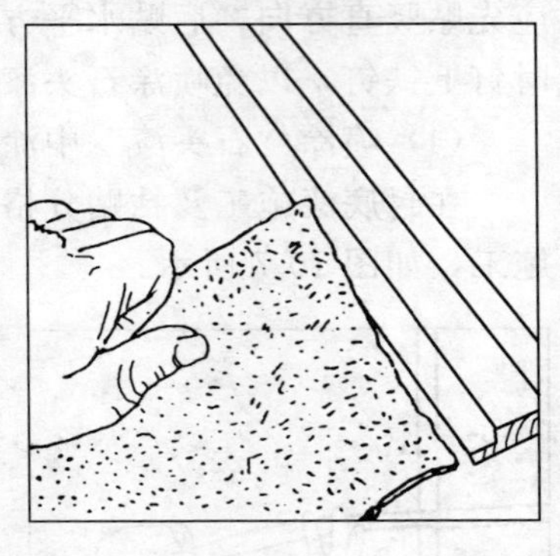

图 10-9　粘贴“石头漆”装饰贴片

根据墙面结构情况，预制“石头漆”切片时，有两种板即硬板和软板，硬板用于墙面平面粘贴，软板用于墙面曲面或转角粘贴。

图 10-10　喷涂罩面透明搪瓷漆

（7）喷涂罩面漆

待其中涂层完全硬化 24h 后，以及局部粘贴的“石头漆”片胶结牢固后，可以全面喷涂罩面涂料，其他套面漆一般为透明搪瓷漆，罩面喷涂用量应在 0.3kg/m^2 以上。喷涂方法如图 10-10 所示。

（8）在喷涂过程中，应注意风压，喷涂距离、远近、喷涂出口大小，对装饰效果影响，见表10-11所示。

石头漆面层喷涂对装饰效果的影响因素　　表10-11

项目	因素	对饰面效果的影响	因素	对饰面效果的影响
风压(高低)	高	花纹较小,出量大,速度快,喷涂均匀	低	花纹较大,出量小,速度慢,均匀性较差
喷涂距离(远近)	远	花纹连续性较差,均匀度差,损耗多,花纹较圆	近	花纹过齐,均匀性较差,纹理效果较平
喷涂出口(大小)	大	花纹较大,出量大,易流坠,耗用量多,涂膜厚	小	花纹较小,出量小,不流坠,耗用量少,涂膜较薄
涂料黏度(大小)	大	花纹颗粒大,纹理粗,耗用量多,出量大,厚度大,易垂流	小	花纹颗粒小,纹理表面较平滑,耗用量小,出量大,涂膜薄,易垂流

10.6.4　喷塑涂料施工

1. 喷塑涂料

喷塑涂料是以丙烯酸酯乳液和无机高分子材料为主要成膜物质的有骨料的新型建筑涂料。也称“浮雕涂料”，“华丽喷砖”。

（1）特点

喷塑涂料，它是克服了以往较单一的平面涂饰，具有较好的质感和立体感。这种厚质、多层次的涂料已广泛用于室内外装修。在建筑装饰工程中应用是一个发展方向。

（2）喷塑建筑涂料的涂层构造

按喷塑涂料的施工特点和不同层次的作用，其涂层构造可分为三部分，即底层、中间层和面层。按使用材料分，可归为三种材料，即底油、骨架和面油。如图10-11所示。

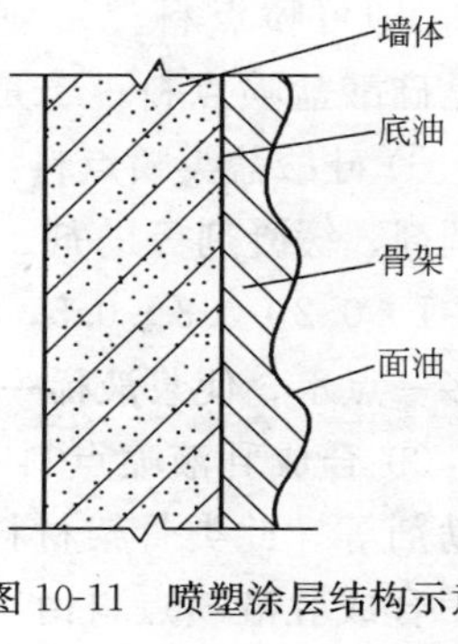

图10-11　喷塑涂层结构示意

(3) 喷塑喷涂与普通乳胶漆涂层区别

喷塑喷涂（浮雕式喷涂）与普通乳胶漆涂层的主要区别在于，它是用喷枪将固体含量高的涂料喷于基层，造成大小不均并具有一定密度的喷点，喷点呈圆形，或用橡胶辊将喷点压平，使之成为不规则花纹状。而后在表面罩面油。其装饰效果可通过不同色彩的罩面油来调配，同时以喷点的造型使饰面质感丰富。

(4) 喷塑结构层作用

1）底油（底层）

底油（底漆），是首先涂布于墙面基层上的涂层。它渗透于基层内部，增强基层的强度，同时又对基层表面进行封闭，并消除底材表面有损于涂层附着的因素，增加骨架与基层之间的结合力。底油一般选用抗碱性能好的合成乳液材料。作为一道封底，可以防止硬化后的水泥砂浆抹灰层可溶性盐渗出而破坏面层。

2）骨架（中间层）

骨架即喷点，是喷塑建筑涂料施工特有的一层成型层。喷点施工在底漆干燥后进行，在一般情况下，底层施工后12h，即可喷点料。目前的喷塑骨架点料，主要有两大类，一是硅酸盐喷点料；二是合成乳液喷点料。

① 硅酸盐类喷点料　其主要成分是水泥矿砂，通常配以增稠剂、缓凝剂等助剂、常用的配比是白水泥∶108胶∶矿砂＝1∶0.2∶0.3～0.5，并加适量的水。喷小点时，可适当加多一点水，使浆液稀一些；喷大点时，浆液适当稠一些。

② 合成乳液喷点料　其主要成分是合成乳液、填充料、辅助剂等。此类骨架材料又分为硬化型和弹性型两类。

合成乳液喷点料由工厂生产，一般是桶装施工时只是加水稀释。喷小点可加水5%～9%，喷中点可加水5%～7%，喷大点时可加水3%～5%，最多加水量不宜超过10%。

3）面油（面层）

面油或称面漆、面釉，是喷塑涂层的表面层。面油内加有各种耐晒彩色颜料，使喷塑层具有理想的色彩和光感。根据所用的材料，面油有油性和水性两类。

（5）喷塑结构层材料

1）底油　喷塑施工的底油，是涂层与基层之间的结合层，具有抗碱性能，宜用喷点料，面油配套使用，常用的底油，见表10-12。

喷塑施工常用底油（底漆、底胶）示例　表10-12

底油种类	工程中的现场使用情况	材料消耗
北京红狮涂料公司"红狮牌"苯丙底漆、乙丙底漆(B822封底漆)	乳白色液体,涂膜呈半透明,干燥时间为0.5h,复涂时间为2h,涂盖面积为8～10m²/kg,使用时可加水稀释,底涂操作时用毛辊滚涂	8～10m²/kg
香港中华制漆有限公司917号底漆	主要成分为丙烯酸聚合树脂,表干时间为30～40min,复涂时间为2h,固体含量11%±0.5%,使用时可用松节水稀释,以毛轴滚涂	6～12m²/L
香港中华制漆有限公司924号底漆	是一种双组分的聚氨酯底漆,表干时间为30min,干结时间为8h,固体含量为45%±2%,使用时将底漆与催硬剂以25∶1的比例配好,再以4∶1的比例经天然水稀释后即可涂刷	当涂膜厚度在0.05mm时,其材料消耗为9m²/L
日本四国化研S.K.K底胶	每桶24kg,使用时1桶底胶加5桶水稀释	20m²/kg

2）喷塑骨架材料

① 硅酸盐类喷点料　在配制时注意水泥质量是否合格，如果其贮存期超过三个月，须经化验合格后才可使用。

② 合成乳液喷点料的主要成分是合成乳液、矿砂及各种助剂。常用的产品，见表10-13。

合成乳液喷点料主要产品性能比较　　表10-13

厂家及产品	主要性能
北京红狮涂料公司"红狮牌"B883喷点料(厚漆)	外观:白色膏状,漆膜颜色:白色 涂膜外观:平整无光,干燥时间:24h 复涂时间:48h,涂盖面积:0.8～1.2m^2/kg
北京红狮涂料公司"红狮牌"B853喷点料(厚漆)	外观:白色粉状,涂膜颜色:白色 涂膜外观:平整无光,干燥时间:24h 复涂时间:48h,涂盖面积:0.7～1.0m^2/kg
香港中华制漆有限公司678号喷点漆	主要成分:丙烯酸树脂 颜色:白色,干结时间:7d(硬干) 固体含量:65%±5%

合成乳液骨架涂料应存放在通风干燥的库房内，贮存温度应0℃以上，若发现有冻结现象，须置于室内较温暖处缓慢地恢复，检验合格后方可使用，使用之前充分搅拌，以保证涂料的稠度与色泽均匀一致。喷塑黏度可根据气候和施工要求适当加水稀释，切忌与有机溶剂相混。

3）面油

对于喷塑施工的面油产品，应注意明确其为油性面油（漆）还是水性面油（漆），两者在施工时应采用不同类型的稀释剂，前者的稀释剂是香蕉水（天然水、倍那水），后者的稀释剂是清水。此外，须熟悉内用面油与外用面油的区别，内用漆不得用于室外墙面，而外用漆（面油）以其耐磨、可擦洗的特点有时可以用于内墙或顶棚饰面。对于双组分的油性面漆，需要现场调配，一般要求在规定的时间内用完。

2. 喷塑涂料施工工艺

喷塑涂料施工工艺：

基层处理——→底油喷涂（或刷涂滚涂）（底层）——→喷点料（中间层）——→

分格缝上色←——面油喷涂（滚涂）←——喷塑压花←——

3. 喷塑涂料施工操作要点

（1）基层处理

浮雕式喷涂，可以施用于水泥砂浆或混合砂浆抹灰面，也可以喷涂于胶合板、纤维板及石膏板等轻质板材表面。各类基层均应符合验收规范的质量标准要求，还必须注意以下几个方面：

1）基层要有一定强度，如果是水泥砂浆抹灰基层，其抗压强度应不小于 7MPa。

2）基层表面要平整并略有粗糙为佳。对于大面积墙面抹灰，应按高级抹灰操作工艺的要求施工，但不宜用铁抹子压光。其他板材拼装的基层，须注意拼缝处的表面平整。

3）基层应干燥，含水率不宜大于10％。

4）基层表面应干净，对残留的灰渣，油污及浮尘等均应清除。

（2）底油喷涂

底油可用喷枪喷涂（也可用刷涂或滚涂），底油一般固体含量小，底油施工后的墙面不是很明显，故应注意施工接槎部位，避免漏喷漏涂。

（3）喷点料（中间层）

1）试喷　正式喷涂前应根据设计要求喷涂样板，进行试喷。如果发生糊嘴现象，可加水稀释。喷点大小，环境温度的高低，均是影响加水量的因素，使用桶装的合成乳液喷点料，事先需用搅拌器充分搅拌，以防使用时稠度不均和沉淀。

2）正式喷点料　施工时，将调好的骨架材料，用小勺装入喷枪的料斗内，扭动开关，用空气压缩机送出的风作动力，将喷点料通过喷嘴射向墙面。喷点的规格有大、中、小三档之分，根据设计要求选用不同规格的喷嘴（喷嘴与喷枪系以螺纹连接）。喷嘴内径的大小与喷点的关系，见表10-14。

喷点与喷枪工作的关系　　表 10-14

喷点规格	喷枪嘴内径(mm)	工作压力(MPa)	说　明
大点	8～10	0.5	根据喷点规格，还可调节风压开关，以喷点均匀为度
中点	6～7	0.5	
小点	4～5	0.5	

3）喷点料时注意事项

① 喷点操作的移动速度要均匀，不宜忽快忽慢，其行走路线可根据施工需要由上到下或左右移动，喷枪在正常情况下，喷嘴距墙 50～60cm 为宜，喷头与墙面呈 60°～90°夹角。如倾斜喷涂，以浆料不溢出为度，如果喷涂顶棚可用顶棚喷涂专用喷嘴。

② 对于不该喷的部位，应该采取遮挡措施。

③ 喷点料操作宜三人同时进行，一人举板保护不该喷涂部位，中间者喷涂，后者进行压平工作，以形成流水作业。

（4）喷塑的压花

喷点过后有压平与不压平之别，如果需要将喷到墙上的圆点压平，喷点后 5～10min，使用胶辊蘸松节水，在塑性的圆点上均匀地轻轻辗压，始终要上下方向滚动，将圆点压扁，使之成为具有立体感的压花图案。这种压花用的辊子可现场制作，用塑料管，将其两端堵住，安上手柄便可使用，这种辊子的要求是表面光滑、平整、醮松节水的目的是增加接触的润滑程度。圆点是否要压平，主要取决于设计。但在一般情况下大点都需要压平，使其不致突出表面太多而影响美观，将其压扁呈花瓣状，可获得较美的装饰效果。

（5） 面油喷涂或滚涂

合成乳液喷点，喷后 24h 便可以涂面漆，如骨架喷点系采用硅酸盐类喷点料，在常温下需 7d 左右才可涂面油。喷时色浆应一次性配足。

1） 面油施工

面油做法有三种：

① 二道面油均是水性涂料；

② 二道面油均是油性涂料；

③ 第一道面油是水性涂料，第二道面油是油性涂料。

2） 喷涂法施工

如采用喷涂、宜喷两道，第一道水性面油，第二道喷油性面油。

3） 滚涂法施工

滚涂时，第一道面漆适当可多加稀释剂，施工速度要快，尽量避免接槎。第二遍面油滚涂要仔细些，面油适当稠一些。第一道面油施工后 24h 左右，方可滚涂第二道面油。

（6） 分格缝上色

如果基层有分格条，面油涂饰后即行揭去，对分格缝可按设计要求的色彩重新描绘。

10.6.5 仿壁毯涂料施工

1. 仿壁毯涂料

（1） 特点　这种涂料与一般涂料不同的是其胶结材料与

填料是分开包装的，施工前再混合。它的填料不是无机质的粉状或粒料，而是短切的纤维，成膜后外观类似毛毯或绒面。因此它具独特的装饰性和有吸声隔热效果。

(2) 组成　仿壁毯涂料主要由纤维、乳液胶结材料、粉状胶结材料及少量粉状填料、助剂等组成。乳液和其他固体材分开包装，一起置于1kg的大包装袋中。

(3) 质量标准　仿壁毯涂料质量标准，见表10-15所示。

仿壁毯涂料质量标准（JISA 6909）　　表10-15

项　目	指　标
保水性(%)	≥60
初期干燥抗裂性	不发生龟裂
附着强度(MPa)	0.196
耐磨损性(1000次)	不因脱落磨损而使基板露出
耐湿性，浸水1h	涂装面不移动，无龟裂，起泡、起皱等并且不变色
耐碱性	不龟裂、脱落、起泡起皱，不变色，光泽无变化

2. 仿壁毯涂料施工工艺

仿壁毯涂料施工工艺：

基层处理→现场配制仿壁毯涂料→涂刷底层涂料→刮涂（或喷涂）面层涂料。

3. 仿壁毯涂料施工操作要点

(1) 基层处理

按施工规定对基层表面进行处理，表面的平整度、垂直度应符合质量要求、清除油污。墙面含水率不大于10%，pH值不大于10。

(2) 现场配制仿壁毯涂料

1) 聚合物乳液（白乳胶）的稀释

图10-12为聚合物乳液（白乳胶）的稀释示意图。将白乳胶浆与水以一定的比例（一般为1∶5～7）稀释，先用

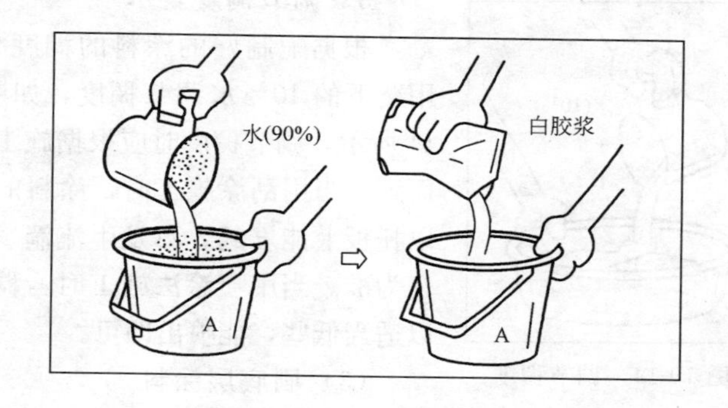

图 10-12　聚合物乳液稀释

90％的用水量进行。

2）胶液与干料混合搅拌

将胶液倒入干料（图 10-13（*a*））中，充分捏和搅拌（图 10-13（*b*）），使干料中的辅助胶结材料溶解并充分浸润，填料分布均匀，搅拌均匀放一段时间，一般为 20～30min，使辅助胶结材料充分溶解。

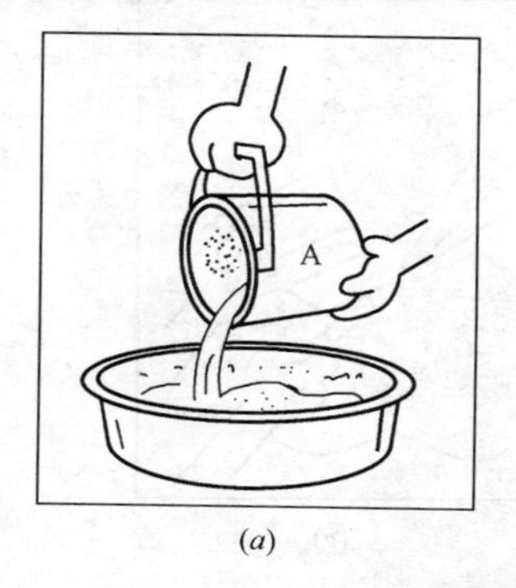

(*a*)

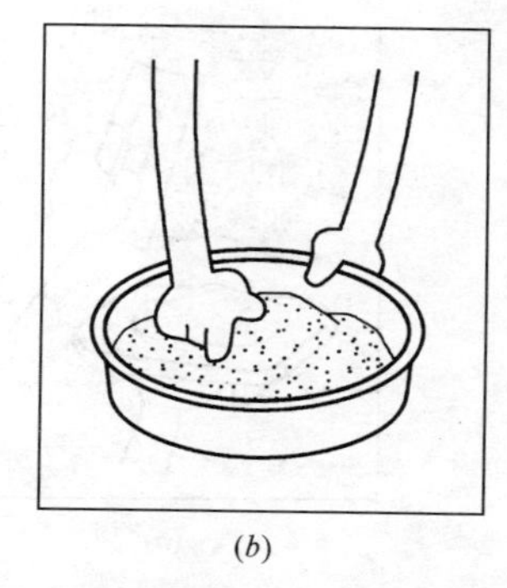

(*b*)

图 10-13　胶液与干料混合搅拌

（*a*）干液料混合；（*b*）搅拌溶解

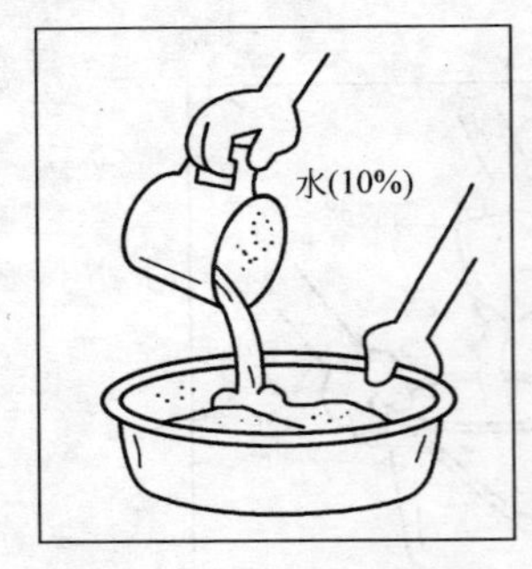

图 10-14 调节稠度

3）调节稠度

根据配制好的涂料的稠度大小，用剩下的 10%水调节稠度，如图 10-14 所示。调节稠度时应根据施工方法而定，当用刮涂施工时，涂料的稠度以托板上能堆起、不发生流淌、不坍落为准。当用喷涂法施工时，稠度可以适当低些，能喷出即可。

（3）刷底层涂料

基层表面处理合格后，可以在底层上涂刷相同的涂料，不能漏刷。

（4）刮涂（或喷涂）面层

1）刮涂面层

用塑料抹子或木抹子进行刮涂。因为用铁抹子刮涂，会带入锈斑。操作过程与抹灰类似，涂层厚度以不露底为准，尽可能薄，一般每千克可涂布 3～3.5m^2，如图 10-15 所示。

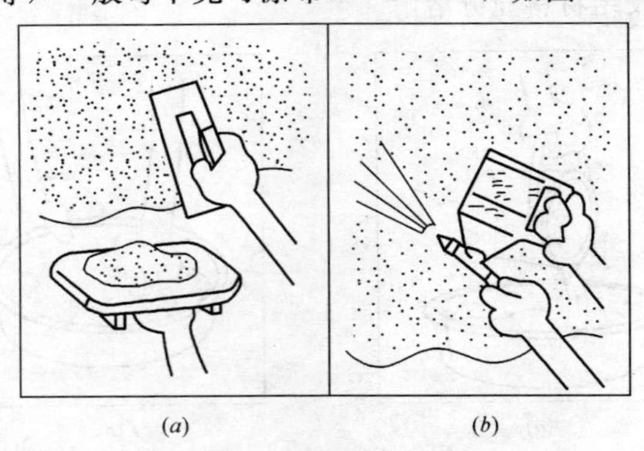

图 10-15 刮涂与喷涂施工

（a）刮涂；（b）喷涂

刮涂时反复抹压平整，尽量不留下明显的抹痕。大面积施工时，配制好的料应在当天使用完，隔日施工的接缝不应留在房间的明显处，刮涂时尽可能不留下明显的接缝。

2）喷涂面层

当稠度较小时，可以用喷涂，如图 10-15（*b*）所示。喷涂时移动速度要均匀，喷枪在正常情况下喷嘴距离 40～50cm，喷头与墙面呈 60°～90°夹角，行走路线可根据施工需要由上到下或左右移动。

（5）施工注意事项

1）施工后保持良好的通风，使涂层尽快干燥，常温下 48h 基本干透、干燥前防止尘埃粘附在表面上。

2）若墙壁局部采用仿壁毯涂料的装饰，这时应在局部装饰的部位四周用木条或石膏浮雕按设计做好边框，再刮涂涂料。

10.7 涂饰工程质量要求及检验标准

目前涂饰工程质量检验方法有两种：一是按涂料涂饰种类进行检验；一是按涂料的使用房屋部位进行检验。

10.7.1 基层处理规定

1. 新建筑物的混凝土或抹灰基层，在涂饰涂料前应涂刷抗碱封闭底漆。

2. 旧墙面在涂饰涂料前应清除疏松的旧装修层，并涂刷界面剂。

3. 混凝土或抹灰基层涂刷溶剂型涂料时，含水率不得大于 8%；涂刷乳液型涂料时，含水率不得大于 10%。木材的基层含水率不得大于 12%。

4. 基层腻子应平整、坚实、牢固，无粉化、起皮和裂缝；内墙腻子的粘结强度应符合《建筑室内用腻子》（JG/T 3049）的规定。

5. 厨房、卫生间墙面必须使用耐水腻子。

10.7.2 水性涂料涂饰工程质量要求及检验标准

本节适用于乳液型涂料、无机涂料、水性涂料等水性涂料涂饰工程的质量验收。

1. 主控项目

（1）水性涂料涂饰工程所用的品种、型号和性能应符合设计要求。

（2）水性涂料涂饰工程的颜色，图案应符合设计要求。

（3）水性涂料涂饰工程应涂饰均匀，粘结牢固，不得漏涂、透底、起皮和掉粉。

（4）水性涂料涂饰工程施工的环境温度应在 5～35℃之间。

2. 一般项目

（1）薄涂料的涂饰质量和检验方法，见表 10-16 所示。

（2）厚涂料的涂饰质量和检验方法，见表 10-17 所示。

薄涂料的涂饰质量和检验方法　　表 10-16

项次	项　目	普通涂饰	高级涂饰	检验方法
1	颜色	均匀一致	均匀一致	观察
2	泛碱、咬色	允许少量轻微	不允许	
3	流坠、疙瘩	允许少量轻微	不允许	
4	砂眼、刷纹	允许少量轻微砂眼，刷纹通顺	无砂眼，无刷纹	
5	装饰线、分色线直线度允许偏差（mm）	2	1	拉 5m 线，不足 5m 拉通线，用钢直尺检查

厚涂料的涂饰质量和检验方法　　表 10-17

项次	项　目	普通涂饰	高级涂饰	检验方法
1	颜色	均匀一致	均匀一致	观察
2	泛碱、咬色	允许少量轻微	不允许	
3	点状分布	—	疏密均匀	

(3) 复层涂料的涂饰质量和检验方法，见表 10-18 所示。

复层涂料的涂饰质量和检验方法　　表 10-18

项次	项　目	质量要求	检验方法
1	颜色	均匀一致	观察
2	泛碱、咬色	不允许	
3	喷点疏密程度	均匀,不允许连片	

(4) 涂层与其他装修材料和设备衔接处应吻合，界面应清晰。

10.7.3　溶剂型涂料涂饰工程质量要求及检验方法

本节适用于丙烯酸酯涂料，聚氨酯丙烯酸涂料，有机硅丙烯酸涂料等溶剂型涂料涂饰工程的质量验收。

1. 主控项目

(1) 溶剂型涂料涂饰工程所选用涂料的品种、型号和性能应符合设计要求。

(2) 溶剂型涂料涂饰工程的颜色，光泽、图案应符合设计要求。

(3) 溶剂型涂料涂饰工程应涂饰均匀，粘结牢固，不得漏涂、透底、起皮和反锈。

2. 一般项目

(1) 色漆的涂饰质量和检验方法，见表 10-19 所示。

色漆的涂饰质量和检验方法　　表 10-19

项次	项　目	普通涂饰	高级涂饰	检验方法
1	颜色	均匀一致	均匀一致	观察
2	光泽、光滑	光泽基本均匀 光滑无挡手感	光泽均匀一致 光滑	观察、手摸检查
3	刷纹	刷纹通顺	无刷纹	观察
4	裹棱、流坠、皱皮	明显处不允许	不允许	观察
5	装饰线、分色线直线度允许偏差（mm）	2	1	拉 5m 线，不足 5m 拉通线，用钢直尺检查

注：无光色漆不检查光泽。

（2）清漆的涂饰质量和检验方法，见表 10-20 所示。

清漆的涂饰质量和检验方法　　表 10-20

项次	项　目	普通涂饰	高级涂饰	检验方法
1	颜色	基本一致	均匀一致	观察
2	木纹	棕眼刮平、木纹清楚	棕眼刮平、木纹清楚	观察
3	光泽、光滑	光泽基本均匀 光滑无挡手感	光泽均匀一致 光滑	观察、手摸检查
4	刷纹	无刷纹	无刷纹	观察
5	裹棱、流坠、皱皮	明显处不允许	不允许	观察

（3）涂层与其他装修材料和设备衔接处应吻合，界面应清晰。

10.7.4　内、外墙涂料涂饰工程检验标准

1. 合成树脂乳液内墙涂料的涂饰工程的质量要求，见表 10-21 所示。

2. 溶剂型外墙涂料涂饰工程的质量要求见表 10-22。

3. 合成树脂乳液砂壁状涂料涂饰工程的质量要求，见表 10-23 所示。

4. 合成树脂乳液外墙涂料、无机外墙涂料的涂饰工程的质量要求，见表 10-24 所示。

5. 复层建筑涂料涂饰工程的质量要求，见表10-25所示。

合成树脂乳液内墙涂料的涂饰工程的质量要求

表 10-21

项次	项　目	普通级涂饰工程	中级涂饰工程	高级涂饰工程
1	掉粉、起皮	不允许	不允许	不允许
2	漏刷、透底	不允许	不允许	不允许
3	泛碱、咬色	不允许	不允许	不允许
4	流坠、疙瘩	允许少量	允许少量	不允许
5	光泽和质感	光泽较均匀	手感较细腻，光泽较均匀	手感细腻，光泽均匀
6	颜色、刷纹	颜色一致	颜色一致	颜色一致，无刷纹
7	分色线平直（拉5m线检查，不足5m拉通线检查）	偏差不大于3mm	偏差不大于2mm	偏差不大于1mm
8	门窗、灯具等	洁净	洁净	洁净

溶剂型外墙涂料涂饰工程的质量要求　　表 10-22

项次	项　目	普通级涂饰工程	中级涂饰工程	高级涂饰工程
1	脱皮、漏刷、反锈	不允许	不允许	不允许
2	咬色、流坠、起皮	明显处不允许	明显处不允许	不允许
3	光泽	—	光泽较均匀	光泽均匀一致
4	疙瘩	—	允许少量	不允许
5	分色、裹棱	明显处不允许	明显处不允许	不允许
6	开裂	不允许	不允许	不允许
7	针孔、砂眼	—	允许少量	不允许
8	装饰线、分色线平直（拉5m线检查，不足5m拉通线检查）	偏差不大于5mm	偏差不大于3mm	偏差不大于1mm
9	颜色、刷纹	颜色一致	颜色一致	颜色一致，无刷纹
10	五金、玻璃等	洁净	洁净	洁净

注：开裂是指涂料开裂，不包括因结构开裂引起的涂料开裂。

合成树脂乳液砂壁状涂料涂饰工程的质量要求

表 10-23

项次	项　目	合成树脂乳液砂壁状涂料涂饰工程
1	漏涂、透底	不允许
2	反锈、掉粉、起皮	不允许
3	反白	不允许
4	五金、玻璃等	洁净

合成树脂乳液外墙涂料、无机外墙涂料的涂饰工程的质量要求

表 10-24

项次	项　目	普通级涂饰工程	中级涂饰工程	高级涂饰工程
1	反锈、掉粉、起皮	不允许	不允许	不允许
2	漏刷、透底	不允许	不允许	不允许
3	泛碱、咬色	不允许	不允许	不允许
4	流坠、疙瘩	—	允许少量	不允许
5	颜色、刷纹	颜色一致	颜色一致	颜色一致，无刷纹
6	光泽	—	较一致	均匀一致
7	开裂	不允许	不允许	不允许
8	针孔、砂眼	—	允许少量	不允许
9	分色线平直(拉 5m 线检查、不足 5m 拉通线检查)	偏差不大于 5mm	偏差不大于 3mm	偏差不大于 1mm
10	五金、玻璃等	洁净	洁净	洁净

注：开裂是指涂料开裂，不包括因结构开裂引起的涂料开裂。

复层建筑涂料涂饰工程的质量要求　　表 10-25

项次	项　目	水泥系复层涂料	硅溶胶类复层涂料	合成树脂乳液类复层涂料	反应固化型复层涂料
1	漏涂、透底	不允许	不允许		
2	反锈、掉粉、起皮	不允许	不允许		
3	泛碱、咬色	不允许	不允许		

续表

<table>
<tr><th>项次</th><th>项　　目</th><th>水泥系复层涂料</th><th>硅溶胶类复层涂料</th><th>合成树脂乳液类复层涂料</th><th>反应固化型复层涂料</th></tr>
<tr><td>4</td><td>喷点疏密程度、厚度</td><td>疏密均匀
厚度一致</td><td colspan="3">疏密度均匀，不允许有连片现象，
厚度一致</td></tr>
<tr><td>5</td><td>针孔、砂眼</td><td>允许轻微少量</td><td colspan="3">允许轻微少量</td></tr>
<tr><td>6</td><td>光泽</td><td>均匀</td><td colspan="3">均匀</td></tr>
<tr><td>7</td><td>开裂</td><td>不允许</td><td colspan="3">不允许</td></tr>
<tr><td>8</td><td>颜色</td><td>颜色一致</td><td colspan="3">颜色一致</td></tr>
<tr><td>9</td><td>五金、玻璃等</td><td>洁净</td><td colspan="3">洁净</td></tr>
</table>

注：开裂是指涂料开裂，不包括因结构开裂引起的涂料开裂。

11　玻璃饰面装饰

11.1　玻璃工程

玻璃是建筑工程中的一种装修材料，具有透光、透视、隔绝空气流通、隔者和隔热保温以及降低建筑物结构自重等性能。它不仅用于建筑物门窗，还逐渐代替砖、瓦、混凝土等建筑材料用于墙体与屋面。

11.1.1　材料要求

1. 玻璃

(1) 平板玻璃　平板玻璃是建筑工程上常用的玻璃。

(2) 压花玻璃　压花玻璃是一种一面或两面有凹凸花纹的半透明玻璃。

(3) 钢化玻璃　钢化玻璃常用于有振动性场所及高温车间的防护玻璃等。钢化玻璃的性能及规格见表 13-25。

(4) 夹层玻璃　夹层玻璃是安全玻璃的一种，夹层玻璃性能见表 13-16。夹层玻璃规格见表 13-17。

(5) 夹丝玻璃　夹丝玻璃也称防碎玻璃，其规格及性能见表 13-12 和表 13-13。

2. 油灰

油灰是一种油性腻子。安装玻璃用的油灰可以采购使用，也可以自制。其原料与配比如下：

(1) 选材　大白要干燥，不得潮湿，油料应使用不含有杂质的熟桐油、鱼油、豆油。

（2）质量要求　搓捻成细条不断，具有附着力，使玻璃与窗槽连接严密而不脱落。

（3）配方　每 100kg 大白用油及每 $100m^2$ 玻璃面积的油灰用量见表 11-1。

100kg 大白用油量及每 $100m^2$ 玻璃面积油灰用量（kg）　表 11-1

工作项目	每 100kg 大白用油量			每 $100m^2$ 玻璃面积油灰用量
	清油	熟桐油	鱼油	
木门窗	13.5	3.5 3.5	13.5	80～106
钢门窗	12	5 5	12	440
顶棚	12	5 5	12	335
坐底灰	15	5 5	15	

3. 其他材料

（1）橡皮条　有商品供应，可按设计要求的品种、规格进行选用。

（2）木压条　由工地加工而成，按设计要求自制制作。

（3）小圆钉　有商品供应，可按要求选购。

（4）胶粘剂　用来粘结中空玻璃。常用的有环氧树脂加 701 固化剂和稀释剂配成的环氧胶粘剂。其配合比见表 11-2。

胶粘剂配合比　表 11-2

材料名称	配合比	
	1	2
环氧树脂	100 份	100 份
701 固化剂	20～25 份	
乙二胺		8 份～10 份
二丁酯		20 份
乙辛基醚或二甲苯	适量	适量
瓷粉		50 份

4. 玻璃的运输与保管

（1）玻璃的运输

1）在装载时，要把箱盖向上，直立紧靠放置，不得动摇碰撞。如堆放有空隙时，要以稻草软物填实或用木条钉牢。

2）做好防雨措施，以防雨水淋入玻璃内。因为成箱玻璃箱淋雨后，发生玻璃间相互粘连现象，撬开时容易破裂。

3）装卸和堆放时，要轻抬轻放，不能随意溜滑，防止振动和倒塌。

4）短距离运输，应把木箱立放，用抬杠抬运，不能几人抬角搬运。

（2）玻璃的保管

1）玻璃应按规格、等级分别堆放，以免混淆。

2）玻璃堆放时，应使箱盖向上，立放紧靠，不得歪斜或平放，不得受重压和碰撞。

3）玻璃木箱底下必须垫高100mm，防止受潮。

4）玻璃在露天堆放时，要在下面垫高，离地面30～50cm，上面用帆布盖好，但日期不宜过长。

5）当保管不慎，玻璃受潮发霉时，可以用棉花蘸些煤油或酒精揩擦，如用丙酮揩擦效果更好。

11.1.2 施工准备

1. 检查、验收主体结构及其他准备

（1）检查、验收门、窗框是否符合设计要求和质量要求；按门、窗扇的数量和拼花要求，计划好各类玻璃和零配件的需要量。

（2）安装前，应先检查顶棚骨架与构造的连接是否牢固，以免结构稍有变形而压碎玻璃砖，不合质量要求的应进行返工。

（3）玻璃及玻璃砖在镶贴前应剔选，裂缝掉角的不得使用。并且在安装前将玻璃和玻璃砖清洗干净。

（4）把已裁好的玻璃按使用部位编号，并分别竖向堆放待用。如采用有机玻璃，可提出尺寸和形状，向加工单位订货，以减少现场作业。

（5）放样。在安装玻璃隔断、玻璃砖采光棚、玻璃拦河时，应按设计图案的要求，进行翻样（出大样），排列玻璃砖的详细尺寸和图案。

（6）预埋件检查。在安装玻璃拦河前，应检查锚固扶手的预埋件的埋设位置是否符合设计要求：检查底座土建施工时，固定件的位置是否符合设计要求，若需要加立柱的，应立即确定位置，在安装前修补完毕。

2. 施工工具

（1）工作台　工作台一般都用木料制成，台面大小根据需要而定。常用的有 1m×1.5m，1.2m×1.5m 或 1.5m×2m。为了保持台面平整，台面厚度不得小于 5cm。

裁划时，对大块玻璃要垫绒布，其厚度要求 3mm 以上。

（2）玻璃刀　又称金刚钻，如图 11-1 所示。一般分为 2～3mm 和 4～6mm 玻璃刀等不同规格。

（3）直尺、木折尺　用木料制成，直尺按其大小及用途分为：5mm×40mm，专为裁划 4～6mm 玻璃用；12mm×12mm 专为裁划 2～3mm 厚门窗

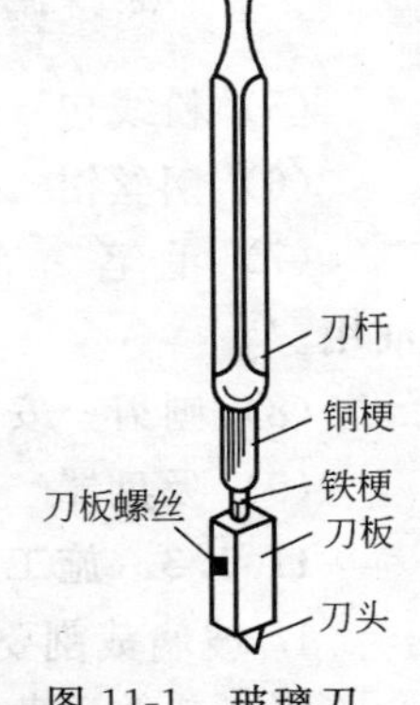

图 11-1　玻璃刀

玻璃用；5mm×30mm（长度 1m 以内），专为裁划玻璃条用，木折尺用来量取距离，一般用 1m 长的木折尺（图 11-2 所示）。

（4）水平尺、水平托尺　用来检查水平度，保证安装质量（如图 11-2 所示）。

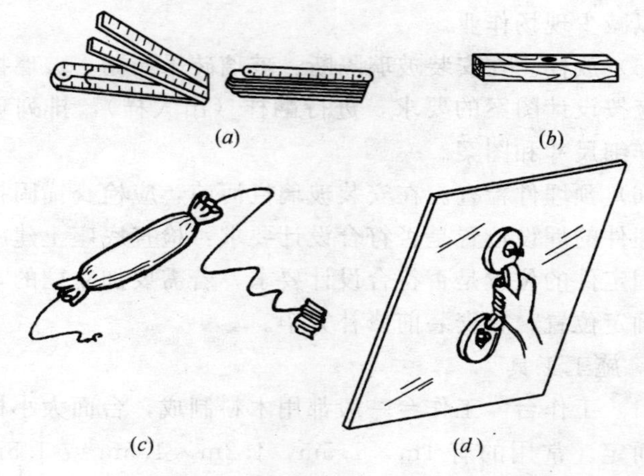

图 11-2　工具

(*a*) 木折尺；(*b*) 水平尺；(*c*) 粉线包；(*d*) 吸盘器

（5）粉线包　在安装时，用来弹线，如图 11-2 所示。

（6）钢丝钳　用来板脱玻璃边口狭条用。

（7）毛笔　在裁划 5mm 以上厚度的玻璃时，抹煤油用。

（8）刨刃　安装玻璃时，敲钉子及抹油灰用。

（9）吸盘器　如图 11-2（*d*）所示。

11.1.3　施工要点

1. 玻璃裁割要点

（1）裁普通薄玻璃：按设计要求和门窗的实际尺寸进行

裁割。一般地玻璃实际尺寸要比门窗实际尺寸缩小 3mm 左右，以利安装方便。

（2）裁厚玻璃及压花玻璃：在应裁开的地方，先涂一道煤油后裁割。

（3）裁夹丝玻璃与裁厚及压花玻璃相同，但向下时用力要大，要均匀，向上回时要在裁开的玻璃外夹一木条再上回。

（4）裁窄条时：裁好后用刀头将玻璃震开，再用钳子垫布来钳，以免使玻璃坏损。

2. 玻璃安装要点

（1）安装前，应将裁口内的污垢清除干净，并沿裁口的全长均匀涂沫 1～3mm 厚的底子灰油。

（2）安装长边大于 1.5m 或短边大于 1m 的玻璃，应用橡皮垫，应用橡皮垫并用压条和螺钉镶嵌固定。

（3）安装木门窗玻璃，应用钢丝卡固定，钉距不得大于 300mm，且每边不少于 2 个，并用油灰填实抹光；用木压条固定时，先涂干性油，不应将玻璃压得过紧。

（4）安装钢门窗玻璃：应用钢丝卡固定，间距不得大于 300mm，且每边不少于 2 个，并用油灰填实抹光；采用橡皮条时，应先将橡皮条嵌入载口内，并用压条和螺钉固定。

（5）拼装彩色玻璃：压花玻璃应按设计图案裁割，拼缝应吻合，不得错位、斜曲和松动。

3. 玻璃砖安装要点

（1）墙、隔断和顶棚嵌玻璃砖的骨架，应与结构连接牢固。

（2）玻璃砖应排列均匀整齐，表面平整，嵌缝的油灰或胶泥应饱满密实。

（3）围护结构安装钢化玻璃时，应用卡紧螺丝或压条镶嵌固定，缝隙应用橡皮条或塑料卡。

（4）安装玻璃隔断时，隔断上框的顶面应留有适量缝隙，以防结构变形，损坏玻璃。

（5）安装磨砂、压花玻璃面向朝内，花纹向外。

11.1.4 玻璃安装方法

玻璃裁划前，要挑选同样规格有代表性的门窗三樘以上计算尺寸，必要时可先划一块试装。玻璃安装应在门窗五金安装完毕，外墙勾缝与粉刷做完，脚手架拆除后，刷最后一遍油漆之前进行。

1. 玻璃刀的使用方法

玻璃刀是裁割玻璃的主要工具，能裁割厚薄不同规格的玻璃。

握刀方式是裁割玻璃的一项重要动作。划纹的粗细和用力大小都对玻璃分开时有影响，因此，必须掌握好用力大小及握刀的方向与角度。

握刀裁割时，手腕要直，刀杆贴着食指，刀头紧靠木尺右边，刀杆不可偏左、偏右或垂直，应当稍稍后倾。手指要握住刀杆的中间，不宜过高或过低，如图 11-3 所示。

玻璃刀使用时，向后移动不能用力过猛，只要求听到

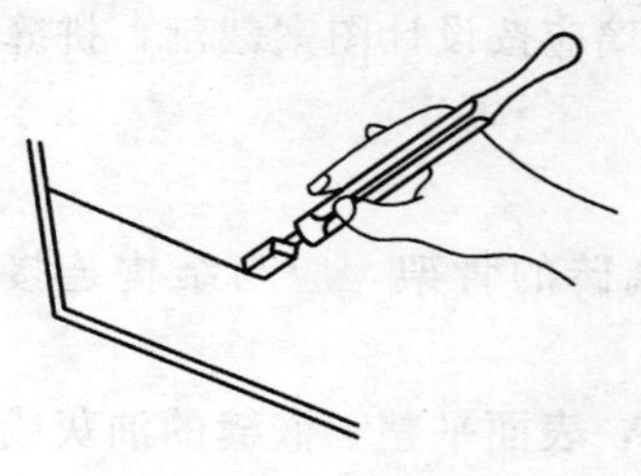

图 11-3 握刀手势

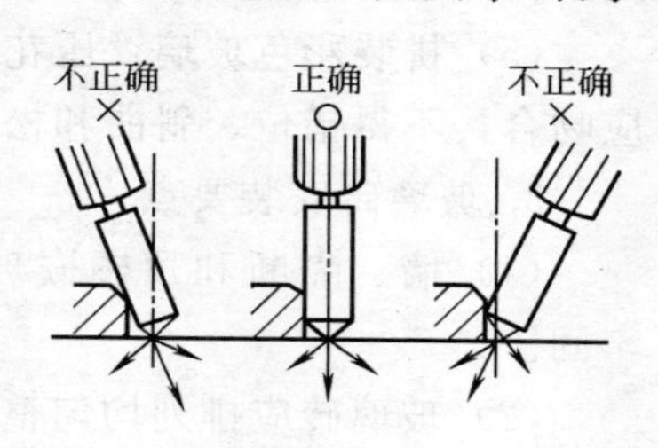

图 11-4 玻璃刀移动方法

玻璃面上发出轻微的连续的“嘶”声就行了。这时玻璃上已有了很细的纹路，有利于将玻璃扳开。如果划较长的玻璃，最好一口气裁割到底。也不可在划过的纹路上重划，如遇非要再划，也应离原纹路1mm以上，这样可以避免在原纹上重复，以致让玻璃刀遭受挫磨，而与原来纹路稍有偏差也不会影响使用。

握刀稳固后，移动划纹时，刀锋与玻璃平面的角度（以刀尖吃肉最利为准）必须始终一致，切勿前倾后卧，也无左右摇摆，手腕握住不动，只使全臂往后移动，如图11-4所示。如需裁割5～6mm比较厚的玻璃，最好确定划纹的线条处，先用毛笔涂少许煤油，使之润滑玻璃面，这样裁割时比较润滑顺利，划纹渗油后又易于扳开。发现玻璃的划纹处留有水渍时，必须把水渍擦干再划纹，否则在扳开玻璃时，往往遭致破裂。

2. 裁划玻璃

(1) 裁划前的准备工作

划前应将室内和工作台打扫干净。运进的原箱玻璃要靠墙紧挨立放，暂不开箱的，要用板条互相搭好钉牢，不使动摇倾倒。每开一箱玻璃最好全部放在工作台上。经裁划后的玻璃应靠墙斜立于板条上。

(2) 裁划玻璃的操作方法

1) 裁划2～3mm厚的平板玻璃，可用12mm×12mm细木条直尺。先用折尺量出玻璃框尺寸，再在直尺上定出裁划尺寸，要考虑留3mm空挡和2mm刀口。例如玻璃框宽500mm，直尺上量出495mm处钉一小钉，495mm加上2mm，这样划出的玻璃是497mm，安装在500mm宽的玻璃框上正好符合要求。裁划时可把直尺上的小钉紧靠玻璃一边，玻璃刀紧靠直尺的另一端，一手靠握小钉挨住的玻璃边口不使其松动，另一手掌握刀刃端直向后退划，不能有轻重弯曲。

2）划 4～6mm 的厚玻璃，裁划方法与上述基本相同。因其玻璃较厚，划时要握准、拿稳，力求轻重均匀。另有一种划法是采用 4mm×50mm 直尺，玻璃刀紧靠直尺裁划。裁划时，要在划口上预先刷上煤油，使划口渗油后，容易扳脱。

3）裁划 5～6mm 厚的大块玻璃，方法与用 4mm×50mm 直尺裁划相同。但因大块玻璃的面积大，人站在地面上无法裁划，故有时需脱鞋后站在玻璃上裁划。裁划前必须在工作台上垫绒布，使玻璃受压均匀。裁划后双手紧握玻璃，同时向下扳脱，不能粗心大意而造成整块玻璃破裂。

4）裁划玻璃条（宽 8～12mm，水磨石地坪嵌线用）可用 5mm×30mm 直尺，先把直尺的上端，用钉子固定在台面上（不能钉死、钉实，要能转动和上下升降），再在台面距直尺右边，相当于玻璃条宽度加 2～3mm 的间距处，钉上两只小钉作为玻璃靠立用，如图 11-5 所示。另外贴近直尺下端的左边台面上，钉上一只钉子，作为靠直尺用。然后用玻璃刀紧靠直尺右边，裁划出所要求的玻璃条。随后取出玻璃条，再把大块玻璃向前推到碰住钉子为止。靠好直尺又可连续进行裁划。

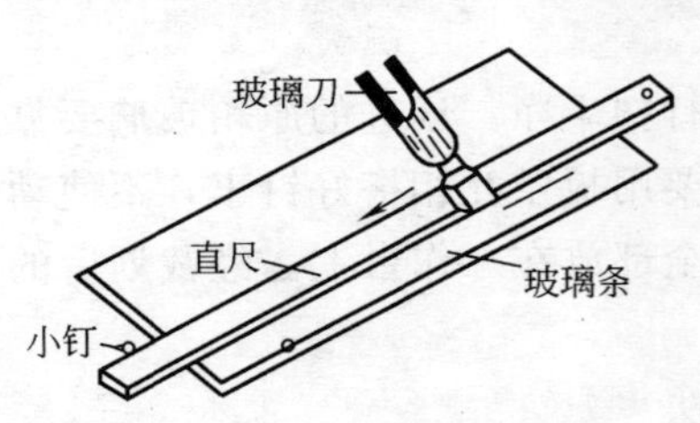

图 11-5　裁划玻璃条示意图

5）裁划夹丝玻璃。裁划夹丝玻璃的方法同 5～6mm 的平板玻璃。但因夹丝玻璃裁划面高低不平，裁划时刀口容易滑动，技艺掌握较难，因此，要认好刀口，握稳刀头，用力比一般玻璃大些，速度也要快些，这样才不致出现弯曲不直。裁划后双手紧握玻璃，同时用力向下扳，使玻璃沿裁口线裂开。如有夹丝未断，可在玻璃缝口内夹一细长木条，再用力往下扳，夹丝即可拔断，然后用钳子将夹丝划倒，以免搬运时划破手掌。

6）裁划压花玻璃。压花面应向下，裁划方法与夹丝玻璃相同。

7）裁划磨砂玻璃。毛面应向下，裁划方法与平板玻璃相同。

注意事项：

裁划玻璃的规格较多，尺寸也各不相同，裁划前应仔细计算，尽量利用，避免浪费；玻璃面上有灰尘和水迹时，要揩擦干净；裁口边条太窄时，可先在一头敲出裂纹，再用钳丝钳垫软布扳脱，不能硬扳，否则会使整块玻璃开裂，造成浪费；裁划好的玻璃，应按规格靠墙立放，下面要垫两根木条。

11.1.5 玻璃安装要点

1. 木门窗玻璃安装

木门窗玻璃安装工艺，一般分为分放玻璃、清理裁口、涂抹底油灰、嵌钉固定、涂表面油灰或钉木压条等五道工序。

(1) 分放玻璃　按照当天需安装的数量、大小，将已裁割好的玻璃分放于安装地点，注意切勿放在门窗开关范围内，以防不慎碰撞碎裂。

(2) 清理裁口　玻璃安装前，必须清除门窗裁口（玻璃槽）内的灰尘和杂物，以保证油灰与槽口的有效粘结。

（3）涂抹底油灰　在玻璃底面与裁口之间，沿裁口的全长涂抹厚1～3mm底油灰，要求均匀连续，随后将玻璃推入裁口并压实。待底油灰达到一定强度时，顺着槽口方向，将溢出的底油灰刮平清除。

底油灰的作用是使玻璃和玻璃框紧密吻合，以免玻璃在框内振动发声，也可减少因玻璃振动而造成的碎裂，因而涂抹应挤实严密。

（4）嵌钉固定　玻璃四边均须打上玻璃钉，每个钉间距离一般不超过300mm，每边不少于2个，要求钉头紧靠玻璃。钉完后，还需检查嵌钉是否平整牢固，一般由轻敲玻璃所发出的声音判断。

（5）涂抹表面油灰　选用无杂质、稠度适中的油灰涂抹表面。油灰不能抹得太多或太少，太多造成油灰的浪费，太少又不能涂抹均匀。一般用油灰刀从一角开始，紧靠槽口边，均匀地用力向一个方向刮成斜坡形，再向反方向理顺光滑，如此反复修整，四角成八字形，表面光滑无流淌、裂缝、麻面和皱皮现象，粘结牢固，以使打在玻璃上的雨水易于流走而不致腐蚀门窗框。

涂抹表面油灰后用刨铁收刮油灰时，如发现玻璃钉外露，应敲进油灰面层。

（6）木压条固定玻璃　选用大小宽窄一致的优质木压条，用小钉钉牢。钉帽应进入木压条表面1～3mm，不得外露。木压条要贴紧玻璃，无缝隙，注意也不得将玻璃压得过紧，以免挤破玻璃，要求木压条光滑平直。

2. 钢门窗玻璃安装

钢门窗玻璃安装工艺与木门窗基本相同，但应特别注意控制以下几点：

（1）操作准备　检查门窗扇有无翘曲变形现象；钢丝卡孔眼预留位置是否正确，遇有异位应及时修理。

（2）清理槽口　槽口内如有焊渣、铁皮、灰尘等污垢，将影响油灰的粘结牢固，因此必须预以清除。

（3）涂底油灰　在槽口内涂抹厚度为3～4mm的底油灰，要求调制均匀，稀稠适中，涂抹饱满、均匀、不间断、不堆积。

（4）安装玻璃　用双手推平玻璃，使油灰挤出，然后将油灰与槽口、玻璃接触的部位刮齐刮平。

（5）安钢丝卡　用钢丝卡固定玻璃，其间距不大于300mm，每边不少于两个，并嵌抹油灰填实抹光。在采用橡皮垫固定时，应先将其嵌入钢门窗裁口内，并用螺丝钉和压条固定，防止门窗玻璃松动和脱落。

3. 铝合金、镀色镀锌钢板框扇玻璃安装

铝合金、镀色镀锌钢板框扇由于加入了合金元素，并经热处理加工制成，不但提高了强度和硬度，还具有良好的耐腐蚀性和装饰性。为保证框扇的密封性，玻璃安装时应注意控制以下几点：

（1）玻璃裁割　玻璃裁割必须尺寸准确，边缘不得歪斜，玻璃与槽口的间隙应符合设计要求。

（2）清理槽口　框扇槽口内的灰尘、杂物应清除干净，排水孔畅通。使用密封胶时，粘结处必须干净、干燥。

（3）安装玻璃　安装玻璃注意事项：

1）按设计要求安装玻璃。

2）玻璃应放在定位垫块上，面积较大的开扇和玻璃，应在垂直边位置上设隔置片，上端的隔片固定在框或扇上。

固定框扇的玻璃应放在两块相同的定位垫块上，搁设点设在距玻璃垂直边的距离为玻璃宽度的 1/4 处。

定位垫块的宽度应大于所支撑的玻璃厚度，长度以不小于 25mm 为宜。定位垫块下面应设铝合金垫片，不能采用木质的垫块和垫片。

3）玻璃镶于槽口内，应镶条压住或用其他材料填塞密实，保证玻璃垂直平整，不致晃动发生翘曲，特别是迎风面的玻璃，应镶通长的嵌条压住或用垫片固定，且位于室外一侧的嵌条，还必须采取防风雨的措施。

先安装的嵌条必须紧贴玻璃、槽口，后安装的镶嵌条，在转角处宜涂少量密封胶。

4）采用密封胶封缝时，必须填充密实，使表面平整光滑。被密封胶污染的框、扇和玻璃，应及时擦净。

（4）成品保护　玻璃安装完毕，应采取保护措施，以防碰碎，也可设专人负责看管和擦净。

4. 天窗玻璃安装

（1）斜天窗玻璃安装，应按设计要求进行。设计无要求时，最好使用夹丝玻璃，以免玻璃破碎时伤人。如使用平板玻璃，最好在玻璃下面加设一层铁丝网。

（2）斜天窗玻璃必须顺流水方向盖叠安装，盖叠长度为 30mm（坡度为 1/4 或大于 1/4 时）或 50mm（坡度小于 1/4 时）。

（3）为避免玻璃滑脱，盖缝处须用钢丝卡固定，盖缝的缝隙中垫油绳，用防锈油灰填嵌密实。

5. 钢化玻璃安装

钢化玻璃特别坚固，不易碎裂，但在不受外力的情况下，有时也会自行碎裂，因此安装钢化玻璃时，应注意以下两点：

（1）必须用螺丝卡紧或用嵌条固定。

（2）玻璃与楼梯间、阳台等围护结构的金属框格相接处，应衬橡皮垫或塑料垫保护。

11.1.6 质量通病及防治措施

1. 底油灰不饱满

产生原因：

（1）槽口内杂物未清除干净，或油灰中有杂物。

（2）底油灰调制较稠或较稀；操作不熟练，铺抹灰不均匀。

防治措施：

（1）铺抹底油灰前，必须将槽口内的胶渍、木屑等杂物清除干净。

（2）调制的底油灰应无杂质，稀稠软硬适中，一般为稠粥状。

（3）铺垫底油灰要均匀饱满、厚度最少为1mm，但不得超过3mm，无间断，无堆积。

2. 木压条不平整有缝隙

产生原因：

（1）木压条尺寸大小、宽窄不一致。

（2）木压条端部未锯成45°斜面，或尺寸长短不合适，造成角部对缝有空隙。

（3）装钉木压条没有靠紧玻璃及槽口，使木压条倾斜而有缝隙。

防治措施：

（1）不要用黄花松等质硬易劈裂的木材制作木压条；木压条尺寸大小应符合要求，端部应锯成45°角的斜面。

（2）选择合适的钉子，将钉帽锤扁，然后将木压条贴紧玻璃，再用小锤钉牢、四角平整。

3. 里见油灰，外见裁口

产生原因：

填抹油灰后，出现油灰有宽有窄不均匀，如图 11-6 所示。

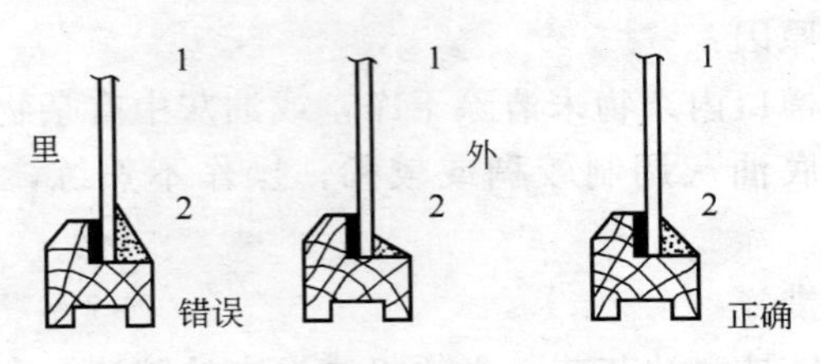

图 11-6 油灰做法

防治措施：

刮抹油灰要求具有熟练的技术，认真按操作规程施工。刮完油灰，四角整齐，油灰紧贴玻璃槽口，不能有空隙、残缺、翘起等弊病，达到里不见油灰，外不见槽口。

4. 油灰露钉子或露卡子

产生原因：

（1）钉子选择得不适当，尺寸过大。

（2）卡子脚长未剪短或未安平整。

（3）操作技术不熟练。

防治措施：

（1）木门窗一般使用 1/2～3/4 英寸的小铁钉为宜，钉钉子时，钉帽紧靠玻璃，钉身不准靠玻璃。钉的钉子要使玻璃牢固，又不现露在外面为准。

（2）钢门窗卡卡子时，必须使卡子槽口卡入玻璃边固定牢，如卡子未能埋入油灰中，需将卡子长脚剪短再安装。

5. 油灰菱角不规矩，八字不见角

产生原因：

（1）油灰太软不易成形；油灰太硬或有杂质，不易刮理平整。

（2）操作技术不佳，油灰刀插放位置不符合要求。

防治措施：

根据施工环境温度不同，选择调配适当、无杂质的油灰。冬季油灰要软些，夏季油灰宜硬些。刮油灰时，油灰刀首先从一个角插入油灰中，贴紧槽口边用力均匀向一个方向刮成斜坡形，向反方向理顺光滑，交角处如不准确，可用油灰刀反复多次修整成八字形为止。

6. 玻璃安装不平整或松动

产生原因：

（1）槽口内的胶渍、灰石颗粒、木屑渣等未清除干净。

（2）未铺垫底油灰，或底油灰厚薄不匀、有空隙；或铺垫底油灰后，未及时安装玻璃，底油灰已干结失去作用。

（3）玻璃裁制的尺寸不符合规定的要求。

（4）钉子未按规定数量钉入；安装钢门窗卡子时，未安牢；橡皮垫未挤紧。

防治措施：

（1）槽口内的杂质必须清理干净。

（2）槽口内铺垫的油灰厚薄均匀一致。油灰干结后必须清除。

（3）玻璃尺寸应使上下两边距槽口不大于 4mm，左右两边距槽口不大于 6mm，但玻璃每边镶入槽口的部分应不少于槽口的 3/4，禁止使用窄小的玻璃安装。

（4）钉子的数量每边不少于 1 颗，如果边长超过 40cm，就需钉 2 颗，两钉间距不得大于 15～20cm。钉帽必须紧贴玻璃表面，垂直钉牢。

7. 玻璃表面不干净或有裂纹

产生原因：

（1）玻璃选料不当，有裂纹未发现。

（2）玻璃安装不平整，或由于钉子方向不正确，钉身紧贴玻璃，锤击钉子时，将玻璃挤出裂纹；或经过振动后，玻璃由钉子处炸裂。

（3）玻璃尺寸太大，一旦温度升高，或构件略有扭曲，都易使玻璃开裂损坏。

（4）玻璃表面有污物未清理干净。

防治措施：

（1）选用较好的玻璃材料，不使用有气泡、水印、裂纹、波浪的玻璃。

（2）制裁时，尺寸符合规定。

（3）安装时，槽口应清理干净，垫底油灰要铺均匀，玻璃安装平整，用手压实，钉帽紧贴垂直钉牢。

（4）玻璃安装后，应擦干净，达到透明光亮。

11.2 玻璃隔断及玻璃屏风安装

11.2.1 玻璃隔断安装

玻璃花格透式隔断外观光洁明亮，并具有一定的透光性。可根据需要选用彩色玻璃、刻花玻璃、压花玻璃、玻璃砖和玻璃等，或采用夹花、喷漆等工艺。如图 11-7 所示。

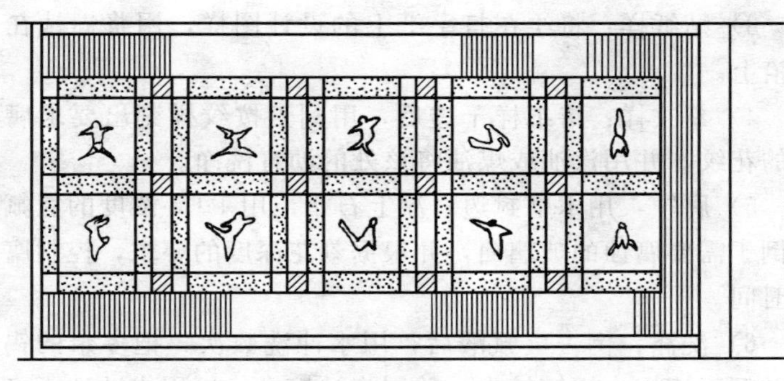

图 11-7　玻璃花格隔断

1. 施工准备

(1) 材料　玻璃可选用平板玻璃进行磨砂、银光刻花、夹花，或选用彩色玻璃、玻璃砖、压花玻璃、有机玻璃等。金属材料、木材，主要做支承玻璃的骨架和装饰条。钢筋，用于玻璃砖花格墙的拉结。金刚砂、沥青、锡箔、石蜡、氢氟酸等，主要用于对玻璃进行加工处理。

(2) 工具　玻璃刀（图 11-1)、玻璃吸盘（图 11-2)、型材切割机（图 3-44)、小钢锯、木工锯、刷子、钢卷尺、直尺、手提式电钻、电割刀等。

2. 操作方法

(1) 平板玻璃加工方法

平板玻璃表面经过磨砂和裱贴、腐蚀、喷涂等处理可制成磨砂玻璃、银光玻璃、彩色玻璃。下面仅介绍银光玻璃的制作方法。

1) 涂沥青：先将玻璃洗净，干燥后涂一层厚沥青漆。

2) 贴锡箔：待沥青漆干至不粘手时，将锡箔贴于沥青漆上，要求粘贴平整，尽量减少皱纹和空隙，以防漏酸。

3）贴纸样：将绘在打字纸上的设计图样，用浆糊裱在锡箔上。

4）刻纹样：待纸样干透后，用刻刀按纹样刻出要求腐蚀的花纹，并用汽油或煤油将该处的沥青洗净。

5）腐蚀：用木框封边，涂上石蜡，用1∶5浓度的氢氟酸倒于需要腐蚀的玻璃面，并根据刻花深度的要求，控制腐蚀时间。

6）洗涤：倒去氢氟酸后，用水冲洗数次，把多余的锡箔及沥青漆用小铁铲铲去，并用汽油擦净，再用水冲洗干净为止。

7）磨砂：将未进行腐蚀的部分用金刚砂打磨，打磨时加少量的水，最终做成透光而透视线的乳白色玻璃。

（2）玻璃安装

1）拼花彩色玻璃隔断的图案往往是不等规的，在安装前应按拼花要求，计划好各类玻璃和零配件需要量。

2）把已裁好的玻璃按使用部位编号，并分别竖向堆放待用。

3）如用木框架安装玻璃，在木框上可裁口或挖槽，其上镶玻璃，玻璃四周常用木压条固定。如图11-8所示。

4）如用铝合金框、玻璃镶嵌后，应用橡胶带固定玻璃。

5）玻璃装妥后应随时清理玻璃面，特别是冰雪片彩色玻璃，要防止污垢积淤影响美观。

6）玻璃隔断采用有机玻璃居多，可钻孔、可割任何形状，安装比较方便。一般先安装金属骨架和悬挂固定零件，然后对金属骨架进行饰面处理（可做醇水清漆、包塑或贴铜、铝箔等方法）。最后悬挂固定有机玻璃片等。

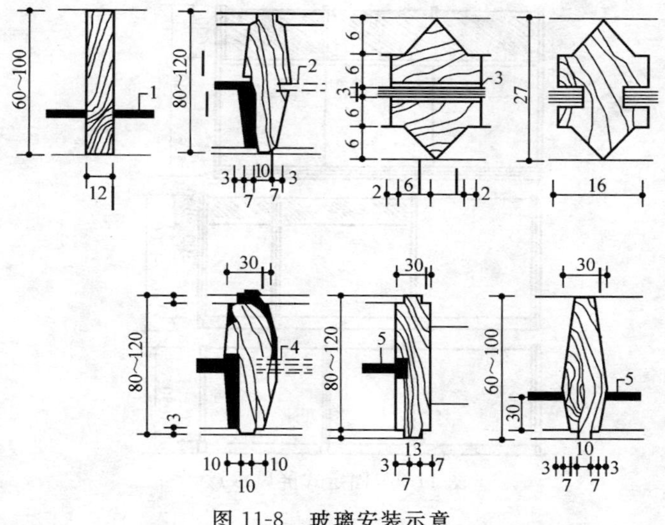

图 11-8　玻璃安装示意

11.2.2　玻璃屏风安装

屏风结构特点是不到顶，其作用是在一定程度上限定空间及遮挡视线，而不解决隔音等问题。它用于室内装饰，具有独特的美感，其图案与色泽，可以随建筑内部的需要而选用，以使室内呈现不同的气氛。

屏风依其安装架立方法、可分为三类：即固定式、独立式和联立式。

图 11-9 为固定式屏风构造示意。

玻璃屏风一般以单层玻璃板，安装在框架上。常用的框架为木制框架、金属框架和不锈钢柱架。玻璃板与基架相配有两种方式：一种是挡位法，另一种是粘结法。

1. 施工准备

(1) 按玻璃屏风规格、数量及拼花要求，计划好各类玻

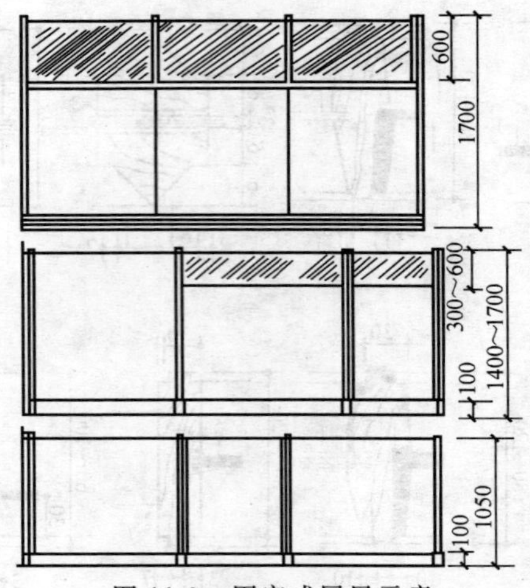

图 11-9　固定式屏风示意

璃和零配件的需要量。

(2) 安装前，应检查玻璃的角是否方正，检查镶玻璃框尺寸是否正确。若变形应及时处理，镶玻璃框必须在一个平面上，尺寸符合设计要求。

(3) 备好各种型号的裁玻璃刀、卷尺、直尺、手提式电钻、电割刀等。

2. 玻璃板与木框安装要点

(1) 校正好木框内侧尺寸，定出玻璃安装的位置线，并固定好玻璃板靠位线条，如图 11-10 所示。

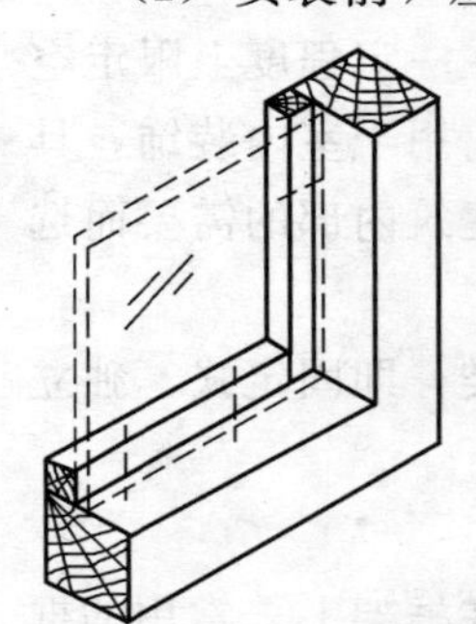
图 11-10　木框内玻璃安装方式

(2) 玻璃与木框的结合不能太紧密，玻璃放入木板后，在木框的上部和侧边应留有 3mm 左右的缝隙，该缝隙是为玻璃热胀冷缩用的。对大面积玻璃板来说，留缝尤为重要，否则在受热变化时将会开裂。

（3）把玻璃放入木框内，其两侧距木框的缝隙应相等，并在缝隙中注入玻璃胶，然后钉上固定压条，固定压条用钉枪钉。木压条安装形式有多种，如图 11-11 所示。

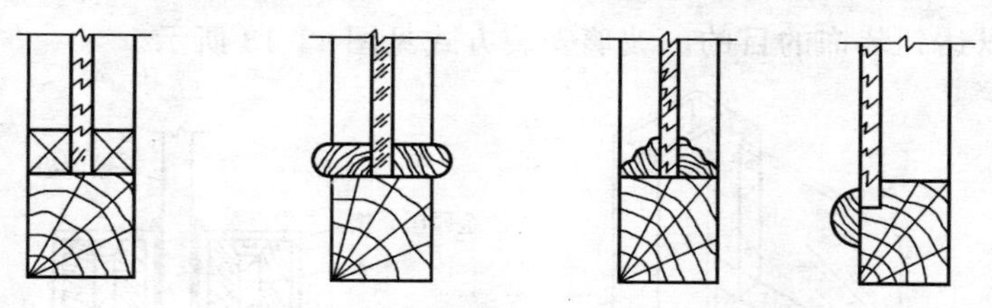

图 11-11　木压条固定玻璃板的几种形式

（4）大块玻璃板安装时，可以由 2 人或 4 人用手提吸盘在玻璃的两面吸住，步行运送到安装部位，然后 1 人在外 1 人在内用吸盘将中空玻璃提起，稳妥地将中空玻璃镶入木框内。

3. 玻璃板与金属方框安装要点

（1）首先按照金属方框合理计划用料，尽量少产生边角废料，应该按小于框架 3～5mm 的尺寸裁割玻璃。

（2）在安装玻璃前，应先安装玻璃靠位线条，靠位线条可以是金属角线或是金属槽线。固定靠位线条通常是用自攻螺钉。

（3）安装玻璃时，应在框架下部的玻璃放置面上，涂一层厚 2mm 的玻璃胶（图 11-12）。玻璃安装后，玻璃板的底边就压在玻璃胶层上。或者放置一层橡胶垫，玻璃安装后，底边压在橡胶垫上。

（4）把玻璃放入框内，并靠在靠位线条上。如果玻璃板面积较大，应用玻璃吸盘器安装。玻璃板与金属框两侧的缝隙相等，并在缝隙中注入玻璃胶，然后安装封边压条。

如果封边压条是金属槽条，而且为了表面美观不得直接用自攻螺钉固定时，可采用先在金属框上固定木条，然后在木条上涂万能胶，把不锈钢槽条或铝合金槽条卡在木条上，以达到装饰的目的。玻璃安装方式见图 11-13 所示。

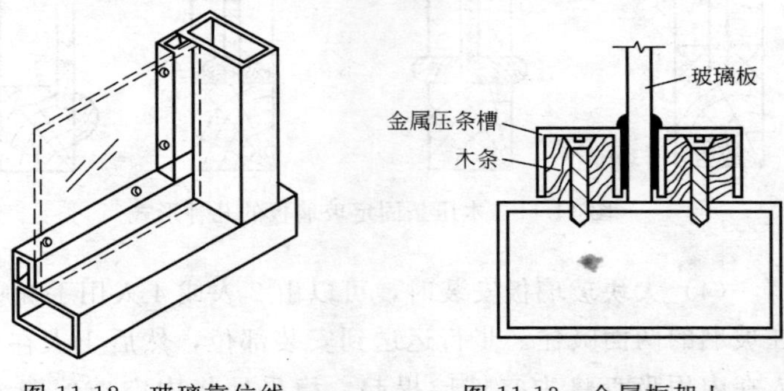

图 11-12　玻璃靠位线条及底边涂玻璃胶

图 11-13　金属框架上的玻璃安装

4. 玻璃板与不锈钢圆柱框的安装

目前玻璃板与不锈钢圆柱框的安装形式主要有：(1) 玻璃板四周不锈钢槽，其两边为圆柱。(2) 玻璃板两侧是不锈钢槽与柱，上下是不锈钢管，且玻璃底边由不锈钢管托住

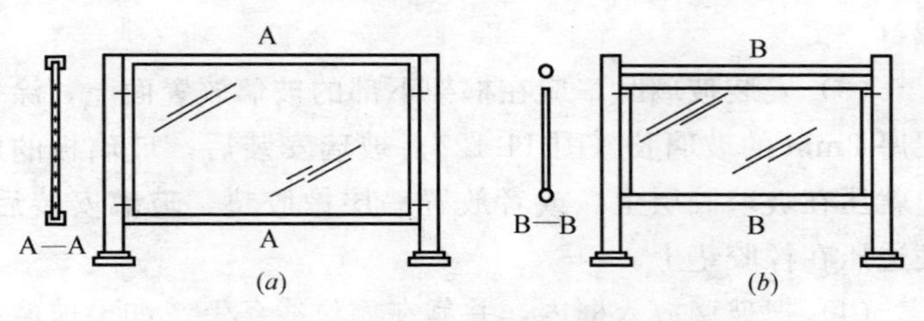

图 11-14　玻璃板与不锈钢圆柱的安装形式

(图 11-14)。

(1) 玻璃板四周不锈钢槽固定的操作要点

1) 不锈钢槽对角口的做法：先在内径宽度略大于玻璃厚度的不锈钢槽上划线，并在角位处开出对角口，对角口用专用剪刀剪出，并用什锦锉修边，使对角口合缝严密（图 11-15)。

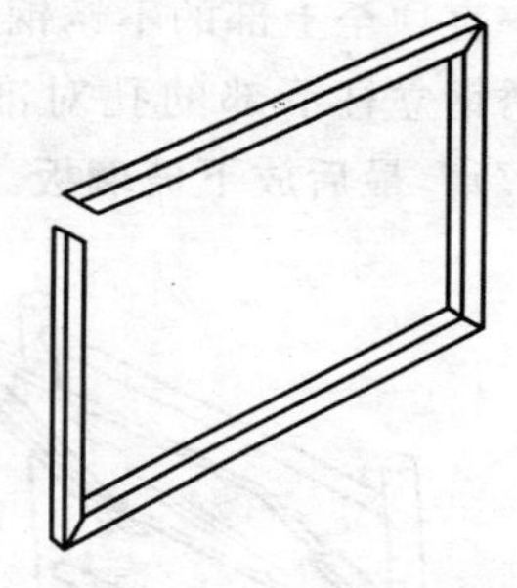

图 11-15 不锈钢槽对角口做法

2) 固定不锈钢槽框　在对好角位的不锈钢槽框两侧，相隔 200～300mm 的间距钻孔。钻头要小于所用自攻螺钉 0.8mm。在不锈钢柱上面划出定位线和孔位线，并用同一钻孔头在不锈钢柱上的孔位钻孔。再用平头自攻螺钉，把不锈钢槽框固定在不锈钢柱上。

3) 安装玻璃　将按尺寸裁好的玻璃，从上面插入不锈钢槽框内。玻璃板的长度尺寸比不锈钢槽框的长度小 4～6mm，以便让出槽内自攻螺钉头的位置。然后向槽内注入玻璃胶，最后将上封口的不锈钢槽卡在玻璃边上，并用玻璃固定。

(2) 两侧不锈钢槽固定玻璃板的操作要点

1) 制作不锈钢槽并确定固定位置。首先按玻璃的高度锯出二截不锈钢槽，并在每个不锈钢槽内打两个孔，并按此洞孔的位置在不锈钢柱上打孔。上端孔的位置可在距端头 30～50mm 处，而下端孔的位置，就要以玻璃板向上抬起后，可拧入自攻螺丝为准。一般大于 20mm。

2) 固定不锈钢槽　安装玻璃前，先将两侧的不锈钢槽分别在上端用自攻螺钉固定于立柱上。

3）安装玻璃板　摆动两槽，使其与不锈钢槽错位，并同时将玻璃板斜位插入两槽内（图 11-16）。然后转动玻璃板，使之与不锈钢柱同线，再用手向上托起玻璃板，使玻璃一直顶至上部的不锈钢横管。将不锈钢槽内下部的孔位与不锈钢立柱下部的孔对准后，用自攻螺钉穿入拧紧（图 11-17）。最后放下玻璃板。

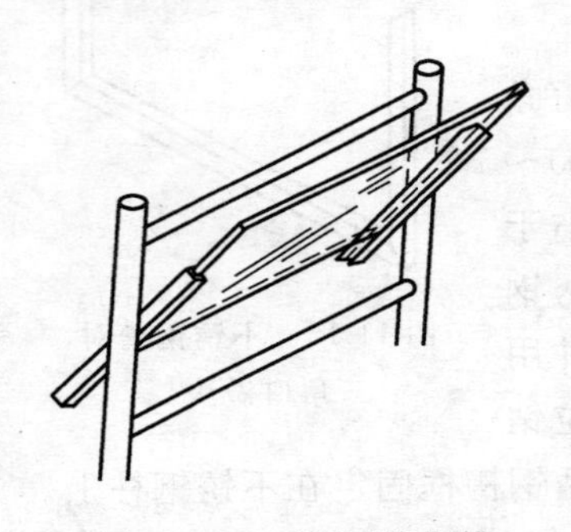

图 11-16　两侧不锈钢槽玻璃安装方法

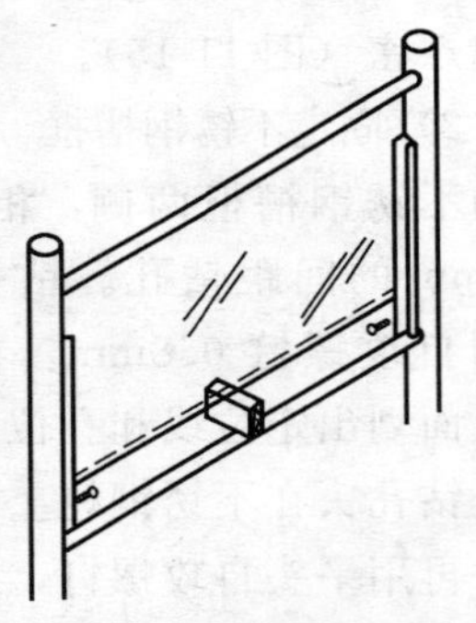

图 11-17　不锈钢槽下部孔位安装方法

4）在玻璃板与不锈钢槽之间，玻璃板与下横不锈钢管之间注入玻璃胶，并将流出的胶液擦干净。

11.3　玻璃砖隔墙施工

玻璃砖亦称玻璃半透花砖，是目前较新颖的装饰材料。其形状是方扁体空心的玻璃半透明体，其表面或内部有花纹出现。玻璃砖以砌筑局部墙面为主，其特色是可以提供自然采光，而兼能隔热、隔声和装饰作用，其透光与散光现象所造成的视角效果，非常富于装饰性。

玻璃砖隔墙施工简便，由于集主体和装饰于一体，减少了工序，基本消灭了装饰工程的湿作业，大大缩短了工期。

11.3.1 玻璃砖隔墙构造

玻璃砖隔墙构造特点：在玻璃砖砌筑隔墙中应埋设拉结

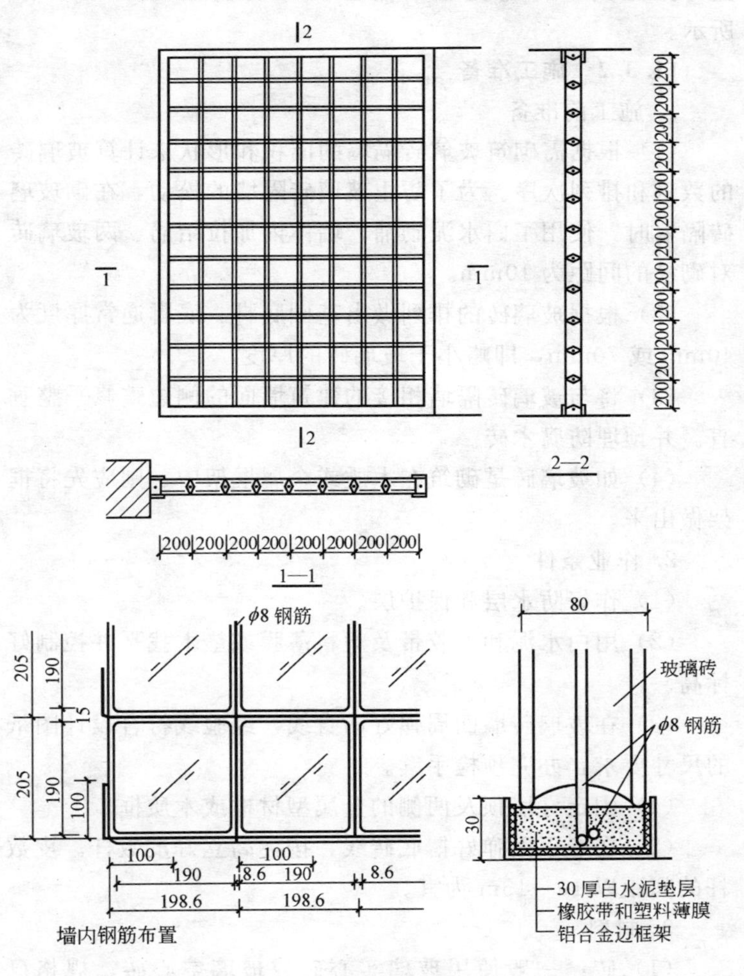

图 11-18　玻璃砖隔墙构造示意

筋，拉结筋要与建筑主体结构或受力杆件有可靠的连接，以充分保证其整体稳定性，保证墙体的安全。如图 11-18 所示。

11.3.2 施工准备

1. 施工前准备

（1）根据需砌筑玻璃砖隔墙的面积和形状来计算玻璃砖的数量和排列次序。为了防止玻璃砖隔墙的松动，在砌玻璃砖隔墙时，使用了白水泥砌铺，墙体内加拉结筋、两玻璃砖对砌缝的间距为 10mm。

（2）根据玻璃砖的排列做出基础底脚。底脚通常厚度为 40mm 或 70mm，即略小于玻璃砖的厚度。

（3）将与玻璃砖隔墙相接的建筑墙面的侧边整修平整垂直。并预埋防腐木砖。

（4）如玻璃砖是砌筑在木质或金属框架中、则应先将框架做出来。

2. 作业条件

（1）作好防水层和保护层。

（2）用白水泥和橡胶带及塑料薄膜或垫木找平并控制好标高。

（3）在玻璃砖墙四周弹好墙身线，经验线符合设计图纸的尺寸要求，办完预检手续。

（4）固定好墙顶及两侧的金属型材框或木质框。

（5）在墙下面弹好撂底砖线，按标高立好皮数杆。皮数杆的间距以 10～15m 为宜。

3. 材料

（1）砖：一般使用玻璃实心砖或玻璃空心砖，规格已有：190mm×190mm×95mm 和 145mm×145mm×95mm，或边长×厚度为：250mm×50mm 和 200mm×80mm。

（2）水泥：宜用 32.5 级普通硅酸盐的水泥。

（3）砂子：选用筛余的白色砂砾，粒径为 0.1～1.0mm，不含泥及其他颜色的杂质。

（4）掺合料：白灰膏、石膏粉、胶粘剂。

（5）其他材料：

1）$\phi8$ 圆钢　用于墙体拉结筋。

2）铝合金型材、轻钢型材，用于作边框。

3）木方　用于作边框。

4）玻璃丝、聚苯、橡胶带和塑料薄膜等。

4. 工具

（1）手工工具

托线板、大铲、线锤、小白线、卷尺、铁水平尺、皮数杆、小水桶、存灰槽、扫帚、透明塑料胶带、橡皮锤、扳手等。

（2）电动工具

型材切割机、铝型材切割机、电锤、电钻、自攻螺钉钻、射钉枪等。

11.3.3　操作要点

1. 组砌方法

玻璃砖砌体采用十字缝立砖砌法。

2. 排砖

根据弹好的玻璃砖隔墙位置线、认真核对玻璃砖墙长度尺寸是否符合排砖模数。如砖墙长度尺寸不符合排砖模数、可调整边框的厚度，无边框的可调砖缝的厚度，但砖距缝宽不小于 10mm。因为玻璃砖墙应设置 $\phi8$ 的拉结钢筋。

3. 安装竖向拉结筋，固定框架

（1）安装竖向拉结筋，并与主体结构固定在一起，可以用焊接或绑扎方法进行。

（2）对于有框架的墙体，在排砖前，应先将框架与主体结构固定。固定方法金属框架用射钉或膨胀螺栓固定；木框架用圆钉和预埋木砖进行框架固定。

4. 选砖

玻璃砖应棱角整齐、规格相同、砖的对角线基本一致、表面无裂痕和磕碰。

5. 挂线

砌筑第一层玻璃砖之前，应双面挂线。如玻璃砖隔墙较长，则应在中间多设几个支线点，并用盒尺找好线的高度，使线尽可能保持在一个高度。每层玻璃砖砌筑时均需挂平线，并穿看平，使水平灰缝均匀一致、平直通顺。

6. 砌筑要点

（1）按白水泥∶细砂＝1∶1 的比例调水泥浆。或按白水泥∶108 胶＝100∶7 的比例调水泥浆（重量比）白水泥浆要有一定的稠度，以不流淌为好。

（2）按上、下层对缝的方式，自下而上砌筑。

（3）为了保证玻璃砖墙的平整性和砌筑方便，每层玻璃砖砌筑之前，要在玻璃砖上放置垫木块。方法为：先按图 11-19（*a*）的形状制作木垫块。该木垫块可用木夹板制作，其宽度为 20mm 左右。而长度有两种：玻璃砖厚度为 50mm 时，木垫块长 35mm 左右。玻璃砖厚度为 80mm 时，木垫块长 60mm 左右。然后在木垫块的底面涂少许万能胶，将其粘贴在玻璃砖的凹槽内，每块玻璃砖上放 2～3 块（图 11-19（*b*））。

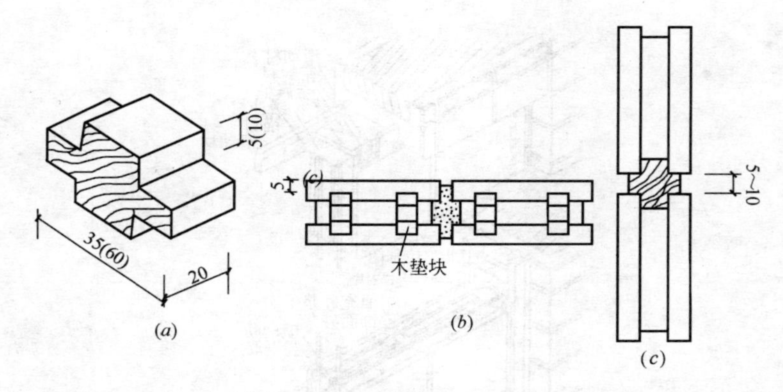

图 11-19　玻璃砖的安装方法

(*a*) 砌筑玻璃砖时的木垫块；(*b*) 玻璃砖的安装；(*c*) 玻璃砖上、下层的安装位置

(4) 白水泥砂浆在玻璃砖上进行砌筑，其配合比为白水泥：细砂＝1：1，并控制用水量，使白水泥砂浆有一定的稠度。并将上层玻璃砖下压在下层玻璃砖上，两层玻璃砖间距为 10mm 左右，如图 11-19 (*c*) 所示。

(5) 砌完一层后，可以铺横向拉结筋，然后铺浆砌砖。同时应注意横向拉结筋与主体结构固定。如图 11-20 所示。

(6) 每砌完一层后，要用湿布将玻璃砖面上沾着的水泥浆擦去。

(7) 玻璃砖墙砌筑完后，即进行表面勾缝，先勾水平缝、再勾竖缝，缝内要平滑，缝深度一致。如果要求砖缝与玻璃砖表面一平，就可采用抹面方法将其面抹平。勾缝或抹缝完成后，用布或棉丝把砖表面擦洗干净。

7. 饰边

如果玻璃砖隔墙没有外框，就需要进行饰边处理。通常采用木饰边和不锈钢饰边。

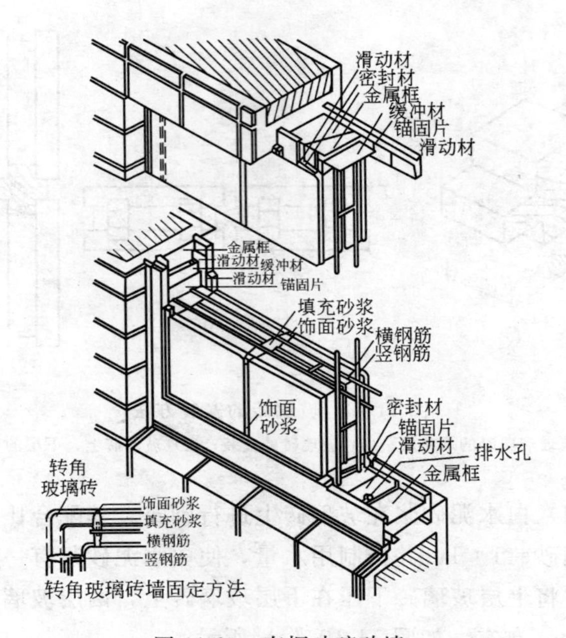

图 11-20　有框玻璃砖墙

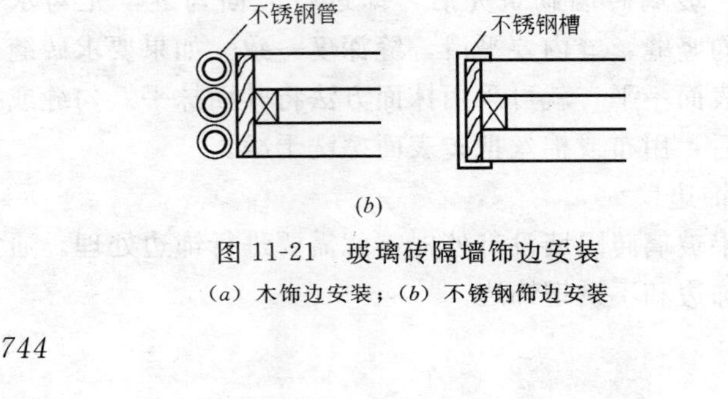

(*a*)

不锈钢管
不锈钢槽

(*b*)

图 11-21　玻璃砖隔墙饰边安装

(*a*) 木饰边安装；(*b*) 不锈钢饰边安装

(1) 木饰边　木饰边的式样较多，常用的有厚木板饰边、阶梯饰边、半圆饰边等，如图 11-21 (*a*) 所示。

(2) 不锈钢饰边　常用的不锈钢饰边有不锈钢单柱饰边、双柱饰边和不锈钢槽饰边，如图 11-21 (*b*) 所示。

图 11-22 是玻璃砖墙金属框和无框使用实例。

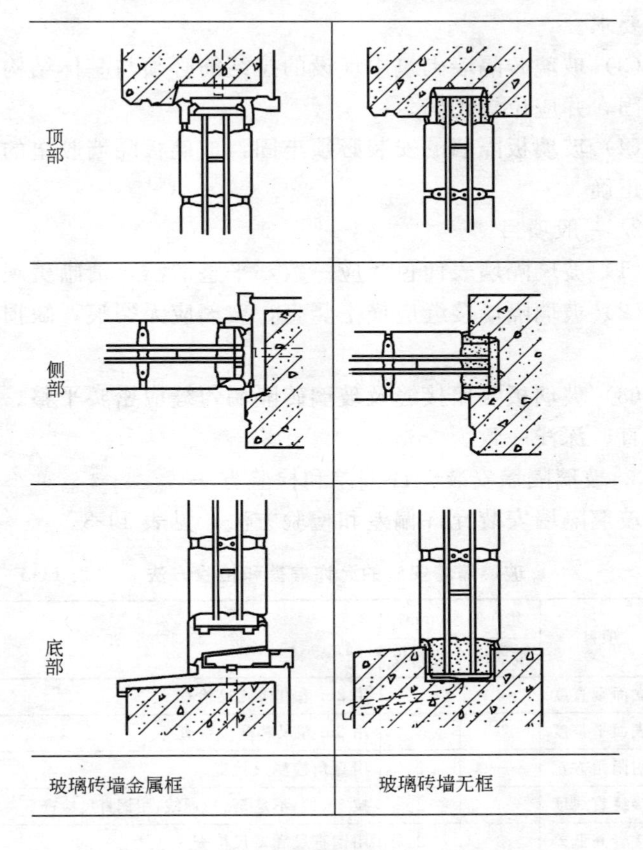

图 11-22　玻璃砖墙砌筑构造

11.3.4 玻璃隔墙质量要求及验收标准

1. 主控项目

（1）玻璃隔墙工程所用的材料品种、规格、图案和颜色应符合设计要求。玻璃板隔墙应使用安全玻璃。

（2）玻璃砖隔墙的砌筑或玻璃板隔墙的安装方法应符合设计要求。

（3）玻璃砖隔墙砌筑中埋设的拉结筋必须与基体结构连接牢固，并应位置正确。

（4）玻璃板隔墙的安装必须牢固，玻璃板隔墙胶垫的安装应正确。

2. 一般项目

（1）玻璃隔墙表面色泽应一致，平整清洁，清晰美观。

（2）玻璃隔墙接缝应横平竖直，玻璃应无裂痕，缺损和划痕。

（3）玻璃板隔墙接缝及玻璃砖隔墙勾缝应密实平整、均匀顺直、深浅一致。

3. 玻璃隔墙安装允许偏差和检验方法

玻璃隔墙安装允许偏差和检验方法，见表11-3。

玻璃隔墙安装的允许偏差和检验方法　　表11-3

项次	项目	允许偏差(mm)		检验方法
		玻璃砖	玻璃板	
1	立面垂直度	3	2	用2m垂直检测尺检查
2	表面平整度	3	—	用2m靠尺和塞尺检查
3	阴阳角方正	—	2	用直角检测尺检查
4	接缝直线度	—	2	拉5m线，不足5m拉通线，用钢直尺检查
5	接缝高低差	3	2	用钢直尺和塞尺检查
6	接缝宽度	—	1	用钢直尺检查

11.3.5 成品保护

1. 砌筑时应随时保持玻璃砖隔墙表面的清洁，随砌随时清理。

2. 玻璃砖隔墙砌筑完后，在距离玻璃砖隔墙两侧各约100～200mm处搭设木架、将钢网固定在木架上，木架尺寸以能遮挡玻璃砖隔墙为准，防止磕碰砌好的玻璃砖隔墙。

11.3.6 施工注意事项

1. 玻璃砖不要堆放过高，防止打碎伤人。

2. 需用架子砌筑时，半截大桶盛灰不得超过容量的2/3。

3. 立皮数杆时要保持标高一致，挂线时小线要拉紧，防止一层线松，一层线紧，以免灰缝大小不均。

4. 水平砂浆要铺得稍厚一些，慢慢挤揉立缝灌砂浆一定要捣实，勾缝时要勾严，以保证砂浆饱满。

11.4 厚玻璃装饰门安装施工

现代室内装饰工程中，经常用玻璃组成玻璃装饰门。厚玻璃门是指用12mm以上厚度的玻璃装饰门，形式如图11-23所示。这些装饰玻璃门一般都有活动扇和固定玻璃的部分所组合而成，其门框分通用不锈钢、铜和铝合金饰面。

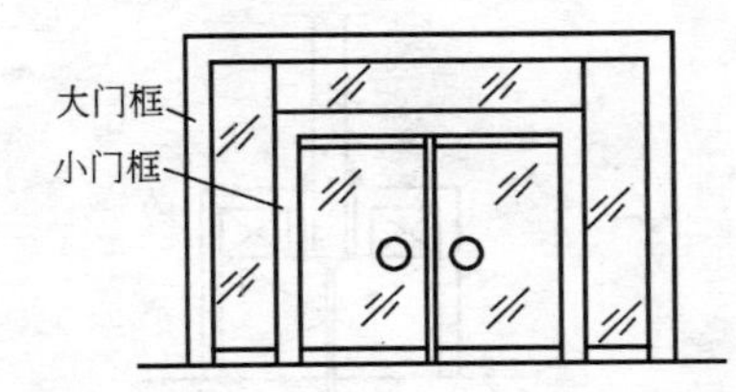

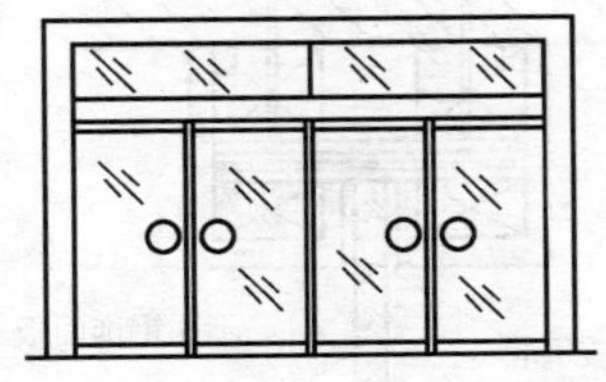

图11-23 厚玻璃装饰门形式

11.4.1 施工准备

（1）检查地面标高、门框顶部结构标高是否符合设计要求。确定门框的位置及玻璃安装方位。

（2）材料准备：

1）玻璃　根据设计要求选裁好玻璃，并安放在安装位置附近。

2）不锈钢或其他有色金属型材的门框、限位槽及板，都应加工好，准备安装。

3）辅助材料的准备，如木方、玻璃胶、地弹簧、木螺钉、自攻螺钉等根据设计要求按数准备。

（3）施工机具：常用的工具有卷尺、线锤、方尺、玻璃吸盘器（图 11-2（*d*））、螺丝刀等。常用的机具有电钻、砂轮机、冲击钻等。

11.4.2 厚玻璃门固定部分安装要点

1. 放线、定位

根据设计要求，放出门框位置线，确定固定部分及活动部分位置线。

2. 安装门框顶部限位槽

如图 11-24 所示。其限位槽的宽度应大于玻璃厚度 2～4mm，槽深 10～20mm。

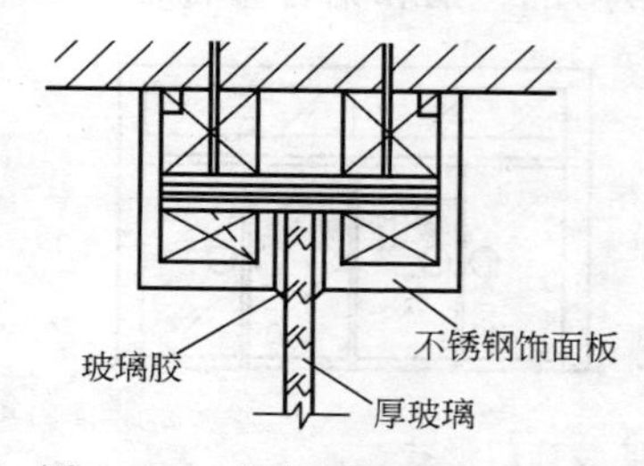

图 11-24　门框顶部限位槽做法

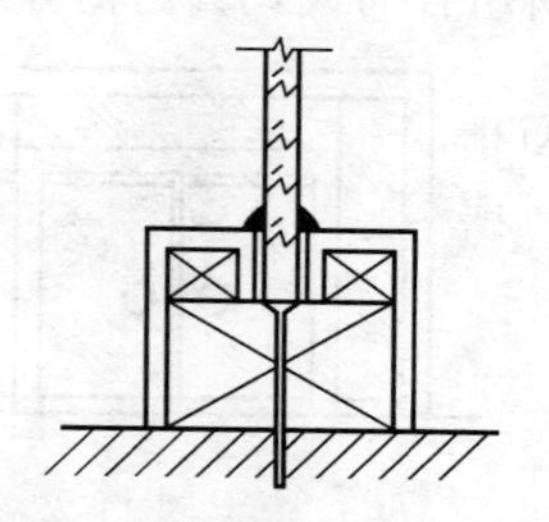

图 11-25　不锈钢饰面的木底托做法

3. 安装不锈钢饰面的木底托

可用木楔钉的方法固定在地面上，然后再用万能胶将不锈钢饰面板粘在木方上（图 11-25）。铝合金方管，可用铝角固定在框柱上，或用木螺钉固定于埋入地的木楔上。

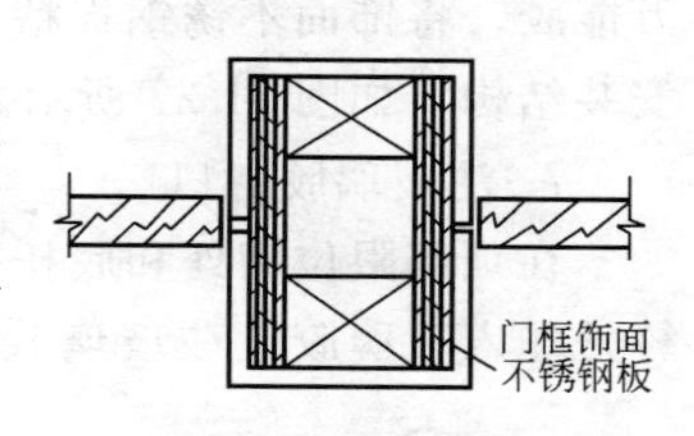

图 11-26　玻璃门与框柱间的安装要求

4. 裁划玻璃

厚玻璃的安装尺寸，应从安装位置的底部、中部和顶部测量，选择最小尺寸为玻璃板宽度的切裁尺寸。如在上中下测得尺寸一致，则裁玻璃时，其宽度要小于实测尺寸 2～3mm，高度要小于 3～5mm。裁好厚玻璃后，要在四周边进行倒角处理，倒角宽 2mm。四角位的倒角要特小心，一般应用手握细砂轮块，慢慢磨角，防止崩边崩角。

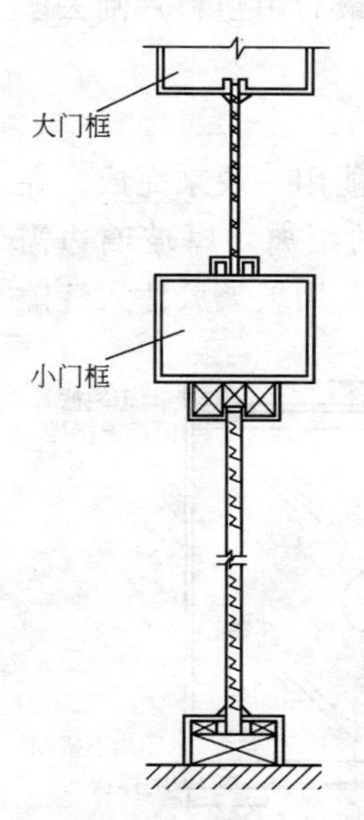

图 11-27　厚玻璃门安装结构示意图

5. 安装玻璃

用玻璃吸盘器把厚玻璃吸紧，然后手握吸盘把厚玻璃板抬起。抬起时应有 2～3 人同进进行。抬起后的厚玻璃板，应先插入门框顶部的限位槽内，然后放到底托上，并对好安装位置，使厚玻璃板的边部，正好封住侧框柱的不锈钢饰面对缝口，如图 11-26 所示。

6. 玻璃固定

在底托木方上钉木板条，其距厚玻璃板 4mm 左右。然后在木板条上涂刷万能胶，将饰面不锈钢板粘卡在木方上。厚玻璃板上下部位安装结构，如图 11-27 所示。

7. 注玻璃胶封口

在顶部限位槽处和底托固定处，以及厚玻璃与框柱的对缝处注入玻璃胶。注玻璃胶的封口操作，如图 11-28 所示。

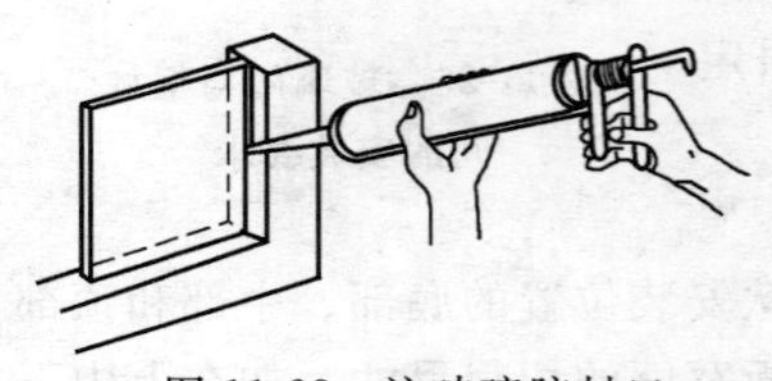

图 11-28　注玻璃胶封口

操作顺序应从缝隙的端头开始。操作要领就是握紧压柄用力要均匀，同时顺着缝隙移动的速度也要均匀，即随着玻璃胶的挤出，匀速移动注口，使玻璃胶在缝隙处，形成一条表面均匀的直线。最后用塑料片刮去多余的玻璃胶，并用干净布擦去胶迹。

8. 玻璃之间对接

门上固定部分的厚玻璃板，往往不能用一块来完成。在厚玻璃对接时，对接缝应留 2～3mm 的距离，厚玻璃边需倒角。两块相接的厚玻璃定位并固定后，用玻璃胶注入缝隙中，注满之后，用塑料片在厚玻璃的两面刮平玻璃胶，用净布擦胶迹。

11.4.3　厚玻璃活动门扇安装要点

厚玻璃活动门扇的结构没有门扇框（图 11-29）。活动门扇的开闭是用地弹簧来实现的，地弹簧又是与门窗的金属上下横档铰接。

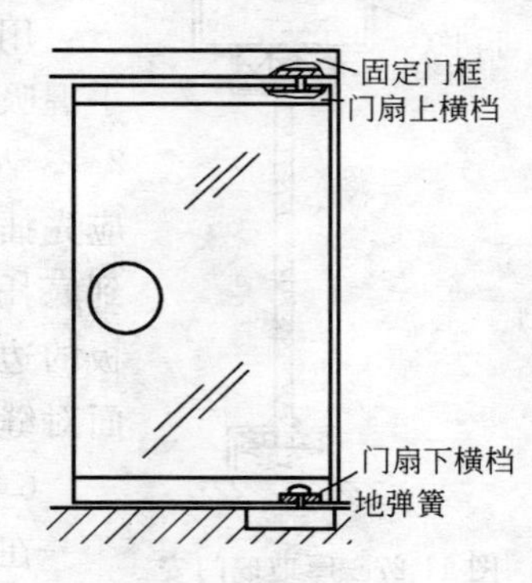

图 11-29　厚玻璃活动门扇

1. 地弹簧安装

地弹簧又称地龙或门地龙，是安装于各类门扇下面的一种自动闭门装置。当门扇向内或向外开启角度不到 90°时，它能使门扇自动关闭，而且可调整门扇自动关闭的速度。如需门扇暂时开启一段时间不要关闭时，可将门扇开启到 90°位置，它即停止自动关闭；当需再关闭门扇时，可将门扇略微推动一下，它即重新恢复自动关闭功能。这种自动闭门器的主要结构埋于地下，门扇上无需再另安铰链或定位装置等。地弹簧有铝面、铜面、不锈钢面，其尺寸有 294mm×171mm×60mm、227mm×136mm×45mm、305mm×152mm×45mm 等几种，为全封闭结构，不漏油，不污染地面，采用液压油阻尼，关闭速度自由调节，复位正确。

地弹簧有 D266 和 D365 两种类型（图 11-30（*a*）（*b*））由门扇尺寸选定。

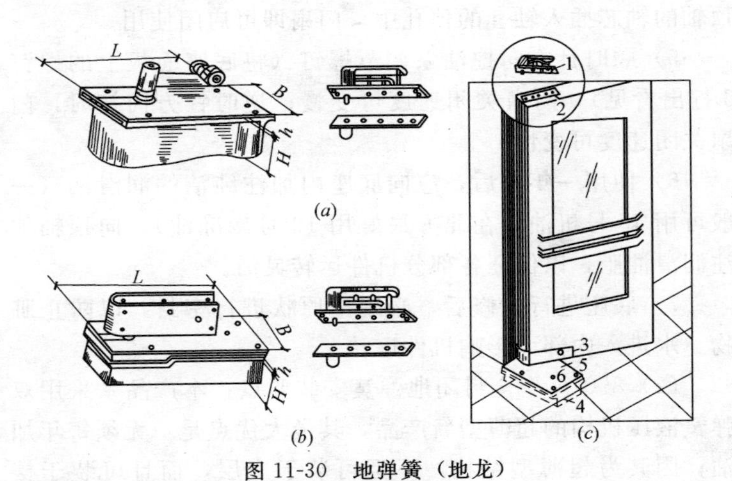

图 11-30 地弹簧（地龙）

（*a*）D266；（*b*）D365；（*c*）地弹簧安装示意图

(1) D266 型和 D365 型地弹簧的安装方法，见图（11-30（c））。

1）将顶轴套 2 装于门扇顶部，回转轴套 3 装于门扇底部，两者的轴孔中心线必须在同一直线上，并与门扇底面垂直。

2）将顶轴 1 装于门框顶部，并适当留出门框与门扇顶部之间的间隙，以保证门扇启闭灵活。

3）安装底座 4，先从顶轴中心吊一垂线到地面，找出底座上回转轴中心位置，同时保持底座同门扇垂直，然后将底座外壳用混凝土浇固（内壳不能浇固），并须注意使面板 5 与地面保持在同一标高上。

4）安装门扇（待混凝土终凝后），先将门扇底部的回转轴套套在底座的回转轴上，再将门扇顶部的顶轴套的轴孔与门框上的顶轴的轴芯对准，然后拧动顶轴上的调节螺钉，使顶轴的轴芯插入轴套的顶孔中，门扇即可启闭使用。

5）顺时针方向拧油泵调节螺钉（将底座面板上的螺钉 6 拧出看见），门扇关闭速度可变慢；逆时针方向拧时，门扇关闭速度可变快。

6）使用一年以后，应向底座内加注纯洁的润滑油（一般可用 45 号机油，在北方最好用 12 号冷冻油），向顶轴加注润滑油脂，以保证各部分机件运转灵活。

7）底座进行拆修后，必须按原状进行密封，以防止脏物、水进入内部而影响机件运转。

(2) 850-A 型全封闭地弹簧安装要点：本产品系采用双弹簧液压机构的超薄型新产品，其最大优点是：无须每年加油；因其为超薄型结构，不但可装于底层，而且可装于楼面。850-A 型地弹簧的底座面板为不锈钢，适宜与铝合金门扇配套；850-B 型面板为铜质，适宜普通木制门扇配套。由于采用双弹簧液压慢速系统，运转平稳安全；同时，各转动部分装有滚珠轴承，转动灵活，坚固耐用。

850-A 型全封闭地弹簧的安装步骤，见图 11-31 和图 11-32。

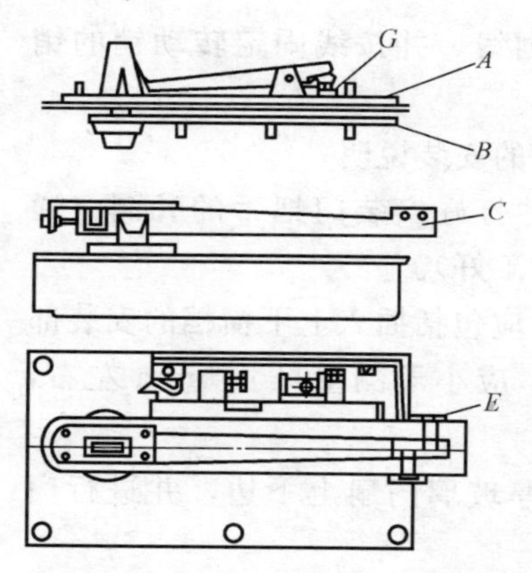

图 11-31　850-A 型地弹簧

A—地轴；*B*—顶轴套板；*C*—回升轴杆；*E*—调节螺钉；*G*—升降螺钉

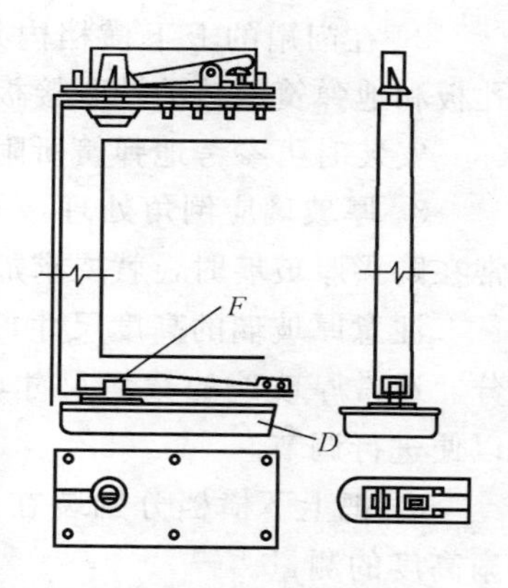

图 11-32　850-A 型地弹簧组装

D—底座；*F*—底座地轴中心

1）先将顶轴套板 *B* 固定于门扇上部，后将回转轴杆 *C* 装于门扇底部，同时将螺钉 *E* 装于两侧。顶轴套板的轴孔中心与回转杆的轴空中心必须上下对底，保持在同一中心线上，并与门扇底面成垂直。中线距门边尺寸为 69mm。

2）将顶轴 *A* 装于门框顶部，安装时应注意顶轴的中心距边柱的距离，保持门扇启闭灵活。

3）底座 *D* 安装时，从顶轴中心吊一线至地面，对准底座上地轴的中心 *F*，同时保持底座的水平，以及底座上面板与门扇底部的缝隙为 15mm，然后将外壳用混凝土填实浇固，但须注意不可将内壳浇牢。

4）待混凝土养护期满后，将门扇上回转轴杆的轴孔套在底座的地轴上，然后将门扇顶部轴套板的轴孔和门框上的顶轴对准，拧动顶轴上的升降螺钉 G，使顶轴插入轴孔15mm，门扇即可启闭使用。

2. 在门扇的上下横档内划线，并按线固定转动销的销孔板和地弹簧的转动轴联接板。

安装时可参考地弹簧所附的安装说明。

3. 厚玻璃应倒角处理，并打好安装门把手的孔洞（通常在购买厚玻璃时，就要求加工好）。

注意厚玻璃的高度尺寸，应包括插入上下横档的安装部分。通常厚玻璃的裁切尺寸，应小于测量尺寸5mm左右，以便进行调节。

4. 把上下横档分别装在厚玻璃门扇上下边，并进行门扇高度的测量。

如果门扇高度不够，也就是上下边距门框和地面的缝隙超过规定值，可向上下横档内的玻璃底下垫木夹板条（图11-33）。如果门扇高度超过安装尺寸，则需请专业玻璃工，裁去厚玻璃门扇的多余部分。

5. 在定好高度之后，进行固定上下横档操作。

其方法为：在厚玻璃与金属上下横档内的两侧空隙处，两边同时插入小木条，并轻轻敲入其中，然后在小木条、厚玻璃、横档之间的缝隙中注入玻璃胶（图11-34）。

6. 门扇定位安装方法：

先将门框横梁上的定位销，用本身的调节螺钉调出横梁平面1～2mm。再将玻璃门扇竖起来，把门扇下横档内的转动销连接件的孔位，对准地弹簧的转动销轴，并转动门扇将

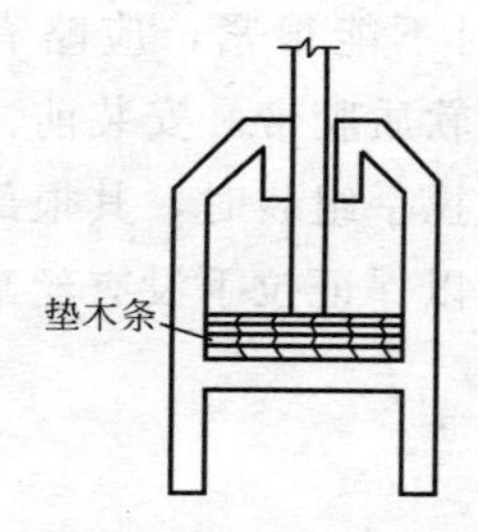

图 11-33　厚玻璃门扇高度不够时的处理方法

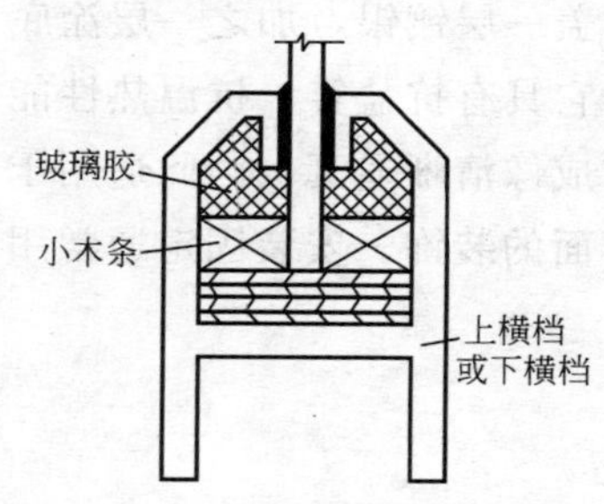

图 11-34　上、下横档的固定

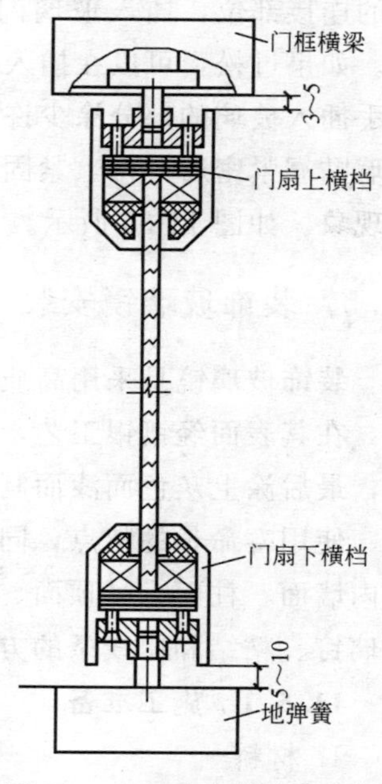

图 11-35　门扇定位安装方法

孔位套入销轴上。然后以销轴为轴心，将门扇转动 90°（注意转动时要扶正门扇），使门扇与门横梁成直角。这时就可把门扇上横档中的转动连接件的孔，对正门框横梁上的定位销，并把定位销调出，插入门扇上横档转动销连接件的孔内 15mm 左右。其安装结构见图 11-35。

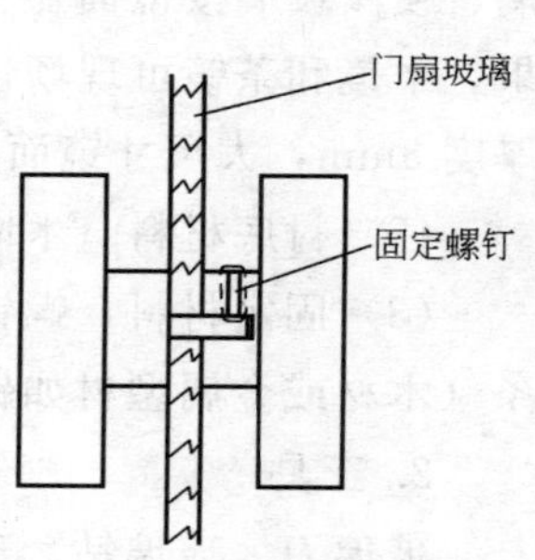

图 11-36　安装玻璃门拉手

7. 安装玻璃门拉手：

安装玻璃门拉手应注意：拉

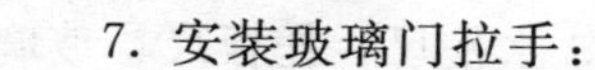

手的连接部位，插入玻璃门拉手孔时不能很紧，应略有松动。如果过松，可以在插入部分裹上软质胶带。安装前，在拉手插入玻璃的部分涂少许玻璃胶。拉手组装时，其根部与玻璃贴靠紧密后，再上紧固定螺钉，以保证拉手没有丝毫松动现象。如图 11-36 所示。

11.5 装饰玻璃镜安装

装饰玻璃镜是采用高质量平板玻璃、茶色平板玻璃为基材，在其表面经镀银工艺，再覆盖一层镀银，加之一层涂底漆，最后涂上灰色面漆而制成。它具有抗盐雾、抗温热性能好、使用寿命长的特点，同时它成像清晰逼真，因此适用于室内墙面、柱面、吊顶面、造形面的装饰。安装固定通常用玻璃钉、粘结和压线条的方式。

11.5.1 施工准备

1. 材料

（1）镜面材料　普通平镜、深浅不同的茶色镜、带有凹凸线脚或花饰的单块特制镜等。另外，用压花玻璃、磨砂玻璃、喷漆玻璃按镜面做法装于墙柱上，也可取得相近的效果。平镜和茶镜可现场切割成需要的规格尺寸。小尺寸镜面厚度 3mm，大尺寸镜面厚 5mm 以上。

（2）衬底材料　木墙筋、胶合板、沥青、油毡。

（3）固定材料　螺钉、铁钉、玻璃胶、环氧树脂胶、盖条（木材或金属型材如铝合金型材等）、橡皮垫圈。

2. 工具

玻璃刀、玻璃钻、玻璃吸盘器、水平尺、托板尺、玻璃胶筒以及钉拧工具如锤子、螺丝刀等。

11.5.2 顶面玻璃镜安装要点

1. 基层处理

基层面是木夹板基面，但基面要平整，无鼓肚现象。

2. 放大样

按镜面规格放出大样。

3. 嵌压式固定安装要点

嵌压式安装常用的压条为木压条、铝合金压条、不锈钢压条，嵌压方式见图11-37。

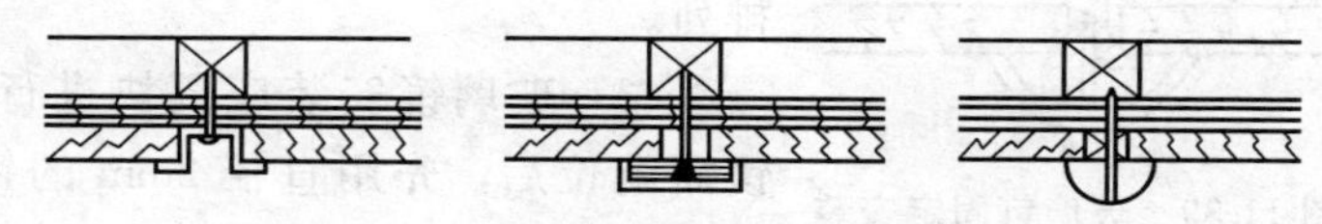

图11-37 嵌压式固定镜面玻璃的几种形式

(1) 弹线 顶面嵌压式固定前，需要根据吊顶龙骨架的布置弹线，因为压条应固定在吊顶龙骨上。

(2) 裁划玻璃 根据分格、弹线尺寸，按规格裁划玻璃。

(3) 安装玻璃 顶面玻璃安装注意平起，规格大的玻璃应多人平举，防止扭碎玻璃。

(4) 固定玻璃 可用木压条或金属压条固定。

木压条在固定时，最好用20～35mm的射钉枪来固定，避免用普通圆钉，以防止在钉压条时震破玻璃镜。

铝压条和不锈钢压条可用木螺钉固定在其凹部。如采用无钉工艺，可先用木衬条卡住玻璃镜，再用万能胶将不锈钢压条粘卡在木衬条上，然后在不锈钢压条与玻璃镜之间的角位处封玻璃胶(图11-38)。

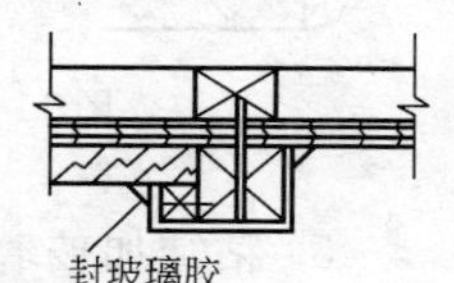

图11-38 嵌压式无钉工艺

4. 玻璃钉固定安装要点

(1) 玻璃钉需要固定在木骨架上，安装前应按木骨架的间隔尺寸在玻璃上打孔，孔径小于玻璃钉端头直径 3mm。每块玻璃板上需钻出 4 个孔，孔位均匀布置，并不应太靠镜面的边缘，以防开裂。

(2) 根据玻璃镜面的尺寸和木骨架的尺寸，在顶面基面板上弹线，确定镜面的排列方式。玻璃镜应尽量按每块尺寸相同来排列。

图 11-39 玻璃钉固定安装

(3) 玻璃镜安装应逐块进行。镜面就位后，先用直径 2mm 的钻头，通过玻璃镜上的孔位，在吊顶骨架上钻孔，然后再拧入玻璃钉。拧入玻璃钉后应对角拧紧，以玻璃不晃动为准，最后在玻璃钉上拧入装饰帽（图 11-39）。

(4) 玻璃镜在垂直面上的衔接安装　玻璃镜在两个面垂直相交时的安装方法有：角线托边和线条收边等几种，见图 11-40。

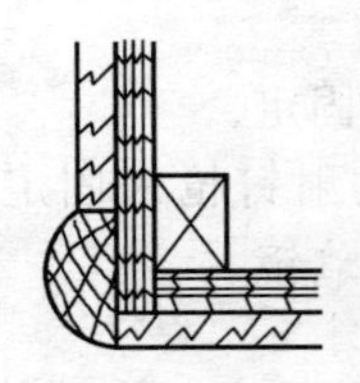

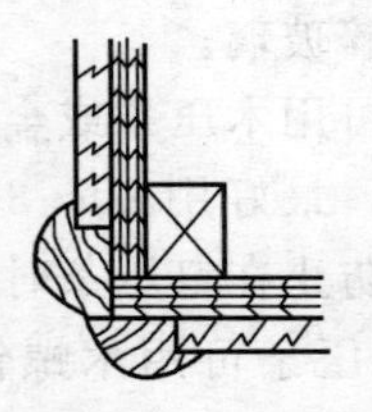

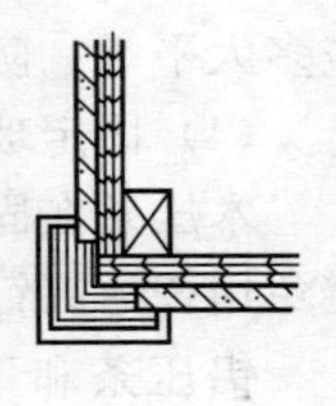

图 11-40 玻璃镜在垂直面的衔接方式

5. 粘结加玻璃钉双重固定安装

在一些重要场所，或玻璃镜面积大于 $1m^2$ 的顶面、墙面安装，经常用粘结后加玻璃钉的固定方法，以保证玻璃镜在开裂时也不致下落伤人。玻璃镜粘结的方法是：

（1）将镜的背面清扫干净，除去尘土和砂粒。

（2）在镜的背面涂刷一层白乳胶，用一张薄的牛皮纸粘贴在镜背面，并用塑料片刮平整。

（3）分别在镜背面的牛皮纸上和顶面木夹板面涂刷万能胶，当胶面不粘手时，把玻璃镜按弹线位置粘贴到顶面木夹板上。

（4）用手抹压玻璃镜，使其与顶面粘合紧密，并注意边角处的粘贴情况。

然后用玻璃钉将镜面再固定四个点，固定方法如前述。

注意：粘贴玻璃镜时，不能直接将万能胶涂在镜面背后，以防止对镜面涂层的腐蚀损伤。

11.5.3 墙、柱面镶贴镜面玻璃安装要点

1. 基层处理

在砌筑墙体时，要在墙体中埋入木砖，横向与镜面宽度相等，竖向与镜面高度相等，大面积镜面安装还应在横竖向每隔 500mm 埋木砖。墙面要进行抹灰，在抹灰面上烫热沥青或贴油毡，也可将油毡夹于木衬板和玻璃之间，这些做法的主要目的，是防止潮气使木衬板变形，防止潮气使水银脱落，镜面失去光泽。

2. 立筋

墙筋为 40mm×40mm 或 50mm×50mm 的小木方，以铁钉钉于木砖上。安装小块镜面多为双向立筋，安装大片镜面可以单向立筋，横竖墙筋的位置与木砖一致。要求立筋横平竖直，以便于衬板和镜面的固定，因此，立筋时也要挂水平垂直线，安装前要检查防潮层是否做好，立筋钉好后要用长靠尺检查平整度。

3. 铺钉衬板

衬板为 15mm 厚木板或 5mm 厚胶合板，用小铁钉与墙筋钉接，钉头没入板内。衬板的尺寸可立大于立筋间距尺寸，这样可以减少剪裁工序，提高施工速度。要求衬板表面无翘曲、起皮现象，表面平整、清洁，板与板之间缝隙应在立筋处。

4. 镜面安装

(1) 镜面切割

安装一定尺寸的镜面时，要在大片镜面上切下一部分，切割镜面要在台案上或平整地面上进行，上面铺胶合板或线毯。首先将大片镜面放置于台案或地面上，按设计要求量好尺寸，以靠尺板做依托，用玻璃刀一次从头划到尾，将镜面切割线处移至台案边缘，一端用靠尺板按住，以手持另一端，迅速向下扳。进行切割和搬运镜面时，操作者应戴手套。

(2) 镜面钻孔

以螺钉固定的镜面要钻孔，钻孔的位置一般在镜面的边角处。首先将镜面放在台案或地面上，按钻孔位置量好尺寸，用塑料笔标好钻孔点，或用玻璃钻钻一小孔，然后在拟钻孔部位浇水，在电钻上安装合适的钻头，钻头钻孔直径应大于螺钉直径。双手持玻璃钻垂直于玻璃面，开动开关，且稍用力按下并轻轻摇动钻头，直至钻透为止。钻孔时要不断往镜面上浇水，快要钻透时减轻用力。

(3) 镜面的几种固定方法

1) 螺钉固定：可用 $\phi3 \sim \phi5$ 平头或圆头螺钉，透过玻璃上的钻孔钉在墙筋上，对玻璃起固定作用（图 11-41）。

① 安装一般从下向上、由左至右进行，有衬板时，可在衬板上按每块镜面的位置弹线，按弹线安装。

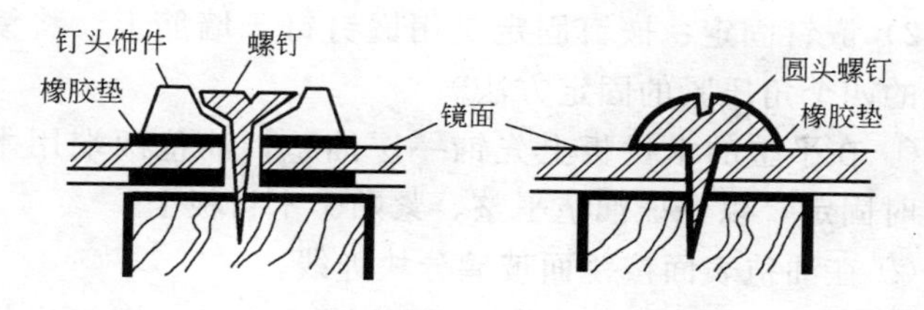

图 11-41　螺钉固定镜面节点

② 将已钻好孔的玻璃拿起，放于拟安装部位，在孔中穿入螺钉、套上橡皮垫圈，用螺丝刀将螺钉逐个拧入木筋，注意不宜拧得太紧。这样依次安装完毕。

③ 全部镜面固定后，用长靠尺靠平，在稍高出其他镜面的部位再拧紧，以全部调平为准。

④ 将镜面之间的缝隙用玻璃胶嵌缝，用打胶筒将玻璃胶压入缝中，要求密实、饱满 、均匀，不污染镜面。

⑤ 最后用软布擦净镜面（图 11-42）。

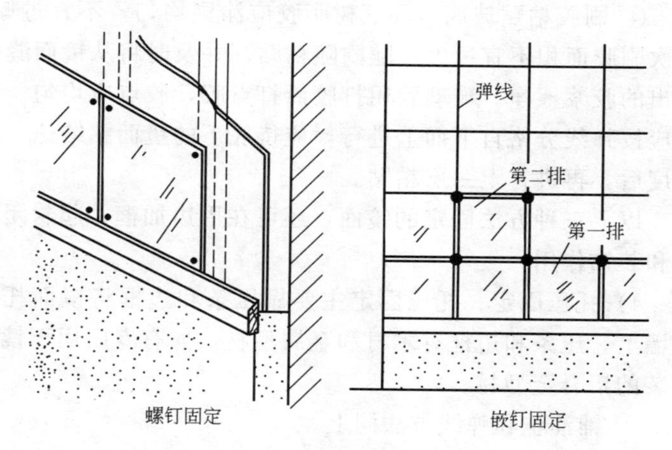

图 11-42　镜面固定示意图

2）嵌钉固定：嵌钉固定是用嵌钉钉于墙筋上，将镜面玻璃的四个角压紧的固定方法。

① 在平整的木衬板上先铺一层油毡，油毡两端用木压条临时固定，以保证油毡平整、紧贴于木衬板上。

② 在油毡表面按镜面玻璃分块弹线。

③ 安装时从下向上进行，安装第一排时，嵌钉应临时固定，装好第二排后再拧紧。其他同螺钉固定方法。

3）粘贴固定：粘贴固定是将镜面玻璃用环氧树脂、玻璃胶粘贴于木衬板上的固定方法。

① 首先检查木衬板的平整度和固定牢靠程度，因为粘贴固定时，镜面的重量是通过木衬板传递的，木衬板不牢靠将导致整个镜面固定不牢。

② 对木衬板表面进行清理，清除表面污物和浮灰，以增强粘结牢靠程度。

③ 在木衬板上按镜面玻璃分块尺寸弹线。

④ 刷胶粘贴玻璃。环氧树脂胶应涂刷均匀，不宜过厚，每次刷胶面积不宜过大，随刷随粘贴，并及时将从镜面缝中挤出的胶浆擦净。玻璃胶用打胶筒打点胶，胶点应均匀。粘贴应按弹线分格自下而上进行，应待底下的镜面粘结达一定强度后，再进行上一层粘贴。

以上三种方法固定的镜面，还可在周边加框，起封闭端头和装饰作用。

4）托压固定：托压固定主要靠压条和边框将镜面托压在墙上。压条和边框有木材和金属型材，如有专门用于镜面安装的铝合金型材。

① 铺油毡和弹线方法同上。

② 压条固定也是从下向上进行，用压条压住两镜面间

接缝处，先用竖向压条固定最下层镜面，安放上一层镜面后再固定横向压条。

③ 压条为木材时，一般宽 30mm，长同镜面，表面可做出装饰线，在嵌条上每 200mm 内钉一颗钉子，钉头应没入压条中 0.5～1mm，用腻子找平后刷漆。因钉子要从镜面玻璃缝中钉入，因此，两镜面之间要考虑设 10mm 左右缝宽，弹线分格时就应注意这个问题。

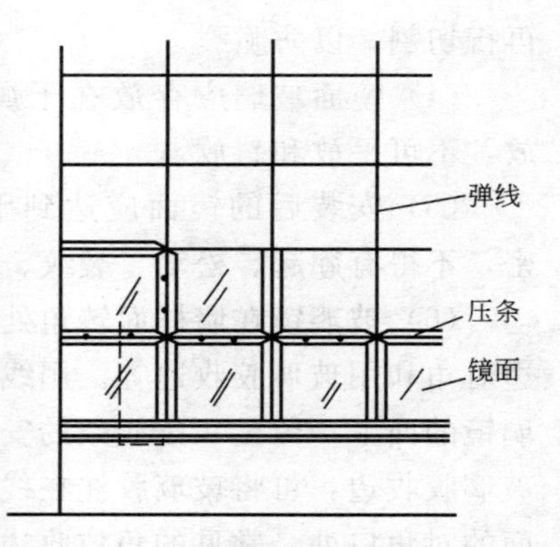

图 11-43　镜面固定示意图

④ 表面清理方法同前（图 11-43）。

大面积单块镜面多以托压做法为主，也可结合粘贴方法固定。镜面的重量主要落在下部边框或砌体上，其他边框起防止镜面外倾和装饰作用（图 11-44）。

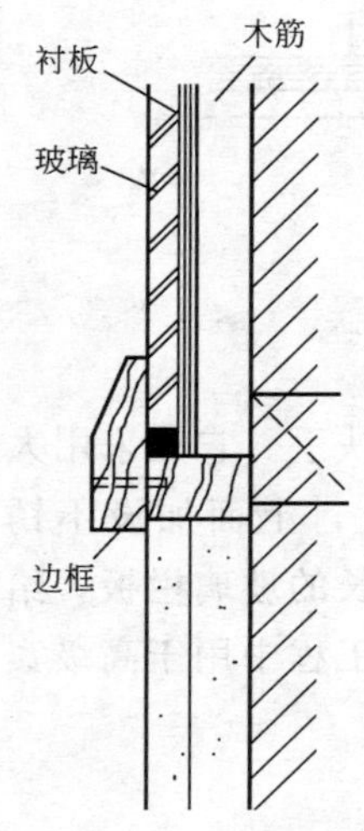

图 11-44　镜面固定节点示意图

11.5.4　施工注意事项

（1）一定要按设计图纸施工，选用的材料规格、品种、颜色应符合设计要求，不得随意改动。

（2）在同一墙面上安装同种玻璃时，最好选用同一批产品，以防镜面颜色深浅不一。

（3）冬季施工时，从寒冷的室外运入采暖房间的镜面玻璃，应待其缓暖后再行切割，以防脆裂。

（4）镜面玻璃应存放在干燥通风的室内，每箱都应立放，不可平放和斜放。

（5）安装后的镜面应达到平整、清洁，接缝顺直、严密，不得有翘起、松动、裂纹、掉角。

（6）玻璃镜在墙柱面转角处的衔接方法有线条压边，磨边对角和用玻璃胶收边等。用线条压边方法时，应在粘贴玻璃镜的面上，留出一条线条的安装位置，以便固定线条；用玻璃胶收边，可将玻璃胶注在线条的角位，也可注在两块镜面的对角口处。常见的角位收边方式见图 11-45 所示。

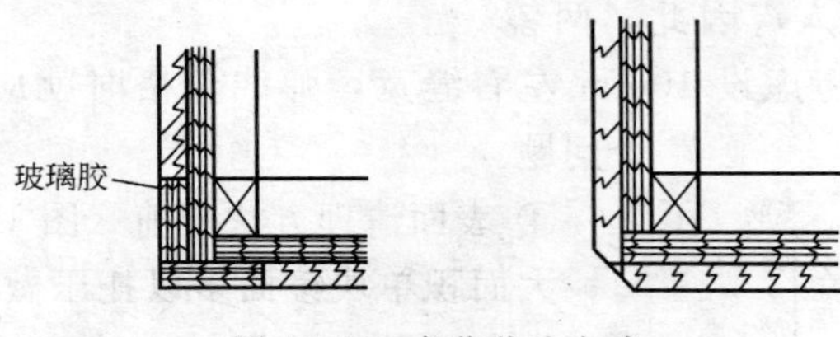

图 11-45　角位收边方式

11.6　玻璃栏河的安装

玻璃栏河，亦称之为玻璃栏板或玻璃扶手。它是采用大块的透明安全玻璃，固定于地面的基座上，上面加设不锈钢、铜或木扶手。从立面的效果上看，通长的玻璃栏板，给人一种通透、简洁的效果。所以，在建筑工程中用于高级宾馆的主楼梯等部位。

11.6.1　玻璃栏河材料

1. 玻璃

所使用的玻璃应为安全玻璃。因为这些部位的栏板，除了具有一定的装饰效果外，本身还是受力构件，起到防护、推、靠等功能作用。常用的是钢化玻璃和夹层钢化玻璃。单块尺寸多用 1.5m 宽，水平部位的玻璃宽度多在 2m 左右，厚 12mm。其分布如图 11-46 所示。

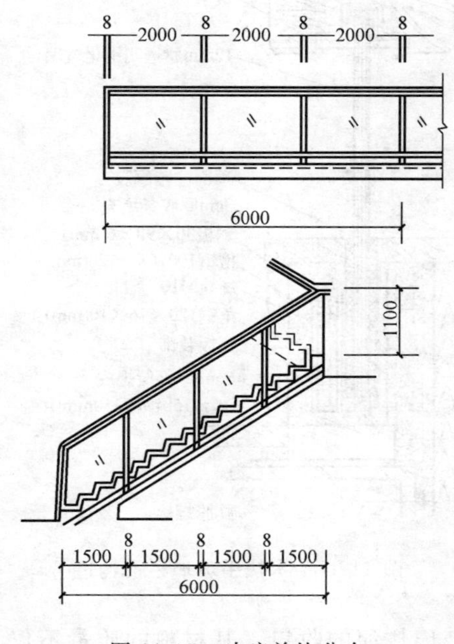

图 11-46 玻璃单块分布

2. 扶手材料

扶手常使用不锈钢圆管、黄铜圆管、高级木材这三种材料。

11.6.2 玻璃栏河构造

玻璃栏河的构造，主要有：扶手、钢化玻璃板、栏河底座三部分。

1. 木扶手玻璃栏河构造

木扶手玻璃栏河构造如图 11-47 所示。

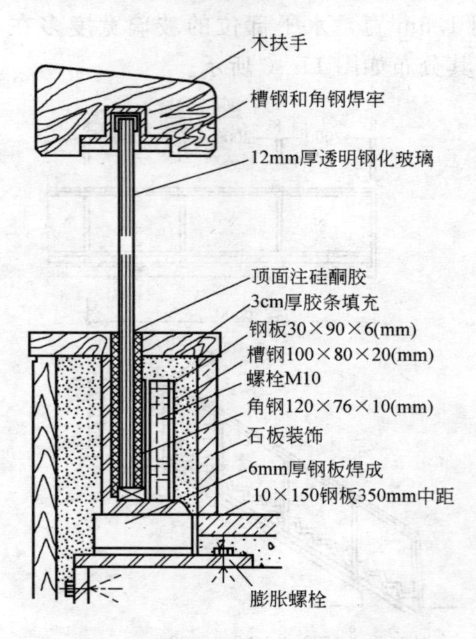

图 11-47　木扶手玻璃栏河构造

扶手是玻璃栏河的收口，其材料的质量不仅与使用功能影响较大，同时还对整个玻璃栏河的立面效果产生较大影响。因此，对木扶手要求不仅材质要好，还需纹理较美观，常采用的是柚木和水曲柳。

扶手两端的固定：扶手两端锚固点应该是不发生变形的牢固部位，如墙、柱或金属附加柱等。对于墙体或柱，可以预先在主体结构上埋铁件，然后将扶手与铁件连接。

玻璃块与块间，宜留出 8mm 间隙。玻璃与其他材料相交部位，不宜贴得很紧，而应留出 8mm 的间隙。然后注入硅铜系列密封胶。

玻璃栏河底座，主要是解决玻璃固定和踢脚部位的饰面处理。

玻璃固定的固定铁件如图 11-47 所示，一侧用角钢，另一侧用一块角钢长度相等的 6mm 钢板，然后在钢板上钻两孔，再套丝。在安装时，玻璃与铁板之间填上氯丁橡胶板，拧紧螺丝将玻璃拧紧。玻璃的下边，不能直接落在金属板上，而是用氯丁橡胶块将其垫起。

2. 金属圆管扶手玻璃栏河构造

金属圆管扶手玻璃栏河构造如图 11-48 所示。

金属圆管扶手一般是通长的，接长要焊接，焊口部位打磨修平后，再进行抛光。为了提高扶手刚度及安装玻璃栏河需要，常在圆管内部加设型钢，型钢与外表圆管焊成整体，

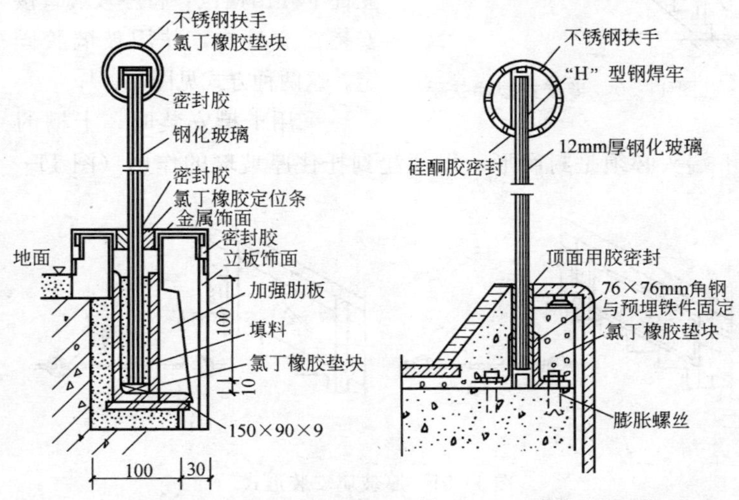

图 11-48　金属圆管扶手玻璃栏河构造　　图 11-49　圆管内焊型钢构造

如图 11-49 所示。

玻璃固定如图 11-49 所示，多采用角钢焊成的连结铁件。两条角钢之间，留出适当的间隙。一般考虑玻璃的厚度，再加上每侧 3～5mm 的填缝间距。固定玻璃的铁件高度不宜小于 100mm，铁件的中距不宜大于 450mm。

11.6.3 楼梯扶手厚玻璃的安装

楼梯扶手中安装厚玻璃主要有半玻式和全玻式两类。与厚玻璃相组合的楼梯扶手，通常是不锈钢管和全铜管扶手。

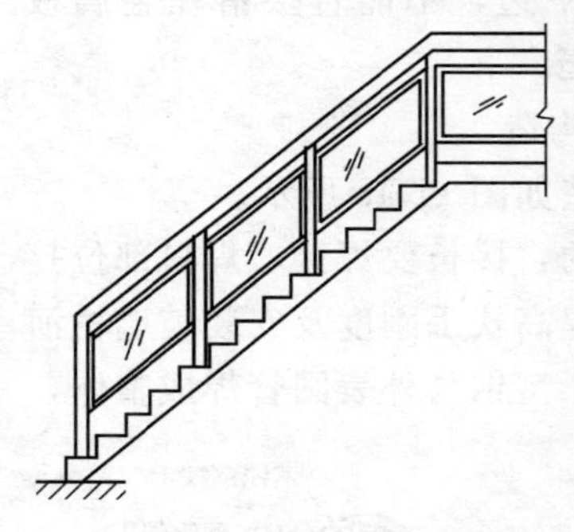

图 11-50 半玻式楼梯扶手

1. 半玻式安装

半玻式楼梯扶手见图 11-50，其中厚玻璃是用卡槽安装于楼梯扶手立柱之间，或者在立柱上开出槽位，将厚玻璃直接安装在立柱内，并用玻璃胶固定。这两种方式见图 11-51。

采用卡槽安装时，卡槽的下端头必须是封闭形，以便起到托住厚玻璃的作用（图 11-

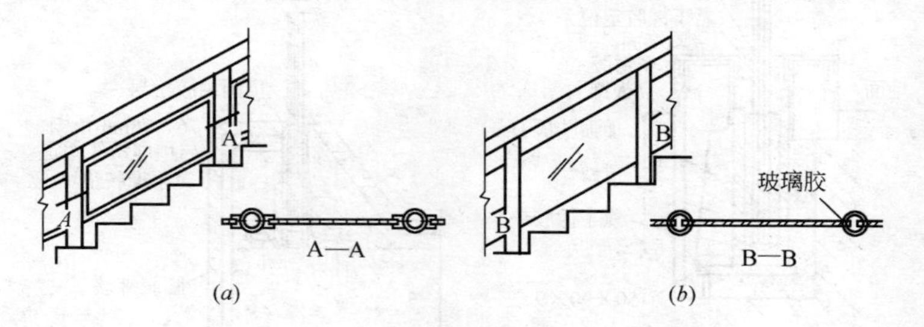

图 11-51 厚玻璃安装形式

(*a*) 用卡槽安装于扶手之间；(*b*) 直接安装在立柱内（玻璃胶固定）

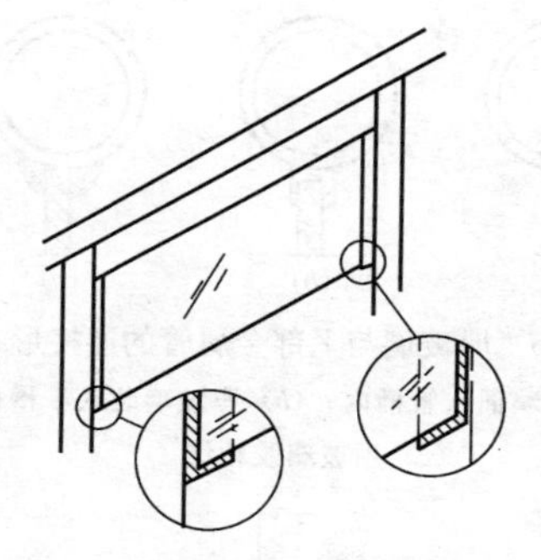

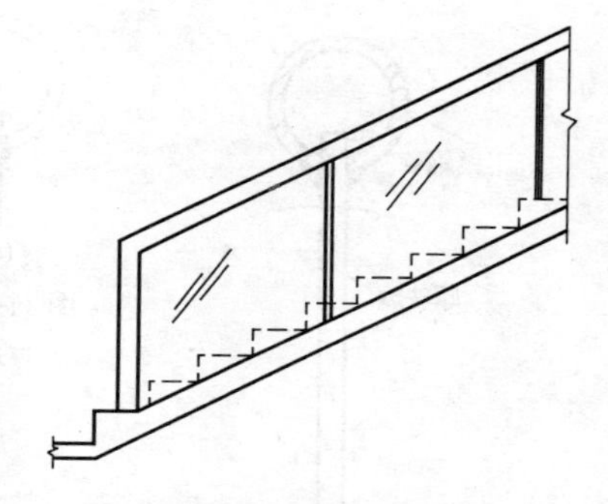

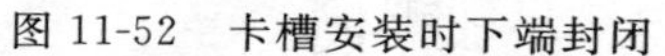

图 11-52　卡槽安装时下端封闭　　　　图 11-53　全玻式楼梯扶手

52)。由于厚玻璃要随楼梯的斜角裁切，所以卡槽也应在其端头有两种封闭端，一种封闭端上斜，一种封闭端下斜，安装时配对使用。

2. 全玻式安装

全玻式楼梯扶手见图 11-53，其中厚玻璃是在下部与地面安装，上部与不锈钢或全铜管连接（图 11-54）。厚玻璃与不锈钢管或全铜管的连接方式有三种：第一种是在管子的下部开槽，厚玻璃插入槽内；第二种是在管子的下部安装卡槽，厚玻璃卡装在槽内；第三种是用玻璃胶直接将厚玻璃粘结于管子下部。三种安装方式见图 11-55 所示。

厚玻璃的下部与楼梯的结合方式也有两种。但厚玻璃与楼梯的接触面必须是平面或是斜平面。第一种结合方式是用一截角钢将厚玻璃先夹住定位，然后再用玻璃胶把厚玻璃固定。另一种结合方式是用花岗岩或大理石饰面板，在安装厚玻璃的位置处留槽，留槽宽度大于玻璃厚度 5～8mm，将厚玻璃安放在槽内，再加注玻璃胶（图 11-56）。

11.6.4　玻璃栏河施工注意事项

(1) 在墙、柱施工时，应注意锚固扶手的预埋件的埋

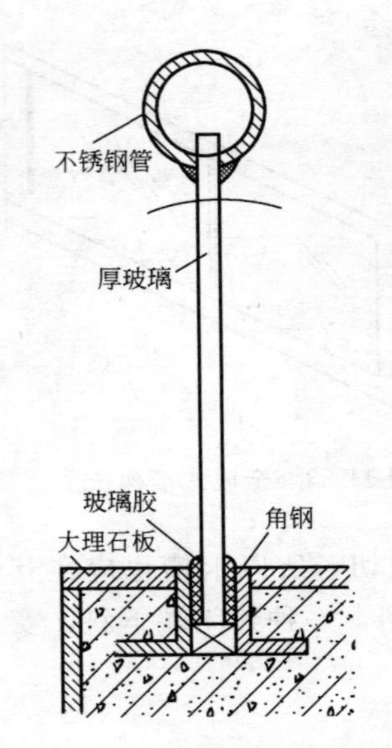

图 11-54　全玻式楼梯扶手结构

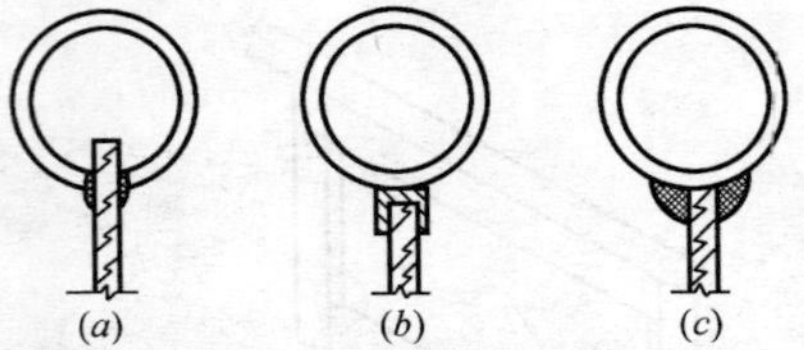

(a)　(b)　(c)

图 11-55　厚玻璃与上部金属管的连接形式

（a）厚玻璃插入管槽内；（b）厚玻璃装入卡槽内；（c）用玻璃胶粘结

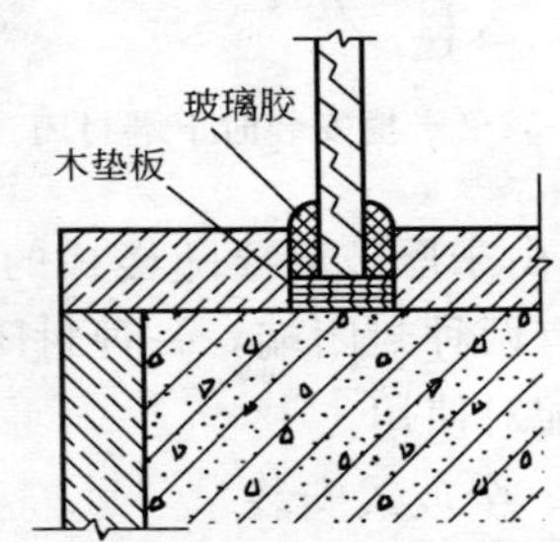

图 11-56　厚玻璃与楼梯地面的连接

设，并保证位置准确。

（2）玻璃栏河底座土建施工时，注意固定件的埋设应符合设计要求。需加立柱时，应确定立柱的位置。

（3）扶手与铁件的连接，可用焊接或螺栓连接，也可用膨胀螺栓锚固铁件。

（4）扶手安装完后，要对扶手表面进行保护。当扶手较长时，要考虑扶手的侧向弯曲，在适当的部位加设临时立柱，缩短其长度，减少变形。若变形较大，一般较难调直。

（5）多层走廊部位的玻璃栏河，人靠时，由于居高临下，常常有一种不安全的感觉。所以该部位的扶手高度应比楼梯扶手要高些，合适的高度应在 1.1m 左右。

（6）不锈钢、铜管扶手，表面往往沾有各种油污或杂物，其光泽会受到影响。所以在交工前，除进行擦拭外，一般还要抛光。

（7）安装玻璃前，应检查玻璃板的周边有无快口边，若有，应用磨角机或砂轮打磨，以避免锋利的快口边割伤人的皮肤。

（8）$1m^2$ 以上的玻璃板安装时，应使用玻璃吸盘器。

（9）大块玻璃安装时，要与边框留有空隙，该空隙是为玻璃热胀冷缩而准备的，其尺寸为 5mm。

12 门窗装饰工程

门、窗是建筑物的重要组成部分，它除了应起采光、通风和交通等作用外，在严寒地区还必须能够隔热以防止热量的散失。此外，门窗的造型和色彩选择对建筑物的装饰效果的影响很大，因此一般都将其纳入在建筑立面设计的范围之内。

目前国内在建筑物上所使用的门窗，主要有钢、木、塑、铝（合金）四大类。从施工的角度来看，则可分作两类：一类是门、窗在生产工厂中预拼装成型，在施工现场仅需安装即可。如钢门窗、铝合金门窗、塑料门窗多属此类。另外一类是需在施工现场进行加工制作的门窗，如木门窗多属此类。铝合金门窗和塑料门窗也有需在施工现场进行制作。

12.1 木门窗

12.1.1 门窗图的识读

门窗图是建筑施工图中的主要图纸，有主面图和大样图，有的附有五金表和必要的说明。

在制作门窗前，先要了解拟建房屋中门窗的类型、位置和数量。因此要把房屋的平面、立面、剖面图联系起来看。

1. 门窗的代号

木门窗的标准图集中，用门窗代号来表示各类型门窗及其宽高尺寸。M 为门的代号，C 为窗的代号。标准门、窗的编号用$M_{\times\times}$——××××和$C_{\times\times}$——××××来表示。其中M和C右下角的一个或两个数字表示门、窗的类型，"——"后面的四个数字表示门、窗的宽度与高度。木门窗的代号可参考表12-1和表12-2。

木门代号表　　　　表12-1

代号	类　型	代号	类　型
M_1	大玻璃弹簧门	M_{10}	纤维板镶玻璃平开门
M_2	四斗镶玻璃弹簧门	M_{11}	大玻璃无纱平开门
M_3	胶合板无纱平开门	M_{12}	大玻璃有纱平开门
M_4	胶合板有纱平开门	M_{13}	四斗无纱平开门
M_5	胶合板有纱玻璃平开门	M_{14}	四斗有纱平开门
M_6	胶合板弹簧门	M_{15}	二斗平开门
M_7	胶合板带百叶平开门	MC_1	无纱门连窗
M_8	胶合板镶玻璃带百叶平开门	MC_2	有纱门连窗
M_9	纤维平开门	MC_3	门内开,窗外开,无纱门连窗

木窗代号表　　　　表12-2

代号	类　型
C_1	小玻璃无纱扇平开窗(无腰窗或腰窗在上面)
C_2	小玻璃有纱扇平开窗(无腰窗或腰窗在上面)
C_3	小玻璃无纱扇平开窗(腰窗在下面或上下有腰窗)
C_4	小玻璃有纱扇平开窗(腰窗在下面或上下有腰窗)
C_5	大玻璃无纱扇平开窗(无腰窗或腰窗在上面)
C_6	大玻璃有纱扇平开窗(无腰窗或腰窗在上面)
C_7	大玻璃无纱扇平开窗(腰窗在下面或上下有腰窗)
C_8	大玻璃有纱扇平开窗(腰窗在下面或上下有腰窗)
C_9	中悬木窗
C_{10}	上部中悬下部平开木窗
C_{11}	木百叶窗

例如：M_1——1024表示镶板门（全板），宽1m，高2.4m，C_3——1218表示上腰窗平开窗（一玻一纱），宽1.2m，高1.8m。

在建筑平面图中，为了简化门窗代号，一般以该栋建筑物所用门窗，按大小顺序编号，即 M—1、M—2 或 C—1、C—2 等。此时要从门窗统计表中查出编号所用的标准木门窗的代号。

2. 门窗的图例

在建筑平面图中，门窗根据其类型及开关方式不同，用各种图例来表示，熟悉这些图例结合门窗代号（或编号），就可知道各种门窗的类型、开关方式及樘口尺寸等。门窗在平面图中表示方法如图 12-1 所示。

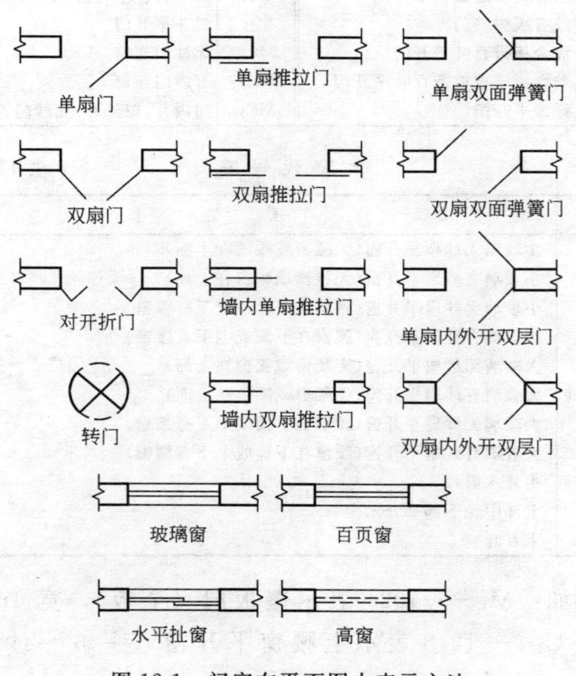

图 12-1 门窗在平面图中表示方法

平面图中门窗的宽度尺寸，表示门窗洞上的宽度，而不是门窗框的宽度。采用先立口时，门窗框宽度等于洞口宽度；采用后塞口时，门窗框宽度应略小于洞口宽，但国标图集上的门窗尺寸，已比门窗洞口尺寸小 2cm。

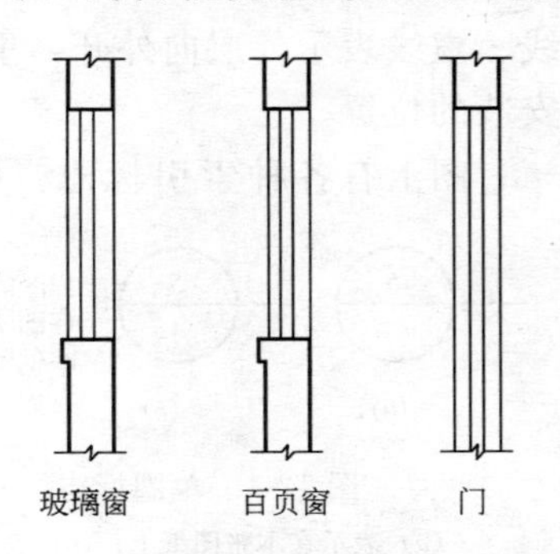

图 12-2　门窗剖面图

从剖面图中可以了解门窗在各楼层中的安装高度，门窗在剖面图中的图例如图 12-2 所示。

在立面图中，门只表示了一个简单的外形，窗比较复杂，如图 12-3 所示。

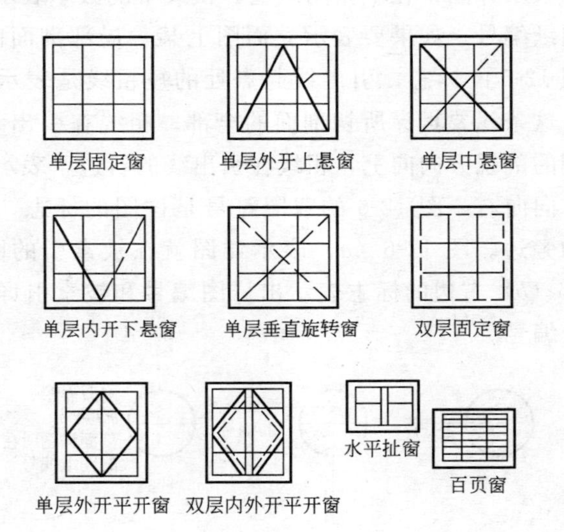

图 12-3　窗在立面图中表示方法

窗子立面图上的细斜线是表示开启方向。单实线表示单层外开，单虚线表示单层内开，双实线表示双外开，并用实线、虚线表示外层向外开，里层向内开，斜线的交点为铰链安装的位置。

图上有各种索引标志。图 12-4 中单圆圈的索引标志，表示图上某一部分或某一构件另有详图，用一条细线引出。圆圈中横线上的数字，表示详图的编号。图 12-4（*a*）的标志表示详图在本张图纸上，图 12-4（*b*）的标志表示详图不在本张图纸上，横线下的数字表示详图所在的图纸编号。如果要表示立面图上某一局部剖面的详图，可用图 12-5 的标志，引出线起点处的短粗线是表示剖视方向的，这条线要贯穿所切剖面的全部。粗线在引出线之上，表示剖的剖视方向向上，粗线在引出线的右边，表示剖面的剖视方向向右。图 12-6 的双圈符号是详图的标志，标注在详图的旁边。图 12-6（*a*）表示详图就在被索引的图纸内；图 12-6（*b*）右边的标志表示出详图编号和被索引详图所在的图纸编号。

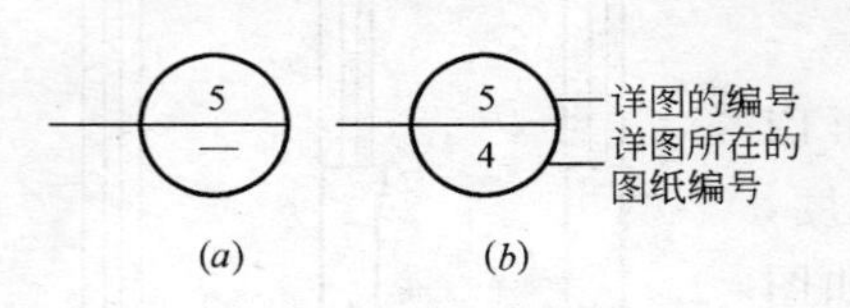

图 12-4　单圈标志

（*a*）表示在本张图纸上；（*b*）表示不在本张图纸上

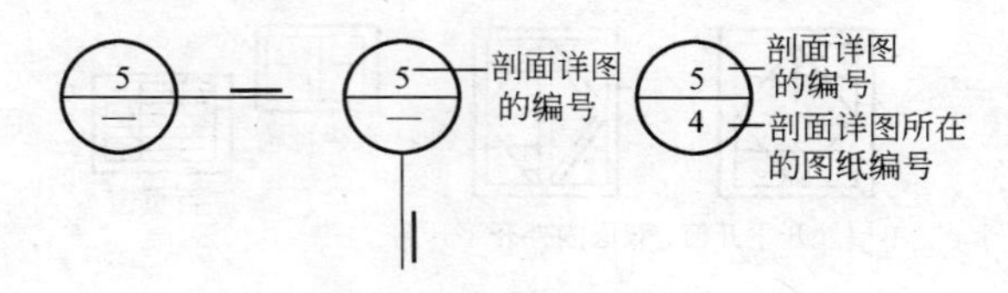

图 12-5　局部剖面标志

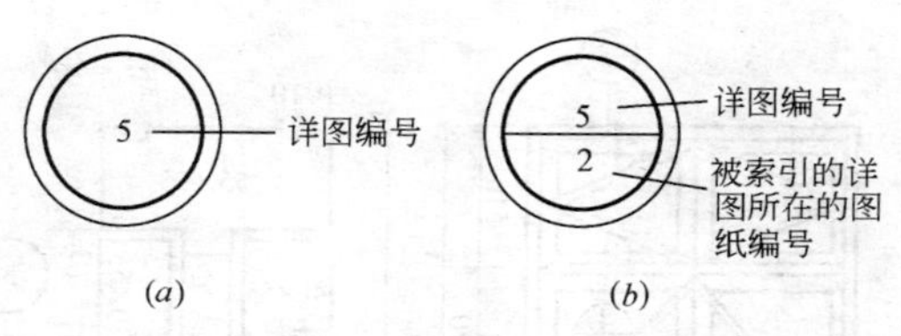

图 12-6 双圈标志

3. 门窗的详图

门窗详图中主要包括门窗及剖面详图。门窗立面图表示门窗外面的形状及尺寸，并标注详图索引符号。剖面详图是沿门窗纵向及横向，把各部件断面及相邻关系，局部放大表示出来。

（1）木窗图

图 12-7 是一个木窗的详图，立面图上的高、宽尺寸分别用三道尺寸表示。最外一道为砖口的尺寸，中间一道为窗樘的尺寸，最里面的一道为分樘尺寸。

从图中可看出，这是一个一玻一纱的平开窗，玻璃扇向外开，纱窗扇向内开，腰头在窗的上部。图上的详图索引号与详图旁边的详图号是相互对应的。

窗的构造主要靠节点详图来表示。节点详图表示着各个部件的断面用料，尺寸和线型，也能表示窗扇的开启方式。图中 6 个节点详图中，①、②是水平方向的剖面图，③～⑥是垂直方向的剖面图。它们从不同的位置上说明了窗樘、窗扇的构造以及樘、扇的关系。各断面中标注的尺寸是该断面的外刨尺寸。裁口、起线的尺寸只在个别部件上标注，暗示其他部件的裁口、起线尺寸与此相同。

（2）木门图

图 12-8 为门的详图。从立面图上可以看出，这是镶板

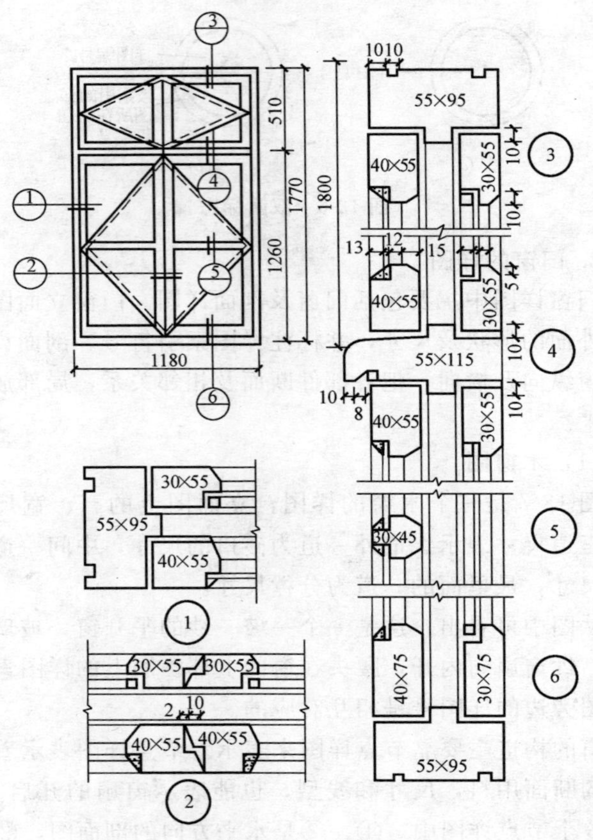

图 12-7 木窗

门，门宽 980mm，高 2085mm，上面有上悬式的亮子，门窗有四块门心板。

立面图上有六个局部剖面的索引标志，说明这六个部位都有局部剖面详图，可以按照圆圈中的详图编号，找到这个部位的剖面详图。

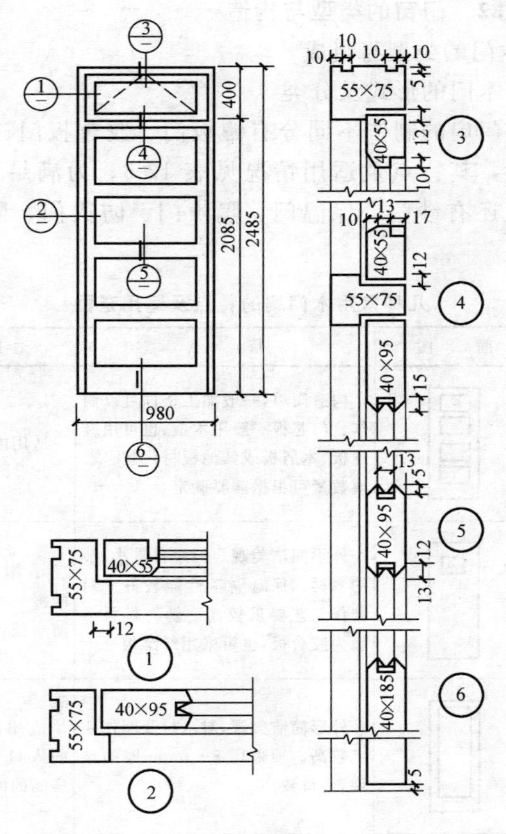

图 12-8　木门

六个剖面详图是放大比例画出的。每个剖面图上都标注了各部位的尺寸，以及梃、冒头的截面尺寸。

根据立面图和剖面图上所标的尺寸，可以知道各部件制作尺寸。配料时，考虑加工需要，再适当放长和放宽。

12.1.2 门窗的类型与构造

1. 木门的类型与组成

(1) 木门的形式及分类

门按门扇的制作不同分有镶板门、胶合板门、玻璃门、拼板门等，其特点及适用情况见表 12-3。为满足使用上的特殊需要还有纱门、保温门、隔声门、防火门、防 X 射线门等。

几种常用木门扇的特点及适用范围　　表 12-3

类型	简　图	特　点	适用范围
镶板门		构造简单，一般加工条件可以制作。门芯板一般用木板、也可用纤维板、木屑板或其他板材代替。玻璃数量可根据需要确定	适用内门及外门
胶合板门		外形简洁美观。门扇自重小，节约木材。保温隔音性能较好。对制作工艺要求较高。复面材料一般为胶合板，也可采用纤维板	适用于内门。在潮湿环境内，须采用防水胶合板
玻璃门		外形简洁美观，对木材及制作要求较高。须采用 5～6mm 厚的玻璃，造价较高	适用于公共建筑的入口大门或大型房间的内门
拼板门		一般拼板门构造简单，坚固耐用，门扇自重大，用木材较多。双层拼板门保温隔音性能较好	一般用于外门

按门的启闭方式分有平开门、弹簧门、推拉门、转门、折叠门、卷帘门等，其特点及适用范围见表 12-4。

各种启闭方式门的特点及适用范围　　　表 12-4

类型	简　　图	特点及适用范围
平开门	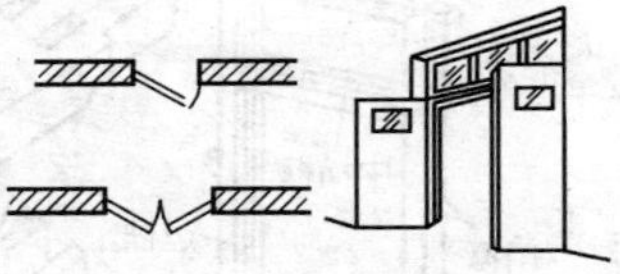	制作简便、开关灵活，五金简单。洞口尺寸不宜过大。有单扇和双扇门，此种门使用普遍，凡居住和公共建筑的内、外门均可采用。作为安全疏散用的门一般应外开
弹簧门	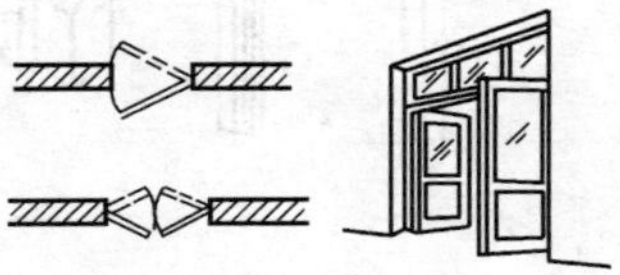	开关方式同平开门，唯因装有弹簧铰链能自动关闭。适用于有自关要求的场所、出入频繁的地方如百货商店、医院、影剧院等。门扇尺寸及重量必须与弹簧型号相适应，加工制作简便
推拉门	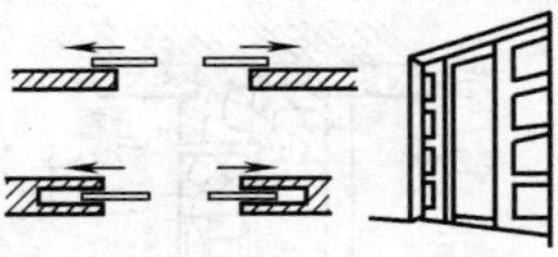	开关时所占空间少，门可隐藏于夹墙内或悬于墙外。门扇制作简便，但五金较复杂，安装要求较高。适应各种大小洞口
转门	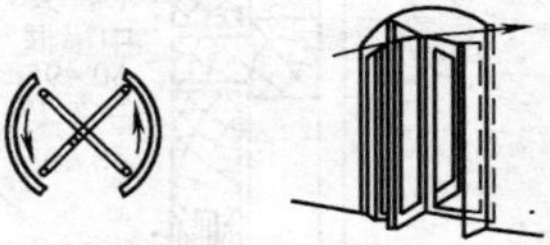	适用于人流不集中出入的公共建筑，加工制作复杂、造价高
折叠门	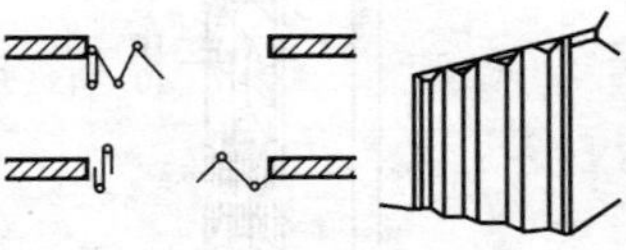	适用各种大小洞口，特别是宽度很大的洞口，五金较复杂，安装要求高
卷帘门	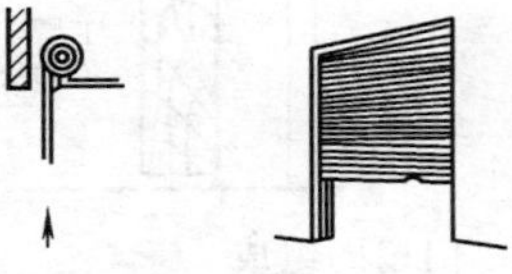	适用于各种大小洞口，特别是高度大，不经常开关的洞口。加工制作复杂，造价高

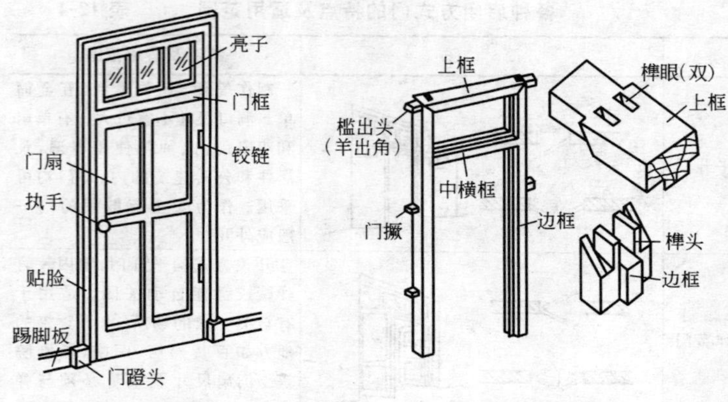

图 12-9 木门各部位名称　　图 12-10 门框的组成

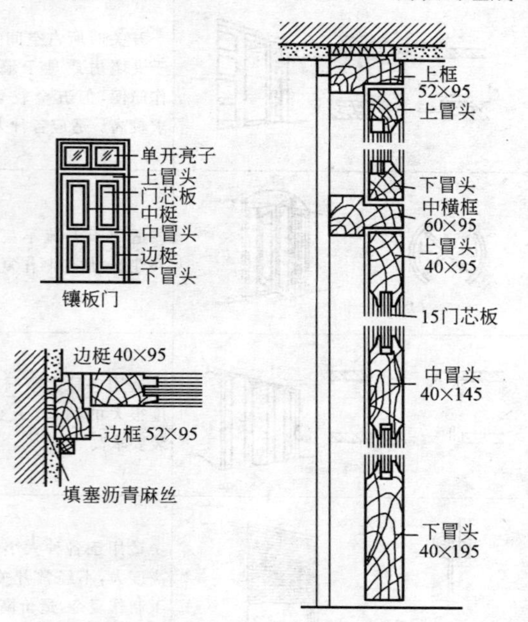

图 12-11 门扇的组成

（2）木门的组成

1）木门由门樘（门框）、门扇和亮子组成。木门各部的名称如图 12-9 所示。不设下槛的门框如图 12-10 所示。

2）门扇镶板门、玻璃门和纱门都是最常见的几种门扇。这些门扇均由上冒头、中冒头、下冒头、边梃或中梃用全榫接合成框。

在框内安装门芯板、玻璃或纱便成镶板门、玻璃门和纱门如图 12-11 所示。

3）五金零件。常用门的五金零件有铰链、插销拉手等，单扇门用 7 号（长度为 101.5mm）铰链；门扇宽 1m 以上用 9 号（长度为 152.5mm）铰链。每扇门普通须装上下二道，

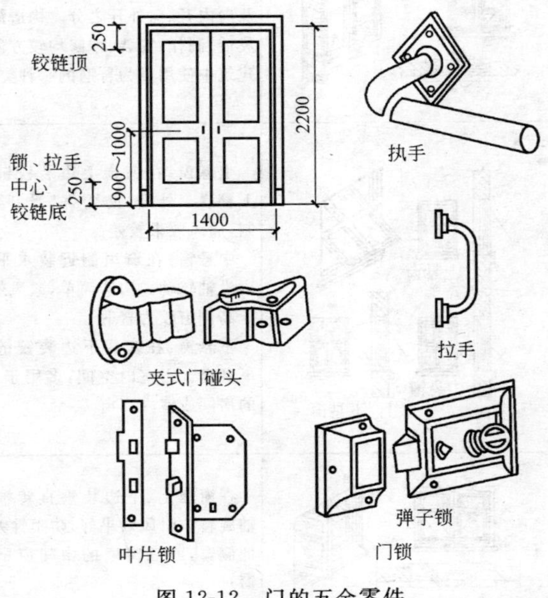

图 12-12　门的五金零件

当门宽大面较重时，采用三道铰链。另外还有门锁及门开启后固定用的门碰头等如图 12-12 所示。

2. 木窗的类型与组成

(1) 木窗的形式及分类

木窗按使用要求的不同，有玻璃窗、百叶窗、纱窗等类型。按开关方式分为平开窗、悬窗、立转窗及其他窗见表 12-5。

不同开启方式窗的特点　　表 12-5

类型	简　图	特　点
平开窗		窗扇在一侧边装上铰链(或称合页)水平方向开关的窗。有单扇、双扇、多扇及向内开、向外开之分。构造简单,开关灵活,制作、安装、维修均较方便,为一般建筑中使用最为普遍的一种类型
悬窗	上悬窗 中悬窗 上、下悬窗	上悬窗:在窗扇上边装铰链,窗扇向上翻启。外开,防雨好,受开启角度限制,通风效果较差 中悬窗:在窗扇侧近装水平转轴,窗扇沿轴转动。构造简单,通风效果好,用于高侧窗较为普遍 下悬窗:在窗扇下边装铰链,窗扇向下翻启。占室内空间,多用于特殊要求的房间或室内高窗
立转窗		在窗扇上、下边装垂直转轴,窗扇沿轴旋转。引风效果好,防雨性差,多用于低侧窗,或三窗扇的中间窗扇(便于擦窗)

续表

类型	简图	特点
推拉窗		水平推拉窗：在窗扇上下边装有导轨，窗扇水平方向移动 垂直推拉窗：在窗扇左右二侧边装上导轨，窗扇垂直方向移动 不占室内空间，窗扇受力状态好，适宜安装较大的玻璃，通风可随意调节，但面积受限制，五金及安装较复杂
固定窗		玻璃直接安在窗框内，构造简单，只起采光作用，密闭性好

（2） 木窗的组成

窗主要是由窗框、窗扇和五金零件所组成。根据不同的要求尚有贴脸（压缝隙用的木条）、窗台板、窗帘盒等附件，如图 12-13 所示。

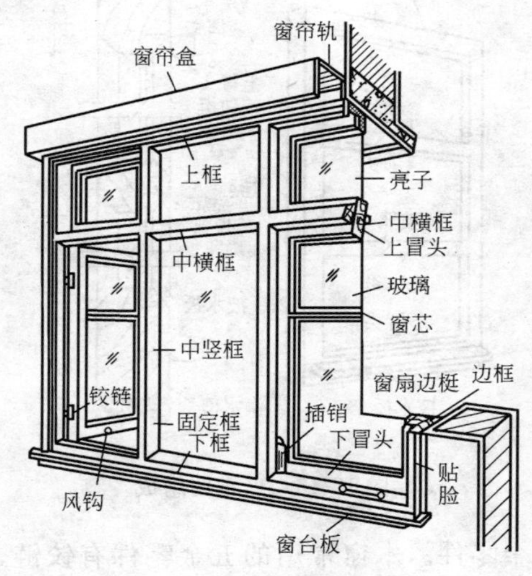

图 12-13 窗的组成

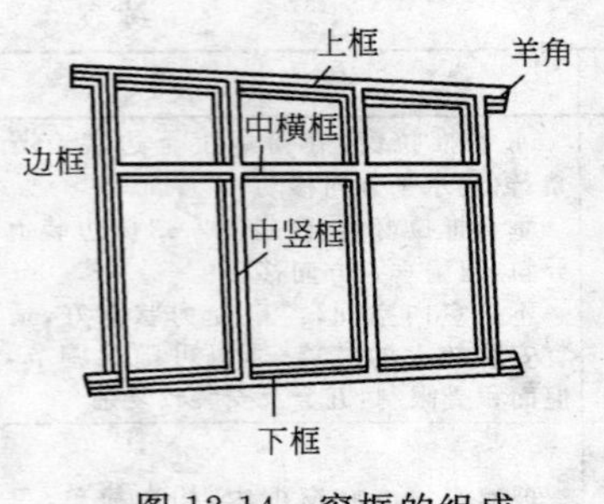

图 12-14　窗框的组成

1）窗框。窗框是由上框、下框、中横框，多窗框中还有中竖框等组合而成如图 12-14 所示。上、下两端各挑出有半砖长的木段，称为羊角。各杆件采用合角成（45°）全榫拼接成框。

2）窗扇。窗扇是由上冒头、下冒头、边框、窗悬及玻璃或纱组成。如图 12-15 所示。上、下冒头与边梃用全榫拼接成框，并用窗悬分格。

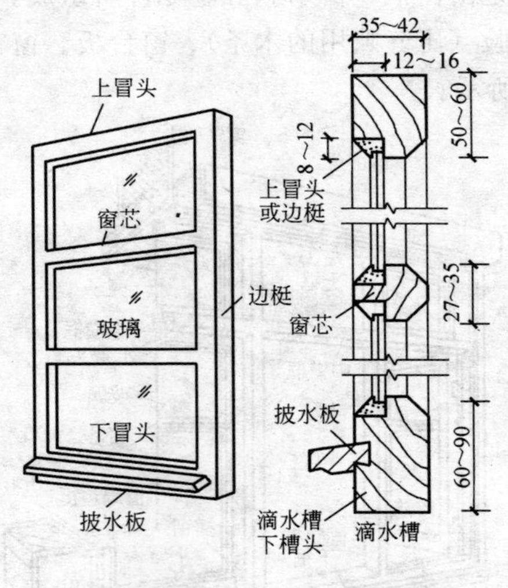

图 12-15　窗扇的组成

3）五金零件。木窗常用的五金零件有铰链、插销、窗钩、拉手等，这些五金零件均用木螺钉固定在木窗上。

3. 木门窗的节点构造

木门窗节点构造见表 12-6。

木门窗节点构造 **表 12-6**

名　称	结构部位	简　图
门扇	下冒头与门梃结合	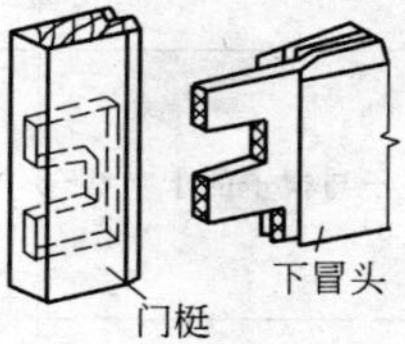 门梃 下冒头
	上冒头与门梃结合	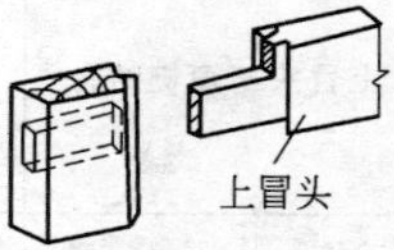 上冒头
	中冒头与门梃结合	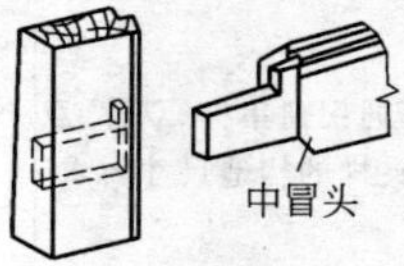 中冒头
窗扇	下冒头与窗梃接合	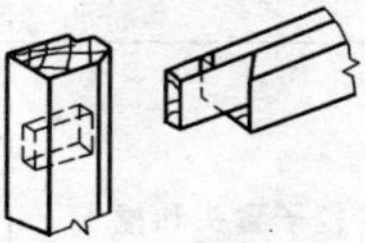
	窗棂子与窗梃接合	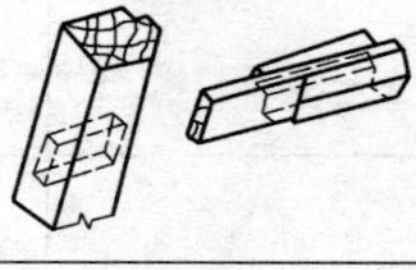
	窗棂子十字交叉接合	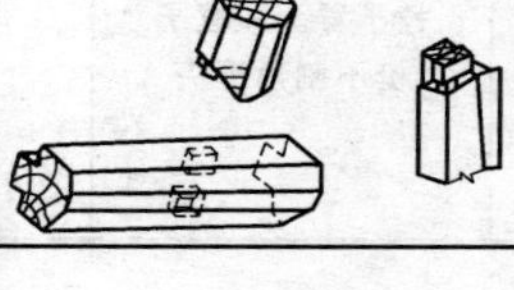

续表

名　称	结构部位	简　图
窗扇	棂子与门梃结合	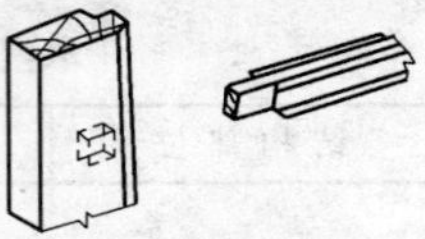
	棂子与棂子的十字结合	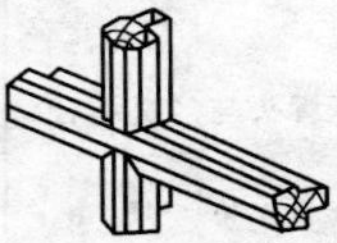
	上冒头与窗梃结合	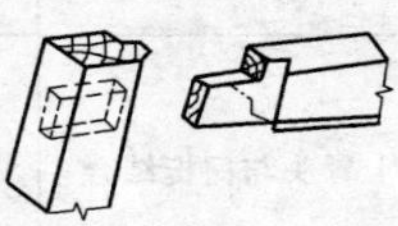
	普通门窗单榫、双榫、双夹榫的构造尺寸要求	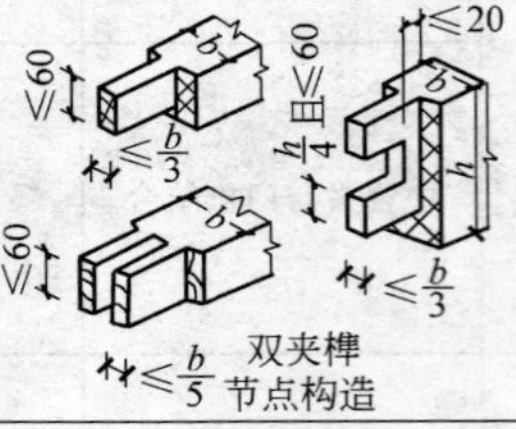 ≤60 ≤$\frac{b}{3}$ ≤60 ≤$\frac{b}{5}$ ≤20 $\frac{h}{4}$且≤60 ≤$\frac{b}{3}$ 双夹榫节点构造
门窗	樘子冒头和樘子梃割角榫头	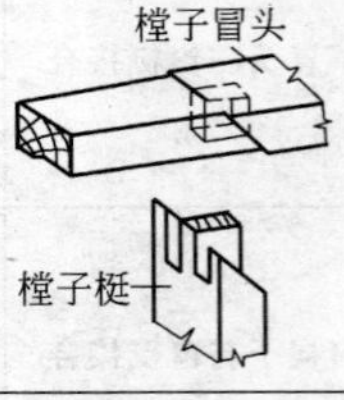 樘子冒头 樘子梃
	樘子冒头和樘子梃不割角榫头	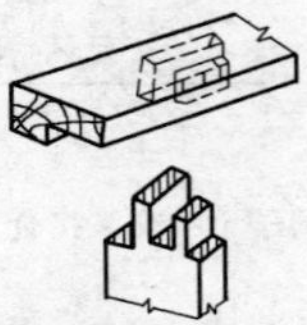

续表

名称	结构部位	简图
门窗	樘子冒头和樘子梃双夹榫榫头	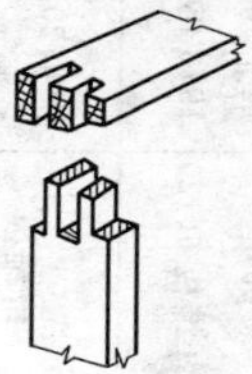
	樘子梃与中贯档结合	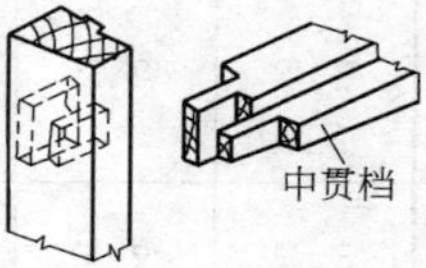 中贯档

4. 木门窗断面常用尺寸表

(1) 常用木门断面尺寸

常用木门断面尺寸见表 12-7。

(2) 常用木窗断面尺寸

平开窗断面尺寸见表 12-8。

中悬窗断面尺寸见表 12-9。

12.1.3 木门窗的制作与安装

1. 木门窗的制作

木门窗的制作过程包括：放样→配料、截料→刨料→划线→打眼→开榫、拉肩→裁口与倒棱→拼装。

(1) 放样

放样是根据图纸上设计好的木制品，按照足尺 1∶1 将木制品构造画出来，做成样板（或样棒），样板采用松木制作，双面刨光，厚约 25cm，宽等于门窗樘子梃的断面宽，长比门窗高度大 200mm 左右，经过仔细校核后才能使用，

表 12-7

常用木门断面尺寸

地区	有无纱扇	门樘料断面尺寸(mm)	门窗料断面尺寸(mm)						备注
			上冒头	中冒头	下冒头	门梃	冒头数	芯板厚	
华北	有 无	55×120 55×90	30×70 42×90	30×70 42×90	30×140 42×180	30×70 42×90	3 5	纱扇 纤维板 6(12)	华北 J601 1973 年
华东	有 无	52×145 52×90	30×95 40×95	30×95 40×145	30×145 40×145	30×95 40×95	3 3	纤维板	沪 J7301 1973 年
东北	无	57×115 (57×85)	45×105 (40×95)	45×75 (40×75)	45×175 (40×145)	45×105 (40×95)	5	15	东北 J601 1971 年 ( )为内门
中南	无	57×84	44×94	44×74	44×154	44×94	5	12	ZJ602 1972 年再版
西北	无	50×75	40×95	40×95	40×185	40×95	5	13	陕 J-61(71) 1972 年
西南	无	42×95	40×95	40×95	40×175	40×95		10	西南 J601 1974 年

表 12-8

平开窗断面尺寸

地区	有无纱窗	窗樘料断面(mm)			窗扇料断面(mm)		备注
		边樘	中横樘	中竖樘	两头边梃	窗芯	
华北	有 无	45×90 45×70	52×90 52×90	42(62)×90 42(62)×70	25×43 35×53	纱扇 30×35	华北 J601 1973 年
华东	有 无	52×110 52×90	50×130 50×110 (50×90)	64×110 64×90	30×55 40×55	纱扇 40×30	沪 J7301 1973 年
东北	双玻 无	57×115 57×85(65)	55×135 55×105(85)	55×115 55×85(65)	36×55 36×55	36×36 36×36	东北 J701 1971 年 ( )指宽为 1800 以内时用
中南	有 无	57×100 57×74 (57×84)	53×120 59×94 (59×104)	64×100 64×74 (64×84)	29×64 39×64	纱扇 39×30	ZJ702~702,1972 年再版 ( )内系按木材情况选用
西北	有 无	55×95 55×75	55×115 55×95	55×95 55×75	30×55 40×55	纱扇 40×30	陕 J-71(71) 1972 年
西南	有 无	42×115 42×95	30×135 50×115	50×115 50×95	30×45 40×55	纱扇	西南 J701 1974 年

中悬窗断面尺寸表　　表 12-9

地区	窗樘断面(mm)	中竖樘断面(mm)	中横樘断面(mm)	截口条断面(mm)	玻璃扇断面(mm)	备　注
华北	45×90	42×90 (45×90)	42×90	10×20	42×53	华北 J601 1973 年 (　)内数字适于宽 3600 的洞口
华东	52×90	50×90	50×90		40×55	沪 J7301 1973 年
东北	57×85	55×85	55×85		36×55	东北 J701 1971 年
中南	57×74	54×74	54×74	19×22	39×64	ZJ706 1972 年再版
西北	55×75	55×75	55×75	10×17.5	40×55	陕 J-71(71) 1972 年
西南	42×95	50×95	50×95		40×55	西南 J701 1974 年

放样是配料和截料、划线的依据，在使用过程中，注意保持其划线的清晰，不要使其弯曲或折断。

(2) 配料、截料

配料是在放样的基础上进行的，因此，要计算出各部件的尺寸和数量，列出配料单，按配料单进行配料。

配料时，对原材料要进行选择，有腐朽、斜裂、节疤的木料，应尽量躲开不用；不干燥的木料不能使用。精打细算，长短搭配，先配长料，后配短料；先配框料，后配扇料。门窗樘料有顺弯时，其弯度一般不超过 4mm，扭弯者一律不得使用。

配料时，要合理的确定加工余量，各部件的毛料尺寸要比净料尺寸加大些，具体加大量可参考如下：

断面尺寸：单面刨光加大 1～1.5mm，双面刨光加大 2～3mm。机械加工时单面刨光加工 3mm，双面刨光加大 5mm。

长度方面的加工余量见表 12-10。

门窗构件长度加工余量　　表 12-10

构件名称	加工余量
门樘立梃	按图纸规格放长 7cm
门窗樘冒头	按图纸规格放长 20cm，无走头时放长 4cm
门窗樘中冒头、窗樘中竖梃	按图纸规格放长 1cm
门窗扇梃	按图纸规格放长 4cm
门窗扇冒头、玻璃棂子	按图纸规格放长 1cm
门扇中冒头	在五根以上者，有一根可考虑做半榫
门芯板	按图纸冒头及扇梃内净距放长各 5cm

配料时还要注意木材的缺陷，节疤应躲开眼和榫头的部位，防止凿劈或榫头断掉；起线部位也禁止有节疤。

在选配的木料上按毛料尺寸画出截断、锯开线，考虑到锯解木料时的损耗，一般留出 2～3mm 的损耗量。锯时要注意锯线直，端面平。

（3）刨料

刨料前，应先识别木纹。不论是机械或手工工具，一般均按顺着木纹方向进行刨削，这样刨过的木料比较光滑，刨削时省力。

刨料时，宜将纹里清晰的里材面作为正面，对于樘子料任选一个窄面为正面，对于扇料任选一个宽面为正面，正面上要划出符号。对于门、窗樘的梃及冒头可只刨面，不刨靠墙的一面；门、窗扇的上冒头和梃也可先刨三面，靠樘子的一面待安装时根据缝的大小再进行修刨。

刨完后，应按同类型、同规格樘扇分别堆放，上、下对齐。每两个正面相合，堆垛下面要垫实平整。

（4）划线

划线是根据门窗的构造要求，在各根刨好的木料上划出榫头线，打眼线等。

划线前，先要弄清楚榫、眼的尺寸和形式，什么地方做榫，什么地方凿眼。弄清图纸要求和样板式样，尺寸、规格必须一致，并先做样品，经审查合格后再正式划线。

门窗樘无特殊要求时，可用平肩平插。樘梃宽超过80mm时，要画双实榫；门扇梃厚度超过60mm时，要画双头榫。60mm以下画单榫。冒头料宽度大于180mm者，一般画上下双榫。榫眼厚度一般为料厚的1/4～1/3，中冒头大面宽度大于100mm者，榫头必须大进小出。门窗棂子榫头厚度为料厚的1/3。半榫眼深度一般不大于料断面的1/3，冒头拉肩应和榫吻合。

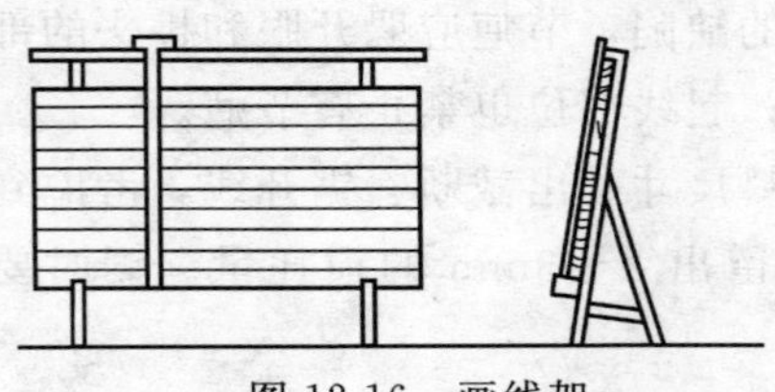

图12-16　画线架

成批画线应在画线架上进行如图12-16所示。把门窗料整齐叠放在架子上，将螺钉拧紧固定，然后用丁字尺一次画下来，既准确又迅速。所有榫、眼注明是全眼还是半眼，透榫还是半榫。正面眼线画好后，要将眼线画到背面，并画好倒棱、裁口线，这样所有的线就画好了。要求线要画得清楚、准确、齐全。

(5) 打眼

打眼之前，应选择等于眼宽的凿刀，凿出的眼，顺木纹两侧要直，不得出错茬。先打全眼，后打半眼。全眼要先打背面，凿到一半时，翻转过来再打正面直到贯穿。眼的正面要留半条里线，反面不留线，但比正面略宽。这样装榫头时，可减少冲击，以免挤裂眼口四周。

成批生产时，要经常核对，检查眼的位置尺寸，以免发生误差。

（6）开榫、拉肩

开榫又称倒卵，就是按榫头线纵向锯开。拉肩就是锯掉榫头两旁的肩头，通过开榫和拉肩操作就制成了榫头。

拉肩、开榫要留半个墨线。锯出的榫头要方正、平直、榫眼处完整无损，没有被拉肩操作面锯伤。半榫的长度应比半眼的深度少 2～3mm。锯成的榫要求方、正，不能伤榫根。

图 12-17　裁口与倒棱

（7）裁口与倒棱

裁口即刨去图 12-17 所示的方型虚线部分，供装玻璃用。用裁口刨子或用歪嘴子刨。快刨到线时，用单线刨子刨，去掉木屑，刨到线为止。裁好的口要求方正平直，不能有戗茬起毛，凹凸不平的现象。倒棱也称为倒八字，即刨去图 12-17 中三角形虚线部分。倒棱要平直、板实，不能过线。

（8）拼装

拼装前对部件应进行检查，要求部件方正、平直，线脚整齐分明，表面光滑、尺寸规格、式样符合设计要求。并用细刨将遗留墨线刨光。

门窗框的组装，是把一根边梃平放，正面向上，将中贯档、上冒头的榫插入梃的眼里，再装上另一边的梃；用锤轻轻敲打拼合，敲打时要垫木块防止打坏榫头或留下敲打的痕迹。待整个门窗拼好归方以后，再将所有榫头敲实，锯断露出的榫头。

门窗扇的组装方法与门窗框基本相同。但木扇有门心板，须先把门心板按尺寸裁好，一般门心板应比门扇边上量得的尺寸小 3～5mm，门心板的四边去棱，刨光净好。然后，先把一根门梃平放，将冒头逐个装入，门心板嵌入冒头与门梃的凹槽内，再将另一根门梃的眼对准榫装入，并用锤垫木块敲紧。

门窗框、扇组装好后，为使其成为一个结实的整体，必须在眼中加木楔，将榫在眼中挤紧。木楔长度与榫头一样长，宽度比眼宽窄½′，如 4′眼，楔子宽为 3½′。楔子头用扁铲顺木纹铲尖。加楔时应先检查门窗框、扇的方正，掌握其歪扭情况，以便在加楔时调整、纠正。

一般每个榫头内必须加两个楔子。加楔时，用凿子或斧子把榫头凿出一道缝，将楔子两面抹上胶插进缝内。敲打楔子要先轻后重，逐步撙入，不要用力太猛。当楔子已打不动，眼已轧紧饱满，就不要再敲，以免将木料撙裂。在加楔的过程中，对框、扇要随时用角尺或尺杆卡窜角找方正，并校正框、扇的不平处，加楔时注意纠正。

组装好的门窗框、扇用细刨刨平，先刨光面。双扇门窗要配好对，对缝的裁口刨好。安装前，门窗框靠墙的一面，均要刷一道沥青，以增强防腐能力。

为了防止在运输过程中门窗框变形，在门框下端钉上拉杆，拉杆下皮正好是锯口。大的门窗框，在中贯挡与梃间要钉八字撑杆，外面四个角也要钉八字撑杆。

门窗框组装、净面后，应按房间编号，按规格分别码放整齐，堆垛下面要垫木块。如在露天堆放，要用苫布盖好，以防日晒雨淋。

门框、扇的制作允许偏差应符合表 12-16 的规定。

2. 木门窗安装

(1) 门窗框的安装

安装门窗框有两种方法，一种是先立樘，就是在砌墙前把门窗框按图纸位置立直找正固定好。另一种是后塞口，砌墙时预先按门窗尺寸留好洞口，在洞口两边预埋木砖，然后将门窗框塞入洞内，在木砖处垫好木片，用钉子钉牢。

1）立樘子。当砖墙砌到室内地墙时立门框；砌到窗台时立窗框。立樘前，按图纸上门窗的位置、尺寸，把门窗的中线和边线画到墙上，然后把门窗框立在相应的位置上，用支撑临时撑住，用线锤和水平尺找直找平，并检查框的标高是否正确（门樘下端的地墙锯口应正对该层地墙面，窗樘下边标高应与皮数杆上所示窗樘底标高一致）。如有不平不直之处，要随即纠正。不直之处可挪动支承加以调整，不平之处可垫木片或砂浆调整。

立樘子的支撑杆，其上端应钉牢于樘子梃上部内侧，下端分别不同情况加以固定。如是土地面可固定在木桩上；如是混凝土地面则应用砖将支撑压住。

当砖墙砌到放木砖位置时，把木砖砌入墙内，并校核门窗樘的垂直，如有不直，在放木砖时要随即纠正，否则以后难以纠正。

同一面墙的门窗框安装应整齐。可先立两端的门窗框，然后拉一通线，其他框按通线竖立。这样可以保证同排框的标高相同。立框时要注意两点：

注意门窗的开启方向，防止出现错误难以纠正。

注意图上门窗框是在墙中，还是在墙里层。如果是和里层平的，门窗框应出里层墙 2cm，这样抹完灰后；门窗框正好和墙面相平。

2）塞樘子。采用后塞口方法塞樘子时，门窗洞口尺寸要按建筑平面图及剖面图上所示的门窗大小留出。洞口应比门窗口大 3～4cm（每边大 1.5～2cm）。

砌墙时，洞口两侧按规定砌木砖，木砖的大小约为半砖，间距一般为 800mm，不大于 1.2m，每边不小于两块。

安装门窗框时，先把门窗框塞进去，用木楔临时固定，用线锤和水平尺校正。校正后，用钉子把门窗框钉牢在木砖上，每处钉两个，钉帽砸扁冲入樘子内。

这样塞樘子要注意门窗的开启方向，樘子到墙面距离要一致，同时还要注意亮子的位置。

（2）门窗扇的安装

1）门窗扇的安装方法。安装门窗扇前，要检查樘、扇的质量及尺寸，如发现樘子偏歪或扇扭曲，应及时纠正。

安装门窗扇时，先量出樘口净尺寸，考虑风缝的大小，再在扇上确定所需的高度和宽度，进行修刨。

修刨高度方向时，先将梃的余头锯掉，对下冒头边略为修刨，主要是修刨上冒头。宽度方向，两边的梃都要修刨，不要单刨一边的梃，双扇门窗要对口后，再决定修刨两边的框。

如发现门窗扇在高、宽有短缺的情况，高度上应将补钉的板条钉在下冒头下面；在宽度上，在装合页一边梃上补钉板条。

为了开关方便，平开扇上、下冒头最好刨成斜面，倾角约 3°～5°。

2）门窗风缝的留设。风缝的留设，主要是为流通空气，使门窗扇开关方便，防止油漆漆膜被磨脱。

安装门窗扇时，先将扇试装于樘口中，用木楔垫在下冒头下面的缝内并塞紧，看看四周风缝大小是否合适；双扇门窗还要看两扇的冒头或窗棂是否对齐和呈水平。认为合适后，在扇及樘上划出铰链位置线，取下门窗扇，装钉五金，进行装扇。

门窗安装的允许偏差应符合表12-17的规定。

(3) 门窗小五金安装

门窗框上的小五金，有合页、拉手、风钩、插销、铁三角等。这些五金装钉质量的好坏，对门窗扇开关是否省劲，保护门窗不受损坏，有很大关系。

1) 合页。普通门窗合页有两种装钉方法，一种是明钉合页，即将合页钉到框扇料的表面。这种方法操作简便，但不牢固，应少采用。另一种方法是暗钉合页，即将合页钉到框扇料之间。

一般木门窗铰链的位置距上、下边的距离应等于扇高的1/10，但应错开上、下冒头。

安装铰链时，在门扇梃上凿凹槽，凹槽深度略比页板大一些，使页板装入后不致凸出。根据风缝的大小、凹槽的深度应有所不同，如果风缝较小，则凹槽深度应偏大，风缝较大，则凹槽深度偏小。另外，由于门扇的重量，上部会向外倾，如果上、下铰链的槽一样深，门扇上部的缝就会大些，下部的缝就会小些。为使门扇上下的缝隙一致，上部凹槽应比下部凹槽深约0.2mm。

扇上凹槽凿好后，即将铰链页板装入，用木螺丝上紧。在木螺丝上紧时，不得用锤一次钉入，应先打入1/3再拧入。然后将扇试装于樘口内，上下铰链各拧入一只木螺丝后，检查四周的缝隙大小。如果扇的边缝小，说明凹槽太深，可在木槽处垫纸片或刨花；如扇边缝大，说明凹槽太浅，应适当再凿深些。经检查无误后，再将其余木螺丝逐个拧入上紧。

门窗扇安装后要试开，不能产生自开或自关现象，以开到哪里就停到哪里为好。

2）装拉手。门窗拉手应在扇上樘之前装设。拉手的位置应在门窗扇中线以下，门拉手一般距地面 0.8～1.1m。窗拉手一般距地面 1.5～1.6m，拉手距扇边应不少于 40mm。

装拉手时，先在扇上划出拉手位置线，把拉手平放于扇上，先上紧对角的两只木螺丝，两逐个拧入其他木螺丝。

3）装插销。插销有竖装和横装两种，竖装是将插销装在门窗梃的上部或下部，横装是将插销装在中冒头上。

门窗扇未装到框上前，应先把插销钉上。因扇装到框上后再装插销很费劲。

单扇门一般横装插销，位置在中冒头的中间，先把插销装到门扇上，然后关上门扇，按插销棍伸出的位置钉插销鼻。插销鼻应尽量靠下一点装钉，因为门扇会下垂，如果钉的靠上了，插销就插不进插销鼻中。

竖装时，先把插销装到窗扇上，然后关上窗扇，将插销鼻放在插棍伸出位置上，把插棍拉下，试插于插销鼻中，位置对好后，一手将插销鼻按住，一手提起插棍，把窗扇推开，用锤轻打插销鼻，使樘料上有个凹印，然后拿去插销鼻，按凹印凿出孔槽，孔的深度以插棍能完全插入为宜，槽的深度及宽度以插销鼻能紧紧插入，而不凸出料面为宜。孔槽凿好后，将插销鼻敲入槽内。

4）装风钩。风钩应装设在樘子下冒头，与窗扇下冒头之间夹角处，使窗扇开启后的夹角约成 130°，扇距墙角少于 10mm 为宜。窗扇的开启程度应一致，上下应成一竖直线。

装风钩时，先将窗扇开启，把风钩试一下，位置决定后，把风钩的钩鼻先上紧在窗樘上，再将半眼圈套住钩头试装于窗扇上，决定位置后，卸去钩头，把羊眼圈上紧，再把钩头套入羊眼圈中，如认为合适，其余风钩可按此位置装设。

5）装门锁：门锁的种类很多。各种锁都有安装图及简要说明，不再介绍其他安装方法。

(4) 门窗料的计算

木门窗材料干锯材需用量计算：

干锯材需用量(m^3)＝门窗面积(m^2)×木门窗材积(m^3/m^2)×(1＋配料损耗)。

干锯材需用量换算成湿锯材需用量按下式计算：

湿锯材需用量(m^3)＝干锯材需用量(m^3)×(1＋干燥损耗)。

式中，木门窗材积（m^3/m^2）、配料损耗、干燥损耗等可从下面给出的表中查得。下面还给了各类门、窗各部位用料的比例。

例：在华北地区做150套宽0.9m、高2m的夹板门，共需多少立方米的湿材？各部分需湿材多少立方米（用软杂）？

解：门的总面积＝0.9×2×150

＝270m^2

干锯材总需要量＝270×0.0296×(1＋0.25)

＝9.99m^3

湿锯材总需要量＝9.99×(1＋0.12)

＝11.19m^3

门框料需用量＝11.19×0.53＝5.93m^3

门扇料需用量＝11.19×0.27＝3.02m^3

撑子及压条需用量＝11.19×0.20＝2.24m³

(5) 木门窗用料参考

1) 木门材积参考（毛截面材积）见表12-11。

木门材积参考　　表12-11

单位：m³/m²

地区	类别					
	夹板门	镶纤维板门	镶木板门	半截玻璃门	弹簧门	拼板门
华北	0.0296	0.0353	0.0466	0.0379	0.0453	0.0520
华东	0.0287	0.0344	0.0452	0.0368	0.0439	0.0512
东北	0.0285	0.0341	0.0450	0.0366	0.0437	0.0510
中南	0.0302	0.0360	0.0475	0.0387	0.0462	0.0539
西北	0.0258	0.0307	0.0405	0.0330	0.0394	0.0459
西南	0.0265	0.0316	0.0417	0.340	0.0406	0.0473

注：1. 本表按无纱内门考虑；

2. 本表按华北地区木门窗标准图的平均数为基础，其他地区按断面大小折算；

3. 本表数据仅供参考。

2) 各类门主要部位用料比例见表12-12。

各类门主要部位用料比例　　表12-12

各类门		各部位用料比例					备注
		门樘(%)	门扇梃、冒头、亮子(%)	撑子及压条%	门芯板(%)	棂子(%)	
夹板门	单扇	53	27	20			
	双扇	42	34	24			
镶纤维板门	单扇	47	53				
	双扇	36	64				
镶木板门	单扇	37	45		18		
	双扇	27	52		21		
半截玻璃门	单扇	40	42		15	3	
	双扇	30	49		17	4	
弹簧门	双扇	35	53	3	5	4	
	四扇	33	62	3		2	全玻
拼板门	单扇	38	41	1	20		
	双扇	28	48	1	23		

3）木窗材积参考（毛截面材积）见表12-13。

木窗材积参考　　　　表12-13

单位：m^3/m^2

地区	类别				
	平开窗			中悬窗	百叶窗
	单层玻璃窗	一玻一纱窗	双层玻璃窗		
华北	0.0291	0.0405	0.0513	0.0285	0.0431
华东	0.0400	0.0553	—	0.0311	0.0471
东北	0.0337	—	0.0638	0.0309	0.0467
中南	0.0390	0.0578	—	0.0303	0.0459
西北	0.0369	0.0492	—	0.0287	0.0434
西南	0.0360	0.0485	—	0.0281	0.0425

注：1. 本表按华北地区木门窗标准图为基础，其他地区，按断面大小折算；
2. 本表数据仅供参考。

4）常用各类窗各部位用料比例见表12-14。

常用各类窗各部位用料比例　　　　表12-14

窗的类别		窗樘料（%）	窗扇料（%）	薄板料（%）
名称	扇数			
无亮单层玻璃窗	单扇	62	38	
	双扇	49	51	
	三扇	45	55	
有亮单层玻璃窗	单扇	56	44	
	双扇	46	54	
	三扇	51	49	
有亮一玻一纱窗	单扇	48	52	
	双扇	38	62	
	三扇	41	59	
单玻中悬窗	单扇	60	40	
	上中悬下平开	53	47	
	上中悬、中固定、下平开	43	57	
木百叶窗	一扇	49		51
	二扇	48		52
	三扇	42		58

5）木门窗料、干燥损耗率参考见表12-15。

木门窗配料、干燥损耗率参考　　　表12-15

名称	树种	干燥损耗（湿板→干板）%	配料损耗（干板→半成品构件）%	配料利用率（干板→半成品构件）%
普通门窗	硬杂	18	38	62
	软杂	12	25	75
高级门窗	硬杂	18	50	50

注：本表系参考光华木材厂等单位的损耗，仅供使用时参考。

12.1.4　木门窗制作与安装工程质量要求及检验标准

1. 一般规定

1）本章适用于木门窗制作与安装、金属门窗安装、塑料门窗安装、特种门安装、门窗玻璃安装等分项工程的质量验收。

2）门窗工程验收时应检查下列文件和记录：

① 门窗工程的施工图、设计说明及其他设计文件。

② 材料的产品合格证书、性能检测报告、进场验收记录和复验报告。

③ 特种门及其附件的生产许可文件。

④ 隐蔽工程验收记录。

⑤ 施工记录。

3）门窗工程应对下列材料及其性能指标进行复验：

① 人造木板的甲醛含量。

② 建筑外墙金属窗、塑料窗的抗风压性能、空气渗透性能和雨水渗漏性能。

4）门窗工程应对下列隐蔽工程项目进行验收：

① 预埋件和锚固件。

② 隐蔽部位的防腐、填嵌处理。

5）各分项工程的检验批应按下列规定划分：

① 同一品种、类型和规格的木门窗、金属门窗、塑料门窗及门窗玻璃每100樘应划分为一个检验批，不足100樘也应划分为一个检验批。

② 同一品种、类型和规格的特种门每50樘应划分为一个检验批，不足50樘也应划分为一个检验批。

6）检查数量应符合下列规定：

① 木门窗、金属门窗、塑料门窗及门窗玻璃，每个检验批应至少抽查5%，并不得少于3樘，不足3樘时应全数检查；高层建筑的外窗，每个检验批应至少抽查10%，并不得少于6樘，不足6樘时应全数检查。

② 特种门每个检验批应至少抽查50%，并不得少于10樘，不足10樘时应全数检查。

7）门窗安装前，应对门窗洞口尺寸进行检验。

8）金属门窗和塑料门窗安装应采用预留洞口的方法施工，不得采用边安装边砌口或先安装后砌口的方法施工。

9）木门窗与砖石砌体、混凝土或抹灰层接触处应进行防腐处理并应设置防潮层；埋入砌体或混凝土中的木砖应进行防腐处理。

10）当金属窗或塑料窗组合时，其拼樘料的尺寸、规格、壁厚应符合设计要求。

11）建筑外门窗的安装必须牢固。在砌体上安装门窗严禁用射钉固定。

12）特种门安装除应符合设计要求和本规范规定外，还应符合有关专业标准和主管部门的规定。

2. 木门窗制作与安装工程

（1）主控项目

1）木门窗的木材品种、材质等级、规格、尺寸、框扇的线型及人造木板的甲醛含量应符合设计要求。设计未规定材质等级时，所用木材的质量应符合本规范附录 A 的规定。

2）木门窗应采用烘干的木材，含水率应符合《建筑木门、木窗》(JG/T 122）的规定。

3）木门窗的防火、防腐、防虫处理应符合设计要求。

4）木门窗的结合处和安装配件处不得有木节或已填补的木节。木门窗如有允许限值以内的死节及直径较大的虫眼时，应用同一材质的木塞加胶填补。对于清漆制品，木塞的木纹和色泽应与制品一致。

5）门窗框和厚度大于 50mm 的门窗扇应用双榫连接。榫槽应采用胶料严密嵌合，并应用胶楔加紧。

6）胶合板门、纤维板门和模压门不得脱胶。胶合板不得刨透表层单板，不得有戗槎。制作胶合板门、纤维板门时，边框和横楞应在同一平面上，面层、边框及横楞应加压胶结。横楞和上、下冒头应各钻两个以上的透气孔，透气孔应通畅。

7）木门窗的品种、类型、规格、开启方向、安装位置及连接方式应符合设计要求。

8）木门窗框的安装必须牢固。预埋木砖的防腐处理、木门窗框固定点的数量、位置及固定方法应符合设计要求。

9）木门窗扇必须安装牢固，并应开关灵活，关闭严密，无倒翘。

10）木门窗配件的型号、规格、数量应符合设计要求，安装应牢固，位置应正确，功能应满足使用要求。

（2）一般项目

1）木门窗表面应洁净，不得有刨痕、锤印。

2）木门窗的割角、拼缝应严密平整。门窗框、扇裁口应顺直，刨面应平整。

3）木门窗上的槽、孔应边缘整齐，无毛刺。

4）木门窗与墙体间缝隙的填嵌材料应符合设计要求，填嵌应饱满。寒冷地区外门窗（或门窗框）与砌体间的空隙应填充保温材料。

5）木门窗批水、盖口条、压缝条、密封条的安装应顺直，与门窗结合应牢固、严密。

6）木门窗制作的允许偏差和检验方法应符合表12-16的规定。

木门窗制作的允许偏差和检验方法　　表12-16

项次	项　目	构件名称	允许偏差(mm)		检验方法
			普通	高级	
1	翘曲	框	3	2	将框、扇平放在检查平台上,用塞尺检查
		扇	2	2	
2	对角线长度差	框、扇	3	2	用钢尺检查,框量裁口里角,扇量外角
3	表面平整度	扇	2	2	用1m靠尺和塞尺检查
4	高度、宽度	框	0;－2	0;－1	用钢尺检查,框量裁口里角,扇量外角
		扇	＋2;0	＋1;0	
5	裁口、线条结合处高低差	框、扇	1	0.5	用钢直尺和塞尺检查
6	相邻棂子两端间距	扇	2	1	用钢直尺检查

7）木门窗安装的留缝限值、允许偏差和检验方法应符合表12-17的规定。

木门窗安装的留缝限值、允许偏差和检验方法　表 12-17

项次	项目		留缝限值(mm)		允许偏差(mm)		检验方法
			普通	高级	普通	高级	
1	门窗槽口对角线长度差		—	—	3	2	用钢尺检查
2	门窗框的正、侧面垂直度		—	—	2	1	用 1m 垂直检测尺检查
3	框与扇、扇与扇接缝高低差		—	—	2	1	用钢直尺和塞尺检查
4	门窗扇对口缝		1～2.5	1.5～2	—	—	用塞尺检查
5	工业厂房双扇大门对口缝		2～5	—	—	—	
6	门窗扇与上框间留缝		1～2	1～1.5	—	—	
7	门窗扇与侧框间留缝		1～2.5	1～1.5	—	—	
8	窗扇与下框间留缝		2～3	2～2.5	—	—	
9	门扇与下框间留缝		3～5	3～4	—	—	
10	双层门窗内外框间距		—	—	4	3	用钢尺检查
11	无下框时门扇与地面间留缝	外门	4～7	5～6	—	—	用塞尺检查
		内门	5～8	6～7	—	—	
		卫生间门	8～12	8～10	—	—	
		厂房大门	10～20	—	—	—	

12.2　钢门窗

钢门窗分为实腹钢门窗和空腹钢门窗。它们的特点是骨料密封性能较好，结构合理，价格比较低廉。特别是实腹钢门窗粉末静电喷塑工艺技术的兴起，为钢门窗的防锈防腐蚀问题的解决，开辟了有效途径。静电喷塑钢门窗具有以下优点：

（1）价格低于其他材质的门窗。

（2）除油除锈彻底，涂层机械强度高，耐化学腐蚀性强（耐酸、耐碱、耐盐雾），耐自然老化性优异。

（3）一次喷塑可长期使用，很大程度地节省了维修费用及延长使用寿命。

（4）其装饰效果比油漆门窗大有改善。

（5）安装方便、安全，节约人工，可加快施工进度，提高工程质量。

12.2.1 钢门窗种类、型号

1. 实腹钢门窗种类、型号

实腹钢门窗种类、型号，见表12-18。

实腹钢门窗种类、型号表　　表12-18

项次	种类	代号	门(窗)型号	洞口代号	附　注
			平开钢门(基本门)		
1	玻璃钢板门	GM_1	GM101～148	0621～1824	可设纱门
2	镶玻璃钢板门	GM_2	GM201～228	0721～1824	
3	大玻璃门	GM_3	GM301～336	0621～1824	可设纱门
4	钢板门	GM_4	GM401～428	0721～1824	
5	百叶钢板门	GM_5	GM501～528	0721～1824	
			32mm 窗料钢窗		
1	固定窗	GC_1	GC101～133	0606～1524	
2	中悬窗	GC_2	GC201～225	0906～1524	部分上悬窗
3	单层平开窗	GC_3	GC301～396	0606～1821	
4	双层平开窗	GC_4	GC401～445	0909～2121	
5	单层密闭窗	GC_5	GC501～554	0909～2118	
6	双层密闭窗	GC_6	GC601～620	1209～2118	里层外层均密闭
7	双层密闭窗	GC_7	GC701～720	1209～2118	里层密闭外层普通
8	双层密闭窗	GC_8	GC801～820	1209～2118	里层密闭外层固定
			25mm 窗料钢窗		
1	固定窗	G_1(FG)	FG101～G130	0406～1515	
2	上悬窗	S_2(FS)	S201～204	0606～1206	
3	中悬窗	Z_3(ZH)	Z301～ZH312	0606～2115	
4	平开窗	P_4	P401～472	0606～1518	
5	单层平开窗	DP_5	DP501～524	0612～1818	附换气小窗
6	双层平开窗	SP_6	SP601～624	0612～1818	附换气小窗

注：1. 本表所列钢门窗承受风荷载不大于700N/m^2（70kg/m^2）；拼樘料的挠度不大于1/160。

2. 用于潮湿及腐蚀性环境的钢门窗，应涂刷抗潮湿耐腐蚀涂料并加强维护保养。

2. 空腹钢门窗种类、型号

空腹钢门窗种类、型号，见表12-19。

空腹钢门窗种类、型号表　　　　表 12-19

种　类	型　号	种　类	型　号
钢　门		钢　窗	
槽形钢板门	MR101～142	固定窗	C101～123
上部带玻璃的槽形钢板门	MR201～242	中悬窗	C201～233
半截带玻璃的槽形钢板门(附纱门)	MR301～342	单层平开窗	C301～398
		双层平开窗	C401～474
下部带钢百叶的槽形钢板门	MR401～442	单层密闭窗	C501～574
上部带玻璃下部带钢百叶的槽形钢板门	MR501～542	双层密闭窗	C601～633
全钢百叶门	MR601～642	双层密闭窗、里层开启、外层开启	C701～733

注：1. 表列钢窗适用于风荷载不大于 700N/m^2（70kg/m^2）地区。组合窗横档为主要受力构件，其挠度控制在跨度的 1/160 以内。

2. 钢门窗不宜用于高湿及散发腐蚀性气体的建筑。

12.2.2　钢门窗构造及编号

1. 钢门窗构造

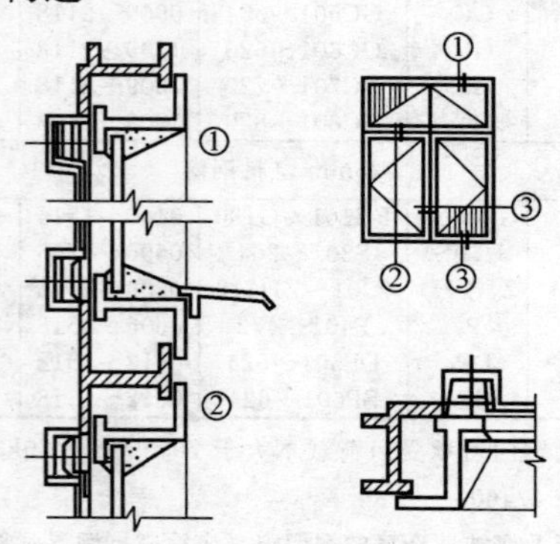

图 12-18　实腹带纱钢窗构造节点图

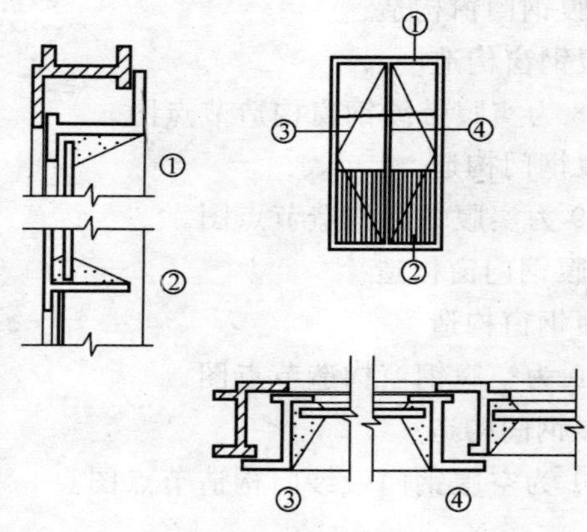

图 12-19　实腹钢门构造节点图

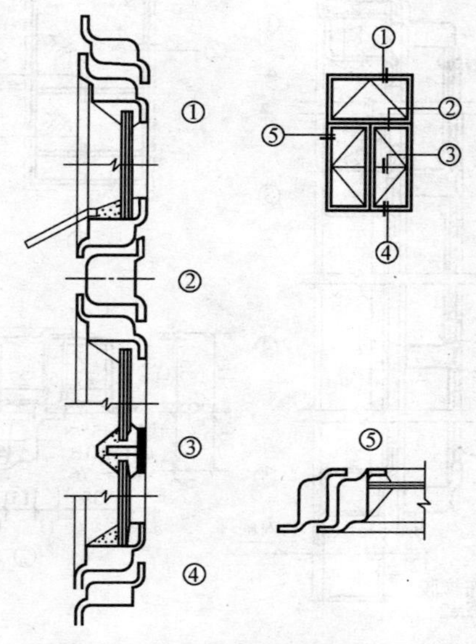

图 12-20　空腹钢窗构造节点图

(1) 实腹钢门窗构造

1) 实腹钢窗构造

图 12-18 为实腹带纱钢窗构造节点图。

2) 实腹钢门构造

图 12-19 为实腹钢门构造节点图。

(2) 空腹钢门窗构造

1) 空腹钢窗构造

图 12-20 为空腹钢窗构造节点图。

2) 空腹钢门构造

图 12-21 为空腹钢门带纱门构造节点图。

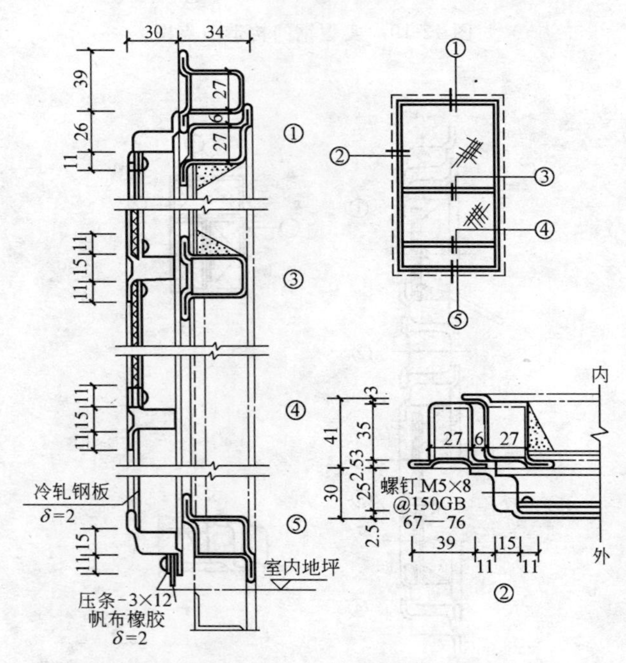

图 12-21 空腹钢门带纱门构造节点图

2. 钢门窗编号

（1）实腹钢门窗编号

实腹钢门窗编号，见图 12-22。

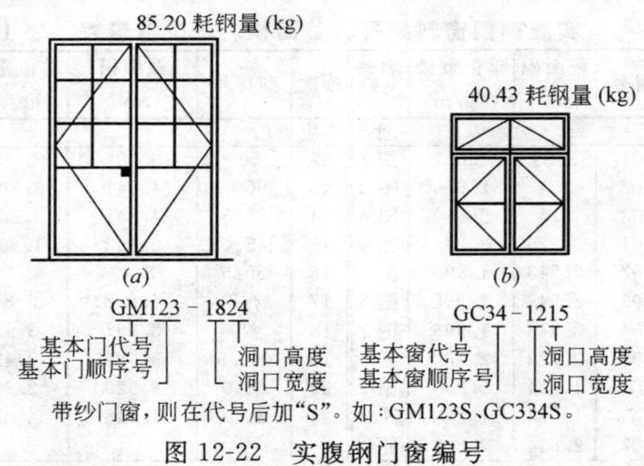

图 12-22 实腹钢门窗编号

（a）基本门；（b）基本窗

（2）空腹钢门窗编号

空腹钢门窗编号，见图 12-23。

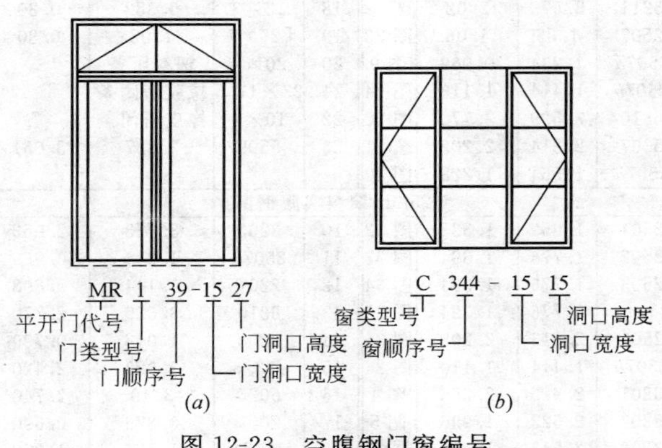

图 12-23 空腹钢门窗编号

（a）基本门；（b）基本窗

12.2.3 钢门窗材料

1. 实腹钢门窗材料

实腹钢门窗料型号、截面积、重量见表 12-20。

实腹钢门窗料型号、截面积、单位重量表　表 12-20

项次	型材号	截面积 (cm^2)	单位重量 (kg/m)	示意图	项次	型材号	截面积 (cm^2)	单位重量 (kg/m)	示意图
平开实腹钢门									
1	4001	3.83	3.007	图 1	12	－20×3	0.599	0.47	图 12
2	4002	3.4	2.669	图 2	13	□60×40	4.841	3.800	图 13
3	4003	3.4	2.669	图 3	14	6035	4.841	3.800	图 14
4	3201	2.925	2.296	图 4	15	□45×30	2.293	1.800	图 15
5	3202	2.543	1.996	图 5	16	5025	3.49	2.74	图 16
6	3203	2.543	1.996	图 6	17	ϕ48	4.892	3.84	图 17
7	3204	2.543	1.996	图 7	18	ϕ42	3.987	3.13	图 18
8	3205	3.773	2.962	图 8	19	ϕ33.5	3.083	2.42	图 19
9	2507*a*	1.234	0.969	图 9	20	6810	3.529	2.77	图 20
10	3507*a*	1.564	1.228	图 10	21	3208	1.018	0.799	图 21
11	5007	2.814	2.209	图 11					
32mm 窗料实腹钢窗									
1	3201	2.925	2.296	图 4	13	3208	1.018	0.799	图 21
2	3202	2.543	1.996	图 5	14	5025	3.49	2.74	图 16
3	3203	2.543	1.996	图 6	15	6035	4.841	3.80	图 14
4	3204	2.543	1.996	图 7	16	ϕ33.5	3.083	2.42	图 19
5	3205	3.773	2.962	图 8	17	2009	0.879	0.69	图 25
6	3211	2.573	2.02	图 22	18	12×3	0.382	0.30	图 26
7	2507	1.35	1.06	图 23	19	[20×9	1.02	0.80	图 27
8	2507*a*	1.234	0.969	图 9	20	20×9	塑料压条		图 28
9	2507*b*	1.414	1.110	图 24	21	23×17.5	橡胶密闭条		图 29
10	6810	3.529	2.770	图 20	22	10×4	橡皮密闭条		图 30
11	5007	2.814	2.209	图 11	23	5509	3.887	3.051	图 31
12	3507*a*	1.564	1.228	图 10					
25mm 窗料实腹钢窗									
1	2501	1.959	1.538	图 32	10	3205	3.773	2.962	图 8
2	2502	1.776	1.394	图 33	11	2507*a*	1.234	0.969	图 9
3	2503	1.776	1.394	图 34	12	2207	1.144	0.898	图 37
4	2504*a*	1.776	1.394	图 35	13	6810	3.529	2.770	图 20
5	2505	2.813	2.208	图 36	14	3208	1.018	0.799	图 21
6	2507*b*	1.414	1.110	图 24	15	ϕ33.5	3.083	2.420	图 19
7	3201	2.925	2.296	图 4	16	5025	3.49	2.740	图 16
8	3202	2.523	1.996	图 5	17	2009	0.879	0.690	图 25
9	3203	2.543	1.996	图 6	18	3507*a*	1.564	1.228	图 10

注：表中示意图是指图 12-24 中的图。

图 12-24 为实腹钢门窗料的截面图。

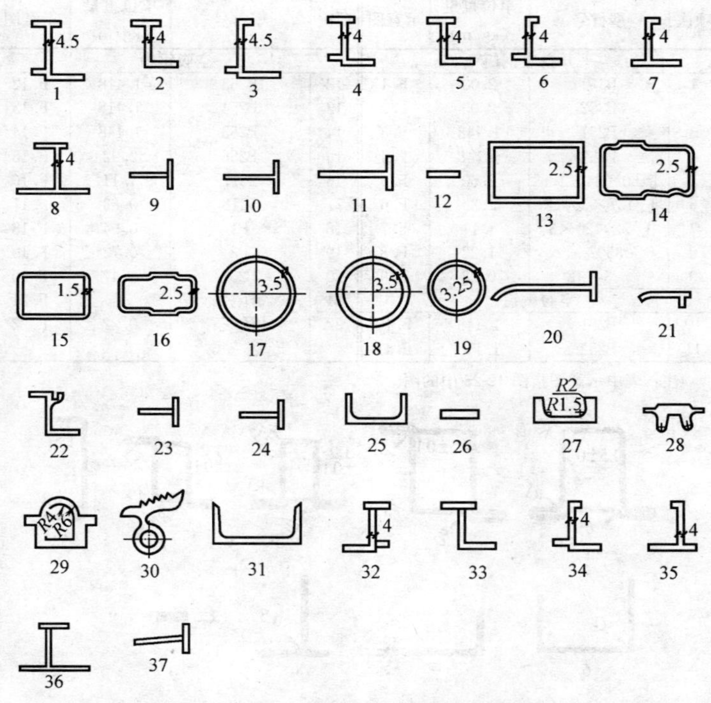

图 12-24 实腹钢门窗料截面图

2. 空腹钢门窗

空腹钢门窗料型号、截面尺寸、单位重量见表 12-21。

图 12-25 为空腹钢门窗料截面图。

3. 钢门窗五金零件材料

(1) 实腹钢门窗:

1) 实腹钢门五金零件见表 12-22。

2) 实腹钢窗五金零件见表 12-23。

空腹钢门窗料型号、截面尺寸、单位重量表　表 12-21

项次	型材号	单位重量 (kg/m)	示意图	项次	型材号	单位重量 (kg/m)	示意图
平开空腹钢门				空腹钢窗			
1	B351	2.00	F.1	12	B253	1.418	F.12
2	B352	2.00	F.2	13	B254	1.418	F.13
3	B251	1.148	F.3	14	B255	1.148	F.14
4	B252	1.148	F.4	15	B256	2.92	F.15
5	[160×34×1.5	2.60	F.5	16	2517	1.11	F.16
6	∟137×30×2	1.38	F.6	17	3218	0.83	F.17
7	∟32×20×3	1.17	F.7	18	P1	0.94	F.18
8	3507-a	1.22	F.8	19	P2	0.72	F.19
9	−3×12	0.28	F.9	20	B257	1.47	F.20
空腹钢窗				21	密闭条		F.21
10	B251	1.148	F.10	22	压纱条	0.22	F.22
11	B252	1.148	F.11				

注：表中示意图指图 12-25 中的图。

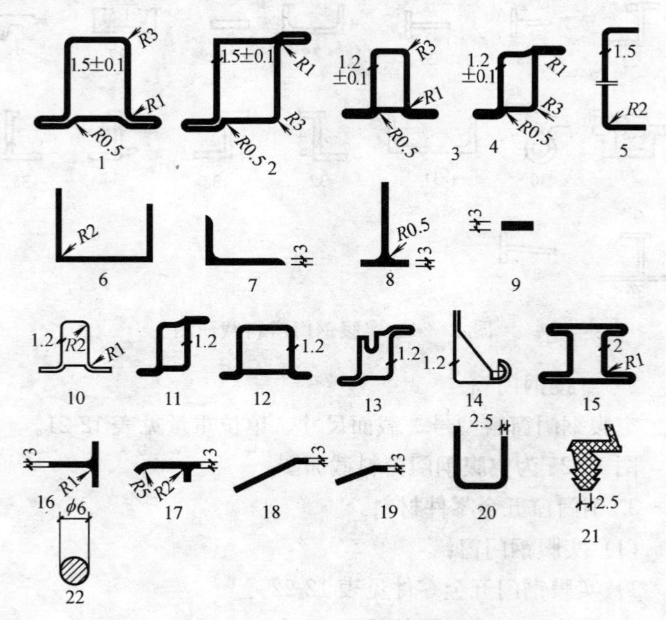

图 12-25　空腹钢门窗料截面图

实腹钢门部分五金零件选用表　　　表 12-22

	序号	代号	名称	规格(mm)	适用窗料	应用范围	附注
铁质零件	1	221	纱门拉手	100	32	用于内开纱门	1. 铁质零件表面电镀锌后钝化处理 2. 409 插销拉手仅用于一般民用宿舍阳台门，不配门锁的钢门
	2	347	门风钩	184	32、40	用于外开阳台门	
	3	407	暗插销	375	32、40	用于双开扇的门	
	4	409	插销拉手	120	32、40	用于单户阳台或不配门锁的钢门	
铜质零件	5	116	平页合页	90	40	用于特殊要求的钢门	钢门弹子锁 32 料钢门配 9471 或 9472；40 料钢门配 9477 或 9478
	6	118	长页合页	90	40		
	7	222	纱门拉手	100	32	用于内开纱门	
	8	408	暗插销	375	32、40	用于双开扇的门	
	9	420A～423B	弹子门锁		32、40		

实腹钢窗部分五金零件选用表　　　表 12-23

	序号	代号	名称	规格(mm)	适用窗料	应用范围	附注
铁质零件	1	201A 202A	左执手 右执手		25、32	外开启平开窗	1. 铁质零件表面电镀锌后钝化处理 2. 330、332 双臂外撑和 336 双臂内撑用的 5×16 撑杆和滑动杆，采用冷拉扁钢加工 3. 330、332 双臂外撑仅用于双层窗的外层向外开启的平开窗 4. 201-02 斜形轧头由制造厂铆在窗上出厂
	2	201B 202B	左执手 右执手		25、32	内开启的双扇或单扇平开窗	
	3	201C 202C	左执手 右执手		25、32	内开启的带固定的平开窗	
	4	301	上套眼撑	255	25、32	上悬窗	
	5	302	下套眼撑	235～255	25、32	用平页合页或角型合页的外开启平开窗	
	6	330	双臂外撑	240	25、32	用平页合页的外开启平开窗	
	7	332	双臂外撑	280	25、32	用角型合页的外开启平开窗	
	8	336	双臂内撑	240	25、32	用平页合页的内开启平开窗	

续表

	序号	代号	名称	规格(mm)	适用窗料	应用范围	附注
钢质零件	9	205A 206A	左执手 右执手		32、40	外开启平开窗	1. 铜质零件表面需打砂抛光，装配后涂特种淡金水一层以免变色；铁质附件表面电镀锌钝化处理 2. 330、331、332、333 双臂外撑，适用双层窗的外层向外开启的平开窗 3. 铜质零件亦可用 925 锌合金代用，表面镀铜、镍、铬抛光或做墨色
	10	205B 206B	左执手 右执手		32、40	内开启的双扇或平扇平开窗	
	11	205C 206C	左执手 右执手		32、40	内开启的带固定平开窗	
	12	209A 210A	联动左执手 联动右执手		32、40	窗扇高度在 1500mm 以上的外开启平开窗	
	13	209B 210B	联动左执手 联动右执手		32、40	窗扇高度在 1500mm 以上的双扇或单扇内开启平开窗	
	14	209C 210C	联动左执手 联动右执手		32、40	窗扇高度在 1500mm 以上的带固定的内开启平开窗	
	15	306	上套眼撑	225	32、40	上悬窗	
	16	307	下套眼撑	235～255	32、40	用平页合页或角型合页的外开启平开窗	
	17	330	双臂外撑	240	32	用平页合页的外开启平开窗	
	18	331	双臂外撑	260	40	用平页合页的外开启平开窗	
	19	332	双臂外撑	280	32	用角型合页的外开启平开窗	
	20	333	双臂外撑	310	40	用角型合页的外开启平开窗	
	21	336	双臂外撑	240	32、40	用平页合页的内开启平开窗	

3）带纱钢窗五金零件

带纱钢窗部分五金零件，见表12-24。

带纱钢窗部分五金零件选用表　　表12-24

	序号	代号	名称	规格(mm)	适用窗料	应用范围	附注
铁质零件	1	214	纱左执手		25、32	带纱的外开平开窗	铁质零件表面电镀锌后钝化处理
	2	215	纱右执手		25、32	带纱的外开平开窗	
	3	314	纱上套撑		25、32	纱带上悬窗	
	4	318	纱左套撑		25、32	用平页合页或角型合页的带纱外开平开窗	
	5	319	纱右套撑		25、32	用平页合页或角型合页的带纱外开平开窗	
铜质零件	6	216	纱左执手		32、40	带纱的外开平开窗	1. 铜质零件表面需打砂抛光，装配后涂特种淡金水一层以免变色；铁质附件表面电镀锌钝化处理 2. 铜质零件亦可用925锌合金代用，表面镀铜、镍、铬抛光或做墨色 3. 322、323、324、325纱左（右）撑杆：32料用角型合页，40料用平页合页
	7	217	纱右执手		32、40	带纱的外开平开窗	
	8	335	纱联动左执手		32、40	窗扇高度在1500mm以上的带纱的外开平开窗	
	9	236	纱联动右执手		32、40	窗扇高度在1500mm以上的带纱的外开平开窗	
	10	315	纱上撑档		32、40	带纱的上悬窗	
	11	320	纱左撑杆	240	32	用平页合页的带纱外开平开窗	
	12	321	纱右撑杆	240	32	用平页合页的带纱外开平开窗	
	13	322	纱左撑杆	280	32、40	用角型合页、平页合页的带纱外开平开窗	
	14	323	纱右撑杆	280	32、40	用角型合页、平页合页的带纱外开平开窗	
	15	324	纱左撑杆	320	40	用角型合页、平页合页的带纱外开平开窗	

续表

	序号	代号	名称	规格(mm)	适用窗料	应用范围	附注
铁质零件	16	325	纱右撑杆	320	40	用角型合页、平页合页的带纱外开平开窗	1. 铜质零件表面需打砂抛光，装配后涂特种淡金水一层以免变色；铁质附件表面电镀锌钝化处理 2. 铜质零件亦可用925锌合金代用，表面镀铜、镍、铬抛光或做墨色 3. 322、323、324、325纱左（右）撑杆：32料用角型合页，40料用平页合页
	17	342A	纱左板撑	230	32	用平页合页的双层窗的外层带纱的平开窗	
	18	343A	纱右板撑	230	32	用平页合页的双层窗的外层带纱的平开窗	
	19	342B	纱左板撑	230	32	用角型合页的双层窗的外层带纱的平开窗	
	20	343B	纱右板撑	230	32	用角型合页的双层窗的外层带纱的平开窗	
	21	344A	纱左摇撑	230	32	用平页合页的双层窗的外层无密封闭的平开窗	
	22	345A	纱右摇撑	230	32	用平页合页的双层窗的外层无密闭的平开窗	
	23	344B	纱左摇撑	230	32	用角型合页的双层窗的外层无密闭的平开窗	
	24	345B	纱右摇撑	230	32	用角型合页的双层窗的外层无密闭的平开窗	

（2） 空腹钢门窗

1） 空腹钢门五金零件

空腹钢门部分五金零件，见表12-25。

空腹钢门部分五金零件选用表　　表12-25

	序号	代号	名称	规格(mm)	应用范围	附注
铁质零件	1	ML30-01	平页合页	80	单开、双开，无亮子，带亮子门	门高2400mm 门高2100mm
	2	ML31-01	上套眼撑	255	单双、双开，带亮子上悬窗门	
	3	ML30-02	下悬窗左合页	42	单开，双开，带亮子下悬窗门	
	4	ML30-02右	下悬窗右合页	42	单开，双开，带亮子下悬窗门	

续表

	序号	代号	名称	规格(mm)	应用范围	附注
铁质零件	5	ML30-01 左	下悬窗左连杆	240	单开,双开,带亮子下悬窗门	门高 2400mm 门高 2100mm
	6	ML32-01 右	下悬窗右连杆	240	单开,双开,带亮子下悬窗门	
	7	ML33-01	蝴蝶插销		单开,双开,带亮子下悬窗门	
	8	ML36-02	暗插销	500	双开,无亮子门	
	9	ML36-01	暗插销	300	双开,无亮子,带亮子上、下悬固定窗门	
	10	9441	单头插芯门锁		单开,双开钢门	
	11	ML34-01	纱门拉手		单开,双开钢纱门	
	12	ML30-03	纱门弹簧合页	46～52	单开,双开钢门纱门	

2）空腹钢窗五金零件

空腹钢窗部分五金零件，见表 12-26。

空腹钢窗部分五金零件选用表　　表 12-26

	序号	名　称	规格(mm)	适用范围	附注
铁质零件	1	圆心合页	57	用于中悬扇、中悬平开扇	J711-062(上) J711-070(下)
	2	平页合页	57	用于中悬平开扇、平开扇、平开扇带腰窗扇	
	3	角型(或长页)合页	44	用于中悬平开扇、平开扇带腰窗扇	
	4	套栓上撑挡	260	用于平开扇带腰窗扇	
	5	套栓下撑挡	235～260	用于中悬平开扇、平开带腰窗扇	
	6	外开执手		用于中悬平开扇、平开带腰窗扇	
	7	内开执手		用于平开扇、平开带腰窗扇	

续表

	序号	名　　称	规格(mm)	适用范围	附注
铁质零件	8	蝴蝶插销	50～60	用于中悬扇、中悬平开扇	
	9	扣窗合页	52	用于平开扇	
	10	扣窗扣钩	125～100	用于平开扇	J711-062(上) J711-070(下)
	11	扣窗上撑挡	260	用于平开扇	
	12	扣窗下撑挡(左)	240	用于平开扇	
	13	扣窗下撑挡(右)	240	用于平开扇	

12.2.4 钢门窗加工技术要求

1. 钢门窗外形尺寸

钢门窗外形尺寸，见表 12-27。

门框、扇外形尺寸允许偏差表　　　表 12-27

项　　目		允许偏差(mm)	
		一级品	二级品
高度	实、空腹	+3 −2	+4 −2
宽度		±2	+3 −2
两对角线长度	实腹	≤4	≤5
	空腹	≤4	≤6
门框分格尺寸	实、空腹	不大于 2	
门扇分格尺寸		不大于 3	
相邻两门芯位置的偏移量		不大于 3	
门扇对角吊高	空腹	3～5	

2. 钢门窗框扇配合

钢门窗框扇配合允许偏差，见图 12-26 和表 12-28。

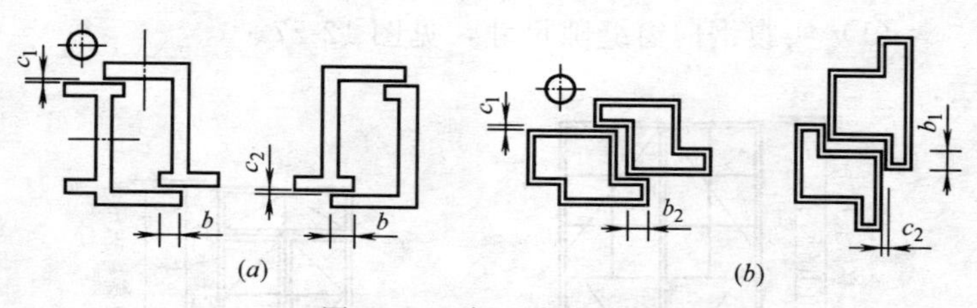

图 12-26 框、扇搭接量

(a) 实腹钢门窗；(b) 空腹钢门窗

门框、扇配合允许偏差表 **表 12-28**

项目			允许偏差(mm)	
			一级品	二级品
框扇搭接量	b	实腹	≥4	≥3
	门锁处 b_1		≥4	≥3
	其他面 b_2	空腹	≥5	≥4
框扇配合间隙	合页面 C_1	实腹	≤1.5	≤2
		空腹	≤1.5	≤2
	其他面 C_2	实腹	≤1	≤2
		空腹	≤1	≤1.5
门窗扇启闭		实、空腹	应灵活、无阻滞、回弹和倒翘等缺陷	

3. 钢门窗加工质量要求

（1）钢门窗各焊接、螺栓联接处应牢固，不允许有假焊、断裂、松动等缺陷。

（2）钢门窗五金零件安装孔的位置应准确，保证五金零件安装平整、牢固，满足使用功能。

（3）钢门窗框扇表面应平整，不应有毛刺、焊渣、焊丝及明显锤痕等外观缺陷。

（4）门心板表面的弯曲值不应大于 3mm。

（5）涂防锈漆前应除油除锈，漆层应均匀、牢固，不应有明显的堆漆、漏刷等缺陷。

4. 钢门窗安装缝隙

（1）实腹钢门窗缝隙尺寸，见图 12-27。

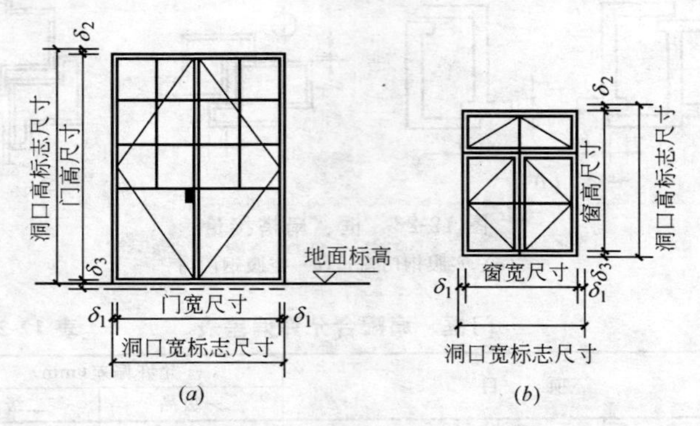

图 12-27 实腹钢门窗缝隙尺寸

(*a*) 基本门；(*b*) 基本窗

注：门：δ_1 为 13～24mm；δ_2 为 16.5mm；δ_3 为 6.5mm。

32mm 料窗：δ_1 为 13～29mm；δ_2 为 14～20mm；δ_3 为 13～37mm。

25mm 料窗：δ_1 为 13～26mm；δ_2 为 13～24mm；δ_3 为 14～25mm

（2）空腹钢门窗缝隙尺寸，见图 12-28。

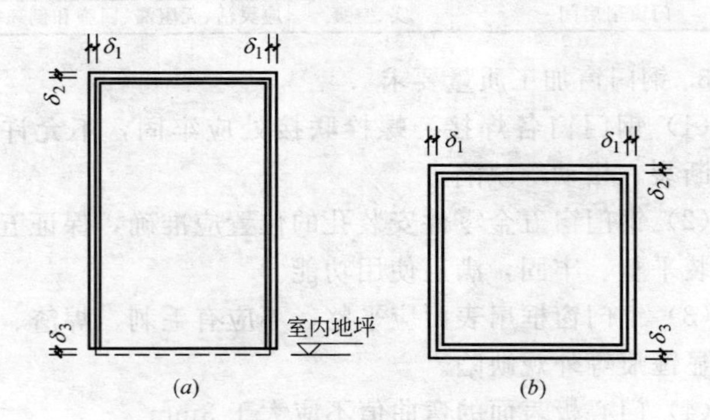

图 12-28 空腹钢门窗缝隙尺寸

(*a*) 基本门；(*b*) 基本窗

注：钢窗：δ_1 为 13.5～29mm；δ_2 为 13.5～15mm；δ_3 为 5～35mm。

钢门：δ_1 为 14mm；δ_2 为 14mm；δ_3 为 25mm

钢门窗洞口安装缝隙尺寸还应根据建筑物墙面粉刷材料确定。一般：

清水墙灰缝＞15mm；

水泥砂浆粉刷墙面灰缝≥25mm；

贴面砖墙灰缝≥30mm。

12.2.5 钢门窗安装

1. 施工准备

（1）预埋件的设置

在墙体施工过程中，应该考虑预埋件的设置。钢门、窗框一般采用燕尾形、L形、Z形或U形铁脚。铁脚是嵌固门窗的惟一连接件，因此，每樘门窗铁脚件设置的位置和个数，不得任意变更或减少。

1）实腹钢门窗铁脚的设置

实腹钢门窗铁脚的设置和个数，如图12-29所示。

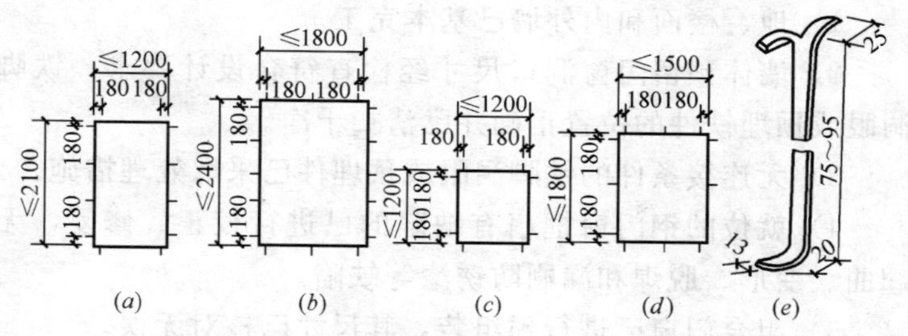

图12-29 实腹钢门窗铁脚位置、个数

(a)、(b) 基本门；(c)、(d) 基本窗；(e) 燕尾铁脚

2）空腹钢门窗铁脚设置

空腹钢门窗铁脚设置和个数，如图12-30所示。

（2）材料检验

1）检查钢窗进场的质量是否符合要求，凡是窗樘有挠

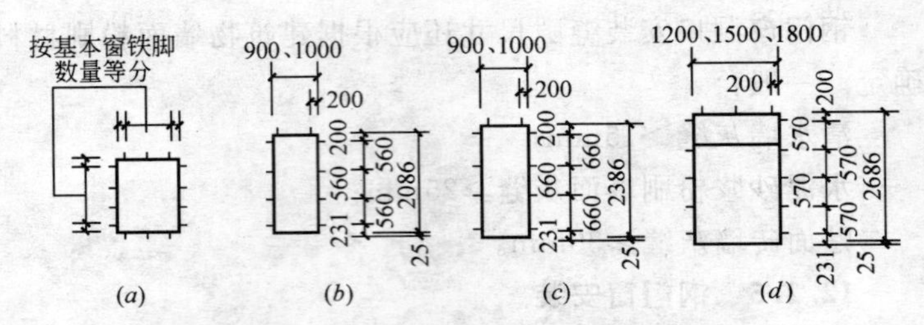

图 12-30　空腹钢门窗铁脚位置和个数

(*a*) 基本窗；(*b*)、(*c*)、(*d*) 基本门

曲变形，窗角、窗梃、窗芯有脱焊或榫头松动的，铰链有碎裂歪曲者，披水板脱焊者，均应进行修整。

2）核实钢窗上的五金零件，根据钢窗厂发货清单清点组装钢窗用的各种螺栓、各类五金零件及螺钉，分清规格，点清数量，了解其用途。

（3）安装条件验收

1）地、楼面和内外墙已基本完工。

2）墙体预留门窗洞口尺寸经检查符合设计要求；铁脚洞眼或预埋铁件的位置正确并已清扫干净。

3）无连接条件的铁脚洞眼或预埋件已采取处理措施。

4）就位的钢门窗框扇有缺陷的已进行校正、修复，无翘曲、变形、脱焊和漏刷防锈漆等缺陷。

5）组合门窗已进行预组装，其尺寸已核对无误。

6）五金零件已配好。

（4）安装机具

钢卷尺、扳手、铁水平、撬棍、靠尺板、线垂、丝锥、电钻、扁铁、榔头、改锥、螺丝刀、剪钳、钢板锉、剪刀、电焊机、木楔、扫帚、斧、锯、手电钻、冲击钻等。

2. 安装要点

（1）拉通线

开始安装时，沿窗洞口垂直方向自顶层从上至下（如多层建筑房屋）用线锤吊线，并做出标记，使上下窗保持一条垂直线。水平方向同样应先拉一条通长水平线，以此确定窗框下槛的统一高度；同时利用此线量出每樘窗框进深距离，并弹出钢窗边皮线，使得一排窗前后距离准确。再按门窗安装标高、尺寸和开启方向，在墙体预留洞口四周弹出门窗落位线。双层窗之间的距离，应符合设计或生产厂家的产品要求，若无具体要求时，两窗之间的净距不小于100mm。

（2）立钢门窗

把钢门窗塞入洞口内与设计位置相符并摆正。用对拔木楔在门窗框四角和框梃端部临时固定（如图12-31所示）。待同一墙面相邻的门窗装完后，再拉水平通线找齐，上下层窗框吊线找铅直。做到钢门窗安装后左右通平、上下层顺直。

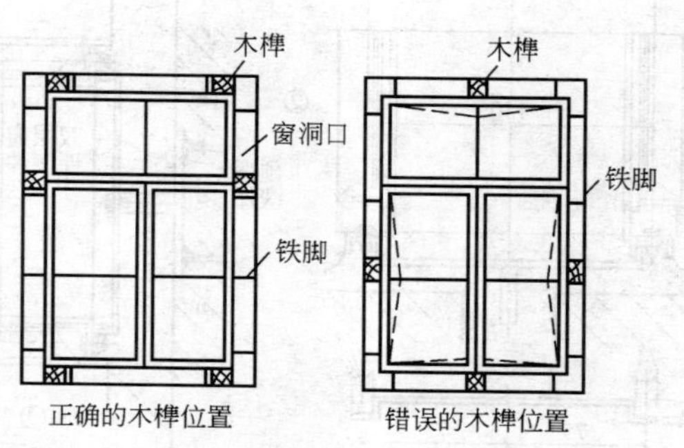

图12-31　钢窗木榫位置

（3）门窗框固定

1）钢窗框固定

①单窗框固定　钢窗一般安装在墙体中线位置，与墙

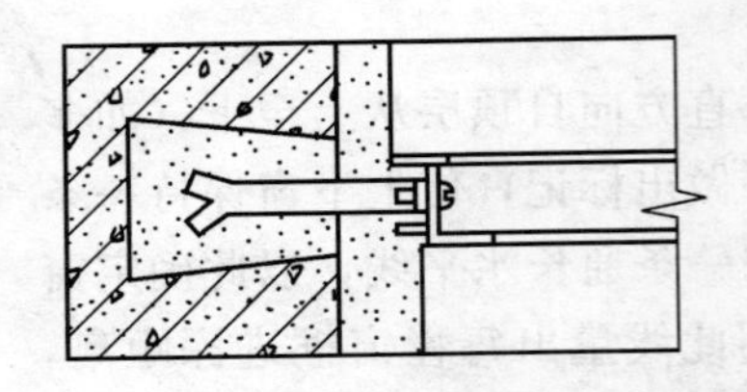

图 12-32 窗档填砂浆铁脚安装

体连接方法是钢窗铁脚与预埋件焊接或铁脚埋入预留洞内，再用 1∶2 水泥砂浆（或细石混凝土）填塞严实，并浇水养护。如图 12-32 所示。

待堵孔砂浆具有一定强度后，再用水泥砂浆嵌实窗框四周缝隙。如图 12-33 所示。

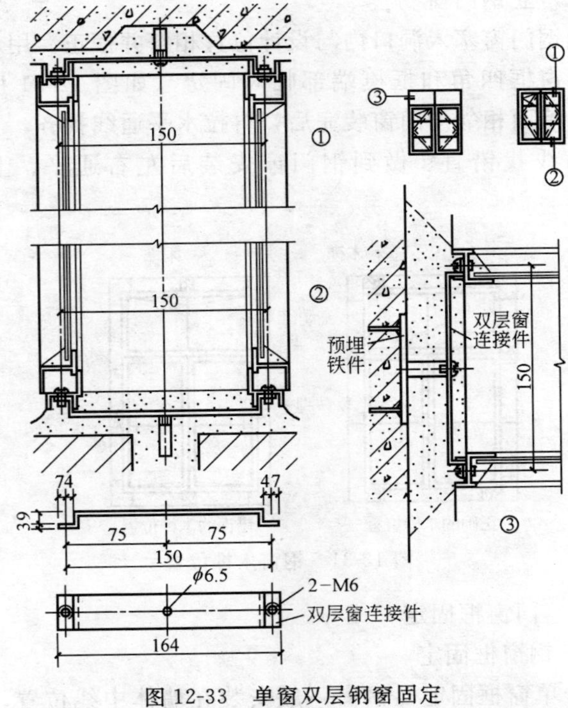

图 12-33 单窗双层钢窗固定

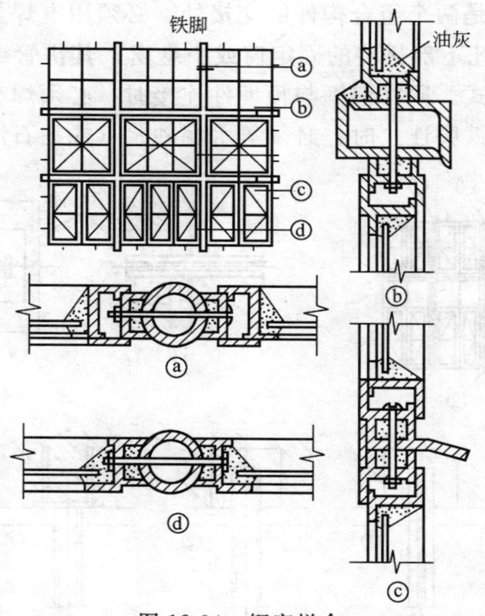

图 12-34　钢窗拼合

② 组合钢窗安装固定　安装组合窗时，先按设计图样检查组装用的单樘钢窗和拼装构件，预先进行试拼组装，看是否符合设计要求。组合拼装应当向左或向右依次逐樘进行。拼装时，应选用长度合适的螺栓，将钢窗与拼窗构件栓紧，拼合处应满嵌油灰，组合构件的上下两端必须伸入砌体 30～50mm（见图 12-34）。钢窗经垂直和水平校正后，与铁脚同时浇灌水泥砂浆等

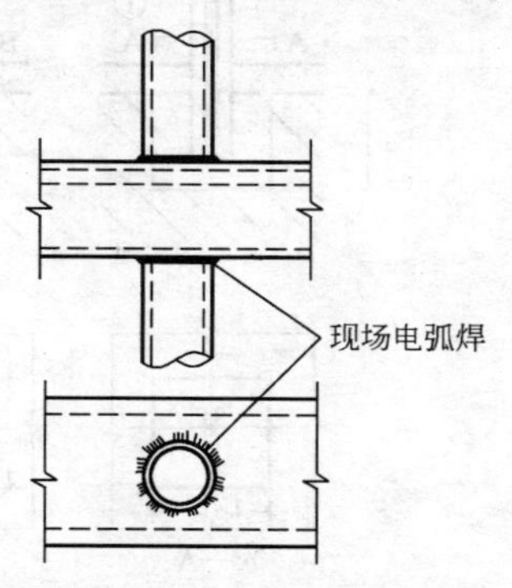

图 12-35　组合焊接

固定。凡是两个组合构件的交接处，必须用电焊焊牢（见图12-35）。凡下部拼装的固定窗或中悬窗，其拼管或拼铁均为不带披水式。同样窗框与预埋件连接时，必须焊牢。在预留孔内埋入铁脚连接时，必须等水泥砂浆（或细石混凝土）强

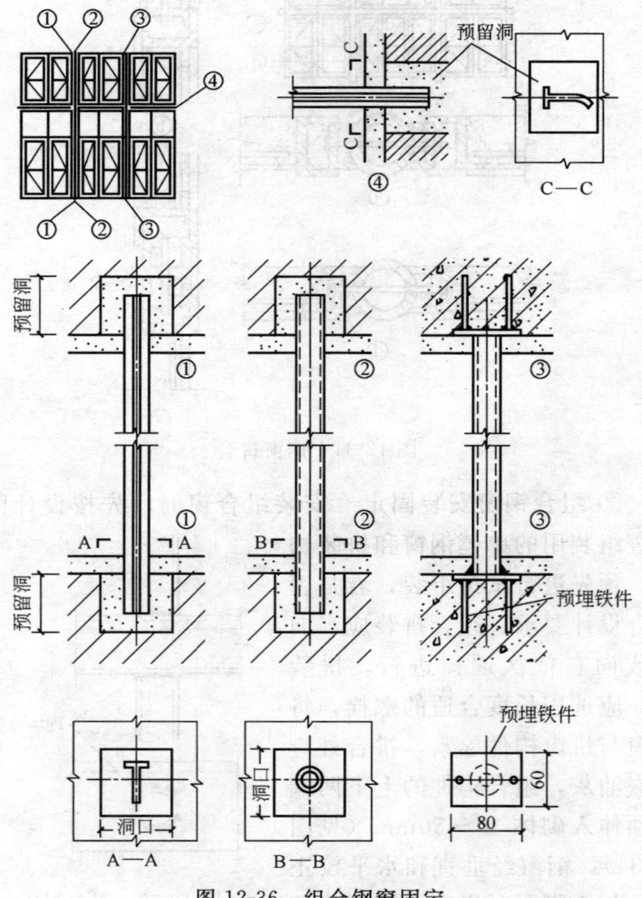

图 12-36 组合钢窗固定

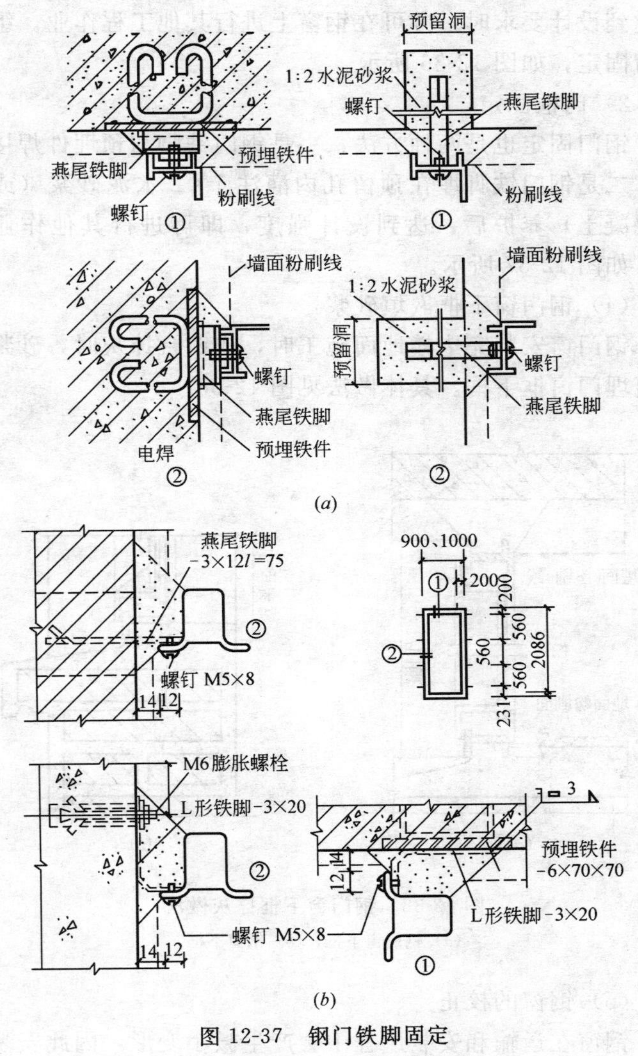

(*a*)

(*b*)

图 12-37　钢门铁脚固定

(*a*) 实腹钢门；(*b*) 空腹钢门

度达到设计要求时，方可在钢窗上进行其他工程作业。组合钢窗固定，如图 12-36 所示。

2）门框固定

钢门固定也是两种方法：一是钢门铁脚与预埋件焊接连接；二是钢门铁脚埋在预留孔内灌注 1∶2 水泥砂浆（或细石混凝土）养护后，达到设计强度，即可进行其他作业施工。如图 12-37 所示。

（4）钢门窗下框嵌填砂浆

钢门窗安装完毕楼地面施工时，或窗台抹灰时，砂浆切勿掩埋门窗框下框。具体做法见图 12-38。

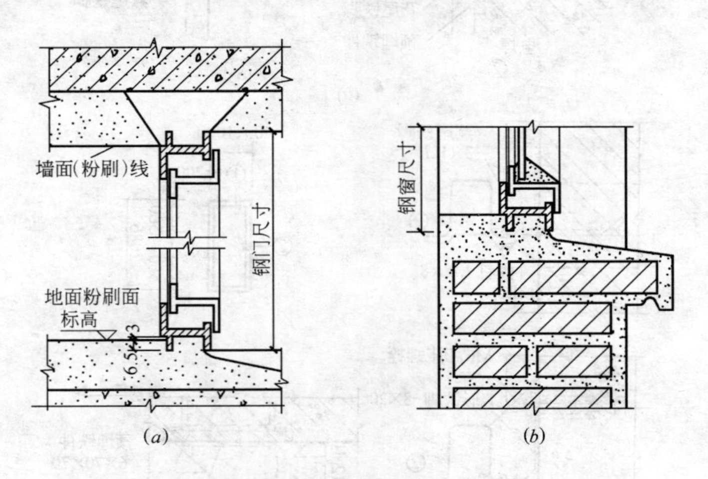

图 12-38　钢门窗下框抹灰做法

（a）钢门窗下框；（b）钢窗下框

（5）钢窗的校正

钢窗在运输和安装过程中会产生微小变形，因此安装完毕在第一度油漆后，装置零件之前，必须对钢窗进行校正，使其开启灵活，四角关合严密，窗芯分格纵横整齐一致。其校正过程是。

1）将窗扇轻轻关拢、察看上面是否密合，下面是否留有 5～10mm 的缝隙，若不能满足上述要求，需经校正里框上部，达到符合要求为止。

2）察看里框下端吊角是否符合要求。一般双扇窗吊角应整齐一致，平开窗吊高为 2～4mm。

3）窗扇关拢，在铰链处加一次油，保持铰链轴芯润滑。转动中应轻松而无吊滞，如有过紧和吊滞，应将窗扇轻轻摇松。在关合中应无回弹情况，如有回弹，可用 2mm 薄铁皮在铰链处轧入，并用榔头将窗扇向铰链一面敲至无回弹为止。

4）检查邻窗间的玻璃芯子是否整齐，如参差不齐，应在芯子末端轻敲达到平齐一致。检查回旋窗圆心铰链螺钉并旋紧。

5）如有窗门外框弯曲时，应将粉刷部分轻轻凿去，轻敲外框，但须注意不可将窗扇敲弯。修正好的窗扇应快速关闭，窗扇与窗樘碰合应为“壳、壳”的声音，四周密实一致。

6）钢窗零件安装：钢窗零件是作为窗扇的开启、关闭和支撑定位之用，安装得当与否，直接影响钢窗的效能。由于对钢窗性能要求较高，因之钢窗零件比木窗复杂很多，不同的开启形式和开启方法配有不同零件（一般钢窗厂附有配置零件图）。有特殊要求的钢窗，其所配的零件也较特殊，可与钢窗制造厂联系，以免错装。钢窗制造时，均已在预定位置钻孔和套有丝扣，或设置在连接附件上。安装时一般仅须用螺钉拧紧，严禁焊接，以免窗扇和零件变形，以后难以维修更换。所配用的螺钉，品种规格均有规定，安装时须正确选用，不可随意乱装，影响钢窗质量。

钢窗的零件必须在里外粉刷完毕，钢窗经第一度油漆并校正后才可进行安装。零件的安装位置和配备情况，如图12-39～图12-42所示。

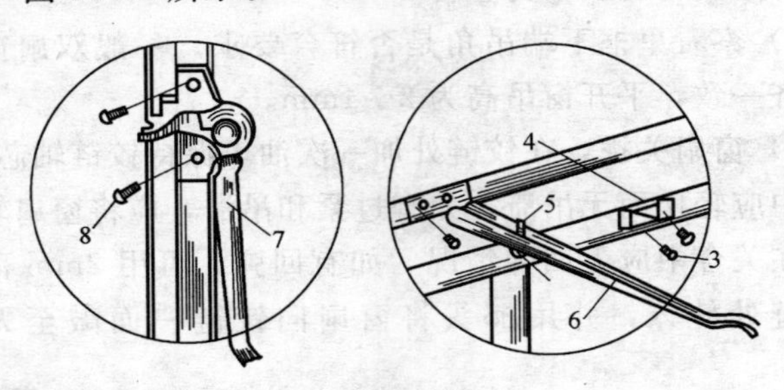

图12-39 玻璃窗五金（一）

1—铁脚；2—M×12铁圆螺钉；3、8—M5×8铁圆螺钉；4—搁脚；5—直桩；6—挣挡；7—执手；9—玻璃销子

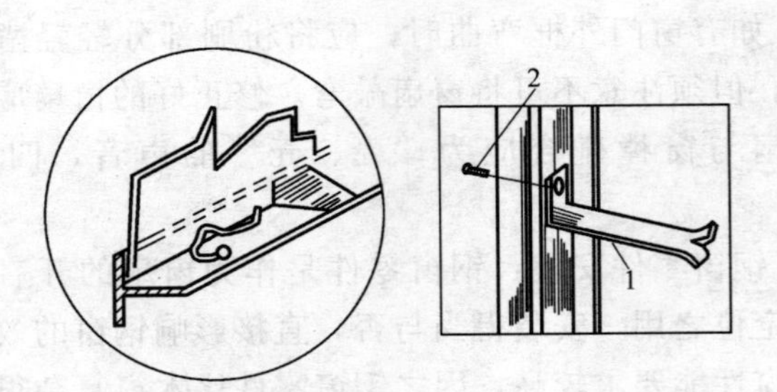

图12-39 玻璃窗五金（二）

1—铁脚；2—M×12铁圆螺丝钉；3、8—M5×8铁圆螺钉；4—搁脚；5—直桩；6—挣挡；7—执手；9—玻璃销子

3. 钢门窗安装质量通病及防治措施

（1）钢门窗翘曲变形

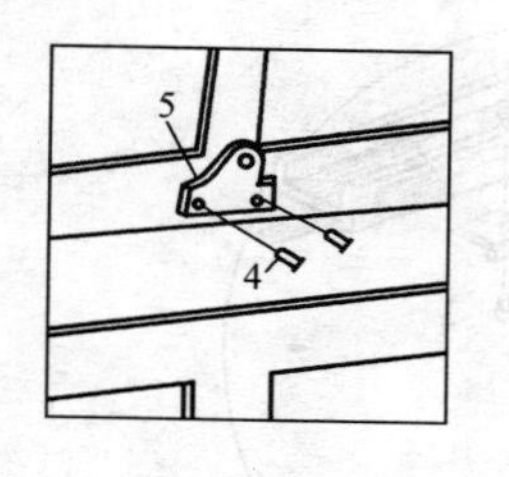

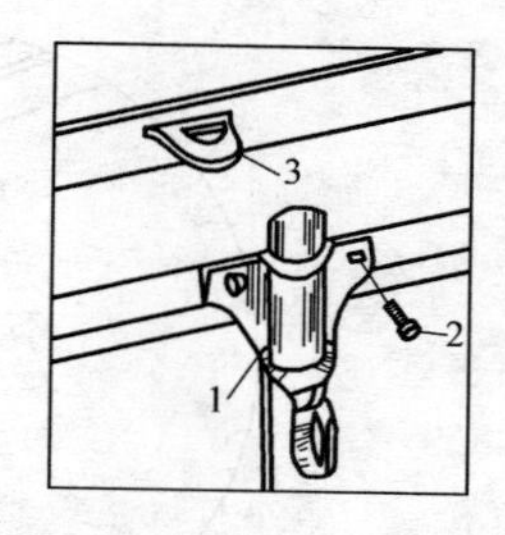

图 12-40　翻窗五金

1—弹簧销；2、4—M8 圆头螺钉；3—弹簧销舌头；5—绳攀

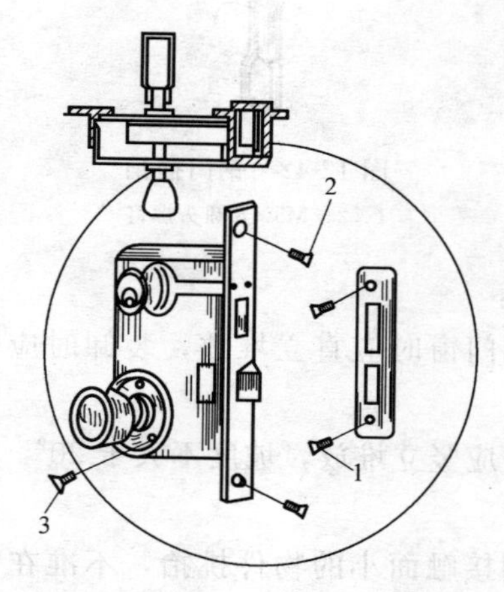

图 12-41　弹子门锁

1—M5×12 平头螺钉；2—M5×10 平头螺钉；3—M5×8 平头螺钉

产生原因：

搬运堆放时乱丢乱放，东碰西撞，用钢筋或杠棒穿入窗芯挑抬，人员、车辆在钢门窗上踩压；钢门窗安好后，在窗芯上穿搭架子、脚手板操作，把外脚手架横杆拉在钢门窗上等。

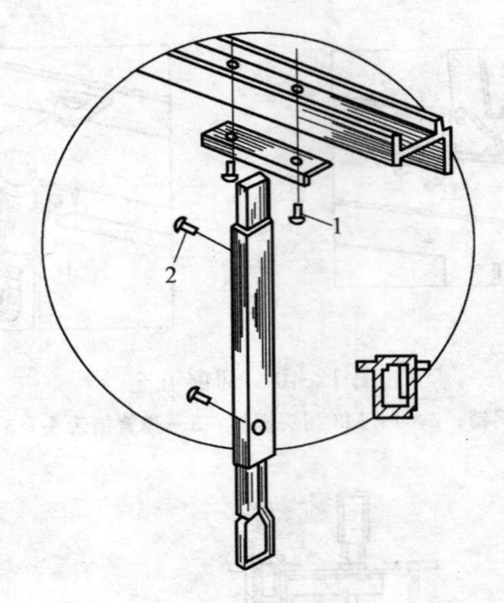

图 12-42　钢门插销

1、2—M5×8 圆头螺钉

防治措施：

① 装运钢门窗时应直立堆放，装卸时应轻搬轻放，不得碰撞。

② 钢门窗应竖立堆放，坡度不大于 20°，尽量不堆放在挡道的地方。

③ 不准用接触面小的物件挑抬，不准在窗芯上穿搭架板站人操作。不准把外脚手架横杆绑在钢门窗上，横拉杆应穿过窗洞斜闩在内墙上。

④ 安装钢门窗时应预先检查，凡有变形者，要调直校正后再用。

(2) 大面积返锈

产生原因：

钢门窗出厂时防锈漆未处理好，搬运安装时撞伤表面，擦脱漆膜；堆放时既没有防潮，又缺乏防雨措施，任其日晒雨淋。

防治措施：

轻搬轻放不碰撞，保护漆膜；堆放时应放置在离地面有100～200mm 的垫木上；钢门窗上应有防雨棚，或用帆布、苇席、油毡等盖好，四周应用排水沟。

(3) 钢门窗装不进窗洞或装上灰缝太大

产生原因：

施工人员在分洞口尺寸时，没有掌握钢门窗安装的要求，用木门窗安装的经验操作，洞口尺寸不符合要求；竖向遮阳板尾部偏移，使两边的窗洞小的装不进，大的安不牢；遮阳板、混凝土框架柱超厚、翘曲不平等。

防治措施：

① 认真查对图样，分洞口尺寸时应根据外装修材料决定预留两边灰缝，清水墙＞15mm，水泥砂浆粉刷＞20mm，水刷石＞25mm，面砖墙面＞30mm。

② 有竖向遮阳板，钢门窗又直接焊在遮阳板上的建筑物，在吊装遮阳板时，除外口吊垂直线外，内口也应吊线垂直，特别是 V 形遮阳板。同时应用丈杆测量洞口尺寸，保证钢门窗安装无误时，方可焊接。

③ 遮阳板和框架混凝土柱两边直接安装钢门窗时，应首先计算设计尺寸是否考虑到安装和抹灰的余地，否则应征求设计单位意见，在不影响结构荷载的情况下，减少板和柱两边 20mm 厚度，保证安装和抹灰质量。

(4) 窗扇打不开

产生原因：

① 在制作现浇横向遮阳板时，把钢门窗铁脚浇入混凝

土内，但施工时忽视了钢门窗框扇配合尺寸，木模支撑时模板与框边相平，遮阳板浇好后，由于底模面不平或遮阳板受拉力作用，外口下沉。这样即使底板不抹灰，窗扇已难开到90°，抹灰后更打不开。

② 外檐抹灰时抹去了框边位置，抵死铰链。

③ 钢门窗安装倾斜、歪扭等。

防治措施：

① 遮阳板在现浇前安装钢门窗，底模板应高出窗框20mm；如果是先浇灌后安钢门窗，应在梁板底预埋铁件供焊接。

② 安装钢门窗时，先用木楔在窗框四角受力部位临时塞住，然后用水平尺和线锤检验水平和垂直度，并调整木楔，使钢门窗横平竖直，高低、进出一致。安装后开启扇密闭缝隙不大于1mm，开关要灵活，没有阻滞回弹现象，随即将铁脚置于预留孔内，用1∶3水泥砂浆填实。三天后取出木楔，用水泥砂浆将四周缝隙填满嵌实。

③ 洞口尺寸预留要准确，钢门窗四周灰缝要一致，抹灰时不得抹去框边位置，框边及铰链应全部露出。

（5）组合钢门窗装倒

产生原因：

上下尺寸相同、开启方向一致，没有认真检查便进行组装，使五金零件装不起、组合部位上下倾斜等。

防治措施：

① 安装前应按图样要求核对钢门窗型号、规格、数量和五金零件。

② 钢门窗组合应按向左或向右的顺序逐樘进行，用合适的螺栓将钢门窗与组合构件紧密拼合，拼合处应嵌满油

灰。组合构件上下两端必须伸入砌体 50mm，进行垂直和水平校正后，构件与铁脚同时浇水泥砂浆固定或焊牢，凡是两个组合构件交接处，必须用电焊焊牢。

③ 五金零件应正确选用，如有外露的螺钉头应凿平，再将螺钉拧紧。

(6) 钢门窗安装松动不牢

产生原因：

钢门窗顶部铁脚未伸入或未与过梁铁件焊接，四周铁脚伸入墙体太少，浇灌砂浆后被碰撞，铁脚固定不符合要求等。

防治措施：

① 钢门窗立好后，随即将上框铁脚与过梁铁件焊接，两侧铁脚用 1∶3 水泥砂浆或豆石混凝土堵实固定，并洒水养护。

② 钢门窗安装校正后应立即焊接，如不能同时进行，焊接前必须再进行检查校正。

③ 钢门窗安装时不得将铁脚钉弯或去掉，如铁脚洞口不合要求，应重新进行剔凿处理。

(7) 钢门窗密封不严

生产原因：

由于密封条缺口或粘结不牢。

防治措施：

① 装在门窗框扇上的密封条，下料要比公称尺寸长 10～20mm，安装时应压实，避免由于密封条伸缩引起缺口或局部不密封。

② 门窗涂料干燥后方可安装密封条。

12.2.6 钢门窗安装质量要求及检验标准

本节适用于钢门窗、铝合金门窗、涂色镀锌钢板门窗等金属门窗安装工程的质量验收。

1. 主控项目

(1) 金属门窗的品种、类型、规格、尺寸、性能、开启方向、安装位置、连接方式及铝合金门窗的型材壁厚应符合设计要求。金属门窗的防腐处理及填嵌、密封处理应符合设计要求。

(2) 金属门窗框和副框的安装必须牢固。预埋件的数量、位置、埋设方式、与框的连接方式必须符合设计要求。

(3) 金属门窗扇必须安装牢固，并应开关灵活、关闭严密，无倒翘。推拉门窗扇必须有防脱落措施。

(4) 金属门窗配件的型号、规格、数量应符合设计要求，安装应牢固，位置应正确，功能应满足使用要求。

2. 一般项目

(1) 金属门窗表面应洁净、平整、光滑、色泽一致，无锈蚀。大面应无划痕、碰伤。漆膜或保护层应连续。

(2) 铝合金门窗推拉门窗扇开关力应不大于100N。

(3) 金属门窗框与墙体之间的缝隙应填嵌饱满，并采用密封胶密封。密封胶表面应光滑、顺直，无裂纹。

(4) 金属门窗扇的橡胶密封条或毛毡密封条应安装完好，不得脱槽。

(5) 有排水孔的金属门窗，排水孔应畅通，位置和数量应符合设计要求。

(6) 钢门窗安装的留缝限值、允许偏差和检验方法应符合表12-29的规定。

(7) 铝合金门窗安装的允许偏差和检验方法应符合表12-30的规定。

(8) 涂色镀锌钢板门窗安装的允许偏差和检验方法应符合表12-31的规定。

钢门窗安装的留缝限值、允许偏差和检验方法　表 12-29

项次	项　目		留缝限值（mm）	允许偏差（mm）	检验方法
1	门窗槽口宽度、高度	≤1500mm	—	2.5	用钢尺检查
		＞1500mm	—	3.5	
2	门窗槽口对角线长度线	≤2000mm	—	5	用钢尺检查
		＞2000mm	—	6	
3	门窗框的正、侧面垂直度		—	3	用 1m 垂直检测尺检查
4	门窗横框的水平度		—	3	用 1m 水平尺和塞尺检查
5	门窗横框标高		—	5	用钢尺检查
6	门窗竖向偏离中心		—	4	用钢尺检查
7	双层门窗内外框间距		—	5	用钢尺检查
8	门窗框、扇配合间隙		≤2	—	用塞尺检查
9	无下框时门扇与地面间留缝		4～8	—	用塞尺检查

铝合金门窗安装的允许偏差和检验方法　表 12-30

项次	项　目		允许偏差（mm）	检验方法
1	门窗槽口宽度、高度	≤1500mm	1.5	用钢尺检查
		＞1500mm	2	
2	门窗槽口对角线长度差	≤2000mm	3	用钢尺检查
		＞2000mm	4	
3	门窗框的正、侧面垂直度		2.5	用垂直检测尺检查
4	门窗横框的水平度		2	用 1m 水平尺和塞尺检查
5	门窗横框标高		5	用钢尺检查
6	门窗竖向偏离中心		5	用钢尺检查
7	双层门窗内外框间距		4	用钢尺检查
8	推拉门窗扇与框搭接量		1.5	用钢直尺检查

涂色镀锌钢板门窗安装的允许偏差和检验方法

表 12-31

项次	项目		允许偏差 (mm)	检验方法
1	门窗槽口宽度、高度	≤1500mm	2	用钢尺检查
		>1500mm	3	
2	门窗槽口对角线长度差	≤2000mm	4	用钢尺检查
		>2000mm	5	
3	门窗框的正、侧面垂直度		3	用垂直检测尺检查
4	门窗横框的水平度		3	用 1m 水平尺和塞尺检查
5	门窗横框标高		5	用钢尺检查
6	门窗竖向偏离中心		5	用钢尺检查
7	双层门窗内外框间距		4	用钢尺检查
8	推拉门窗扇与框搭接量		2	用钢直尺检查

12.3 涂色镀锌钢板门窗

涂色镀锌钢板门窗，是用涂色镀锌钢板制作的一种彩色金属门窗。又称彩色组角钢门窗。此类门窗独创于意大利。门窗重量轻，强度高，又有防尘、隔音、保温、耐腐蚀等性能。且色彩鲜艳，使用过程中不需保养，国外已广泛使用。近年，我国亦已建厂生产，逐渐推广应用此种门窗。

它的制作是以彩色涂层钢板和 4mm 厚平板玻璃或中空双层钢化玻璃为主要材料，经机械加工而制成。门窗四角用插接件插接，玻璃与门窗交接处及门窗框与扇之间的缝隙，全部用橡胶条和玛琋脂密封。

12.3.1 涂色镀锌钢板门窗性能

涂色镀锌钢板门窗性能，见表 12-32。

涂色镀锌钢板门窗性能　　表 12-32

性能	特点
装饰性能	彩板组角钢窗具有良好的装饰性。其基板经过脱脂化学辊涂预处理后，辊涂环氧底漆与建筑外用聚酯漆，颜色协调醒目。有棕色、海蓝色、乳白色、红色等
机械性能（抗风能力）	推拉(GS)系列 抗风压强度值为 1530Pa，挠度值小于 1/200 达到意大利门窗协会 UNI7979V_{1a}级 平开(SP)系列 抗风压强度值为 3920Pa，挠度值小于 1/200，达到意大利门窗协会 UNI7979V_3 级
物理性能	气密性 当 $a \leqslant 0.5m^3/m \cdot h$，按 $Q=m \cdot \Delta P^{2/3}$　$\Delta P=100Pa$ 时 推拉(GS)系列；达到意大利 UNI7979 标准 A_3 级 平开(SP)系列：达到意大利 UNI7979 标准 A_3 级 水密性 ≥300Pa 时，平开(SP)系列达到意大利 UNI 标准的 E_2 级，保持水密数最高压力：400Pa ≥150Pa 时，推拉(GS)系列达到意大利 UNI 标准的 E_2 级，保持水密数最高压力：200Pa
防腐性能	各种彩色涂层钢板盐雾试验 480h 不起泡，无锈蚀。防腐性能优于各种金属门窗，不需任何特殊保养，解决了钢质金属门窗的防腐问题
隔声保温性能	工艺技术结构合理，框扇搭接量大于空腹实腹钢窗。该门窗框与扇，框扇与玻璃之间有特制的胶条为介质的软接触层，除保证门窗优良的气密性、水密性之外，还增加其隔声保温性能，使室内环境舒适安静。配装中空玻璃后，其隔声保温效果更佳，起到节约能源的作用

12.3.2　平开、推拉涂色镀锌钢板门窗分类、规格、型号

1. 分类：按使用形式分：平开窗；平开门；推拉窗；推拉门；固定窗。

2. 规格：

(1) 平开基本窗的洞口规格

平开基本窗的洞口规格，见表 12-33。

平开基本窗的洞口规格　　　　表 12-33

洞高(mm)	洞宽(mm)						
	600	900	1200	1500	1800	2100	2400
	洞口代号						
600	0606	0906	1206	1506	1806	2106	2406
900	0609	0909	1209	1509	1809	2109	2409
1200	0612	0912	1212	1512	1812	2112	2412
1500	0615	0915	1215	1515	1815	2115	2415
1800	0618	0918	1218	1518	1818	2118	2418

(2) 平开基本门的洞口规格代号

平开基本门的洞口规格代号，见表 12-34。

平开基本门的洞口规格代号　　　　表 12-34

洞高(mm)	洞宽(mm)			
	900	1200	1500	1800
	洞口代号			
2100	0921	1221	1521	1821
2400	0924	1224	1524	1824
2700	0927	1227	1527	1827

(3) 推拉基本窗的洞口规格代号

推拉基本窗的洞口规格代号，见表 12-35。

推拉基本窗的洞口规格代号　　　　表 12-35

洞高(mm)	洞宽(mm)						
	900	1200	1500	1800	2100	2400	2700
	洞口代号						
600	0906	1206	1506	1806	2106	2406	2706
900	0909	1209	1509	1809	2109	2409	2709
1200	0912	1212	1512	1812	2112	2412	2712
1500	0915	1215	1515	1815	2115	2415	2715
1800	0918	1218	1518	1518	2118	2418	2718

(4) 推拉基本门的洞口规格代号

推拉基本门的洞口规格代号，见表12-36。

推拉基本门洞口规格代号　　表12-36

洞高(mm)	洞宽(mm)	
	1500	1800
	洞口代号	
1800	1518	1818
2100	1521	1821
2400	1524	1824

3. 型号：

产品型号由产品的名称代号、特性代号、主参数代号和改型序号组成。

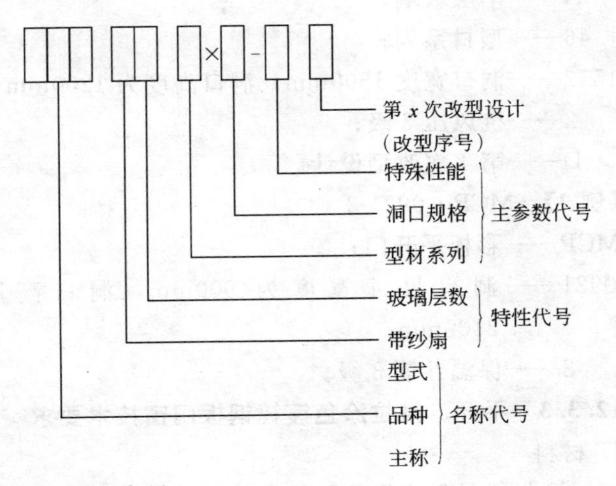

(1) 名称代号

平开窗 CCP　　平开门 MCP

推拉窗 CCT　　推拉门 MCT

固定窗 CCG

(2) 特性代号

玻璃层数 A、B、C（分别为一、二、三层）带纱扇 S

(3) 主要参数代号

1) 型材系列；

2) 洞口规格见表 12-36、表 12-37、表 12-38、表 12-39；

3) 特殊性能见表 12-40、表 12-41、表 12-42、表 12-43、表 12-44、表 12-45、表 12-46、表 12-47。

【例 1】 CCT · SA46×1 512-2D

CCT——彩板推拉窗；

S——带纱扇；

A——单层玻璃；

46——型材系列；

1512——洞口宽度 1500mm，洞口高度为 1200mm；

2——抗风压 2 级；

D——第 4 次改型设计。

【例 2】 MCP · 0921-3

MCP——彩板平开门；

0921——洞口尺寸宽度为 900mm，洞口高度为 2100mm；

3——保温性能 3 级。

12.3.3 平开、推拉涂色镀锌钢板门窗技术要求

1. 材料

(1) 型材原材料应为建筑门窗外用彩色涂层钢板，涂料种类为外用聚酯，基材类型为镀锌平整钢带，其技术要求应符合 GB/T 12754 中的有关规定。

(2) 门窗常用辅助材料及配件应符合现行国家标准、行

业标准中的有关规定，参照附录。

2. 外形尺寸

（1）门窗的宽度、高度尺寸允许偏差见表12-37。

门窗的宽度、高度尺寸允许偏差（mm）　表12-37

宽度 B、高度 H			≤1500	＞1500
等级	Ⅰ	允许偏差	+2.0 −1.0	+3.0 −1.0
	Ⅱ		+2.5 −1.0	+3.5 −1.0

（2）门窗两对角线允许长度偏差见表12-38。

门窗两对角线允许长度偏差（mm）　表12-38

对角线长度 L			≤2000	＞2000
等级	Ⅰ	允许偏差	≤4	≤5
	Ⅱ		≤5	≤6

3. 搭接量

（1）平开门窗框与扇、梃与扇的搭接量应符合表12-39的规定。

平开门窗框与扇、梃与扇的搭接量（mm）　表12-39

搭接量	≥8		≥6且＜8	
等级	Ⅰ	Ⅱ	Ⅰ	Ⅱ
允许偏差	±2	±3	±1.5	±2.5

（2）框拉门窗安装时调整滑块或滚轮使之达到设计及使用要求。

4. 联接与外观

（1）门窗框、扇四角处交角缝隙不应大于0.5mm，平开门窗缝隙处用密封膏密封严密，不应出现透光。

（2）门窗框、扇四角处交角同一平面高低差不应大于0.3mm。

（3）门窗框、扇四角组装牢固，不应有松动、锤迹、破裂及加工变形等缺陷。

（4）门窗各种零附件位置应准确，安装牢固；门窗启闭灵活，不应有阻滞、回弹等缺陷，并应满足使用功能。

（5）平开窗分格尺寸允许偏差为±2mm。

（6）门窗装饰表面涂层不应有明显脱漆、裂纹，每樘门窗装饰表面局部擦伤、划伤等级应符合表12-40的规定。

每樘门窗装饰表面局部擦伤、划伤等级　表12-40

项　目	等　级	
	Ⅰ	Ⅱ
擦伤、划伤深度	不大于面漆厚度	不大于底漆厚度
擦伤总面积（mm^2）	≤500	≤1000
每处擦伤面积（mm^2）	≤100	≤150
划伤总长度（mm）	≤100	≤150

注：有以上缺陷时必须修补。

（7）门窗相邻构件漆膜不应有明显色差。

（8）门窗橡胶密封条安装后接头严密，表面平整，玻璃密封条无咬边。

5. 性能

（1）彩板窗的抗风压性能、空气渗透性能和雨水渗漏性能应符合表12-41的规定。

（2）建筑外用的彩板门的抗风压性能、空气渗透性能和雨水渗漏性能按GB 13685及GB 13686规定方法检测，分级下限值应符合表12-42、表12-43、表12-44的规定。

彩板窗的抗风压性能、空气渗透性能和雨水渗漏性能

表 12-41

开启方式	等　级	抗风压性能 (Pa)	空气渗透性能 ($m^3/(m \cdot h)$)	雨水渗漏性能 (Pa)
平开	Ⅰ	≥3000	≤0.5	≥350
	Ⅱ	≥2000	≤1.5	≥250
推拉	Ⅰ	≥2000	≤1.5	≥250
	Ⅱ	≥1500	≤2.5	≥150

建筑外门抗风压性能分级下限值（Pa）　表 12-42

等级	Ⅰ	Ⅱ	Ⅲ	Ⅳ	Ⅴ	Ⅵ
≥	3500	3000	2500	2000	1500	1000

建筑外门空气渗透性能分级下限值［$m^3/(m \cdot h)$］

表 12-43

等级	Ⅰ	Ⅱ	Ⅲ	Ⅳ	Ⅴ
≤	0.5	1.5	2.5	4.0	6.0

建筑外门雨水渗漏性能分级下限值（Pa）　表 12-44

等级	Ⅰ	Ⅱ	Ⅲ	Ⅳ	Ⅴ	Ⅵ
≥	500	350	250	150	100	50

（3）保温窗的外窗保温性能按 GB 8484 规定方法检测，分级值应符合表 12-45 的规定，凡传热阻 $R_0 \geqslant 0.25m^2 \cdot K/W$ 者为保温窗。

保温窗的外窗保温性能分级值（$m^2 \cdot K/W$）　表 12-45

等级	Ⅰ	Ⅱ	Ⅲ
传热阻 R_0　≥	0.5	0.333	0.25

（4）隔声窗外窗的空气隔声性能应按 GB 8485 规定的方法检测，分级值应符合表 12-46 的规定，凡计权隔声量 $R_W \geqslant 25dB$ 者为隔声窗。

隔声窗外窗的空气隔声性能分级值（dB） 表 12-46

等级	Ⅱ	Ⅲ	Ⅳ	Ⅴ
计权隔声量 $R_W \geq$	40	35	30	25

（5）建筑用门空气隔声性能应按 GB 16730 建筑用门空气隔声性能分级及其检测方法（报批稿）检测，分级值应符合表 12-47 的规定。

建筑用门空气隔声性能分级值（dB） 表 12-47

等级	计权隔声量 R_W 值范围	等级	计权隔声量 R_W 值范围
Ⅰ	$R_W \geq 45$	Ⅳ	$35 > R_W \geq 30$
Ⅱ	$45 > R_W \geq 40$	Ⅴ	$30 > R_W \geq 25$
Ⅲ	$40 > R_W \geq 35$	Ⅵ	$25 > R_W \geq 20$

（6）建筑外门保温性能按 GB 16729 建筑外门保温性能分级及检测方法（报批稿）检测，分级值应符合表 12-48 的规定。

建筑外门保温性能分级值 表 12-48

等级	传热系数 $K[W/(m^2 \cdot K)]$	等级	传热系数 $K[W/(m^2 \cdot K)]$
Ⅰ	≤1.50	Ⅳ	>3.60 且≤4.80
Ⅱ	>1.50 且≤2.50	Ⅴ	>4.80 且≤6.20
Ⅲ	>2.50 且≤3.60		

12.3.4 平开、推拉涂色镀锌钢板门窗构造

1. 平开彩涂层钢板门窗构造

（1）平开窗构造

图 12-43 为 CCP·SA 平开窗构造形式图。

（2）平开门构造形式

图 12-44 为 MCP 平开门构造形式图。

2. 推拉彩色涂层钢板门窗构造形式

（1）推拉窗构造形式

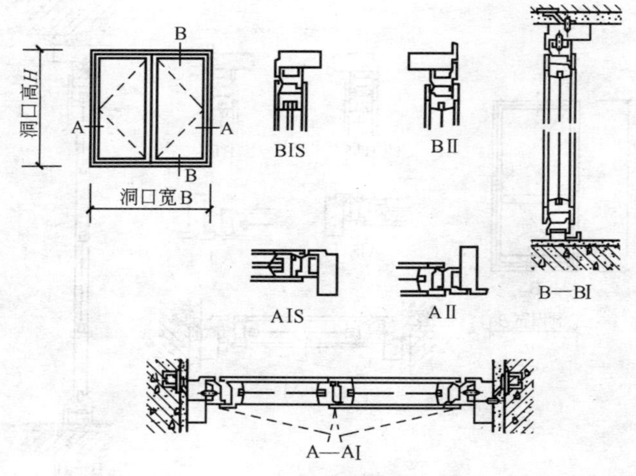

图 12-43　CCP·SA 平开窗构造形式

图 12-45 为 CCT·SA 推拉窗构造形式图。

(2) 推拉门构造

图 12-46 为 MCT·S 推拉门构造形式图。

3. 固定窗构造形式

图 12-47 为 CCG 固定窗构造形式图。

12.3.5　涂色镀锌钢板门窗安装

1. 施工准备

(1) 结构验收

1) 按设计要求，对门窗洞口进行质量验收，并检查预埋件位置是否符合要求。

2) 室内外墙粉刷应基本完毕。

(2) 材料准备

1) 门窗规格是否符合设计要求。检查门窗框梃有无变形。玻璃及零件是否损坏。

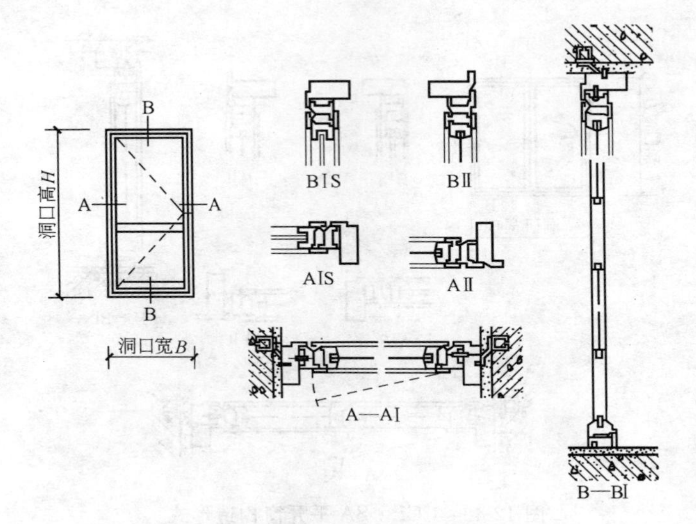

图 12-44　MCP 平开门构造形式

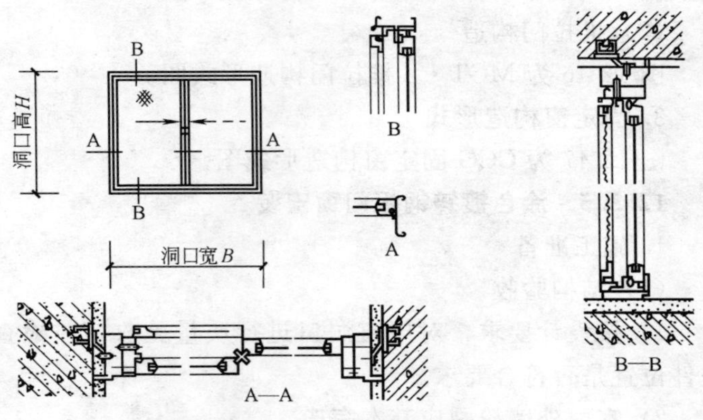

图 12-45　CCT・SA 推拉窗构造形式

2）材料　自攻螺钉、膨胀螺栓、连接件、焊条、密封膏、密封胶条（或塑料垫片）、对拔木楔、钢钉、硬木条

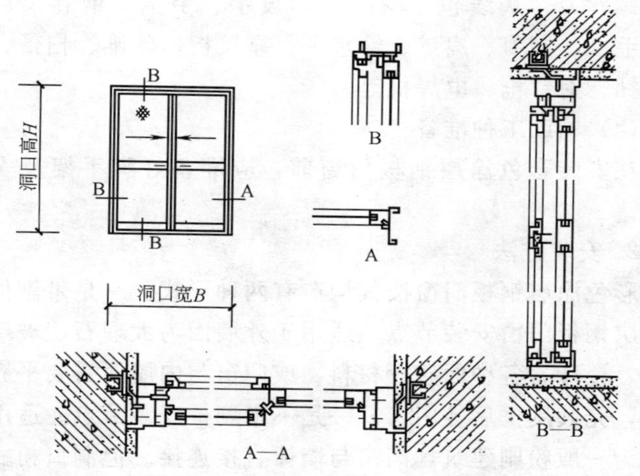

图 12-46　MCT・S推拉门构造形式

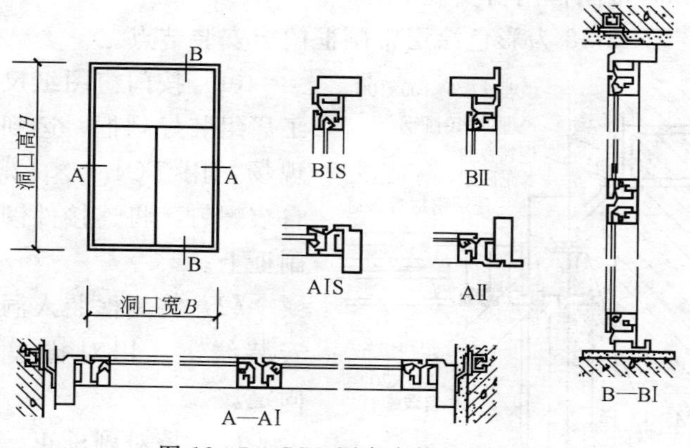

图 12-47　CCG固定窗构造形式

（或玻璃条）、抹布、小五金等。

（3）工具机具

螺丝刀、灰线包、吊线锤、拔手、手锤、钢卷尺、塞尺、毛刷、刮刀、扁铲、铁水平、靠尺板、丝锥、扫帚、冲击电钻、射钉枪、电焊机等。

（4）辅助工种准备

在安装彩色涂层钢板门窗前，应准备好脚手架及安全设施。

2. 安装方法

彩色涂层钢板门窗按其构造有两种形式。一是带副框彩色涂层钢板门窗安装节点，适用于外墙面为大理石、玻璃马赛克、瓷砖，各种面砖等材料，或门窗与内墙面需要平齐的建筑，先装副框后装门窗。一是不带副框安装节点。适用于室外为一般粉刷建筑，门窗与墙体直接连接。但洞口粉刷成型尺寸必须准确。故安装方法有两种。

3. 带副框门窗安装

图 12-48 为彩色涂层带副框门窗安装节点。

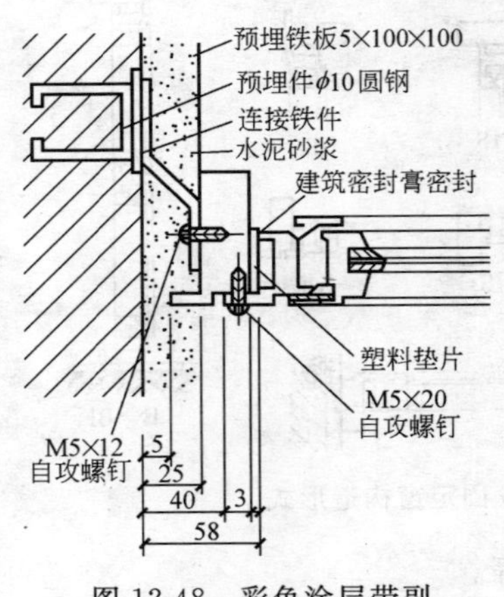

图 12-48　彩色涂层带副框门窗安装节点

（1）按门窗图纸尺寸在工厂组装好副框，运到施工现场，用 TC4.2×12.7 的自攻螺钉，将连接件铆固在副框上。

（2）将副框装入洞口的安装线上，用对拔楔初步固定。

（3）校对副框正、侧面垂直度和对角线合格后，对拔楔应固定牢靠。

（4）将副框的连接件，

逐件电焊焊牢在洞口预埋件上（图 12-48）。

（5）粉刷内、外墙和洞口。副框底粉刷时，应嵌入硬木条或玻璃条（图 12-49）。副框两侧预留槽口，粉刷干燥后，清除浮灰、尘土、注密封膏防水。

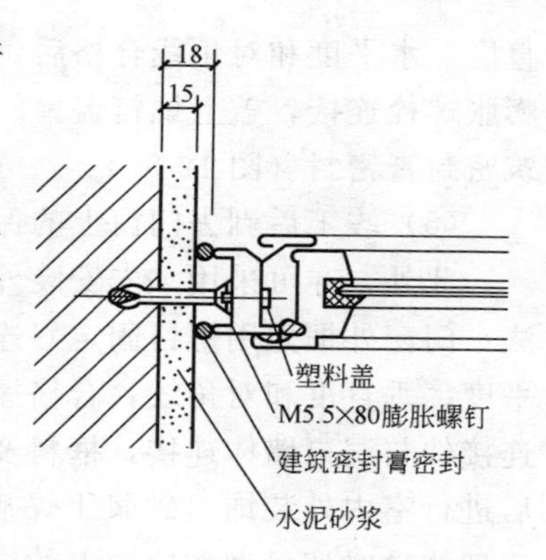

图 12-49　不带副框彩色涂层钢板门窗安装节点

（6）室内、外墙面和洞口装饰完毕干燥后，在副框与门窗外框接触的顶、侧面贴上密封胶条，将门窗装入副框内，适当调整，用 TP4.8×22 自攻螺钉将门窗外框与副框连接牢固，扣上孔盖。安装推拉窗时，还应调整好滑块。副框与外框、外框与门窗之间的缝隙，应填充密封膏。

4. 不带副框的门窗安装

（1）室内、外及洞口应粉刷完毕。洞口粉刷后的成型尺寸应略大于门窗外框尺寸，其间隙宽度方向 3～5mm，高度方向 5～8mm。

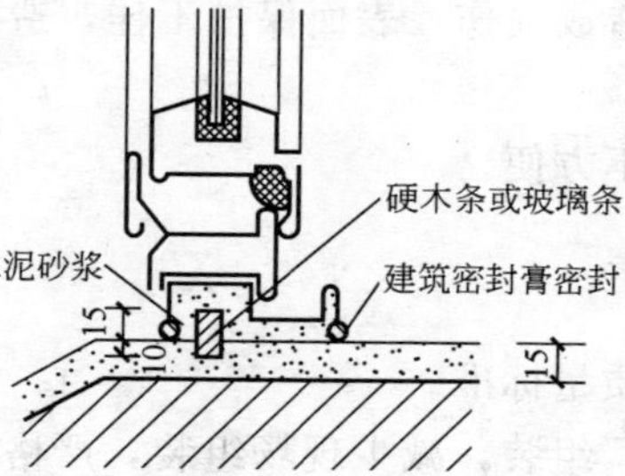

（2）按设计图的规定在洞口内弹好门窗安装线。

（3）按门窗外框上膨胀螺栓的位置，在洞口相应位置的墙体上钻膨胀螺栓孔。

（4）将门窗装入洞口安装线上，调整门窗的垂

图 12-50　带副框下框底安装节点

直度、水平度和对角线合格后，以木楔固定。门窗与洞口用膨胀螺栓连接，盖上螺钉盖。门窗与洞口之间的缝隙，用建筑密封膏密封（图 12-50）。

（5）竣工后剥去门窗上的保护胶条，擦净玻璃及框扇。

此外，亦可采用“先安装外框后做粉刷”的工艺，其做法：门窗外框先用螺钉固定好连接铁件，放入洞口内调整水平度、垂直度和对角线，合格后以木楔固定，用射钉将外框连接件与洞口墙体连接，框料及玻璃覆盖塑料薄膜保护，然后进行室内外装饰。砂浆干燥后，清理门窗构件装入内扇。清理构件时切忌划伤门窗上的涂层。

12.3.6 涂色镀锌钢板门窗安装质量通病及防治措施

1. 组装粗糙：

表面镀锌层损伤，连接件不标准组装困难，滑道不灵活、配件粗糙等造成外观质量粗糙。

产生原因：

（1）操作技术不熟练，连接螺丝、插件等松紧掌握不一致。

（2）工艺装备条件差，检测不严，组装尺寸超标。

（3）组装时局部修理，造成损伤；表面保护不佳，造成划痕等局部易锈蚀。

（4）滑道不灵活，使用不方便。

防治措施：

（1）加强技术培训。

（2）选用配件必须符合质量标准。

（3）增加工艺装备及工厂组装，减少现场组装，严格检查检测制度。

（4）组装困难的应仔细修理，不得硬敲硬打，造成局部损伤。

(5) 滑道安装平直，扇框方正。

2. 密封性差：

组装缝隙大，密封胶条变形，密封胶不满等形成密封性差。

产生原因：

(1) 下料尺寸误差过大。

(2) 选用的橡胶密封胶条质量不合标准。

(3) 密封胶嵌填不满或漏嵌；选用的胶质量不合格，收缩、粘结不牢或流淌。

防治措施：

(1) 严格按标准尺寸下料和组装。

(2) 选用的橡胶密封条、密封胶必须符合有关标准；嵌缝密实，接头正确，特别是转角处，更应仔细操作。

3. 配件质量差：

配件颜色不一致、粗糙，不标准，易损坏，使用不方便灵活。

产生原因：

选购配件时，没有严格按国家标准、企业标准或参照国外标准认真检查验收；或分类分批采购不配套。

防治措施：

(1) 按有关标准，购买合格产品。

(2) 配套采购，保证质量，颜色等一致性。

4. 边砌墙边安装：

习惯用木门窗安装工艺，对待涂色镀锌钢板门窗的安装。

产生原因：

对涂色镀锌钢板门窗的特性不掌握或不了解，易损难修。

防治措施：

因涂色镀锌钢板门窗均因薄壁空腔型材制作，砌墙、粉刷过程极易损伤，不能同时作业；应采用预留洞口方式安装，以保护副框和外框不受损伤。

5. 门窗框与副框紧固时，副框三面未贴密封条；不带副框门窗与洞口间缝隙未用胶封。

产生原因：

未按操作规程拼装，或个别遗漏；亦不排除有偷工减料现象出现。

防治措施：

(1) 加强管理，严格执行操作规程。

(2) 带副框门窗安装时，副框顶面及两侧均应贴密封条，然后将门窗放入副框内，用自攻螺钉将门窗外框与副框紧固，盖好螺盖，推拉窗应调整好滑块。

(3) 不带副框窗在安装前，室内外及窗洞口的墙应粉刷完毕，将窗框与洞口用膨胀螺栓直接连接，四周框边内外应嵌填密封胶密封。

6. 拼接处缝隙未进行密封处理：

产生原因：

未执行操作规程，或个别遗漏，检查不严。

防治措施：

(1) 严格执行规程，加强质量管理。

(2) 副框与门窗框以及拼管之间的缝隙，均应用密封胶封严。

(3) 室内外刷浆完毕剥去框上保护胶条。

7. 不带副框的窗框嵌填水泥砂浆：

产生原因：

技术交底不清或无施工经验。

防治措施：

（1）无副框的窗，应先做完室内外及洞口墙面粉刷后方可安装。

（2）洞口弹好门窗安装线后，将门窗放入洞口内，用膨胀螺栓将门窗外框固定在洞口墙体内，嵌密封胶防水，不得嵌填水泥砂浆代替防水密封胶。

12.3.7 涂色镀锌钢板门窗质量要求及检验标准

涂色镀锌钢板门窗安装质量要求及检验标准见12.2.6节。

12.4 铝合金门窗

装饰工程中，使用铝型材制作门、窗较为普遍。铝合金门窗是将经过表面处理的型材，通过下料、打孔、铣槽、攻丝、制窗等加工工艺而制成的门窗框料构件，然后再与连接件、密封件、开闭五金件一起组合装配而成。尽管铝合金门窗的大小尺寸及式样有所不同，但同类铝型材门窗所采用的施工方法也相同。我国的铝合金门窗生产起点较高，发展较快，目前已有平开铝窗、推拉铝窗、平开铝门、推拉铝门、铝制地弹簧门等几十种系列投入建材市场。

12.4.1 铝合金门窗的特点

铝合金门窗与普通木门窗、钢门窗相比，具有明显的优点，其主要特点是：

（1）轻质、高强。由于门窗框的断面是空腹薄壁组合断面，这种断面利于使用并因空腹而减轻了铝合金型材重量。铝合金门窗较钢门窗轻50%左右。在断面尺寸较大，且重量较轻的情况下，其截面却有较高的抗弯刚度。

（2）密闭性能好。密闭性能为门窗的重量性能指标，铝合金门窗较之普通木门窗和钢门窗，其气密性、水密性和隔音性能均佳。铝合金窗本身，其推拉窗比平开窗的密闭性稍差，故此推拉窗在构造上加设了尼龙毛条，以增强其密闭性能。

（3）使用中变形小。一是因为型材本身的刚度好，二是由于其制作过程中采用冷连接。横竖杆件之间，五金配件的安装，均是采用螺丝、螺栓或铝钉；它是通过铝角或其他类型的连接件，使框、扇杆件连成一个整体。这种冷连接同钢门窗的电焊连接相比，可以避免在焊接过程中因受热不均而产生的变形现象，从而确保制作精度。

（4）立面美观。一是造型美观，门窗面积大，使建筑物立面效果简洁明亮并增加了虚实对比，富有层次感，二是色调美观。其门窗框料经过氧化着色处理，可具银白色、古铜色、暗红色、黑色等色调或带色的花纹，外观华丽雅致而色泽牢固，无需再涂漆和进行表面维修。

（5）便于工业化生产。其框料型材加工、配套零件及密封件的制作与门窗装配试验等，均可在工厂内进行大批量工业化生产，有利于实现门窗设计标准化、产品系列化及零配件通用化。同时，铝合金门窗的现场安装工作量较小，可提高施工速度。特别是对于高层建筑、高档次的装饰工程，如果从装饰效果、空调运行及年久维修等方面综合权衡，铝合金门窗的使用价值是优于其他种类的门窗的。

12.4.2 铝合金门窗型材及配件

1. 型材截面尺寸

（1）截面型材

铝合金门窗型材截面如图 12-51 所示。

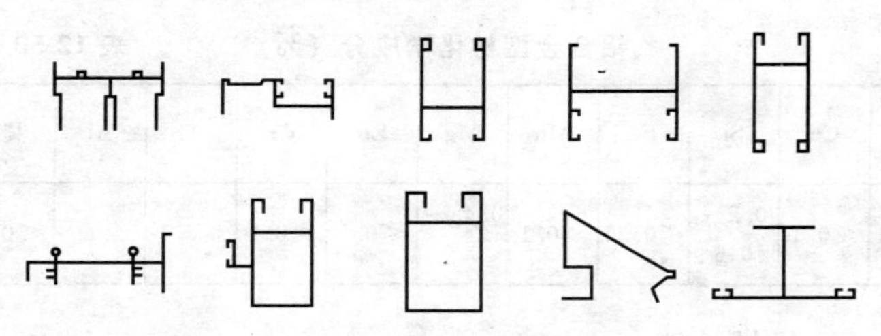

图 12-51　铝合金门窗型材截面（一）

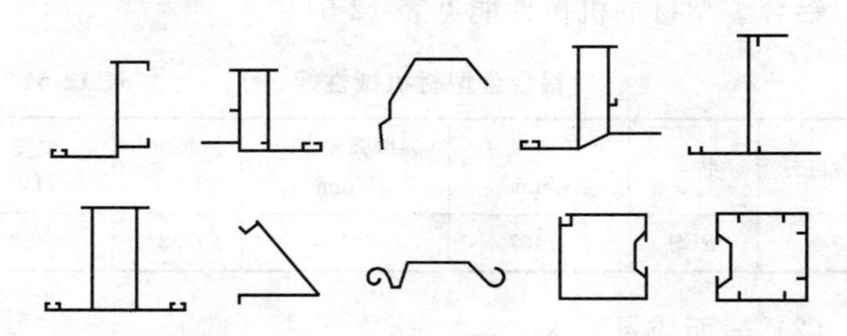

图 12-51　铝合金门窗型材截面（二）

（2）型材截面尺寸

铝合金门窗常用型材截面尺寸，见表 12-49。

铝合金型材常用截面尺寸系列（mm）　表 12-49

代号	型材截面系列	代号	型材截面系列
38	30 系列(框料截面宽度 38)	70	70 系列(框料截面宽度 70)
42	42 系列(框料截面宽度 42)	80	80 系列(框料截面宽度 80)
50	50 系列(框料截面宽度 50)	90	90 系列(框料截面宽度 90)
60	60 系列(框料截面宽度 60)	100	100 系列(框料截面宽度 100)

2. 型材性能及表面质量要求

（1）型材性能

1）化学成分（%）

铝合金型材化学成分见表12-50。

铝合金型材化学成分（%）　　表12-50

合金牌号	Cu	Si	Fe	Mn	Mg	Zn	Cr	Ti	Al	其他
LD_{31}	≤0.1	0.2～0.6	≤0.35	≤0.1	0.45～0.9	≤0.1	≤0.1	≤0.1	余量	≤0.15

2）机械性能

铝合金型材的机械性能见表12-51。

铝合金型材机械性能　　表12-51

合金牌号	状态	抗拉强度 f_b (N/mm^2)	屈服强度 $f_{0.2}$ (N/mm^2)	伸长率 δ (%)	硬度 HV
LD_{31}	RCS	≥157	≥108	≥8	≥58

（2）表面质量要求

1）型材表面应清洁、无裂纹、起皮和腐蚀存在，装饰面不允许有气泡；

2）普通精度型材装饰面上碰伤、擦伤和划伤，其深度不得超过0.2mm；由模具造成的纵向挤压痕深度不得超过0.1mm。对于高精度型材的表面缺陷深度，装饰面应不大于0.1mm，非装饰面应不大于0.25mm；

3）型材经表面处理后，其氧化膜厚度应不小于10μm，并着银白、浅青铜、深青洞和黑色等颜色，色泽应均匀一致。其面层不允许有腐蚀斑点和氧化膜脱落等缺陷。

12.4.3 铝合金门窗规格及性能

1. 规格

（1）厚度基本尺寸

门窗厚度基本尺寸，按门窗框厚度构造尺寸区分，见表12-52。

铝合金门窗厚度基本尺寸 **表 12-52**

类别	厚度基本尺寸系列(mm)	类别	厚度基本尺寸系列(mm)
门	40、45、50、55、60、70、80、90、100	窗	40、45、50、55、60、65、70、80、90

注：表列门窗厚度尺寸系列，相对于基本尺寸系列在±2mm之内，可靠近基本尺寸系列。

(2) 洞口尺寸

门窗的洞口是以门窗洞口宽、高定位线为基准，按它们之间的安装形式、安装方法和安装构造缝隙确定的。

门窗洞口的规格型号，由门窗洞口标志宽度和高度的千、百位数字，前后顺序排列组成的四位数字表示。例如：门窗洞口的标志宽度为 800mm，标志高度为 2100mm 时，其型号为 0821 基本门窗洞口尺寸见表 12-53。

基本门窗洞口尺寸 **表 12-53**

类别	洞口标志宽度 B_1 (mm)	洞口标志高度 A_1 (mm)
门	800、900、1000、1200、1500、1800、2100、2400、2700、3000、3300	2100、2400、2700、3000、3300
窗	600、900、1200、1500、1800、2100、2400、2700、3000	600、900、1200、1500、1800、2100、2400、2700、3000

2. 性能

(1) 性能分类

1) 根据建筑物的使用要求，按照风压强度，空气渗透和雨水渗漏三项性能指标，将门窗划分为 A、B、C 三类。

2) 按空气隔声性能，凡空气声计数隔声量≥25dB 时为隔声门窗。

3）按保温性能，凡传热阻值≥0.25m²·K/W时保温门窗。

（2）基本性能

铝合金门窗的各项基本性能，必须符合下列指标的规定。

1）三项基本性能指标（表12-54）。

铝合金门窗三项基本性能　　表12-54

类别	等级	风压强度性能 Pa≥		空气渗透性能 m³/h·m(10Pa)≤		雨水渗漏性能 Pa≥	
		门	窗	门	窗	门	窗
A类（高性能）	优等品（A_1 级）	3000	3500	1.0	0.5	300、350	400、500
	一等品（A_2 级）	3000	3000、3500	1.0、1.5	0.5、1.0	300	400、450
	合格品（A_3 级）	2500	3000	1.5	1.0	250、300	350、450
B类（中性能）	优等品（B_1 级）	2500	3000	1.5、2.0	1.0、1.5	250	350、400
	一等品（B_2 级）	2500	2500、3000	2.0	1.5	200、250	250、300、350、400
	合格品（B_3 级）	2000	2500	2.0、2.5	1.5、2.0	200	250、350
C类（低性能）	优等品（C_1 级）	2000	2500	2.0、2.5	2.0	150、200	200、350
	一等品（C_2 级）	2000	2000、2500	2.5、3.0	2.0、2.5	150	150、250
	合格品（C_3 级）	1500	1500、2000	3.0、3.5	2.5、3.0	100、150	100、250

2）隔声性能指标（表 12-55）。

铝合金门窗隔声性能（单位：dB）　　表 12-55

级　别	Ⅱ	Ⅲ	Ⅳ	Ⅴ
空气声计权隔声量≥	40	35	30	25

3）保温性能指标（表 12-56）。

铝合金门窗保温性能（单位：$m^2 \cdot K/W$）　表 12-56

级　别	Ⅰ	Ⅱ	Ⅲ
传热阻值≥	0.5	0.33	0.25

4）启闭性能指标：

门窗扇启闭力应不大于 50N。

12.4.4 铝合金门窗主要五金配件

铝合金门窗主要五金配件及金属附件材质要求，见表 12-57。

主要五金配件及非金属附件材质要求　　表 12-57

配件名称	材　质	牌号或标准代号
滑轮壳体、锁扣、自攻螺钉	不锈钢	GB 1220、GB 3280、GB 4237、GB 4239 等
锁、暗插销、窗掣	铸造锌合金	GB/T 1175、JB 2702
滑轮、合页垫圈	尼龙	1010(HG_2—B69-76)
密封条、玻璃嵌条	软质聚氯乙烯树脂聚合体	参照日本 JISA5756—1977
推拉窗密封条	聚丙烯毛条	参照有关标准
气密、水密封件	高压聚乙烯	改性
密封条	氯丁橡胶	4172(HG_6-407-79)
型材连接、玻璃镶嵌	封严胶	XM38，硅酮胶

12.4.5 铝合金门窗代号和标记

1. 常用门窗代号

常用门窗代号，见表 12-58。

铝合金门窗代号　　表 12-58

类　别	代　号	类　别	代　号
平开铝合金门	PLM	固定铝合金窗	GLC
推拉铝合金门	TLM	平开铝合金窗	PLC
地弹簧铝合金门	DHLM	上悬铝合金窗	SLC
固定铝合金门	GLM	中悬铝合金窗	CLC
折叠铝合金门	ZLM	下悬铝合金窗	XLC
平开自动铝合金门	PDLM	保温平开铝合金窗	BPLC
推拉自动铝合金门	TDLM	立转铝合金窗	LLC
圆弧自动铝合金门	YDLM	推拉铝合金窗	TLC
卷帘铝合金门	JLM	固定铝合金天窗	GLTC
旋转铝合金门	XLM		

2. 标记示例

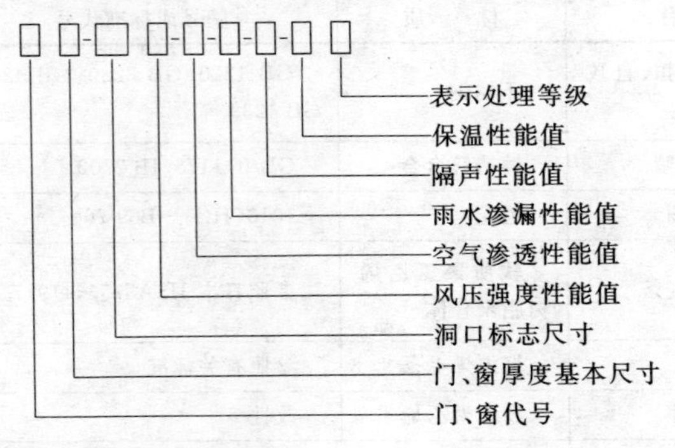

标记举例（一）：

PLC55-1509-3000・1.50・350・25・0.33・Ⅱ

PLC——平开铝合金窗；
55——窗厚度基本尺寸为55mm；
1509——洞口宽度为1500mm，洞口高度为900mm；
3000——风压强度性能值为3000Pa；
1.50——空气渗透性能值为1.50$m^3/m \cdot h$；
350——雨水渗透性能值为350Pa；
25——空气声计权隔声值为25dB；
0.33——传热阻值为0.33$m^2 \cdot K/W$；
Ⅱ——阳极氧化膜厚度为Ⅱ级。

标记举例（二）：

PLM 70-1521-2500·2.0·300·25·0.33-Ⅲ

PLM——平开铝合金门；
70——门厚度基本尺寸为70mm；
1521——洞口宽度为1500mm，洞口高度为2100mm；
2500——风压强度性能值为2500Pa；
2.0——空气渗透性能值为2.0$m^3/m \cdot h$；
300——雨水渗漏性能值为300Pa；
25——空气声计权隔声值为25dB；
0.33——传热阻值为0.33$m^2 \cdot K/W$；
Ⅲ——阳极氧化膜厚度为Ⅲ级。

12.4.6 铝合金门窗构造及规格选用

1. 平开门窗

(1) 平开窗

1) 图12-52为PLC38系列平开铝合金窗构造图。

2) 规格选用表：

PLC38系列平开铝合金窗选用，见表12-59。

(2) 平开门

PLC38 系列平开铝合金窗选用表

表 12-59

A_1	A_2	a	B_1: 600	900	1200	1500	1800		2100			2400		2700		3000		3600		4200	
			B_2: 550	850	1150	1450	1750		2050			2350		2650		2950		3550		4150	
			b: —	—	—	—	—	600	—	600	1200	600	1200	600	1200	600	1200	600	1200	600	1200
600	550	—	1 6	1 9	1	1	1	1	1												
900	850	—	1 6	1 9	1 3 9	1 3	1 3	1 7	1 3	13 17	14	13 17	14	13 17	14	13 17	14	13	14		
		500	2	2	2	2	2														
		550	7 8	10 11 12																	
1200	1150	—	1 6	1 9	1 3 9	1 3	1 3	17	1 3	13 17		13 17	14	13 17	14	13 17	14	13	14	13	
		800	2	2	2 4 5	2 4 5	2														
		850	7 8	10 11 12	10 11 12																
1500	1450	—	1	1	1 3	1 3	1 3		1 3												
		1000	2	2 10 11 12	2 4 5 10 11 12	2 4 5															
		1150	7 8																		

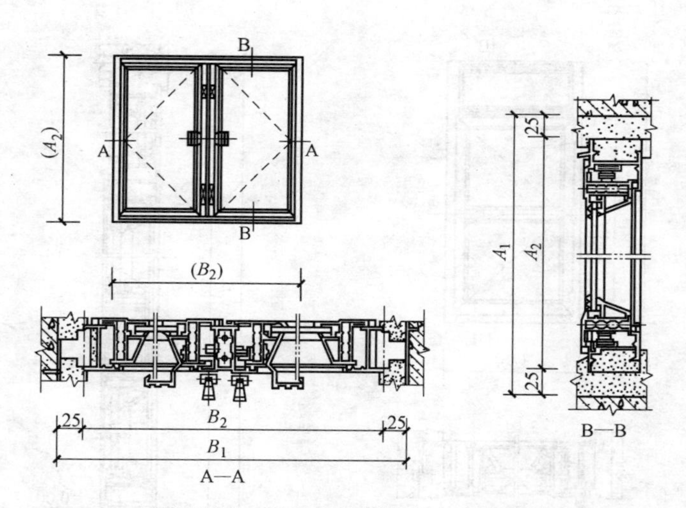

图 12-52　PLC38 平开铝合金窗构造图

1）图 12-53 为 PLM38 系列平开铝合金门构造图。

2）规格选用表：

PLM38 系列平开铝合金门选用，见表 12-60。

PLM38 系列平开铝合金门选用表　　　表 12-60

A_1	A_2	a	B_1	
			600	700
			B_2	
			550	650
1800	1785	—	1	1
2000	1985	—	1	1
2100	2085	—	1	1
2400	2385	1900	2	2
2500	2485	2000	2	2
2700	2685	2100	2	2

2. 推拉门窗

（1）推拉窗

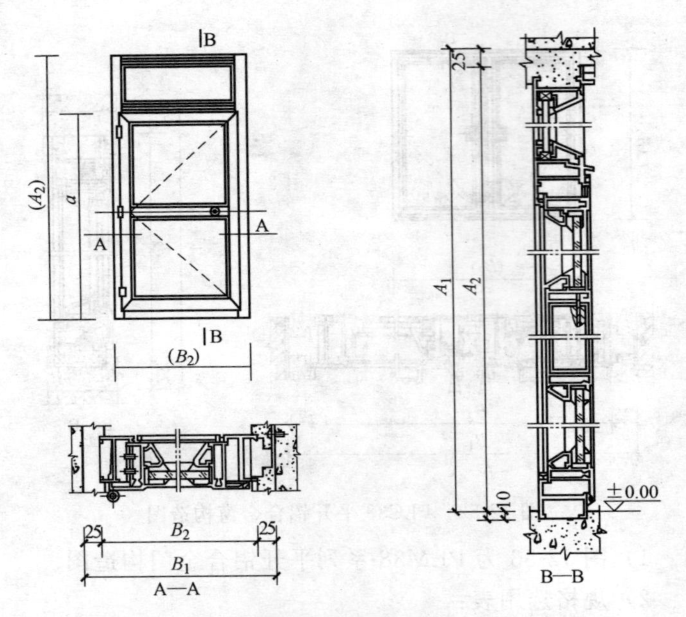

图 12-53 PLM38 系列平开铝合金门构造图

1）构造图：图 12-54 为 TLC38 系列推拉铝合金窗构造图。

2）规格选用表：

TLC38 系列推拉铝合金窗选用表，见表 12-61。

TLC38 系列推拉铝合金窗选用表　　　表 12-61

A_1	A_2	a	B_1 1200 / B_2 1150	B_1 1500 / B_2 1450	B_1 1800 / B_2 1750	B_1 2100 / B_2 2050
1200	1150		1　2	1　2	3	3
1500	1450	1000	4　5	4　5	6　7	6　7
1800	1750	1100	4　5	4　5	6　7	6　7

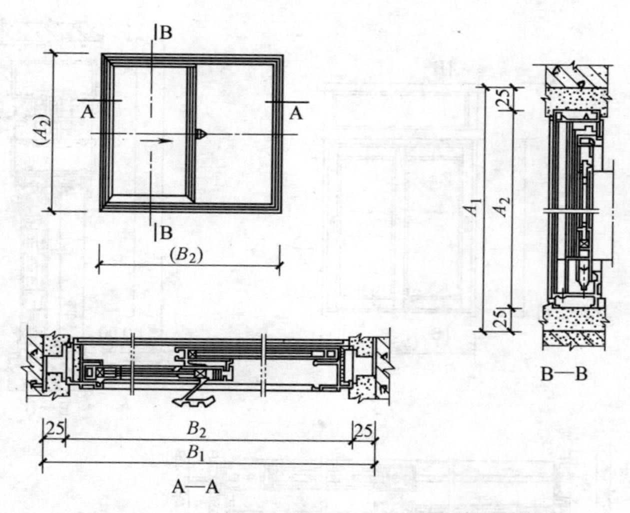

图 12-54 TLC38 系列推拉铝合金窗构造图

（2） 推拉铝合金门

1） 构造图

图 12-55 为 TLM90 系列推拉铝合金门构造图。

2） 规格选用表

TLM90 系列推拉铝合金门选用表，见表 12-62。

TLM90 系列推拉铝合金门选用表　　表 12-62

A_1	A_2	a	B_1			
			1800	2100	3600	4200
			B_2			
			1750	2050	3550	4150
2100	2085	—	1	1	2	2
2400	2385	2050	3	3	4	4
2700	2685	2050	3	3	4	4
3000	2985	2050	3	3	4	4

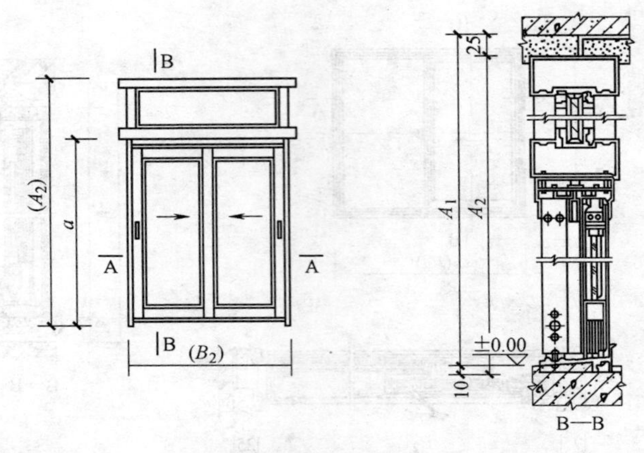

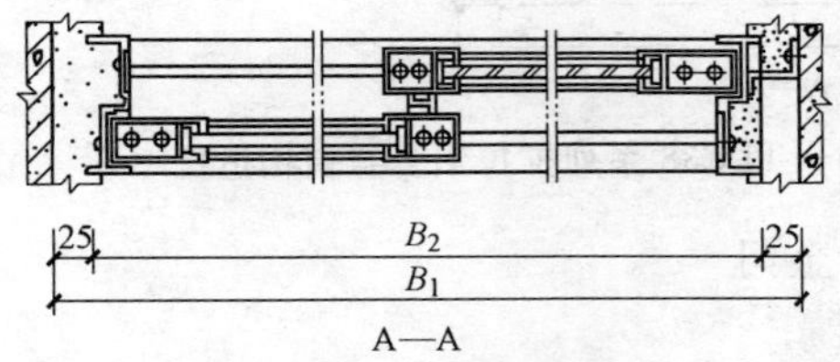

图 12-55　TLM90 系列推拉铝合金门

12.4.7　铝合金窗的制作

1. 材料准备

铝合金窗分为推拉窗和平开窗两类，所使用的铝合金型材规格完全不同，所采用的五金配件也不完全相同。

(1) 推拉窗的主要组成材料准备

窗框部分有：上滑道、下滑道和两侧的边封所组成，这三种均为铝合金型材。

窗扇部分有：上横、下横、边框和带钩边框四种，均为铝合金型材，以及密封边的两种毛条。

推拉窗五金件主要有：装于窗扇下横之中的导轨滚轮，

装于窗扇边框的窗扇钩锁。

窗框及窗扇的连接件有：厚 2mm 的铝角型材，以及 M4×15 的自攻螺钉。

窗扇与玻璃的固定材料有塔形橡胶封条和玻璃胶两种。

玻璃　可根据设计要求进行选用。

（2）平开窗的主要组成材料准备

窗框部分有：用于窗框四周的框边型材，用于窗框中间的工字型窗料型材。

窗扇部分有：窗扇框料、玻璃压条、以及密封玻璃用的橡胶压条。

平开窗五金件主要有：窗扇拉手、风撑和窗扇扣紧件。

窗框及窗扇的连接件有：厚 2mm 左右的铝角型材，以及 M4×15 的自攻螺钉。

玻璃　可根据设计要求选用。

2. 施工准备

在装饰工程中，一般采用现场进行铝窗制作安装，因此，要查验复核窗的尺寸、铝合金型材的规格和数量及五金附件的规格与数量。

（1）检查、复核窗的尺寸与样式　根据施工现场对照施工图，检查窗洞口的尺寸与设计是否相符，与其他工程有无妨碍，若有问题应及时解决。

（2）检查铝合金型材的规格尺寸　检查进场的铝合金型材形状尺寸、壁厚尺寸是否符合铝合金窗制作的要求。

（3）检查五金件及其他附件的规格　铝窗五金件分推拉窗和平开窗两大类，每类有几个系列，所以在制作前要检查一下五金件与附件制作。

（4）施工工具　常用工具为铝合金切割机（图 3-51）、

手电钻、$\phi8$ 圆锉刀、$R20$ 半圆锉刀、十字螺丝刀、划针、铁脚圆规、钢尺、铁角尺、小型合钻等。

3. 推拉窗的制作

推拉窗有带上亮及不带上亮之分，在用料规格上有 55、70、90 三种系列，90 系列是最常用的一种，图 12-56 是 90 系列铝窗带上亮的双扇推拉窗装配图，下面以该装配图为例介绍推拉窗的制作方法。图中 A_1 为窗洞高，B_1 为窗洞宽，B_2 为窗框宽。

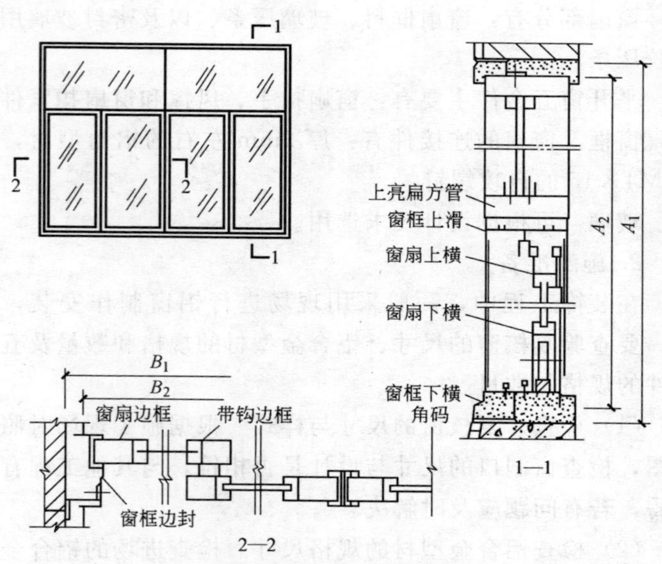

图 12-56　90 系列双扇推拉窗装配图

推拉窗的制作：

推拉窗制作工艺如下：

断料——→钻孔——→组装——→保护。

1）断料

断料亦称下料，是铝窗制作的第一道工序，也是重要关键的工序。断料主要使用切割设备，切割的精确度应保证，否则组装的方式将受到影响。所以断料尺寸必须准确，其误差值应控制在 2mm 范围内。

断料时，切割机的刀口位置应划在线以外，并留出划线痕迹。

① 上亮部分的断料：窗的上亮通常是用 25.4mm×90mm 的扁方管做成“口”字形。“口”字形的上下二条扁方管长度为窗框的宽度，“口”字形两边的竖扁方管长度，为上亮高度减去两个扁方管的厚度。

② 窗框的断料：窗框的断料是切割两条边封铝型材和上、下滑道铝型材各一条，两条边封的长度等于全窗高减去上亮部分的高度。上、下滑道的长度等于窗框宽度减去两个边封铝型材的厚度。

③ 窗扇的开料：因为窗扇在装配后既要在上、下滑道内滑动，又要进入边封的槽内，通过挂钩把窗扇销住。窗扇销定时，两窗扇的带钩边框与钩边刚好相碰，但又要能封口。所以窗扇开料要十分小心，使窗扇与窗框配合恰当。

窗扇的边框和带钩边框为同一长度，其长度为窗框边封的长度再减 45～50mm。

窗扇的上、下横为同一长度，其长度为窗框宽度的一半再加 5～8mm。

2）钻孔

窗的组装采用螺丝连接，所以，不论是横竖杆件的组装、还是配件的固定，均需要钻孔。

型材钻孔，可以用小型台钻或手枪式电钻。前者有工作台，利用模具，从而保证钻孔的精确度；而后者操作灵活，携带方便。

至于安装拉锁、执手、圆锁的较大孔洞，在工厂多用插床。在现场往往是先钻孔，然后再用手锯切割，最后再用锉刀修平。

钻孔的位置要准确，不可在型材表面反复更改钻孔。因为孔一旦形成，难于修复。所以钻孔前要先在工作台上划好线。

3）组装

① 上亮部分的组装　上亮部分的扁方管型材，通常采用铝角码和自攻螺钉进行连接，如图 12-57 所示。铝角码多采用厚 2mm 左右的直角铝角条，角码的长度最好能同扁方管内宽相符，以免发生接口松动现象。

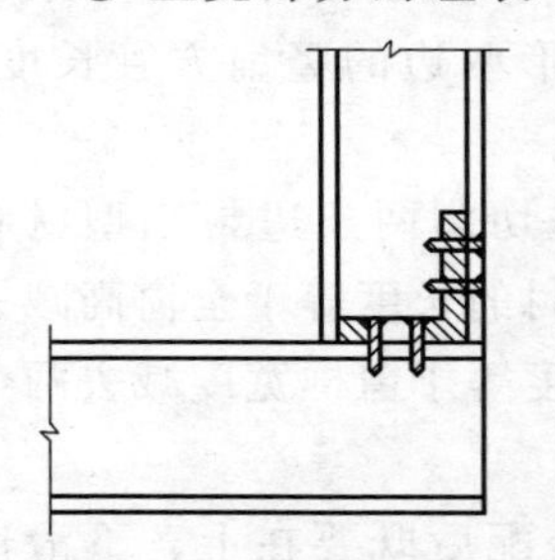

图 12-57　上亮扁方管连接

上亮的铝型材在四个角位处衔接固定后，再用截面尺寸为 12mm×12mm 的铝槽作固定玻璃的压条。安装压条前，先在扁方管的宽度上画出中心线，再按上亮内侧长度割切四条铝槽条。按上亮内侧高度减去两条铝槽截面高的尺寸，切割四条铝槽条。安装压条时，先用自攻螺钉把铝槽紧固在中线外侧，然后再离出大于玻璃厚度的 0.5mm 的距离，安装内侧铝槽，但自攻螺钉不需上紧等最后装上玻璃时再固紧。

② 窗框的连接　窗框边封上部钻完孔后，用专用的碰胶垫，放在边封的槽口内，再将 M4×35mm 的自攻螺钉，穿过边封上打出的孔和碰口胶垫上的孔，旋进上滑道上面的固紧槽孔内（图 12-58）。在旋紧螺钉的同时，要注意上滑道与边封对齐，各槽对正，最后再上紧螺钉，然后在边封内

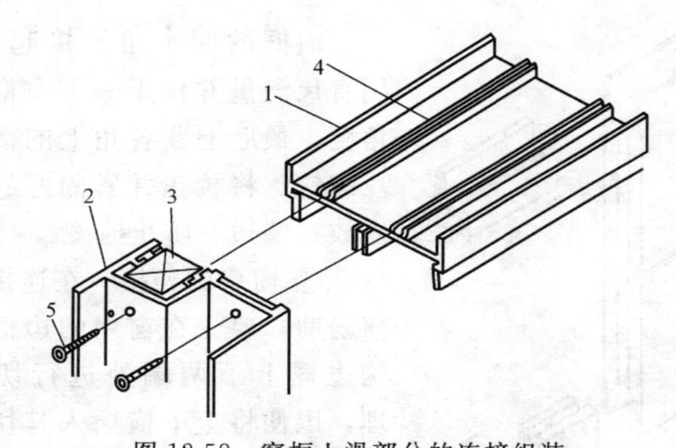

图 12-58　窗框上滑部分的连接组装

1—上滑道；2—边封；3—碰口胶垫；4—上滑道上的固紧槽；5—自攻螺钉

装毛条。

窗框边封与下滑道连接，如图 12-59 所示。连接时，注意固定下滑道位置不得装反，下滑道的滑轨面一定要与上滑道相对应才能使窗扇在上下滑道上滑动。

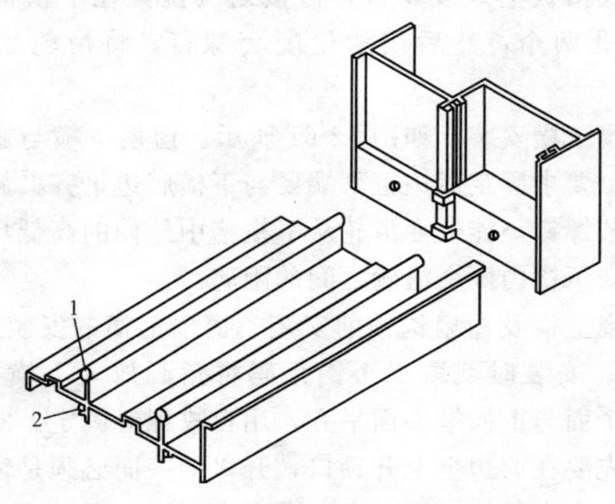

图 12-59　窗框下滑部分的连接组装

1—下滑道的滑轨；2—下滑道下的固紧槽孔

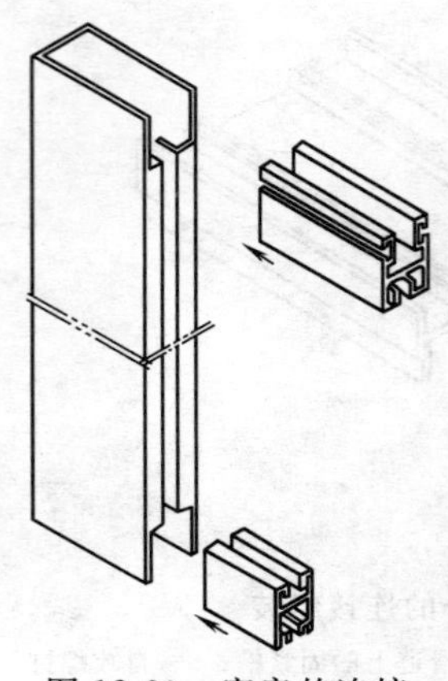

图 12-60　窗扇的连接

窗框的四个角衔接起来后，用直尺测量并校正一下窗框的直角度，最后上紧各角上的衔接自攻螺钉。将校正并紧固好的窗框立放在墙边，防止撞碰。

③ 窗扇的连接　在连接装拼窗扇前，要先在窗扇的边框和带钩边框上下两端处进行切口处理，以便将上下横插入其切口内进行固定。上端开切 51mm 长，下端开切 76.5mm 长（图 12-60）。

底槽安装滑轮：把铝窗滑轮放进下横一端的底槽中，使滑轮框上有调节螺钉的一面向外，该面与下横端头边平齐，在下横底槽板上划线定位，再按划线位置在下横槽板上打 $\phi4.5$ 的孔两个，然后用滑轮配套螺钉，将滑轮固定在下横内。

窗扇下横安装，如图 12-61 所示。窗扇下横与窗扇边框连接时，要求固定后边框下端要与下横底边平齐；旋动滑轮上的调节螺钉，能改变滑轮从下横槽中外伸的高低尺寸。而且能改变下横内两个滑轮之间的距离。

窗扇上横及窗扇钩锁的安装　窗扇上横的安装如图 12-62 所示。安装时截取二个铝角码将角码放入上横的两头，使之一个面与上横端头面平齐，用自攻螺钉固定。安装窗的锁前，先要在窗边框上开锁口，开口的一面必须是窗扇安装后，面向室内的面。而且窗扇有左右之分，所以开口位置要特别注意不要开错，窗钩锁通常是装于窗扇边框的中间高度，

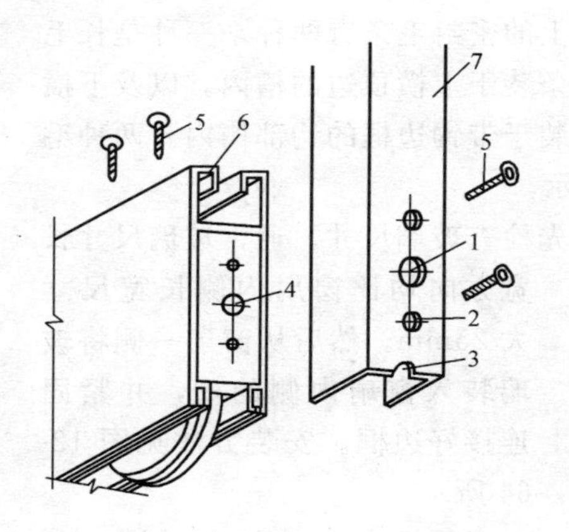

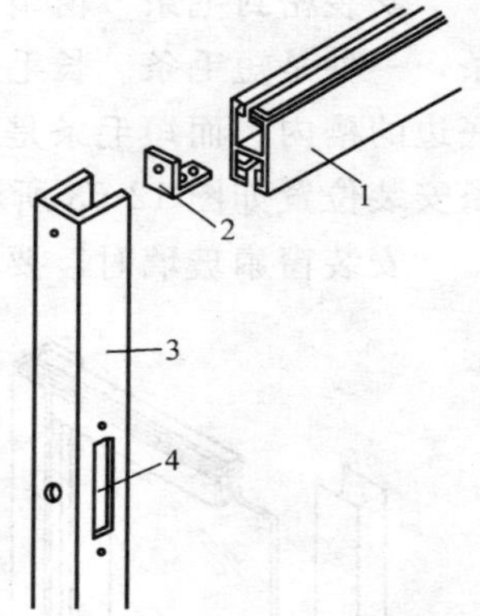

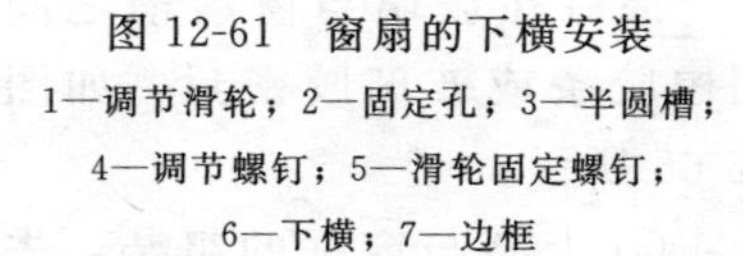

图 12-61 窗扇的下横安装

1—调节滑轮；2—固定孔；3—半圆槽；4—调节螺钉；5—滑轮固定螺钉；6—下横；7—边框

图 12-62 窗扇上横安装

1—上横；2—角码；3—窗扇边框；4—铁锁洞

如窗扇高度大于 1.5m，装窗钩锁的位置也可适当降低些。开窗钩锁长条形锁口的尺寸，要根据钩锁可装入边框的尺寸来定。开锁口的方法，一般是先按钩锁可装入部分的尺寸来定。在边框上划线，用手电钻在划线框内的角位打孔，或在划线框内沿线打孔。再多余的部分取下，用平锉修平即可。然后在边框侧面再挖一个直径为 ϕ25mm 左右锁钩插入孔，孔的位置对正锁内钩之处，最后在锁身放入长形口内。

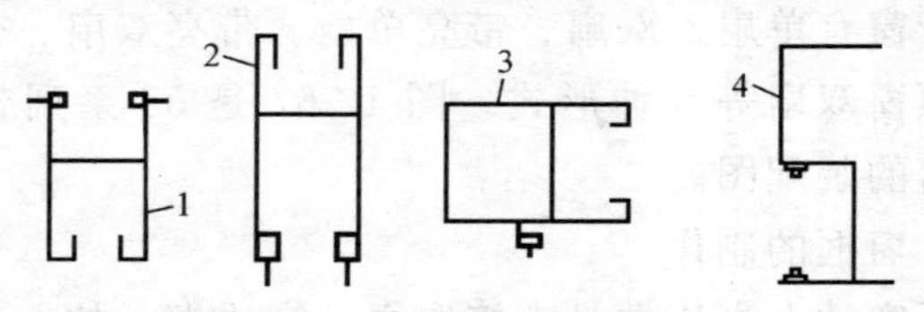

图 12-63 密封毛条的安装位置

1—上横；2—下横；3—带钩边框；4—窗框边封

安装密封毛条　窗扇上的密封毛条有两种，一种是长毛条，一种是短毛条。长毛条装于上横顶边的槽内，以及下横底边的槽内。而短毛条是装于带钩边框的钩部槽内。两种毛条安装位置如图 12-63 所示。

安装窗扇玻璃时，要先检查玻璃尺寸。通常玻璃尺寸长宽方向均比窗扇内侧长宽尺寸大 25mm。然后从窗扇一侧将玻璃装入窗扇内侧的槽，并紧固连接好边框。安装方法见图 12-64 所示。

图 12-64　安装窗扇玻璃

最后在玻璃与窗扇槽之间用橡胶条或玻璃胶密封，如图 12-65 所示。

④ 上亮与窗框的组装：先切两小块 12mm 厚木板，将其放在窗框上滑的顶面。再将口字形上亮框放在上滑的顶面，并将两者前后，左右的边对正。然后从上滑下向上打孔，把两者一并钻通，用自攻螺钉将上滑与上亮框扁方管连接起来（图 12-66）。

4. 平开窗的制作

平开窗有单扇、双扇、带亮单扇、带亮双扇、带顶窗单扇、带顶窗双扇等 6 种形式。图 12-67 是 38 系列带顶窗双扇平开窗的装配图。

（1） 窗框的制作

平开窗的上亮边框是直接取之于窗边框，故上亮边框为同一框料，在整个窗边上部适当的位置（1m 左右），横加

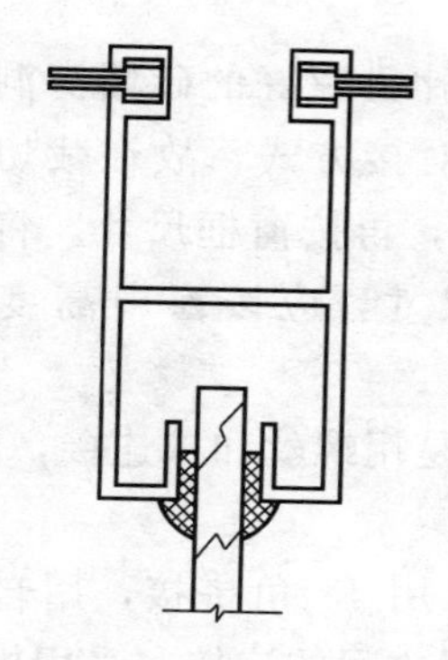

图 12-65　玻璃与窗扇槽的密封

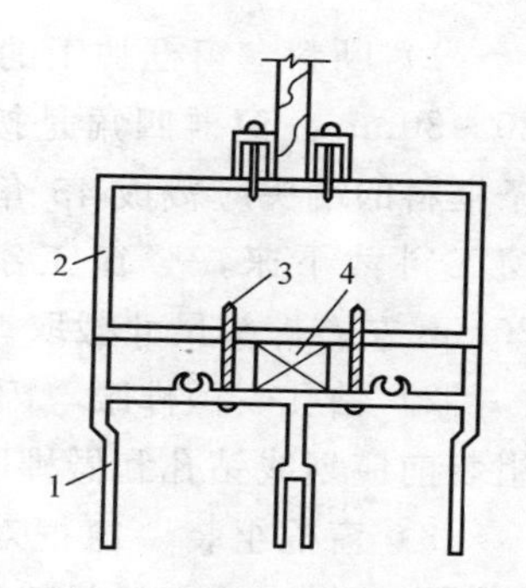

图 12-66　上亮与窗框的连接
1—上滑；2—上亮框扁方管；3—自攻螺钉；4—木垫块

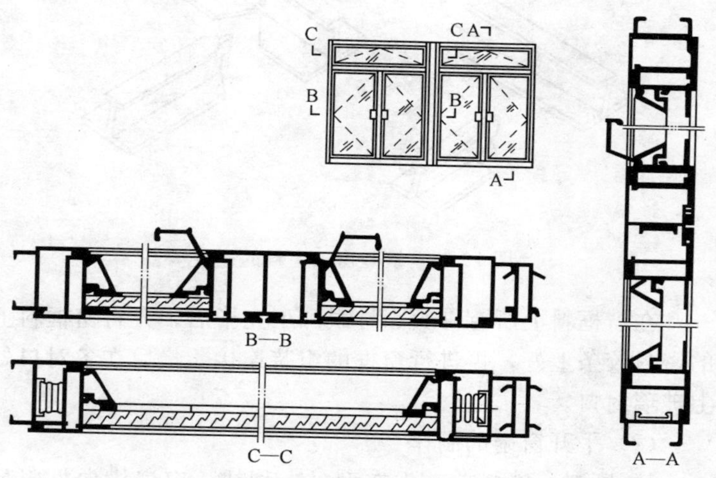

图 12-67　38 系列带顶窗双扇平开窗的装配图

一条窗工字料，就构成上亮的框架，而横窗工字料以下部位，就构成了平开窗的窗框。

1）断料　窗框加工的尺寸应比已留好的砖墙窗洞略小20～30mm。窗框四角是按45°角对接方式，故在裁切时四条框料的端头应裁成45°角。然后，再按窗框尺寸，将横向窗工料裁下来，竖窗工字料的尺寸，应按窗扇高度加上20mm左右榫头尺寸截取。

2）钻孔、做榫眼　因平开窗是用螺丝和榫连接，因此，组装前应划线钻孔和做榫眼。

3）窗框组装　窗框对角处采用45°角拼接，用自攻螺丝固定。横窗工字料与竖窗工字料之间的连接，采用榫接法连接。如图12-68所示。

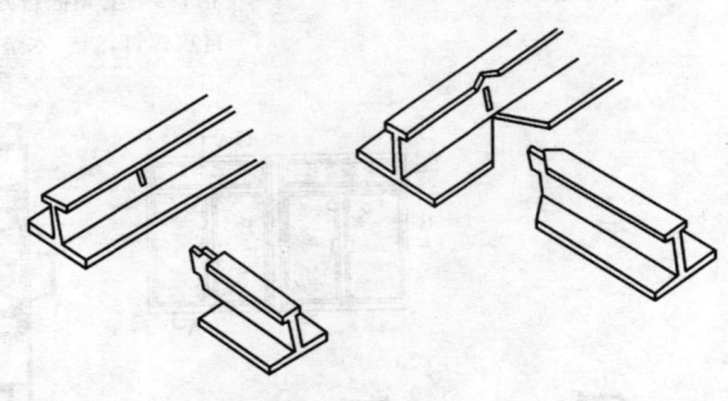

图12-68　横竖窗工字料的连接

在窗框料上所有榫头、榫眼加工完毕后，先将窗框料上的密封胶条上好，再进行窗框的组装连接，最后在各对口处上玻璃封口。

（2）平开窗扇的制作

1）断料　断料前，先在型材上划线。窗扇横向框料尺寸，要按窗框中心竖向工字型料中间，至窗框的边框料外边的宽度尺寸来切割。窗扇竖向框料要按窗框上部横向工字型料中间，至窗框边框料外边的高度尺寸来切割，使得窗扇组装后，其侧边的密封条能压在窗框架的外边。

横、竖窗扇料裁切下来后，还要将两端再切成45°角的斜口并用细锉修正飞边和毛刺。连接铝角是用比窗框铝角小一些的窗扁铝角。

窗压线条按窗扇框尺寸裁割，端头也是切成45°角，并修整好切口。

2）连接　窗扇连接主要是将窗扇框料连接成一个整体。连接前需将密封胶条植入槽内。

(3) 组装　组装的内容有：上亮安装、窗扇安装、装窗扇拉手及玻璃、装执手和风撑。

12.4.8　铝合金门的制作

铝合金门由门框、门扇、闭门器等所组成。常用的闭门器有坐地式地弹簧及顶闭门器两种。门框料多选用76×44、100×44的扁方管铝合金型材。门扇料多选用46系列铝合

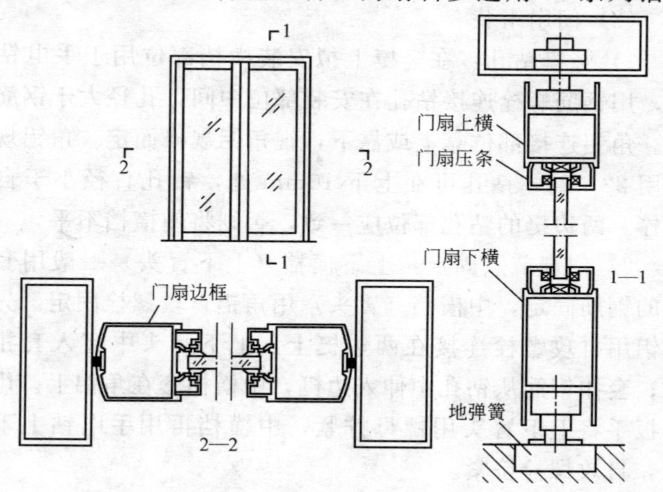

图12-69　46系列铝合金门装配图

金门型材。图 12-69 是 46 系列地弹簧门的装配图。

1. 门扇制作

(1) 选料下料

目前各厂生产的铝合金规格不统一，选料时要考虑表面色彩、料型、壁厚等因素，以保证足够的刚度、强度和装饰性。每一种铝合金型材都有其特点和使用部位，如推拉、平开、自动门所采用的型材规格各不相同，确认了材料及其使用部位后，要按设计尺寸进行下料。在一般建筑工程中，铝合金门窗无详图设计，仅给出门、洞口尺寸和门扇划分尺寸。门窗下料时，要在门洞口尺寸中减掉安装缝、门框尺寸，其余按扇数均匀调整大小。要先计算，画简图，然后再按图下料。下料原则是：竖梃通长满门扇高度尺寸，横档截断，即按门扇宽度减去两个竖梃宽度。切割时要将切割机安装合金锯片，严格按下料尺寸切割。

(2) 门扇组装

1) 竖梃钻孔：在竖梃上拟安装横档部位用于手电钻钻孔，用钢筋螺栓连接钻孔在安装部位中间，孔径大于钢筋直径。角铝连接部位靠上或靠下，视角铝规格而定。角铝规格可用 22×22，钻孔可在上下 10mm 处，钻孔直径小于自攻螺栓。两边梃的钻孔部位应一致，否则将使横档不平。

2) 门扇节点固定：上下横档（上下冒头）一般用套螺纹的钢筋固定，中横档（冒头）用角铝自攻螺栓固定。先将角铝用自攻螺栓连接在两边梃上，上下冒头中穿入套扣钢筋；套扣钢筋从钻孔中伸入边梃，中横档套在角铝上。用半步扳手将上下冒头用螺母拧紧，中横档再用手电钻上下钻孔，自攻螺栓挤紧。

3) 门扇转动配件的安装：门窗转动配件有装于上横料

内的转动销孔组件和装于下横料内的地弹簧连杆。安装时按门框横料中的转动销轴线，距竖料内边的距离给这两个门扇转动配件定位，使其与转动销、地弹簧轴的这条轴线一致。通常，转动销孔中心线距门扇框外侧边为 96～98mm。门扇转动配件的安装，如图 12-70 所示。

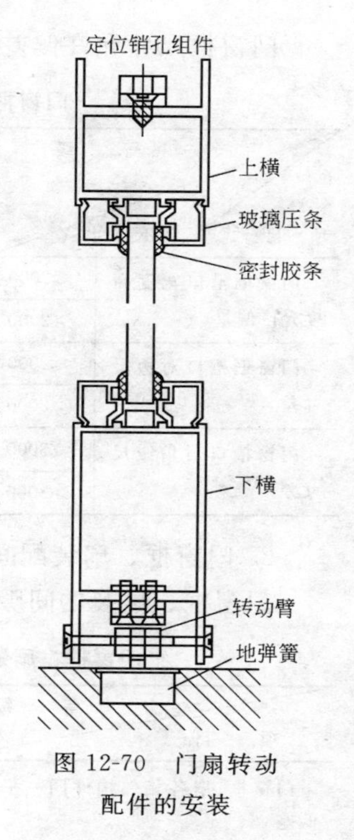

图 12-70　门扇转动配件的安装

4）销孔和拉手安装：在拟安装的门锁部位，用手电钻钻孔，再伸入曲线锯切割成锁孔形状。在门边梃上，门锁两侧要对正，为了保证安装精度，一般在门扇安装后，再装门锁。

2. 铝合金门框制作

（1）选料下料　视门的大小选用 50×70、50×100、100×25 门框梁，按设计尺寸下料，具体作法同门扇制作。

（2）门框钻孔组装　在安装门的上框和中框部位的边框上，钻孔安装角铝，方法同门扇。然后将中、上框套在角铝上，用自攻螺栓固定。

（3）设连接件　在门框上，左右设扁铁连接件，扁铁件与门框上用自攻螺栓拧紧，安装间距为 150～200mm，视门料情况和与墙体的间距而定，扁铁做成平的，冂字形的。连接方法视墙体内埋件情况而定。

12.4.9　铝合金门窗装配要求

1. 门窗框尺寸允许偏差

门窗框尺寸允许偏差，见表12-63。

门窗框尺寸偏差（mm）　　　表12-63

项目 \ 尺寸 \ 等级		优等品	一等品	合格品
门窗框槽口宽度高度允许偏差	≤2000	±1.0	±1.5	±2.0
	>2000	±1.5	±2.0	±2.5
门窗框槽口对边尺寸差	≤2000	≤1.5	≤2.0	≤2.5
	>2000	≤2.5	≤3.0	≤3.5
门窗槽口对角线尺寸差	≤3000	≤1.5	≤2.0	≤2.5
	>3000	≤2.5	≤3.0	≤3.5

2. 门窗框、扇装配间隙允许偏差

门窗框、扇装的间隙允许偏差，见表12-64。

门窗框、扇装配间隙允许偏差（mm）　　表12-64

项目 \ 等级	优等品	一等品	合格品
门窗框、扇各相邻构件同一平面高低差	≤0.3	≤0.4	≤0.5
门窗框、扇各相邻构件装配间隙	≤0.3		≤0.5
门窗框与扇、扇与扇竖向缝隙偏差	±10*		

注：*用于铝合金地弹簧门

3. 铝合金门窗局部擦伤、划伤分级控制

铝合金门窗局部擦伤，划伤分级控制，见表12-65。

12.4.10 铝合金门窗的安装

1. 施工准备

(1) 门、窗洞口质量检查、铝合金门、窗安装前，应对洞口进行检验。因门、窗框一般是后塞口，在施工期间，应

铝合金门窗局部擦伤、划伤分级控制表　表 12-65

项目 \ 等级	优等品	一等品	合格品
擦伤、划伤深度	不大于氧化膜厚度	不大于氧化膜厚度的 2 倍	不大于氧化膜厚度的 3 倍
擦伤总面积(mm^2)≤	500	1000	1500
划伤总长度(mm)≤	100	150	150
擦伤或划伤处数≤	2	4	6

按设计尺寸留出。窗框与结构之间的间隙，应视不同的材料而定。如果内外墙均是抹灰，窗框的实际外缘尺寸每一侧应比洞口尺寸小 2cm。如果是大理石面层门、窗框的外缘尺寸应比洞口实际尺寸小 5cm 左右。还应检查预留洞口的偏差。

（2）检查铝、门窗的质量　在铝门、窗安装前，应检查它们各自的尺寸是否符合设计要求，有无变形和扭曲，并检查方正。

（3）检查各种配件　在安装铝门、窗前，应检查铝门、窗各种配件数量、品种、规格是否符合施工要求。

（4）施工工具　水平尺（铝质）、电钻、冲击钻、打胶筒、玻璃吸手、锄锤。

2. 施工要点

（1）铝质门、窗安装位置要规矩、方正、牢靠，不得翘曲、窜角、松动。

（2）对已进场的框、扇要按规格和种类分别堆放整齐，底层须垫实垫平，防止在存放期间受压或碰撞引起变形。

（3）铝门、窗框安装前，除了塞灰的一侧外，其余三面需用塑料胶纸包裹保护，防止受污染。

（4）安装铝门、窗框的洞口尺寸要正确，框上下、两侧要留有缝隙，并留出窗台板的位置。

（5）注意成品保护，安装后的铝门、窗框必须严格避免因车撞、物碰而引起的位移和损伤。

（6）安装的铝门、窗扇时所选用的五金件要配套，要使启闭灵活自如。

（7）窗扇四周都应安装有尼龙密封条，以保证框扇的密封，并使金属框料之间不直接接触。

3. 操作要点

（1）放线

按设计要求在门、窗洞口弹出门、窗位置线。并注意同一侧面的窗在水平及垂直方向应做到整齐一致。还要特别注意室内地面的标高。地弹簧的表面，应该与室内地面标高一致。

（2）安框

在安装制作好的铝窗、门框时，吊垂线后要卡方。待两条对角线的长度相等，表面垂直后，将框临时用木楔固定，待检查立面垂直、左右间隙、上下位置符合要求后，再将框固定在结构上。

1）当门窗洞口系预埋铁件，安装框子时铝框上的镀锌铁脚，可直接用电焊焊牢于预埋件上。焊接操作时，严禁在铝框上接地打火，并应用石棉布保护好铝框。

如洞口墙体上已预留槽口，可将铝框上的连接铁脚埋入槽口内，用C25级细石混凝土或1∶2水泥砂浆浇填密实。

2）当门窗洞口为混凝土墙体但未预埋铁件或预留槽口时，其门窗框连接铁件可用射钉枪射入$\phi4\sim\phi5$mm射钉紧固（图12-71）。连接铁件应事先用镀锌螺钉铆固在铝框上。

如门窗洞口墙体为砖砌结构，应用冲击电钻钻入不小于

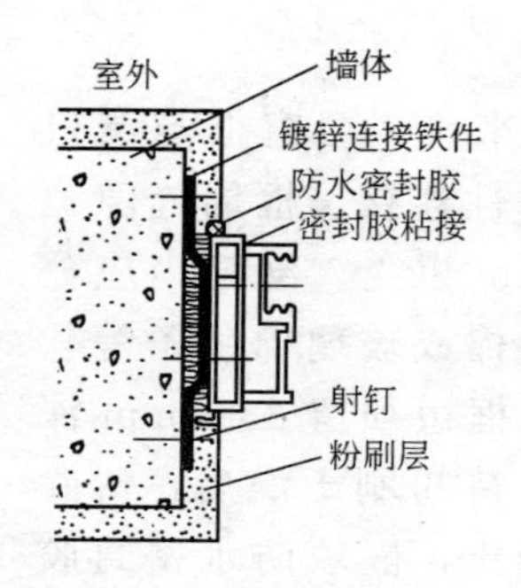

图 12-71　铝框连接件射钉锚固示意图

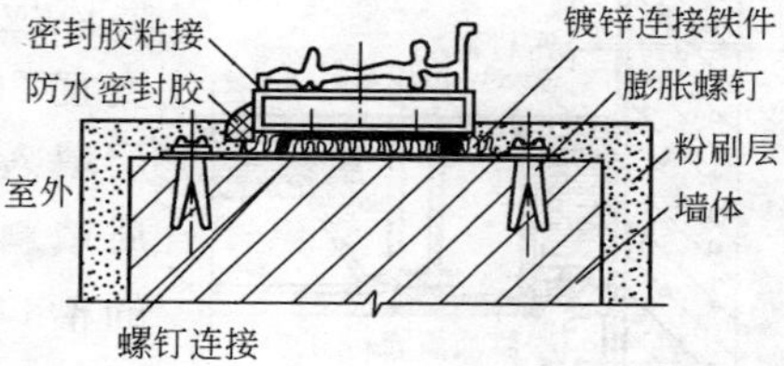

图 12-72　膨胀螺栓紧固连接件

ϕ10mm 的深孔，用膨胀螺栓紧固连接件（图 12-72）。不宜采用射钉连接。

3）自由门地弹簧安装，采用地面预留洞口，门扇与地弹簧安装尺寸调整后，应浇筑 C25 级细石混凝土固定。

4）铝门框埋入地面以下应为 20～50mm。

5）组合窗框间立柱上下端应各嵌入框顶和框底的墙体（或梁）内 25mm 以上。转角处的主柱其嵌固长度应在 35mm 以上。

6）门窗框连接件采用射钉、膨胀螺栓、钢钉等紧固时，其紧固件离墙（或梁、柱）边缘不得小于 50mm，且应错开墙体缝隙，以防紧固失效。

（3）填缝

铝门、窗框在填缝前经过平整、垂直度等的安装质量复查后，再将框四周清扫干净、洒水湿润基层。

对于较宽的窗框，仅靠内外挤灰时挤进一部分灰是不能饱满的，应专门进行填缝。填缝所用的材料，原则上按设计要求选用。但不论使用何种材料，应达到密闭、防水的

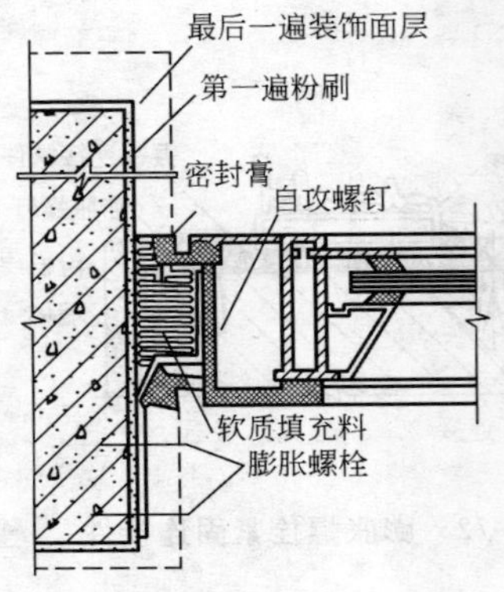

图 12-73　铝合金门窗框填缝

目的。

一般来说，门窗框与洞口墙体应弹性连接。框周缝隙宽度宜 20mm 以上。缝隙内应分层填入矿棉或玻璃棉毡条等软质填料。框边须留 3～8mm 深的槽口，待粉刷干燥后，清除浮灰、渣土，嵌填防水密封胶（图 12-73）。

铝门窗框上如沾上水泥浆或其他污染物，应立即用软布清洗干净。切忌用金属工具刮洗，以防损坏门窗。

(4) 门、窗扇安装

1) 在土建施工基本做完的情况下方可进行安装。应合理安排进度。

2) 平开窗扇安装前，先固定窗铰，然后将窗铰与窗扇固定，框装扇必须保证窗扇立面在同一平面内，要达到周边密封，启闭灵活。

3) 如果安装门扇，下面安装地弹簧，可向内外自由开闭。

(5) 安装玻璃

1) 裁玻璃。按照门、窗扇的内口实际尺寸，合理计划用料，裁割玻璃，分类堆放整齐，底层垫实找平。

2) 安装玻璃。当玻璃单块尺寸较小时，可以用双手夹住就位。如果玻璃尺寸较大，为便于操作，往往用玻璃吸盘。玻璃应该摆在凹槽的中间，内、外两侧的间隙应不少于 2mm。

3）玻璃密封与固定。玻璃就位后，应及时用胶条固定。型材镶嵌玻璃的凹槽内，一般有以下三种做法：

① 用橡胶条挤紧，然后在胶条上面注入硅酮系列密封胶。

② 用1cm左右长的橡胶块，将玻璃挤住，然后再注入硅酮系列密封胶。注胶使用胶枪。要注得均匀、光滑，注入深度不宜小于5mm。

③ 用橡胶压条封缝，拼紧，表面不再注胶。

玻璃的下部不能直接坐落在金属面上，而应用3mm厚的氯丁橡胶垫块将玻璃垫起。

（6）清理

铝合金门、窗交工前，应将型材表面的塑料胶纸撕掉。如果发现塑料胶纸在型材表面留有胶痕和其他污物，可用单面刀片刮除擦拭干净。也可用香蕉水清洗干净。

4. 质量通病及防治措施

（1）渗水

产生原因：

1）密封不好，构造处理不妥。

2）外窗台泛水坡度反坡，密框与饰面交接处勾缝不密实。

3）窗框四周与结构间有间隙，此处渗水对内墙影响也较大。

防治措施：

1）横竖框的相交部位，应注上防水密封胶。一般多用硅酮密封胶。注胶时，框的表面务必清理干净。否则会影响胶的密封。有些外露的螺丝头，也应在其上面注一层硅酮密封胶。

2）外窗台泛水坡度反坡，应由土建单位处理。若交接处不密实，一般由安装单位在此部位注一层防水胶。

3）安窗框时，注意窗框与结构间的间隙应密实处理。

4）将框内积水尽快排除出去。采用的办法是在封边及轨道的根部钻直径2mm的小孔，一旦积水，可通过小孔排向室外。

（2）开启不灵活

产生原因：

1）推拉窗轨道变形，弯弯曲曲，凹凸不平。轨道内有许多建筑垃圾，如灰渣等杂物也会影响轮子前进。

2）平开窗窗铰松动，滑槽变形，滑块脱落等造成开启不灵活。

3）外窗台超高而影响开启。

防治措施：

1）窗框、窗扇及轨道变形，一般应进行更换。对于框内杂物，应及早清理干净。

2）窗铰、滑槽变形，滑块脱落，大部分可以修复，个别的可以更换。

3）窗台超高，应由土建单位修平。

（3）密封质量不好

产生原因：

1）没有按设计要求选择密封材料。

2）施工中橡胶丢失，应及时补上，用橡胶条密缝的窗扇中，转角部位没注上胶。

防治措施：

1）按设计要求，选择封缝材料；施工中丢失的封缝材料应及时补上。

2）用橡胶条封缝的窗扇，应在转角部位注上胶，使其粘结。窗外侧的封缝材料宜使用整体的硅酮密封胶。

（4）不规矩、不方正

产生原因：

1）长期存放因受压或碰撞引起变形，安装时未及时修正。

2）铝门、窗框安装时未作认真锤吊和卡方，就急于固定。

3）填缝时未进行平整、垂直度的复查，砂浆未达到强度时就拔除固定木楔，引起铝框震动。

防治措施：

1）铝门、窗框、扇进场时应垂直放置整齐，底层垫实垫平，防止变形。

2）安框时，应检查框是否规矩、方正，在安装洞口认真吊锤线，用水平尺靠直靠平，待框的两条对角线长度相等且表面垂直后，再小心地用木楔子将四周固定。

（5）表面受污染

铝合金表面颜色不一致；脏污痕迹无法清除。

产生原因：

1）铝门、窗框、扇，未用塑料胶纸包裹保护，致使铝制品表面受腐蚀性液体的侵蚀。

2）由于未受取防护措施，工人在填缝时，水泥砂浆溅在铝制品表面，又未及时擦净。

防治措施：

1）铝合金门、窗框安装前，先用塑料胶纸将框的三面（除塞灰一侧外）全部包裹至安装完毕。

2）塞灰时，不要撕破塑料胶纸，溅上水泥砂浆的部位应及时擦拭干净。

（6）外门外窗框边未留嵌缝密封胶槽口

外门外窗框套饰面时，与门窗面齐平。

产生原因：交底不清或无施工经验。

防治措施：门窗套粉刷时，应在门窗框内外框边嵌条，留出 5～8mm 深的槽口，槽口内用密封胶嵌填密封，胶体表面应压平、光洁。

（7）窗框周边用水泥砂浆嵌缝

窗框周边与墙体（留洞洞口）的缝隙用水泥砂浆填实。

产生原因：未认真阅读图纸，凭经验按常规施工。

防治措施：

1）认真阅读图纸，严格按图施工。

2）门窗外框四周应为弹性连接，至少应填充 20mm 厚的保温软质材料，同时避免门窗框四周形成冷热交换区。

3）粉刷门窗套时，门窗内外框边均应留槽口，用密封胶填平、压实。严禁水泥砂浆直接同门窗框接触，以防腐蚀门窗框。

（8）组装门窗的明螺丝未加处理

明螺丝未进行防锈处理。

产生原因：未按设计要求或处理遗漏。

防治措施：门窗组装过程中应尽量少用或不用明螺丝。如非用不可，应用同样颜色的密封材料填埋密封。

（9）带形组合门窗之间产生裂缝。

带形组合门窗，在使用后不久，组合处产生裂缝。

产生原因：组合处搭接长度不足，在受到温度及建筑结构变化时，产生裂缝。

防治措施：横向及竖向带形窗，门之间组合杆必须同相邻门窗套插、搭接，形成曲面组合，其搭接量应大于 8mm，并用密封胶宽封。可防止门窗因冷热和建筑结构变化而产生裂缝。

(10) 砖砌墙体用射钉紧固门窗框铁脚

砖砌墙体用射钉连接门窗框铁脚不牢固。

产生原因：因砖砌墙体不匀质，有灰缝，射钉锚圆不牢。

防治措施：当门窗洞口为砖砌墙体时，应用钻孔或凿孔方法，孔径不小于 ϕ10mm，用膨胀螺栓固定连接件，不得用射钉固定铁脚。

12.4.11 铝合金门窗安装质量要求及检验标准

铝合金门窗安装质量要求及检验标准见 12.2.6 节。

12.4.12 铝合金百叶窗

铝合金百叶窗系以铝镁合金制作的百叶片、通过梯形尼龙绳串联而成。百叶片的角度，可根据室内光线明暗的要求及通风量大小的需要，拉动尼龙绳进行调节（百叶片可同时翻转 180°）。铝合金百叶窗启闭灵活，使用方便且经久不锈，造型富装饰性。其色彩有淡蓝、乳白、天蓝、淡果绿等；其宽度一般在 650～5000mm 之间，高度在 650～4000mm 之间进行选择和订制。这种铝合金帘式百叶窗，作为遮阳与室内装饰设施已广泛应用于高层建筑和民用住宅。

1. 铝合金百叶窗的安装方法

(1) 侧面安装　铝合金帘式百叶窗的安装，较多采用侧面安装方法，这种安装方法较为方便和牢固。其安装构造见图 12-74 所示。

(2) 朝天安装　在窗框上部不能进行安装的情况下，可采用朝天安装，这种安装方法比侧面安装的难度略大，见图 12-75。

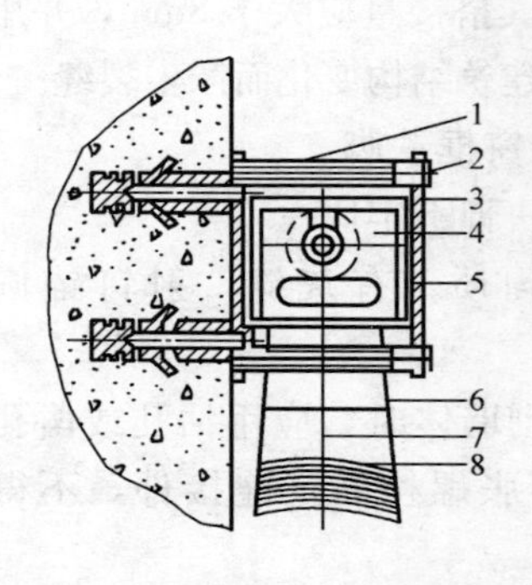

图 12-74 铝合金百叶窗侧面安装局部示意

1—尼龙膨胀管；2—木螺丝；3—紧固螺丝；4—塑料零件；5—传动框；6—梯格线；7—百叶片；8—升降绳

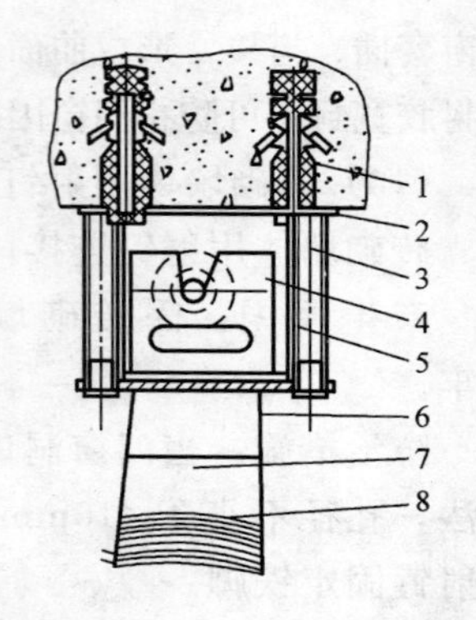

图 12-75 铝合金百叶窗朝天安装局部示意

1—尼龙膨胀管；2—紧固螺丝；3—木螺丝；4—塑料零件；5—传动框；6—梯格线；7—百叶片；8—升降绳

2. 铝合金百叶窗订制注意事项

(1) 百叶窗如装在窗框外，在宽度方向上两边各应放出30mm，高度方向安装时一般要高于窗框100mm左右。具体放出尺寸可先确定，而后再订制，以保证有足够的安装尺寸能遮住整个窗框。

(2) 百叶窗如安装在窗框内，则需根据窗框的高、宽各减去20mm。例如窗框的规格尺寸为1520mm×1520mm时，则实做百叶窗尺寸为1500mm×1500mm。

(3) 百叶窗的产品有几种表面处理方法，订制时应根据需要进行选择。其处理特点为：

1) 烘（喷）漆：选用优质胺基平光漆，烘漆牢固，色彩丰富。

2) 喷塑：具有耐酸、耐油、耐碱、耐老化、耐冲击和绝缘等优点，此喷漆的牢固性更性。

3）电化：将百叶片氧化，经化学处理后，获得所需要的色泽，其色彩渗透于铝片内，即耐冲击又使窗片保持原重。

（4）喷花：表面经喷花工艺，装饰出各种图案及标志，使表面更具有美感和特色。

12.4.13　微波自动门安装

ZM-E2 型微波自动门是近年来发展的一种新型金属门型。其传感系统是采用国际流行的微波感应方式，当人或其他活动目标进入微波传感器的感应范围时，门扇自动开启。离开感应范围后，门扇自动关闭（如果在感应范围内静止不动 3s 以上，门扇也将关闭）。门扇运行时有快、慢二种速度自动变换，使起动、运行、停止等动作达到最佳协调状态。同时可确保门扇之间的柔性合缝，当门意外的夹人或门体被异物卡阻时，自控电路具有自动停机功能，安全可靠。ZM-E2 型自动门的机械运行机构无自锁作用，可在断电状态下作手动移门使用，轻巧灵活。

1. 用途

适用于宾馆、大厦、机场、医院手术间、高级净化车间、计算机房等建筑设施的启闭。

2. 结构

（1）门体结构　上海红光建筑五金厂生产的 ZM-E2 型自动门门体结构分类详见表 12-66。

自动门标准立面设计主要分为两扇型、四扇型和六扇型等，立面示意图见图 12-76。

（2）机箱结构　在自动门扇的上部设有统长的机箱层，用以安置自动门的机电装置。图 12-77 为上海红光建筑五金厂生产的 ZM-E2 型自动门机箱结构的剖面图。

上海红光建筑五金厂生产的 ZM-E2 型自动门门体分类系列　　表 12-66

门体材料	表面处理（颜色）	
铝合金	银白色	古铜色（茶色）
无框全玻璃门	白色全玻璃	茶色全玻璃
异型薄壁钢管	镀锌	油漆

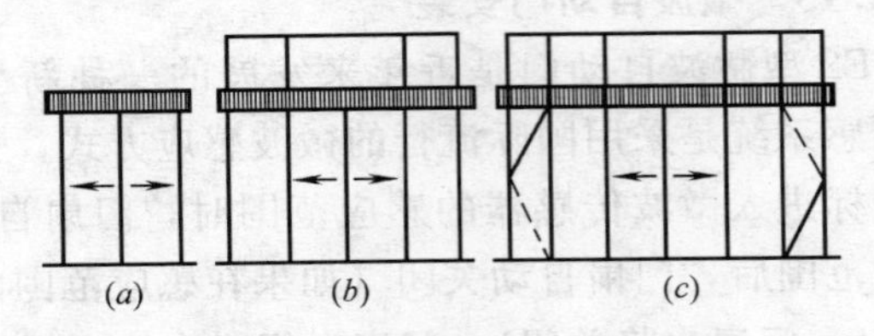

图 12-76　自动门标准立面示意图

（a）二扇型；（b）四扇型；（c）六扇型

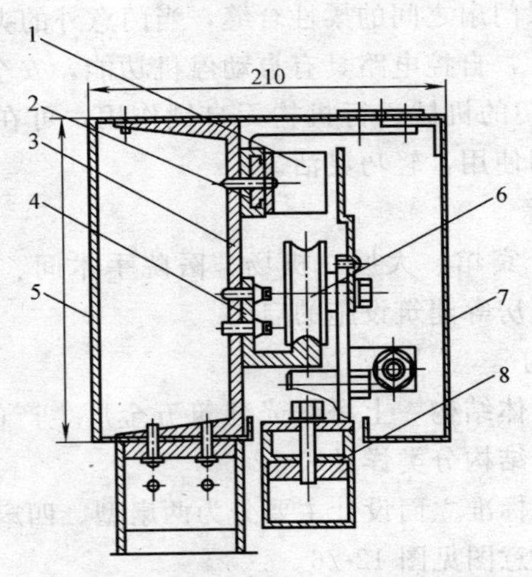

图 12-77　ZM-E2 型自动门机箱剖面图

1—限位接近开关；2—接近开关滑槽；3—机箱横梁 18 号槽钢；4—自动门扇上轨道；5—机箱前罩板（可开）；6—自动门扇上滑轮；7—机箱后罩板；8—自动门扇上横条

（3）控制电路结构　控制电路是自动门的指挥系统。ZM-E2 型自动门控制电路由二部分组成。其一是用来感应开门目标讯号的微波传感；其二是进行讯号处理的二次电路控制。微波传感器采用 X 波段微波讯号的“多普勒”效应原理，对感应范围内的活动目标所反应的作用讯号进行放大检测，从而自动输出开门或关门控制讯号。一挡自动门出入控制一般需要用二只感应探头、一台电源器配套使用。二次电路控制箱是将微波传感器的开、关门讯号转化成控制电动机正、逆旋转的讯号处理装置。它由逻辑电话、触发电路、可控硅主电路、自动报警停机电路及稳压电路等组成。主要电路采用先进的集成电路技术，使整个机具有较高的稳定性和可靠性。微波传感器和控制箱均使用标准插件连接，因而同机种具有互换性和通用性，微波传感器及控制箱在自动门出厂前均已安装在机箱内。图 12-78 为上海红光建筑五金厂生产的 ZM-E2 型微波自动门电控系统方框原理图。

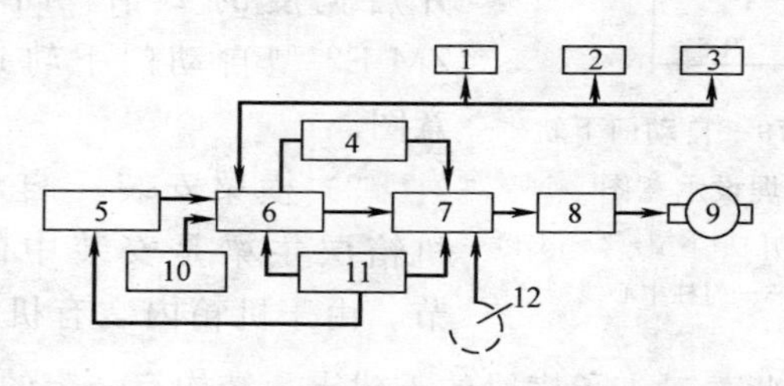

图 12-78　ZM-E2 型微波自动门电控系统方框原理图

1—CL；2—SO；3—OL；4—报警电路；5—微波传感器；6—逻辑电路；7—触发电路；8—主电路；9—ZD；10—手控开关；11—稳压电流；12—速度调节

3. 主要技术指标（表 12-67）

4. 安装要点

上海红光建筑五金厂生产的 ZM-E2 型自动门技术指标　　表 12-67

项　目	指　标	项　目	指　标
电源	AC220V/50Hz	感应灵敏度	现场调节至用户需要
功耗	150W	报警延时时间	10～15s
门速调节范围	0～350mm/s(单扇门)	使用环境温度	－20℃～＋40℃
微波感应范围	门前 1.5～4m	断电时手推力	<10N

(1) 安装

1) 地面导向轨道安装　铝合金自动门和全玻璃自动门地面上装有导向性下轨道。异型钢管自动门无下轨道。有下轨道的自动门土建做地坪时。须在地面上预埋 50mm×75mm 方木条 1 根。自动门安装时，撬出方木条便可埋设下轨道，下轨道长度为开启宽度的 2 倍。图 12-79 为 ZM-E2 型自动门下轨道埋设示意图。

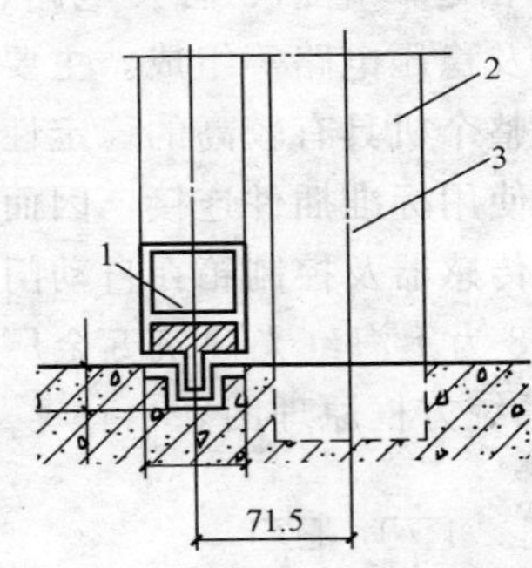

图 12-79　自动门下轨道埋设示意图

1—自动门扇下槽；2—门柱；3—门柱中心线

2) 横梁安装　自动门上部机箱层主梁是安装中的重要环节。由于机箱内装有机械及电控装置，因此，对支承横梁的土建支承结构有一定的强度及稳定性要求。常用的有两种支承节点（见图 12-80），一般砖结构宜采用（*a*）形式，而混凝土结构多采用（*b*）形式。

(2) 使用与维护

自动门的使用性能与使用寿命，与日常维护工作的好坏有关，因此，在使用过程中必须做好下列维护工作：

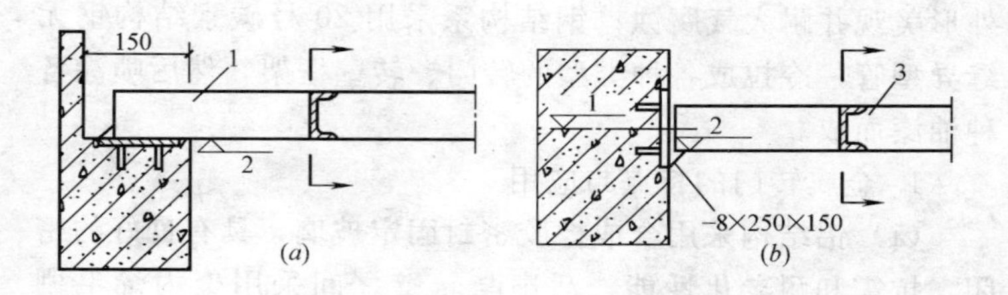

图 12-80 机箱横梁支承节点

（a）1—机箱横梁（18 号槽钢）；2—门扇高度；
（b）1—门扇高度＋90mm；2—门扇高度；3—18 号槽钢

1）门扇地面滑行轨道（下轨道），必须经常清理垃圾杂物。槽内不得留有异物，以免影响自动门扇的滑行。结冰气候要防止水流进入下轨道内，以免结冰后卡阻活动门扇。

2）微波传感器及控制箱等一旦调试正常，就不能任意变动各种旋钮位置，以免失去最佳工作状态，达不到应有的技术性能。

3）铝合金门框、门扇、装饰板等，是经过表面化学防腐蚀氧化处理的，产品运往施工现场后，应妥善保管，并注意门体不得与石灰、水泥及其他酸、碱性化学物品接触，以免损伤表面，影响美观。

4）对使用频繁的自动门，要定期检查传动部分装配紧固零件是否松动、缺损。对机械活动部位定期加油，以保证门扇运行润滑、平稳。

12.5 金属转门及防火门

12.5.1 金属转门

金属转门有铝质和钢质两类型材结构。铝结构是采用铝、镁、硅合金挤压型材，经阳极氧化成银白与古铜等色，外形美观并耐大气腐蚀；钢结构系采用 20 号碳素结构钢无缝异型管，冷拉成各种类型的转门、转壁框架，然后喷涂各种油漆而成。

1. 金属转门的特点与应用

（1）铝结构采用合成橡胶密封固定玻璃，具有良好的密闭、抗震和耐老化性能。活扇与转壁之间采用聚丙烯毛刷条。钢结构玻璃采用油面腻子固定。铝结构采用厚 5～6mm 玻璃，钢结构采用 6mm 厚的玻璃，玻璃尺寸根据实体使用进行装配。

（2）门扇一般为逆时针旋转，转动平稳、灵便、清洁和维修方便。

（3）转门需关闭时，将门扇插销插入预埋的插壳内即可。

（4）门扇旋转主轴下部，设有可调节阻尼装置，以控制门扇因惯性产生偏快的转速，以保持旋转平稳状态。

（5）转壁分双层铝合金装饰板和单层弧形玻璃。

金属转门适用于宾馆、机场、使馆、商场等建筑中，高级民用与公共建筑设施的启闭，控制人的流量并有保持室内温度的作用。

图 12-81 为金属转门的多种立面形象；表 12-68 为金属转门的常规规格。

2. 金属转门的安装技术要点

（1）设计选用（见表 12-69）。

（2）安装

1）开箱后，检查各类零部件是否正常，门樘外形尺寸是否符合门洞口尺寸，以及转壁位置要求，预埋件位置和数量。

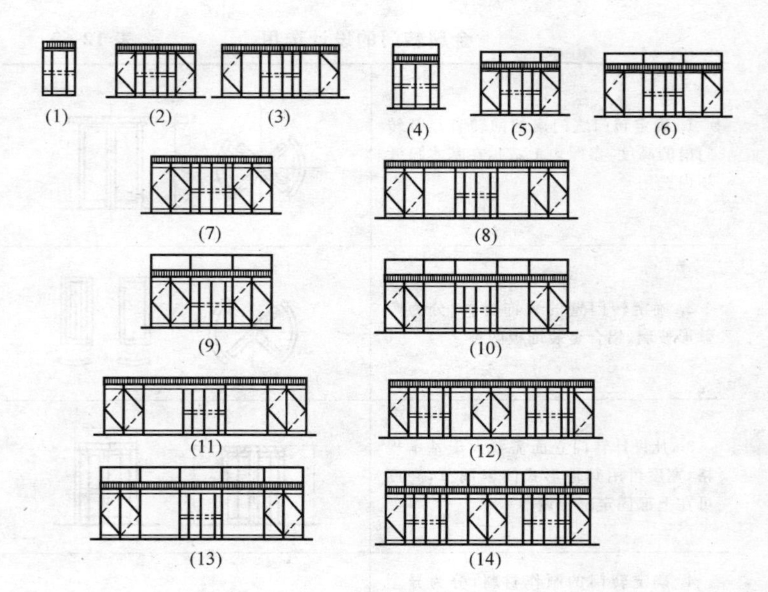

图 12-81　金属转门立面图

金属转门的常规规格　　　　　　　　**表 12-68**

立面形状	基本尺寸(mm)		
	$B\times A_1$	B_1	A_2
（图示：B、A_2、A、A_1、B、B_1）	1800×2200	1200	130
	1800×2400	1200	130
	2000×2200	1300	130
	2000×2400	1300	120

金属转门的设计选用　　　　表 12-69

1. 确定转门之门扇的回转直径及转门扇的高度，参照表 12-71，在基本尺寸项内选用	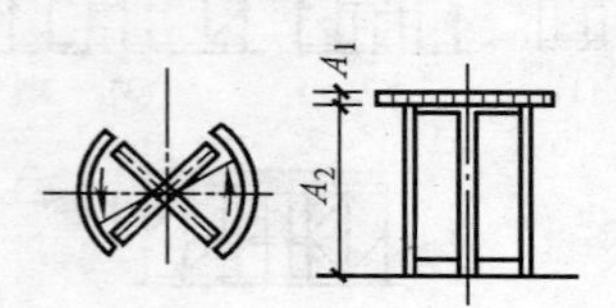
2. 确定转门壁的装饰材料，分为圆弧形玻璃、铝合金装饰板两种	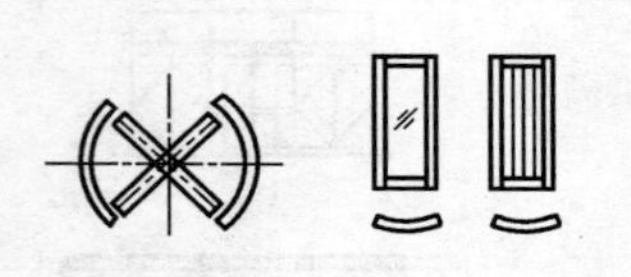
3. 凡设计转门立面需要大于基本规格，宽度可用其他形式门扇调节，高度可在上部固定部分调节	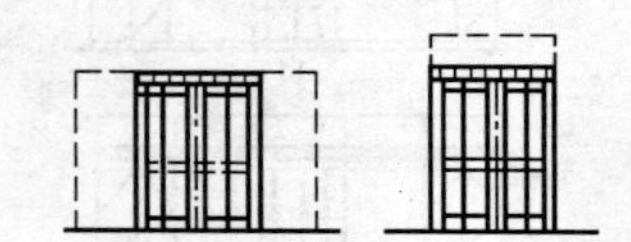
4. 确定转门的制作材料，分为异型及铝合金（铝合金型材分古铜和银白色两种）	

2）木桁架按洞口左右、前后、位置尺寸与预埋件固定，并保证水平。一般转门与安装弹簧门、铰链门或其他固定扇组合，就可先安装其他组合部分。

3）装转轴，固定底座。底座下要垫实，不允许下沉。临时点焊上轴承座，使转轴垂直于地平面。

4）装圆转门顶与转壁。转壁不允许预先固定，便于调整与活扇之间隙。装门扇，保持 90°夹角，旋转转门，保持上下间隙。

5）调整转壁位置，以保证门扇与转壁之间隙。门扇高度和旋转松紧调节见图 12-82。

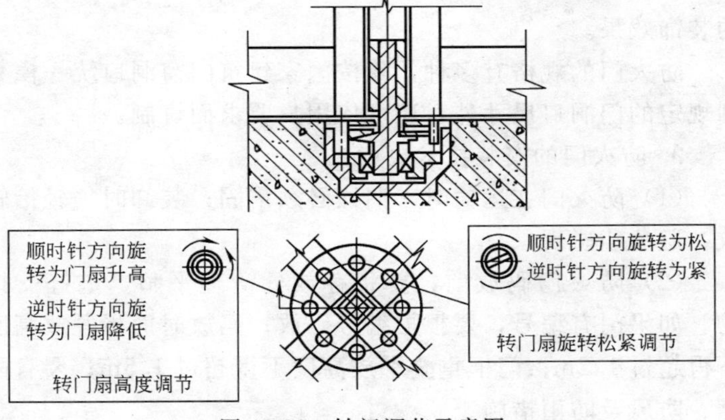

图 12-82　转门调节示意图

6）先焊上轴承座，混凝土固定底座，埋插销下壳，固定转壁。

7）安装玻璃。

8）钢转门喷涂油漆。

12.5.2　防火门

1. 防火门的分类

防火门是为适应建筑防火的要求而发展起来的一种新型门。按耐火极限分，国际ISO标准有甲、乙、丙三个等级，甲级门的耐火极限为1.2h；乙级门为0.9h；丙级门为0.6h。按材质分，目前有木质防火门和钢质防火门，木质门系用胶合板经化学防火涂料处理，钢质门系用冷轧钢板加工成型，表面经喷漆防锈处理，有的外包无纺布或人造革装饰。门扇内部填充防火材料。有配套五金如轴承铰链、不锈钢拉手和不锈钢防火门锁，并配有防火夹丝玻璃。防火门可与烟感、自动报警装置配套使用。由于其结构合理且加工美观，故同时具有防火、防盗、保温、隔声的功能，并有较好的装饰效果。

防火门的规格有多种，除按国家建筑门窗洞口统一模数制规定的门洞口尺寸外，还可依用户要求而订制。

2. 防火门的安装技术要点

(1) 防火门在运输时，捆栓必须牢固；装卸时须轻抬轻放，避免磕碰现象。

(2) 防火门码放前，要将存放处清理平整，垫好支撑物。如果门有编号，要根据编号码放；码放时面板叠放高度不得超过 1.2m；门框重叠平放高度不得超过 1.5m；要有防晒、防风及防雨措施。

(3) 防火门的门框安装，应保证与墙体结成一体。

(4) 在安装时，门框一般埋入±0 面以下 20mm，需保证框口上下尺寸相同，允许误差小于 1.5mm，对角线允许误差小于 2mm，再将框与预埋件焊牢。然后在框两上角墙上开洞，向框内灌注 M10 水泥素浆，待其凝固后方可装配门扇。

(5) 安装后的防火门，要求门框与门扇配合部位内侧宽度尺寸偏差不大于 2mm，高度尺寸偏差不大于 2mm，两对角线长度之差小于 3mm。门扇关闭后，其配合间隙须小于 3mm。门扇与门框表面要平整，无明显凹凸现象，焊点牢固，门体表面喷漆无喷花、斑点等现象。

(6) 冬期施工应注意防寒，水泥素浆浇注后的养护期为 21d。

12.6 塑料门窗

塑料门窗，因其造型美观、线条挺拔清晰、表面光洁，而且防腐、密封、隔热及不需进行涂漆维护等特点在门窗行业中崛起，并受用户青睐，在建筑上得到了广泛的应用。

12.6.1 塑料门窗的特性

1. 耐腐蚀性能好

塑料门窗对于一般酸碱及大气中有害气体的耐腐蚀能力很强。这一特点，使得它可以用于多雨湿热的地区及有腐蚀性气体的环境中。

2. 隔热性能好

在常用的钢、木、铝合金及塑料门窗当中，以塑料门窗的隔热性能要较其他三种门窗好得多。而一般情况下，建筑物从门窗所散失的热量要占全部热量损失的40%左右。因此，塑料门窗对于节省能源的作用是很大的。表12-70所示的是几种常见的门窗用料及制成窗的隔热性能的比较。由表中可以看到，塑料本身导热系数与木材的导热系数是十分相近的，但塑料窗的隔热性能都要比木窗好得多。这是因塑料窗是由中空异型材拼装而成的，这一中空的空气隔热层使得塑料窗的隔热性能大为提高。

几种门窗材料及制成窗的隔热性能　　表12-70

材料的导热系数 (W/m·K)					制成窗的实际导热系数 (W/m·K)		
铝	钢	松木	塑料	空气	铝窗	木窗	塑料
174.45	58.15	0.17～0.35	0.13～0.29	0.04	5.95	1.72	0.44

3. 气密、水密、隔声性能好

因塑料门窗在制作时采用双级密封，一些高档产品甚至采用三级密封。所以，其气密性、水密性和隔声性能均很好。例如，普通钢木窗的隔声量约为25dB，而塑料窗的隔声量则可达 30dB。

4. 装饰性能好

现代塑料窗，是以硬质塑料挤出成型方法生产的，而且断面尺寸较大，断面形状亦较复杂，挤出异型材的壁厚也比较大。因此，其外形尺寸较为精确，各种线条及棱角也较为清晰挺拔。同时，硬质塑料窗还可以着色，可以有各种彩色的窗供用户选用。

5. 价格比较合理

根据使用情况看，低档仿木门窗型产品方面。塑料门窗的价格较钢木门窗均便宜，但在中高档产品方面，塑料门窗的价格较钢门窗、木门窗都要高些。但综合看来，塑料门窗密封性能好，不需涂装，不需日常保养维护，不会被锈蚀等。因此，则可看出塑料门窗的价格还是比较合理的。

6. 机械性能符合使用要求

塑料门窗的抗弯曲变形能力较差，使人们对塑料门窗待怀疑态度。但是为了提高塑料门窗的抗弯曲变形能力，同时又不增大承载截面面积，目前普遍采用的是塑料门窗异型材中衬加强筋的方法。这样塑料门窗的刚度和机械强度完全能符合要求。

7. 耐候性良好

硬质塑料门窗通过各种试验证明还适于室外，能经受起风吹、日晒、雨淋、大气侵蚀及环境污染等等。

12.6.2 塑料门窗用异型材

1. 塑料窗用异型材

(1) 窗框异型材　窗框异型材通常应满足如下要求：要有适当的断面形式，以使它能便于通过固件固定在墙上；要有安装玻璃和装设密封条的沟槽，以便构成固定窗；要能与窗扇配合组成活动窗，并能与其他系列的窗框拼装成组合窗，此外，还需考虑有安装铰链等五金件的断面。

窗框异型材主要是 L 型（图 12-83）。L 型的一臂用于安装固定铁，另一臂用于安装密封条和玻璃，或用于与窗扇异型相联。根据具体断面形式上的差异，窗框异型材一般可分为四种：

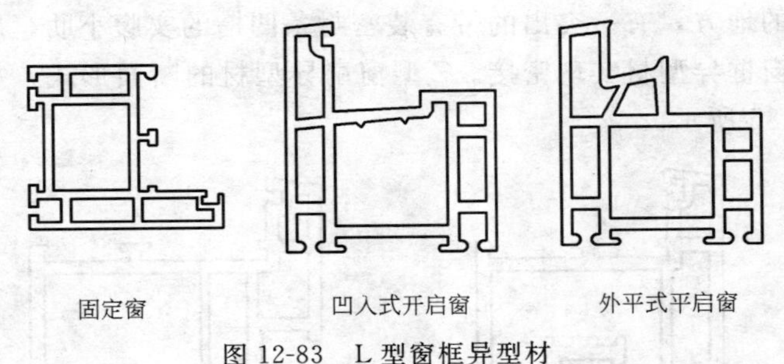

图 12-83　L 型窗框异型材

1）固定窗窗框异型材　该种异型材用以构成固定窗，如图 12-84（*a*）所示。

2）凹入式窗框异型材，该种异型材用于开启窗，如图 12-84（*b*）所示。

3）外平式窗框异型材　该种异型材用于开启窗，如图 12-84（*c*）所示。

4）T 型窗框异型材　该种异型材主要用于双扇窗的中间框。根据断面上的细部差异，可有用于固定窗、凹入式开启窗、外平式开启窗和一侧固定一侧开启等不同的形式。图 12-84 是上述四种 T 型窗框的简图。

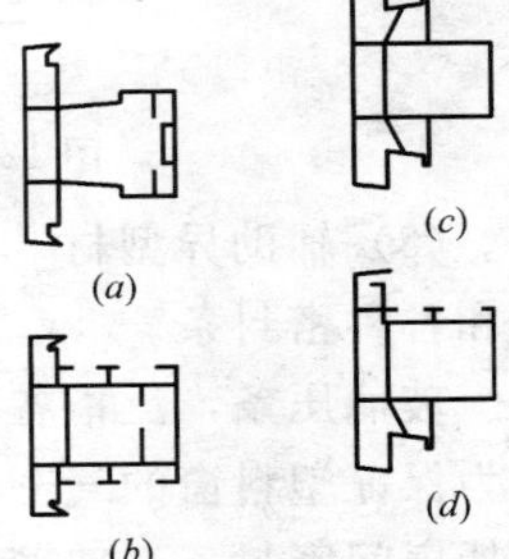

图 12-84　T 型窗框异型材

（2）窗扇异型材　窗扇异型材一般多为Z形。Z型材的两条臂均为带有一个嵌固凹槽的中空肋。其中一条臂用于安装玻璃、另一条臂则通过嵌入凹槽内的密封条与窗框异型材相密接。和窗框异型材一样，窗扇异型材因凹入式开启窗和外平式开启窗的差异，在细部结构上也有一些不同。具体地说，在外平式开启窗窗扇异型材的中部对应窗框异型材突出部的地方，有一突出的带有装密封条凹槽的实腹小肋，用于与窗框异型材实现密接。Z型窗扇异型材的断面形式，如图12-85所示。

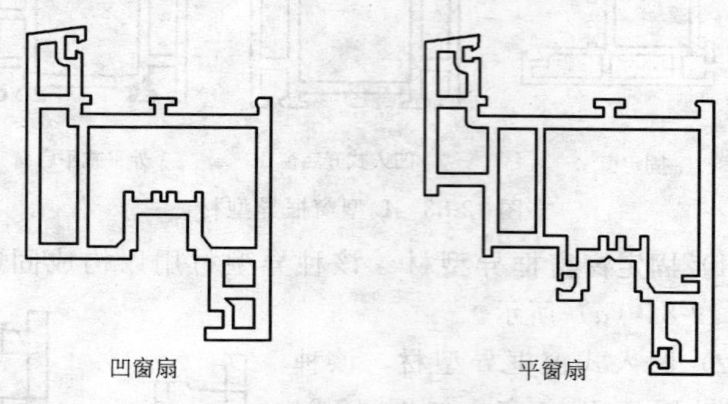

图12-85　Z型窗扇异型材

（3）辅助异型材　塑料窗用辅助异型材主要包括玻璃压条和各种密封条。

玻璃压条，泛指各种类型的固定玻璃的异型材。密封条是为保证塑料窗的气密、水密、隔声等性能而使用的，通常包括扇间密封条、玻璃密封条和框扇间密封条等。如图12-86所示。

2. 塑料门用异型材

（1）门框异型材　门框异型材主要包括两个组成部分，即主门框异型材和门盖板异型材。主门异型材断面上向外伸出部分的作用遮盖门边。门盖板的作用则是遮盖门洞口的其余外露部分。如图 12-87 所示。

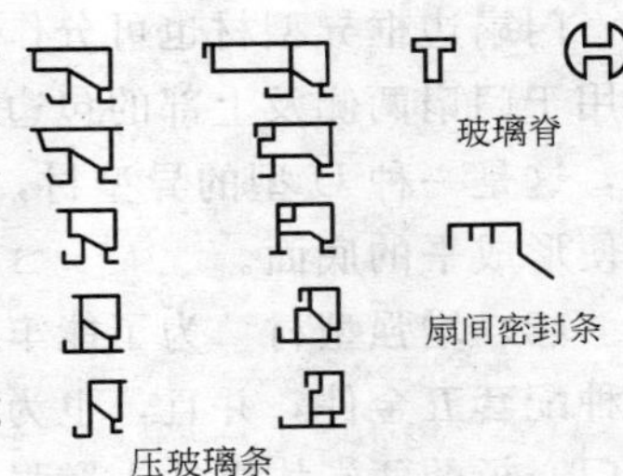

图 12-86　塑料窗用辅助异型材

(2) 门扇异型材　门扇异型材亦主要包括两个组成部分，即门心板异型材和门窗边框异型材。门心板异型材又可分为大门心板异型材和小门心板异型材两种，以适应拼装各种不同尺寸的门板。在门心板的两侧，均带有企口槽，以便将门心板相互牢固地连接起来。如图 12-87 所示。

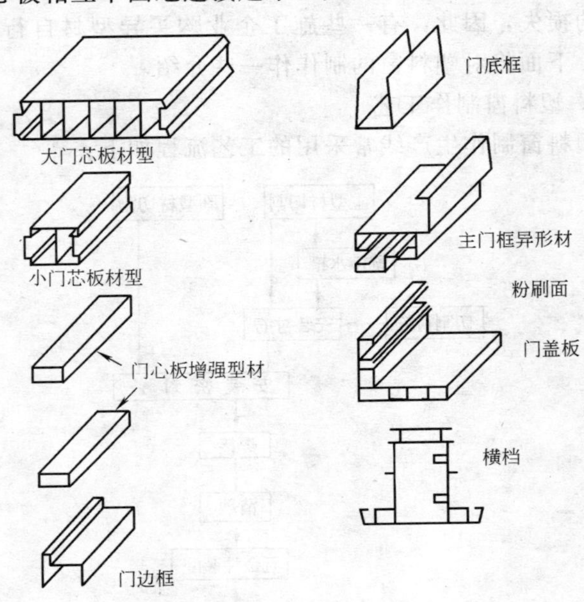

图 12-87　塑料门用异型材

门扇边框异型材也可分作两种，一种称为门边框，通常被用于门扇两侧及上部的包边。另外一种，习惯上称为门底框，这是一种U型的异型材，通常被用于门扇的外部包边、以便形成平的底面。

（3）增强型材　为了能牢固地安装铰链和门锁、把手等各种配套五金件，并且，也为了增加门扇的刚度通常在门扇上门心板的两端均需插入增强材料。用于增强的型材，可以是金属型材，也可以是硬质塑料。如图12-87所示。

12.6.3　塑料窗的制作

塑料窗的制作，一般都在专门的制造厂进行的，组装好后送往施工现场安装。但长途运输损失太大，为了避免长途运输的损失，因此，有一些施工企业购买异型材自行制作。所以，下面将对塑料窗的制作作一些介绍。

1. 塑料窗制作工艺

塑料窗制作生产线常采用的工艺流程如下：

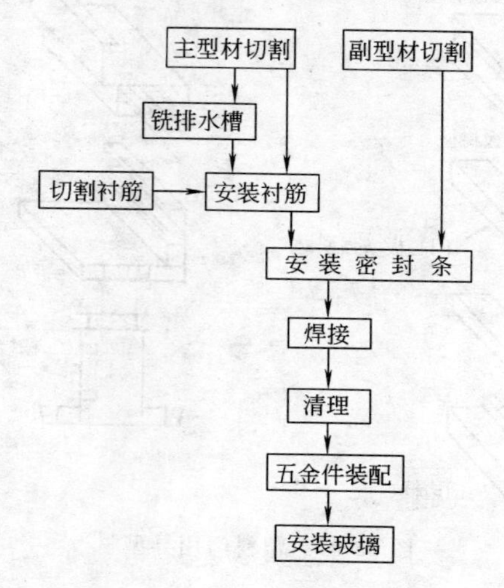

2. 施工准备

(1) 型材准备　按门窗的构造要求，进行选料、进料。检查型材是否符合构造要求。

(2) 设备准备　塑料窗的制作所用设备，其配备和生产规模有关。见表 12-71。

塑料窗（门）制作设备配置　　　　表 12-71

设备名称(台)	规模(副/年)			
	10000	20000	50000	80000
双角锯(手动)	1			
双角锯(带电子控制)		1	2	3
V 型切割锯	1	1	1	2
单点焊机	1	1	2	2
四点焊机	1	2	4	7
焊角清理机	1	1	2	3
玻璃压条锯	1	1	2	2
自动焊机				

3. 窗的制作要点

(1) 型材的定长切割　组成窗框的每段型材都是按预先计算好的下料尺寸，用切割锯截成带有角度的料段。这道工序是在一台双角切割锯上进行。将型材加工成双 45°角、双尖角或双直角的料段。

(2) 型材的“V”型口切割　窗型结构除方框形外，多数在中间带有分隔，见图 12-88。图中中窗 1 和下框 2 上的“V”口是在“V”型切割锯上加工成的。

V 口加工要注意两点：一是 V 口深度；二是 V 口的定位尺寸。这两点往往是影响窗型尺寸的主要因素。

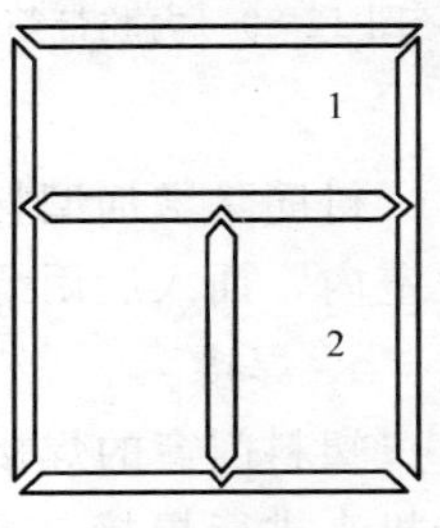

图 12-88　窗型结构
1—中窗；2—下框

（3）衬加强筋　由于聚氯乙烯塑料型材的刚度较钢、木差一些，因此对大面积的窗，均需设法增加窗的刚度。但一般不采用增大截面的办法，而是采用在异型材内衬增强型材的方法来解决。一般认为，当窗框异型材的长度71.6m，窗扇异型材的长度71m时，就必须衬用增强型材。衬筋的材料有钢、铝或镀锌铁型材。考虑到不同材质的线膨胀系数以及衬筋与聚氯乙烯型材良好的接触，型材内腔常带有小的内筋（图12-89）。当增强型材和门窗异型材的材质不同时，应使增强型材较宽松的插在中空腔室中，不能太紧，以适应不同材料温度变形的需要。图12-90所示的是异型材用金属型材增强的例子。

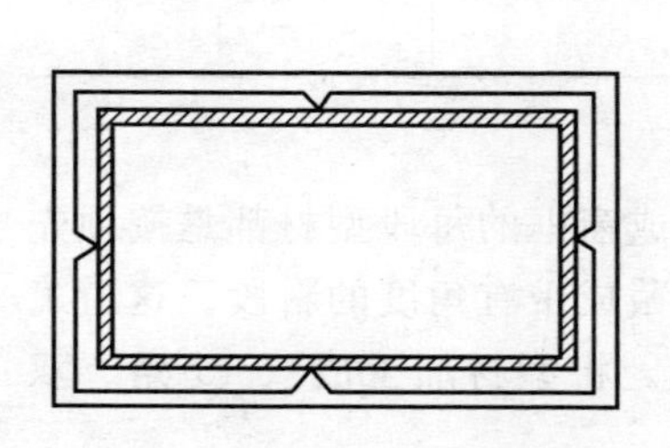

图12-89　内腔带筋的型材

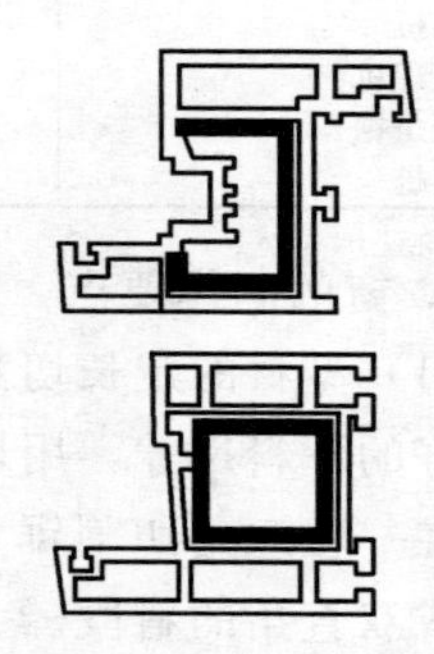

图12-90　用金属型材增强塑料异型材方法

衬筋除增加型材刚度外，还可增加螺钉的拔出强度。在腔室内，插入后用螺钉固定。

4. 焊接

塑料门窗的焊接，一般多采用专用的塑料异型材自动焊接机来进行焊接。目前用得比较多的是四点自动焊接机等等。自动焊接机的原理是将需要焊接的两段异型材在一定的压力下同时与电热板接触，通过控制适当的压力、温度和接触时间，使两段异型材在表面塑料达到一定熔深时对接在一起。

自动焊接机的组成，主要包括三个部分：

（1）夹具　它是用来固定和调节异型材位置的部件，以使异型材能被准确地固定在焊接位置上；

（2）焊头　焊头由电热板及调控装置构成。电热板的位置可以调节，以适应焊接不同规格窗的需要。此外，还附有一套调控电热板温度的自动装置；

（3）焊接过程自动控制装置　它的作用是指挥整个焊接过程。

5. 焊角清理

型材焊接后，在焊接处会留有凸起的焊渣，这些焊渣不但会影响窗的外观，有些还会直接影响窗的使用功能。所以必须加以清除。清理设备可用自动清角机和气动手工具。

6. 密封

塑料窗根据使用要求可加单层密封、双层密封或三层密封。窗的不同位置所采用的密封条形式也不相同。密封条的材料一般有橡胶、塑料或橡胶混合体三种。密封条的装配用一小压轮便可其接将其嵌入槽中。

7. 安装玻璃

塑料窗的玻璃安装采用干法安装。具体方法是：安装完密封条后，在窗玻璃位置先放置好底座和玻璃垫块，然后将玻璃安装到位，最后将已镶好密封条的玻璃压条在中空肋对侧的预留位置上嵌固固定即可。图 12-91 所示的是双层玻璃窗的安装。如果是安装单层玻璃、三层玻璃或中空玻璃，只需换用适当的辅助异型材即可，其方法是一样的。

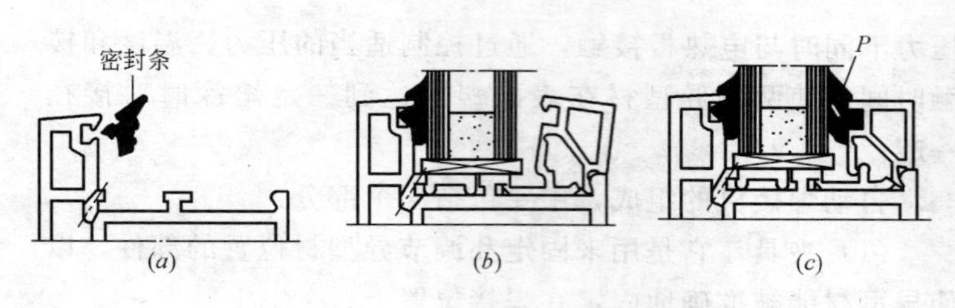

图 12-91　塑料窗玻璃安装示意图
(a) 嵌入密封条；(b) 放双层玻璃；(c) 将嵌入密封条的压玻璃条卡入窗扇异型材的凹槽内

8. 排水槽的安装

窗框的排水槽为 $\phi5\times20$(mm) 的槽孔。在多腔室的型材中，排水槽不应开在加筋的腔室内，以免腐蚀衬筋。单腔型材不宜开排水孔。进水口和出水口的位置应错开，间距一般为 120mm 左右。排水孔的加工可用气动工具与五金孔加工一样，在专用设备上进行。

9. 窗用小五金的安装

窗五金的安装包括窗把手、搭钩、滑撑和铰链等的安装。塑料窗五窗件的安装，可直接用螺钉进行固定。但必须注意的是，固定五金件用的螺钉应至少穿透两层中空腔壁，或者应与增强金属型材相连。否则容易出现五金件松动的问题。图 12-92 所示是在窗框和窗扇间固定铰链的方法。

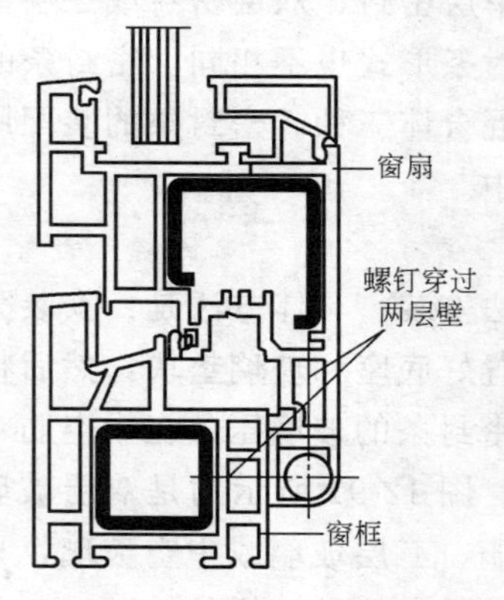

图 12-92　铰链的安装与固定

12.6.4　塑料窗的安装

塑料窗安装工艺是：上窗

定位——→取扇固定——→塞缝抹口——→安玻璃扇

1. 检查窗洞口

塑料窗安装后，要求窗框与墙壁之间预留间隙在 10～20mm 之间，若尺寸不符合要求要进行处理，合格后方可安装窗框。

2. 窗框与墙体连接

窗框与墙体连接构造方法有三种：

（1）联接件法　联接件法指的是通过一个专门制作的铁件将窗框和墙体相联。具体作法：先将塑料窗放入窗洞口，抄平对中后用木楔定位。然后将嵌在窗框异型材靠墙一边的凹槽中（或是扣在异形材凸起上部）的文字形固定铁件伸出端用螺栓（或膨胀螺丝）固定在墙体上。另一种方法是先将固定铁用自攻螺钉固定在窗框上。入洞口定位后，穿过固定铁件钻孔，插入尼龙胀管，然后拧入胀管螺钉将铁件与墙体固定。第三种方法与第二种基本一样，只是在墙体施工时预埋了木砖。所以可用木螺钉将铁件与墙体固定。另外，在使用后两种方法时要注意一点，即联接窗框与铁件的螺钉必须穿透两层中空室壁，或必须穿过衬加的增强型材，以保证窗的整体稳定性。

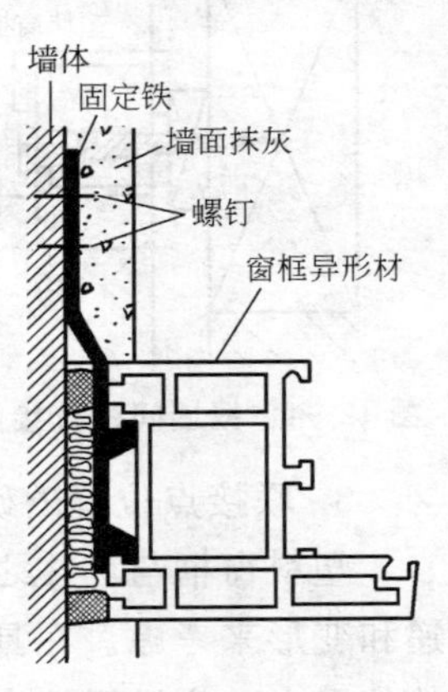

图 12-93　框墙间固定联接件法

图 12-93 是采用联接件时的框墙固定方法示意。

（2）直接固定法　直接固定法是在窗洞施工时先预埋木砖，将塑料窗送入洞口定位后，用木螺钉直接穿过窗框异型材与木砖联接，从而将窗框与墙体固定，也可采用在墙体上钻孔后，用尼龙胀管螺钉直接把窗框固定在墙体之上的方法。如图 12-94 所示。

(3) 假框法　该方法是先在窗洞口内安装一个与塑料窗框相配套的“冂”形镀锌铁皮金属框，或是当将木窗换为塑料窗时，把原来的木窗框保留，待抹灰装修完成之后，再直接把塑料窗框固定在上述框材上。最后，再以盖口条对接缝及边缘部分进行装饰。如图 12-95 所示。这种方法的优点，是可以最大限度地避免其他施工对塑料窗造成的损伤，并能提高塑料窗的安装效率。

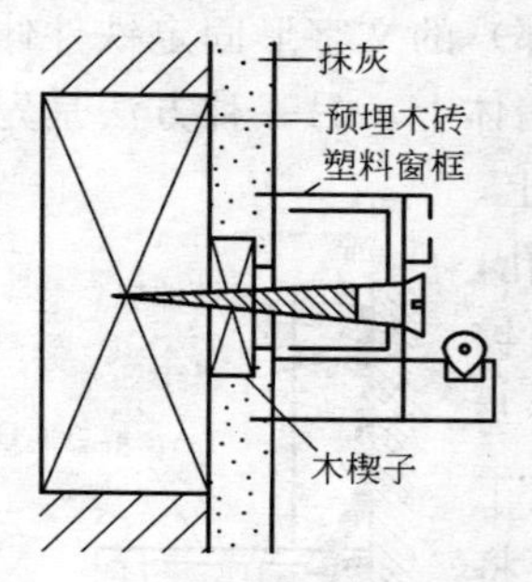

图 12-94　框墙间的直接固定法

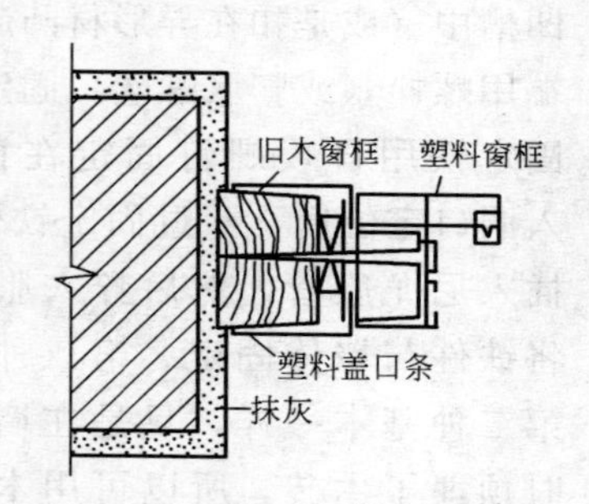

图 12-95　框墙间固定的假框法

3. 联接点位置的确定

塑料窗框与墙体之间的联接点的位置与数量应与力的传递和变形来考虑。在具体布置时，首先应保证在与铰链水平的位置上，应设联接点。并应注意，相邻两联接点之间的距离不应＞700mm。而且在转角、直档及有搭钩处的间距应更小一些。另外，为了适应型材的线性膨胀，一般不允许在有横档或竖梃的地方设框墙联接点，相邻的联接点应该在距其 150mm 处。图 12-96 所示是联接点的布置。

4. 框墙间隙及其处理

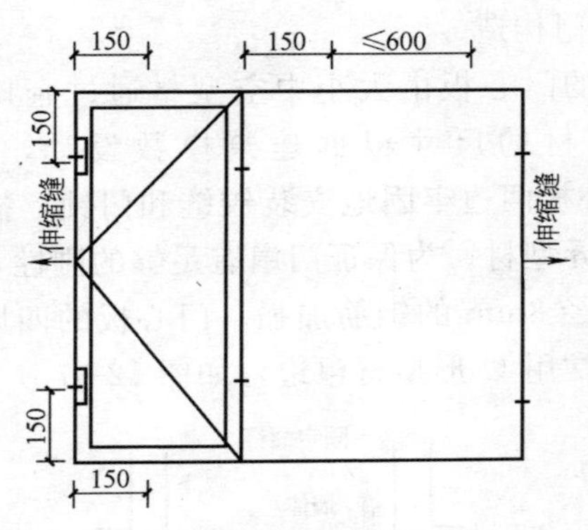

图 12-96　框墙连接点的布置

框墙间隙内应填入矿棉、玻璃棉或泡沫塑料等隔绝材料为缓冲层。在间隙外侧应用弹性封缝材料加以密封（如硅橡胶条密封）。而不能用含沥青的封缝材料，因为沥青材料可能会使塑料软化。最后进行墙面抹灰。工程有要求时，最后还须加装塑料盖口条。

对这一部位进行处理的另一方法，是采用一种所谓的过渡措施。即：以毡垫缓冲层代替泡沫材料缓冲层；不用封缝料而直接以水泥砂浆抹灰。具体做法是以若干层（通常 3 层）沥青油毡条嵌入窗框与墙体间的缝隙内，但应注意要采取适当的措施避免油毡与塑料窗框直接接触。然后，用水泥砂浆进行抹灰，抹灰时可以收灰口包住塑料窗框，形成一个浅槽。这样，当环境有较大的温度差变化时，塑料窗既能在比槽内作微量的运动，又能保持原有的密封效果。

12.6.5　塑料门的制作

塑料门与塑料窗一样，也是由硬质塑料来制造。塑料门具有生产速度快、不需涂装、装饰性好、耐水性和耐腐蚀性好等特点。塑料门的结构形式有三种：镶板门、框板门和折叠门。

1. 镶板门构造

镶板门的门心板由大小中空型材通过企口连接拼接而成。这些型材的尺寸根据建筑模数设计，厚度一般为40mm。门心板两边牢固地安装铰链和门锁，插入硬塑料或金属的增强异型材。为保证门扇有足够的刚性，在它的上下各有一根直径 8mm 的钢筋加强。门心板的四周用门边框包边，在底部常用 U 形型材包边，如图 12-97 所示。

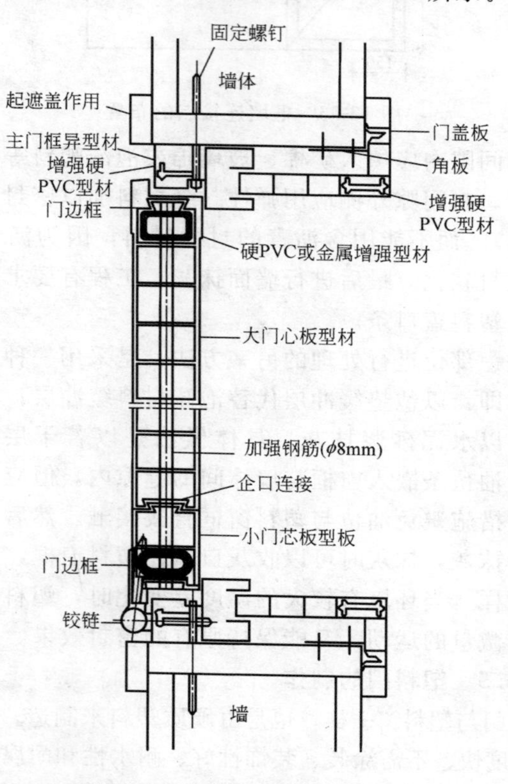

图 12-97　硬质塑料镶板门的结构

当在门的上方带有气窗时，则在门扇上方与气窗之间需用 T 型横档型材来替换门边框。施工时，应先将 T 型横档与主门框用螺钉联接，然后再整体送入门洞口进行固定。图 12-98 是带气窗门横档的安装位置及固定示意。

另外，最近还开发另外一种系列的塑料门用异型材。它具有三个方面的优点：(1) 主门框与异型材断面形状简单，除开有一些沟槽外，基本上是一个含有中空腔室的矩形；(2) 主门框异型材的宽度与门洞的厚度相同；(3) 带气窗门的横档与主门框可使用同一种型材。图 12-98 所示的是这种塑料门的构造。

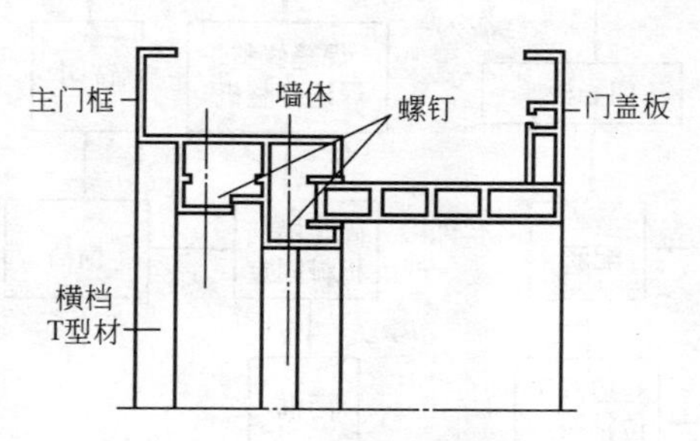

图 12-98　带气窗门横档的固定

2. 镶板门拼装工艺

镶板门拼装工艺，见图 12-99 所示。硬塑料镶板门的构造如图 12-100。

12.6.6　塑料门的安装

1. 施工准备

(1) 检查砖洞口规格是否符合图纸要求。检查预埋的木砖是否符合施工要求。

(2) 材料准备　塑料门、框进场应符合设计要求，其他配件如合页、铰链及五金配件都应配套进入现场。

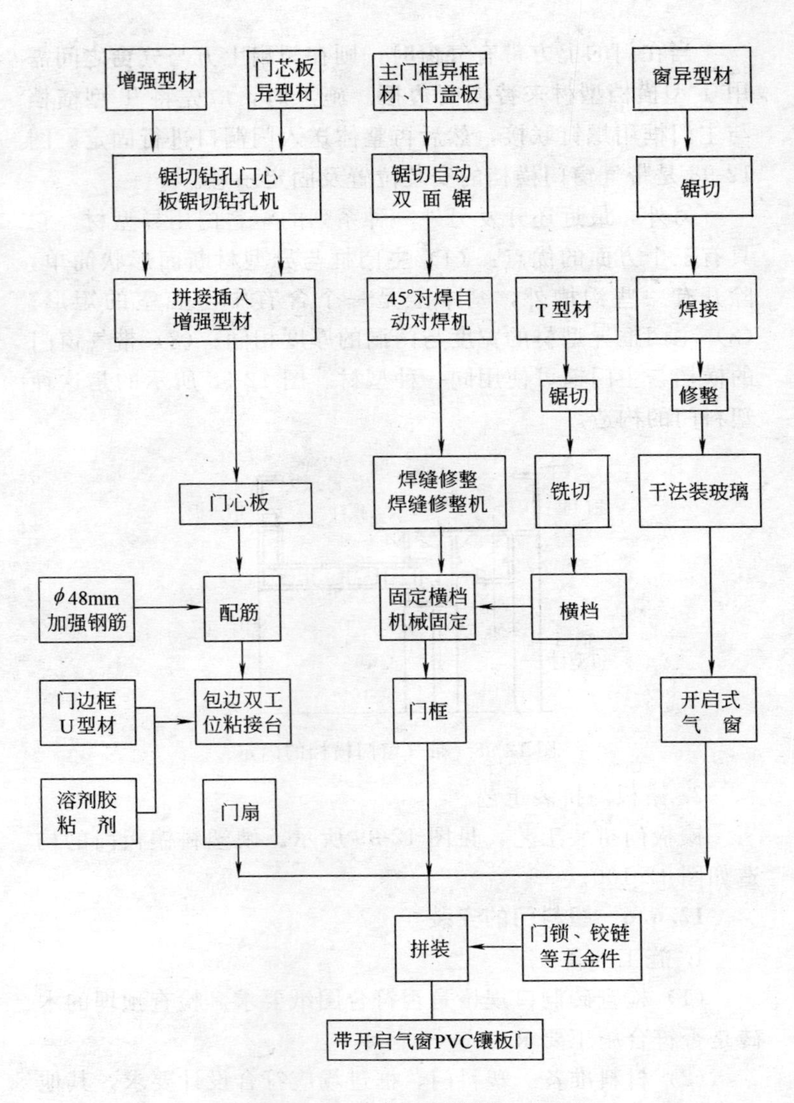

图 12-99 PVC 镶板门拼装工艺流程

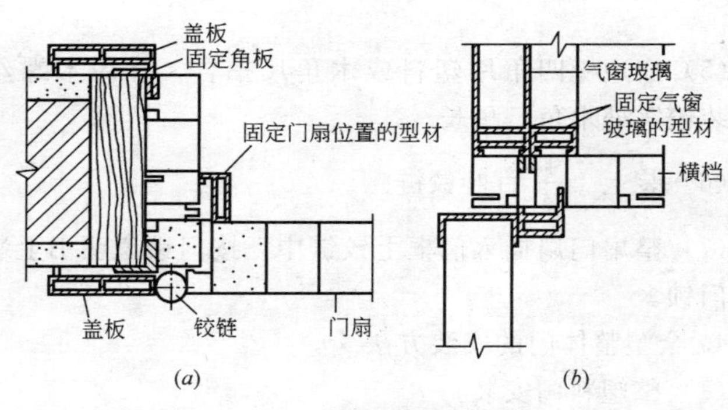

图 12-100　硬塑料镶板门的构造

（3）施工工具　常用的施工工具有：ϕ6～13mm 手枪电钻；ϕ8mm 合金钢钻头；ϕ8～120mm 顶管；ϕ130mm（12″）螺丝刀；鸭嘴榔头；3/4″～1″平铲；方尺；角尺；线锤等。

2. 无气窗塑料门安装要点

（1）直樘与上冒头 45°角拼角处用塑料角尺拍合，正确垂直放入门洞内。

（2）在预埋木砖处，门框钻孔，旋入 3″木螺丝紧固。

（3）门框外嵌条 45°拼角处，同样用塑料角尺拍合，随后压入前门框凹槽处。

（4）整体门扇插入门框上铰链中，按门锁说明书装上球型门锁。

3. 有气窗塑料门安装要点

（1）中贯樘与直樘缺口吻合，穿入洋圆，用螺母锁紧。

（2）上冒头内旋气窗铰链处预埋木芯。

（3）直樘与上冒头 45°拼合处用塑料角尺拍合，正确垂直放入门洞内。

（4）门洞预埋木砖处在门框上钻孔，旋入 3″木螺丝紧固。

(5) 窗边梃四角用塑料或木角尺拍合，并用木螺丝固定，装铰链处木角尺稍长。

(6) 装上 $1\frac{1}{2}''$百叶铰链。

(7) 整扇门扇插入门框上铰链中，按门锁说明书上装上球型门锁。

4. 全塑整体门的安装方法

(1) 整塑料门安装

1) 先修整好砖洞口，检查洞口的规格是否符合图纸要求。

2) 砖洞口符合要求后，把塑料门框按规定位置立好，并在门框的一侧将木螺丝拧在木砖上。

3) 将塑料门装在门框中，当门与框的配合位置找正后，用木块在框的下方或上方找好垂直和地平线标高，其方法与立木门框相同，完成后将门从框中卸下。

4) 将门框另一侧再用木螺钉固定于木砖上。

5) 在安装合页的部位上，将门框上的合页槽剔好；在剔合页槽时可去掉 3～4mm 深的筋，但不得将框边剔透。

6) 把门装入框中，并用合页固定。

7) 进行修整，做到不崩扇、不坠扇，开关自如。

(2) 门框与砖洞口的固定

可采用两种安装方法：

1) 如砖洞口有木砖时，可用 ϕ8mm 的钻头在门框上打孔，然后将木螺钉把塑料门框拧在木砖上（钻头以钻透塑料门框即可）。

2) 如洞口没有木砖时，可用 ϕ8mm 的钻头在门框上打孔，直到砖墙上，钻头进入砖内 25～30mm 为宜。退出钻头后，用顶管将 ϕ8mm 的塑料胀管顶入墙内，然后退出顶管，将 $3\frac{1}{2}''$或 $4''$的木螺钉或平机螺丝拧入即可。

3）使用塑料胀管时应注意以下几点：

① 施工时的钻孔深度应较胀管长度大 10～12mm，以胀管端口伸入抹灰层 10mm 以上为宜。

② 钻孔要尽量保持垂直墙面，并一次成孔。

③ 孔内灰渣一定要清除干净。

④ 胀管安装时不要倒置。拧螺丝时要使胀管充分膨胀。

⑤ 平头机螺丝或木螺钉长度的选择：

平头机螺丝长度等于胀管长度加 10mm 再加塑料门框的厚度。

（3）施工安装注意事项

1）安装居室门、厨房门的门框时，每个侧面需有 4 个木螺钉加以固定（共 8 个），其分布是上亮子 2 个，侧面各 1 个，门的两侧分上、中、下部位各 1 个。

2）厕所门框的安装，是在两个侧面的上、中、下三个部位用木螺丝固定（共 6 个）。

3）如遇下木砖的间距不规则，或是数量不足时，必须事先弥补木砖或按间距尺寸打孔用塑料胀管拧入螺丝，以保证门框的牢固。

4）由于塑料门在安装时要求的精度较高，尺寸误差很小，在施工时一定要严格按图纸规定要求留好砖洞口。

5）在安装时，严禁使用钉子钉入门框，以防碰坏。

6）当塑料门框安装后，必须将门扇暂时卸下保管好，对门框也要加以精心保护。

12.6.7 塑料门窗安装质量通病及防治

1. 门窗框松动

产生原因：

未按不同墙体分别采用相应的固定方法和固定措施。

防治措施：

(1) 先在门窗外框上按设计规定位置钻孔，用全丝自攻螺丝把镀锌连接件紧固。

(2) 用电锤在门窗洞口的墙体上打孔，装入尼龙胀管，门窗安装校正后，用木螺丝将镀锌连接件固定在胀管内。

(3) 门窗安装在单砖墙或轻质墙上时，应在砌墙时砌入混凝土砖，使镀锌连接件与混凝土砖能连接牢固。

2. 门窗周框间隙未填软质材料

产生原因：

不了解塑料门窗性能，门窗周框填上硬质材料或有腐蚀性材料。

防治措施：

(1) 应保证门窗框与墙体为弹性连接，其间隙应填嵌泡沫塑料或矿棉、岩棉等软质材料。

(2) 含沥青的软质材料也不得填入，以免PVC受腐蚀。

3. 门窗框安装后变形

产生原因：

安装连接螺丝有松紧，框周间隙填嵌材料过紧或施工时搭脚手板、吊重物等。

防治措施：

(1) 各固定螺丝的松紧程度应基本一致，不得有的过松，有的过紧。

(2) 门窗框与洞口间隙填塞软质材料时，不应填塞过紧，或有松有紧，以免门窗框受挤变形。

（3）严禁施工时在门窗上铺搭脚手板，搁支脚手杆或悬挂物件。

4. 门窗框周边未嵌密封胶

产生原因：

把软质材料当密封材料或填得过满，无法再填密封材料。

防治措施：

必须按构造要求施工，填塞软质保温材料时，门窗框四周内外框边，应留出一条凹槽，并用密封胶嵌填严密、均匀，使之与框面齐平。

5. 连接螺丝直接锤入门窗框内

产生原因：

门窗型材为薄壁中空多腔，外力锤击变形。

防治措施：

在门窗框与洞口连接位置，用手电钻先引孔，然后旋进全丝自攻螺丝。不能简化工序，严禁用锤直接打入螺钉。

6. 表面玷污

产生原因：

未严格按施工程序施工；或未注意产品保护。

防治措施：

（1）安装门窗前应先做内外粉刷。

（2）粉刷窗台板和窗套时，应在门窗框粘贴纸条保护。

（3）刷（喷）浆时，用塑料薄膜遮盖门窗或取下门窗扇，编号单独保管。

7. 五金配件损坏

产生原因：

配件质量不佳，使用不灵活，硬关硬开，或安装后保管不当，施工时碰坏。

防治措施：

（1）购置合格产品。

（2）安装正确，保证开关灵活。

（3）门窗配件安装完后，应有专人关闭、锁门等进行管理。

12.6.8　塑料门窗安装质量要求及检验标准

1. 主控项目

（1）塑料门窗的品种、类型、规格、尺寸、开启方向、安装位置、连接方式及填嵌密封处理应符合设计要求，内衬增强型钢的壁厚及设置应符合国家现行产品标准的质量要求。

（2）塑料门窗框、副框和扇的安装必须牢固。固定片或膨胀螺栓的数量与位置应正确，连接方式应符合设计要求。固定点应距窗角、中横框、中竖框 150～200mm，固定点间距应不大于 600mm。

（3）塑料门窗拼樘料内衬增强型钢的规格、壁厚必须符合设计要求，型钢应与型材内腔紧密吻合，其两端必须与洞口固定牢固。窗框必须与拼樘料连接紧密，固定点间距应不大于 600mm。

（4）塑料门窗扇应开关灵活、关闭严密，无倒翘。推拉门窗扇必须有防脱落措施。

（5）塑料门窗配件的型号、规格、数量应符合设计要求，安装应牢固，位置应正确，功能应满足使用要求。

（6）塑料门窗框与墙体间缝隙应采用闭孔弹性材料填嵌饱满，表面应采用密封胶密封。密封胶应粘结牢固，表面应光滑、顺直、无裂纹。

2. 一般项目

(1) 塑料门窗表面应洁净、平整、光滑，大面应无划痕、碰伤。

(2) 塑料门窗扇的密封条不得脱槽。旋转窗间隙应基本均匀。

(3) 塑料门窗扇的开关力应符合下列规定：

1) 平开门窗扇平铰链的开关力应不大于 80N；滑撑铰链的开关力应不大于 80N，并不小于 30N。

2) 推拉门窗扇的开关力应不大于 100N。

(4) 玻璃密封条与玻璃及玻璃槽口的接缝应平整，不得卷边、脱槽。

(5) 排水孔应畅通，位置和数量应符合设计要求。

(6) 塑料门窗安装的允许偏差和检验方法应符合表 12-72 的规定。

塑料门窗安装的允许偏差和检验方法　　表 12-72

项次	项目		允许偏差(mm)	检验方法
1	门窗槽口宽度、高度	≤1500mm	2	用钢尺检查
		>1500mm	3	
2	门窗槽口对角线长度差	≤2000mm	3	用钢尺检查
		>2000mm	5	
3	门窗框的正、侧面垂直度		3	用 1m 垂直检测尺检查
4	门窗横框的水平度		3	用 1m 水平尺和塞尺检查
5	门窗横框标高		5	用钢尺检查
6	门窗竖向偏离中心		5	用钢直尺检查

续表

项次	项　　目	允许偏差（mm）	检验方法
7	双层门窗内外框间距	4	用钢尺检查
8	同樘平开门窗相邻扇高度差	2	用钢直尺检查
9	平开门窗铰链部位配合间隙	＋2；－1	用塞尺检查
10	推拉门窗扇与框搭接量	＋1.5；－2.5	用钢直尺检查
11	推拉门窗扇与竖框平行度	2	用1m水平尺和塞尺检查

13 玻璃幕墙工程

13.1 玻璃幕墙特点及性能

13.1.1 玻璃幕墙的特点

幕墙，通常是指悬挂在建筑物结构框架表面的非承重墙、玻璃幕墙，主要是应用玻璃这种饰面材料，覆盖在建筑物的表面的墙，采用玻璃幕墙作外墙面的建筑物，显得光亮、明快、挺拔，有较好的统一感，给人以新颖和高技术的印象。特别是采用热反射玻璃的幕墙，将周围的景物、环境、天空都反映到建筑物的表面，使建筑物与环境融合成一体，所以很容易被大众所接受。

1. 新颖而丰富的建筑艺术效果

幕墙打破了传统的墙与窗户的界限，巧妙地把两者结合为一体，既将建筑物周围丰富美丽的景观，变幻万端的光影效果映衬在建筑物的表面，实现建筑物与周围环境的有机融合，又给工作生活在建筑物内部的人们带来充足的光线和宽阔的视野。幕墙还可由多种材料组合而成，使得建筑物立面具有各种不同的建筑效果。图 13-1 为中国国际贸易中心的玻璃幕墙立面示意。

2. 重量轻

幕墙一般质量为 30～50kg/m^2，它是砖墙质量的 1/10 左右。一般建筑物外墙及内墙质量约为建筑物总质量的1/5。由于幕墙大大降低了建筑物的质量，可以很大程度地减轻建

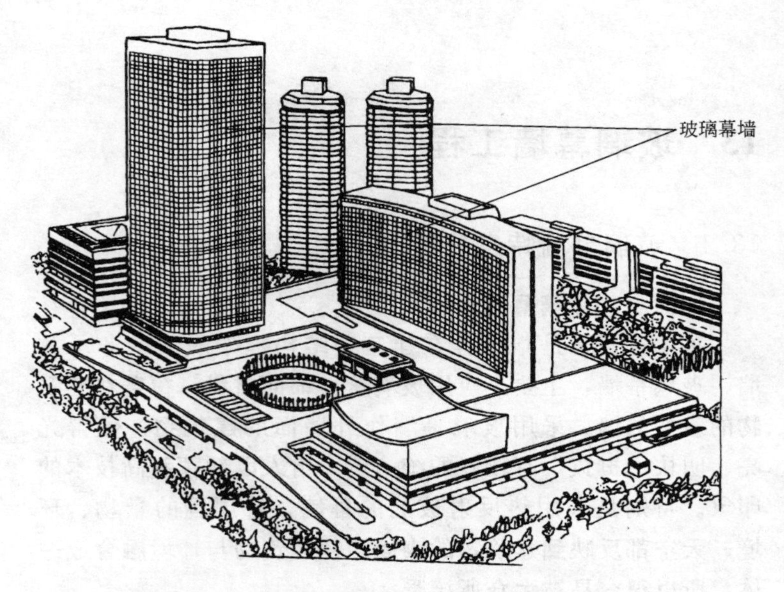

图 13-1　国际贸易中心的玻璃幕墙立面

筑物主体结构的负担。

3. 施工简便、工期短

由于幕墙所用板材及其骨架材料可在工厂加工成型，现场安装操作工序少，因而可缩短建筑物的整个工期。

4. 维修方便

由于幕墙多数由单元件拼接组合而成，一旦出现使用故障，可以很方便地维修，甚至局部更换，而不影响幕墙的其他部分以及建筑物的使用。

5. 存在问题

（1）造价高。目前高层建筑幕墙施工，玻璃幕墙造价仅次于金属幕墙。普通铝合金明框玻璃幕墙市场价为 600 元/

m^2 左右，而隐框幕墙一般为 1000 元/m^2 左右，个别物理性能要求特别高的幕墙的造价则更高。

（2）施工难度大。玻璃幕墙施工难度比较大，技术要求高，材质要求高。在施工过程中，稍有不慎，就有可能留下隐患或造成人员伤亡、设备损坏事故。国内外屡次发表有关幕墙脱落并造成砸伤人员事故的报道。

（3）幕墙的反射光线对环境有很大影响。图 13-2 为反射光线对交通的干扰、对行人的干扰及对邻近建筑的光污染示意图。因此，对玻璃幕墙的设计和施工应该严加管理，否

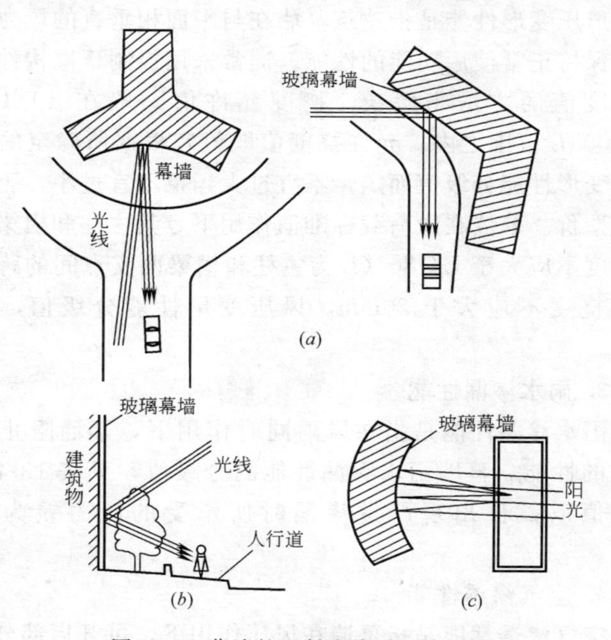

图 13-2　幕墙的反射光线对环境影响

（a）幕墙反射光线对交通的干扰；（b）幕墙热反射、光反射对行人的干扰，植树可以减少影响；（c）幕墙对邻近建筑的光污染

则会有隐患。

13.1.2 玻璃幕墙的性能

1. 玻璃幕墙自身强度应满足设计要求

玻璃幕墙的自身强度，应该满足在自重、风荷载、地震作用、温度作用等多方合力作用下的需要。也就是说在这些力的作用下，玻璃幕墙不会断裂、倒塌。因此表 13-1 和表 13-2 分别为幕墙玻璃不同高度处的风荷载作用下的允许使用面积。

2. 抗风压变形性能

风压变形性能是指建筑幕墙在与平面相垂直的风力作用下，保持正常使用功能的性能。通常采用控制幕墙构件的容许挠度值的方法来解决。挠度允许值一般在（1/150～1/1800)L 范围之内。允许挠度值取值宜根据所确定的幕墙风压变形性能分级值而定，不宜过大，也不宜过小，否则会影响造价。幕墙在风荷载标准值作用下，其主柱和横梁的相对挠度不应大于 $L/180$（L 为主柱和横梁两支点间的跨度），绝对挠度不应大于 20mm。风压变形性能分级值，见表 13-3。

3. 雨水渗漏性能

雨水渗漏性能是指在风雨同时作用下，幕墙阻止雨水透过的性能。幕墙雨水渗漏性能的分级值，见表 13-4。该分级值以试件出现严重渗漏时所承受的压力差为判断依据。

4. 空气渗透性能

空气渗透性能是指幕墙在风压作用下，可开启部分为关闭状态时的整个幕墙透气的性能。幕墙空气渗透性能分级见表 13-5。

不同高度上平板玻璃的允许使用面积　　表 13-1

地上高度(m)	大致对应层数	风压力(100Pa)	普通平板玻璃(mm)							压花玻璃(mm)	双层中空玻璃(mm)			夹丝玻璃(mm)	
			3	4	5	6	10	12	19	4	5+5	6+6.8(夹丝层)	8+8	6.8	10
3		9.81	1.80	2.60	3.60	4.40	10.00	12.00	26.00	1.35	5.00	8.50	10.55	4.40	8.50
4		9.81	1.80	2.60	3.60	4.40	10.00	12.00	26.00	1.35	5.00	8.50	10.55	4.40	8.50
5	(1)	10.49	1.67	2.43	3.35	4.12	9.35	11.21	24.30	1.26	4.67	7.57	9.86	4.11	7.94
6		11.57	1.53	2.20	3.05	3.73	8.47	10.17	22.03	1.14	4.24	6.85	8.94	3.73	7.20
7		12.45	1.42	2.05	2.83	3.46	7.87	9.45	20.47	1.06	3.94	6.38	8.30	3.46	6.69
8	(3)	13.34	1.33	1.91	2.65	3.30	7.35	8.82	19.11	0.99	3.67	5.96	7.76	3.23	6.25
9		14.12	1.25	1.81	2.50	3.06	6.94	8.33	18.06	0.93	3.47	5.63	7.33	3.08	5.90
10		14.91	1.18	1.71	2.37	2.89	6.58	7.89	17.11	0.89	3.29	5.33	6.94	2.89	5.59
11		15.59	1.13	1.64	2.26	2.77	6.29	7.55	16.35	0.85	3.14	5.09	6.64	2.77	5.35
12	(4)	16.28	1.08	1.57	2.17	2.65	6.02	7.23	15.66	0.81	3.02	4.88	6.36	2.65	5.12
13		16.97	1.04	1.50	2.08	2.54	5.78	6.94	15.03	0.78	2.89	4.68	6.10	2.54	4.91
14		17.55	1.00	1.45	2.00	2.47	5.59	6.70	14.53	0.75	2.79	4.53	5.89	2.46	4.75
15	(5)	18.24	0.97	1.40	1.94	2.37	5.38	5.45	13.98	0.73	2.69	4.35	5.67	2.37	4.57
16		18.83	0.94	1.35	1.88	2.29	5.25	6.25	13.54	0.70	2.60	4.22	5.49	2.29	4.43
18	(6)	19.42	0.91	1.31	1.82	2.22	5.05	6.06	13.13	0.68	2.53	4.09	5.33	2.22	4.20
20	(7)	19.91	0.88	1.28	1.76	2.18	4.93	5.91	12.81	0.67	2.46	3.99	5.20	2.17	4.19
22		20.40	0.87	1.25	1.73	2.12	4.81	5.77	12.50	0.65	2.40	3.89	5.07	2.12	4.09
24	(8)	20.89	0.85	1.22	1.69	2.06	4.69	5.63	12.21	0.63	2.35	3.80	4.95	2.06	3.99
26	(9)	21.28	0.83	1.20	1.63	2.04	4.61	5.53	11.98	0.62	2.30	3.73	4.86	2.03	3.92
28		21.67	0.81	1.18	1.63	1.99	4.52	5.43	11.76	0.61	2.26	3.67	4.77	1.99	3.85
31	(10)	22.16	0.80	1.15	1.59	1.95	4.42	5.31	11.50	0.60	2.21	3.58	4.67	1.95	3.76

高层部位玻璃的允许使用面积　　　　表 13-2

高度(m)	玻璃厚度(mm)					
	5	6	8	10	12	19
45	1.36	1.81	2.32	3.38	4.63	10.53
65	1.24	1.65	2.11	3.08	4.23	9.60
85	1.16	1.54	1.98	2.88	3.95	9.01
105	1.10	1.46	1.87	2.73	3.75	8.54
125	1.05	1.40	1.78	2.62	3.59	8.16
175	0.97	1.29	1.65	2.41	3.30	7.51
225	0.91	1.21	1.55	2.26	3.10	7.04

风压变形性能分级值　　　　表 13-3

级别	Ⅰ	Ⅱ	Ⅲ	Ⅳ	Ⅴ
分级指标(kPa)	≥5.0	<5.0 ≥4.0	<4.0 ≥3.0	<3.0 ≥2.0	<2.0 ≥1.0

雨水渗漏性能分级　　　　表 13-4

级　别		Ⅰ	Ⅱ	Ⅲ	Ⅳ	Ⅴ
分级指标(Pa)	可开部分	≥350	<500 ≥350	<350 ≥250	<250 ≥150	<150 ≥100
	固定部分	≥2500	<2500 ≥1600	<1600 ≥1000	<1000 ≥700	<700 ≥500

空气渗透性能分级　　　　表 13-5

级　别		Ⅰ	Ⅱ	Ⅲ	Ⅳ	Ⅴ
分级指标(10Pa)	可开部分	≥0.5	<0.5 ≥1.5	<1.5 ≥2.5	<2.5 ≥4.0	<4.0 ≥6.0
	固定部分	≥0.01	<0.01 ≥0.05	<0.05 ≥0.10	<0.10 ≥0.20	<0.20 ≥0.50

5. 保温隔热性能

保温隔热性能是指幕墙两侧存在空气温差条件下，幕墙阻抗从高温一侧向低温一侧传热的能力。幕墙保温性能用传热系数 K 或传热阻 R_0 表示。表 13-6 根据 K 值或 R_0 值对幕

保温性能分级　　　　表 13-6

级　别	Ⅰ	Ⅱ	Ⅲ	Ⅳ
$K(W\cdot m^{-2}\cdot K^{-1})$	≤0.70	>0.70 ≤1.25	>1.25 ≤2.00	>2.00 ≤3.30
$R_0(m^2\cdot K\cdot W^{-1})$	≥1.4	<1.4 ≥0.8	<0.8 ≥0.5	<0.5 ≥0.3

墙的保温隔热性能进行分级。

幕墙的保温性能应通过控制总热阻值和选取相应的材料来解决。常见的保温芯材性能，见表 13-7。各种玻璃墙的保温效果，见表 13-8。

常见保温芯材的性能　　　　表 13-7

名　称	K $(W\cdot m^{-2}\cdot K^{-1})$	容重 $(kg\cdot m^{-3})$	抗火性	对温度的敏感	刚性反映
刚性纸蜂窝芯材	2.54～3.11	12.2～34.2	如药物浸湿则不燃	如浸湿则不敏感	良好
铝芯材	2.54～3.11	9.76～19.6	不燃	无	良好
泡沫玻璃	0.67～1.41	2.80～11.2	—	—	—
岩棉、玻璃棉、砂棉等纤维保温材料	1.13～2.14	7.32	—	仅矿棉敏感	无刚性

各种玻璃幕墙的保温效果　　　　表 13-8

玻璃类型	间隙宽度(mm)	传热系数 $K(W\cdot m^{-2}\cdot K^{-1})$
单层玻璃		5.93
双层中空玻璃	6 9 12	2.79 3.14 3.49
防阳光双层玻璃	6 12	2.54 1.83
三层中空玻璃	2×19 2×12	2.21 2.09
反射中空玻璃	12	1.63
实心墙　240mm 365mm		3.40 2.23

13.2 玻璃幕墙组成材料

玻璃幕墙材料应符合国家现行产品标准的规定，并应有出厂合格证。玻璃幕墙所使用的材料，概括起来基本上可有四大类型材料。即：骨架材料（铝合金型材及钢型材）、玻璃板块、密封填缝材料、结构胶粘材料。同时要求这些材料具有耐候性、防火性及相容性。

13.2.1 骨架材料

1. 铝合金型材

(1) 铝合金型材使用部位

铝合金框材的规格按受力大小和有关设计要求而定。铝合金板材为主要受力构件时，其截面宽度为 40～70mm，截面高度为 100～210mm，壁厚为 3～5mm；框材为次要受力构件时，其截面宽度为 40～60mm，截面高度为 40～150mm，壁厚，1～3mm。

(2) 铝合金型材断面

玻璃幕墙常用的铝合金型材断面，如图 13-3 所示。

(3) 国产玻璃幕墙的框材常用尺寸

国产玻璃幕墙的框材常用尺寸及适用范围见表 13-9 所示。

2. 型钢连接件

低碳钢 Q235 主要制作连接件（预埋件、角码、螺栓等)，是应用最多的钢材。低合金钢 16Mn 还用于预埋件的螺纹锚筋，其材质应符合有关国家标准：

(1)《普通碳素结构钢技术条件》(GB 700)；

(2)《优质碳素结构钢钢号和一般技术条件》(GB 699)；

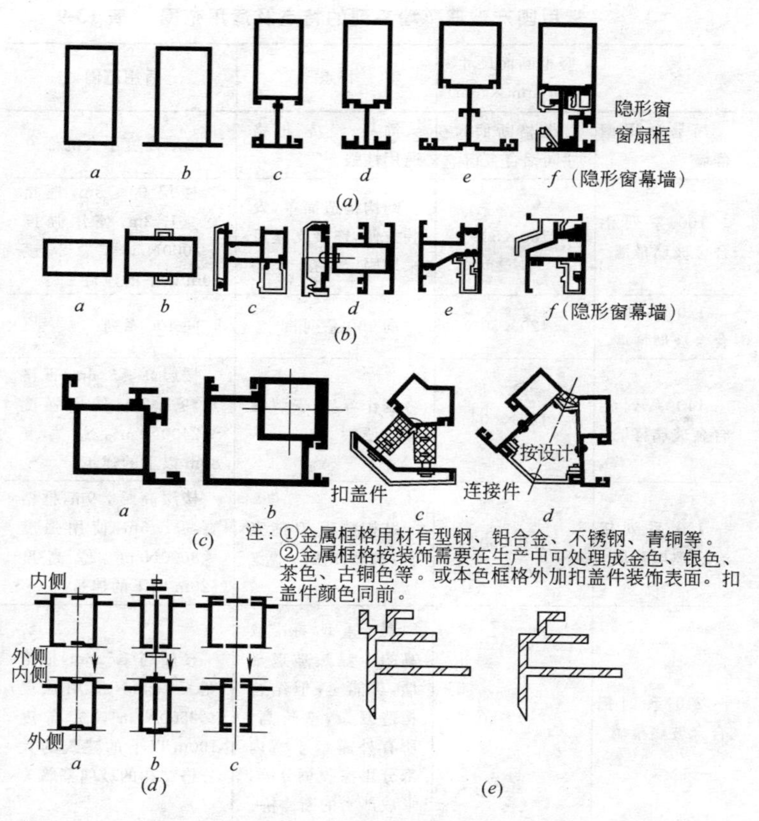

图 13-3　铝合金型材断面

(*a*) 横档；(*b*) 竖档；(*c*) 转角型材；(*d*) 组合型材；(*e*) 隐框幕墙

(3)《合金结构钢技术条件》(GB 3077)；

(4)《普通碳素结构钢和低合金结构钢薄钢板技术条件》(GB 912)；

(5)《普通碳素结构钢和低合金结构钢热轧钢板技术条件》(GB 3274)。

常用国产玻璃幕墙系列的特点及适用范围　　表 13-9

名称	竖框断面尺寸 $b\times h$(mm×mm)	特点	适用范围
简易通用型幕墙	框格断面尺寸同铝合金窗	简易、经济、框格通用性强	幕墙高度不大的部位
100 系列铝合金玻璃幕墙	100×50	结构构造简单，安装方便，连接支座可采用固定连接	楼层高≤3m，框格宽≤1.2m，使用强度≤2000N/m²，总高度50m 以下的建筑
120 系列铝合金玻璃幕墙	120×50	同 100 系列	同 100 系列
140 系列铝合金玻璃幕墙	140×50	制作容易，安装维修方便	楼层高≤3.6m，框格宽≤1.2m，使用强度≤2400N/m²，总高度80m 以下的建筑
150 系列铝合金玻璃幕墙	150×50	结构精巧，功能完善，维修方便	楼层高≤3.9m，框格宽≤1.5m，使用强度≤3600N/m²，总高度120m 以下的建筑
210 系列铝合金玻璃幕墙	210×50	属于重型，标准较高的全隔热玻璃幕墙，功能全，但结构构造复杂，造价高，所有外露型于室内部分用橡胶垫分隔，形成严密的断冷桥	楼层高≤3.2m，框格宽≤1.5m，使用强度≤2500N/m²，总高度100m 以下的建筑的大分格结构的玻璃幕墙

3. 不锈钢

不锈钢多用于制造五金件和螺钉，其材质应符合下列国家标准：

(1)《不锈钢棒》(GB 1200)；

(2)《不锈钢冷轧钢板》(GB 3280)；

(3)《不锈钢热轧钢板》(GB 4237)。

13.2.2 玻璃

用于玻璃幕墙的单块玻璃一般为5～6mm厚。玻璃材料的品种主要采用热反射浮法镀膜玻璃（镜面玻璃），其他如中空玻璃、钢化玻璃、夹层玻璃、夹丝玻璃、吸热玻璃等，也用得比较多。

1. 热反射玻璃（镀膜玻璃）

热反射玻璃又称镀膜玻璃，它有较高的反射能力，普通平板玻璃的辐射热反射率为7%～8%，而热反射玻璃高达30%左右。

热反射镀膜玻璃的主要特性是：只能透过可见光部分0.8～2.5μm的近红外光，对于0.3μm以下的紫外光和3μm以上的中、远红外光不能透过，即可将大部分的太阳能吸收和反射掉，降低室内空调费用，取得节能效果。

2. 夹丝玻璃

夹丝玻璃系以压延法生产的一种安全玻璃。当玻璃液通过延辊之间形成时，将经预热处理的金属丝或网送入，使丝、网夹于玻璃带中，经过对辊压制使其平行地嵌入玻璃板中间而制成。图13-4为夹丝玻璃图案。

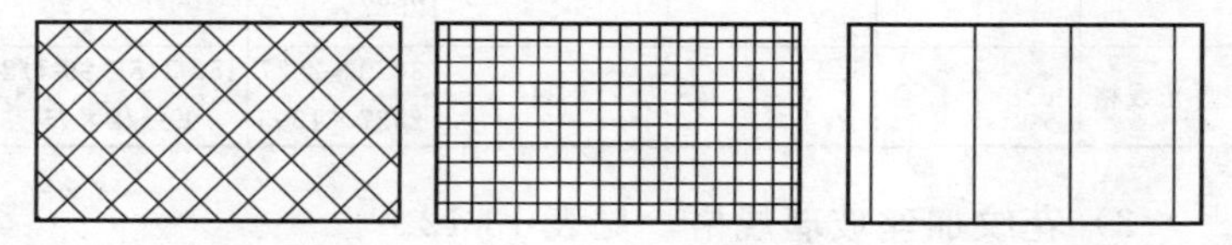

图13-4 夹丝（线、网）玻璃图案

（1）特点

具有均匀的内应力和一定的抗冲击强度及耐火性能。当受外力作用引起破裂时，其碎片仍连在金属网上，不致飞出伤人，具有一定安全作用；透光率大于60%。

(2) 用途

用于振动较大的工业厂房等建筑物的天窗、门窗、要求安全性较高的仓库门窗、地下采光窗、防火门窗等。

(3) 夹丝玻璃规格

1) 夹丝玻璃产品规格，见表 13-10。

夹丝玻璃产品规格　　表 13-10

类别	规格(mm)	生产单位
1	1200×900×6	秦皇岛耀华玻璃公司、株洲玻璃厂
2	1200×800×6	
3	1200×700×6	
4	1200×600×6	

注：其他规格供需协商定。

2) 磨光加丝玻璃规格，见表 13-11。

磨光加丝玻璃　　表 13-11

类别	标定厚度		允许厚度	自重		标准尺寸	
	(mm)	(inch)	(mm)	(kg/m²)	(lbs/100sqh)	(mm)	(inch)
磨光菱形 磨光正方	6.8	1/4	6.2～7.4	17	349	3820×2527 2527×1984 2527×1905	150-3/8×99-1/2 99-1/2×78-2/16 99-1/2×75
磨光线格	6.8	1/4	6.2～7.4	17	349	3820×2527 2527×1905	150-3/8×99-1/2 99-1/2×75

3) 花纹加丝玻璃规格，见表 13-12。

3. 夹层玻璃

夹层玻璃是安全玻璃的一种，是在两片或多片普通平板玻璃、浮法玻璃、磨光玻璃、吸热玻璃或钢化玻璃上，在玻璃片之间嵌夹透明塑料薄片，经热压粘合而成的平面或弯曲的复合玻璃制品。

花纹加丝玻璃 表 13-12

类别	标定厚度		允许厚度	自重		标准尺寸	
	(mm)	(inch)	(mm)	(kg/m^2)	(lbs/100sqh)	(mm)	(inch)
小花交叉网形	6.8	1/4	6.2～7.4	17	349	2515×1829 1829×1219 1829×914	99×72 72×48 72×36
大花交叉网形	6.8	1/4	6.2～7.4	17	349	2515×1829 1829×1219 1829×914	99×72 72×48 72×36
小花方网形	6.8	1/4	6.2～7.4	17	349	2515×1829 1829×1219 1829×914	99×72 72×48 72×36
小花线网形	6.8	1/4	6.2～7.4	17	349	2515×1829 1829×1219 1829×914	99×72 72×48 72×36

（1） 特点

由于夹层玻璃片中间有塑料膜，其抗冲击机械强度比普通平板玻璃高出几倍，当玻璃破裂时，碎片仍粘结在薄膜上，不致飞出伤人。

1） 安全性好。由于中间有塑料衬片的粘合作用，所以玻璃碎时，碎片不飞散，仅产生辐射状裂纹，不致伤人。如图 13-5 所示。

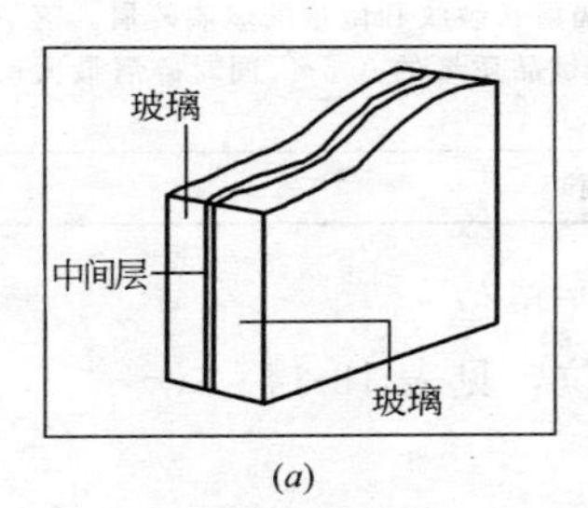

(*a*)

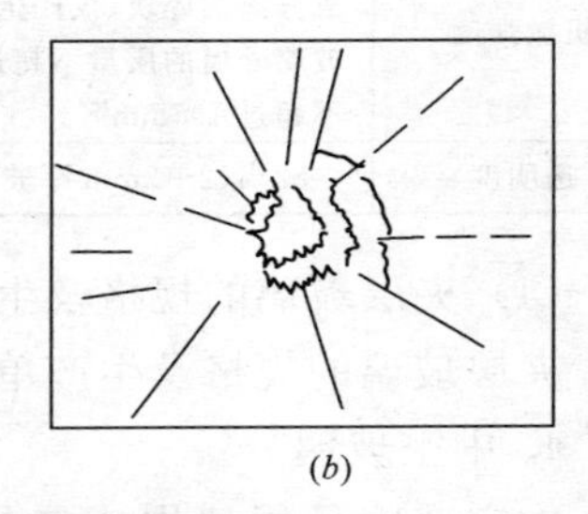

(*b*)

图 13-5 夹层玻璃结构及破碎后情况

(*a*) 结构；(*b*) 破碎后情况

2）抗冲击强度高。抗冲击机械强度是普通玻璃的几倍，受冲击时，由于衬片的存在不易被击碎。

3）防盗性能好。由于衬片的作用，不易被击碎，所以比较安全。

4）可获得其他性能。使用不同的玻璃原片和夹层材料制作的夹层玻璃，可获得耐光、耐热、耐湿、耐寒等各种性能。

（2）用途

适用作安全性较高的窗玻璃，如用于商品陈列箱、橱窗、水槽用玻璃，用于防范或防弹用玻璃，大厦地下室、屋顶以及天窗等处防止有飞散物落下的场所。

（3）技术性能

夹层玻璃的技术性能，见表13-13。

夹层玻璃技术性能　　表13-13

性　能	指　标
耐热性	60±2℃无气泡或脱胶现象
耐湿性	当玻璃受潮气作用时，能保持其透明度和强度不变
机械强度	用0.8kg的钢球在距离为1m的高度自由落下，试品不碎裂成分离的碎块，仅产生辐射状裂纹和微量的玻璃碎屑。落下的玻璃碎屑的质量不超过试品质量的0.5%，同时碎屑最大尺寸不超过1.5mm
透明度	82%(2+2mm厚玻璃)

（4）夹层玻璃的规格及生产单位

夹层玻璃的规格及生产单位，见表13-14。

4. 中空玻璃

中空玻璃是用二层或二层以上的平板玻璃，层间留间隙，四周用高强度高气密性的胶粘剂与中间铝合金框或橡皮

夹层玻璃的规格及生产单位　　　表 13-14

品名	规格(mm)			型号	生产工艺	生产单位
	长度	宽度	厚度			
夹层玻璃	1200 以下	600 以下	3+3			秦皇岛耀华玻璃厂
平夹层	1800 以下	850 以下	3+3 5+5	普通 异型 特异型	胶片法	上海耀华玻璃厂
平夹层 弯夹层					胶片法	洛阳玻璃厂
平夹层	1000 以下	800 以下	3+3 2+3	普通 异型 特异型	聚合法	中国耀华玻璃公司工业技术玻璃厂
夹层玻璃	1100 以下	750 以下				成都 157 厂

条、玻璃条粘结、密封，或采用低温焊接或熔接而成。每两片玻璃间留有 6～12mm 间隙，充以干燥空气或其他气体，构造如图 13-6 所示。可以根据要求选用各种不同性能的玻璃原片，如透明浮法玻璃、压花玻璃、彩色玻璃、热反射玻璃、夹丝玻璃、钢化玻璃等与边框（铝框架或玻璃条等），经胶结、焊接或熔接而制成。

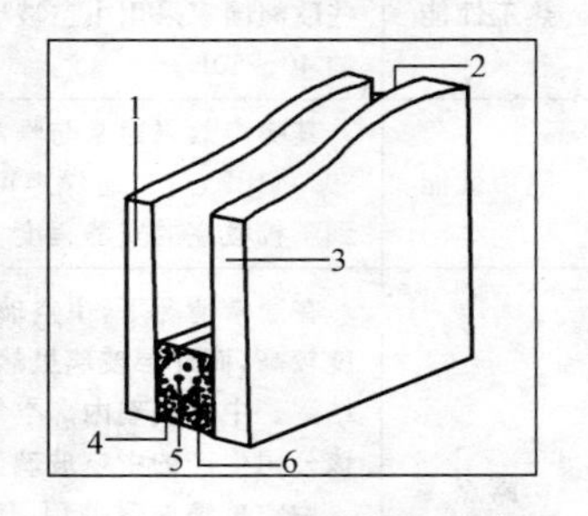

图 13-6　中空玻璃构造示意图

1、3—玻璃；2—干燥空气；4—复合胶粘剂；5—干燥剂；6—空心框

(1) 特点

中空玻璃具有保温、隔热、隔声等性能，用于建筑物上可获得光控、声控、隔热、节约能源等效果。

(2) 用途

中空玻璃主要用于需要采暖、空调、防止噪声或结露以及需要无直射阳光和特殊光的建筑物上，广泛用于住宅、饭店、宾馆、办公楼、学校、医院、商店等需要室内空调的场合。

(3) 中空玻璃性能

1) 中空玻璃技术性能，见表13-15。

中空玻璃的技术性能　　表13-15

项目	指　标
光学性能	根据所选用的玻璃原片，中空玻璃可以具有各种不同的光学性能 可见光透过率范围：10%～80% 光反射率范围：25%～80% 总透过率范围：25%～50% 常用中空玻璃的光学性能参见表13-16
热工性能	在某些条件下，其绝热性可优于混凝土墙（见表13-17），据统计一些欧洲国家采用中空玻璃窗比普通单层窗每平方米每年可节省燃料油40～50L
隔声性能	其噪声效果通常与噪声的种类、声强等有关。一般可使噪声下降30～44dB，对交通噪声可降低31～38dB，即可将街道汽车噪声降低到学校教室的安静程度。中空玻璃隔声性能见表13-17
露点	在通常情况下，中空玻璃接触室内高湿度空气的时候玻璃表面温度较高，而外层玻璃虽然温度低，但接触的空气湿度也低，所以不会结露。中空玻璃内部空气的干燥度是中空玻璃最重要的质量指标，该公司生产的中空玻璃保证内部露点在−40℃以下 中空玻璃防露使用，例如，当室内温度为21℃，相对湿度为57%，中空玻璃（空间距离为12mm）隔热值为3h，室外温度−6℃以上时不结露。相同情况下，单层玻璃（隔热值为5.6W/m²·K）在室外温度为7℃时，已结露

注：摘自深圳光华中空玻璃联合企业公司产品说明书。

2) 不同厚度品种双层中空玻璃的光学性能比较，见表13-16

3) 中空玻璃导热系数与隔声量，见表13-17

不同厚度品种双层中空玻璃的光学性能比较　　表 13-16

玻璃品种	玻璃厚度(mm)	可见光透过率(%)	反射率(%)	吸收率(%)	直接透过率(%)	总阻挡率(%)	总透过率(%)	遮光系数
无色防阳光玻璃＋有色玻璃	4＋4	39	26	29	45	49	51	0.58
	5＋5	39	26	32	42	50	50	0.57
	6＋6	38	26	34	40	52	48	0.55
	8＋8	37	26	38	36	54	46	0.52
	10＋10	36	25	42	33	57	43	0.49
无色防阳光玻璃＋有色玻璃 1.4	4＋4	23	28	43	29	64	36	0.41
	5＋5	21	28	47	25	67	33	0.38
	6＋6	18	28	50	22	69	31	0.35
	8＋8	15	27	56	17	74	26	0.29
	10＋10	12	27	60	13	77	23	0.26
无色防阳光玻璃＋有色玻璃 1.4	4＋4	30	36	38	26	63	37	0.43
	5＋5	29	36	40	24	64	36	0.41
	6＋6	29	35	42	23	65	35	0.40
	8＋8	28	33	46	21	67	33	0.38
	10＋10	27	32	49	19	68	32	0.37
无色防阳光玻璃＋有色玻璃 1.4	4＋4	17	33	51	16	75	25	0.29
	5＋5	15	32	54	14	77	23	0.26
	6＋6	14	31	57	12	79	21	0.24
	8＋8	11	29	61	10	82	18	0.21
	10＋10	9	29	64	7	85	15	0.17

注：摘自深圳光华中空玻璃联合企业公司产品说明书。

中空玻璃导热系数与隔声量　　表 13-17

制品类型	规格(mm)	玻璃厚度(mm)	空气层(mm)	导热系数(W/m·K)	隔声量(dB)
单片玻璃	910×910	3	—	5.7	—
单片玻璃	910×910	6	—	5.7	—

(4) 中空玻璃类型和规格

中空玻璃类型和规格，见表 13-18。

中空玻璃类型和规格　　表 13-18

型式	组成	最大尺寸(mm)	重量(kg/m^2)	玻璃组成形式		
				浮法;磨光加网玻璃		
				无色	热吸收	热反射
无色浮法中空 热吸中空 热反中空	3+A+3	1600×1200 1800×900	16	○	○	
	4+A+4	1800×1200	21	○	—	—
	5+A+5	2400×1800	26	○	○	—
	6+A+6	2400×1800	31	○	○	○
	8+A+8	2500×2300	41	○	○	○
	10+A+10	2500×2300	51	○	○	○
	12+A+12	2500×2300	61	○	○	○
浮法带网 玻璃中空	5+A+6.8W	2400×1800	31	○	○	—
	6+A+6.8W	2400×1800	33	○	○	○
	8+A+6.8W	2400×1800	38	○	○	○
	8+A+10W	2500×2300	46	○	○	○
	10+A+10W	2500×2300	51	○	○	○
	12+A+10W	2500×2300	56	○	○	○

5. 钢化玻璃

钢化玻璃又称之为强化玻璃，它是利用加热到一定温度后迅速冷却的方法，或化学方法进行特殊处理的玻璃。

(1) 特点

钢化玻璃抗弯强度是普通玻璃 3～5 倍，而且破碎时，玻璃碎成小颗粒，对安全影响较小。但这种玻璃不能切割，各种加工只能在淬火前进行，需按实际使用订货。

(2) 类型和规格

钢化玻璃类型和规格见表 13-19。

(3) 用途

钢化玻璃类型和规格 表 13-19

品种（商品名）	标准厚度（mm）	最大尺寸（mm）	重量（kg/m^2）	浮法玻璃		
				无色	热线吸收	镀膜
4mm	4	1800×1000	10	○	—	—
5mm	5	2400×1200	12	○	○	—
6mm	6	2400×1800	15	○	○	△
8mm	8	2800×2200	20	○	○	△
10mm	10	3000×2400	25	○	○	△
12mm	12	3500×3000	30	○	○	△
15mm	15	3500×3000	37	○	○	—

注：△—影像会有畸变。

主要用于建筑门窗，隔幕墙和汽车车窗。

6. 吸热玻璃

能吸收大量红外线辐射能而又保持良好的可见光透光率的平板玻璃称为吸热玻璃。它是普通钠—钙硅酸盐玻璃中引入有着色作用的氧化物，如氧化铁、氧化镍、氧化钴以及硒等，使玻璃着色而具有较高的吸热性能，或在玻璃表面喷涂氧化锡、氧化锑、氧化铁、氧化钴等着色氧化物薄膜而制成。

（1）特点

1）吸收太阳的辐射热：吸热玻璃的颜色和厚度不同，对太阳的辐射热吸收程度也不同。可根据不同地区及光照条件选择使用不同颜色的吸热玻璃，如 6mm 蓝色吸热玻璃能挡住 50%左右的太阳辐射热。

2）吸收太阳的可见光：吸热玻璃比普通玻璃吸收可见光要多得多。如 6mm 厚的普通玻璃能透过太阳的可见光 78%，同样厚度的古铜色镀膜玻璃仅能透过太阳的可见光的 26%。这一特点能使刺目的阳光变得柔和，起到良好的反眩作用。

3）吸收太阳的紫外线：它除了能吸收红外线外，还可以显著减少紫外线的透射对人体与物体的损害，也可以防止紫外线对室内家具、日用器具、商品、档案资料、书籍的褪色和变质。

4）具有一定的透明度，能清晰地观察室外景物。

5）色泽经久不变。

（2）用途

吸热玻璃在建筑工程中应用广泛，凡既须采光又须隔热之外，均可采用，既可调节室内温度，又能创造舒适优美的环境。

（3）技术性能

1）透热率

吸热玻璃具有控制阳光与热能透过的性能，且对观察物体颜色的清晰度没有明显影响。普通玻璃与吸热玻璃太阳能透过热质及透热率比较，见表13-20。

普通玻璃与吸热玻璃透热率比较　　表13-20

入射光100↘ 反射8↙ 吸收并向外消散8← 总的热阻挡16	平板玻璃	→81透过 →3吸收并向内消散 总透过度84
(8mm) a. 平板透明玻璃		
入射光100↘ 反射6↙ 吸收并向外消散34← 总的热阻挡40	吸热玻璃	→45透过 ↗15吸收并向内消散 总透过度60
(8mm) b. 吸热玻璃		
入射光100↘ 反射40↙ 吸收并向外消散7← 总的热阻挡47	吸热平板 反射玻璃	→50透过 →3吸收并向内消散 总透过度53

2）透光率

吸热玻璃的透光率，见表13-21。

吸热玻璃的透光率　　表13-21

玻璃种类	色调	可见光透过率(%)		太阳辐射透过率(%)
		最低	平均	
中国(上海耀华玻璃厂)	蓝色	31	51	51
	茶色	48	56	56
美国	茶色	49	55	55
德国	茶色	46	53	54

3）挡热（日晒）性能

见表13-22。

吸热玻璃的挡热（日晒）性能　　表13-22

项　目	平板玻璃	灰绿色吸热玻璃	茶色吸热玻璃
厚度(mm)	4.66	4.96	4.63
挡掉热量(%)	22.9	42.0	47.5

注：挡掉热量，是指被玻璃吸收和反射热量之和。

(4) 产品规格

1）吸热平板玻璃的产品规格，见表13-23。

吸热平板玻璃的产品规格　　表13-23

规格(mm)			生产单位
厚度	宽度	长度	
3	1800	2200	秦皇岛耀华玻璃公司、上海耀华玻璃厂
5	1800	2200	
6	1800	2200	
7	1800	2200	
8	1800	2200	

注：1. 厚度10mm和其他规格的吸热平板玻璃，供需双方协商决定。

2. 秦皇岛耀华玻璃公司生产为“无槽引上法”，英制规格。

2）蓝色吸热平板玻璃的规格见表13-24。

蓝色吸热平板玻璃规格　　表13-24

类别	面积范围（m^2）	面积售价系数（%）	出厂价格（元/$10m^2$）								
			2mm			3mm			4mm		
			一级品	二级品	三级品	一级品	二级品	三级品	一级品	二级品	三级品
1	0.1200～0.4000	100	29.00	26.10	23.20	43.50	39.20	34.80	63.80	57.40	51.0
2	0.4050～1.0000	115	33.40	30.00	26.70	50.00	45.10	40.00	73.40	66.00	58.7
3	1.0050～1.5000	130	37.70	33.90	30.20	56.60	51.00	45.20	82.90	74.60	66.3
4	1.5050～2.5000	145									
5	2.5050～3.5000	160									
6	3.5050～4.5000	170									

注：表中出厂价格只供对比参考。

13.2.3　密封填缝防水材料

密封填缝防水材料，用于玻璃幕墙的玻璃装配及块与块之间缝隙处理。一般常有三种材料组成：填充材料、密封材料及防水材料。

1. 填充材料

填充材料主要用于凹槽两侧间隙内的底部起到填充作用。以避免玻璃与金属之间的硬性接触起缓冲作用，目前用得比较多的是聚乙烯泡沫系列，有片状、圆柱条（图13-7）等多种规格。聚乙烯泡沫填充料的性能，见表13-25。

2. 密封材料

在玻璃装配中，密封材料不仅起到密封作用，同时起到缓冲、粘结的作用，使脆性的玻璃与硬性的金属之间形成

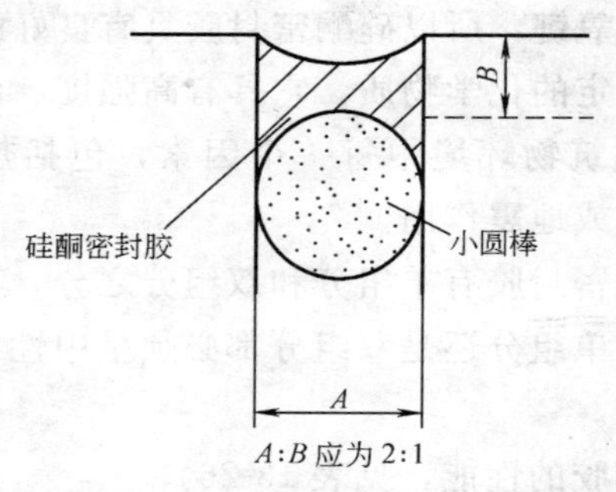

图 13-7　氯乙烯发泡填充料（小圆棒）

聚乙烯发泡填充料的性能　　　　表 13-25

项　　目	技　术　指　标		
	10mm	30mm	50mm
拉伸强度（N/mm^2）	0.36	0.24	0.52
延伸率（%）	46.5	52.3	64.3
压缩后变形率（纵向%）	4.0	4.1	2.5
压缩后恢复（纵向%）	3.2	3.6	3.5
永久压缩变形率半径%	3.0	3.4	3.4

柔性缓冲接触。橡胶密封条是目前应用最多的密封、固定材料。

橡胶压条的断面形式很多，其规格主要取决于凹槽的尺寸及形状。选用橡胶压条时，其规格要与凹槽的实际尺寸相符，否则过松过紧都不妥。

3. 建筑密封胶和结构密封胶

铝合金玻璃幕墙用的密封胶有结构密封胶和建筑密封胶（耐候胶）。

（1）结构密封胶

结构密封胶又称结构胶。结构玻璃装配使用的结构密封胶只能是硅酮密封胶，它的主要成分是二氧化硅，由于紫外线不能破坏硅氧键，所以硅酮密封胶具有良好的抗紫外线性能，是非常稳定的化学物质。它具有高强度、延展性和粘结性，能抵御建筑物环境中每一个因素，包括热应力，风荷载、气候变化或地震作用。

结构硅酮密封胶有单组分和双组分之分，其性能都差不多，但不管是单组分还是双组分都必须呈中性，使用可根据功能要求选用。

结构硅酮胶的性能，见表13-26。

结构硅酮胶的性能　　表13-26

项　　目	指　　标
有效期(月)	双组分：>6　单组分：>9～12
施工温度(℃)	双组分：10～32　单组分：－20～70
使用温度(℃)	－48～88
表干时间(h)	≤3
初步固化时间(d)	7
完全固化时间(d)	14～21
操作时间(min)	30
邵氏硬度	35～45
抗拉强度(N/mm²)	极限拉伸强度：2.0，延伸150%强度：0.8
延伸率(%)	200
蠕变	不明显
流淌性(mm)	2.4
剥离强度(N/mm)	5.6
耐热性(℃)	150
接口变位承载能力(10d后)	不小于12.5%*

*如果需要大于25.0%的硅酮结构胶，需由厂家专门供货。

(2) 建筑密封胶（耐候胶）

建筑密封胶（耐候胶）具有耐水、耐溶剂和耐大气老化的性能，并应有低温弹性、低透气率等特点。耐候硅酮密封胶的技术性能，见表13-27。

耐候硅酮密封胶的性能　　表13-27

项　目	技 术 指 标
表干时间(h)	1.5～10
流淌性(mm)	无
凝固时间(25℃·d)	3
全面附着(d)	7～14
邵氏硬度	26
极限拉伸强度(N/mm^2)	0.11～0.14
污染	无
撕力(N/mm)	3.8
凝固14d后的变位能力(%)	≥25*
有效期(月)	9～12

*如需要变位能力大于50%的胶，要由厂家专门供货。

4. 其他材料

(1) 双面贴胶带

目前国内使用的双面胶带有两种材料制成的两种双面胶带（图13-8），即聚胺基甲酸乙酯（又称聚氨酯）和聚乙烯树脂低发泡双面胶带，要根据幕墙承受的风荷载、高度和玻璃块的大小，同时要结合玻璃、铝合金型材的重量以及注胶厚度来选用双面胶带。

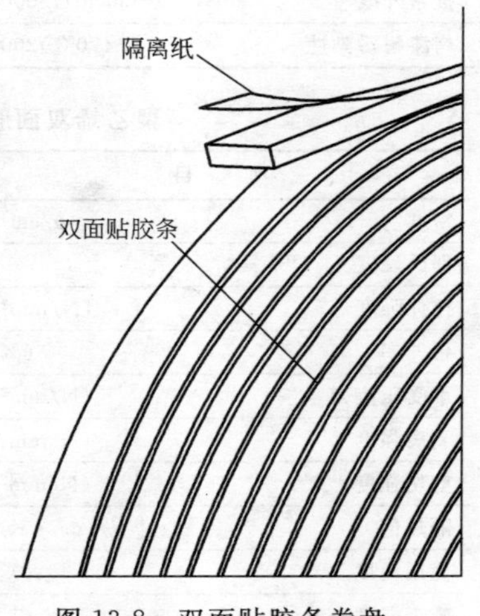

图13-8　双面贴胶条卷盘

当幕墙风荷载大于1.8kN/m^2 时，宜选用中等硬度的聚胺基甲酸乙酯双面胶带，其性能应符合表13-28中的规定。

当幕墙风荷载小于1.8kN/m^2 时，宜选用聚乙烯低发泡间隔双面胶带，其性能应符合表13-29中的规定。

聚胺基甲酸乙酯双面胶带的性能　　表13-28

项　目		技术指标
密度	(g/cm^3)	0.682
邵氏硬度		35
拉伸强度	(N/mm^2)	0.91
延伸率	(%)	125
承受压应力	(N/mm^2)	压缩10%时,0.11
动态拉伸粘结性	(N/mm^2)	0.39,停留15min
静态拉伸粘结性	(N/mm^2)	7×10^{-3},2000h
动态剪切力	(N/mm^2)	0.28,停留15min
隔热值	(W/m^2·K)	0.55
抗紫外线	(300W,25～30cm),3000h	不变
烤漆耐污染性	(70℃)200h	无污染

聚乙烯双面胶带的性能　　表13-29

项　目		技术指标
密度	(g/cm^3)	0.205
邵氏硬度		40
拉伸强度	(N/mm^2)	0.87
延伸率	(%)	125
承受压应力	(N/mm^2)	压缩10%时,0.18
剥离强度	(N/mm^2)	2.76×10^{-2}
剪切强度	(N/mm^2)	4×10^{-2},保持24h
隔热值	[W/(m^2·K)]	0.41
使用温度	(℃)	−44～75
施工温度	(℃)	15～52

（2）特殊功能材料

1）玻璃幕墙宜采用岩棉、玻璃棉、防水板等不燃性和难燃性材料作隔热材料，同时，应采用铝箔和塑料薄膜包装的复合材料，以保证其防水和防潮性。

2）凡是用螺栓连接的部位，都应加设耐热的硬质有机材料垫片。垫片材质既要有一定柔性，又要有一定硬度。还应具备耐热性，耐久性和防腐、绝缘性能。

3）幕墙竖框与横梁之间的连接处，宜加设橡胶垫片，并应安装严密，以保证其防水性。

13.3 玻璃幕墙构造

玻璃幕墙主要是由玻璃构成的幕墙构件连接在横梁上，横梁连接到立柱上，立柱悬挂在主体结构上，如图 13-9 所示。

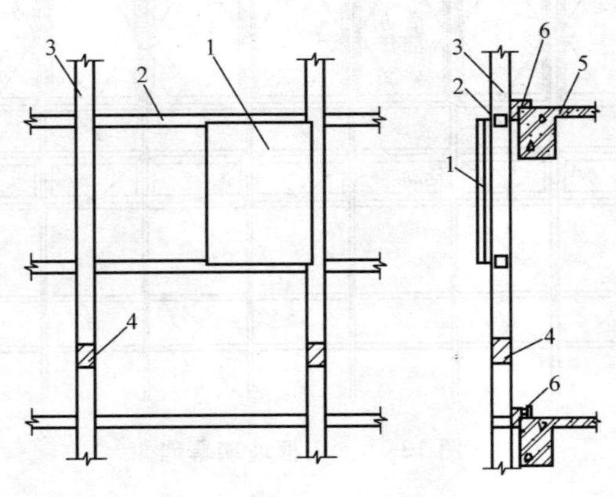

图 13-9 幕墙组成示意图

1—幕墙构件；2—横梁；3—立柱；4—主柱活动接头；5—主体结构；6—立柱悬挂点

13.3.1 玻璃幕墙构造体系

玻璃幕墙按其构造不同可分为：明框玻璃幕墙体系；隐框玻璃幕墙体系；半隐框玻璃幕墙体系；全玻幕墙体系。

1. 明框玻璃幕墙体系

明框玻璃幕墙的玻璃板镶嵌在铝框内，成为四边有铝框的幕墙构件，幕墙构件镶嵌在横梁上，形成横梁，立柱均外露，铝框分格明显的立面，如图 13-10 所示。

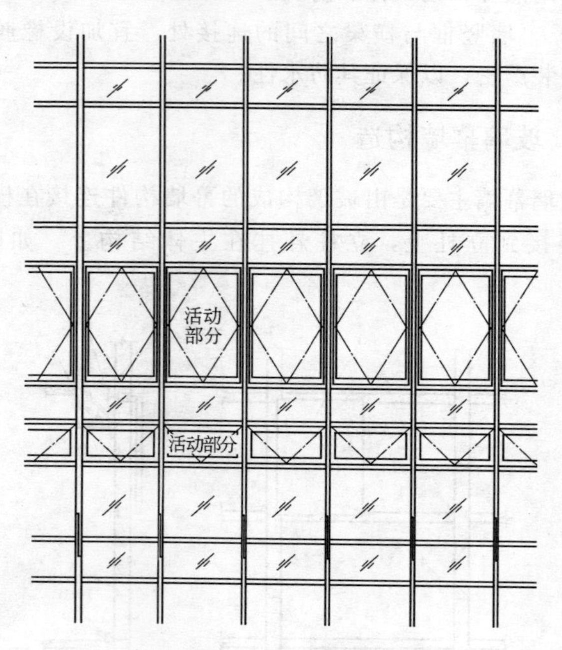

图 13-10 明框玻璃幕墙

目前铝合金明框骨架体系组装形式有三种，即竖框式、横框式和框格式。

(1) 竖框式 其竖框外露并主要受力，在竖框之间镶嵌窗框和窗下墙，这种玻璃幕墙立面形式为竖线条的装饰效果。如图 13-11 所示。

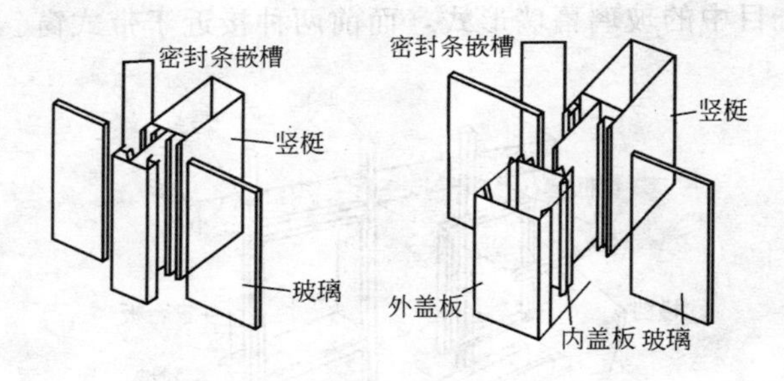

图 13-11　竖框式玻璃幕墙

（2）横框式　其横框外露并主要受力，窗与窗下墙是水平连续的，这种玻璃幕墙的立面形式为横线条的装饰效果，如图 13-12 所示。

（3）框格式　竖框与横框全部外露，形成格子状，将建

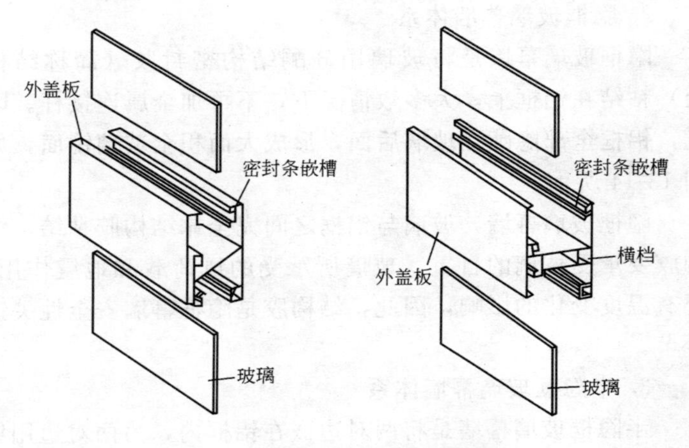

图 13-12　横框式玻璃幕墙

筑物整个立面全部或大部以玻璃包覆，如图 13-13 所示。这种形式的玻璃幕墙最为多见，与前两种形式相比，它较符合人们心目中的玻璃幕墙形式，而前两种接近于带式窗。

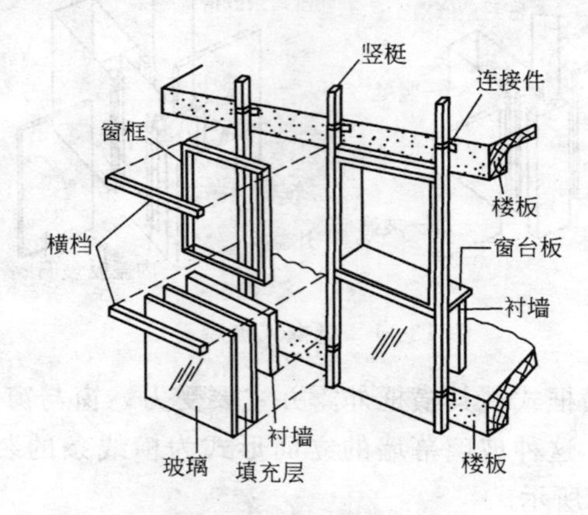

图 13-13　框格式玻璃幕墙

2. 隐框玻璃幕墙体系

隐框玻璃幕墙是将玻璃用硅酮结构密封胶（简称结构胶）粘结在铝框上，大多数情况下，不再加金属连接杆。因此，铝框全部隐蔽在玻璃后面，形成大面积全玻璃镜面，如图 13-14 所示。

隐框玻璃幕墙，玻璃与铝框之间完全靠结构胶粘结。结构胶要承受玻璃的自重，玻璃所承受的风荷载和地震作用，还有温度变化的影响，因此，结构胶是隐框幕墙安全性关键环节。

3. 半隐框玻璃幕墙体系

半隐框玻璃幕墙是将两对边嵌在铝框内，另两对边用结构胶粘结在铝框上，形成半隐框玻璃幕墙。立柱外露、横梁

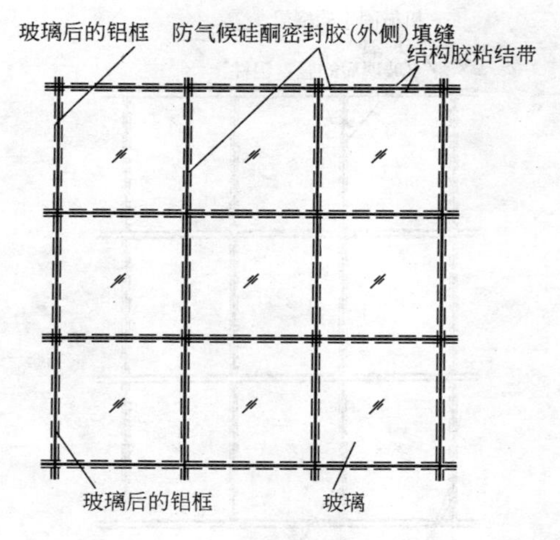

图 13-14　隐框玻璃幕墙

隐蔽的为竖框横隐幕墙（图 13-15（*b*））；横梁外露，立柱隐蔽的称为竖隐横框（图 13-15（*a*））。

4. 全玻璃幕墙体系

全玻璃幕墙体系，就是没有骨架的玻璃幕墙，玻璃本身既是饰面构件，又是承受自身重量的荷载及风荷载的承力构件。由于没有骨架，整个玻璃幕墙采用通长的大块玻璃。这种玻璃幕墙除了设有大面积的面玻璃外，一般还需加设与面玻璃呈垂直的肋玻璃。肋玻璃主要作用是加强面玻璃的刚度及稳定性。如图 13-16 所示。

13.3.2　构造连接

1. 竖框与主体结构连接

(1) 连接件

竖框通过连接件固定在楼板上，连接件的设计与安装，要考虑竖框能在上下左右前后三个方向均可调节移动，所以

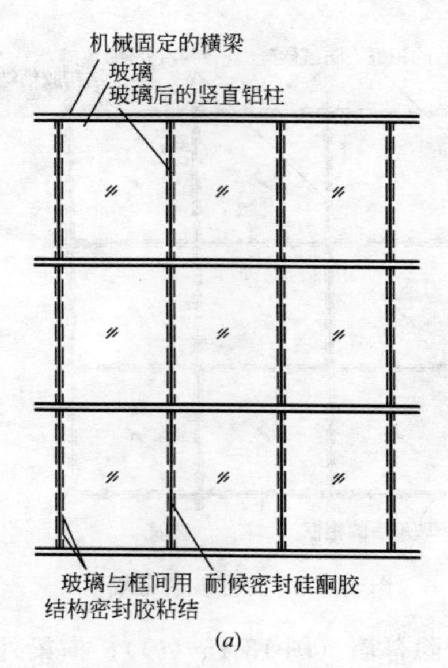

(a)

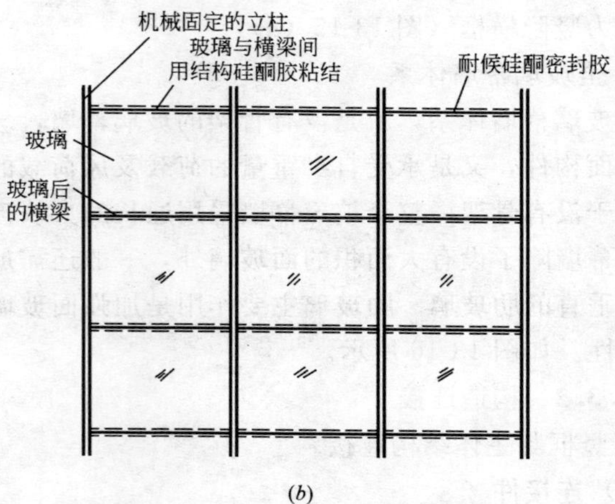

(b)

图 13-15　半隐框玻璃幕墙示意图

(a) 竖隐横框；(b) 竖框横隐

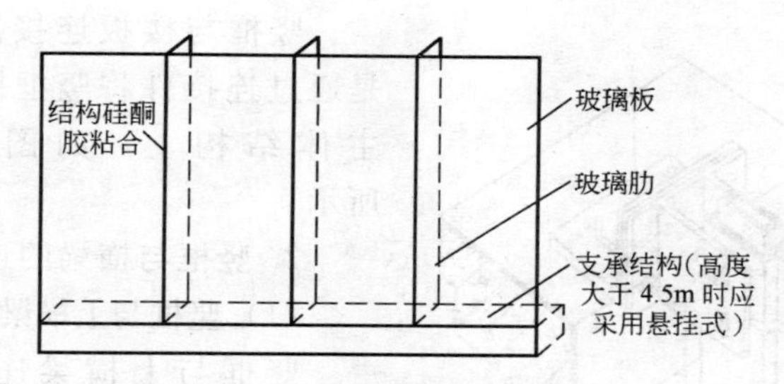

图 13-16　全玻璃幕墙

连接件上的所有螺栓孔都设计成椭圆形的长孔。图 13-17 为不同几种连接件示例。

（2）竖框与楼板连接

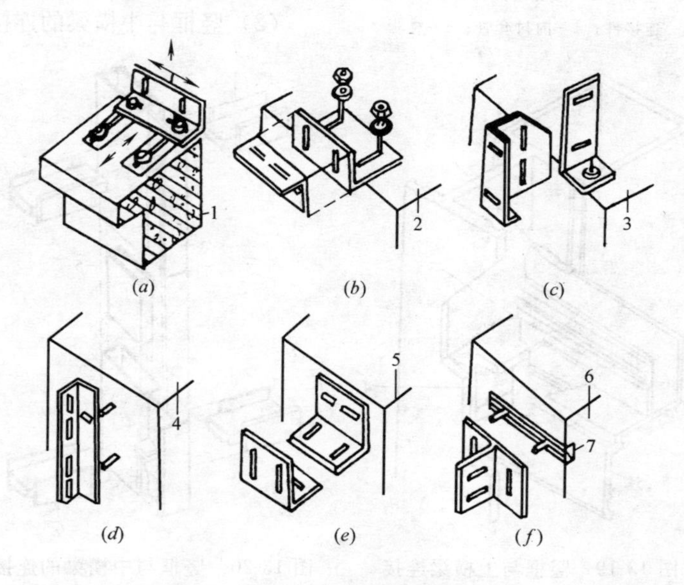

图 13-17　玻璃幕墙连接件示例

1～6—楼板；7—预埋在楼板内的槽形连接件

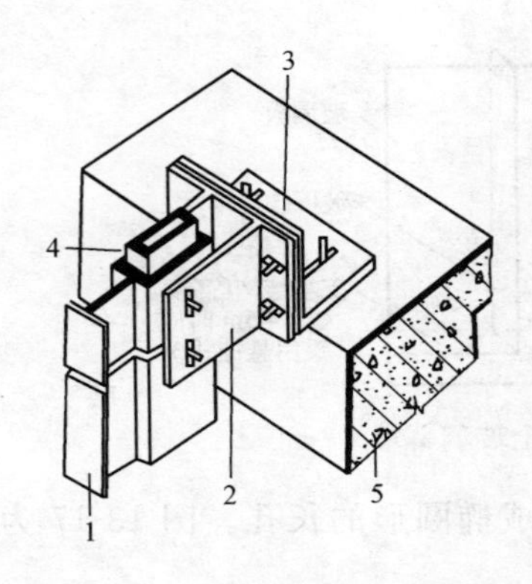

图 13-18　竖框与楼板的连接

1—竖框；2—板凳形连接件；3—角形连接件；4—内衬套管；5—楼板

竖框与楼板连接，主要是通过连接件将竖框固定在主体结构上，如图 13-18 所示。

2. 竖框与横梁的连接

(1) 竖框与上横梁的连接

竖框与上横梁连接时，上横梁端部与竖框之间留有 1.5mm 缝隙，同时横梁与竖框之间还用硅酮胶进行密封，如图 13-19 所示。

(2) 竖框与中横梁的连接

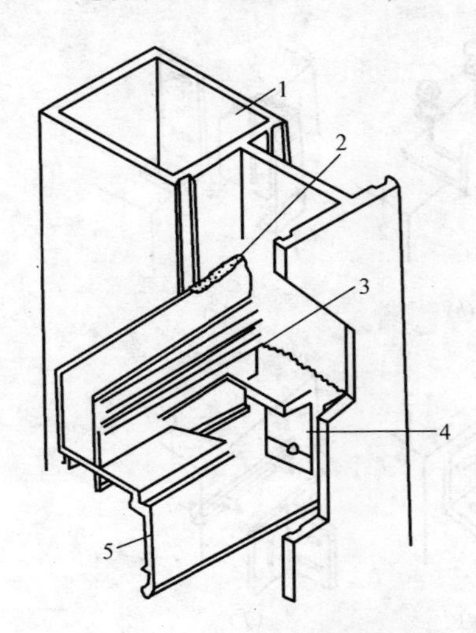

图 13-19　竖框与上横梁连接

1—竖框；2—硅酮胶；3—1.5mm 缝隙；4—铁脚；5—上框

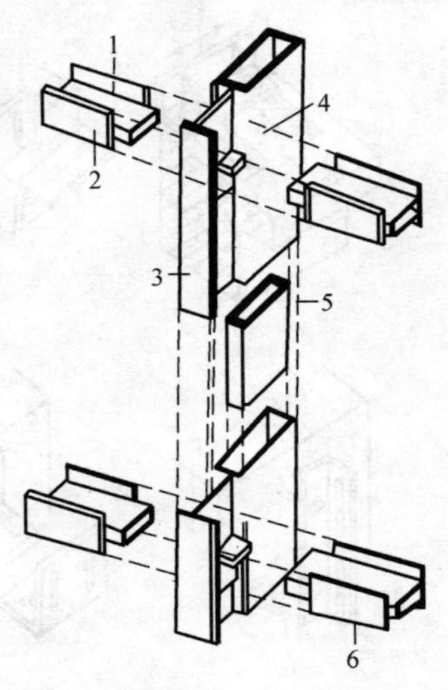

图 13-20　竖框与中横梁的连接

1—横梁；2—外盖板；3—竖框；4—角钢铸铝；5—铸铝衬套管；6—外盖板

竖框与中横梁的连接，是将中横梁插接在竖框上的角钢铸铝上，然后横梁与角钢铸铝固定。如图13-20所示。

13.4 玻璃幕墙构件制作与组装

13.4.1 施工准备

1. 熟悉图纸 在制作构件、预埋件等以前，首先了解施工图的图纸，并且掌握现场土建施工情况，对建筑物进行复测，按实际情况对幕墙进行调整。经设计、甲方同意后方可制作。

2. 材料检验 对所用的材料、零件，要进行严格检验。并应有出厂合格证。

3. 加工幕墙构件所采用的设备、机具应能达到幕墙构件加工精度要求，其量具应定期进行计量检定。

4. 隐框玻璃幕墙的结构装配组合件应在生产车间制作，不得在现场进行。结构硅酮密封胶应打注饱满。

5. 不得使用过期的结构硅酮密封胶和耐候硅酮密封胶。

6. 预埋件应采用T形焊，锚筋直径不大于20mm时，宜采用压力埋弧焊。

7. 玻璃幕墙与建筑主体结构连接的固定支座材料宜选用铝合金、不锈钢或表面热镀处理的碳素结构钢。

8. 明框、半隐框、隐框幕墙所用的垫块、垫条的材质应符合《建筑橡胶密封垫预成型实心硫化的结构密封垫用材料》的规定。

13.4.2 预埋件制作

1. 选材

预埋件的锚板宜采用Q235钢板。锚筋应采用Ⅰ级或Ⅱ级钢筋，但不得采用冷加工钢筋。

2. 构造

预埋件受力直锚筋不宜少于4根，直径不宜小于8mm。受剪预埋件的直锚筋可用2根。如图13-21所示。

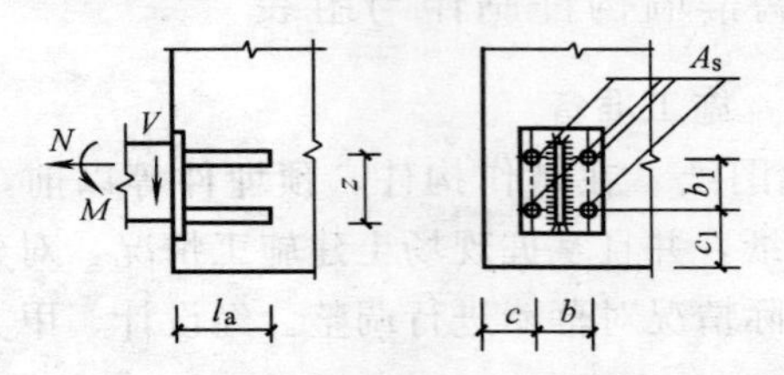

图13-21 由锚板和直锚筋组成的预埋件

3. 下料

(1) 锚筋

锚筋下料长度，应根据锚固长度确定。锚筋最小锚固长度在任何情况下不应小于250mm。锚筋按构造配置，未充分利用其受拉强度时，锚固长度可适当减少，但不应小于180mm。光钢筋端部应作弯钩。

锚固钢筋的锚固长度 l_a 与混凝土强度等级有关，见表13-30。

锚固钢筋的锚固长度 l_a（mm） **表13-30**

钢筋类型	混凝土强度等级	
	C25	≥C30
HPB235级钢	30d	25d
HRB335级钢	40d	35d

注：1. 当螺纹钢筋 d≤25mm时，l_a 可以减少为5d。
2. 锚固长度不应小于250mm。

(2) 锚板

锚板的厚度应大于锚筋直径的0.6倍。受拉和受弯预埋件的锚板的厚度尚应大于 $b/8$（b 为锚筋的间距）。

（3）锚筋与锚板尺寸确定

锚筋中心至锚板边缘的距离 c 不应小于 $2d$ 及 20mm；对于受拉和受弯预埋件，其钢筋间距 b、b_1 和锚筋至构件边缘的距离 c、c_1 均不应小于 $3d$ 及 45mm；对于受剪预埋件，其锚筋的间距 b 及 b_1 不应大于 300mm，其中 b_1 不应小于 $6d$ 及 70mm，锚筋至构件边缘的距离 c_1 不应小于 $6d$ 及 70mm，b、c 不应小于 $3d$ 及 45mm。

4. 焊接

预埋件应采用 T 形焊，锚筋直径不大于 20mm 时，宜采用埋弧压力焊。

13.4.3 金属杆件加工技术要求

1. 玻璃幕墙结构杆件截料之前应进行校直调整；

2. 玻璃幕墙横梁的允许偏差为±0.5mm，立柱的允许偏差为±0.1mm，端头斜度的允许偏差为－15（图 13-22，图 13-23）；

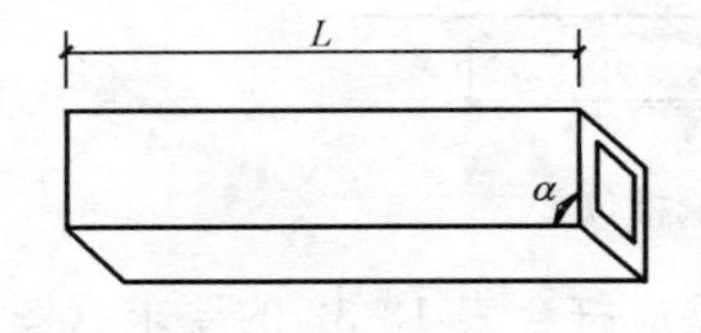

图 13-22　直角截料

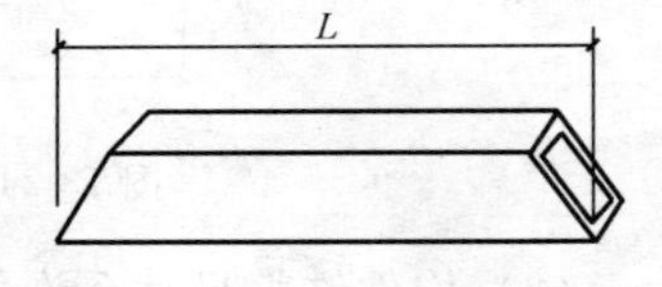

图 13-23　斜角截料

3. 截料端头不应有加工变形，毛刺不应大于 0.2mm；

4. 孔位的允许偏差为±0.5mm，孔距的允许偏差为±0.5mm，累计偏差不应大于±1.0mm；

5. 铆钉的通孔尺寸偏差应符合现行国家标准《铆钉用通孔》GB 152.1 的规定；

6. 沉头螺钉的沉孔尺寸偏差应符合现行国家标准《沉头螺钉用沉孔》GB 152.2 的规定；

7. 圆柱头、螺栓的沉孔尺寸应符合现行国家标准《圆柱头、螺栓用沉孔》GB 152.3 的规定；

8. 螺丝孔的加工应符合设计要求；

9. 玻璃幕墙构件中槽、豁、榫的加工要求：

(1) 构件铣槽尺寸允许偏差应符合表 13-31 的要求（图 13-24）。

铣槽尺寸允许偏差（mm）　　表 13-31

项　目	a	b	c
偏差	+0.5 0.0	+0.5 0.0	±0.5

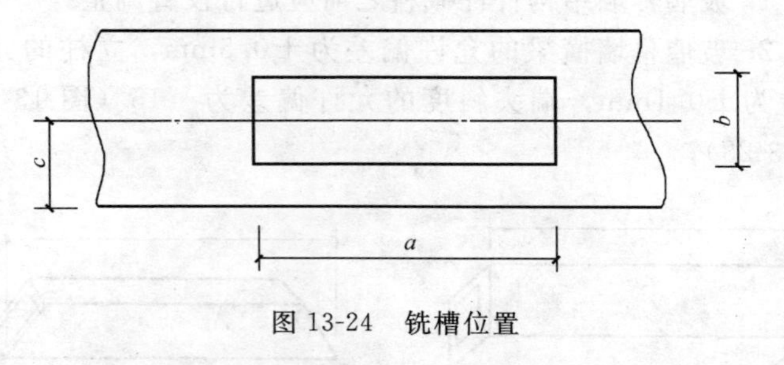

图 13-24　铣槽位置

(2) 构件铣豁尺寸允许偏差应符合表 13-32 的要求（图 13-25）。

铣豁尺寸允许偏差（mm）　　表 13-32

项　目	a	b	c
偏差	+0.5 0.0	+0.5 0.0	±0.5

(3) 构件铣榫尺寸允许偏差应符合表 13-33 的要求（图

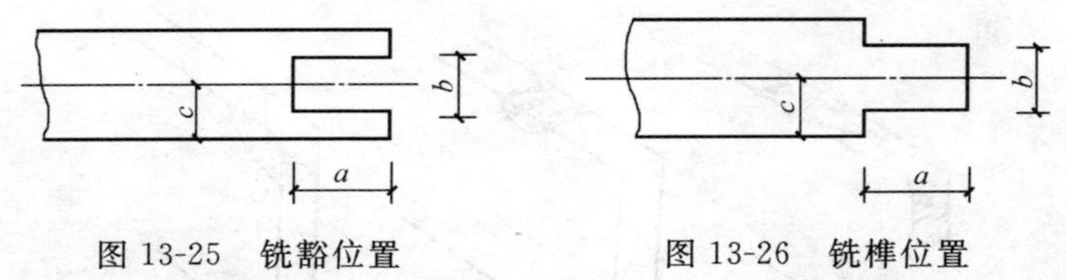

图 13-25　铣豁位置　　　　图 13-26　铣榫位置

铣榫尺寸允许偏差（mm）　　表 13-33

项　目	a	b	c
偏差	0.0 −0.5	0.0 −0.5	±0.5

13-26）。

13.4.4　玻璃加工

1. 钢化、半钢化和夹丝玻璃都不允许在现场切割，而应按设计尺寸在工厂进行。钢化、半钢化玻璃的热处理必须在玻璃切割、钻孔、挖槽等加工完毕后进行。

2. 玻璃切割后，边缘不应有明显的缺陷，其质量要求应符合表 13-34 的规定（图 13-27）。

玻璃切割边缘的质量要求　　表 13-34

缺　陷	允　许　程　度	说　明
明显缺陷	不允许	
崩块	$b\leqslant10$mm, $b\leqslant t$ $b_1\leqslant100$mm, $b_1\leqslant t$ $d\leqslant2$mm	
切斜	$b_2\leqslant\frac{t}{4}$	
缺角	$a\leqslant5$mm	

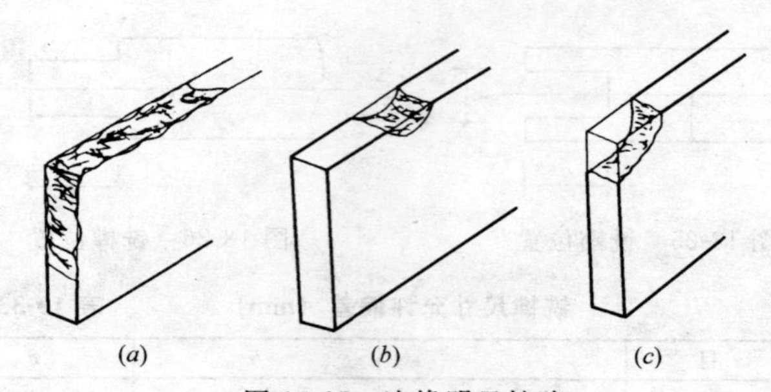

图 13-27　边缘明显缺陷

(a) 麻边；(b) 崩边（>5mm）；(c) 崩角（>5mm）

3. 玻璃开孔时，应符合下列要求：

(1) 圆孔（图 13-28）：

1) 直孔 D 不小于板厚 t，不小于 5mm；

2) 孔边至板边距离 a、b 不小于直径 D，也不小于 30mm。

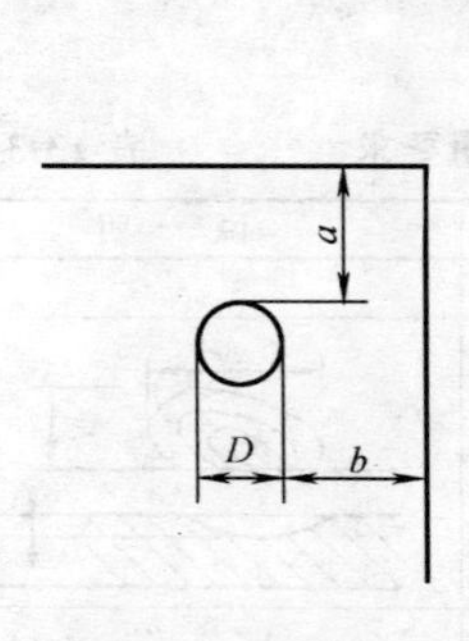

图 13-28　圆孔尺寸

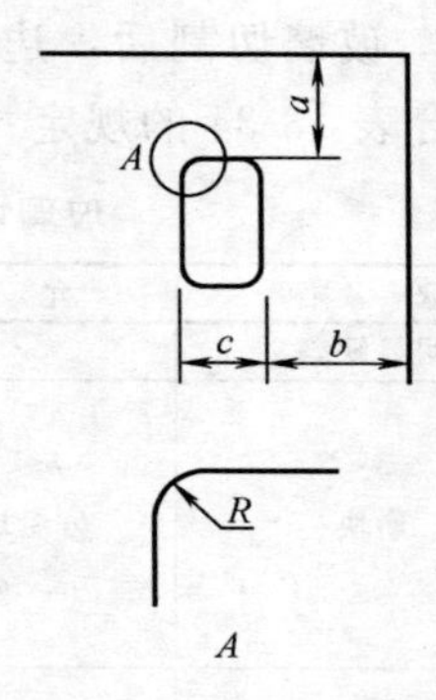

图 13-29　方孔尺寸

(2) 方孔（图 13-29）：

1) 孔宽不小于 25mm；

2) 孔边至板边距离 a、b 不小于 $c+t$，t 为板厚。

（3）角部倒圆半径 R 不小于 2.5mm。

4. 边缘切口，其尺寸应符合下列要求：

（1）角部切口（图 13-30）

1）切口边长 a、b 不大于玻璃短边长度的四分之一；

2）角部倒圆半径 R 不小于 2.5mm。

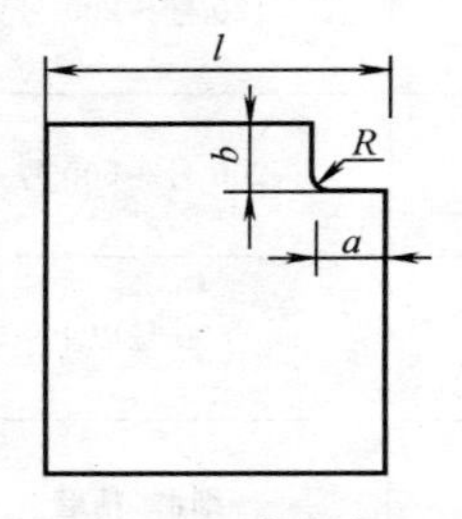

图 13-30　角部切口

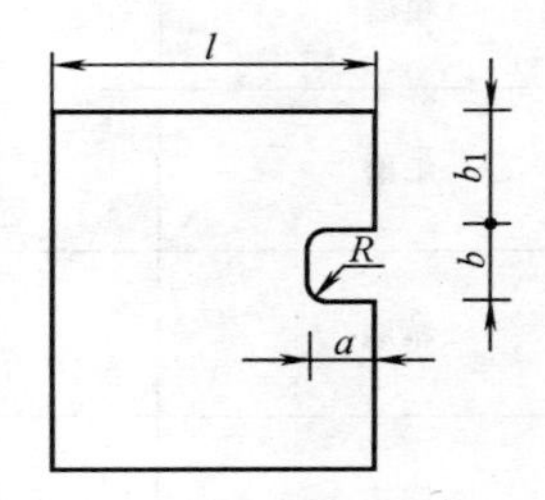

图 13-31　边缘切口

（2）边缘切口（图 13-31）

1）切口深度 a 不大于板短边长度的八分之一；

2）切口宽度 b 不大于 $2a$；

3）切口边到板边距离 b_1：不小于 $10t$，t 为板厚；

4）角部倒圆半径 R 不小于 2.5mm。

5. 边缘处理，经过切割后玻璃应进行不同程度的边缘处理，见表 13-35。

6. 圆弧形玻璃由平面玻璃加热成型，圆弧尺寸受下列条件限制：

玻璃尺寸：$W \times H \leqslant 2600\text{mm} \times 5500\text{mm}$

$\leqslant 5500\text{mm} \times 2600\text{mm}$

W——弧长；H——玻璃宽度。

弯曲半径：$R \geqslant 400\text{mm}$；矢高：$D \leqslant 1000\text{mm}$；圆心角：$Q \leqslant 120°$

玻璃的边缘处理　　　　表 13-35

处　理	示　意　图	研　磨　细　度
倒棱		不磨
粗磨		120 号～200 号
细磨		200 号～500 号
精磨		600 号以上
圆边		细磨，精磨
斜边		粗磨，细磨，精磨

13.4.5　隐框幕墙玻璃板材构件制作

1. 隐框幕墙构件特点

隐框和半隐框玻璃幕墙构件的特点是：铝框在玻璃板的后面，用结构硅酮密封胶（结构胶）进行铝材与玻璃间的结合，两者之间没有金属件相连，如图 13-32 所示。

2. 隐框幕墙构件要求

图 13-33 为典型的隐框幕墙构件的示意图。

图中 1 为玻璃板，可为单层、中空或夹片等各种形式。2 为结构胶，由它粘结铝框和玻璃板其宽度与厚度由计算及构造要求决定。3 为双面贴胶条，它临时支承玻璃板待结构胶固化，而且能保证胶缝的厚度。4 为铝框，通过它与横梁与立柱连接。

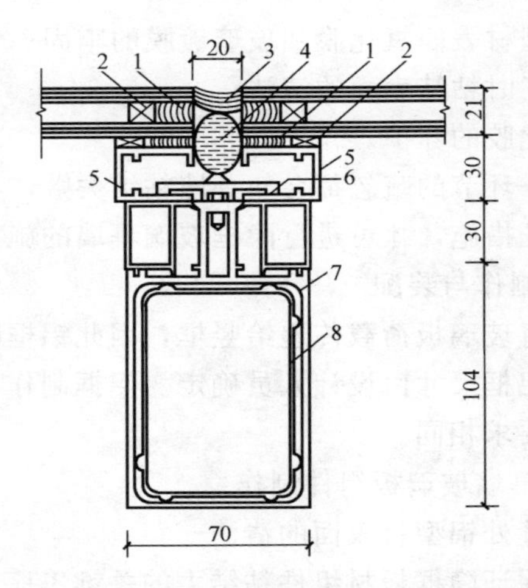

图 13-32 隐框玻璃幕墙与框架的固定

1—结构胶；2—胶条；3—密封胶；4—泡沫棒；
5—铝框；6—压块；7—立柱；8—套筒

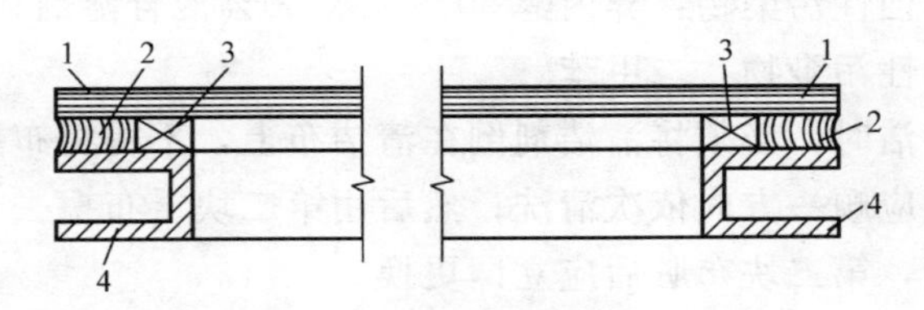

图 13-33 隐框幕墙构件

1—玻璃；2—结构胶；3—双面贴胶条；4—铝框

由此可见，隐框幕墙玻璃板材组件，它是由铝框和玻璃组成，玻璃与铝框间全靠胶来粘结的，因此保证粘结质量是隐框幕墙安全的关键。而胶的粘结质量则取决于以下因素：

(1) 胶本身的质量（力学性能，是否过期等)；

(2) 胶与铝型材、玻璃的相容性；

（3）铝型材表面氧化膜和玻璃镀膜的牢固；

（4）施工时粘结表面的清洁；

（5）固化胶的养护。

上述任一环节的疏忽都会使幕墙粘结失败，必须采取切实的技术保证措施，才可进行隐框玻璃幕墙的施工。

3. 铝框制作与装配

铝框是将玻璃板荷载传递给竖框，因此铝框断面应根据力学计算，铝框尺寸由设计人员确定。铝框制作与装配与明框制作装配要求相同。

4. 隐框幕墙玻璃板组件制作

（1）胶缝处铝型材表面的清洁

清洁是保证隐框板材组件粘结力的关键工序。也是隐框幕墙安全性、可靠性的主要技术措施之一，通常采用以下的清洁剂：

非油性污染物：异丙醇 50％，水 50％混合溶剂；

油性污染物：二甲苯。

清洁时，必须将清洁剂倒在清洁布上，不得将布蘸入容器中，应顺一方向依次清洗；然后用第二块干布擦去未挥发的溶剂，第二块布脏后应立即更换。

清洁后，30 分钟内必须进行注胶，否则需进行第二次清洗。

清洁后的表面，在搬运时不要用手触摸，防止第二次污染。

（2）粘贴双面贴胶条

玻璃必须按设计位置固定在铝框上，在平面内铝框与玻璃要按基准线准确定位。定位一般采用定位夹具在确定准确位置，要求其偏差在±0.5mm 以内。

铝框组装完毕后，用夹具固定其位置，然后粘贴双面贴胶条。双面贴胶条保证了胶缝的厚度和宽度。双面贴胶条厚度比胶缝厚度 t_s 大 1mm，因为放上玻璃后，胶条要被压缩 10%，如图 13-34 所示。

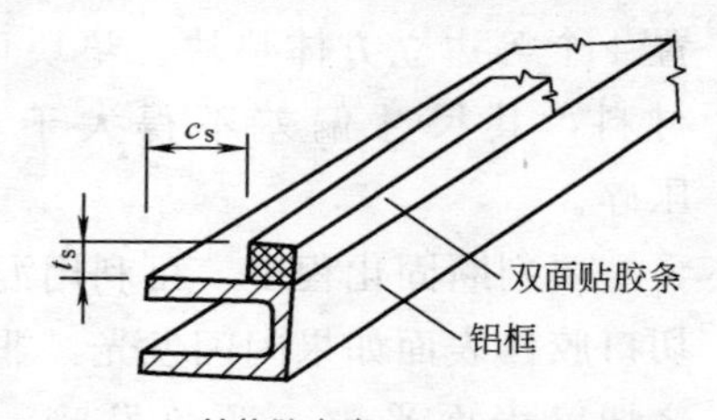

c_s—结构胶宽度　t_s—结构胶厚度

图 13-34　双面贴胶条定位

贴双面胶条时，应使胶条保持直线，用力下按使胶条紧贴铝框，但手不要触及粘胶面，在放上玻璃之前，不要撕掉胶条的隔离纸，以防表面被污染。

玻璃放到胶条上应一次成功定位，不得来回移动玻璃。否则不干胶粘在玻璃上，将难以保证注胶结构粘结牢固。如果万一不干胶沾到已清洁的玻璃面上，应重新清洁。

双面贴胶带保存环境条件为：温度不超过 21℃，湿度不大于 50%。

（3）注胶

隐框幕墙板材构件结构胶必须用机械注胶，注胶要按顺序进行以排走空隙内的空气，要涂布均匀，不要出现气泡。

（4）静置和养护

注胶后的板材构件，应在静场地静置养护。双组分结构胶静置 3 天后，单组分结构胶静置 7 天后才能运输，所以要准备足够面积的静置场地。

静置养护场地要求：温度为 18℃～28℃，相对湿度为 65%～70%，否则会影响结构胶的固化结果。

静置可采用架子或在地面上叠放。当大批量制作时，以叠放为多。叠放时一般放置 4～7 块，每块之间必须放置 4 个等边立方体垫块。垫块可采用泡沫塑料或其他弹性材料，其尺寸偏差不得大于 0.5mm，以免玻璃不平而压碎。

要判断固化程度，可利用混胶时留下的切开试验样品，切口胶体表面如果闪闪发光，非常平滑，说明尚未固化；反之切口表面平整，颜色发暗，则说明已完全固化，可以搬运。

未完全固化的板材构件不能搬运，以免粘结力下降。完全固化后，板材可运到现场房间内继续放置 14～21 天，使达到其粘结强度后才可以安装施工。

达到 21 天强度后，可用剥离试验检验其粘结力。试验时拉住胶样品一端，用刀在胶条中面切开 50mm，再用手拉住切口的胶条向后撕扯，如果沿胶体中撕开则为合格；反之，如果在基材表面剥离，而胶体未破坏则说明粘结力不足，这批板材不合格。

5. 隐框幕墙包封框玻璃板组件制作

包封框玻璃板组件制作，是将玻璃用高强的结构胶粘到铝合金包封框内，玻璃四周用铝框包住，如图 13-35 所示。

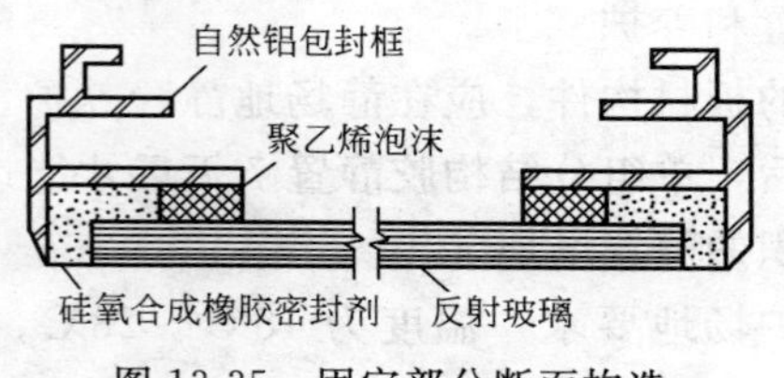

图 13-35　固定部分断面构造

13.4.6 幕墙框架组装（明框）

铝合金玻璃幕墙框架组装有两种形式：分件式和板块式。

1. 分件式组装

分件式组装，多半在施工现场进行。即将铝合金框材、玻璃、填充层和内补墙等按一定顺序分件组装。

这种玻璃幕墙的自重和风荷载，是通过垂直方向的竖框（立框和竖梃）或水平方向的横档传递给主体结构。其竖框一般与楼板连接，横档、竖框与结构主体柱连接。此种类型的幕墙构造，其分格形式，如图 13-36 所示。

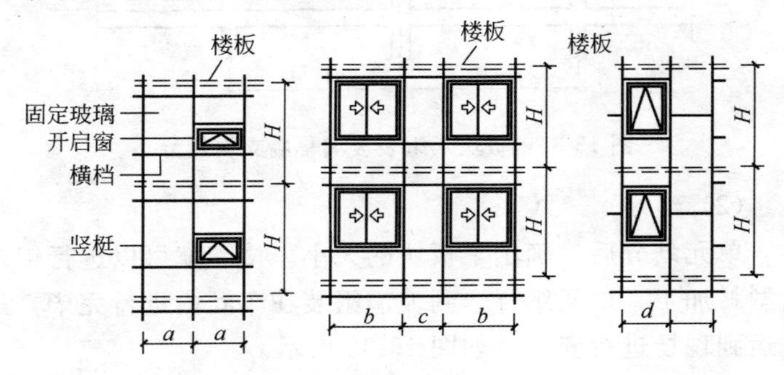

图 13-36　分件式玻璃幕墙立面划分形式

a—有气窗幕墙的竖梃间距；b—设推拉窗的幕墙竖梃间距；c—窗间幕墙竖梃间距；d—有景窗的幕墙竖梃间距；H—楼层高度

2. 板块式组装

板块式组装，多半是在加工车间内进行，然后运到现场进行安装。

（1）单元划分

这种幕墙一般是根据其结构形式进行单元划分，每一单元有 3～8 块玻璃组成，每块玻璃的宽度不宜超过 1.5m，高度不宜超过 3～3.5m。如图 13-37 所示。

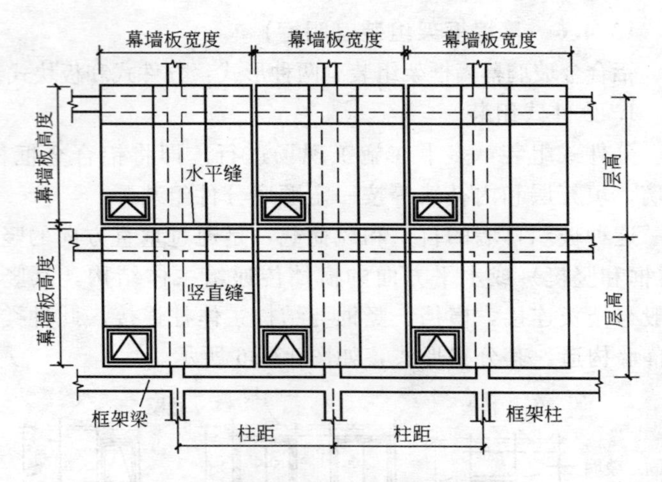

图 13-37　板块式组装玻璃幕墙立面划分

(2) 组装

单元划分后，确定了板块的大小。接着就可以进行铝合金型材加工、框架组合、到玻璃组装在车间内进行完毕，最后运到现场进行安装。如图 13-38 所示。

3. 玻璃幕墙构件装配质量要求

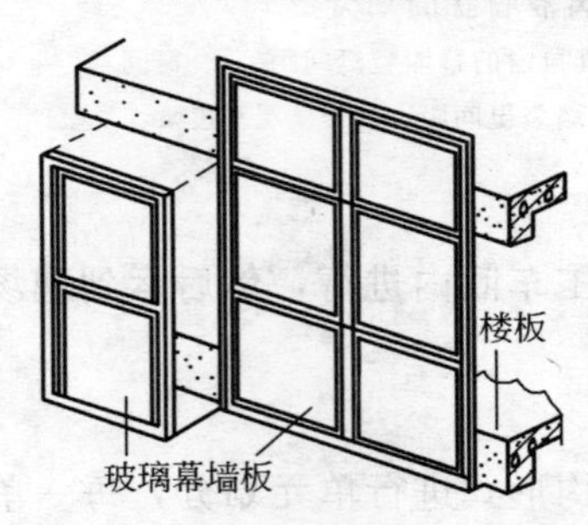

图 13-38　板块式组装玻璃幕墙的形式示意

(1) 玻璃幕墙构件装配尺寸允许偏差应符合下列要求：

1) 构件装配尺寸允许偏差应符合表 13-36 的要求；

2) 各相邻构件装配间隙及同一平面度的允许偏差应符合表 13-37 的要求。

(2) 构件的连接应牢固，

构件装配尺寸允许偏差（mm）　　表 13-36

项　目	构件长度	允许偏差
槽口尺寸	≤2000	±2.0
	>2000	±2.5
构件对边尺寸差	≤2000	≤2.0
	>2000	≤3.0
构件对角线尺寸差	≤2000	≤3.0
	>2000	≤3.5

相邻构件装配间隙及同一平面度的允许偏差（mm）　　表 13-37

项　目	允许偏差	项　目	允许偏差
装配间隙	≤0.5	同一平面度差	≤0.5

各构件连接处的缝隙应进行密封处理。

（3）玻璃槽口与玻璃或保温板的配合尺寸应符合下列要求：

1）单层玻璃与槽口的配合尺寸应符合表 13-38 的要求（图 13-39）。

单层玻璃与槽口的配合尺寸（mm）　　表 13-38

玻璃厚度	a	b	c
5～6	≥3.5	≥15	≥5
8～10	≥4.5	≥16	≥5
12 以上	≥5.5	≥18	≥5

2）中空玻璃与槽口的配合尺寸应符合表 13-39 的要求（图 13-40）。

（4）全玻幕墙的加工组装应符合下列要求：

1）玻璃边缘应进行处理，

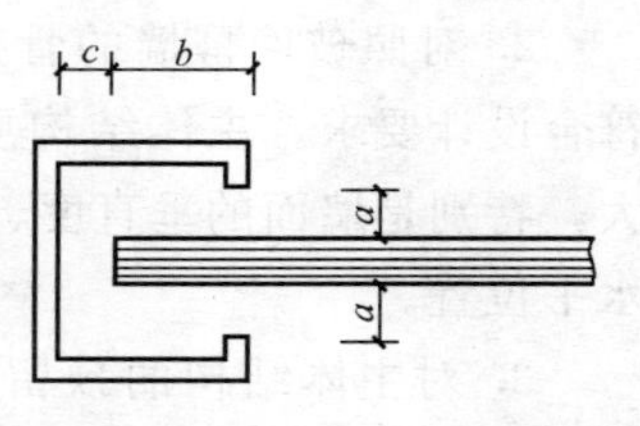

图 13-39　玻璃与槽口的配合

中空玻璃与槽口的配合尺寸（mm）　　表 13-39

中空玻璃	a	b	c		
			下边	上边	侧边
$4+d_a+4$	≥5	≥16	≥7	≥5	≥5
$5+d_a+5$	≥5	≥16	≥7	≥5	≥5
$6+d_a+6$	≥5	≥17	≥7	≥5	≥5
$8+d_a+8$ 以上	≥6	≥18	≥7	≥5	≥5

注：d_a 为空气层厚度，可取 12mm。

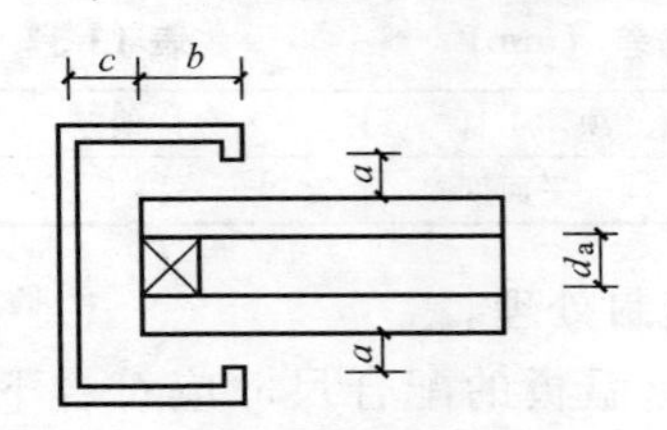

图 13-40　中空玻璃与槽口的配合

其加工精度应符合设计的要求；

2）高度超过 4m 的玻璃应悬挂在主体结构上；

3）玻璃与玻璃、玻璃与玻璃肋之间的缝隙，应采用结构硅酮密封胶嵌填严密。

13.5　玻璃幕墙安装

13.5.1　施工准备

1. 熟悉施工图，了解设计意图，玻璃安装特点，按照施工设计进行施工。

2. 对照玻璃幕墙的骨架设计，检查主体结构质量是否符合设计要求。主体结构质量如何，对骨架的位置影响很大，特别是墙面的垂直度、平整度偏差，将影响整个幕墙的水平位置。

3. 对主体结构的预留孔洞及表面的缺陷应做好记录，及时提请有关方面注意。

4. 根据土建单位提供的轴线位置、建筑物的实际尺寸，调整幕墙立面分格尺寸。

5. 根据调整的尺寸，准确提出所需材料的规格及各种配套材料的数量，以便于加工订制。

6. 施工人员务必吃透设计图纸。在放线之前，重点注意熟悉本工程玻璃幕墙的特点，其中包括骨架设计特点、玻璃安装特点。

7. 施工机具　常用的机具手电钻、射钉枪、半自动螺丝钻、手提式玻璃吸盘（使用前需检验其吸力功能）、拉铆枪、填嵌密封条嵌刀、线坠、水平尺、钢卷尺等。

8. 玻璃运输　在车间内将玻璃幕墙的铝型材加工、幕墙框组合、玻璃镶装及嵌条密封等工序完成之后，用运输车运至现场。幕墙与车架接触面要衬垫毛毡等物以减震减磨，上部用花篮螺丝将幕墙拉紧，外露部分用棉毡罩严，行车要缓要稳。幕墙运至施工现场之时，若不能立即起吊到建筑物上就位，应以杉槁搭架存放，四周以苫布围严。

13.5.2　定位放线与连接件固定

1. 定位放线

放线是指将骨架的位置弹到主体结构上，放线位置的准确与否，直接会影响安装质量，只有准确地将设计要求反映到结构的表面，才能保证设计意图。

（1）放线工作应根据土建单位提供的中心线及标高点进行。因为玻璃幕墙的设计一般是以建筑物的轴线为根据的，玻璃幕墙的布置应与轴线相关。对于标高控制点，应进行复核。

（2）对于由横竖杆件组成的幕墙，一般先弹出竖向杆件的位置，然后再将竖向杆件的锚点确定。横向杆件一般是要固定在竖向杆件上，与主体结构并不直接相关联，待竖向杆件通长布置完毕，再将横向杆件的位置弹到竖向杆件上。

(3) 没有骨架的玻璃幕墙体系，即是将玻璃直接与主体结构固定的结构类型，那么，应首先将玻璃的位置弹到地面上，然后再根据外缘尺寸固定锚点。

2. 连接件的固定

连接件与主体结构的固定，通常有两种固定方法：

(1) 在主体结构上预埋铁件、连接件与铁件焊牢，但在焊接时要注意焊接质量。对于电焊所采用的焊条型号、焊缝的高度及长度，均应符合设计要求，并应做好检查记录。

(2) 在主体结构上钻孔，然后用膨胀螺栓将连接件与主体结构相连，这种方法要注意保证膨胀螺栓埋入深度，因为膨胀螺栓的拉拔力大小，与埋入的深度有关。这样，就要求用冲击钻在混凝土结构上钻孔时，按要求的深度钻孔。当遇到钢筋时，应错开位置。

膨胀螺栓是后置连接件，工作可靠性差，是在不得已时的辅助、补救措施，不作为连接的常规手段。旧建筑改造后加玻璃幕墙，不得已采用膨胀螺栓时，必须确保安全，留有充分余地，有些旧建筑物改建，按计算只需一个膨胀螺栓已够，实际设置 2～4 个螺栓。

(3) 预埋件尺寸偏差处理原则及措施：

1) 预埋件偏差处理原则

① 预埋件偏差超过 45mm 时，应及时把信息反馈向有关部门及设计人员、业主等有关方。

② 预埋件偏差在 45～150mm 时，允许加接与预埋件等厚度、同材料的钢板，一端与预埋件焊接，焊接高度

≥7mm，焊缝为连续角边焊。焊接质量符合国家标准；另一端采用 2 个 M12×110 的锚栓固定。

③ 预埋件偏差超过 300mm 或由于其他原因无法现场处理时，应经设计、业主、监理有关部门协商提出处理方案，按新方案施工。

④ 预埋件表面沿垂直方向倾斜误差较大时，应采用厚度合适的钢板垫平后焊牢，严禁用钢筋头等不规则金属件作垫焊或搭接焊。

2）预埋件偏差尺寸处理措施

预埋件偏差可为平面上位置、前后和倾斜偏差，其修补办法，如图 13-41 所示。

13.5.3 竖框安装

1. 竖框安装准备

(1) 应注意骨架（竖框、横梁）本身的处理。如果是钢骨，要涂刷防锈漆，其遍数应符合设计要求。如果铝合金骨架，要注意氧化膜的保护，在与混凝土接触的部位，应对氧化膜进行防腐处理。

(2) 大面积的玻璃幕墙骨架，都存在骨架接长问题。特别骨架中的竖框。对于型钢一类的骨架接长，一般比较容易处理。而铝合金骨架，其连接不能简单地对接，而是需用连接件。

2. 竖框安装要点

(1) 竖框安装的准确性和质量，将影响整个玻璃幕墙的安装质量。竖框一般根据施工及运输条件，可以是一层楼高为一整根，接头应有一定空隙。

(2) 将竖框与连接件固定。安装标高偏差不应大于 3mm，轴线前后偏差不应大于 2mm，左右偏差不应大于 3mm。

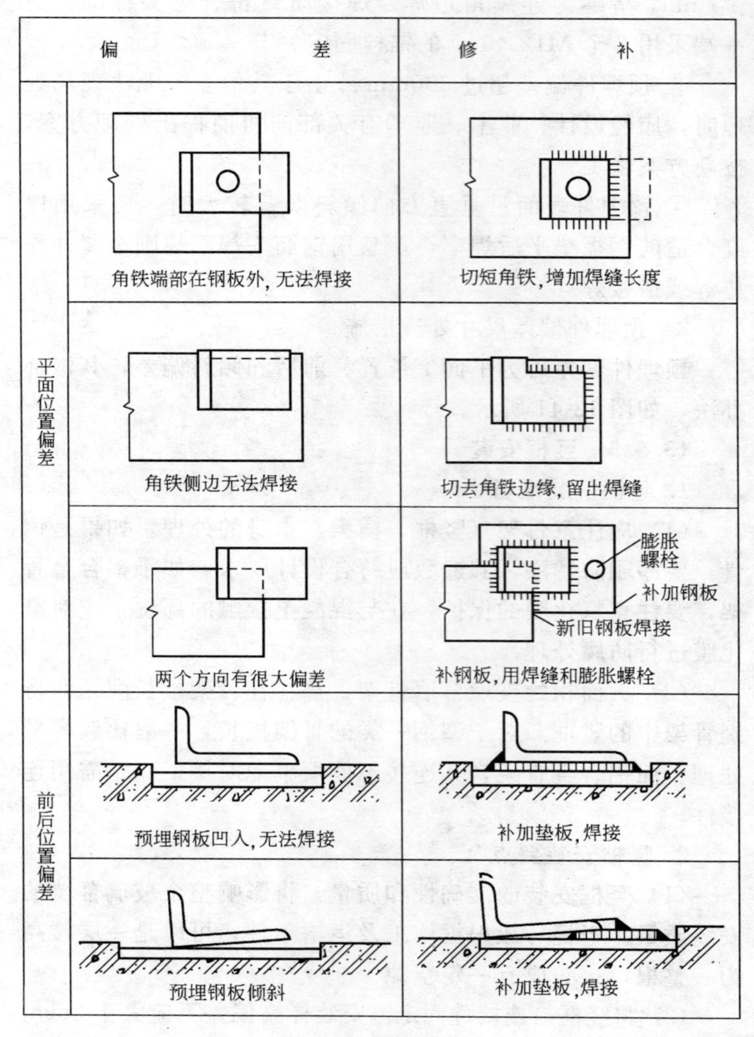

图 13-41　预埋件偏差的修补

(3) 竖框与连接件（支座）接触面之间一定要加防腐隔离垫片。

(4) 竖框接长由于要考虑型材的热胀冷缩，每根竖框不得长于建筑的层高，且每根竖框只固定在上层楼板上，上下层竖框之间通过一个内衬套管连接，两段竖框之间还必须留 15～20mm 的伸缩缝，并用密封胶堵严，然后再用螺栓拧紧，如图 13-42 所示。

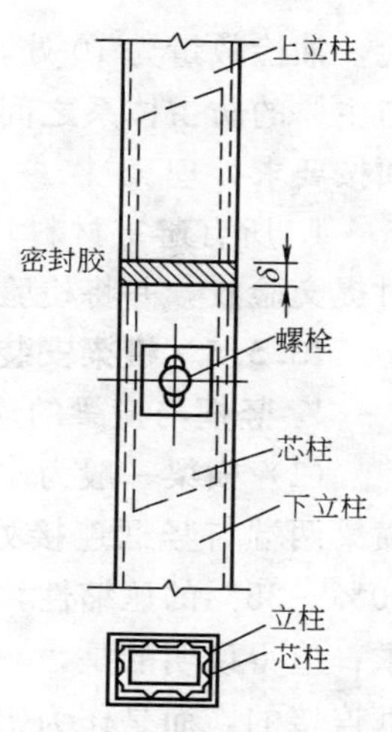

图 13-42　立柱接长

(5) 玻璃幕墙竖框安装就位、调整后应及时固定；玻璃幕墙安装的临时螺栓等在构件安装就位、调整。固定后应及时拆除。

(6) 竖框安装牢固后，必须去掉上下两竖框之间用于定位伸缩缝的标准块，并在伸缩缝处打密封胶。

13.5.4　避雷设施

1. 在安装竖框的同时应按设计要求进行防雷体系的可靠连接；均压环应与主体结构避雷系统相连接，预埋件与均压环通过截面积不小于 $48mm^2$ 的圆钢或扁钢连接。

2. 圆钢或扁钢与预埋件、均压环进行搭接焊接，焊缝长度不小于 75mm；位于均压层的每个竖框与支座之间应用宽度不小于 24mm，厚度不小于 2mm 的铝带条连接，保证其电阻小于 10Ω。

3. 在各均压层上连接导线部位需进行必要的电阻检测，接地电阻应不小于 10Ω，检测合格后还需要质检人员进行抽检，抽检数量为10处，其中一处必须是对幕墙的防雷体系与主体的防雷体系之间连接的电阻检测值。如有特殊要求，须按要求处理。

4. 所有避雷材料均应热镀锌；避雷体系安装完后应及时提交验收，并将检验结果及时作记录。

13.5.5 横梁安装

1. 竖框与横梁的连接施工要求

(1) 横梁一般为水平构件，是分段在竖框中嵌入连接，横梁两端与竖框连接处应加弹性橡胶垫，弹性橡胶垫应有20%～35%的压缩性，以适应和消除横向温度应力变形的要求；值得说明的是，一些隐框玻璃幕墙的横梁不是分段与竖框连接的，而是作为铝框的一部分与玻璃组成一个整体组件后，再与竖框连接的。因此，这里所说的横梁安装是明框玻璃幕墙中横梁的安装。

(2) 横梁安装必须在土建湿作业完成及竖框安装后进行。大楼从上至下安装，同层从下至上安装。当安装完一层高度时，应进行检查、调整、校正、固定，使其符合质量要求。

(3) 应按设计要求牢固安装横梁，横梁与竖框接缝处应嵌密封胶，密封胶应选择与竖框、横梁相适的颜色，以避免反差太大。

(4) 安装横梁时，应注意如设计中有排水系统，冷凝水排出管及附件应与横梁预留孔连接严密，与内衬板出水孔连接处应设橡胶密封条；其他通气预留孔及雨水排出口等应按设计施工，不得遗漏。

(5) 横梁安装后，应进行自检。对不合格的应及时进行调校修正。自检合格后，再报质检人员进行抽检，抽检合格后才能进行下道工序。

2. 竖框与横梁连接安装要点

（1） 连接方式

1） 横竖杆件均是型钢一类的材料，可以采用焊接，也可以采用螺栓或其他方式连接。当采用焊接时，大面积的骨架需焊的部位较多，由于受热不均匀，可能会引起骨架变形，所以要注意焊接顺序及操作方法。

2） 另外，也有的采用一个特制的穿插件，分别插到横向杆件的两端，将横向杆担住。此种办法安装简便，固定又牢固，如图 13-43 所示。由于横杆件担在穿插件上，横、竖杆之间有微小的间隙，可是横向杆又不能产生错动，于伸缩安装都很有利。穿插件用螺栓固定在竖框上。

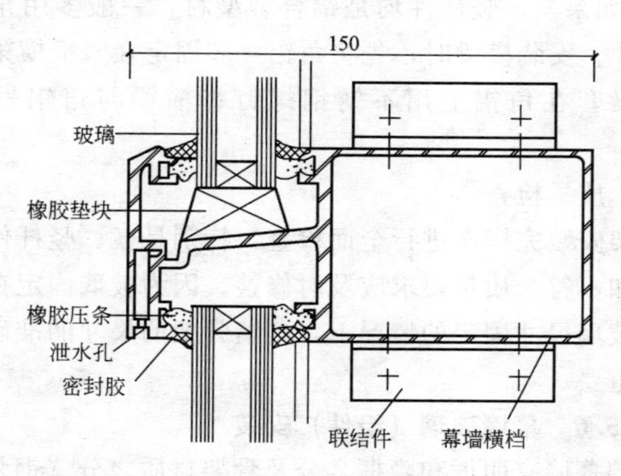

图 13-43 玻璃幕墙横杆安装构造

3） 不露骨架的隐框玻璃幕墙，其立柱与横梁往往采用型钢。其做法如图 13-44 所示，使用特制的铝合金连结板，与型钢骨架以螺栓连接，型钢骨架的横竖杆件采用连接件连接隐蔽于玻璃背面。

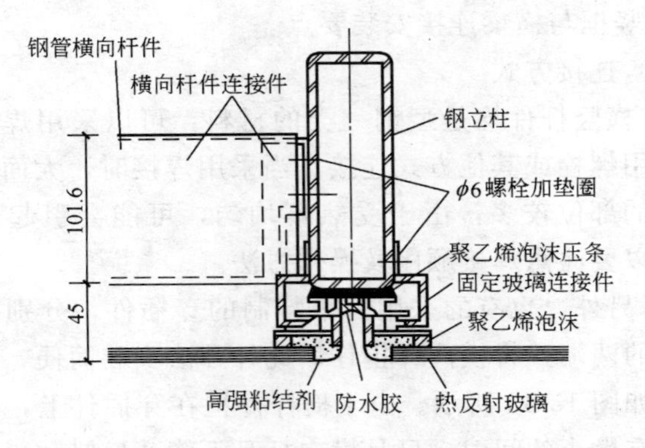

图 13-44　隐框玻璃幕墙钢骨架安装构造

4）如果横、竖杆件均是铝合金型材，一般多用角铝作为连接件。安装横梁时，先将角铝一肢固定在竖框横梁位置上，横梁套在角铝上用不锈钢螺钉将横梁与角铝另一肢固定。

（2）质量检查

骨架安装完毕应进行全面检查，特别是横、竖杆件的中心线。如不符合质量要求应及时修整。因为玻璃固定在骨架上，在玻璃尺寸固定的情况下，幕墙骨架的尺寸的准确就显得至关重要。

13.5.6　幕墙玻璃（组件）安装

玻璃幕墙有明框和隐框之分及骨架材质之分（钢骨架和铝合金型材骨架），所以玻璃固定方式有所不同。

1. 明框玻璃幕墙玻璃安装

明框玻璃幕墙多采用铝合金型材作骨架材料。它是在成型的过程中，已经将固定玻璃的凹槽随同整个断面一次挤压成型，所以安装玻璃很方便。也是玻璃幕墙中较经济的一种。

(1) 选用封缝材料：

玻璃与硬性金属之间，应避免直接接触，要用弹性的材料过渡。通常将这种材料称作封缝材料。

1) 不能将玻璃直接搁置在金属下框上，须在金属框内衬垫氯丁橡胶一类的弹性材料，以防止玻璃因温度变化引起的胀缩导致破坏，橡胶垫起到缓冲的作用。

2) 胶垫宽度以不超过玻璃的厚度为标准，单块玻璃重量越大，胶垫承受的压力也越大。对氯丁橡胶垫，其表面承受压力以不超过0.1MPa为宜。胶垫应有一定硬度。松软的泡沫材料是不合适的，胶垫的固定，如图13-45所示。

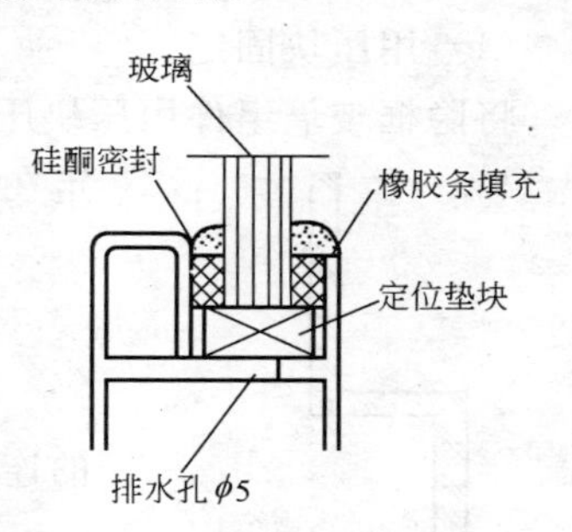

图 13-45 玻璃装配密封构造

3) 凹槽两侧的封缝材料，一般由两部分组成，一部分是填缝材料，同时兼有固定作用。这种填缝材料常用橡胶压条，也可将橡胶压条剪成一小段，然后在玻璃两侧挤紧，起到防止玻璃移动的作用。不过，这种做法在玻璃幕墙中很少用，而多用长的橡胶压条。第二部分是在填缝材料的上面，注一道防水密封胶。由于硅酮系列的密封胶耐久性能好，所以目前用的较多。但密封胶要注得均匀、饱满，一般注入深度在5mm左右。

(2) 玻璃安装前，应将表面尘土、污染物擦拭干净。热反射玻璃安装时应将镀膜面朝向室内，非镀膜玻璃朝向室外。

(3) 玻璃与构件不得直接接触，玻璃四周与构件槽口底保持一定空隙，每块玻璃下部必须按设计要求加装一定数量的定位垫块。定位垫块的宽度与槽口应相同。长度不小于100mm；并用胶条或密封胶将玻璃与槽口两侧之间进行密封。

2. 隐框玻璃幕墙玻璃安装

隐框玻璃幕墙玻璃安装、玻璃组件与骨架固定有两种方式：一是压块固定；二是用连结件固定。

(1) 用压块固定

将隐框玻璃组件用压块压在立柱上，再用螺栓把压块固定在立柱上。如图 13-32 所示。

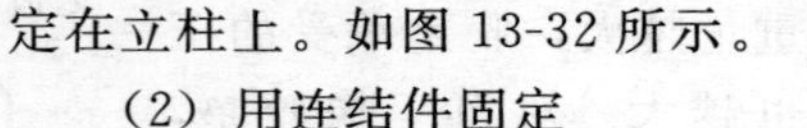

(2) 用连结件固定

1) 连结件

图 13-46 为固定隐框玻璃时用的连结件。连接后安全可靠。

2) 隐框玻璃安装

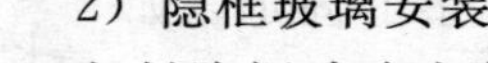

包封隐框玻璃安装，就是用连接件将包封隐框玻璃固定在立柱上，如图 13-44 所示。

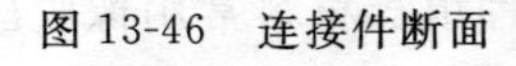

图 13-46 连接件断面

(3) 安装隐框玻璃注意事项

1) 在隐框玻璃幕墙安装前，应对隐框玻璃板材组件进行清点，按图纸要求进行对位。防止在安装时发生错位现象。

2) 玻璃板材组件在安装时应注意保护。避免碰撞，损伤或跌落；当玻璃框面积较大或自身质量较大时，可采用机械安装，或用真空吸盘提升安装。

3) 用于固定玻璃板材组件的勾块、压紧块、压紧件及连接件，应严格按设计要求或有关规范执行，严禁少装或不装紧固螺钉。

4）分格玻璃拼缝应竖直横平，缝宽均匀，并符合设计及偏差要求，每块玻璃组件初步定位后，应与相邻的玻璃板材组件进行协调，保证拼缝符合要求。对不符合要求的应进行调校修正，自检合格后质检人员进行验收。

3. 玻璃吊装

玻璃的吊装，可视不同的结构类型，采用的吊装方法也有所不同。

(1) 对于单块面积较大的玻璃，一般均借助于吊装机械才能完成。起吊时，将吊钩拴上铁扁担，扁担上备有卡环和短钢丝绳，卡环锁住幕墙玻璃的两个吊装孔，如图 13-47 所示。

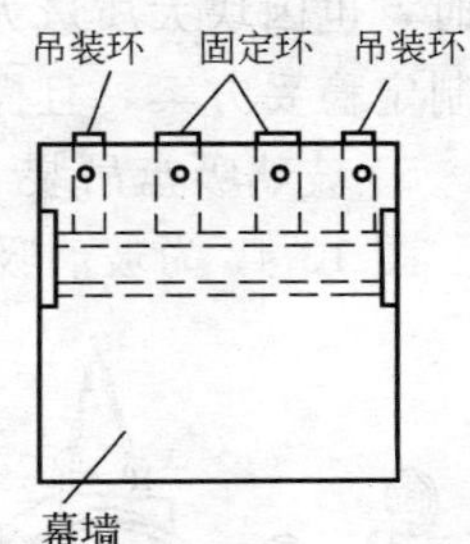

图 13-47　吊装示意

(2) 对层数不高、单块面积不是很大的情况，也可通过人工抬、运，将玻璃安装就位。人工搬运，虽然劳动强度大一些，但相对较安全，如能借助运输机械，效果会更好。

(3) 施工中，常利用提升设备进行垂直搬运，而楼层的水平方向运输，则用轻便小车，结合手工吸盘、外脚手架、吊篮等机具，选择最佳吊装方案。但施工时，要注意大风的影响。

4. 玻璃就位

如果玻璃直接与主体结构固定，玻璃吊装就位就要根据玻璃的位置弹线及锚固点的标志就位；如果为型钢、型铝骨架体系，直接以骨架吊装就位即可。

(1) 玻璃吊装就位后，应及时用填缝材料进行固定与密封，其他因构造需要的封口压板或封口压条，一同安装完毕。切不可临时固定或明摆浮搁。

(2) 玻璃安装完毕，要注意保护，防止碰撞，在易于碰撞的部位，应采取必要的措施，如用木棍拦一拦，或用木板包一包均可。特别要注意电焊的火花，落在玻璃表面会使玻璃表面产生擦不掉的痕迹。所以，在玻璃附近电焊要将玻璃加以遮盖。

(3) 玻璃就位是一项细活，因玻璃易碎而需格外小心。同时，也因块大质量大而使搬运更加困难。所以玻璃安装，应制定稳妥方案，且操作由专人负责。

5. 玻璃吸盘吊装

图 13-48 为玻璃吸盘吊装示意图。

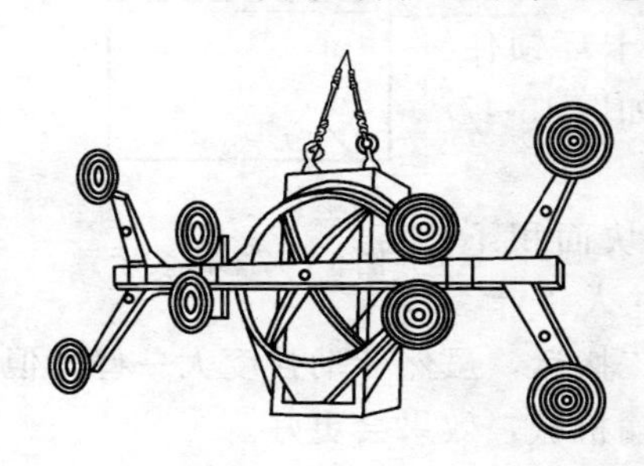

图 13-48　玻璃吸盘吊装示意图

(1) 充分利用了玻璃表面平整度高、吸附力强的特点，能够将大块玻璃平稳地吸牢并移动到安装部位。

(2) 一般成品玻璃进场时是装箱立放，长边着地，在拆除包装箱后，可先由人工利用手工吸盘进行扳动，再用电动吸盘机将玻璃的一侧吸牢，使用单轨葫芦将其升高到一定高度，然后转动吸盘，对准角度，先将玻璃的上口插入顶框，继续上提，使玻璃下口对准底框槽口，将玻璃置入框格并安装支承于设计位置，而后采取嵌缝密封措施。

(3) 玻璃安装完毕，要注意保护，防止碰撞。在易遭碰撞的部位，应采取必要的拦挡与包覆措施，特别要注意电焊的火花，一旦在其表面落入，会使玻璃表面产生擦不掉的烧痕。如果在玻璃附近需要电焊，务必将玻璃加以遮盖保护。

13.5.7 耐候胶嵌缝

玻璃板材或金属板材安装后，板材之间的间隙必须用耐候胶嵌缝，予以密封，防止气体渗透和雨水渗漏，如图 13-49 所示。

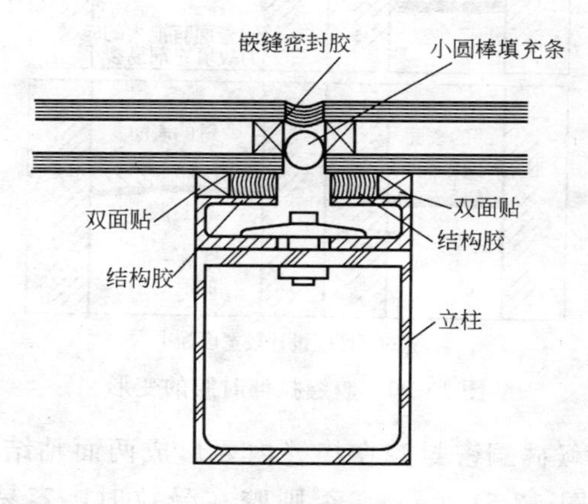

图 13-49 耐候胶嵌缝

常用的嵌缝耐候胶是硅酮建筑密封胶（硅酮耐候胶），其施工要点如下：

1. 充分清洁板材间缝隙，不应有水、油渍、涂料、水泥砂浆、灰尘等。应充分清洁粘面，加以干燥。可采用甲苯或甲基二乙酮作清洁剂。

2. 应控制耐候胶的施工深度（厚度）和宽度

耐候胶的施工厚度要控制在 3.5～4.5mm，宽度应控制在不小于厚度的二倍或根据实际缝宽度而定。因为当板材发生相对位移时，胶被拉伸，胶缝越厚，边缘的拉伸越大，越容易拉开，如图 13-50 所示。

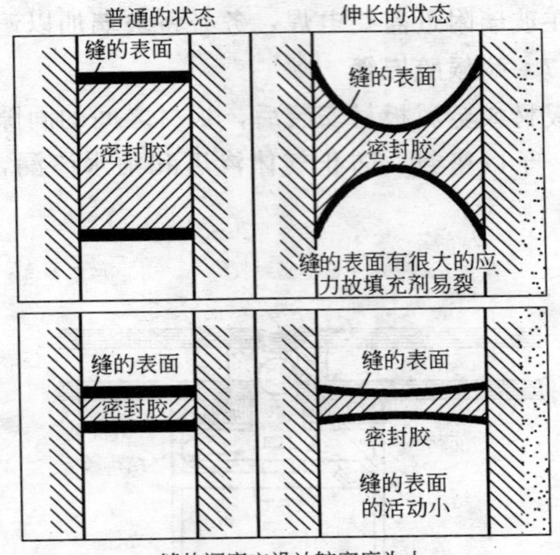

图 13-50　胶缝拉伸时胶的变形

3. 耐候硅酮密封胶在接缝内要形成两面粘结，不要三面粘结（图 13-51（*a*）），否则胶在受拉时，容易被撕裂，将失去密封和防渗漏作用。为防止形成三面粘结，在耐候硅酮密封胶施工前，用无粘结胶带铺于缝隙的底部、将缝底与胶分开，如图 13-51（*b*）所示。

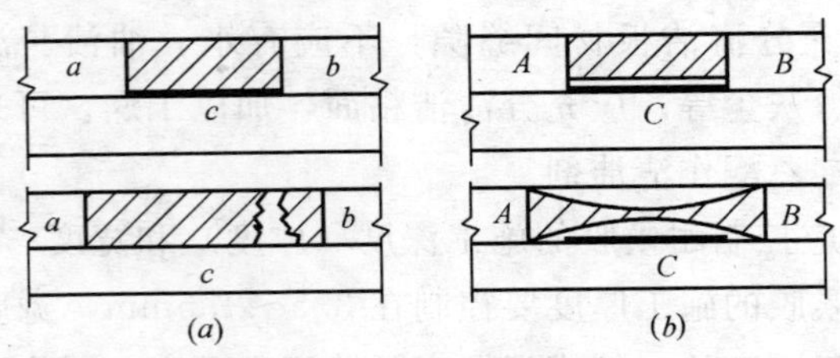

图 13-51　密封胶的粘结

（*a*）不正确的耐候硅酮密封胶施工方法；（*b*）正确的耐候硅酮密封胶施工方法

4. 为调整缝的深度，避免三面粘胶，缝内应充填聚氯乙烯发泡材料（小圆棒），如图 13-49 所示。

5. 注胶时，应顺从一面向另一面单向注，不能两面同时注胶。垂直注胶时，应自下而上注。注胶后，在胶固化以前，要将节点胶层压平，不能有气泡和空洞。注胶要连续，胶缝应均匀饱满，不能断断续续。

6. 注胶时，周围的环境湿度及温度等气候条件要符合耐候胶的施工条件，方可进行施工。

7. 当温度在 20℃左右时，耐候密封胶完全固化需要 14～21d 的时间。待密封胶固化后，方可撕下板材保护膜。

8. 注胶层应将胶缝表面抹平，去掉多余的胶。

9. 注意注胶养护。胶在未完全硬化前，不要沾染灰尘和划伤。还应采取适当措施加以保护，防止发生碰撞。

13.5.8 防火保温措施

1. 有热工要求的幕墙，保温部分宜从里向外安装；当采用内衬板时，四周应套装弹性橡胶密封条，内衬板与构件接缝应严密，内衬板就位后，应进行密封处理。

2. 防火保温材料的安装应严格按设计要求施工，防火保温材料宜采用整块岩棉。固定防火保温材料的防火衬板应锚固牢靠。

3. 玻璃幕墙四周与主体结构之间的缝隙，均应采用防火保温材料填塞。填装防火保温材料时一定要填实填平，不允许留有空隙；并采用铝箔或塑料薄膜包扎，防止受潮失效。

4. 在进行防火保温材料施工，不应在阴雨天和刮风时进行。同时质检人员应该不定时的进行检验，发现不合格者返工，杜绝隐患。

13.6 玻璃幕墙节点构造

13.6.1 明框幕墙节点构造

1. 立柱与主体结构固定

立柱通过角钢与主体结构固定，节点构造如图 13-52 所示。

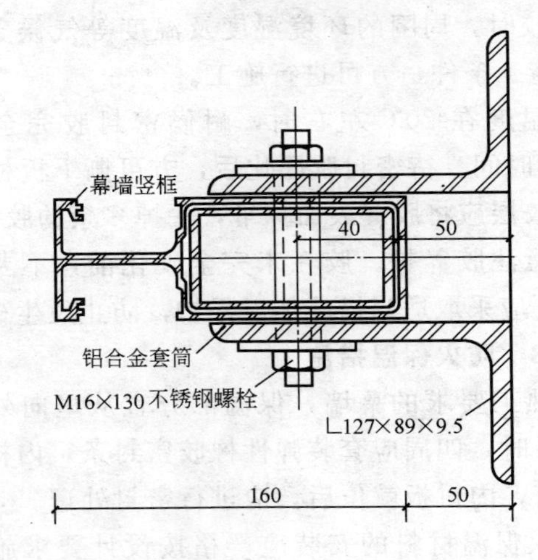

图 13-52 立柱固定节点

2. 立柱接长

立柱接长，是通过套筒，再用不锈钢螺栓将其与立柱固定，节点构造如图 13-53 所示。

3. 立柱与玻璃组合

立柱与玻璃组合，节点构造如图 13-54 所示。

4. 横梁与玻璃组合

横梁与玻璃组合、节点构造，如图 13-43 所示。

5. 阳角节点构造

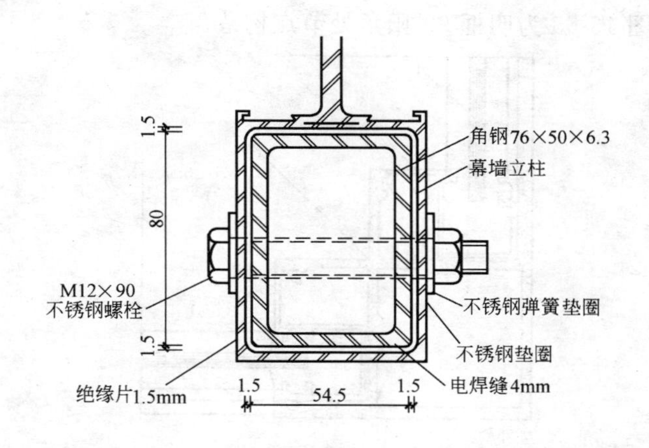

图 13-53　立柱接长构造

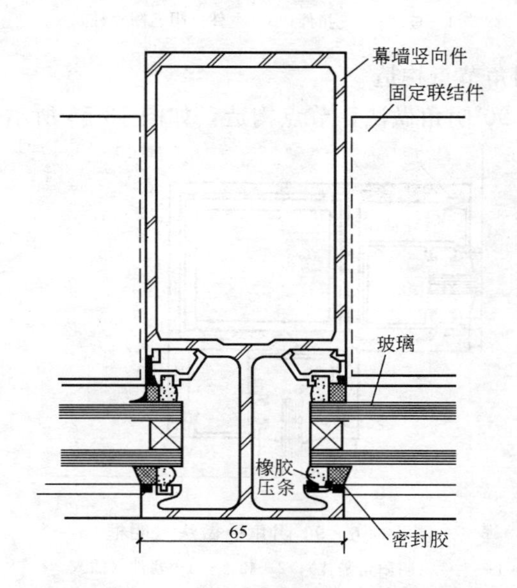

图 13-54　明框玻璃幕墙与框架的固定

图 13-55 为明框 90°阳角处节点构造。

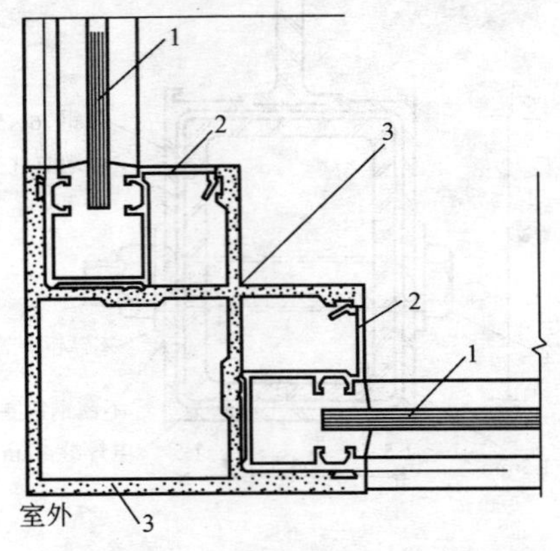

图 13-55　明框 90°阳角处节点构造

1—玻璃；2—扣件；3—主件（阴、阳立柱）

6. 阴角节点构造

明框 90°阴角做法，节点构造，如图 13-56 所示。

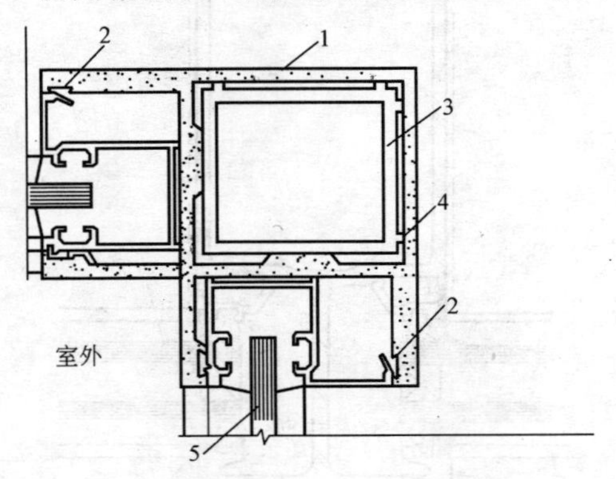

图 13-56　90°阴角处做法（明框）

1—主件（阴阳角竖柱）；2—扣件；3—塞件（插入铝柱≥300）；4—滑动隔离层；5—玻璃

7. 120°转角立柱节点构造

幕墙120°转角立柱、节点构造如图13-57所示。

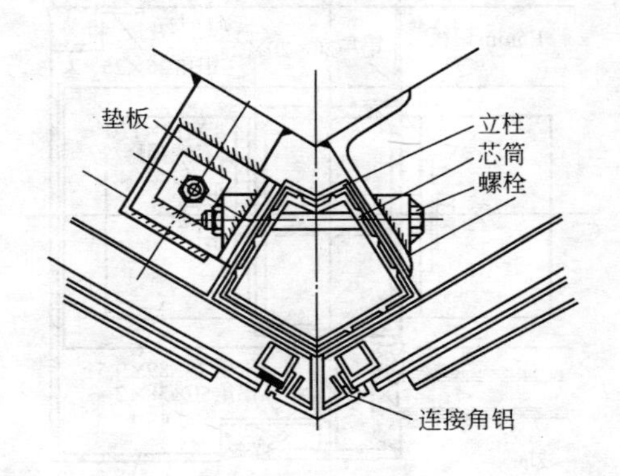

图13-57　120°转角立柱（水平截面）

8. 收口处理

收口处理是指幕墙本身一些部位的处理，使之能对幕墙的结构进行遮挡，有时是幕墙在建筑物的洞口，两种材料交接处的衔接处理。如建筑物的女儿墙压顶、窗台板、窗下墙等部位，都存在着如何收口处理等问题。

（1）立柱侧面收口处理

图13-58为立柱侧面的收口构造图。

1）采用1.5mm厚铝合金板，将幕墙骨架全部包住。

2）铝板的色彩应同幕墙骨架立柱外露部分。

3）在饰面铝板与立柱及墙的相连处用密封胶处理。

（2）横档（水平杆件）与结构相交部位收口

图13-59是玻璃幕墙横档（水平杆件）与结构相交部位的构造节点。

1）铝合金横档，宜离开结构一段距离，因为铝合金横

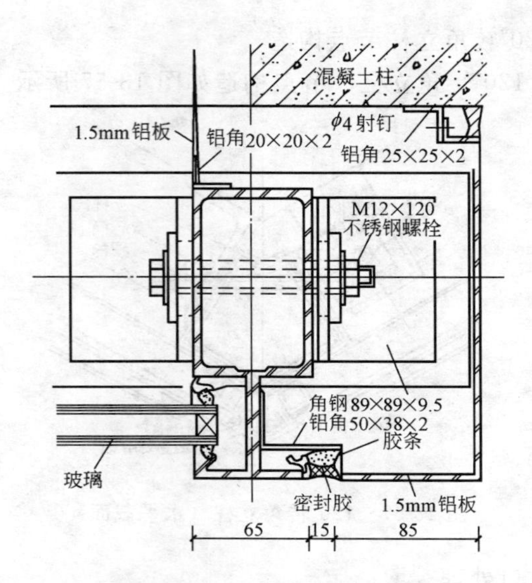

图 13-58　立柱收口构造图

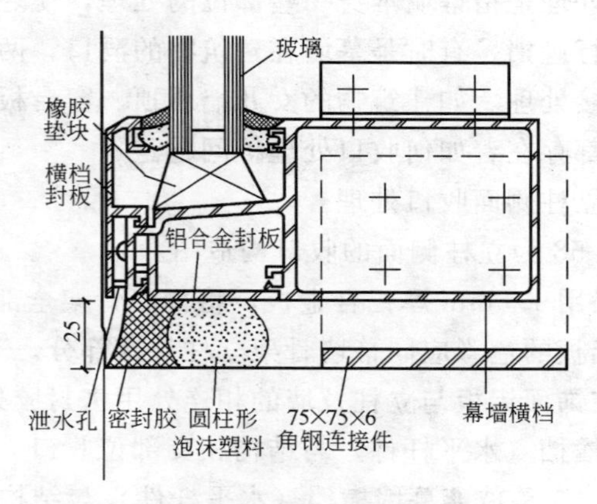

图 13-59　横档与结构相交部位处理（一）

档固定在立柱上，离开一定的距离便于横档的布置。

2）上、下横档与结构之间的间隙，一般不用填缝材料，只在外侧注一道防水密封胶。

图 13-60 所示节点在横档的水平结构面的接触处，外侧安上一条铝合金披水板，起封盖与防水的双重作用。

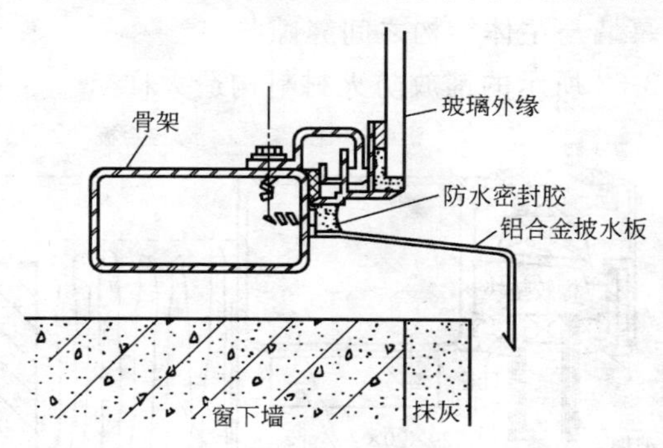

图 13-60　横档与结构相交处理（二）

9. 女儿墙

图 13-61 是女儿墙水平部位的压顶与斜面相交处的构造大样。

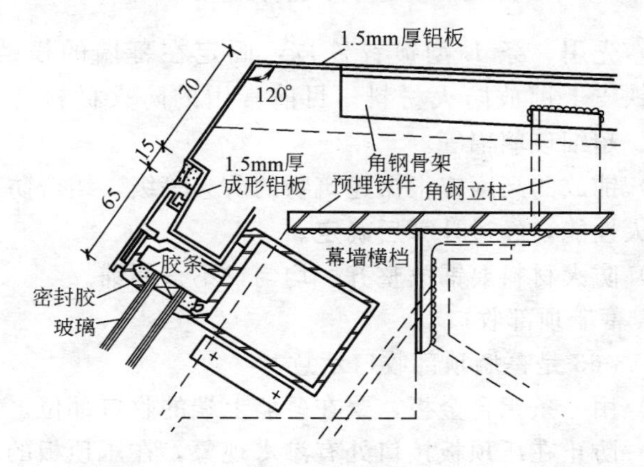

图 13-61　幕墙斜面与女儿墙压顶收口大样

（1）用通长的铝合金板，固定在横档上。

（2）在横档与铝合金板相交处，用密封胶做封闭处理。

（3）压顶部位的铝合金板，用不锈钢螺丝固定在型钢骨架上。

10. 幕墙与主体结构之间缝隙收口

图 13-62 所示的铺放防火材料构造大样。

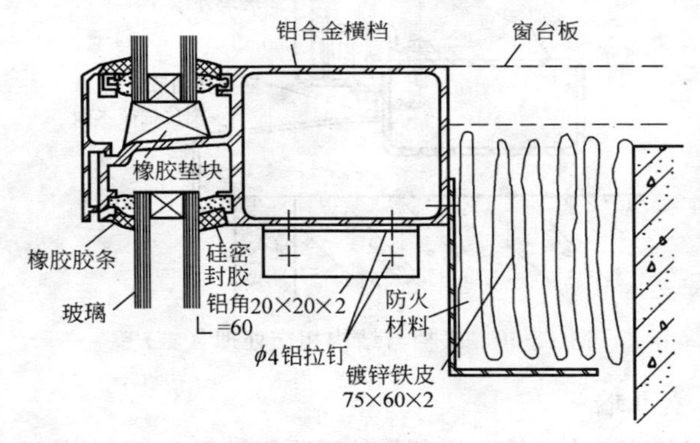

图 13-62　铺防火材料构造大样

（1）先用一条 L 型镀锌铁皮，固定在幕墙的横档上，然后在铁皮上铺放防火材料。目前常用的防火材料有矿棉（岩棉）、超细玻璃棉等。

（2）铺放的高度应根据建筑物的防火等级，结合防火材料的耐火性能，经过计算后确定。

（3）防火材料要铺放整齐、均匀，不得漏铺。

11. 幕墙顶部收口

图 13-63 是幕墙顶部收口示意。

（1）用一条铝合金板，罩在幕墙上端的收口部位。

（2）防止在压顶板接口处有渗水现象，在压顶板的下面加铺一层防水层。

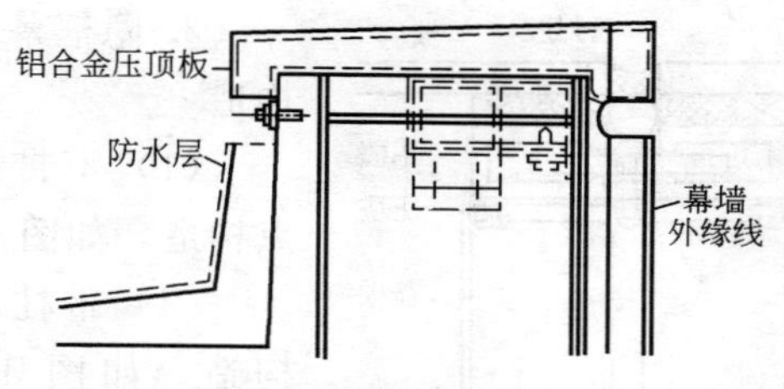

图 13-63　压顶示意图

（3）所用的防水层一般应具有较好的抗拉性能，目前用得较多的是三元乙丙橡胶防水带。

（4）铝合金压顶板可以侧向固定在骨架上，也可在水平面上用螺丝固定。但要注意，螺丝头部位用密封胶密封，防止雨水在此部位渗漏。

13.6.2　隐框幕墙节点构造

1. 隐框幕墙立柱固定节点构造

隐框幕墙立柱与主体固定，是通过连接件角铁焊接在预埋件上，节点构造如图 13-64 所示。

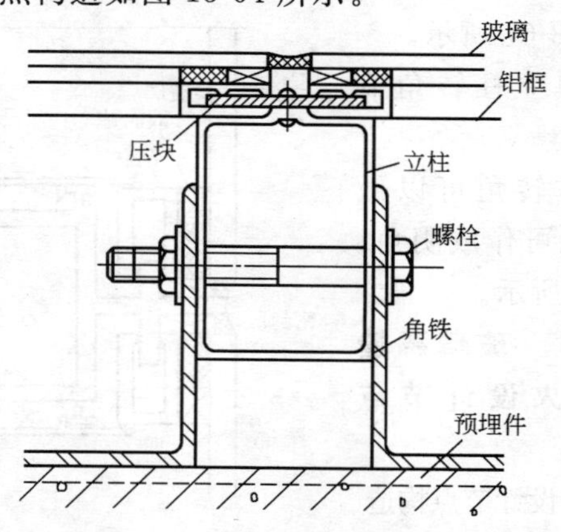

图 13-64　隐框幕墙立柱与主体结构固定

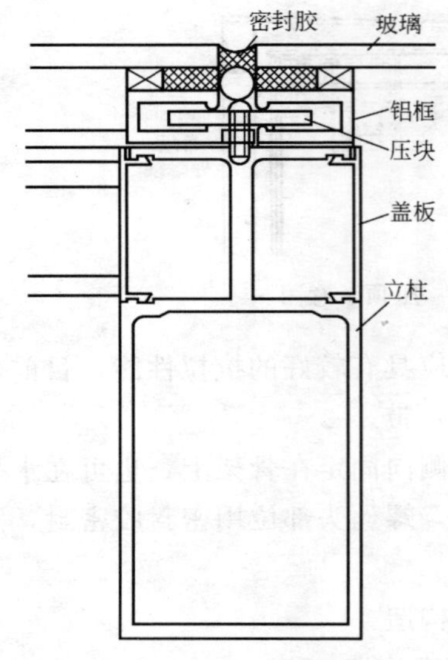

图 13-65 不带柱芯节点构造

2. 隐框幕墙立柱节点构造

（1）不带柱芯立柱节点构造，如图 13-65 所示。

（2）带柱芯立柱节点构造，如图 13-32 所示。柱芯插入柱内 300mm。

3. 隐框幕墙横梁节点构造

隐框幕墙横梁节点构造，如图 13-66 所示。

4. 隐框幕墙转角节点构造

（1）双立柱转角节点构造

双立柱转角可以做成阳角，也可做成阴角，转角节点构造，如图 13-67 所示。

（2）单立柱转角节点构造

单立柱转角可以做成阳角，也可作成阴角，如图 13-68 所示。

13.6.3 玻璃幕墙避雷与防火设计节点构造

1. 避雷设计节点构造

幕墙的防雷设计和

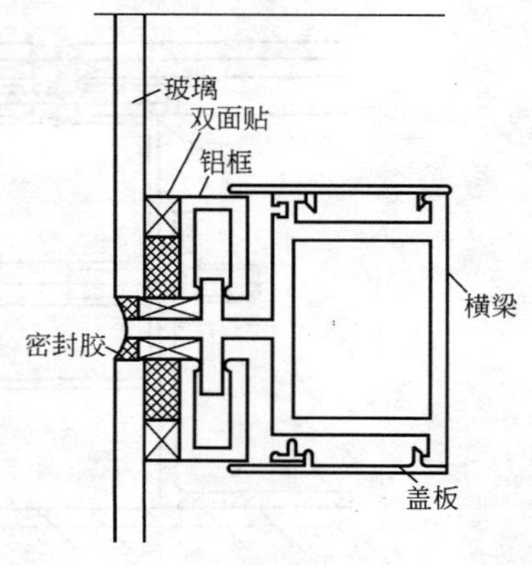

图 13-66 隐框幕墙横梁节点

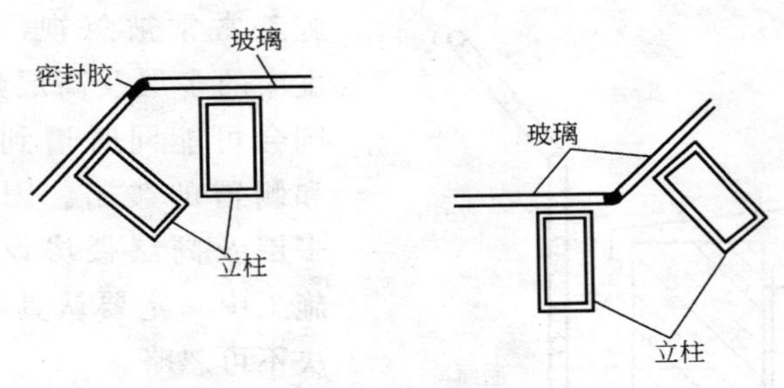

图 13-67　双立柱转角幕墙（水平截面）

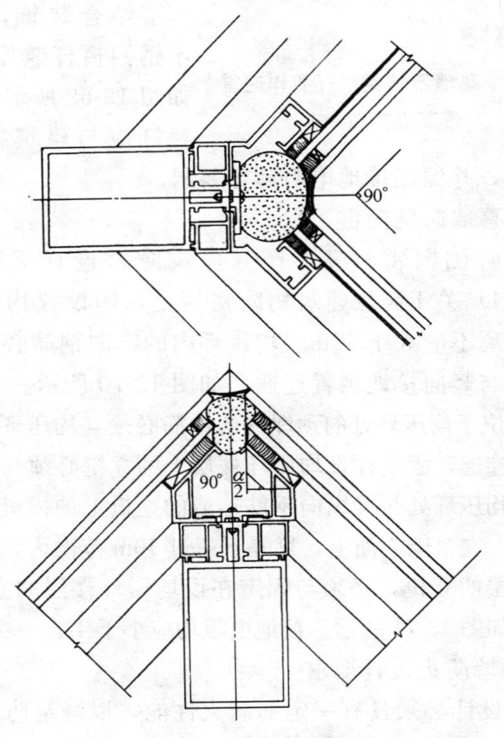

图 13-68　隐框幕墙转角节点

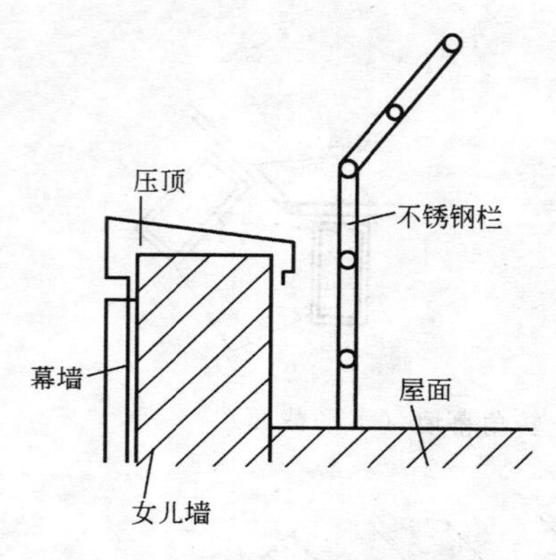

图 13-69　幕墙不锈钢栏杆兼作避雷带节点构造

施工常常被忽视，对高度大的多层及高层建筑，则会可能同时遭到顶雷和侧雷的袭击。因此在多层及高层楼房设计及施工中一定要认真考虑，决不可忽略。

（1）幕墙防顶雷

结合装饰，如采用不锈钢栏杆兼作避雷带，如图 13-69 所示。不锈钢栏杆应与建筑物防雷系统相连接，并保证接地电阻满足要求。

（2）幕墙防侧向雷

幕墙防侧向雷，应参照《建筑防雷设计规范》（GB 50057—94）关于高层建筑物防雷规定，即设置均压环，环向垂直距离不应大于 12m，均压环内的纵向钢筋必须采用焊接连接并与竖向接地装置连通。如图 13-70 所示。

幕墙位于均压环处的预埋件的锚筋必须与均压环处的梁的纵向钢筋连通，固定在设均压环楼层上的立梃必须与均压环连通；位于均压环处与梁纵向钢筋连通的立梃上的横梁，必须与立梃连通；在幕墙立面上，每隔不超过 10m 范围内，位于未设均压环楼层的立梃，必须与固定在设均压环楼层的立梃连通，连接大样如图 13-71 所示。接地电阻均应小于 4Ω。

2. 幕墙防火设计要求

幕墙设计必须具有一定的防火性能，以满足防火规范的要求。按规范规定：

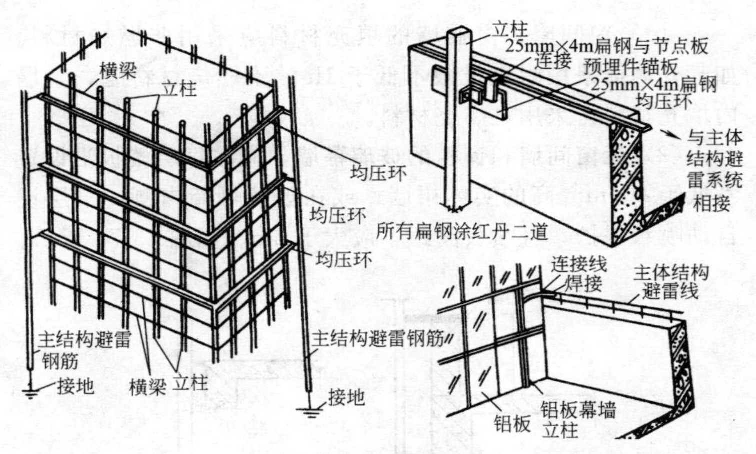

图 13-70　幕墙避雷系统

（*a*）幕墙避雷系统；（*b*）幕墙骨架与主体结构连接

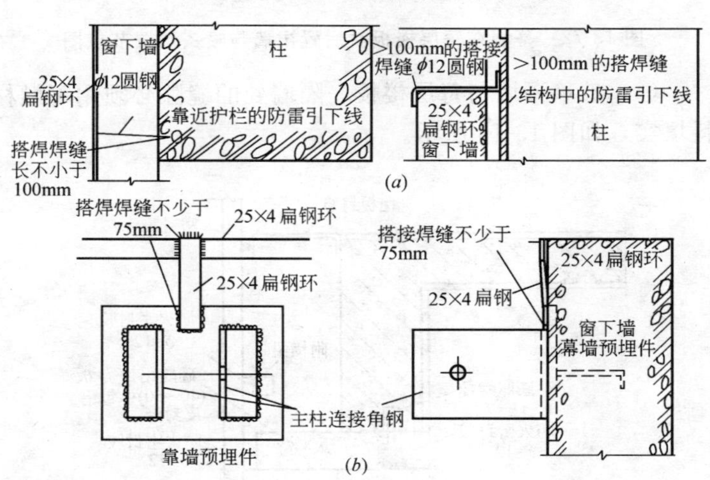

图 13-71　幕墙防雷连接节点大样

（*a*）扁钢环与结构中防雷引下线焊通示意大样；（*b*）幕墙预埋件与扁钢环焊通示意大样

（1）窗间墙、窗槛墙的填充材料应采用非燃烧材料。如其外墙面采用耐火极限不低于 1h 的不燃烧材料时，其墙内填充材料可采用难燃烧材料。

（2）无窗间墙和窗槛的玻璃幕墙，应在每层楼板沿设置不低于 800mm 高的实体裙墙；或在玻璃幕墙内侧，每层设自动喷水保护，且喷头间距不应大于 2m。如图 13-72 所示。

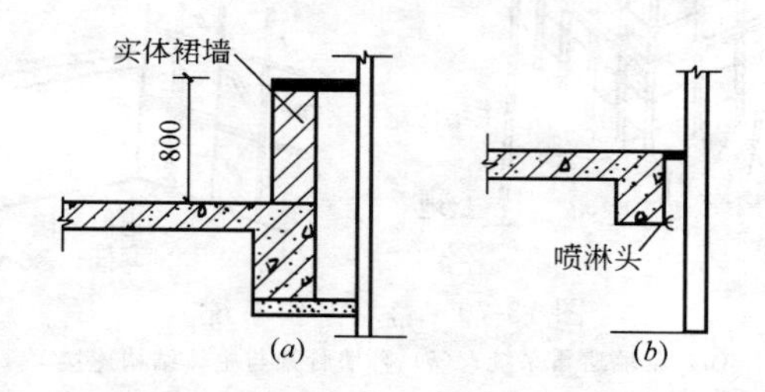

图 13-72　幕墙在每层楼板沿后置裙墙与喷头位置节点图

（3）玻璃幕墙与每层楼板、隔墙处的缝隙必须用不燃材料填实，如图 13-73 所示。

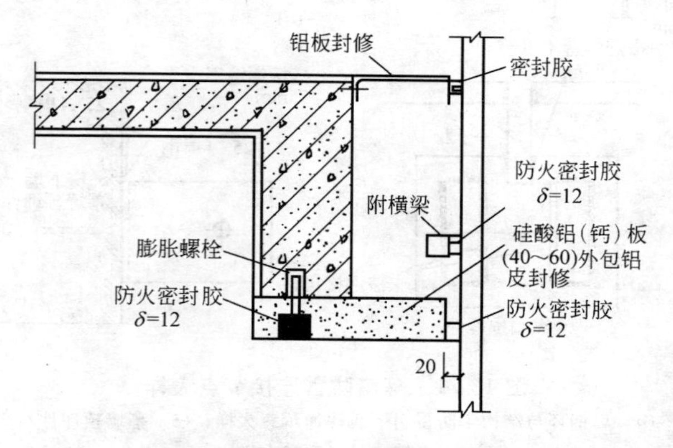

图 13-73　玻璃幕墙与每层楼板隔墙的缝隙防火节点图

13.7 玻璃幕墙工程质量要求及检验标准

1. 一般规定

（1）本节适用于玻璃幕墙、金属幕墙、石材幕墙等分项工程的质量验收。

（2）幕墙工程验收时应检查下列文件和记录：

1）幕墙工程的施工图、结构计算书、设计说明及其他设计文件。

2）建筑设计单位对幕墙工程设计的确认文件。

3）幕墙工程所用各种材料、五金配件、构件及组件的产品合格证书、性能检测报告、进场验收记录和复验报告。

4）幕墙工程所用硅酮结构胶的认定证书和抽查合格证明；进口硅酮结构胶的商检证；国家指定检测机构出具的硅酮结构胶相容性和剥离粘结性试验报告；石材用密封胶的耐污染性试验报告。

5）后置埋件的现场拉拔强度检测报告。

6）幕墙的抗风压性能、空气渗透性能、雨水渗漏性能及平面变形性能检测报告。

7）打胶、养护环境的温度、湿度记录；双组分硅酮结构胶的混匀性试验记录及拉断试验记录。

8）防雷装置测试记录。

9）隐蔽工程验收记录。

10）幕墙构件和组件的加工制作记录；幕墙安装施工记录。

（3）幕墙工程应对下列材料及其性能指标进行复验：

1）铝塑复合板的剥离强度。

2）石材的弯曲强度；寒冷地区石材的耐冻融性；室内

用花岗石的放射性。

3）玻璃幕墙用结构胶的邵氏硬度、标准条件拉伸粘结强度、相容性试验；石材用结构胶的粘结强度；石材用密封胶的污染性。

（4）幕墙工程应对下列隐蔽工程项目进行验收：

1）预埋件（或后置埋件）。

2）构件的连接节点。

3）变形缝及墙面转角处的构造节点。

4）幕墙防雷装置。

5）幕墙防火构造。

（5）各分项工程的检验批应按下列规定划分：

1）相同设计、材料、工艺和施工条件的幕墙工程每500～1000m^2 应划分为一个检验批，不足500m^2 也应划分为一个检验批。

2）同一单位工程的不连续的幕墙工程应单独划分检验批。

3）对于异型或有特殊要求的幕墙，检验批的划分应根据幕墙的结构、工艺特点及幕墙工程规模，由监理单位（或建设单位）和施工单位协商确定。

（6）检查数量应符合下列规定：

1）每个检验批每100m^2 应至少抽查一处，每处不得小于10m^2。

2）对于异型或有特殊要求的幕墙工程，应根据幕墙的结构和工艺特点，由监理单位（或建设单位）和施工单位协商确定。

（7）幕墙及其连接件应具有足够的承载力、刚度和相对于主体结构的位移能力。幕墙构架立柱的连接金属角码与其他连接件应采用螺栓连接，并应有防松动措施。

(8) 隐框、半隐框幕墙所采用的结构粘结材料必须是中性硅酮结构密封胶，其性能必须符合《建筑用硅酮结构密封胶》(GB 16776) 的规定；硅酮结构密封胶必须在有效期内使用。

(9) 立柱和横梁等主要受力构件，其截面受力部分的壁厚应经计算确定，且铝合金型材壁厚不应小于 3.0mm，钢型材壁厚不应小于 3.5mm。

(10) 隐框、半隐框幕墙构件中板材与金属框之间硅酮结构密封胶的粘结宽度，应分别计算风荷载标准值和板材自重标准值作用下硅酮结构密封胶的粘结宽度，并取其较大值，且不得小于 7.0mm。

(11) 硅酮结构密封胶应打注饱满，并应在温度 15℃～30℃、相对湿度 50%以上、洁净的室内进行；不得在现场墙上打注。

(12) 幕墙的防火除应符合现行国家标准《建筑设计防火规范》(GBJ 16) 和《高层民用建筑设计防火规范》(GB 50045) 的有关规定外，还应符合下列规定：

1) 应根据防火材料的耐火极限决定防火层的厚度和宽度，并应在楼板处形成防火带。

2) 防火层应采用隔离措施。防火层的衬板应采用经防腐处理且厚度不小于 1.5mm 的钢板，不得采用铝板。

3) 防火层的密封材料应采用防火密封胶。

4) 防火层与玻璃不应直接接触，一块玻璃不应跨两个防火分区。

(13) 主体结构与幕墙连接的各种预埋件，其数量、规格、位置和防腐处理必须符合设计要求。

(14) 幕墙的金属框架与主体结构预埋件的连接、立柱与横梁的连接及幕墙面板的安装必须符合设计要求，安装必须牢固。

(15) 单元幕墙连接处和吊挂处的铝合金型材的壁厚应通过计算确定，并不得小于5.0mm。

(16) 幕墙的金属框架与主体结构应通过预埋件连接，预埋件应在主体结构混凝土施工时埋入，预埋件的位置应准确。当没有条件采用预埋件连接时，应采用其他可靠的连接措施，并应通过试验确定其承载力。

(17) 立柱应采用螺栓与角码连接，螺栓直径应经过计算，并不应小于10mm。不同金属材料接触时应采用绝缘垫片分隔。

(18) 幕墙的抗震缝、伸缩缝、沉降缝等部位的处理应保证缝的使用功能和饰面的完整性。

(19) 幕墙工程的设计应满足维护和清洁的要求。

(20) 本节适用于建筑高度不大于150m、抗震设防烈度不大于8度的隐框玻璃幕墙、半隐框玻璃幕墙、明框玻璃幕墙、全玻幕墙及点支承玻璃幕墙工程的质量验收。

2. 主控项目

(1) 玻璃幕墙工程所使用的各种材料、构件和组件的质量，应符合设计要求及国家现行产品标准和工程技术规范的规定。

检验方法：检查材料、构件、组件的产品合格证书、进场验收记录、性能检测报告和材料的复验报告。

(2) 玻璃幕墙的造型和立面分格应符合设计要求。

(3) 玻璃幕墙使用的玻璃应符合下列规定：

1) 幕墙应使用安全玻璃，玻璃的品种、规格、颜色、光学性能及安装方向应符合设计要求。

2) 幕墙玻璃的厚度不应小于6.0mm。全玻幕墙肋玻璃的厚度不应小于12mm。

3）幕墙的中空玻璃应采用双道密封。明框幕墙的中空玻璃应采用聚硫密封胶及丁基密封胶；隐框和半隐框幕墙的中空玻璃应采用硅酮结构密封胶及丁基密封胶；镀膜面应在中空玻璃的第 2 或第 3 面上。

4）幕墙的夹层玻璃应采用聚乙烯醇缩丁醛（PVB）胶片干法加工合成的夹层玻璃。点支承玻璃幕墙夹层玻璃的夹层胶片（PVB）厚度不应小于 0.76mm。

5）钢化玻璃表面不得有损伤；8.0mm 以下的钢化玻璃应进行引爆处理。

6）所有幕墙玻璃均应进行边缘处理。

（4）玻璃幕墙与主体结构连接的各种预埋件、连接件、紧固件必须安装牢固，其数量、规格、位置、连接方法和防腐处理应符合设计要求。

（5）各种连接件、紧固件的螺栓应有防松动措施；焊接连接应符合设计要求和焊接规范的规定。

（6）隐框或半隐框玻璃幕墙，每块玻璃下端应设置两个铝合金或不锈钢托条，其长度不应小于 100mm，厚度不应小于 2mm，托条外端应低于玻璃外表面 2mm。

（7）明框玻璃幕墙的玻璃安装应符合下列规定：

1）玻璃槽口与玻璃的配合尺寸应符合设计要求和技术标准的规定。

2）玻璃与构件不得直接接触，玻璃四周与构件凹槽底部应保持一定的空隙，每块玻璃下部应至少放置两块宽度与槽口宽度相同、长度不小于 100mm 的弹性定位垫块；玻璃两边嵌入量及空隙应符合设计要求。

3）玻璃四周橡胶条的材质、型号应符合设计要求，镶嵌应平整，橡胶条长度应比边框内槽长 1.5%～2.0%，橡胶条在转角处应斜面断开，并应用粘结剂粘结牢固后嵌入槽内。

(8) 高度超过4m的全玻幕墙应吊挂在主体结构上，吊夹具应符合设计要求，玻璃与玻璃、玻璃与玻璃肋之间的缝隙，应采用硅酮结构密封胶填嵌严密。

(9) 点支承玻璃幕墙应采用带万向头的活动不锈钢爪，其钢爪间的中心距离应大于250mm。

(10) 玻璃幕墙四周、玻璃幕墙内表面与主体结构之间的连接节点、各种变形缝、墙角的连接节点应符合设计要求和技术标准的规定。

(11) 玻璃幕墙应无渗漏。

(12) 玻璃幕墙结构胶和密封胶的打注应饱满、密实、连续、均匀、无气泡，宽度和厚度应符合设计要求和技术标准的规定。

(13) 玻璃幕墙开启窗的配件应齐全，安装应牢固，安装位置和开启方向、角度应正确；开启应灵活，关闭应严密。

(14) 玻璃幕墙的防雷装置必须与主体结构的防雷装置可靠连接。

3. 一般项目

(1) 玻璃幕墙表面应平整、洁净；整幅玻璃的色泽应均匀一致；不得有污染和镀膜损坏。

(2) 明框玻璃幕墙的外露框或压条应横平竖直。颜色、规格应符合设计要求，压条安装应牢固。单元玻璃幕墙的单元拼缝或隐框幕墙的分格玻璃拼缝应横平竖直、深浅一致、宽窄均匀、光滑顺直。

(3) 防火、保温材料填充应饱满、均匀，表面应密实、平整。

(4) 玻璃幕墙隐蔽节点的遮封装修应牢固整齐、美观。

(5) 每平方米玻璃的表面质量和检验方法见表13-40。

每平方米玻璃的表面质量和检验方法　　表 13-40

项次	项　　目	质量要求	检验方法
1	明显划伤和长度＞100mm 的轻微划伤	不允许	观察
2	长度≤100mm 的轻微划伤	≤8 条	用钢尺检查
3	擦伤总面积	≤500mm²	用钢尺检查

（6）一个分格铝合金型材的表面质量和检验方法，见表 13-41。

一个分格铝合金型材的表面质量和检验方法　　表 13-41

项次	项　　目	质量要求	检验方法
1	明显划伤和长度＞100mm 的轻微划伤	不允许	观察
2	长度≤100mm 的轻微划伤	≤2 条	用钢尺检查
3	擦伤总面积	≤500mm²	用钢尺检查

（7）明框玻璃幕墙安装的允许偏差和检验方法，见表 13-42。

明框玻璃幕墙安装的允许偏差和检验方法　　表 13-42

项次	项　　目		允许偏差（mm）	检验方法
1	幕墙垂直度	幕墙高度≤30m	10	用经纬仪检查
		30m＜幕墙高度≤60m	15	
		60m＜幕墙高度≤90m	20	
		幕墙高度＞90m	25	
2	幕墙水平度	幕墙幅宽≤35m	5	用水平仪检查
		幕墙幅宽＞35m	7	
3	构件直线度		2	用 2m 靠尺和塞尺检查
4	构件水平度	构件长度≤2m	2	用水平仪检查
		构件长度＞2m	3	
5	相邻构件错位		1	用钢直尺检查
6	分格框对角线长度差	对角线长度≤2m	3	用钢尺检查
		对角线长度＞2m	4	

（8）隐框、半隐框玻璃幕墙安装的允许偏差和检验方法应符合表 13-43 的规定。

隐框、半隐框玻璃幕墙安装的允许偏差和检验方法

表 13-43

项次	项目		允许偏差（mm）	检验方法
1	幕墙垂直度	幕墙高度≤30m	10	用经纬仪检查
		30m<幕墙高度≤60m	15	
		60m<幕墙高度≤90m	20	
		幕墙高度>90m	25	
2	幕墙水平度	层高≤3m	3	用水平仪检查
		层高>3m	5	
3	幕墙表面平整度		2	用 2m 靠尺和塞尺检查
4	板材立面垂直度		2	用垂直检测尺检查
5	板材上沿水平度		2	用 1m 水平尺和钢直尺检查
6	相邻板材板角错位		1	用钢直尺检查
7	阳角方正		2	用直角检测尺检查
8	接缝直线度		3	拉 5m 线，不足 5m 拉通线，用钢直尺检查
9	接缝高低差		1	用钢直尺和塞尺检查
10	接缝宽度		1	用钢直尺检查

13.8 玻璃幕墙的安装施工注意事项

1. 玻璃幕墙的施工测量：

（1）玻璃幕墙分格轴线的测量应与主体结构的测量配

合，其误差应及时调整不得积累。

(2) 对高层建筑的测量应在风力不大于4级情况下进行，每天应定时对玻璃幕墙的垂直及立柱位置进行校核。

2. 玻璃幕墙立柱的安装：

(1) 应将立柱先与连接杆连接，然后连接件再与主体预埋件连接，并应进行调整和固定。立柱安装标高偏差不应大于3mm，轴线前后偏差不应大于2mm，左右偏差不应大于3mm。

(2) 相邻两根立柱安装偏差不应大于3mm，同层立柱的最大标高偏差不应大于5mm；相邻两根立柱的偏差不应大于2mm。

3. 玻璃幕墙横梁安装：

(1) 应将横梁两端的连接件及弹性橡胶垫安装在立柱的预定位置，并应安装牢固，其接缝应严密。

(2) 相邻两根横梁的水平标高偏差不应大于1mm。同层标高偏差：当一幅幕墙宽度小于或等于35m时，不应大于5mm；当一幅幕墙宽度大于35m时，不应大于7mm。

(3) 同一层的横梁安装应由下向上进行。当安装完一层高度时，应进行检查、调整、校正、固定，使其符合质量要求。

4. 玻璃幕墙其他主要附件安装：

(1) 有热工要求的幕墙，保温部分宜从内向外安装。当采用内衬板时，四周应套装弹性橡胶密封条，内衬板与构件接缝应严密；内衬板就位后，应进行密封处理。

(2) 固定防火保温材料应锚钉牢固，防火保温层应平整，拼接处不应留缝隙。

(3) 冷凝水排出管及附件应与水平构件预留孔连接严

密，与内衬板出水孔连接处应设橡胶密封条。

(4) 其他通气留槽孔及雨水排出口等应按设计施工，不得遗漏。

(5) 玻璃幕墙立柱安装就位、调整后应及时紧固。玻璃幕墙安装的临时螺栓等在构件安装、就位、调整、紧固后应及时拆除。

(6) 现场焊接或高强螺栓紧固的构件固定后，应及时进行防锈处理。玻璃幕墙中与铝合金接触的螺栓及金属配件应采用不锈钢或轻金属制品。

(7) 不同金属的接触面应采用垫片做隔离处理。

5. 玻璃幕墙玻璃安装应按下列要求进行：

(1) 玻璃安装前应将表面尘土和污物擦拭干净。热反射玻璃安装应将镀膜面朝向室内，非镀膜面朝向室外。

(2) 玻璃与构件不得直接接触。玻璃四周与构件凹槽底部应保持一定空隙，每块玻璃下部应设不少于两块弹性定位垫块；垫块的宽度与槽口宽度应相同，长度不应小于100mm；玻璃两边嵌入量空隙应符合设计要求。

(3) 玻璃四周橡胶条应按规定型号选用，镶嵌应平整；橡胶条长度宜比边框内槽口长1.5%～2%，其断口应留在四角；斜面断开后应拼成预定的设计角度，并应用胶粘剂粘结牢固后嵌入槽内。

6. 玻璃幕墙四周与主体结构之间的缝隙，应采用防火的保温材料填塞；内外表面应采用密封胶连续封闭，接缝应严密不漏水。

7. 铝合金装饰压板应符合设计要求，表面应平整，色彩应一致，不得有肉眼可见的变形、波纹和凸凹不平，接缝应均匀严密。

8. 玻璃幕墙施工过程中应分层进行抗雨水渗漏性能检查。

9. 耐候硅酮密封胶的施工应符合下列要求：

(1) 耐候硅酮密封胶的施工厚度应大于3.5mm，施工宽度不应小于施工厚度的2倍；较深的密封槽口底部应采用聚乙烯发泡材料填塞。

(2) 耐候硅酮密封胶在接缝内应形成相对两面粘结，并不得三面粘结。

14　金属幕墙工程

金属幕墙是悬挂在承重金属骨架和外墙面上的围护结构。它具有典雅庄重、质感丰富的优点，因此，对建筑物的室内外装饰发展起到很大的推动作用。

14.1　金属幕墙特点及分类

14.1.1　金属幕墙的特点

金属幕墙具有以下几个特点：强度高、质量轻；板面平整无瑕；优良的成形性；加工容易；质量精度高，生产周期短，可进行工厂化生产；防火性能好；安装方便、速度快；施工干作业；安装质量高。金属板幕墙适用于各种工业与民用建筑。

14.1.2　金属幕墙的分类

1. 按材料分类

金属幕墙按材料可分为单一材料板和复合材料板两种。

（1）单一材料板

单一材料板为一种质地材料，如钢板、铝板、铜板、不锈钢板等。

（2）复合材料板

复合材料板是由两种或两种以上质地的材料组成，如铝合金板、复合铝合金板、蜂窝铝合金板、金属夹心板、搪瓷板等。

2. 按金属幕墙骨架体系分

按金属幕墙骨架体系分：一是型钢骨架体系；一是铝合金型材骨架体系。

14.2 金属幕墙组成材料

14.2.1 金属板

1. 铝合金板

铝及铝合金板是最常用的金属板材。它具有质量轻（仅为钢材质的 1/3）、易于加工，强度高，刚度好，经久耐用的特点。用铝合金板装饰建筑物墙面是一种高档次的建筑物装饰，装饰效果别具一格，目前在设计中广泛采用。

最常用的铝合金板有三种：单层铝板、复合铝板及蜂窝铝板。

（1）单层铝板

单层铝板多采用纯铝板，厚度为 3mm。为提高铝板的强度和刚度。可在板后焊上加强肋，加强肋由厚铝带制成。铝板表面应采用阳极氧化膜或碳氟树脂喷涂，氧化膜厚度不宜小于 AA15 级。

单层铝板多用于外墙金属幕墙。为隔声、保温，常在铝板后面加矿棉、岩棉或其他发泡材料。

（2）复合铝板

复合铝板内外层为 0.5mm 厚两层铝板、中间夹层为 3～5mm 厚的 PVC 或其他化学材料。铝板表面滚涂氟化碳、喷涂罩面漆。如图 14-1（*a*）所示。

1）复合铝板性能

复合铝板性能，见表 14-1。

2）复合铝板弯折

铝板与 PVC 夹层系胶粘结，粘结强度不高，所以弯折

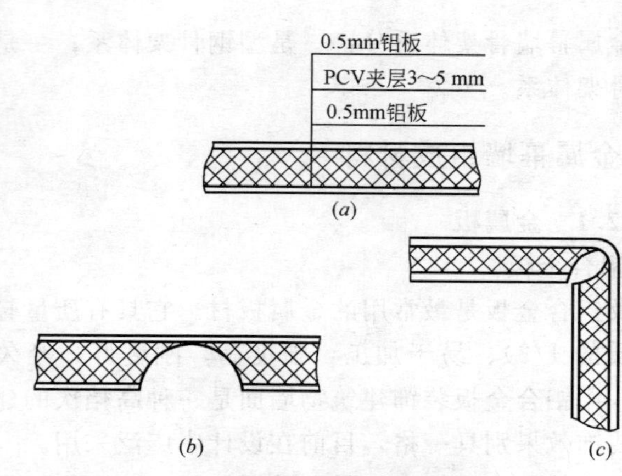

图 14-1 复合铝板构造及弯折

(*a*) 复合铝板；(*b*) 切口；(*c*) 弯折

复合铝板性能 **表 14-1**

项目 \ 参数 \ 规格	单位	3mm	4mm	6mm
密度	t/m^3	1.52	1.38	1.23
重力密度	N/m^2	45.7	55.0	73.6
传热阻	$m^2 \cdot k/W$	0.162	0.165	0.171
抗拉强度	MPa	51	39	29
弯曲抗拉强度	MPa	42	30	20
抗剪强度	MPa	29	26	22
弹性模量	MPa	5×10^4	4.06×10^4	2.97×10^4
线胀系数		28×10^{-6}	28×10^{-6}	30×10^{-6}
伸长率	%	20	26	28
泊松比		0.25		
热翘曲量(mm)	优等品	≤1.2		
	一等品	≤1.6		
	合格品	≤1.8		
铝箔剥离力(N/cm)	优等品	≥20		
	一等品	≥16		
	合格品	≥12		

时会撕开切口，如图 14-1（*b*）。折角处由于只剩一层 0.5mm 厚的铝板，形成一个薄弱环节，耐久性较差，强度也较低，如图 14-1（*c*）。因此尽量不作弯折。

3）单面复合铝板——塑铝板

日本生产了一种单面复合铝板——塑铝板。

① 塑铝板结构　塑铝板结构，如图 14-2 所示。

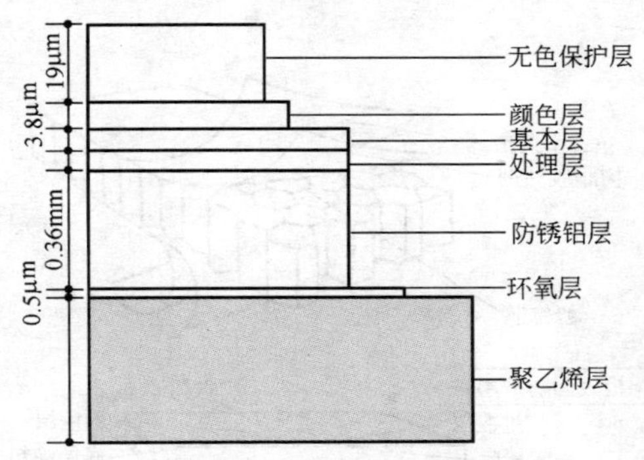

图 14-2　塑铝板的结构

② 塑铝板性能　塑铝板性能，见表 14-2。

塑铝板性能（ALCOTEX）　　表 14-2

项　目	单　位	数　值
重度	kN/m^3	13.8
板自重	kN/m^2	55.2
热传导系数	W/(m·℃)	0.119
线膨胀系数	10^{-5}/℃	2.4
受拉强度	N/mm^2	85
延伸率	%	27
受弯强度	N/mm^2	134.4
弯矩	N·mm	53700
弹性模量	N/mm^2	3.746×10^4

(3) 蜂窝铝板

蜂窝复合铝板，是用两块厚 0.8～1.2mm 及 1.2～1.8mm 的铝板，夹在不同材料制成的蜂窝状中间夹层两面组成（图 14-3）。中间蜂窝芯材夹层可以采用铝箔芯材，玻璃钢芯材，混合纸芯材等。蜂窝复合铝板总厚度为 10～25mm。蜂窝形状有波形、正六角形、扁六角形、长方形、十字形等。

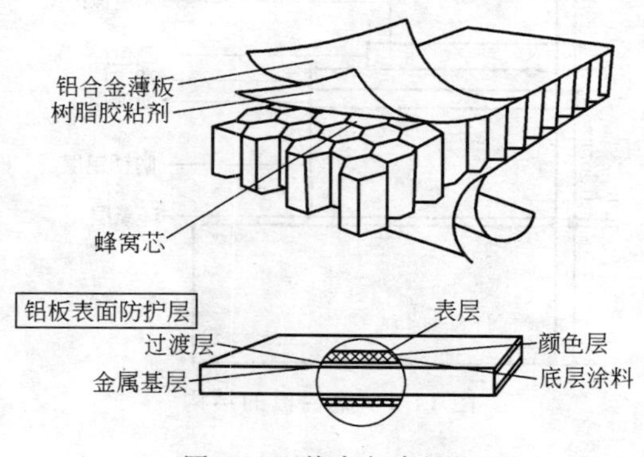

图 14-3 蜂窝复合铝板

蜂窝铝板性能 **表 14-3**

项目 \ 规格 参数	单位	20mm	备注
重力密度	N/m^3	153.8	蜂窝芯材重力密度 $600N/m^3$
弯曲抗拉强度	MPa	15	
抗剪强度	MPa	2	
弹性模量	MPa	4×10^4	
传热系数	$W/(m^2\cdot K)$	5	
传热阻	$m^2\cdot K/W$	0.2	
线胀系数	$℃^{-1}$	24×10^{-6}	
泊松比		0.25	

蜂窝（复合）铝板外观质量　表 14-4

缺陷名称	缺陷规定	优等品	一级品	合格品
色差	指同批产品中有明显的颜色深浅不同	不允许	不允许	不允许
污迹	指表面外来污染痕迹	不允许	不允许	不明显
划痕	指表面划痕。轻微：指长度不超过 150mm；宽度不超过 0.3mm，深度不划透色层，每 m^2 不多于 1 条	不允许	不允许	轻微
色斑	指着色层上的斑点细纹或漆膜脱落，轻微，指在正常视力下，视距 80cm 散射日光下能看清细纹，但无斑点和脱漆	不允许	不允许	轻微
凹痕（凹凸纹板除外）	指表面由于基板不平或受外力作用下产生的凹痕，极轻微：指面积 $<1mm^2$，深度不超过 0.15mm，每 m^2 不超过一个；轻微：指上述凹痕，每 m^2 不超过 2 个；不明显指上述凹痕每 m^2 不超过 3 个	极轻微	轻微	不明显
凸痕（凹凸纹板除外）	指表面由于基板间不平及胶粘剂的质量或灰尘而造成的凸痕。极轻微：指直径不超过 1mm，高度不超过 0.1mm 的凸点，每 m^2 不超过一个，轻微：指上述凸点每 m^2 不超过二个，不明显：指上述凸点每 m^2 不超过三个	极轻微	轻微	不明显
开胶	指铝箔与充填层之间未粘接好有翘曲现象。极轻微：指板端面未粘接长度不超过 5mm，翻边不多于 3 处；轻微：未粘接长度不超过 8mm，翻边不多于 5 处；不明显：未粘接长度不超过 10mm，翻边不多于 10 处	极轻微	轻微	不明显
鱼鳞斑	指表面可见片状鱼鳞斑，极轻微；指模糊可见不多于一处；轻微：指模糊可见不多于二处	不允许	极轻微	轻微
整板翘曲	指板面不平翘曲现象	不明显	不明显	不明显

1）蜂窝铝板性能

蜂窝铝板性能，见表 14-3。

2）蜂窝铝板外观质量

蜂窝铝板外观质量，见表 14-4。

3）蜂窝铝板漆膜理化性能

蜂窝铝板漆膜理化性能，见表 14-5。

蜂窝（复合）铝板漆膜理化性能　　表 14-5

项　目	试验条件	优等品	一级品	合格品
漆膜厚度	GB 1764		35±5μm	
褪色性(级)	GB 250	>4	4	3
漆膜附着力(级)	GB 1720	1	1.5	2
耐酸性	5%硫酸,24h		无异常	
耐碱性	5%氢氧化钠,24h		无异常	
耐湿性	50℃,RH98%,240h		无异常	
耐沸水性	100℃,8h		无异常	
耐蚀性	5%盐水喷雾 48h		无异常	
光泽度	GB 11420—89		±5	
铅笔硬度	F 级及以上以 45°用力推进 13mm		无划痕	

2. 彩色涂层钢板

彩色涂层钢板，就是在钢板上覆以 0.2～0.4mm 软质或半硬质聚氯乙烯塑料薄膜或其他树脂，分单面覆层和双面覆层两种。有机涂层可以配制成各种不同的色彩和花纹，故称为彩色涂层钢板。

(1）彩色涂层钢板特点及分类

1）彩色钢板特点

彩色涂层钢板具有绝缘、耐磨、耐酸碱、耐油及醇的侵蚀和耐久性等特点。并具有可加工性能好，可切断、弯曲、钻孔、卷边等优点。

2）彩色钢板分类及代号

彩色钢板分类及代号，见表14-6。

彩色钢板分类及代号　　表14-6

分类方法	类别	代号
按用途分	建筑外用	JW
	建筑内用	JN
	家用电器	JD
按表面状态分	涂层板	TC
	印花板	YH
	压花板	YaH
按涂料种类分	外用聚酯	WZ
	内用聚酯	NZ
	硅改性聚酯	GZ
	外用丙烯酸	WB
	内用丙烯酸	NB
	塑料溶胶	SJ
	有机溶胶	YJ

（2）彩色钢板性能

彩色钢板性能要求，见表14-7。

（3）尺寸及允许偏差

1）彩色钢板尺寸要求

彩色钢板尺寸要求，见表14-8。

2）彩色钢板宽度允许偏差

彩色钢板宽度允许偏差，见表14-9。

3）彩色钢板长度允许偏差

彩色钢板长度允许偏差，见表14-10。

彩色钢板性能要求 **表 14-7**

<table>
<tr><th colspan="2" rowspan="3">性能指标 项目
涂料种类
用途</th><th rowspan="3">涂层厚度
(μm)</th><th colspan="3" rowspan="2">60°光泽
(%)</th><th rowspan="3">铅笔
硬度</th><th colspan="2">弯曲</th><th colspan="2">反向冲击(J)</th><th rowspan="3">耐盐雾
(h)</th></tr>
<tr><th rowspan="2">厚度
≤0.8mm
180°,T</th><th rowspan="2">厚度
>0.8mm</th><th rowspan="2">厚度
≤0.8mm</th><th rowspan="2">厚度
>0.8mm</th></tr>
<tr><th>高</th><th>中</th><th>低</th></tr>
<tr><td rowspan="4">建筑外用</td><td>外用
聚酯</td><td rowspan="3">≥20</td><td rowspan="3">>70</td><td rowspan="9">40～70</td><td rowspan="8"><40</td><td rowspan="3">≥HB</td><td>≤8</td><td rowspan="8">90°</td><td>≥6</td><td>≥9</td><td>≥500</td></tr>
<tr><td>硅改性
聚酯</td><td rowspan="2">≤10</td><td colspan="2" rowspan="2">≥4</td><td>≥750</td></tr>
<tr><td>外用
丙烯酸</td><td>≥500</td></tr>
<tr><td>塑料
溶胶</td><td>≥100</td><td>—</td><td>—</td><td>0</td><td colspan="2">≥9</td><td>≥1000</td></tr>
<tr><td rowspan="4">建筑内用</td><td>内用
聚酯</td><td rowspan="2">≥20</td><td rowspan="2">>70</td><td rowspan="2">≥HB</td><td rowspan="2">≤8</td><td>≥6</td><td>≥9</td><td rowspan="2">≥250</td></tr>
<tr><td>内用
丙烯酸</td><td colspan="2">≥4</td></tr>
<tr><td>有机溶胶</td><td>≥30</td><td>—</td><td>—</td><td>≤2</td><td colspan="2" rowspan="2">≥9</td><td>≥500</td></tr>
<tr><td>塑料溶胶</td><td>≥100</td><td>—</td><td>—</td><td>0</td><td>≥1000</td></tr>
<tr><td>家用电器</td><td>内用聚酯</td><td>≥20</td><td>>70</td><td>—</td><td>≥HB</td><td>≤4</td><td>—</td><td>≥6</td><td>—</td><td>≥200</td></tr>
</table>

彩色钢板尺寸要求　　　　表 14-8

名　称	尺寸(mm)	名　称	尺寸(mm)
厚度	0.3～2.0	钢板长度	500～4000
宽度	700～1550	钢卷内径	ϕ450、ϕ610

注：1. 经供需双方协商，可供应宽度小于 700mm 的纵切钢带。

2. 厚度系指钢板和钢带涂层前基板的厚度。

彩色钢板宽度允许偏差　　　　表 14-9

公称宽度(mm)	宽度允许偏差(mm)	
	高级精度 *A*	普通精度 *B*
≤1200	+2 0	+6 0
＞1200	+3 0	

彩色钢板长度允许偏差　　　　表 14-10

公称长度(mm)	长度允许偏差(mm)	
	高级精度 *A*	普通精度 *B*
≤2000	+4 0	+10 0
＞2000	0.002×公称长度	0.005×公称长度

4）彩色钢板不平度偏差

彩色钢板不平度偏差，见表 14-11。

彩色钢板不平度偏差　　　　表 14-11

公称宽度(mm)	不平度，不大于(mm)					
	高级精度 *A*			普通精度 *B*		
	公　称　厚　度					
	＜0.7	0.7～1.2	＞1.2	＜0.70	0.70～1.2	＞1.2
≤1200	5	4	3	10	8	6
＞1200～1500	6	5	4	12	10	8
＞1500	8	7	6	18	15	12

14.2.2 金属骨架

金属板幕墙常用骨架材料有两种：

1. 型钢骨架

型钢和轻型钢材料都可以用于金属板幕墙做骨架材料。这种骨架结构强度高、造价低、锚固间距大。需要提出的是，型钢骨架虽涂防锈漆也不能长期保证钢材不生锈，一旦生锈，则钢、铝接触处的电化腐蚀速度会大大加快。所以从长远考虑，铝板幕墙不易采用型钢骨架，最好采用铝型材骨架。

2. 铝型材骨架

铝型材骨架，一般分为竖框（竖向杆件）和横档（横向杆件）。用于金属板幕墙的铝型材断面尺寸，常见的断面高度有115mm、130mm、160mm和180mm等。型材的壁厚不宜小于3mm。

14.2.3 紧固件及密封材料

1. 紧固件

（1）普通钢紧固件：自攻螺钉、膨胀螺栓、螺栓、水泥钉、射钉等。

（2）不锈钢紧固件：不锈钢螺钉、不锈钢螺栓、不锈钢螺柱等。

（3）有色合金紧固件：

1）铝合金紧固件　抽芯铆钉、铝合金螺钉、铝合金螺栓、铝合金螺柱。

2）铜合金紧固件　铜合金螺钉、铜合金螺栓及铜合金螺柱。

2. 密封材料

（1）密封胶：金属板幕墙宜采用中性的耐候硅酮密封胶

和结构硅酮密封胶。

14.3 复合铝板幕墙安装

14.3.1 施工准备

1. 材料

(1) 复合铝板（或蜂窝铝板）根据设计要求选择合适的厚度。在存放和搬运时应注意：

1）复合铝板（或蜂窝板）应倾斜立放，倾斜角不大于10°，地面应垫方木、方木上垫厚胶合板，侧面也应垫厚胶合板。如图 14-4 所示。

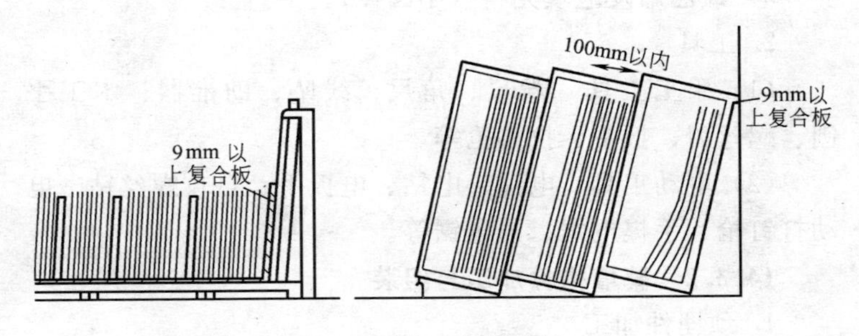

图 14-4 复合铝板存放

2）搬运时应两人抬起，不要推拉以免损坏表面氧化膜或涂层，如图 14-5 所示。

(2) 铝合金型材：根据幕墙设计要求，选择铝合金型材做幕墙骨架。在运输时应注意防止铝合金型材弯曲、变形。

(3) 紧固件：应选用不锈钢螺栓、螺钉和螺柱。

(4) 密封材料：

1）密封胶 应选用中性的耐候硅酮密封胶和结构硅酮

图 14-5　复合铝板上方勿放重物

密封胶。

2）双面胶带。

3）氯乙烯发泡填充料（小圆棒）。

2. 工具

(1) 手工工具　卷尺、角尺、线坠、助推器、木工手刨、螺丝刀、扳手、拉铆枪等。

(2) 电动工具　电锤、电钻、电扳手、自攻螺丝钻、电动打钉枪、手提电锯、圆盘锯等。

14.3.2　幕墙构件加工与组装

1. 预埋件加工

预埋件加工，请见本书中 13.4.2。

2. 铝合金型材骨架加工

铝合金型材骨架加工，请见本节中 13.4.3。

3. 复合铝板加工

复合铝板加工非常严格，难度也比较大。复合铝板在折弯时，要在板的四周开槽，切去一面铝板和大部分芯层，只留下 0.5mm 左右厚度的单层铝板和薄薄的芯层。为了保证开槽深度不划伤复合铝板的外面板，必须采用数控开槽机，而不要采用普通的木工工具去开槽。

（1）复合铝板裁切前准备

复合铝板裁切，可采用手工裁切。使用手圆盘电锯切割，在切割前，应清理工作台，如图 14-6 所示。

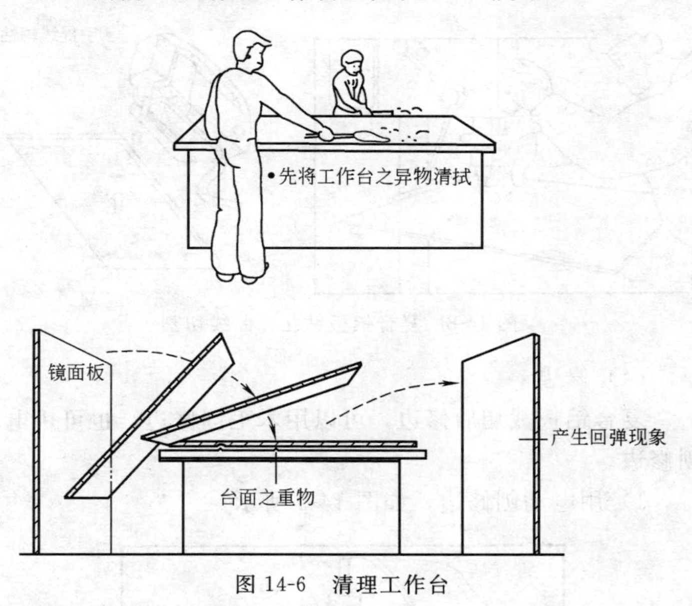

图 14-6　清理工作台

（2）复合铝板切割

复合铝板切割可以用圆盘电锯进行，如图 14-7 所示。

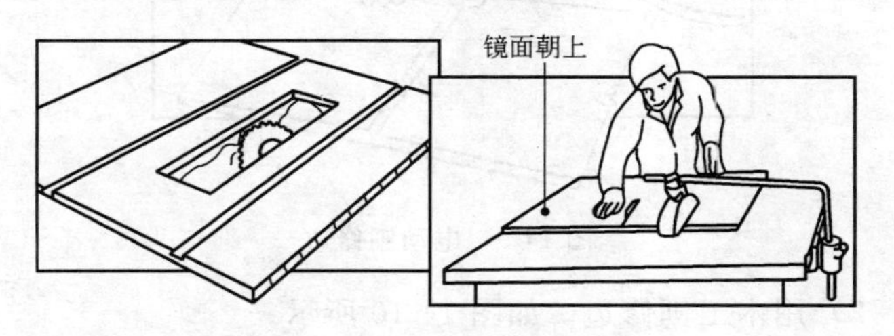

图 14-7　圆盘锯切割复合铝板

(3) 复合铝板钻孔、曲线切割

复合铝板钻孔和曲线切割可以用钻孔机和曲线锯进行，如图 14-8 所示。

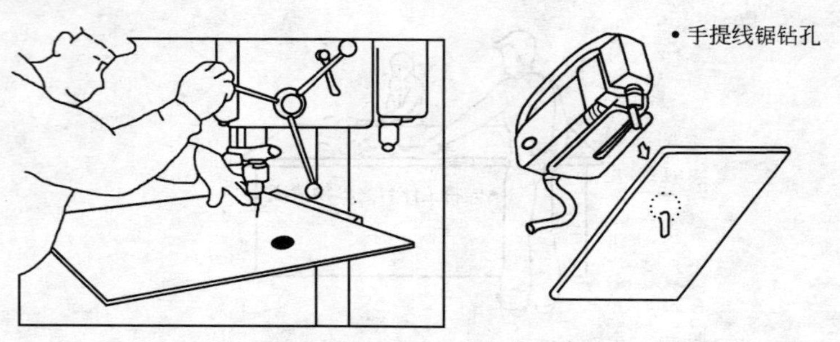

图 14-8 复合铝板钻孔、曲线切割

(4) 修边

复合铝板裁切后修边，可以用木工刨修边，也可用电动刨修边。

1) 用电动刨修边，如图 14-9 所示。

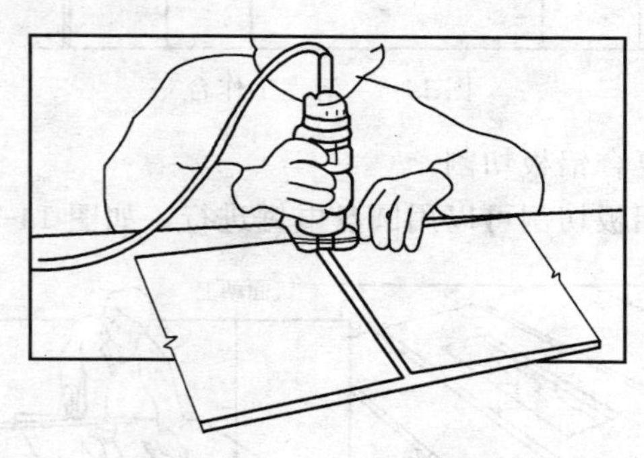

图 14-9 电动刨修边

2) 用木工刨修边，如图 14-10 所示。

(5) 复合铝板刨沟

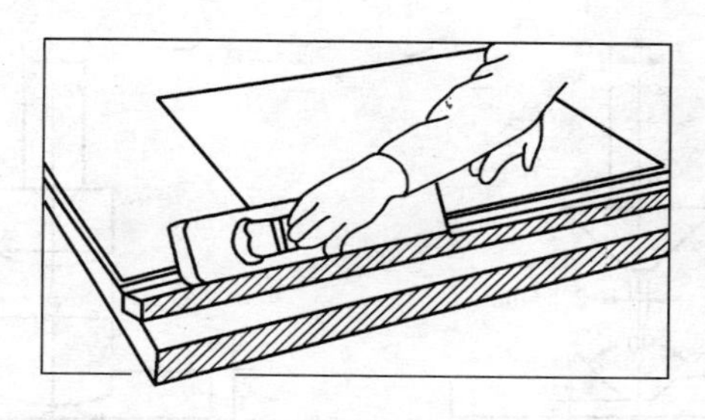

图 14-10　用木工刨修边

1）复合铝板刨沟使用的机具

① 数控刨沟机　数控刨沟机带有机床，将需刨沟的板材放到机床上，调好刨刀的距离就可以准确无误地刨沟。

② 手动刨沟机　当使用手动刨沟机时，要使用平整的工作台，操作人员要熟练掌握工具的使用技巧。

通常情况下，尽量少采用手动刨沟机。

2）按复合铝板弯折形状确定刨刀

刨沟机上带有不同的刨刀，通过更换刨刀，可在复合铝板上刨出不同形状的沟。从而复合铝板可弯折出不同的板缝形状。

① 锥形刨刀

锥形刨刀刨沟后，复合铝板折弯后，板缝是一条直线，如图 14-11 所示。

② 柱形刨刀

柱形刨刀刨沟后、复合铝板折弯、板缝是倒扇形，如图 14-12 所示。

③ 锥柱形刨刀

锥柱形刨刀刨沟后，复合铝板弯折后板缝正扇形，如图 14-13 所示。

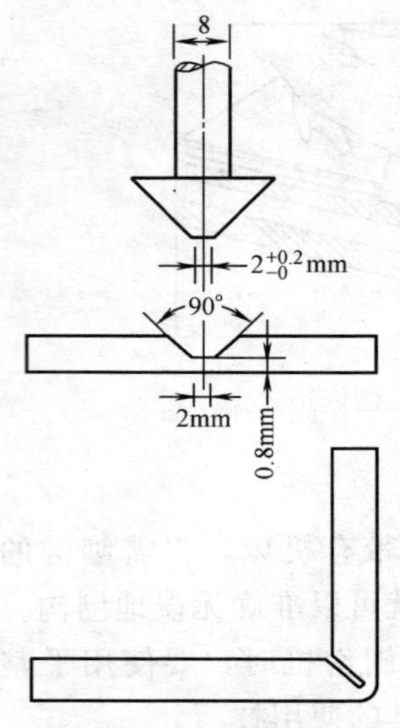

图 14-11　锥形刨刀刨沟

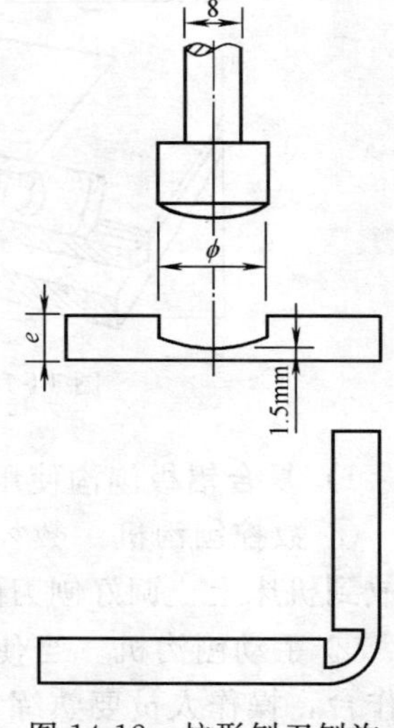

图 14-12　柱形刨刀刨沟

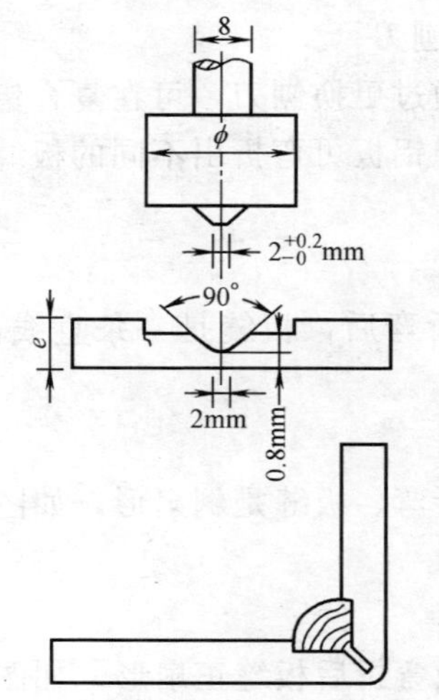

图 14-13　锥柱形刨刀刨沟

3）刨沟注意事项

① 复合铝板的刨沟深度应根据不同的板厚度而定，一般情况下塑性材料层保留的厚度应在 1/4 左右。

② 不能将塑性材料全部刨开，以防止两层铝板的内表面长期裸露而受到腐蚀。而且只剩下外表一层铝板，弯折后，弯折处板材强度会降低，导致板材使用寿命缩短。

③ 板材在刨沟处进行弯折时，要将碎屑清理出去。

④ 弯折时切勿多次反复的弯折和急速弯折，防止铝板受到破损、强度降低。

⑤ 弯折后，板材四角对接处要用密封胶进行密封。

⑥ 对有毛刺的边部可用木工刨刀或锉刀进行修边，修边时，切勿损伤铝板表面。

4. 复合铝板与副框组装与加强筋固定

(1) 副框形状

复合铝板与副框组装，副框的形状有两种，如图14-14所示。

(2) 复合铝塑板与副框组合图

板材边缘弯折以后，就要同副框固定成形，以第二种副框为例，复合铝塑板与副框的组合如图14-15、图14-16、图14-17、图14-18、图14-19、图14-20所示。

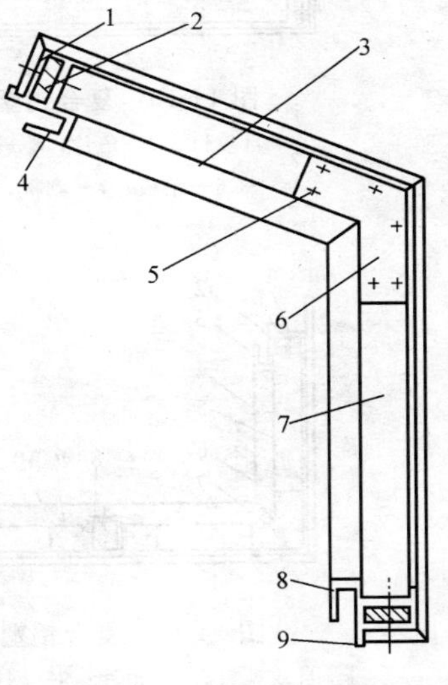

图 14-15 复合铝塑板与副框组合图（一）

1—自攻螺钉；2—角片；3—副框；4—副框；5—自动钉；6—角板；7—副框；8—副框；9—抽钉

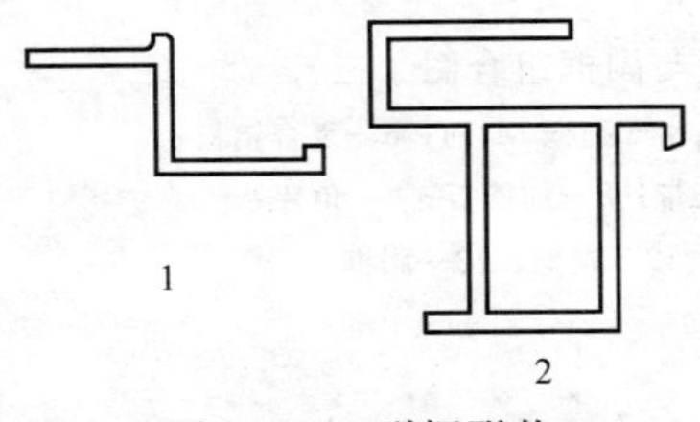

图 14-14 副框形状

(3) 复合铝塑板与副框组装注意事项

1) 板材背面设置加强筋：

根据板材的性质及具体分格尺寸的要求，要在板材背面

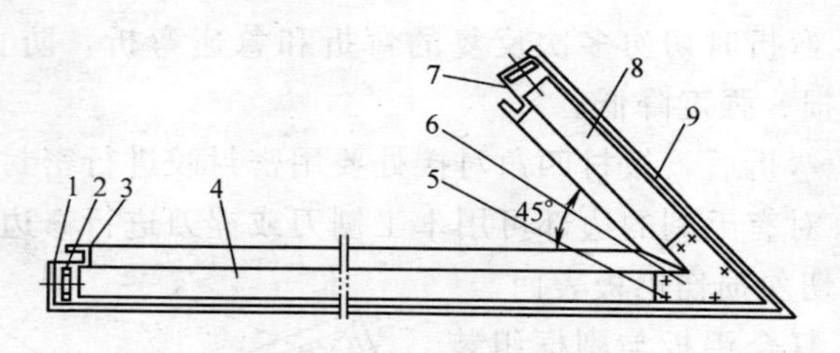

图 14-16 复合铝塑板与副框组合图（二）

1—自攻钉；2—角片；3—副框；4—副框；5—自攻螺钉；
6—角板；7—副框；8—副框；9—复合铝板

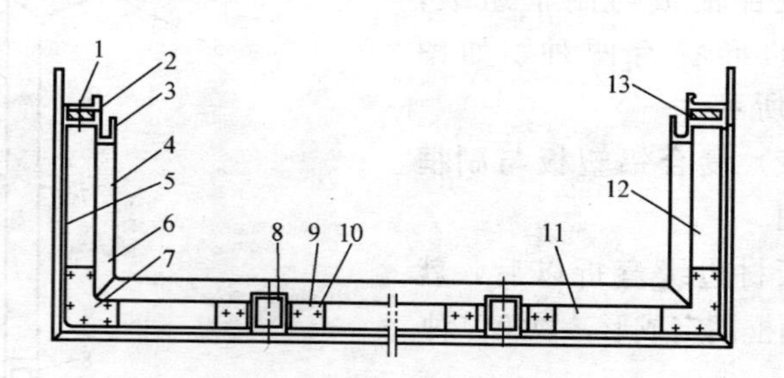

图 14-17 复合铝塑板与副框组合图（三）

1—自攻螺钉；2—角片；3—副框；4—副框 M254；5—复合铝板；
6—自攻螺钉；7—角板双面胶带；8—加筋板；9—角片；
10—自攻钉；11—副框；12—副框；13—副框

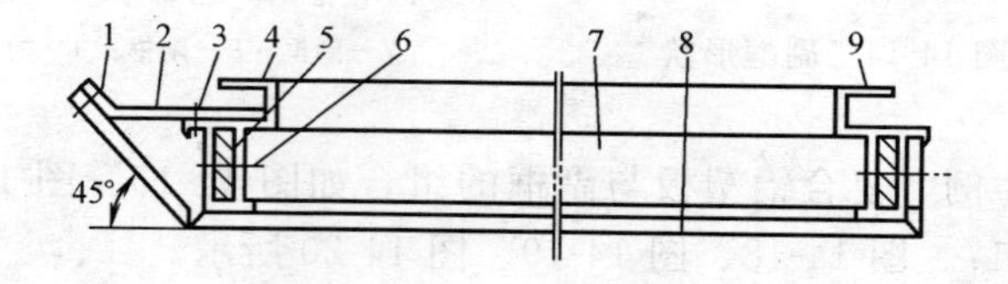

图 14-18 复合铝塑板与副框组合图（四）

1—抽钉；2—角片；3—自攻钉；4—副框；5—角片；
6—自攻钉；7—副框；8—复合板；9—副框

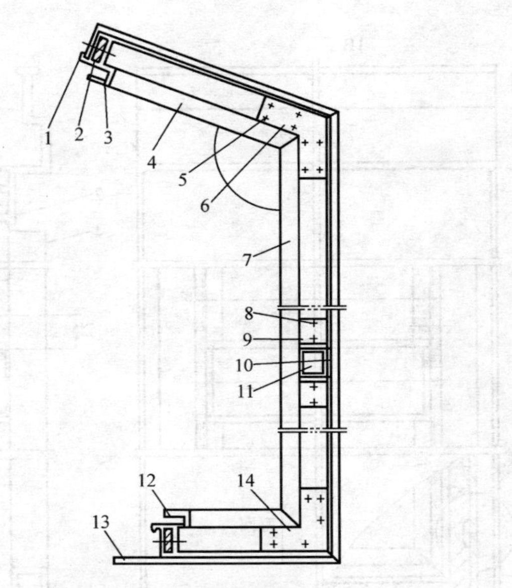

图 14-19 复合铝塑板与副框组合图（五）

1—自攻螺钉；2—角片；3—副框；4—副框；5—自攻螺钉；6—角板；7—副框；8—自攻螺钉；9—角片；10—双面胶带；11—加强筋；12—副框；13—复合板；14—角板

适当的位置设置加强筋。通常用铝合金方管做加强筋。加强数量要根据设计而定。

① 一般情况下，当板材的长度小于 1m 时，可设置一根加强筋；

② 当板材的长度小于 2m 时，可设置两根加强筋；

③ 当板材的长度大于 2m 时，应按设计要求，增加加强筋的数量。

2）板材与副框固定：

① 板的正面与副框的接触面间由于不能用铆钉紧固，

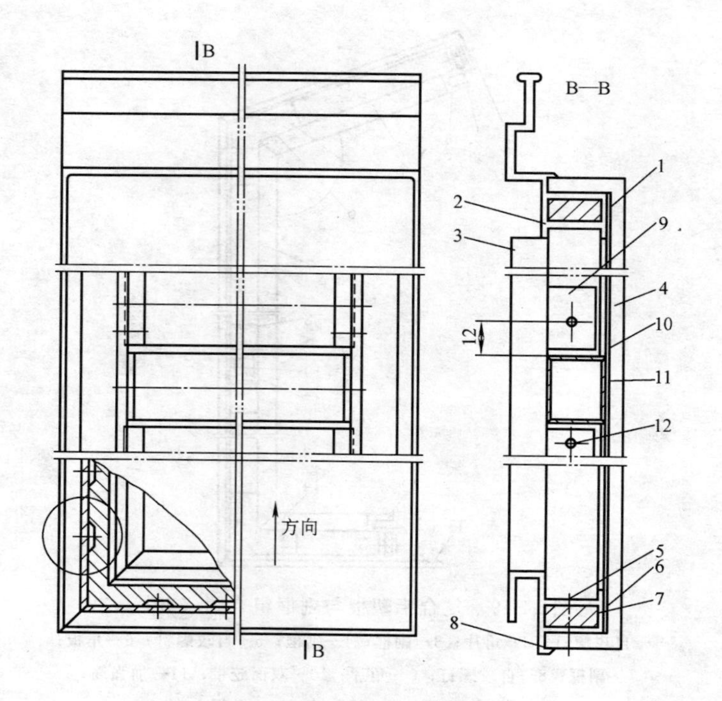

图 14-20　铝塑板与副框组合图（六）

1—双面胶带；2—副框；3—副框；4—铝塑板；5—铆钉；6—双面胶带；7—副框角片；8—副框；9—加强筋角片；10—加强筋方管；11—双面胶带；12—自攻钉

所以要在板材与副框之间用结构胶粘接。

② 板材的侧面与副框可用抽芯铝铆钉紧固，抽钉间距应在 200mm 左右。

3）转角处要用角码将两根副框连接牢固。

4）加强筋（铝方管）与副框间也要用角码连接紧固，加强筋与板材间要用结构胶粘接牢固。

5）复合铝塑板与副框组装后，应将每块板的对角线接缝用密封胶密封，防止渗水。

6）这里组框中采用的双面胶带，只适用于低建筑幕墙。对于高层建筑，副框及加强筋与复合铝塑板正面接触必须采用结构胶粘接而不用双面胶带。

14.3.3 铝合金型材骨架安装

1. 预埋件安装

（1）当土建施工时，金属幕墙施工单位派人与土建施工单位配合，严格按照预埋件施工图安放预埋件的位置，其允许位置尺寸偏差为±20mm，然后进行埋件施工。

（2）当主体结构为混凝土结构时，如果没有条件采取预埋件时，应采用其他可靠的连接措施，并应通过试验决定其承载力。这种情况下通常采用膨胀螺栓。

（3）当主体结构为实心砖时，不允许采用膨胀螺栓来固定后置埋件，必须用钢筋穿透墙体，将钢筋两端分别焊接到墙内和墙外两块钢板上，做成夹墙板的焊接的形式，然后再将外墙板用膨胀螺栓固定到墙体上。

（4）当主体结构为空心砖、加气混凝土砖时，不但不能采用膨胀螺栓固定后置埋件，也不能简单的用夹板形式，要根据实际情况，采取其他加固措施。

2. 定位放线

放线是将骨架的位置弹线到主体结构上，以保证骨架安装的准确性。

（1）放线前准备

1）按照金属板幕墙的框架设计检查主体结构质量，特别是墙面的垂直度、平整度的偏差。另外确定主体结构与金属板幕墙的间距。

2）放线应根据土建图纸提供的中心线及标高进行。因为金属板幕墙的设计一般是以建筑物的轴线为依据，幕墙骨架的布置应与轴线取得一定的关系。所以放线应先弄清楚建筑物的轴线，对于标高控制点，应进行复核。

3）熟悉本工程金属幕墙的特点，其中包括骨架的设计特点。

（2）放线

1）弹线顺序　对由横梁竖框组成的幕墙，一般先弹出竖框的位置，然后确定竖框间的锚固点。横梁固定在竖框上，与主体结构不直接发生关系，待竖框通长布置完毕，横梁再弹到竖框上。

2）放线的具体做法是：根据建筑物的轴线，在适当位置用经纬仪测定一根竖框基准线，弹出一根纵向通长线来。在基准线位置，从底层到顶层，逐层在主体结构上弹出此竖框骨架的锚固点。再按水平通线以纵向基准线做起点，弹出每根竖框的间隔点，通过仪器和尺量，就能依次在主体结构上弹出各层楼所有锚固点的十字中心线，即竖框连接铁件位置。

3. 确定锚固点与预埋件位置

在确定竖框锚固点时，应充分考虑土建结构施工时，所预埋的锚固铁应恰在纵、横线的交叉点上。

在安装骨架应清理预埋件，逐个检查预埋铁件的位置，并把铁件上水泥灰碴剔除，所有锚固点中，不能满足锚固要求的位置，应该把混凝土剔平，以便增设和修补预埋件。

4. 安装连接件

金属板幕墙骨架是通过连接件与主体结构相连。金属板幕墙所有骨架外立面，要求同在一个垂直平整的立面上。因此，施工时所有连接件与主体结构铁板焊接或膨胀螺栓锚定后，其外伸端也必须处在一个垂直平整的立面上才能得到保证。具体做法：

（1）以一个平整立面为单元，从单元的顶层两侧竖框锚固点附近，定出主体结构与竖框的适当距离，上下各设置一根悬挑铁桩，用线坠吊垂线，找出同一立面的垂直平整度，调整合格后，各拴一根铁丝绷紧，定出立面单元两侧，各设置悬挑铁桩，并在铁桩上按垂线找出各楼层垂直平整点，如图 14-21 所示。

（2）各层设置铁桩时，应在同一水平线上。然后，在各

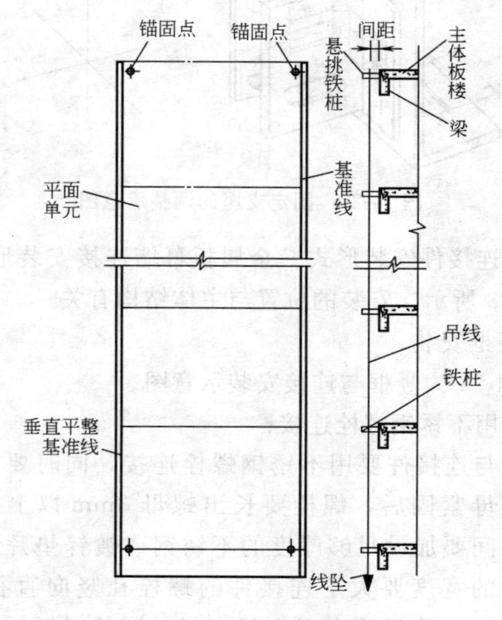

图 14-21　同一立面垂面

楼层两侧悬挑铁桩所刻垂直点上，拴铁丝绷紧，接线焊接或锚定各条竖框的连接铁件，使其外伸端面做到垂直平整。连接件与埋板焊接时要符合操作规程。

（3）现场焊接或螺栓紧固的构件固定后，应及时进行防锈处理。

（4）连接件加工时应注意螺栓孔为椭圆长孔，便于安装时可以调节竖框，如图 14-22 所示。

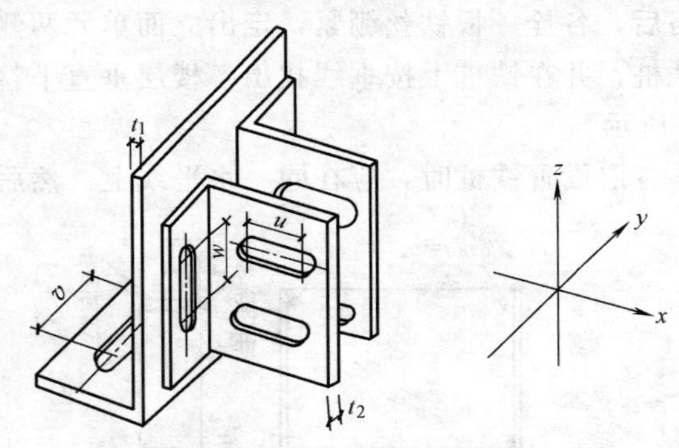

图 14-22 固定支座的调整示意图

（5）连接件安装形式 金属板幕墙连接安装形式多样，如图 14-23 所示。安装的位置与主体结构有关。

5. 竖框安装

图 14-24 为竖框与连接安装示意图。

（1）用不锈钢螺栓连接：

竖框与连接件要用不锈钢螺栓连接，同时要保证足够长度，螺母紧固后，螺栓要长出螺母 3mm 以上。螺母与连接件之间要加设足够厚度的不锈钢或镀锌垫片和弹簧垫圈。垫片的宽度要大于连接件的螺栓孔竖向直径的 1/2，连接件的竖向孔径要小于螺母直径。调整竖框后将螺母拧

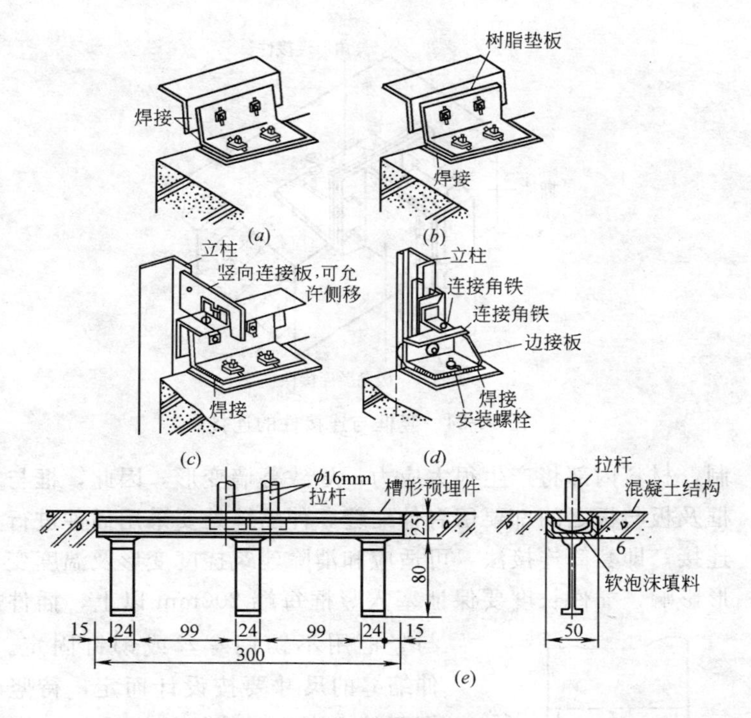

图 14-23 连接件构造形式

（a）焊接，与主体结构完全固定；（b）有树脂垫片，可以滑动；（c）用侧向刚度小的钢板连接；（d）可以调整标高，允许侧向移动；（e）预留槽，可调整水平位置

紧，垫片与连接件要进行几点点焊。以防止竖框的前后移动。连接件与竖框接触处要加设尼龙衬垫隔离，防止电位差腐蚀。

（2）竖框伸缩缝处理：

一般情况下，都以建筑物的一层高为一根竖框。金属板幕墙随着温度的变化，材料在不停的伸缩。这些伸缩如被抑

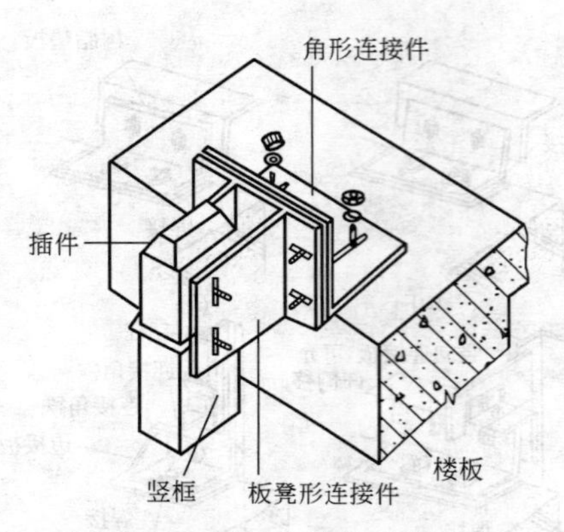

图 14-24　竖框与连接件的连接

制，材料内部将产生很大应力，导致幕墙变形，因此，框与框及板与板之间都要留有伸缩缝。伸缩缝处要采用插件进行连接，即套筒连接法，可适应和消除建筑挠度变形及温度变形影响，插件长度要保证塞入竖框每端 200mm 以上，插件与竖框用不锈钢螺丝或铆钉固定。伸缩缝的尺寸要按设计而定，待竖框调整完毕后，伸缩缝中要用硅酮结构密封胶进行密封。如图 14-25 所示。

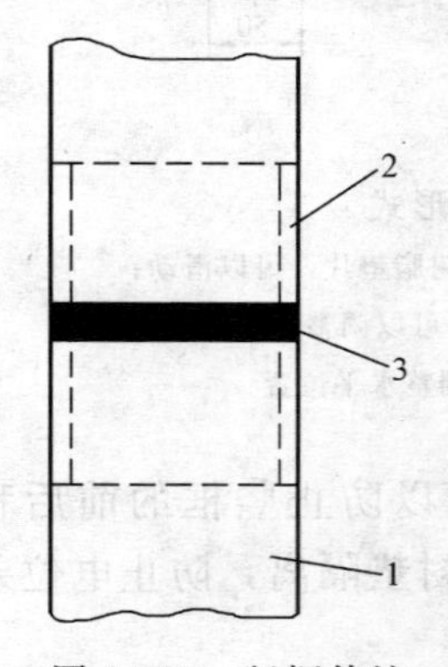

图 14-25　竖框伸缩缝节点

1—竖框；2—锚件；3—伸缩缝（用密封胶密封）

（3）在竖框的安装过程中，应随时检查竖框的中心线。较高的幕墙宜采用经纬仪测定，低幕墙可随时用线坠检查，如有偏差，应立即纠正。竖框的尺寸准确与否，直接关系幕墙质量。

6. 横框的安装

图 14-26 为横向框安装示意图。

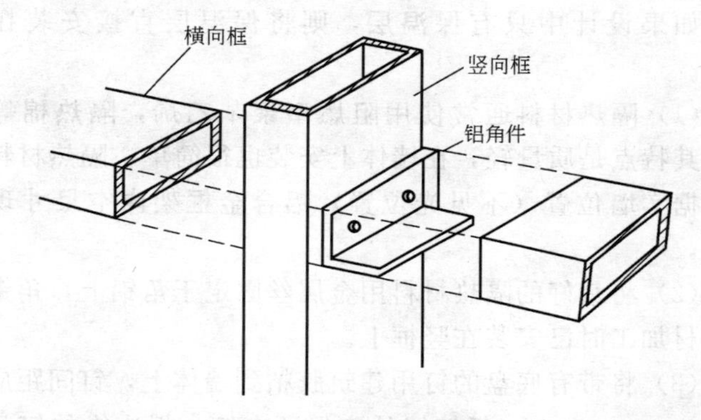

图 14-26 横框与竖框连接

（1）要根据弹线所确定的位置安装横梁。安装横梁时，最主要的是要保证横框与竖框外表面处于同一立面上。

（2）横框与竖框间通常采用角码进行连接，角码用角铝或镀锌铁件制成。角码的一肢固定在横梁上，另一肢固定在竖框上，固定件及角码的强度应满足设计要求。

（3）横框与竖框间应设有伸缩缝，待横框固定后，用硅酮密封胶将伸缩缝密封。

（4）横框安装顺序：横框安装应自下而上进行。当安装完一层高度时，应进行检查、调整、校正，使其符合质量标准。

（5）安装横框时应注意，用电钻在铝型材框架上钻孔时，钻头的直径要稍小于自攻螺丝的直径，以保证自攻螺丝连接的牢固性。

7. 保温防潮层安装

如果在金属板幕墙的设计中，既有保温层又有防潮层，那么应先在墙体上安装防潮层，然后再在防潮层上安装保温层。如果设计中只有保温层，则将保温层直接安装在墙体上。

（1）隔热材料通常使用阻燃型聚苯乙烯，隔热棉等材料。其特点是质量轻，在墙体上安装也很简单。隔热材料尺寸根据实墙位置（不见光位置）铝合金框架内空尺寸现场裁割。

（2）将裁好的隔热材料用金属丝固定于角铝上，角铝在铝型材加工时已安装在竖框上。

（3）将带有底盘的钉用建筑胶粘到墙体上，钉间距应保证在400mm左右，板接缝处应保证有钉，板边缘的钉间距也不应大于400mm。保温板间及板与金属板幕墙构件间的接缝要严密。

14.3.4 复合铝板安装

复合铝板与副框组装完成后，开始在主体骨架上安装。

1. 施工要点

（1）组装后的复合铝板，须放置于干燥通风处，并避免与电火花、油污及混凝土等腐蚀物质接触，以防板表面受损。

（2）注胶前，一定要用清洁剂将金属板及铝合金框表面清洁干净，清洁后的材料须在1h内密封，否则重新清洗。

（3）清洁中所使用的清洗剂应对金属板，胶及铝合金型材无任何腐蚀性作用。

（4）板间接缝宽度，应根据设计确定，缝隙一般为10～20mm。

（5）副框与主框接触处应加设一层胶垫，不允许刚性连接。

（6）副框与主框固定，可采用压片方式和互压方式固定。

2. 操作要点

（1）主框形状确定：

金属板幕墙的主体框架（铝框）通常有两种形状，如图 14-27 所示。其中第一种副框与第二种主框都可以搭配使用，但第二种副框只能与第二种主框配合使用。

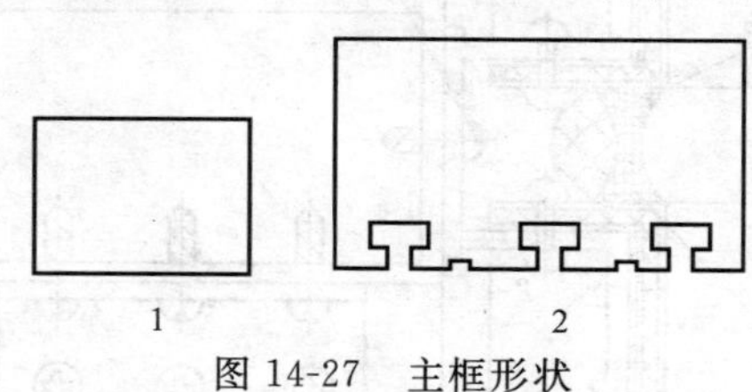

图 14-27　主框形状

（2）板间接缝宽度按设计要求确定：

安装板前要在竖框上拉出两根通线，定好板间接缝的位置，按线的位置安装板材。拉线时要使用弹性小的线，以保证板缝整齐。

（3）副框与主框接触处应加后一层胶垫，不允许钢性连接。如果采用第一种主框是将胶条安装在两边的凹槽内，如果采用方管做主框，则应将胶条粘接到主框上。当采用第二种主框，在安装时就将压片及螺栓安装到主框上了。螺栓的螺母在主框中间的凹槽里。

（4）板材定位后，将压片的两脚插到板上副框的凹槽里，将压片的螺栓紧固，压片个数及间距要根据设计而定。

（5）复合铝板在主框上安装：

1）第一种副框与方管主框配合使用时，可以将副框对接（图 14-28），也可搭接（图 14-29），然后将副框固定在方管的主框上。

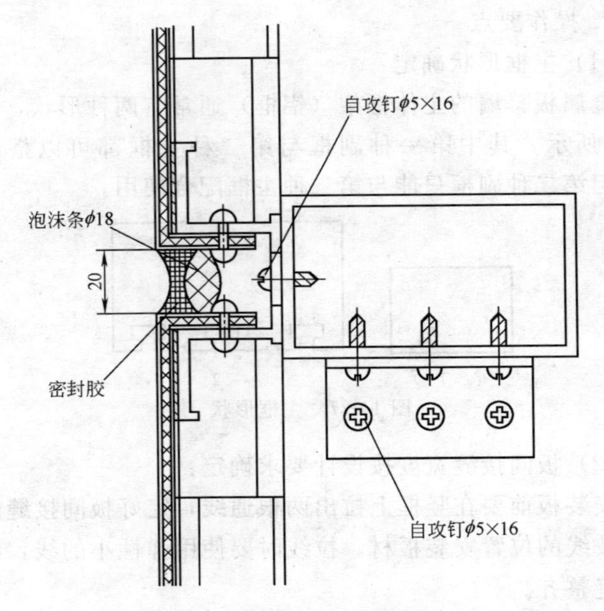

图 14-28 铝塑板在主框上安装（一）

2）第二种副框与主管配合使用时，复合铝板定位后，将压片两脚插到板上副框的凹槽里，用自攻螺丝将压片固定到主框上，如图 14-30 所示。

（6）金属板与板之间的缝隙一般为 10～20mm，用硅酮密封胶或橡胶条等弹性材料封堵。在垂直接缝内放置衬垫棒。

14.3.5 蜂窝铝板安装

1. 蜂窝铝板组装

蜂窝铝板组装有两种形式：

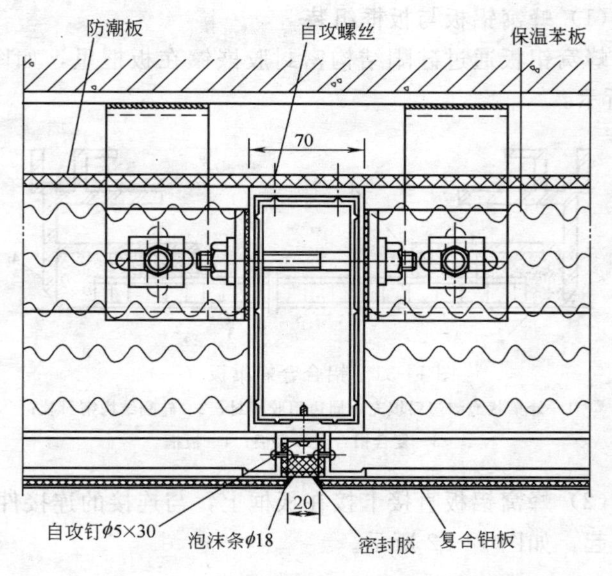

图 14-29 铝塑板在主框上安装（二）

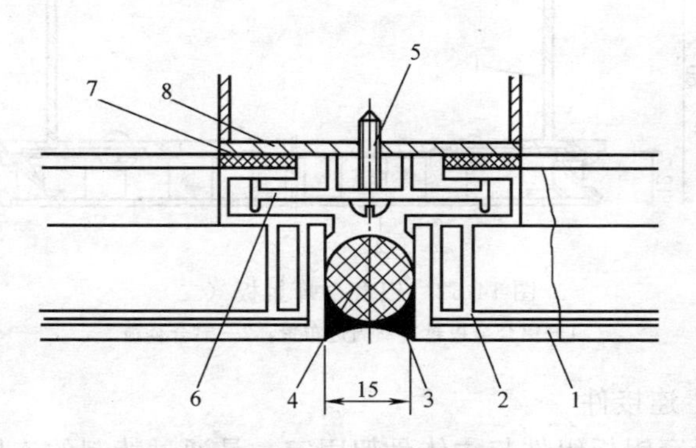

图 14-30 铝塑板在主框上的安装（三）

1—铝塑板；2—副框；3—密封胶；4—泡沫胶条；
5—自攻螺钉；6—压片；7—胶垫；8—主框

(1) 蜂窝铝板与板框组装

蜂窝铝板通过硅酮结构密封胶嵌镶在板框里，如图 14-31 所示。

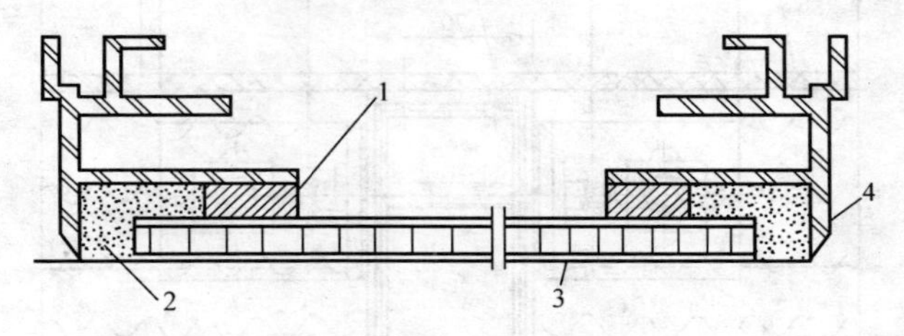

图 14-31 铝合金蜂巢板（一）

1—蜂巢状泡沫塑料填充，周边用胶密封；2—硅酮结构密封胶；3—复合铝合金蜂巢板；4—板框

(2) 蜂窝铝板直接卡接在板框上，与连接的连接件固定在一起，如图 14-32 所示。

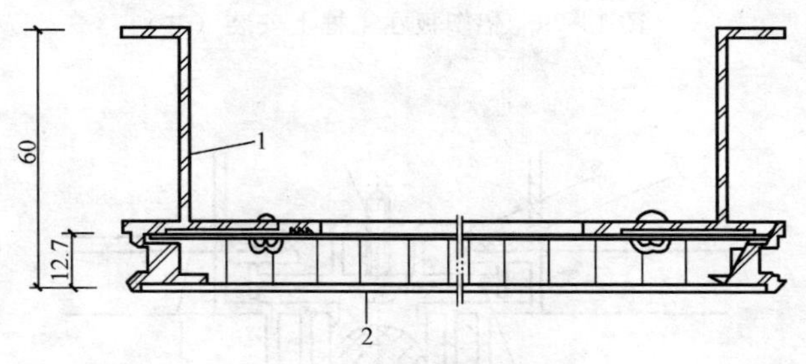

图 14-32 铝合金蜂巢板（二）

1—铝合金板封边框周边布置；2—铝合金板

2. 连接件

蜂窝铝板组件与主体骨架固定，是通过特制的连接件进行的，如图 14-33 所示。

3. 安装节点

（1）板框蜂窝铝板安装节点

图 14-34 为板框蜂窝铝板安装构造。此种连接固定方式构造比较稳妥，在蜂窝铝板的四周均用图 14-33 所示的连接件与主体骨架固定，其固定范围不是某一点，而是板的四周。

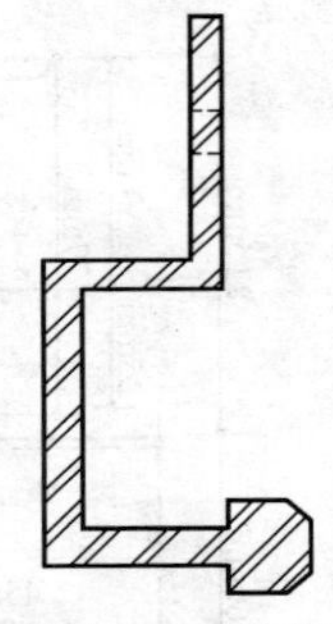

图 14-33　连接件断面

（2）封边框蜂窝铝板安装节点

图 14-35 为封边框蜂窝铝板固定节点大样。它是将连接件作为封边框的蜂窝铝板，通过铝压板和螺栓直接固定在主体结构

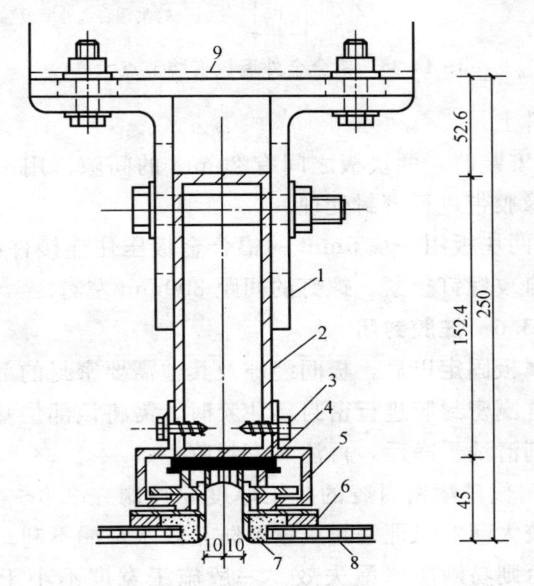

图 14-34　安装构造

1—角钢连接件；2—钢管骨架；3—螺栓加垫圈；4—聚乙烯发泡填充；5—固定钢板件；6—蜂窝状泡沫塑料填充，周边用胶密封；7—密封胶；8—复合铝合金外墙板

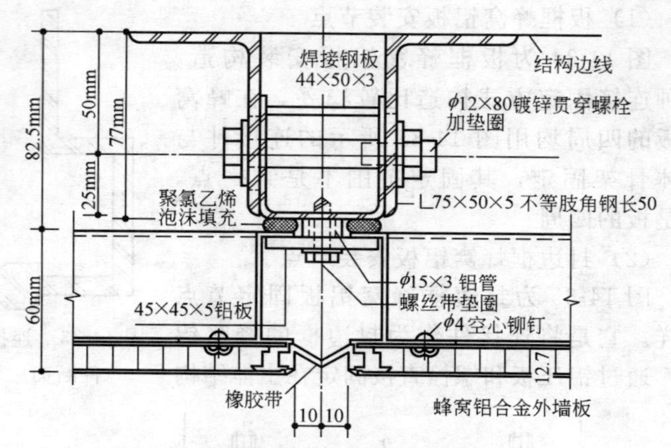

图 14-35　铝合金外墙板安装节点大样

的连接件上。

1）安装时，两块板之间有 20mm 的间隙，用一条挤压成型的橡胶带进行密封处理。

2）两块板用一块 5mm 的铝合金板压住连接件的两端，然后用自攻螺钉扭紧。螺钉的间距 300mm 左右。

14.3.6　注胶封闭

金属板固定以后，板间缝隙及其他需要密封的部位要采用耐候硅酮密封胶进行密封。注胶时，需将该部位基材表面用清洁剂清洗干净后，再注入密封胶。

1. 耐候硅酮密封胶的施工厚度要控制在 3.5～4.5mm，如果注胶太薄对保证密封质量及防止雨水渗漏不利。也不能太厚，否则易断防渗漏失效。一般施工宽度不小于厚度的二倍。

2. 耐候硅酮密封胶在接缝内要形成两面粘贴，不要三面粘结。

3. 注胶前，要将注胶的部位，用清洁剂清洗干净。

4. 注胶工人一定要熟练掌握注胶技巧。注胶时，应从一面向另一面单向注，不能两面同时注胶。垂直注胶时，应自下而上注。注胶要连续，胶缝应均匀饱满，不能断断续续。

5. 注胶时，周围环境的湿度及温度等气候条件要符合耐候胶的施工条件，方可施工。

6. 一般在20℃左右时，耐候密封胶完全固化需14～21d的时间。固化后方可撕保护膜。

14.3.7 节点构造

1. 金属幕墙板节点

金属幕墙板在节点接缝部位，密封处理有三种方式：

(1) 较深板缝　较深板缝在嵌镶密封胶前，应在缝底嵌镶泡沫条，在泡沫条外再嵌镶耐候密封胶，其节点构造，如图14-36所示。

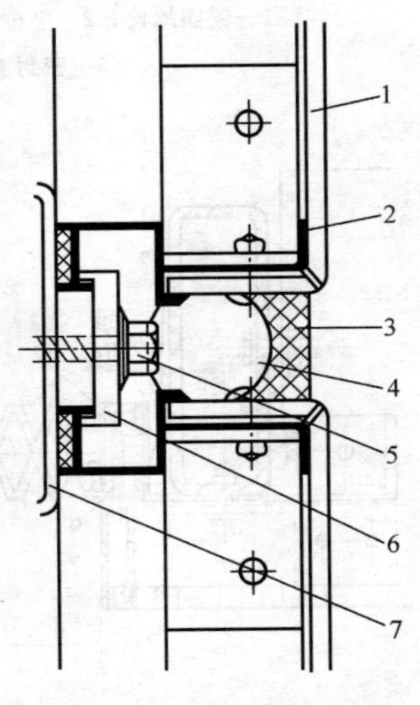

图14-36　深板缝密封构造

1—铝塑板；2—副框；3—密封胶；4—泡沫条；5—自攻钉；6—压片；7—主框

(2) 较浅板缝　当金属幕墙板缝较浅时，可以直接在板缝中间嵌镶密封胶，如图14-37所示。

(3) 板缝间距较大　当金属幕墙板缝间距较大时，可以在板缝间安装橡胶带，其节点构造如图14-38所示。

2. 伸缩缝、沉降缝节点构造

图14-38为伸缩缝、沉降缝节点构造。

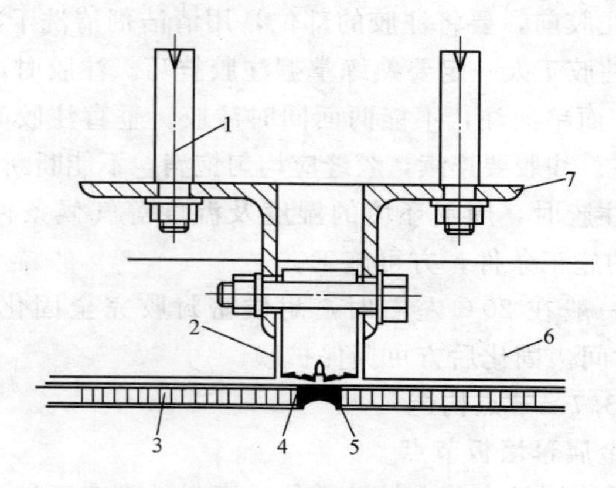

图 14-37 浅板缝密封构造

1—锚固螺栓；2—竖框；3—铝合金蜂窝板；4—自攻螺钉；
5—密封胶；6—横梁；7—角钢

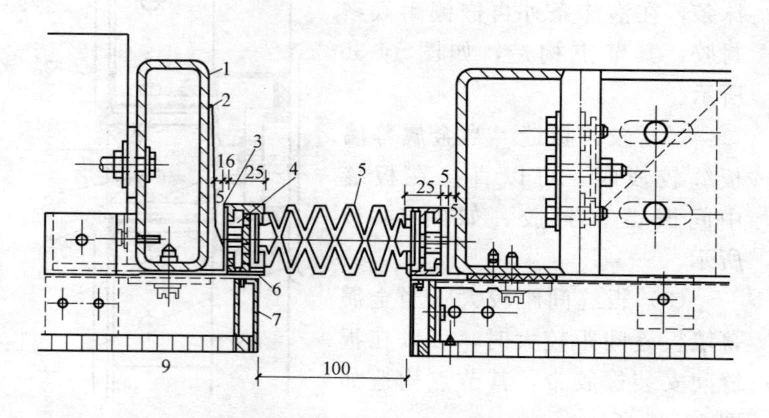

图 14-38 伸缩缝、沉降缝处理示意

1—方管构架 152×50.8×4.6；2—ϕ6×20 螺钉；3—成型钢夹；
4—ϕ15 铝管材；5—氯丁橡胶伸缩缝；6—聚乙烯泡沫填充，
外边用胶密封；7—模压成型 1.5mm 厚铝板

3. 外转角节点构造

(1) 直角外转角节点构造

1) 异形铝合金板转角　图 14-39 为用异形铝合金板作为外墙转角的节点构造。

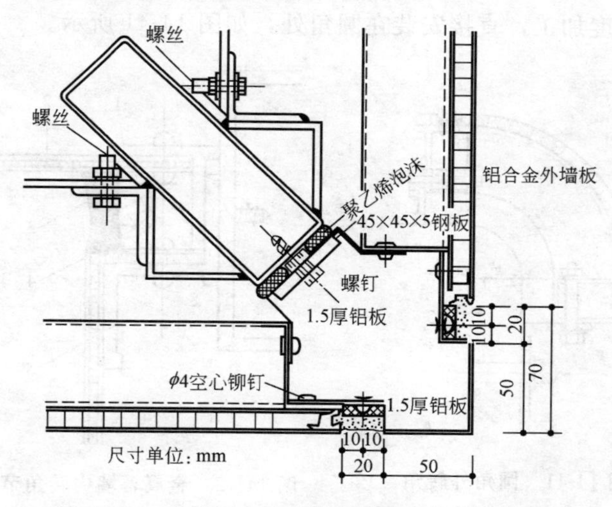

图 14-39　异形铝合金外墙板转角部位节点大样

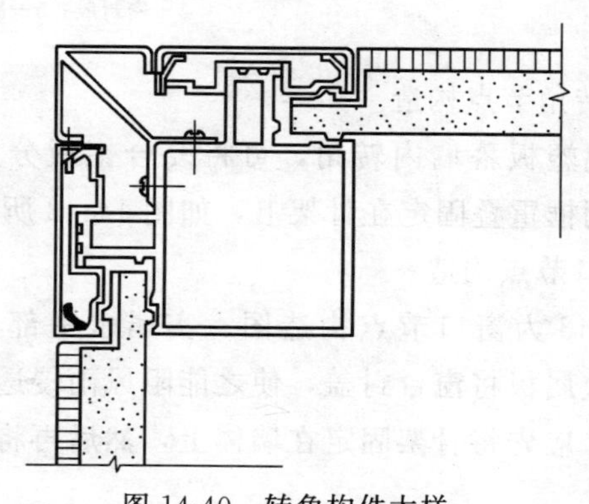

图 14-40　转角构件大样

2）定型金属转角板　图 14-40 为用定型金属转角板作为外墙转角节点构造。

（2）圆角外转角

复合铝塑板幕墙圆角外转角，可以将复合铝塑板按圆角的弧度加工，直接安装在圆角处，如图 14-41 所示。

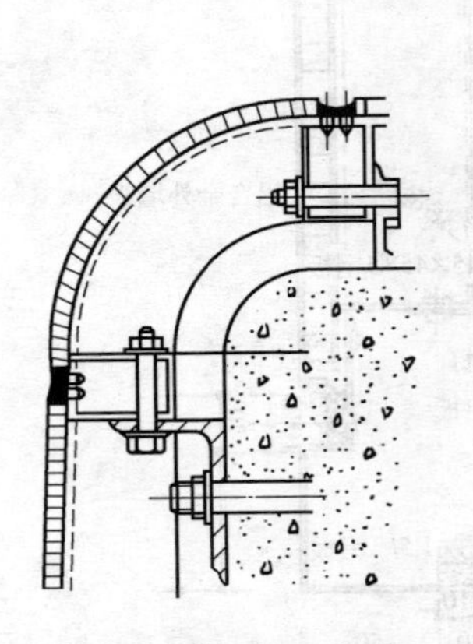

图 14-41　圆角外转角构造大样

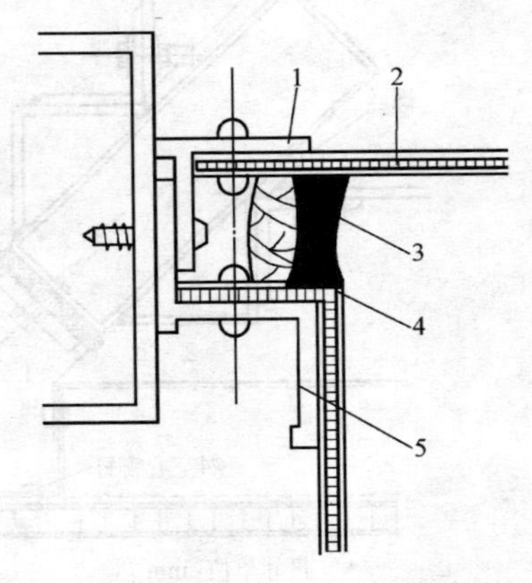

图 14-42　金属幕墙内转角节点

1—自攻螺丝；2—复合板；3—泡沫条；4—密封胶；5—副框

4. 内转角节点构造

复合铝塑板幕墙内转角，可将复合铝板分别与副框固定，再将副框重叠固定在骨架上，如图 14-42 所示。

5. 窗口节点构造

图 14-43 为窗口节点构造图。实属水平部位的压顶处理，即用金属板将窗台封盖，使之能阻风雨侵透窗口。窗台板的固定，应先将骨架固定在墙体上，然后再将窗台板固定在骨架上。

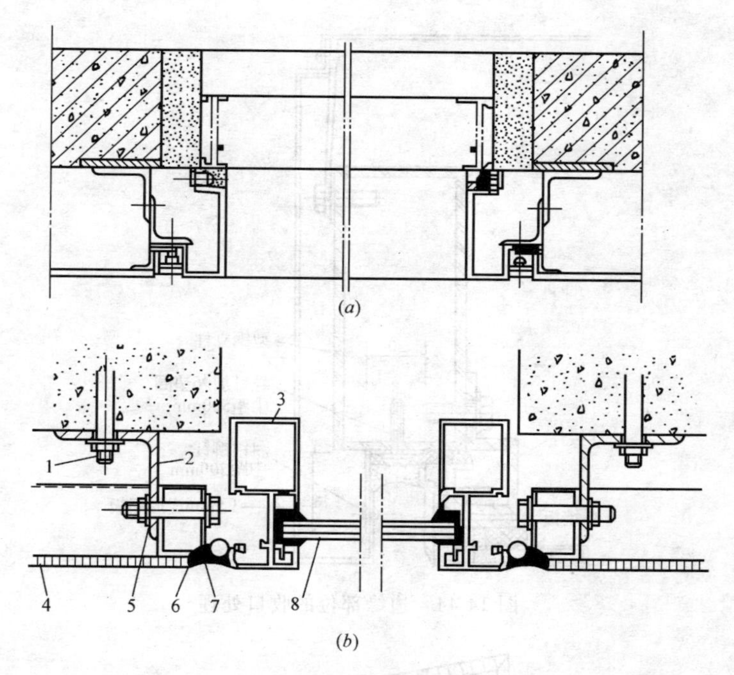

图 14-43 铝板窗口节点

1—建筑锚栓；2—角钢；3—铝合金窗板；4—复合铝板；5—角钢；6—自攻螺钉；7—嵌缝胶；8—玻璃

6. 边缘部位封口节点构造

复合铝塑板幕墙在边缘处，可以利用铝合金异型板将端部和骨架部位封住，如图 14-44 所示。

7. 幕墙上封口节点构造

幕墙上封口节点构造处理有多种方式：

(1) 直包型封口

将复合铝塑板直接固定在骨架上，复合铝塑板折角后，另一端与女儿墙固定，折角处用铝角紧固，如图 14-45 所示。

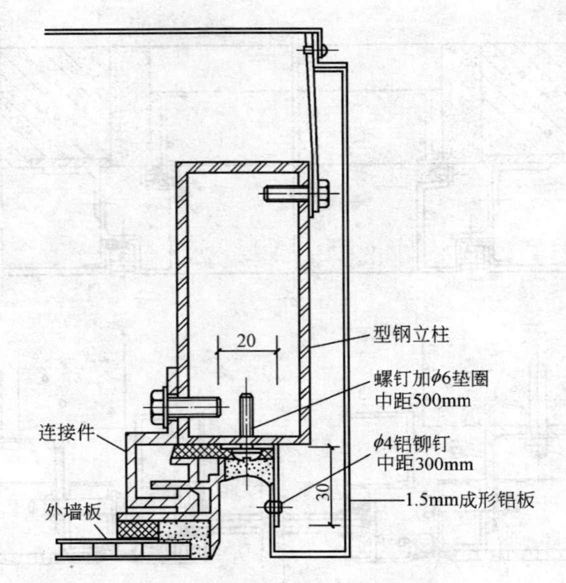

图 14-44 边缘部位的收口处理

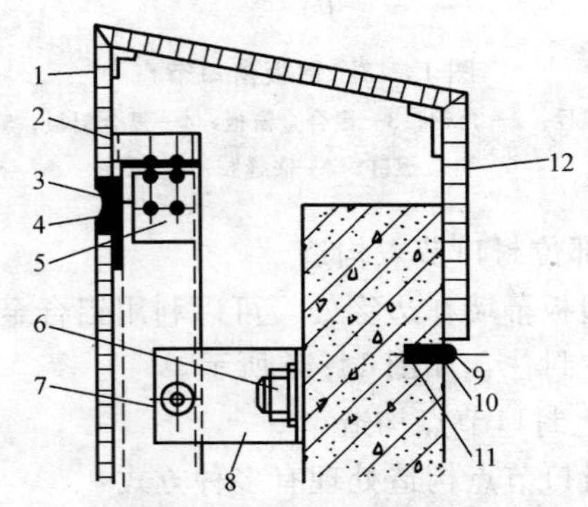

图 14-45 直包型幕墙顶部构造

1—紧固铝角；2—蜂窝巢；3—密封胶；4—自攻螺钉；5—连接角铝；6—拉接螺钉；7—螺栓；8—角钢；9—木螺钉；10—垫板；11—膨胀螺栓；12—复合铝板

（2）罩顶型封口

将复合铝塑板与副框组成罩顶，再将罩顶与骨架和女儿墙固定，如图 14-46 所示。

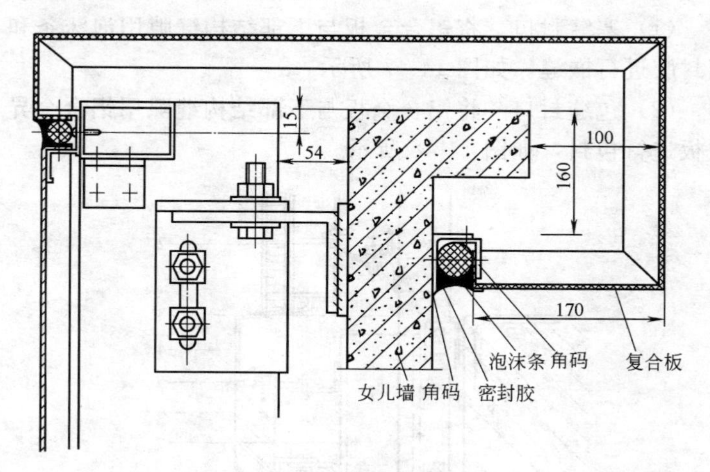

图 14-46 幕墙上封修节点

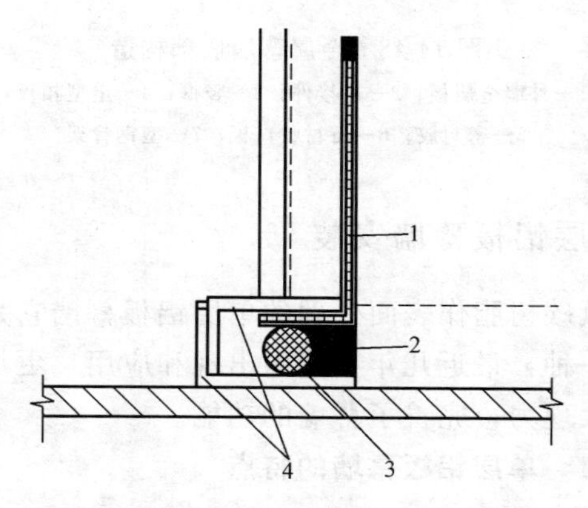

图 14-47 幕墙塞缝下封口节点构造

1—复合铝板；2—密封胶；3—泡沫条；4—角码

8. 幕墙下封口节点构造

幕墙下封口节点处理有两种方法：一是塞缝封口；一是包缝封口。

(1) 塞缝封口　将铝合金板与下部结构缝隙用泡沫条和密封胶进行嵌缝。如图 14-47 所示。

(2) 包缝封口　将铝合金板与下部结构缝隙用铝合金异型板进行包封，如图 14-48 所示。

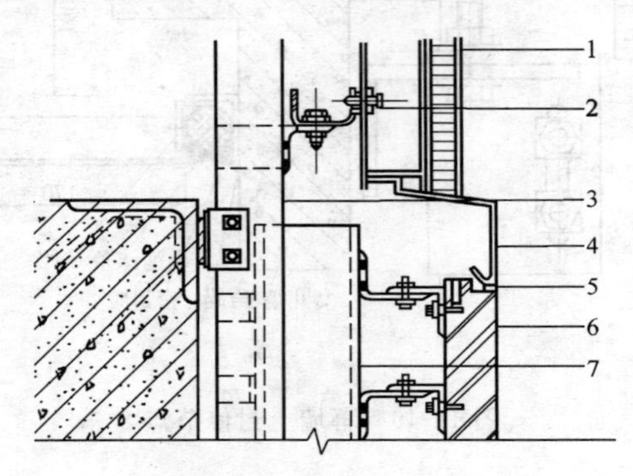

图 14-48　金属幕墙底部构造

1—外墙金属板；2—连接件；3—竖框；4—定型扣板；5—密封胶；6—石材收口板；7—型钢骨架

14.4　单层铝板幕墙安装

采用氟碳树脂作表面处理的单层铝板幕墙它是诸多幕墙形式中的一种，最近几年在国内出现和应用，更加丰富了幕墙的艺术表现力，完善了幕墙的功能。

14.4.1　单层铝板幕墙的特点

1. 耐候性强

单层铝板幕墙表面喷涂的是氟碳聚合物树脂，经过这种氟碳喷涂的铝板表面，能够达到目前国际上建筑业公认的美国 AAMA605、2.92 质量标准。其表现在抗酸雨、抗腐蚀、抗紫外线能力极强，保证涂层 20 年以上不褪色，不龟裂，不脱落，不变色。同时耐极热极冷性能良好，不会在漆面积污垢。

2. 装饰性好

单层铝板幕墙多为亚光、表面光泽靓丽，高雅气派；色彩丰富，表现力强，电脑调色，任意配制，为建筑设计和创意提供了先决条件。色质均匀，无色差，克服了天然装饰石材的明显不足。又因它色彩绚丽，质感强，大大增强了建筑造型的艺术效果。

3. 可加工性强、可焊接性好

无论方、圆、角等各种设计均可加工成型，使建筑物轮廓线条完整、流畅，不会因拼接造成断面，能充分体现设计师的意念与构思，表现出建筑的独特个性。又因单层铝板可焊性好，使加工质量得以保证。

4. 安全性高

（1）强度高。防锈合金铝板轻质，每平方米质量约 8.13kg (厚度为 3mm)；有较高强度，其抗拉强度达 200N/mm^2。

（2）延伸率大。铝板延伸度高，相对延伸率大于 10%，能承受高度弯折而不破裂。

（3）防火。单层铝板幕墙遇火不燃，符合城市高层建筑消防要求，是一种非常理想的防火材料。

（4）无毒。单层铝板不会释放出有毒气体。

总而言之，它是最安全的物体。

5. 使用寿命长

单层铝板幕墙结构设计，采用不锈钢螺栓连接，如果铝板不与钢铁接触，50 年不会脱落和腐蚀，与建筑物寿命相匹配。

6. 安装简捷

由于单层铝板幕墙是工厂化生产，到施工现场已是成品，不需二次加工，只需按图组合安装，又因为没有湿作用，这样既方便简单，又省工快捷，缩短工期。

7. 维护方便

单层铝板幕墙的平常维护也是比较容易的，由于板材表面光滑，涂层本身尘垢附着力极低，一般不易积污尘，定期维护只需使用普通清洁剂擦洗，水冲就可以。在伤损处可以容易地修补和喷上 PVDF 氟碳聚合物涂层，这样可以节省开支和时间。

14.4.2 幕墙铝板比较

铝板幕墙又分为单层铝板、复合铝塑板、复合蜂巢铝板三种，尽管它们表面都是采用氟碳罩面漆，具有极强的耐候性、质轻、安全性高，但还是有很大区别，尤其是单层铝板幕墙与复合铝塑板幕墙，表 14-12 是单层铝板与复合铝塑板之比较。从表 14-12 中可看出：

单层铝板与复合铝塑板比较　　表 14-12

板材种类 技术性能	单层幕墙铝板	复合铝塑板
材料	2～4mm 厚的 AA1100 铝板 AA3003 铝合金板	3～4mm 三层结构，包括两个 0.5mm 铝片夹着 PVC 或 PE
表面处理	铝板表面三道喷涂 PVDF，膜厚>40μm 喷涂是在产品成型后喷上	复合铝塑板表面一次滚涂上 25μm 左右的 PVDF 氟碳聚合物，滚涂是在产品成型前涂上，涂层有方向性，且在摺角处，涂层被拉展
颜色	无限的颜色选择，不受数量限制	有限的颜色选择，其他颜色要数量大才供应

续表

技术性能＼板材种类	单层幕墙铝板	复合铝塑板
机械特性	抗拉强度:130N/mm² 伸长率:5%～10% 折弯强度:84.2N/mm² 弹性模量:70000N/mm²	抗拉强度:38～61N/mm² 伸长率:12%～17% 折弯强度:34N/mm² 弹性模量:26136～49050N/mm²
物理特性	质量:67.4～108N/m² 隔热性能:0.01m²·K/W	质量:44.8～72.2N/m² 隔热性能:0.01m²·K/W
防火特性	单层铝板不燃烧	复合铝塑板的夹层在燃烧时放出有毒性气体(铝塑复合板在某些情况下禁止使用)
避雷特性	单层铝板是完全导体,接地性能好	夹层 PVC 绝缘体,表层铝板接地性能差
加力筋	加力筋是以烧焊于铝板上的螺丝来锁住的,每螺栓受拉力>150kg	加力筋是以双面胶纸或硅胶来粘附在铝片上,受拉力弱
设计弹性	因为铝板可以烧焊,所以设计建筑物的款式也较多,不受三维变形限制	只能保证二维变形加工,某些复杂设计常用单层铝板来完成,或者拼装
损伤处理	单层铝板可以容易地修补和新喷上 PVDF 氟碳聚合物涂层,这样节省开支和时间	复合铝塑板不可以修补和进行重新喷涂
物料再用	单层铝板几十年后拆下来,仍有残值。大约 100 元/m²	复合铝塑板的夹层是不可以再用的,几乎没有残值
质量保证年限	表面涂层保证 10 年不龟裂,不脱落,实际寿命大于 20 年;铝板不与钢铁接触,寿命在 30 年以上	表层 5～7 年,夹层 5～7 年后会出现鼓包,起层,平整度发生变化,寿命 10 年左右

1. 单层铝板是钣金成型后经氟碳喷涂加工，其表面涂层不会像复合铝塑板那样在折弯加工处涂层被拉展，造成涂层易位损伤甚至剥落。

2. 复合铝塑板受结构限制，折边成型时必须被面切口开槽，在褶角处因厚度只有 0.5mm 而形成墙板薄弱环节，其强度大大地降低。并且切口还受到加工条件的限制（应有专用开口机），很容易损坏板材导致废料，从而增加用料成本。

3. 单层铝板则是分割设计，在工厂一次性加工成成品，现场只需组合安装，既省工又快捷（成品质量问题，厂家有保证），又无废料，故实际工程造价不一定高于复合铝塑板。

4. 单层铝板还有较强的可塑性，可焊性和加工成型等性能。这也是优越于其他幕墙饰材（包括预涂单层板材）的重要特性。

14.4.3 单层铝板幕墙安装

1. 施工工艺

单层铝板幕墙施工工艺，如图 14-49 所示。

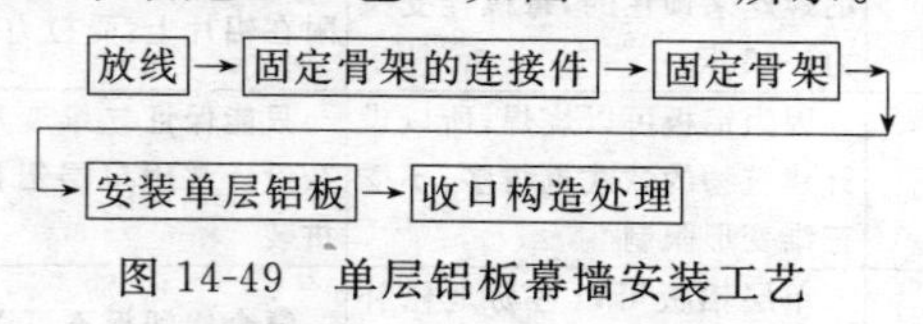

图 14-49 单层铝板幕墙安装工艺

2. 单层铝板幕墙骨架安装操作要点

(1) 放线

骨架固定，首先应将骨架的位置弹到基层上。检查主体结构符合设计要求后，将竖框的位置线、锚固点和横框的位置线，分别弹到主体结构的安装面上。

(2) 固定骨架的连接件

骨架的横梁竖框板件是通过连接件与主体结构固定，而连接件与主体结构之间可以与主体结构的预埋件焊牢，也可以在主体结构的墙上打膨胀螺栓。因后一种方法较灵活，尺寸误差小，容易保证质量的准确性，故而较多采用。型钢一类连接件，其表面应镀锌，焊缝处应刷防锈漆。

(3) 竖框安装

连接件固定好后，开始安装竖框，竖框安装的准确和质量，影响整个幕墙安装的质量，因此，竖框的安装是金属幕墙施工的关键工序之一。金属幕墙的平面轴线与建筑物外平面轴线距离的允许偏差应控制在 2mm 以内，特别是建筑物平面呈弧形、圆形和四周封闭的金属幕墙，其内外轴线距离影响到幕墙的固定，应认真对待。

1) 竖框与连接件要用螺栓连接，螺栓要采用不锈钢件，同时要保证有足够长度，螺母紧固后，螺栓要长出螺母 3mm 以上。螺母与连接件之间要加设足够的不锈钢或镀锌垫片和弹簧垫圈。竖框调整完后，将螺母拧紧，垫片与连接件要进行几点点焊。同时螺栓与螺母间也要点焊。连接件与竖框接触处要加尼龙衬垫隔离，防止电位差腐蚀。

2) 一般情况下，都以建筑物的一层高为一根竖框。金属幕墙随温度变化会热胀冷缩，因此，框与框及板与板之间留有伸缩缝。伸缩缝要采用特别的套筒连接，伸缩缝间要用硅酮密封胶进行密封。

(4) 横框安装

在横框位置线上，将镀锌角钢（角铝）固定在竖框上，接着安装横框，安装后应保持横竖框在同一平面上。并用密封胶将横框间接缝密封。

3. 单层铝板安装要点

(1) 单层铝板的安装固定，既要牢固可靠，同时也要简便易行。牢固可靠即在任何情况下，都不应发生安全问题。简便易行就是便于操作。实践证明，只有便于操作的构造，才是合理的构造，才能更好地保证安全。

(2) 板与板之间的间隙一般为 10～20mm，用橡胶条或密封胶等弹性材料处理。

(3) 单层铝板安装完毕后，在易于被污染的部位，要用塑料薄膜或其他材料覆盖保护。易被划、碰的部位，应设安全栏杆、栏板保护。

4. 单层铝板幕墙节点构造处理

(1) 单层铝板固定节点构造处理

单层铝板在框架上固定通过异形角铝和U形铝两种形式进行的。后一种多用于膨胀螺栓固定的框架的单层铝板幕墙。

1) 用异形角铝固定单层铝板

① 异形角铝

图 14-50 为固定单层铝板的异形角铝。

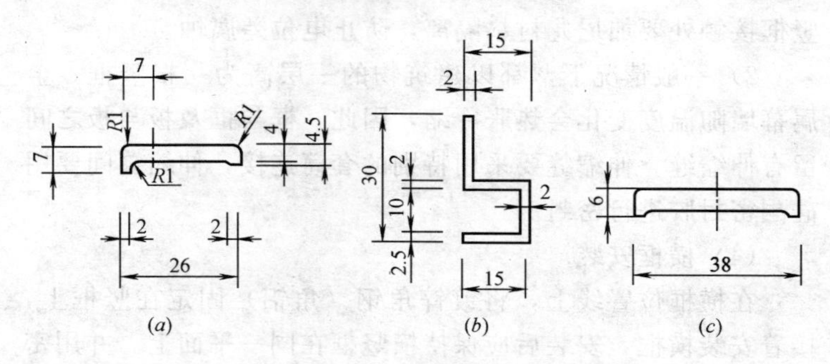

图 14-50 异形角铝

(a) 单压条；(b) 异形角铝；(c) 双压条 (SK-1454)

说明：未注圆角半径 $R=0.5$mm。

② 竖向节点构造处理

单层铝板通过角铝和压条，用不锈钢螺栓固定在框架上，竖向节点构造，如图 14-51 所示。

③ 横向节点构造处理

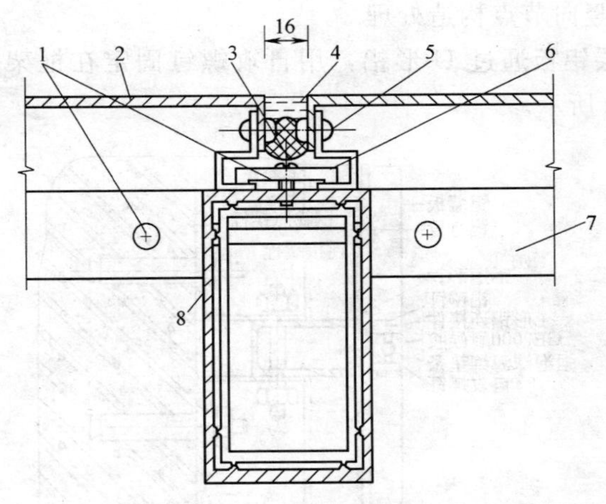

图 14-51　竖向节点示意图

1—不锈钢螺母；2—单层铝板；3—泡条；4—耐候胶；
5—固定角铝；6—压条；7—横框；8—竖框

单层铝板通过角铝和压条，用不锈钢螺栓将单层铝板固定在框架上。横向节点构造处理，如图 14-52 所示。

2）用膨胀螺栓固定连接件节点构造

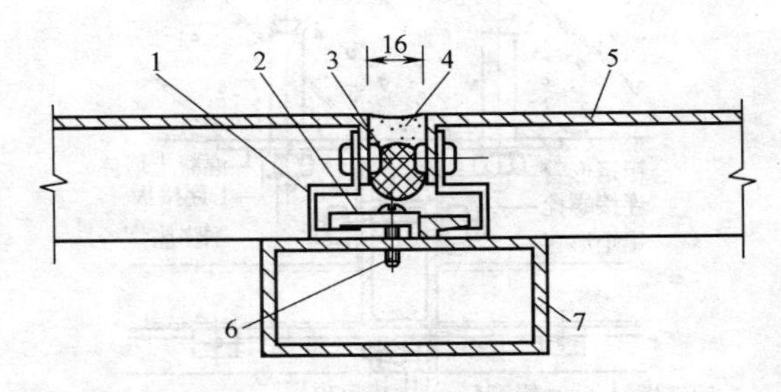

图 14-52　横向节点示意图

1—固定角铝；2—压条；3—泡条；4—耐候胶；5—单层铝板；
6—M5 不锈钢螺钉；7—横框

① 竖向节点构造处理

单层铝板通过 U 形铝，用自攻螺钉固定在框架上，如图 14-53 所示。

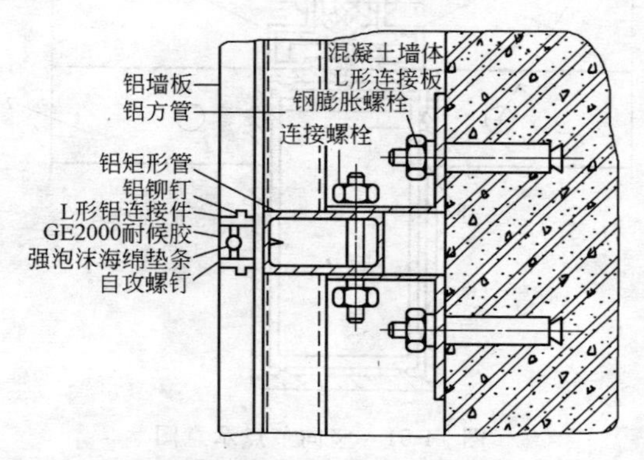

图 14-53　用膨胀螺栓固定连接件竖向节点示意图

② 横向节点构造处理

单层铝板通过 U 形铝，用自攻螺钉固定在框架上，如图 14-54 所示。

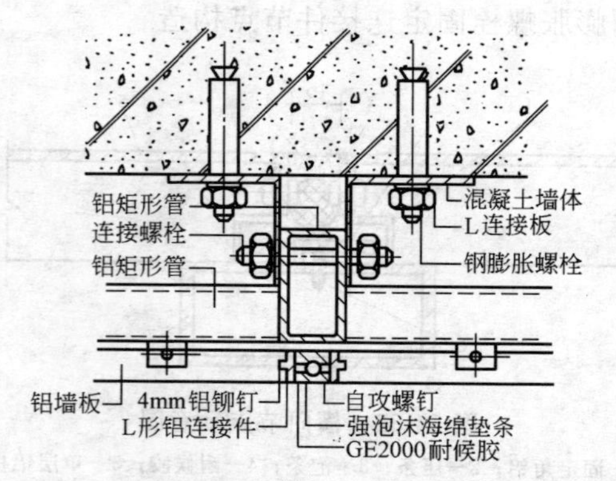

图 14-54　用膨胀螺栓固定连接件横向节点示意图

③ 墙面节点构造处理

当幕墙主框用U形铝合金材料时，也可以将U形铝料，直接用膨胀螺栓将U形铝料固定在墙体上，然后再将单层铝板固定在U形铝料上，如图14-55所示。此法楼层低于4层。

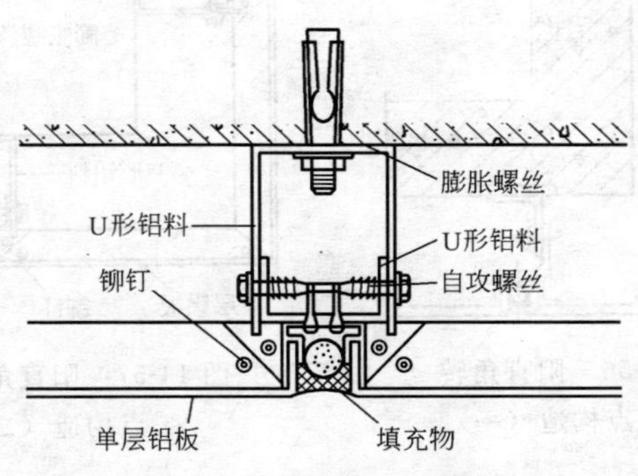

图14-55 铝框直接用膨胀螺栓固定

(2) 单层铝板幕墙阴、阳角节点构造处理

1) 阳角转角节点构造处理

阳角转角节点构造，根据竖框固定的方式不同，可分为两种：

① 连接件焊接在预埋件上

将连接件焊接在预埋件上，再将竖框与连接件固定，如图4-56所示。

② 竖框用膨胀螺栓固定在主体结构上

将U形铝合金竖框，用膨胀螺栓直接固定在墙体上，如图14-57所示。

2) 阴角转角节点构造处理

单层铝板幕墙阴角转角处，将单层铝板折成90°，通过U形铝，用自攻螺栓将其固定，如图14-58所示。

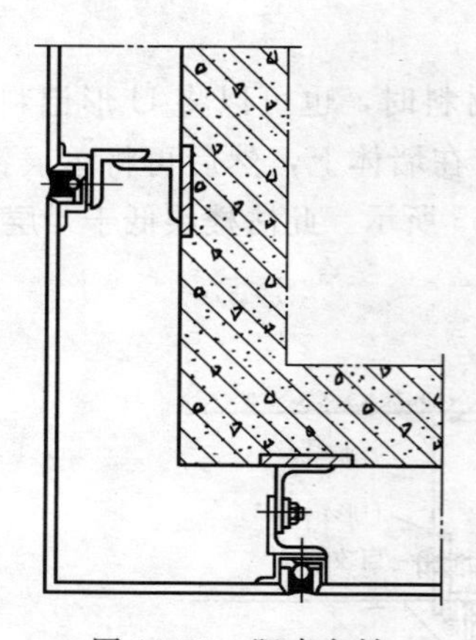

图 14-56　阳直角转角节点构造（一）

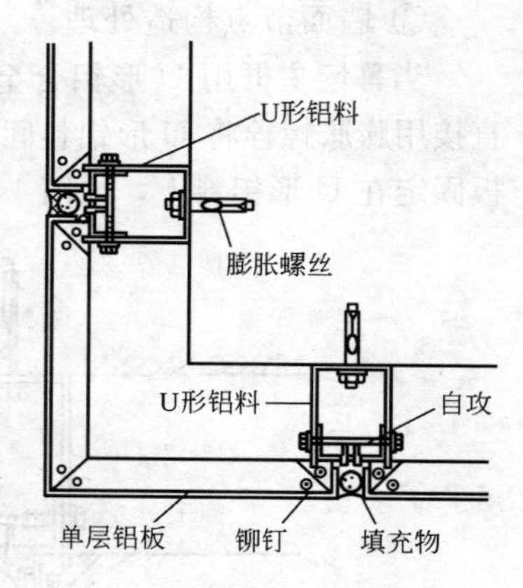

图 14-57　阳直角转角节点构造（二）

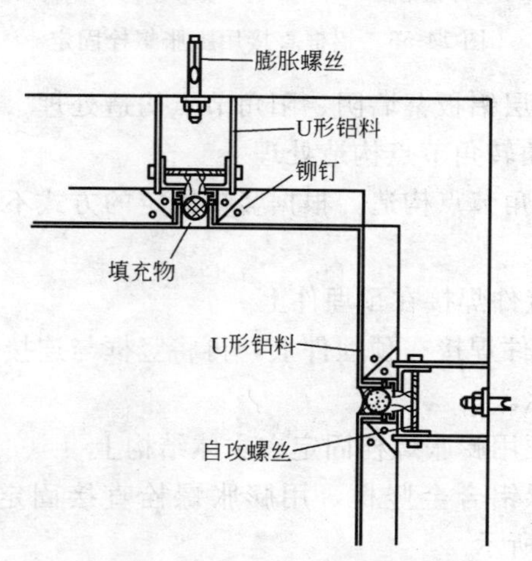

图 14-58　金属幕墙阴角安装示意

（3）幕墙下端封口节点构造

单层铝板幕墙下端封口处，将单层铝板安装在异型角铝上，异型角铝再与地面角钢用螺栓连接。单层铝板与地面的缝隙用泡沫条填塞。外层再用密封膏进行封口，如图 14-59 所示。

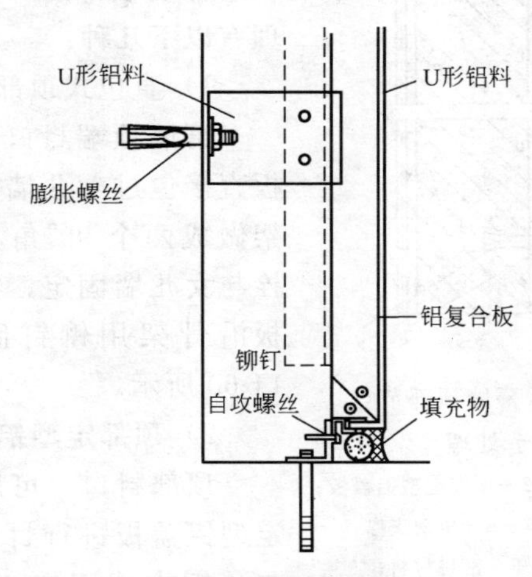

图 14-59　金属幕墙底部安装示意

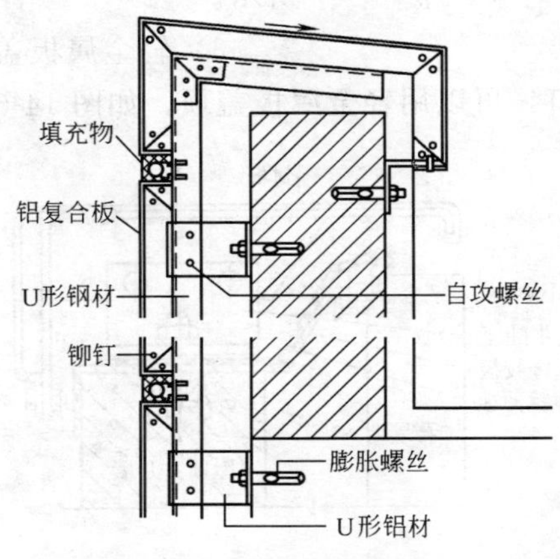

图 14-60　金属幕墙顶部安装示意

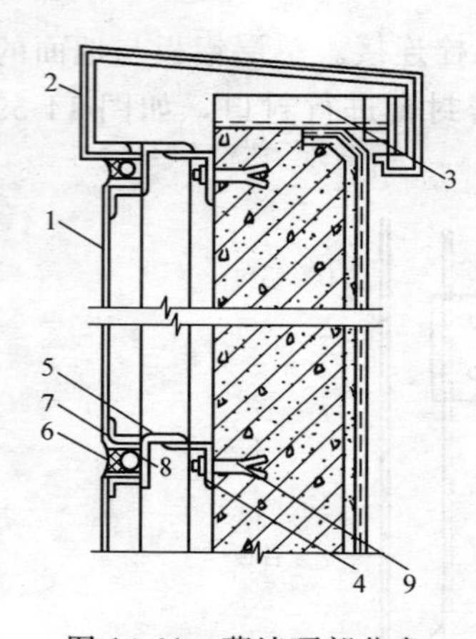

图 14-61　幕墙顶部节点构造处理

1—铝合金板；2—顶部定型铝盖板；3—角钢支撑；4—角钢支撑；5—角铝；6—密封材料；7—支撑材料；8—圆头螺钉；9—预埋螺栓

(4) 幕墙顶部封口节点构造

幕墙顶部封口节点构造处理有以下几种：

1) 直包式顶部封口

幕墙顶端封口是将单层铝板直接包过女儿墙，首先将骨架做成两个 90°角，用膨胀螺栓与女儿墙固定，再将单层铝板沿骨架用铆钉固定，如图 14-60 所示。

2) 顶部定型铝盖板封顶

顶部封口，可以用特制的定型铝盖板进行封口，铝盖板与角钢支撑固定，如图 14-61 所示。

3) 轻金属板盖顶

顶部封口，可以用轻金属板盖顶，如图 14-62 所示。

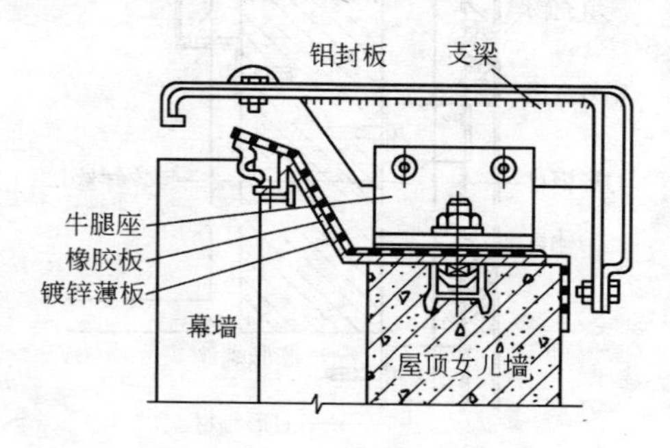

图 14-62　轻金属板盖顶

14.5 金属幕墙工程质量要求及检验标准

1. 一般规定

(1) 本节适用于建筑高度不大于 150m 的金属幕墙工程的质量验收。

(2) 其他一般规定，见 13.7 节。

2. 主控项目

(1) 金属幕墙工程所使用的各种材料和配件，应符合设计要求及国家现行产品标准和工程技术规范的规定。

(2) 金属幕墙的造型和立面分格应符合设计要求。

(3) 金属面板的品种、规格、颜色、光泽及安装方向应符合设计要求。

(4) 金属幕墙主体结构上的预埋件，后置埋件的数量，位置及后置埋件的拉拔力必须符合设计要求。

(5) 金属幕墙的金属框架立柱与主体结构预埋件的连接，立柱与横梁的连接，金属面板的安装必须符合设计要求，安装必须牢固。

(6) 金属幕墙的防火、保温，防潮材料的设置应符合设计要求，并应密实、均匀、厚度一致。

(7) 金属框架及连接件的防腐处理，应符合设计要求。

(8) 金属幕墙的防雷装置必须与主体结构防雷装置可靠连接。

(9) 各种变形缝、墙角的连接节点应符合设计要求和技术标准的规定。

(10) 金属幕墙板缝注胶应饱满、密实、均匀、无气泡、宽度和厚度应符合设计要求和技术标准的规定。

(11) 金属幕墙应无渗漏。

3. 一般项目

(1) 金属板表面应平整、洁净、色泽一致。

(2) 金属幕墙压条应平直、洁净、接口严密、安装牢固。

(3) 金属幕墙的密封胶缝应横平竖直、深浅一致、宽窄均匀、光滑顺直。

(4) 金属幕墙上的滴水线、流水坡向应正确、顺直。

(5) 金属幕墙安装允许偏差和检验方法。

1) 每平方米金属板的表面质量和检验方法，见表14-13。

2) 金属幕墙安装的允许偏差和检验方法见表14-14。

每平方米金属板的表面质量和检验方法　　表14-13

项次	项　　目	质量要求	检验方法
1	明显划伤和长度＞100mm的轻微划伤	不允许	观察
2	长度≤100mm的轻微划伤	≤8条	用钢尺检查
3	擦伤总面积	≤500mm²	用钢尺检查

金属幕墙安装的允许偏差和检验方法　　表14-14

项次	项　　目		允许偏差(mm)	检验方法
1	幕墙垂直度	幕墙高度≤30m	10	用经纬仪检查
		30m＜幕墙高度≤60m	15	
		60m＜幕墙高度≤90m	20	
		幕墙高度＞90m	25	
2	幕墙水平度	层高≤3m	3	用水平仪检查
		层高＞3m	5	
3	幕墙表面平整度		2	用2m靠尺和塞尺检查
4	板材立面垂直度		3	用垂直检测尺检查

续表

项次	项　　目	允许偏差（mm）	检验方法
5	板材上沿水平度	2	用1m水平尺和钢直尺检查
6	相邻板材板角错位	1	用钢直尺检查
7	阳角方正	2	用直角检测尺检查
8	接缝直线度	3	拉5m线，不足5m拉通线，用钢直尺检查
9	接缝高低差	1	用钢直尺和塞尺检查
10	接缝宽度	1	用钢直尺检查

15 石材幕墙工程

石材幕墙是一种独立的围护结构系统，它是利用石材挂件将石板直接悬挂在主体结构上。当主体结构为框架结构时，应先将专门设计独立的金属骨架体系悬挂在主体结构上，然后再通过石材挂件将石板吊挂在金属骨架上。

15.1 石材幕墙的特点

15.1.1 石材幕墙安装形式

石板幕墙安装形式有两种：一是石板通过挂件直接与主体结构连接；一是石板与骨架连接骨架再与主体结构连接。

1. 石板与主体结构连接

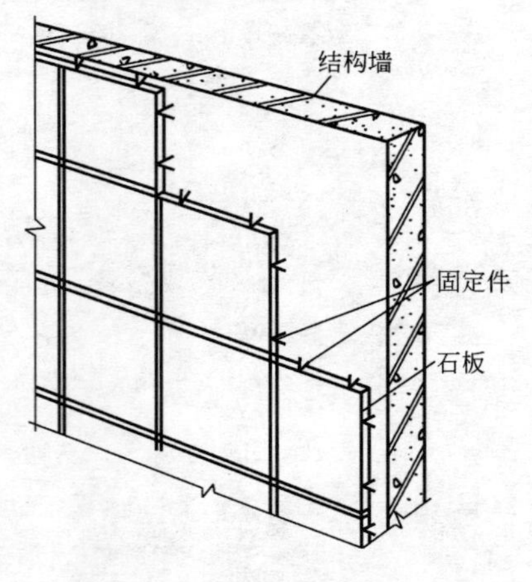

图 15-1 无骨架石板幕墙

在主体结构墙上（钢筋混凝土墙或承重砖墙上），石板可以直接通过石材挂件与结构墙连接，每块板单独受力，各自工作，如图 15-1 所示。

2. 石板与骨架连接

石板幕墙另一种安装形式，就是将石板通过石材挂件，先安装在金属型材的骨架上，型材骨架再与主体结构连接，如图 15-2 所示。

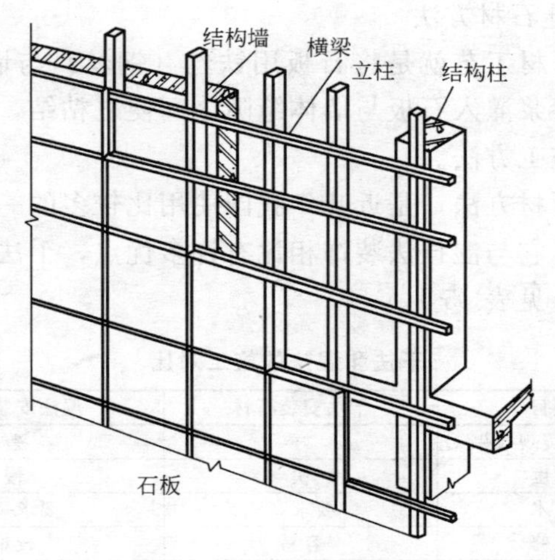

图 15-2　有骨架石板幕墙

15.1.2　石材幕墙设计原则

在石材幕墙结构设计中，不仅要对金属骨架体系的构件进行计算，对石材面板，金属挂件，锚固螺栓，联结焊缝等都应进行必要的计算，对所选用的锚固螺栓必须进行现场拉拔试验。对改变原立面造型设计的装饰工程，必须经原设计单位进行主体结构强度验算合格后，方可实施。因此，石材板幕墙不是一种简单的装饰作法，它要经过全面的结构设计和其他专业功能设计。

15.1.3 石材幕墙施工方法

目前石板幕墙施工方法有两种：干法和湿法。

1. 干挂石材方法

干挂石材工艺就是采用金属挂件将石材板，异型材牢固悬挂在建筑物结构体上，从而形成装饰面的一种装饰装修施工方法。

2. 湿挂石材方法

湿挂石材工艺就是将石板用铁丝（钢丝）与墙体连接，再用水泥砂浆灌入石板与墙体缝隙之间使之粘结，从而形成装饰面的施工方法。

干挂石材方法，是近几年我国使用比较多的一种安装石材的工艺，它与湿挂法装饰相比有许多优点，干法和湿法的施工对比，见表15-1。

干法和湿法的施工对比　　表15-1

比较项目	干法安装石材	湿法安装石材
安装质量与美观效果	好	差
施工速度	快	慢
施工技术	要求高	要求一般
日后维修	容易	较难
安装成本	高于湿法成本	低
石材病症及治理	病症少、好治理	不易
对石材的质量要求	高	不高
抗震性及自然侵蚀	好、少	差、严重
设计技术	要求高	不高

15.2 干挂石板幕墙构造

石材幕墙采用干挂施工工艺，其幕墙构造常用的有两种：一是直接式构造；一是骨架式构造。

15.2.1 直接式构造

直接式是将被安装的石材板通过金属挂件直接牢固安装在主体结构上的方法。

1. 特点

这种方法比较简单经济，但要求主体结构墙体强度高、最好是钢筋混凝土墙，主体结构墙面的垂直度及平整度都要比一般结构墙体精度要求高。

2. 构造节点

直接式连接构造有三种：一次连接；二次连接和板销式连接。

（1）一次连接构造

一次连接法，就是将板与墙体连接通过连接件一次直接固定在墙体上。如图 15-3（*a*）所示。它是通过 3 个螺栓来调节板面平整。这种方法很不方便，同时后填的快干水泥浆质量不易保证，锚栓的有效埋深变浅，抗拉力也会削弱。

（2）二次连接法构造

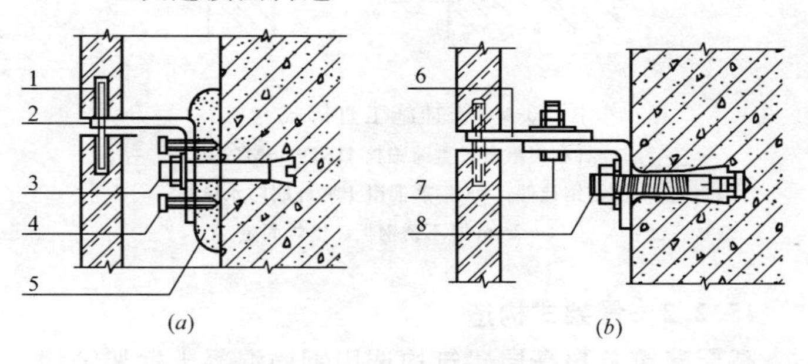

图 15-3　干挂施工直接式（一）

（*a*）一次连接法；（*b*）二次连接法

1—定位不锈钢销 ϕ6×50；2—不锈钢挂件；3—膨胀螺栓；4—调节螺栓；5—高强快干水泥；6—舌板；7—不锈钢螺栓；8—敲击式重荷锚栓

二次连法就是将板与墙体连接通过两个连接件两次连接与墙体固定。如图 15-3（*b*）所示。

（3）板销式连接法构造

板销式连接，就是将板销式连接件，直接将石材板固定在墙体上。如图 15-4 所示。这种连接方法，它可用几种不同长度的金属挂件来适应主体结构墙面的变化，石板上用切割机开槽口电钻钻孔更方便。

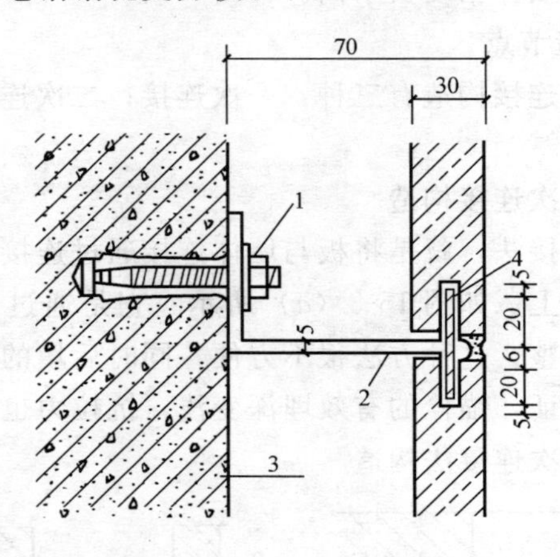

图 15-4　干挂施工直接式（二）

1—喜利得敲击式重荷锚栓 HKD—SM12；2—不锈钢挂件；3—钢筋混凝土墙外刷防水涂料；4—2mm 厚不锈钢板、填焊固定

15.2.2　骨架式构造

高层建筑及超高层建筑均选用钢筋混凝土框架结构，而框架墙多采用轻质材料（如加气混凝土、充气混凝土、泡沫混凝土及黏土空心砖、煤渣混凝土空心砌块等）填充，故不承受石材幕墙的荷载，而改由金属骨架来全部承受幕墙的自

身质量荷载、风荷载、地震荷载和温度应力引进的荷载。

1. 特点

骨架式主要用于主体结构是框架结构时，因为轻质填充墙不能作为承重结构。金属骨架应通过结构强度计算和刚度验算，能够承受石材板幕墙的自身重量，风荷载和温度应力

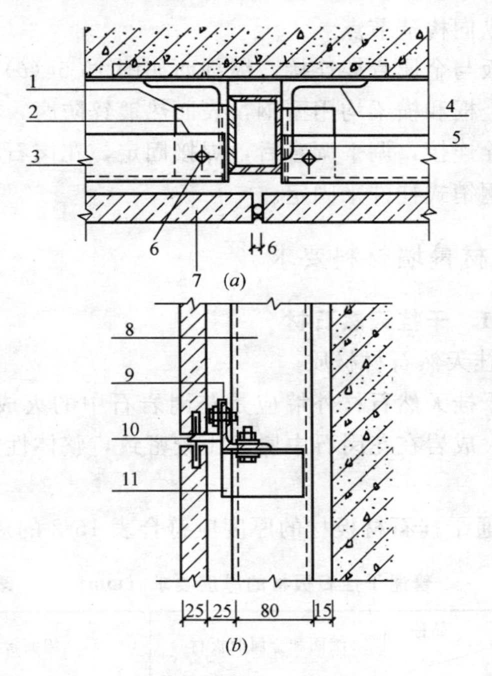

图 15-5　干挂花岗石幕墙节点示意

(*a*) 横剖面；(*b*) 纵剖面

1—角钢∟50×50×5×80；2—调好后焊接；3—钢横梁；4—角钢∟80×80×5×90；5—钢立柱⊏8；6—M6×33 安装螺栓；7—30mm 厚花岗石石板；8—钢立柱⊏8；9—角钢横梁∟50×50×5；10—不锈钢销钉式挂件；11—角钢

作用。由于骨架在建成后不便于维护，骨架的防腐蚀是很重要的。

2. 构造节点

(1) 横向构造节点

石材板与金属骨架连接，横剖面如图 15-5 (*a*) 所示。

(2) 纵向构造节点

石材板与金属骨架连接、纵剖面如图 15-5 (*b*) 所示。

骨架竖框和横梁均用型钢，表面热镀锌防腐，横梁和竖框采用螺栓连接，调平调直后，焊接固定，花岗石板与骨架用不锈钢钢销式挂件来固定。

15.3 石材幕墙材料要求

15.3.1 干挂天然石材

1. 干挂天然石材材质

作为干挂天然石材外墙应是花岗岩石中的火成岩为主，这是因为火成岩在花岗石中属于比较密致，整体性好，硬度高的一种。

2. 普通干挂石材板材的厚度应符合表 15-2 的规定。

普通干挂石板材的厚度要求 (mm)　　表 15-2

尺寸 \ 品种	细面和金属面板材	粗面板材
厚度	20～40	25～40

3. 普通干挂石板材的短边最长边不应大于 1000mm，这主要考虑抗风压，自身强度及抗震，抗折提出这一原则。

4. 对于干挂石材允许公差，见表 15-3。

干挂石材允许公差（mm） 表 15-3

项目 \ 分类	细面和镜面板材			粗面板材		
	优等品	一等品	合格品	优等品	一等品	合格品
长度、宽度	+0.5 −0.5	+0.5 −1.0	+0.5 −1.0	+0.5 −0.5	+1.0 −1.0	+1.5 −1.5
厚度	+2.0 0	+4.0 0	+5.0 0	+3.0 0	+5.0 0	+6.0 0

干挂石材侧面与正面夹角不得大于 90°。

5. 同一批干挂石材的色调花纹应基本调和，色差要尽可能地小。

6. 干挂板材外观不应有缺陷，缺角、色斑、坑窝等缺陷。板材不允许有裂纹。

7. 板材工厂加工要事先在工厂对石材进行编号。以便顺利安装，在编号过程中要消除色差或使色差形成过渡，达到人肉眼不容易察觉的地步。

15.3.2 金属骨架

1. 铝合金型材骨架

石材板幕墙一般用于重要和高级建筑的外墙装饰，所以同样要求骨架材料要有足够的耐久性和耐候性。所用材料应以铝合金型材为主。

建议参照我国现行规范《玻璃幕墙工程技术规范》JGJ 102—96 执行，应符合现行国家标准《铝合金建筑型材》GB/T 5237 和《铝及铝合金加工产品的化学成分》GB/T 3190 的规定。

2. 碳素钢型材骨架

采用碳素钢型材骨架时，应进行热镀锌防病防腐蚀处理，并在设计中避免由现场焊接连接，易保证石板幕墙的耐久性。许多工程都采用简单刷防锈漆处理，严格地讲这是很不适宜的。

碳素钢型材骨架设计时应按照我国现行规范《钢结构设计规范》GBJ 17 要求执行，其质量应符合现行标准《普通碳素结构钢技术条件》或《低合金结构钢技术条件》的规定。手工焊接采用的焊条，应符合现行标准《碳钢焊条》或《低合金钢焊条》的规定，选择的焊条型号应与主体金属强度相适应。

3. 连接件

（1） 螺栓

1） 普通螺栓　普通螺栓可采用现行标准《普通碳素结构钢技术条件》中规定的 Q235 钢制成。应该强调的是所有碳素钢构件应采用热镀锌防腐蚀处理。

2） 不锈钢螺栓　在金属骨架连接时，最好使用不锈钢螺栓，它防腐、耐久。

（2） 锚栓和膨胀螺栓

幕墙竖框或挂件与主体结构连接也可用锚栓和膨胀螺栓。此时应通过现场拉拔试验决定承载力，不能盲目决定。

15.3.3 石材干挂件

石材干挂件是将石材采用干式方法固定在建筑物主体上的一系列配套的金属件总称。石材干挂件形式多种。目前常用的有三种形式。插销（针）式；蝴蝶（上下翻、两头翻）式；焊接（“T”形件）式。干挂件多用不锈钢制作。

1. 插销（针）式石材挂件

插销（针）式石材挂件，它是由销针、托板、弯板组成。用螺母一头与石材一头和墙体连接的一种不锈钢金属件，如图 15-6 所示。

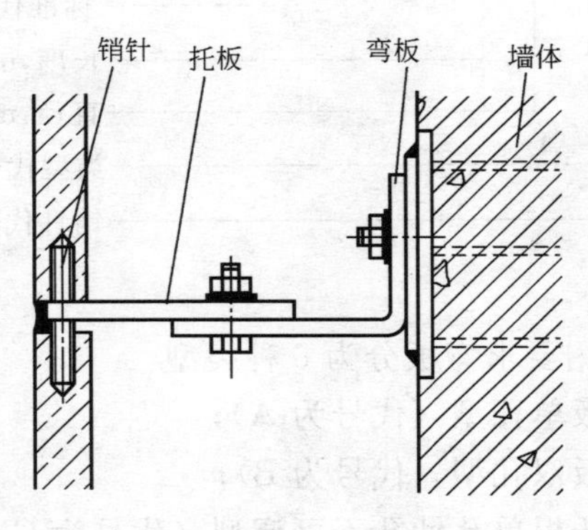

图 15-6　销针式石材干挂件结构示意

(1) 销针（销钉）

1) 销针（销钉）类型

销针（销钉）按使用要求分为两种：普通型（代号为 A）；帽顶型（代号为 B）。

2) 销针形状

销针形状有两种，如图 15-7 所示。

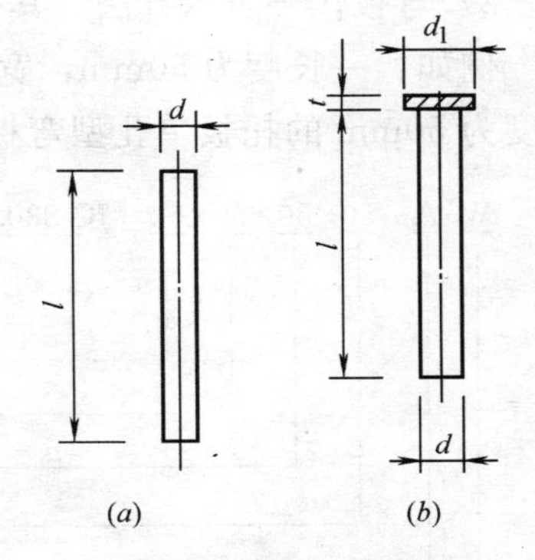

图 15-7　销针两种形状

(a) 普通型；(b) 帽顶型

3) 销针（销钉）代号

销针（销钉）代号表示方法按标准规定如下：

例如：一直径为 4mm，长度为 50mm 的普型销针的标记为：

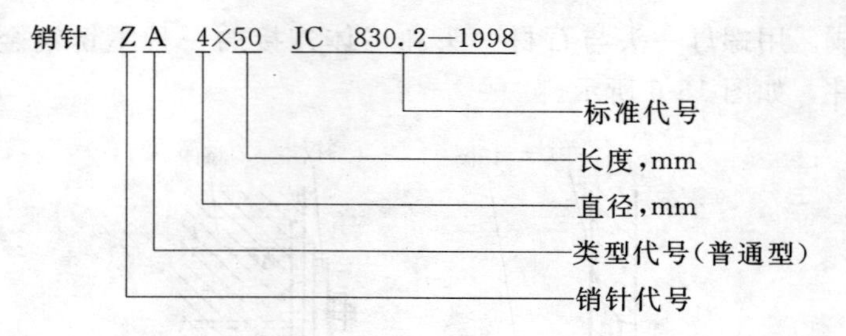

(2) 弯板

1) 按使用要求弯板分为6种类型

① 带托板单孔型（代号为A）;

② 带托板双孔型（代号为B）;

③ 不带托板单孔针孔不可调型（代号为C）;

④ 不带托板单孔针孔可调型（代号为D）;

⑤ 不带托板双孔针孔不可调型（代号为E）;

⑥ 不带托板双孔针孔可调型（代号为F）。

2) 弯板代号表示方法　其标记表示方法如下：

例如：一长度为50mm，宽度为50mm，高度为50mm，厚度为50mm的托板单孔型弯板标记为：

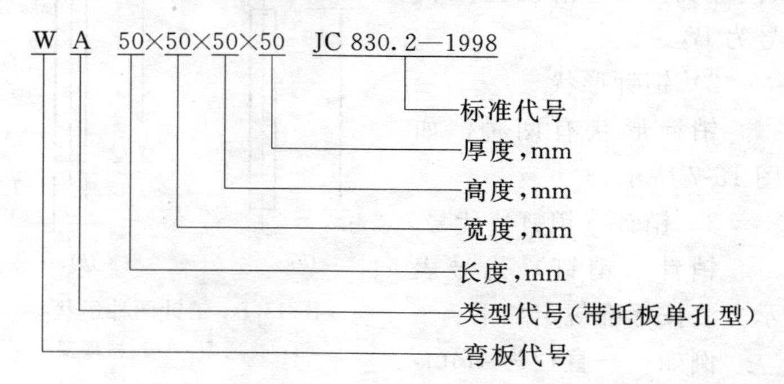

3) 弯板的六种形式，如图15-8和图15-9所示。

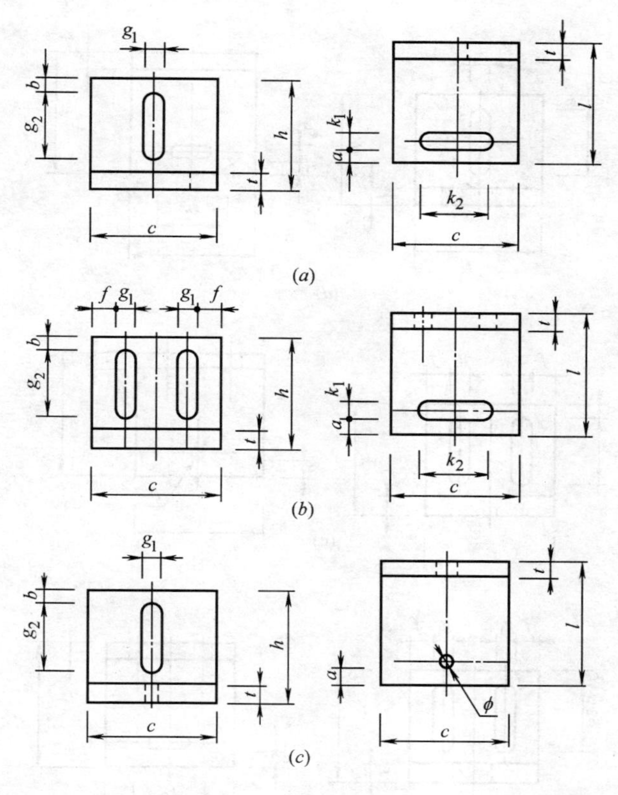

图 15-8　弯板的六种形式中（*a*）、（*b*）、（*c*）

（*a*）带托板单孔型；（*b*）带托板双孔型；（c）不带托板单孔针孔不可调型

（3）托板

1）按使用要求托板分为 4 种类型。

① 不切角针孔不可调型（代号为 A）；

② 不切角针孔可调型（代号为 B）；

③ 切角针孔不可调型（代号为 C）；

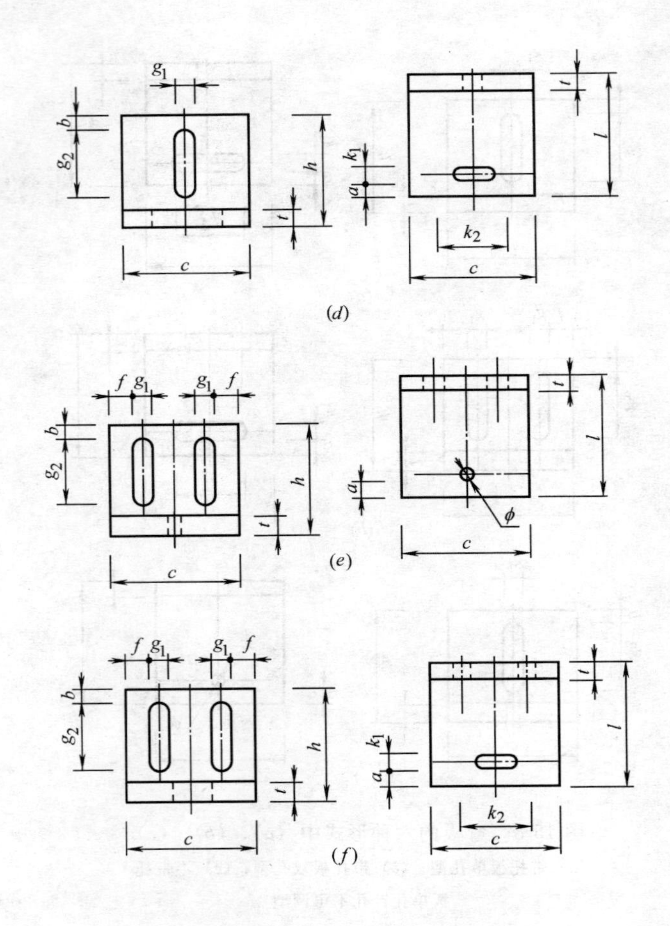

图 15-9　弯板的 6 种形式中（d）、（e）、（f）

（d）不带托板单孔针孔可调型；（e）不带托板双孔针孔不可调型；（f）不带托板双孔针孔可调型

④ 切角针孔可调型（代号为 D）。

2）托板产品代号表示方法如下：

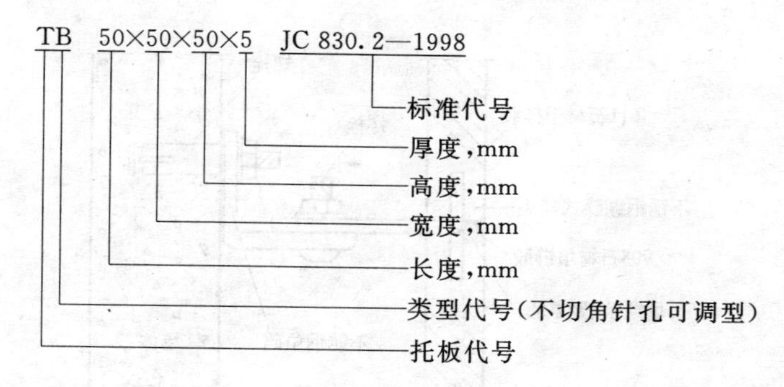

3）托板的 4 种形式，如图 15-10 所示。

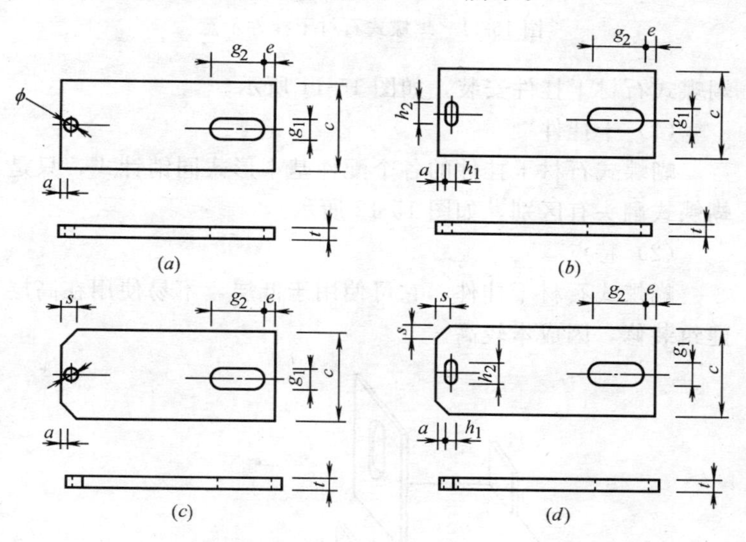

图 15-10 托板的 4 种形式

(a) 不切角针孔不可调型；(b) 不切角针孔可调型；(c) 切角针孔不可调型；(d) 切角针孔可调型

2. 蝴蝶式石材干挂件

因其挂装石材的部位形状像翻开的蝴蝶翅膀故而得名，

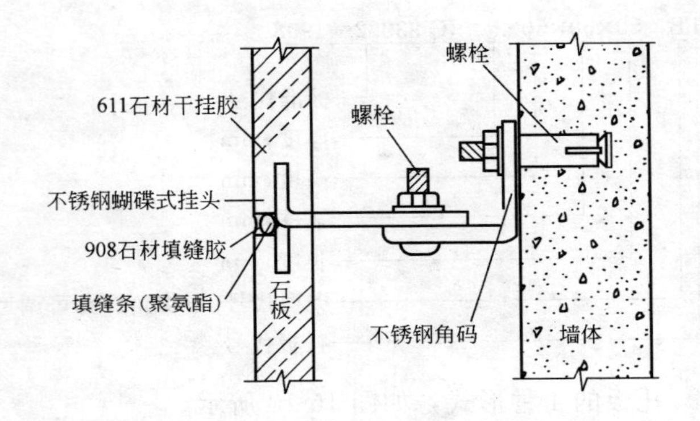

图 15-11　蝴蝶式石材干挂件示意

蝴蝶式石材干挂件安装，如图 15-11 所示。

(1) 干挂件

蝴蝶式石材干挂件的各个配件基本形式同销针式，只是蝴蝶式翻头有区别，如图 15-12 所示。

(2) 特点

蝴蝶式石材干挂件，它可使用于低层，不易使用在高层建筑装修，因成本较高。

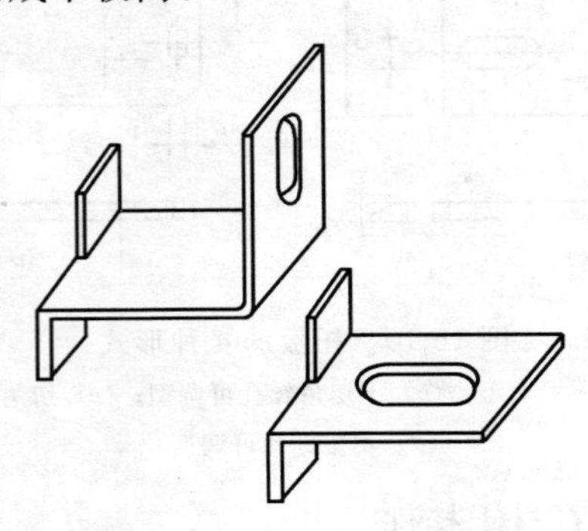

图 15-12　蝴蝶式翻头干挂件

3. 焊接式石材干挂件

焊接式干挂件是一种用不锈钢直接将挂装石材的挂装头焊接成“T”形的挂件，而其余部分与销针式相同，焊接式挂装石材，如图 15-13 所示。

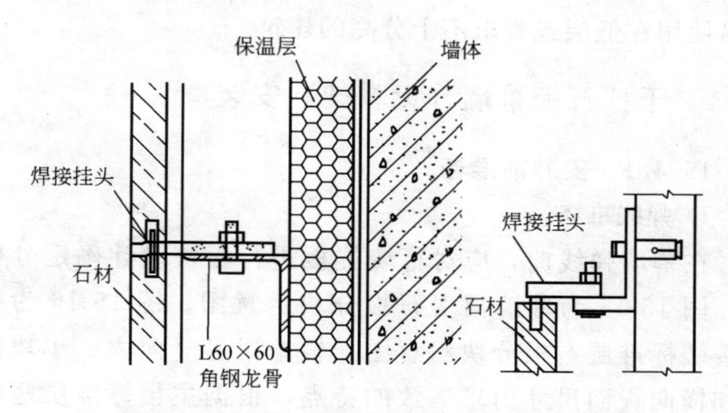

图 15-13　焊接式石材干挂件挂装石材示意

（1）挂装头

焊接式挂装件有两种挂装头：一是用于在两块石材之间挂装使用的挂装头（图 15-14（*a*））；一是用于在一侧挂装

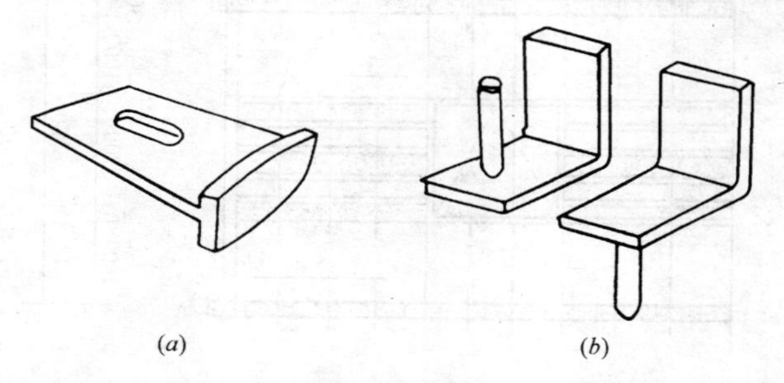

图 15-14　焊接式干挂件挂装头示意

（*a*）用于在两块石材之间挂装使用的挂装头；（*b*）用于在一侧挂装使用的挂装头

使用的挂装头（图 15-14（*b*））。

（2）特点

用焊接制作挂件，易氧化锈蚀，易使石材的装饰面染上黄锈，尤其使用劣质钢材，更会使挂件强度下降，故此类挂件易使用在低层或要求不十分高的建筑。

15.4 干挂石板幕墙（无骨架）安装

15.4.1 安装前准备

1. 弹线准备

在幕墙弹线前，应对幕墙挂板进行板块设计确定分格线。图 15-15 为幕墙裙房石板分块示意图。图 15-16 为幕墙主楼标准层石板分块示意图。根据裙房竖向大、小块搭配和横向板面尺寸力求一致的特点，根据主楼标准层竖向设计成三块窗位特点，确立幕墙面的分格线，作为弹线的依据。

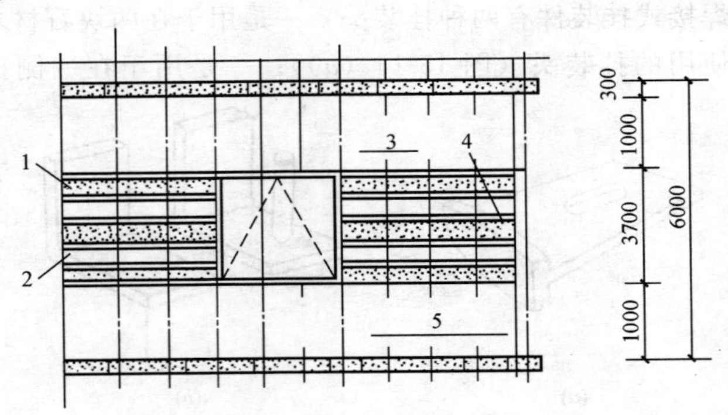

图 15-15 裙房石板分块示意

1—毛面烧板；2—镜面光板；3—50mm 宽；4—凹缝；5—三角石条；6—裙房层高

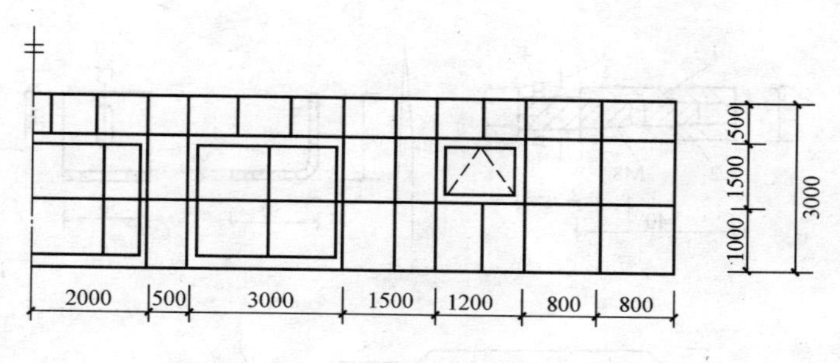

图 15-16　主楼标准层石板分块示意

2. 确定挂件形式

在石板幕墙安装应确定挂件形式，通常用二次连接挂件形式，也可用一次连接挂件形式。

(1) 挂件组成

图 15-17 为二次连接挂件组合示意图。

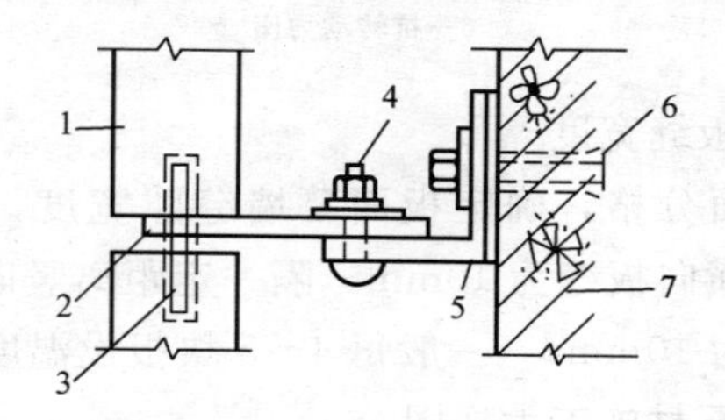

图 15-17　挂件组合示意图

1—石板；2—连接件；3—销钉；4—连接螺栓；5—固定角钢；6—膨胀螺栓；7—钢筋混凝土墙体

(2) 基本挂件形式及规格

图 15-18 为基本挂件形式及规格。其中包括不锈钢膨胀螺栓、固定角钢、连接板、连接螺栓、销钉和三种辅助配件，即垫片，U 形销钉和临时固定件。

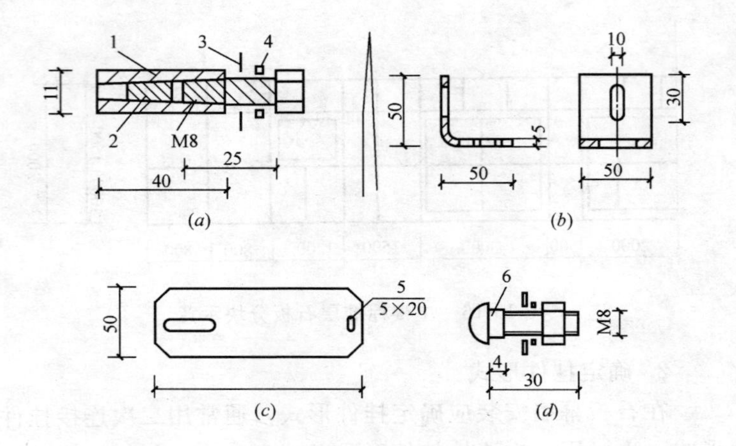

图 15-18　基本挂件形式

(*a*) 膨胀螺栓；(*b*) 固定角钢；(*c*) 连接板；(*d*) 连接螺栓

1—膨胀管；2—顶芯；3—垫圈；4—弹簧垫圈；5—销钉孔；

6—抗转动力座

3. 确定板缝宽度

根据立面分格，确定板面幕墙缝隙宽度，竖向板缝为4～10mm，横向板缝为10mm，隔一定距离竖向板缝要留温度缝，缝宽为10mm，(一般每4～5块板设温度缝)。

4. 绘制石材施工大样图

根据建筑设计要求所提供的石材分类（块）、布局、颜色及品种搭配、表面加工形式、线角处理方案、并结合施工现场情况，绘制出石材加工大样图。

15.4.2　施工工艺

干挂石板幕墙安装（无骨架）施工工艺：

基层验收⟶弹线定位⟶石材加工⟶金属挂件固定⟶石材面板安装⟶嵌镶板缝。

15.4.3 施工准备

1. 材料

（1）干挂石材

根据设计要求进行选用，如颜色搭配、毛面和镜面、规格大小及数量等作好石材准备。

石材进场后，花岗石可放在室外，大理石必须放在室内，下垫方木。应根据施工大样图，核对石材种类、数量、规格、编号、以备石材加工和安装。

（2）石材干挂件

根据石板幕墙施工方案，选定石材金属干挂件，并根据设计要求，计算出干挂件及配件的需用量。按需用量进行准备。

（3）密封材料

1）按设计要求选用合格的未过期的耐候嵌缝胶。最好选用含硅油少的石材专用嵌缝胶。

2）选用泡沫圆条直径应稍大于缝宽，作为填缝材料。

2. 工具、机具

（1）手工工具　线锤、扳手、直角尺、水平尺、卷尺、加工石材用的锤子、凿子、斧子、助推器。

（2）电动机具　电钻、电锤、花岗石砂锯、手提式石材开槽机。

15.4.4 构件加工

干挂石板幕墙（无骨架）构件加工、主要指干挂石材加工，金属挂件可以按设计要求直接购置。对于销针（销钉）式石板幕墙、石材加工应注意如下几点：

1. 检验加工石材规格是否符合设计要求。

2. 钢销针的孔位加工应根据石材的大小而定，孔位距边端不得小于石材厚度的3倍，也不得大于180mm，钢销间距不宜大于600mm；边长不大于1.0m时，每边应设两个钢销，边长大于1.0m时，应采用复合连接。

3. 石材的钢销针孔深在22～33mm之间，孔的直径应为7～8mm之间。

4. 石材钢销针孔处不得有损坏或崩裂现象，孔径内应光滑平整。

5. 石材如需要开通槽时，槽宽应在6～7mm之间，开槽后不得有损坏或崩裂，槽口应打磨成45°倒角，槽内应光滑、洁净，如图15-19所示。

6. 石材如需开短槽，上下边应各开两个短平槽，短平槽的长度不宜小于100mm，在有效长度内不宜小于15mm，开槽宽度应在6～7mm之间，弧形槽的有效长度不应小于80mm（所配套的干挂件的厚度为：不锈钢不小于3.0mm，铝合金不小于4mm）。弧形槽开槽示意如图15-20所示。

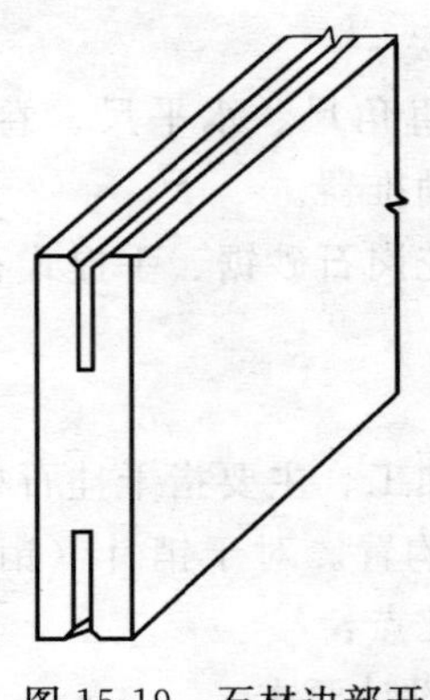

图15-19　石材边部开通槽示意

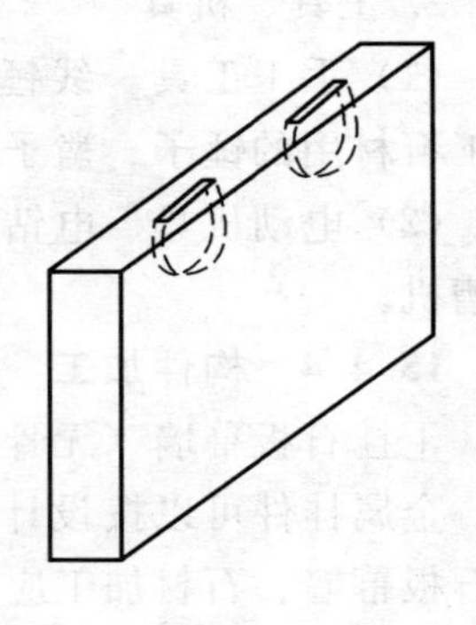

图15-20　弧形槽开槽示意

7. 两短边槽距离石材两端部的距离不应小于石材的厚度的 3 倍，且不小于 85mm，也不应大于 180mm，如图 15-20 所示。

15.4.5 操作要点

1. 基层验收

(1) 检验层垂直度，平整度是否符合施工规范要求，否则应及时修补。

(2) 基层强度验收　对于砖砌体应保证在基体上能干挂花岗石板。

2. 弹线定位

(1) 按照设计在底层确定幕墙定位线和分格线。

(2) 用经纬仪将幕墙阳角和阴角引上，并用固定在钢支架上的钢丝做标志控制线。

(3) 使用水平仪和标准钢卷尺等引出各层标高线。

(4) 确定好每个立面的中线。

(5) 弹出每块板与墙面连接点位置线。每块石板面积大于 $1.0m^2$，设 8 个连接点，$0.6\sim1.0m^2$，设 6 个，小于 $0.6m^2$ 设 4 个点，特殊小尺寸石板不少于 2 个连接点，如图 15-21 (*c*) 所示。

3. 安装金属挂件连接板

在每块板连接点的位置线上用电锤钻孔，放置膨胀螺栓，套上固定板（固定角钢）使其固定于墙面。

4. 安装石材饰面板

(1) 先安幕墙面基准线，仔细安装好底层第一皮石材板。

(2) 注意安放每皮金属挂件托板时，金属挂件应紧托上皮饰面板，而与侧板和下皮饰面板之间留有间隙，如图 15-

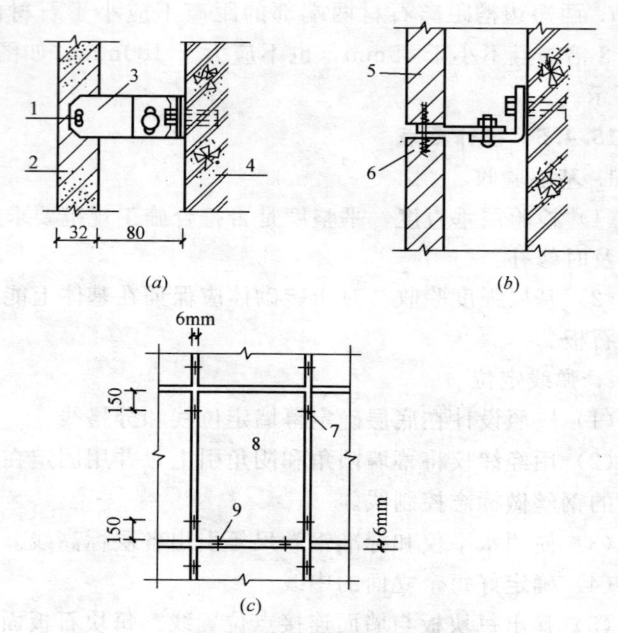

图 15-21　石材板连接

(*a*) 竖缝连接示意；(*b*) 承托连接示意；(*c*) 石材板连接点立面
1—销钉；2—石板；3—挂件；4—钢筋混凝土墙；5—石板；6—销钉；7—竖缝连接件；8—饰面石板；9—承托连接件

21 (*a*) 和图 15-21 (*b*) 所示。

(3) 安装时，要在饰面板的销钉孔或切槽内注入石材胶(环氧树脂胶)，以保证饰面板与挂件的可靠连接。

(4) 安装到每一楼层标高时，要注意调整垂直误差，不要积累。

(5) 重复工序 (3) 和 (4)，直至完成全部石材安装，最后，镶顶层石材。

5. 节点处理

（1）凹形线条

图 15-22 为石材墙面凹形线条，该线条是用衬板法使板缝凹进去。上下两块石板拉开缝距 50mm，缝内安装一块宽 80mm 的石板，底部由固定件加销针托住，用 U 形销钉扣紧，顶端用强固树脂与上部板胶合牢固，其外观则形成 50mm 宽的凹缝。

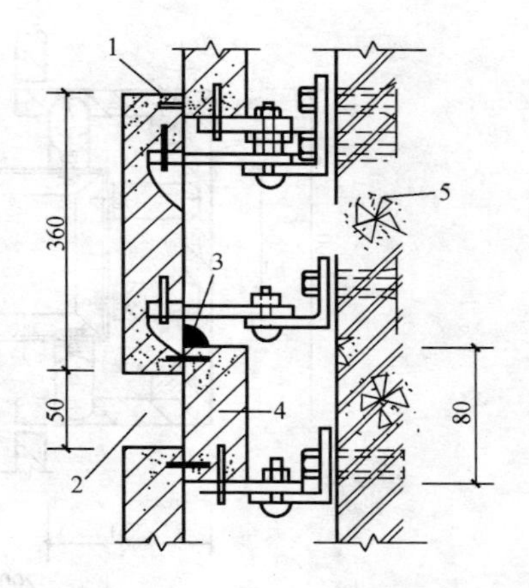

图 15-22　凹形线条

1—U 型销钉；2—凹形线条；3—强固树脂；4—衬板；5—钢筋混凝土墙

（2）凸形线条

石板幕墙面的凸形线条，用不锈钢框架构成的凸形线条，是在平面墙上形成的，如图 15-23 所示，不锈钢框架外围尺寸 200mm×250mm，由∟40×40×4 焊接成带有底座的骨架。用膨胀螺栓固定在设计要求的墙面上，再由连接件将石板覆于骨架周围，在阳角内侧用强固树脂粘贴 40mm×40mm×100mm 的短石条加强。不锈钢框架间距 740mm，即为一块石板的宽度，安装板缝处。

（3）石材幕墙阳角

用于幕墙阳角处，是一种 150mm×150mm 三角形断面的石材，同两侧墙面板连接成一个完整的阳角，如图 15-24 所示。其长度、标准段为 1.0m。在施工时，需配合相邻石板的长度保持水平缝贯通。

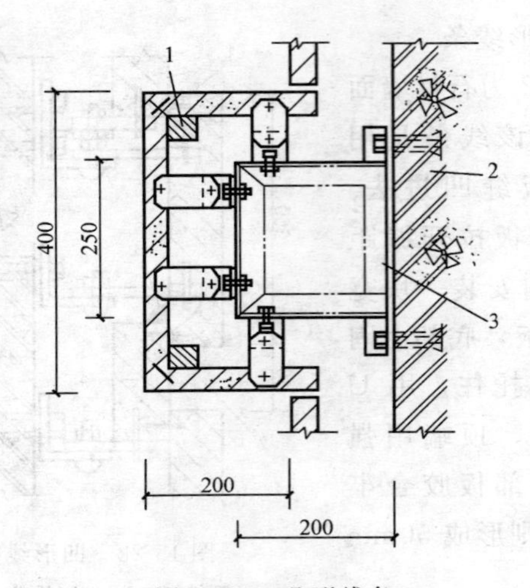

图 15-23 凸形线条

1—加强石；2—钢筋混凝土墙；3—∟40×40 不锈钢框架

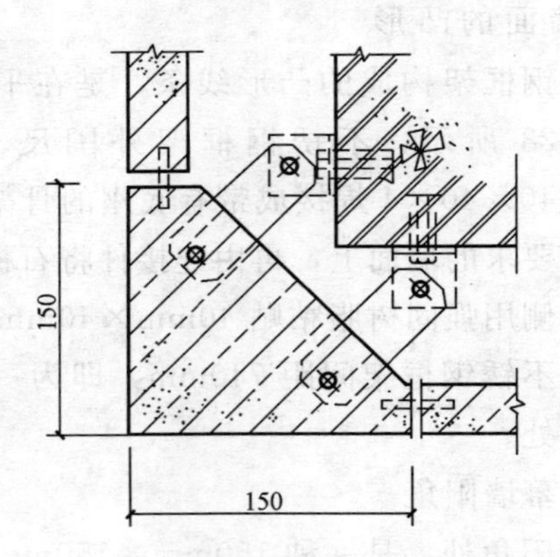

图 15-24 阳角石条空挂断面示意

（4）沉降缝，防震缝

伸缩缝，沉降缝和防震缝处的构造，既要使两侧幕墙可以相对移动，不发生碰撞；又要妥善密封，做到不渗水，不透气。尤其是防震缝，缝宽可达 200mm～300mm，所以更多道柔性密封，一般是三道柔性密封，如图 15-25 所示。

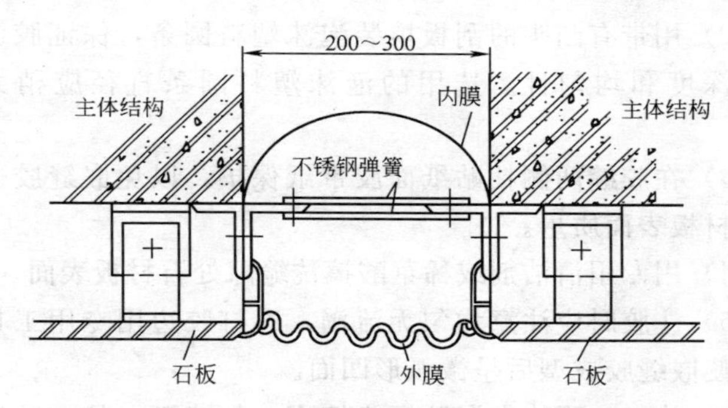

图 15-25　石板干挂幕墙防震缝处理示意图

6. 灌注嵌缝

石板间的胶缝是石板幕墙的第一道防水措施，同时也使石板幕墙形成一个整体。

(1) 嵌缝构造

嵌缝是干挂石板幕墙施工最后一道工序，即先在板缝内塞入发泡圆条至 10mm 深处作底衬，再用筒装黑色软膏挤入缝内，表面用勾缝工具使之成凹弧状，如图 15-26 所示。

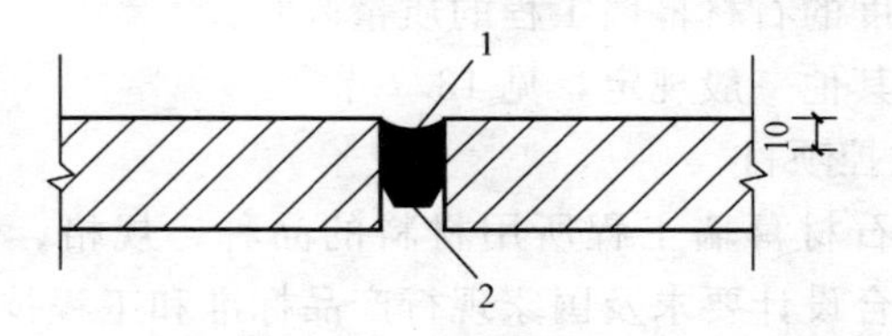

图 15-26　嵌缝构造示意

1—黑色嵌缝软膏；2—发泡圆条

（2）灌注嵌缝注意事项

1）要按设计要求选用合格且未过期的耐候嵌缝胶。最好选用含硅油少的石材专用嵌缝胶，以免硅油渗透污染石材表面。

2）用带有凸头的刮板填装泡沫塑料圆条，保证胶缝的最小深度和均匀性。选用的泡沫塑料圆条直径应稍大于缝宽。

3）在胶缝两侧粘贴纸面胶带纸保护，以免嵌缝胶迹污染石材板表面质量。

4）用专用清洁剂或稀草酸擦洗缝隙处石材板表面。

5）注胶时应注意均匀无流淌，边打胶边用专用工具勾缝，使嵌缝胶成型后呈微弧形凹面。

6）施工中不能有漏胶污染墙面，如墙面上粘有胶液应立即擦去，并用清洁剂及时擦净余胶。

7）在大风和下雨时不能注胶。在潮湿的表面注胶，硅酮胶不能与基面粘结。

15.5 石材幕墙工程质量要求及检验标准

1. 一般规定

（1）本节适用于建筑高度不大于100m、抗震设防烈度不大于8度的石材幕墙工程的质量验收。

（2）其他一般规定，见13.7节。

2. 主控项目

（1）石材幕墙工程所用材料的品种、规格、性能和等级、应符合设计要求及国家现行产品标准和工程技术规范的规定。石材的弯曲强度不应小于8.0MPa；吸水率应小于0.8％。石材幕墙铝合金挂件厚度不应小于4.0mm，不锈钢挂件厚度不应小于3.0mm厚度。

（2）石材幕墙的造型，立面分格，颜色、光泽、花纹和图案应符合设计要求。

（3）石材孔、槽的数量、深度、位置、尺寸应符合设计要求。

（4）石材幕墙主体结构上的预埋件和后置埋件的位置，数量及后置埋件的拉拔力必须符合设计要求。

（5）石材幕墙的框架立柱与主体结构预埋件的连接，立柱与横梁的连接，连接件与金属框架的连接，连接件与石材面板的连接必须符合设计要求，安装必须牢固。

（6）金属框架和连接件的防腐处理应符合设计要求。

（7）石材幕墙的防雷装置必须与主体结构防雷可靠装置连接。

（8）石材幕墙的防火、保温、防潮材料的设置应符合设计要求，填充应密实、均匀、厚度一致。

（9）各种结构变形缝，墙角的连接节点，应符合设计要求和技术标准的规定。

（10）石材表面和板缝的处理应符合设计要求。

（11）石材的板缝注胶应饱满、密实、连续、均匀、无气泡、板缝宽度和厚度应符合设计要求和技术标准的规定。

（12）石材幕墙应无渗漏。

3. 一般项目

（1）石材表面应平整、洁净、无污染、缺损和裂痕。颜色和花纹应协调一致，无明显色差，无明显修痕。

（2）石材幕墙的压条应平直、洁净、接口严密、安装牢固。

（3）石材接缝应横平竖直、宽窄均匀；阴阳角石板压向应正确，板边合缝应顺直；凸凹线出墙厚度应一致、上下口应平直；石材面板上洞口，槽边应套割吻合，边缘应整齐。

（4）石材幕墙的密封胶应横平竖直，深浅一致，上下口应平直；石材面板上洞口，槽边应套割吻合，边缘应整齐。

（5）石材幕墙上的滴水浅、流水坡向应正确、顺直。

（6）石材幕墙安装的允许偏差和检验方法

1）每平方米石材的表面质量和检验方法见表15-4。

2）石材幕墙安装的允许偏差和检验方法见表15-5。

每平方米石材的表面质量和检验方法　　表15-4

项次	项　目	质量要求	检验方法
1	裂痕、明显划伤和长度＞100mm的轻微划伤	不允许	观察
2	长度≤100mm的轻微划伤	≤8条	用钢尺检查
3	擦伤总面积	≤500mm²	用钢尺检查

石材幕墙安装的允许偏差和检验方法　　表15-5

<table>
<tr><th rowspan="2">项次</th><th colspan="2" rowspan="2">项　目</th><th colspan="2">允许偏差(mm)</th><th rowspan="2">检验方法</th></tr>
<tr><th>光面</th><th>麻面</th></tr>
<tr><td rowspan="4">1</td><td rowspan="4">幕墙垂直度</td><td>幕墙高度≤30m</td><td colspan="2">10</td><td rowspan="4">用经纬仪检查</td></tr>
<tr><td>30m＜幕墙高度≤60m</td><td colspan="2">15</td></tr>
<tr><td>60m＜幕墙高度≤90m</td><td colspan="2">20</td></tr>
<tr><td>幕墙高度＞90m</td><td colspan="2">25</td></tr>
<tr><td>2</td><td colspan="2">幕墙水平度</td><td colspan="2">3</td><td>用水平仪检查</td></tr>
<tr><td>3</td><td colspan="2">板材立面垂直度</td><td colspan="2">3</td><td>用水平仪检查</td></tr>
<tr><td>4</td><td colspan="2">板材上沿水平度</td><td colspan="2">2</td><td>用1m水平尺和钢直尺检查</td></tr>
<tr><td>5</td><td colspan="2">相邻板材板角错位</td><td colspan="2">1</td><td>用钢直尺检查</td></tr>
<tr><td>6</td><td colspan="2">幕墙表面平整度</td><td>2</td><td>3</td><td>用垂直检测尺检查</td></tr>
<tr><td>7</td><td colspan="2">阳角方正</td><td>2</td><td>4</td><td>用直角检测尺检查</td></tr>
<tr><td>8</td><td colspan="2">接缝直线度</td><td>3</td><td>4</td><td>拉5m线，不足5m拉通线，用钢直尺检查</td></tr>
<tr><td>9</td><td colspan="2">接缝高低差</td><td>1</td><td>—</td><td>用钢直尺和塞尺检查</td></tr>
<tr><td>10</td><td colspan="2">接缝宽度</td><td>1</td><td>2</td><td>用钢直尺检查</td></tr>
</table>

16 店面及室内其他装饰施工

16.1 店面装饰施工

店面装饰施工，主要是指铺入口处的雨篷、墙面、招牌、广告以及橱窗的装饰处理。近年来，随着城乡贸易的发展，商业中心，商业街以及小的店铺、餐厅、酒店等相继建成，一些旧有的建筑也要求进行处理，以增加商业气氛、显示建筑的内部功能，招徕顾客。因此，店面装饰施工成了装饰施工中的一个特殊门类。

16.1.1 施工准备

1. 常用材料

（1）型材　型钢、型铝、木方。

（2）板材　铜板、不锈钢板、铝板。

（3）线材　铝合金线条、不锈钢线条。

（4）管材　不锈钢管材、钢管、铝管。

（5）其他材料　膨胀螺栓、螺钉、胶粘剂等。

2. 施工工具

型材切割机、手电钻、冲击钻、电动圆锯、电动刨、木工修边机、射钉枪、电动抛光机、线坠、方尺、角尺、钢锯、刨子、锤子、螺钉旋具、砂纸等。

3. 装饰前对主体结构的检查

（1）装饰前应对主体结构进行强度和承载能力的检查。若不符合设计要求应及时进行处理。

(2) 安装好预埋件　店面装饰要进行固结，故提前根据设计要求安装预埋件。

16.1.2　招牌制作与安装

店面招牌可分为雨篷式招牌、灯箱、单独字面和悬挑招牌。

1. 雨篷式招牌

雨篷式招牌是悬挑或附贴在建筑入口处，既起招牌作用，又起雨篷作用的一种店面装饰。雨篷式招牌形式，见图16-1。

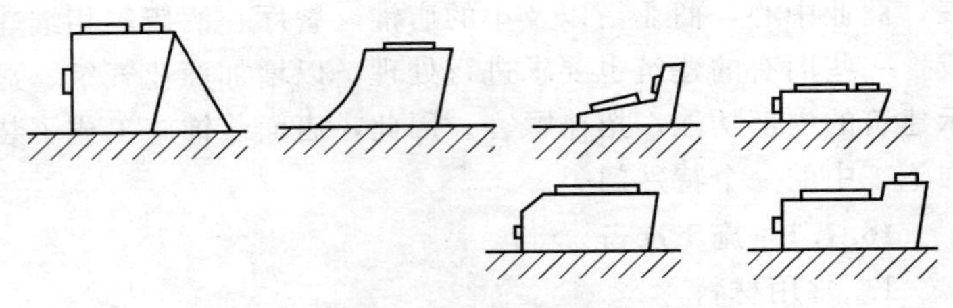

图 16-1　雨篷式招牌形式

(1) 制作要点

1) 下料：按设计要求的材料选料，一般用∠30×3 和∠50×5 的角钢。再用型材切割机或小钢锯按要求尺寸切割。

2) 边框组装：将已下好的型钢料用焊接的方法连在一起，也可用螺栓连接，连接时用电钻钻孔，拧入螺栓。

3) 装木方：在边框的下面，为安放雨篷顶板需安放木方。在边框的前面为安装面板或做贴面材料也需安放木方。安放木方时，要在型钢上和木方上钻孔，以螺栓拧紧。

(2) 安装要点

1) 放线、定位　在安装前，按设计要求，在墙面上放出雨篷招牌位置线，定出安装位置。

2）埋设埋件、做埋设孔　在拟安装边框的部位，墙体中要埋入木砖或铁件。对于后安装的雨篷式招牌，通常在墙体上用电锤开通孔，用螺栓穿过通孔和边框上的钻孔拧紧（见图 16-2）。如果招牌的重量不大，可在墙上开浅洞，用铁锤打入木楔（图 16-3）。也可用射钉枪将边框与墙体用射钉连接。

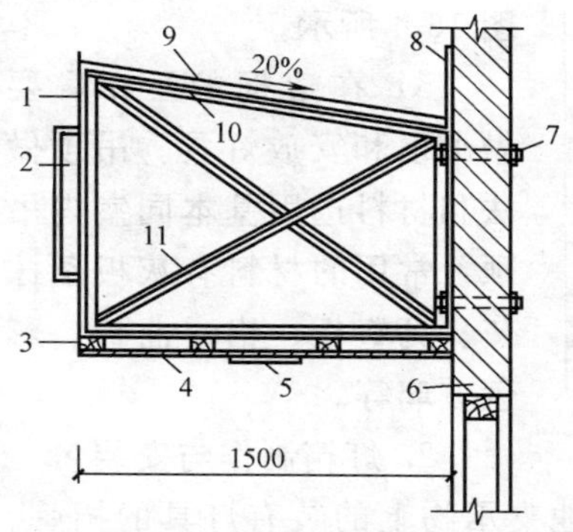

图 16-2　雨篷式招牌构造示意

1—饰面材料；2—店面招字牌；3—40×50 吊顶木筋；4—顶棚饰面；5—吸顶灯；6—外墙；7—ϕ10×12 螺杆；8—26 号镀锌铁皮泛水；—玻璃钢瓦；10—∟30×3 角钢；11—角钢剪刀撑

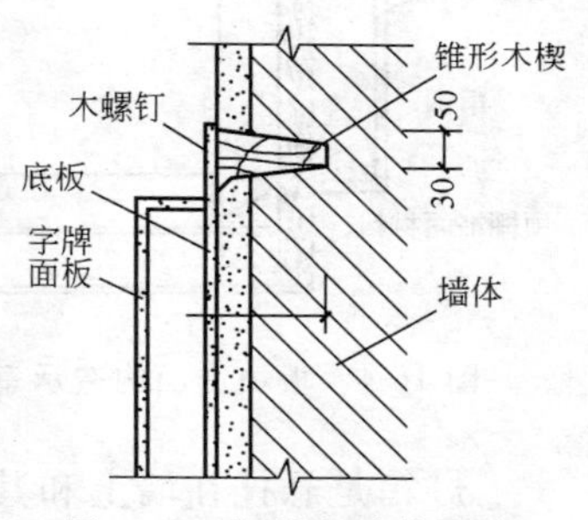

图 16-3　招牌与墙体连接

3）安装板材面板　金属压型板、铝镁曲板可直接钉在边框的方木上，然后在板顶加型铝压条。金属平板一般要再加衬底，衬板为胶合板，将胶合板钉在边框上的方木上，钉头未入板内；然后用砂纸打磨平整，扫去浮灰，在板面刷胶粘剂如环氧树脂、502 胶、白胶等，刷胶后将金属平板贴上。有机玻璃面板在尺寸较大时也要做衬板，方法同金属平板。

4）安装块材面板　块材面板多用面砖、陶瓷锦砖和大理石薄板。首先应在边框上钉木板条，板条间距30～50mm，接着在板条上钉钢板网，然后抹1∶3水泥砂浆20mm厚，最后按板块材外墙面的施工方法施工，如图16-4所示。

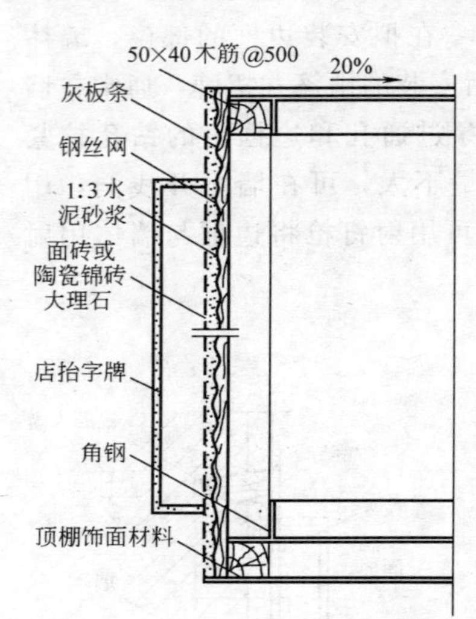

图16-4　板块饰面构造示意

5）在边框的下部，要做吊顶和安放灯具。吊顶做法和材料选用基本同室内吊顶，常用的材料有灰板条抹灰、钙塑板、铝镁曲板、彩色玻璃等。

2. 灯箱制作与安装

灯箱是悬挂在墙上和其他支承物上的装有灯具的招牌。它比雨篷式招牌有更多的观赏面，有更强的装饰效果。无论白天和夜间、灯箱都能起到招牌式广告作用。

（1）灯箱的制作

1）木边框制作　因灯箱的尺寸一般较小，所以可选用30×40、40×50的木边框。边框材料之间开榫刷胶连接，即在开出的榫头上刷上乳白胶后，再接合。

2）型材框制作　灯箱也可用型钢、铝合金型材制作，按尺寸下料后，可用焊接或螺栓连接。

（2）灯箱的安装

1）定位、放线　灯箱安装前，应根据设计确定的位置，放线、定位。

2）安放灯架、敷设线路　根据灯具大小确定灯具支架的位置，拧上灯座或灯脚。根据灯线的引入方向，考虑引入孔以及检修是否方便。

3）覆盖面板　面板以有机玻璃最为合适，因其既透光，又使光线不刺眼，同时这种材料不怕风雨、易加工。面板与边框用铁钉或螺钉连接，连接前应先在面板上用电钻钻 1.5mm 小孔，以防拧钉时板材开裂。用型材框时，应同时在型材上钻眼，再用螺栓连接。

4）装铝合金边框　按灯箱外缘尺寸用型材切割机（或钢锯）切割铝合金型材，在型材上每隔 500～600mm 钻 1.5mm 钉孔，然后将型材覆盖在灯箱边缘，用小铁钉钉入边框。若用金属边框时，应同时钻眼、用螺栓连接。

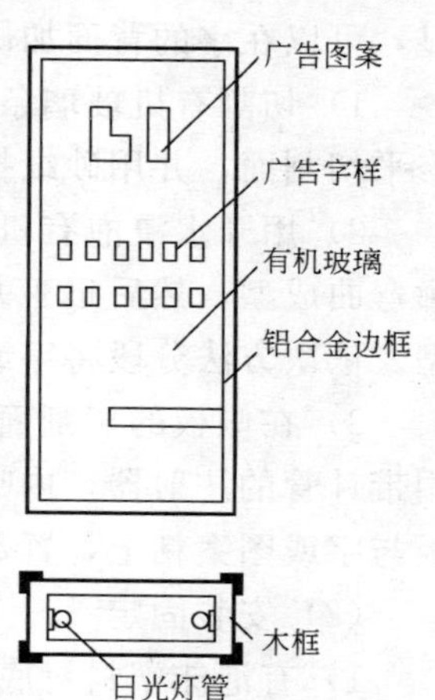

图 16-5　灯箱构造示意

5）安装　灯箱制作时就应考虑它与墙体连接方法，制作完后，按墙上定位线进行安装。图 16-5 为灯箱构造示意图。

3. 有机玻璃字和图案制作与安装

（1）制作

1）书写、设计字或图案。

2）将字或图案按比例放大至所需尺寸。

3）放大后的字或图案用复写纸复印到选用的有机玻璃上（有机玻璃板 3～4mm 厚）。泡沫塑料衬底也用同样方法复印（泡沫塑料 50～100mm 厚）。

4）用钢丝锯或线锯机按复印线切割有机玻璃。用电热丝或采用按复印线切割泡沫塑料。

5）用环氧树脂将有机玻璃泡沫塑料粘结在一起。

6）用木锉修整边角，使有机玻璃与泡沫塑料外形重合。

不用泡沫塑料做衬底，可直接贴于面板上，为使字明显，可以在字的背面加侧板。具体作法是：

1）切割有机玻璃条，条宽等于字厚，并用木锉或刨子修平切割面，并用砂纸打磨。

2）用开水浸泡有机玻璃条，使其软化，按字和图案轮廓弯曲成型，然后迅速用冷毛巾覆于字条上，使其冷却定型。依次方法分段将字或图案侧板加工完毕。

3）在侧板的切割面上和字或图案的边缘，用针头（医用带针管的注射器，内吸氯仿）将氯仿涂在此处，然后将侧板与字或图案粘上，置数分钟，即完成制作。

（2）安装固定

1）有泡沫塑料衬底的有机玻璃字的固定

有机玻璃字牌固定有两种情况：一是固定在雨篷式招牌的面板上；二是其棱固定在墙体上。

固定在金属板、木板面板上的做法是：

① 先在面板上拟安装字或图案的部位钻孔，在泡沫塑料衬底上刷乳白胶、环氧树脂，擦净面板的拟安部位。

② 将字或图案粘贴在面板上，然后通过钻孔，在面板的背面钉入铁钉。

③ 将固定好字或图案的面板安装在木边框上。

固定在墙体上的做法是：

① 清理墙面的拟安部位，并选点钉入铁钉，铁钉应预先夹掉钉帽。

② 在泡沫塑料上均匀地涂刷环氧树脂，对准拟安部位平稳地贴上，注意钉头不能过长，否则会顶掉有机玻璃面。然后在字或图案四周粘透明胶纸，将字或图案与墙体临时固定，过两天后再撕掉。如图 16-6 所示。

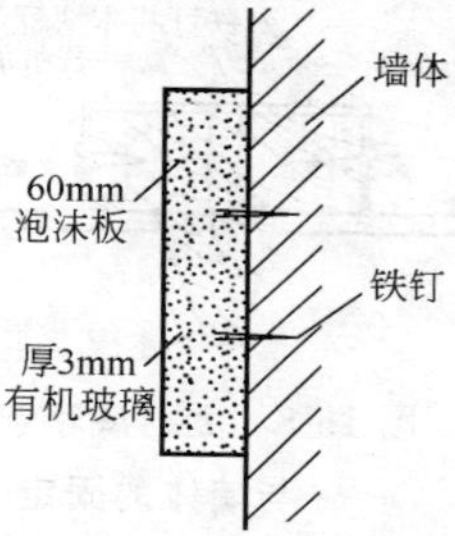

图 16-6　有机玻璃面，厚泡沫底板字牌与墙体的固定

2）无衬底字或图案的固定（与金属、木板固定）

① 在字或图案的背面，选定镶嵌木块，并用木螺钉与侧板固定。

② 在面板上钻孔，将铁钉穿过板孔钉于镶嵌的木块上，如图 16-7（*a*）所示。

③ 字或图案与金属和木板固定好后再安装在边框上或墙体上，见图 16-7（*b*）所示。

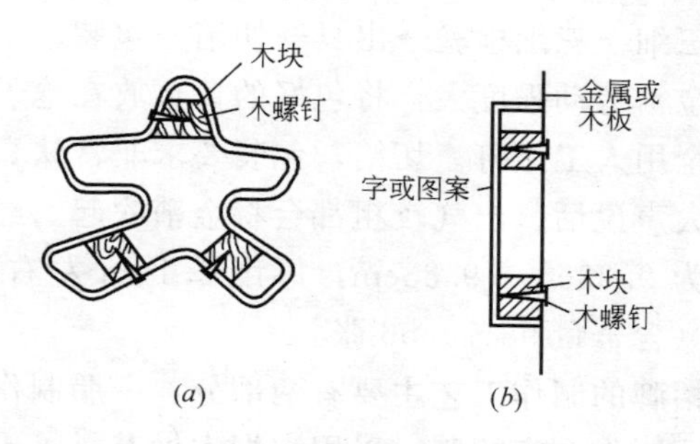

图 16-7　无衬底字或图案的固定

3）无衬底字与墙体固定

① 在字上选点镶嵌木块后，将字或图案的轮廓画于墙上。按木块的位置，在墙上凿洞，打入木楔。

② 将镶嵌木块拿出，先钉于木楔上，注意不要使木块

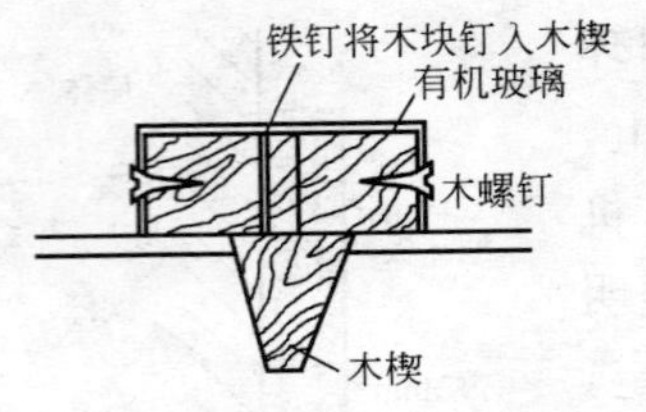

图 16-8 无衬底字或图案与墙体的固定

超过轮廓线，否则字或图案将无法安装。

③ 将字或图案套在镶嵌木块上，在木块处的侧板上两边钻上孔，拧入木螺钉固定，如图 16-8 所示。

4. 金字招牌

金字招牌，是用金箔材料制作成的招牌，它迎合现代社会的需求，是其他材料制作的招牌所无法比拟的，它豪华名贵，永不褪色，能保持 20 年以上。

金箔的制作工艺：

制作金箔是以黄金为原料，目前仍然沿用古老传统的手工制作工艺，经十多道工序而成。其主要工艺：原料检验→熔炼→拍叶→落开子→做�子→古坞子→打开子→装开子→炕炕→打三细→三细检验→出具→切箔→包装。

制作金箔劳动强度大，将包好的黄金放在坞子上敲打几万下，完全用人工敲打。切箔，包装要求非常认真，由于金箔极薄，大声说话、出气较粗都会将金箔吹起。经切箔后的金箔尺寸为 9.33cm×9.33cm，厚度 0.1μm 左右，1g 黄金能打金箔（含金量 98%）56 张。

金字招牌的制作工艺主要有两部分：字胎制作与金箔贴裹。江宁厂制作金字招牌，采用泡桐木做基材，干燥后切割成形，然后用夏布包裹，生漆涂刷数层，每层都需要水磨，字胎表面经修补打磨后，再用特制的胶将金箔粘贴包裹。

外形尺寸 2m 以上，厚度 10～13cm 的大字，每平方米需用 9.33cm×9.33cm 的金箔 154 张。外形尺寸 1.2～2m 的字，厚 8cm，每平方米需用 146 张。外形 1m 以下的字，厚6cm，每平方米需用126张金箔。

16.1.3 店面装饰配套设置施工

店面内配套设置主要是固定的配置和活动配置。固定配置包括固定的接待台、售货柜、银行柜台、酒水柜、座位台等。活动配置主要是指配套的家具。固定配置的特点通常是由混合结构组成，即固定的台、架、柜由木结构、钢结构、砖结构、玻璃结构所组成。固定配置在室内装饰中，往往是形成某些空间内的视觉中心作用，是室内装饰工程的重点。

1. 施工准备

(1) 材料准备

1) 水泥　普通硅酸盐水泥（32.5级）。

2) 砂、石　砂子含泥量<3%，中砂。石子粒径小于3cm，含泥量<1%。

3) 钢筋、角钢　钢筋规格按设计要求准备，角钢是∠30×30～∠50×50用的最多。

4) 砖　砖的规格应符合标准，强度等级不低于MU7.5。

5) 面材准备　如大理石、瓷砖、花岗石等，按设计要求进货到施工现场。

6) 不锈钢槽、管及板；铜条、管；铝合金型材、板；木线条，铝合金线条，不锈钢线条等按设计要求准备齐全。

(2) 施工工具

线坠、方尺、角尺、水平尺、电动圆锯（图3-45）、手电钻（图3-37）、型材切割机（图3-44）、石材切割机（图3-52）、冲击钻（图3-38）、射钉枪（图3-65）、电动自攻螺钉钻（图3-41）等。

2. 配置体施工要点

(1) 基础部分　砖基础、钢筋混凝土基础，施工时一定要按设计要求进行，满足施工质量要求。

（2）骨架部分　骨架以钢结构、砖结构、钢筋混凝土结构为主。施工时要保证结构有足够的强度和刚度，以保证台、架的稳固性。

（3）用木结构或厚玻璃结构制作台、架时，施工应满足刚度、强度及稳定性要求，防止受外力作用变形倒塌。

（4）当采用大理石、花岗石作面层时，石板与钢骨架的连接采用钢丝网水泥镶贴；石板与木结构的连接采用预埋件连接。

（5）钢骨架与木结构的连接采用螺钉；砖、混凝土骨架与木结构之间的连接采用预埋件方式。

（6）厚玻璃结构连接，采用卡脚和玻璃胶固定方式。

（7）不锈钢和铜管架采用脚座及螺钉固定，线条材料常采用粘卡、钉接固定。

3. 配置体施工操作要点

（1）弹线　弹线是在面和墙面上，把固定配置的位置、高度、宽度、长度确定下来。

（2）钢骨架制作与安装　钢骨架通常是用角钢或槽钢焊制，先焊制成框架，后再进行安装。钢架与地面、墙面的固定一般用膨胀螺栓直接固定，也可用预埋件与钢架焊接固定。

安装钢骨架应平整垂直，不得有倾斜扭曲现象。安装固定后涂刷防锈漆两遍。如果钢骨架与木饰面结合，需在钢骨架上用螺栓固定数条方木骨架或固定木夹板。如果钢骨架与石板饰面结合，则需在钢骨架上拟与石板结合部位焊敷钢丝网。钢骨架混合结构配置体结构，见图 16-9 所示。

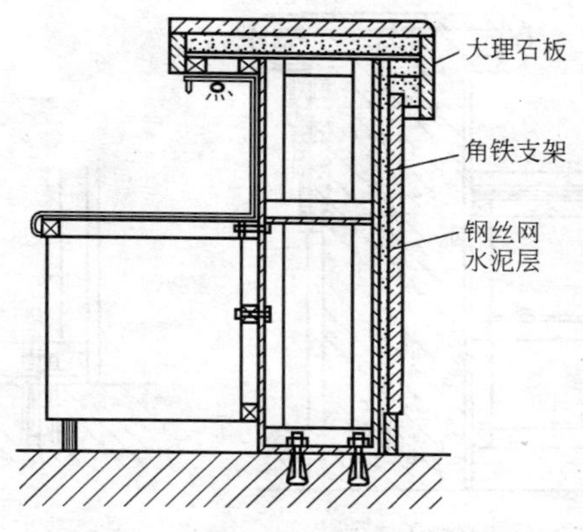

图 16-9　钢骨架混合结构配置体

（3）砖砌体骨架施工　配置体可以用砖砌基础和骨架结构，砌筑时要保证砌体强度、结构的垂直度和平整度。砌筑时，不能留通缝，防止配置体失稳。在砖砌体骨架上镶贴大理石或花岗石时，应先抹灰，然后再镶贴。若需与不锈钢管连接，应先埋设预埋件，然后再与不锈钢管连接。

（4）钢筋混凝土骨架施工：在悬挑不大的各种台架中，常用钢筋混凝土作为基础和骨架。因此施工时，先根据定位放线，支基础模板，绑基础钢筋，浇筑基础混凝土，养护后，绑骨架钢筋，支骨架模板、浇骨架混凝土。若镶贴大理石或花岗石，应在浇筑骨架时，预埋铁件、焊接钢筋作为预挂大理石用。如有不锈钢管需在侧面与骨架连接，也应预埋连接件或将不锈钢管事先埋入骨架中。混凝土骨架的混合结构如图 16-10 所示。

（5）节点连接：

1）钢骨架与地面连接　钢骨架与地面连接通常用 M10 膨胀螺栓或射钉固定，如图 16-11 所示。

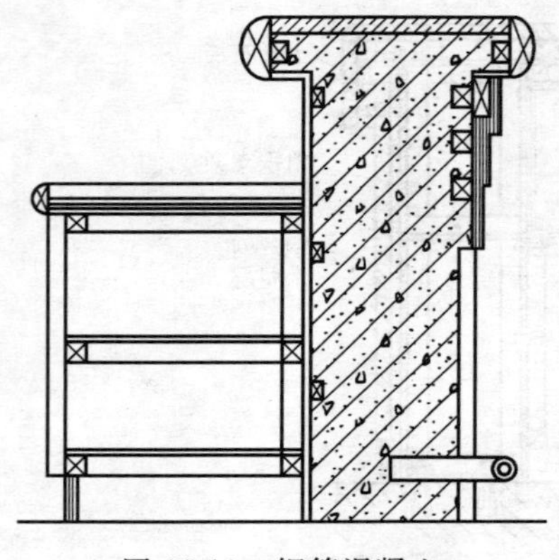

图 16-10　钢筋混凝土骨架结构配置体

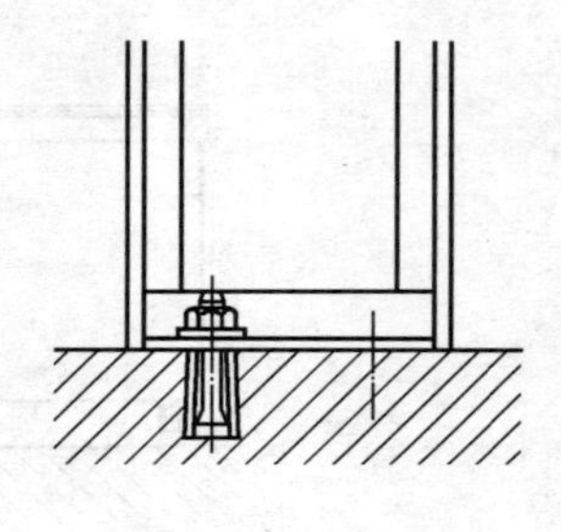

图 16-11　钢骨架与地面的连接固定

2）混凝土骨架与木结构连接节点　在混凝土骨架内预埋木块，应不小于 40mm×40mm，并斜锯成梯形，再用木螺钉在背面直接拧入预埋件内。其节点如图 16-12 所示。

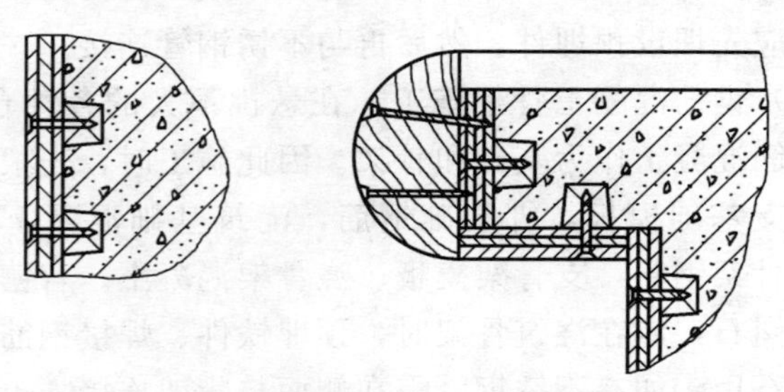

图 16-12　混凝土骨架与木结构连接节点

3）管材与台面安装节点　管材与台面安装时，通常用法兰盘基座来连接固定。大理石台面固定法兰盘时，要在台面石板上打孔埋入木楔，然后用木螺钉将基座固定在台面的木楔上。如图 16-13 所示。

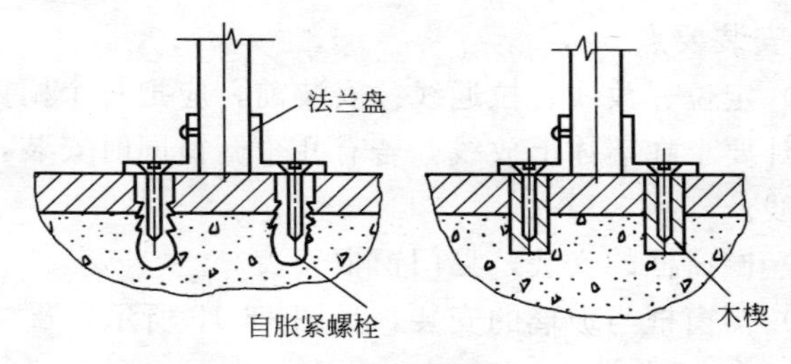

图 16-13　管材与台面的固定方式

4）管材与侧面安装节点　在接待台等正立面上，用悬臂方法安装不锈钢或铜管装饰管。其固定方式一般采用埋入式。如图 16-14 所示。

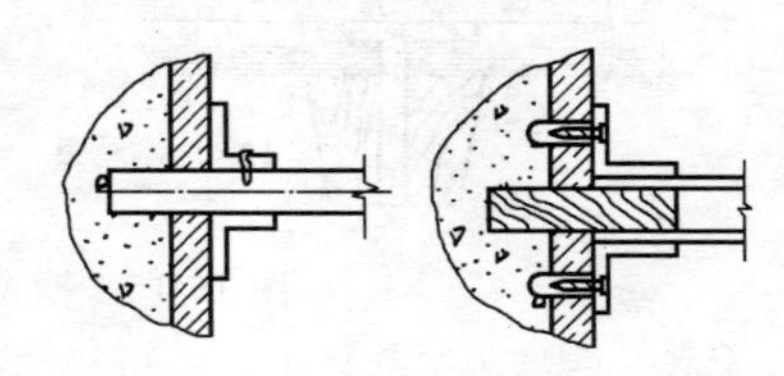
图 16-14　侧面安装管型材

16.1.4　橱窗安装

商业店铺的临街面上，一般设有橱窗，起展示商品的功能。

1. 施工准备

（1）检查窗洞口：安装前，应对橱窗洞口进行尺寸检查，是否符合设计要求。

（2）材料准备：

1）橱窗的边框多用型钢或铝型材制作，按设计要求选用型钢及铝型材。

2）玻璃　通常用 5～10mm 的普通玻璃和茶色玻璃。

（3）施工工具：常用工具有线坠、方尺、角尺、水平尺。型材切割机（图 3-44）、手电钻（图 3-37）、冲击电钻（图 3-38）、射钉器（图 3-71）等。

（4）根据橱窗结构，应提前埋设预埋件，安装时，可以直接与橱窗框连接。

2. 安装要点

（1）定位、放线、拉通线　安装前，应把每个橱窗的位置按设计要求在墙体上放线，若有几个橱窗同时安装，应拉水平通线。

（2）橱窗框的安装，见门窗框安装。

（3）橱窗框与玻璃的安装，见图 16-15 所示。

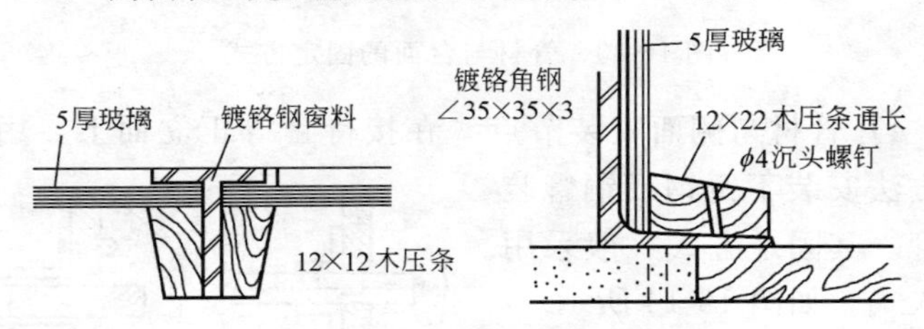

图 16-15　橱窗节点构造

（4）卷帘窗的安装应注意卷筒的位置和固定方法，卷筒常设在橱窗的顶部，用支架与墙体连接支承卷筒，在卷筒的外边加挡板，如图 16-16 所示。

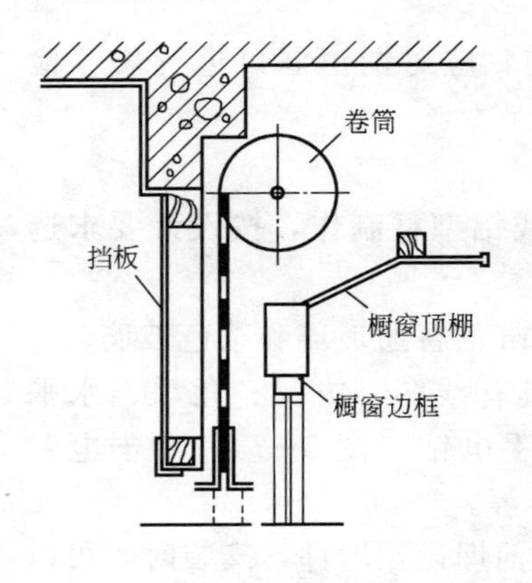

图 16-16　橱窗卷帘位置示意图

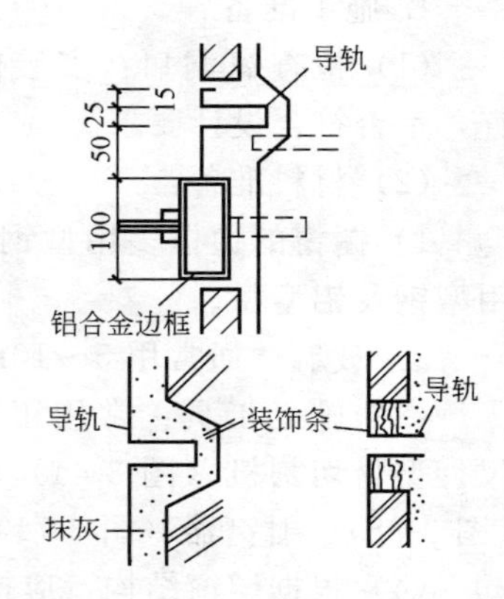

图 16-17　卷帘窗轨道节点示意

卷帘窗的导轨一般安装在侧墙内，应注意与外墙饰面材料的关系，如图 16-17 所示。

16.2 室内装饰灯具安装

店面装饰，不仅包括美观的建筑物本身，而且也包括周围的附属建筑（停车场、喷水池）道路、园林等，使整个环境形成和谐的统一。室内外灯具犹如颗颗明珠闪耀在建筑群中，更添光辉。因此，灯具安装对店面装饰起到重要的作用。

16.2.1 灯具安装施工准备

1. 灯具准备

店面装饰灯具有：

(1) 霓虹灯　霓虹灯具以其五光十色，造型多变，被广泛应用于广告照明、商店店面装饰。

霓虹灯是辉光放电灯，利用辉光放电的正柱区光，这一区域的光的颜色主要取决于所充气体的性质（电流的大小也会影响颜色）。

霓虹灯放光颜色与充的气体有关，见表 16-1。

霓虹灯的优点是：寿命长（可达 15000h 以上），瞬时启

霓虹灯放光颜色　　**表 16-1**

所充气体	光的颜色	所充气体	光的颜色
He	白(带蓝绿色)	O_2	黄
Ne	红　紫	空气	桃　红
Ar	红	H_2O	蔷薇色
Hg	绿	H_2	蔷薇色
K	黄　红	Kr	黄　绿
Na	金　黄	CO	白
N_2	黄　红	CO_2	灰　白

动，光输出可调节，灯管可做成各种形状。缺点是：发光效率不及荧光灯具，电极损耗较大。

（2）门灯　门灯多半安装在公共建筑正门处，做夜间照明。门灯的种类主要有门壁灯、门前座灯、门顶灯等。

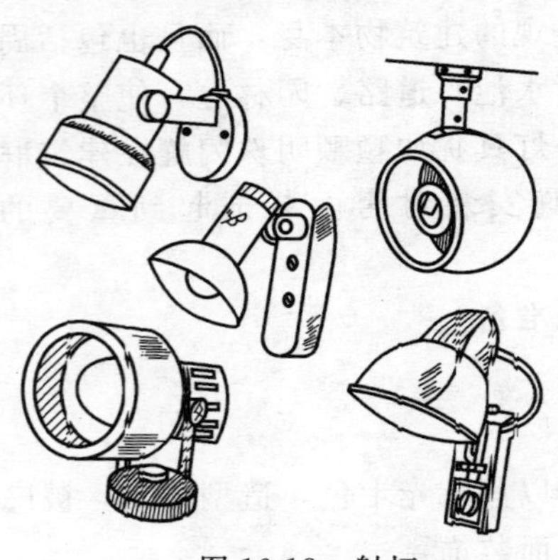

图 16-18　射灯

（3）射灯　射灯是近几年迅速发展起来的一种灯具，它的光线投射在一定区域内，使被照射物获得充足的照度与亮度。它已被广泛应用在商店、展览厅等处做室内外照明，以增加展品及商品的吸引力。

射灯的造型千姿百态，有圆筒式、方形椭圆式、喇叭形、还有抛物线形等等（图 16-18），几何线条明显，充满现代气息。

（4）吊灯　吊灯是悬挂在室内屋顶上的照明灯具，经常用作大面积范围的照明，它比较讲究造型，强调光线作用。吊灯可分成二类，即白炽类吊灯和荧光类吊灯。

白炽吊灯有三种：

1）单灯罩吊灯　这是以一个灯罩为主体的吊灯。如图 16-19 所示。

2）枝形吊灯　枝形吊灯又分为单层枝形吊灯、多层枝形吊灯。

① 单层枝形吊灯　将若干个单灯罩在一个平面上通过犹如树枝的灯杆组装起来，就成了单层枝形吊灯，如图 16-20 所示。

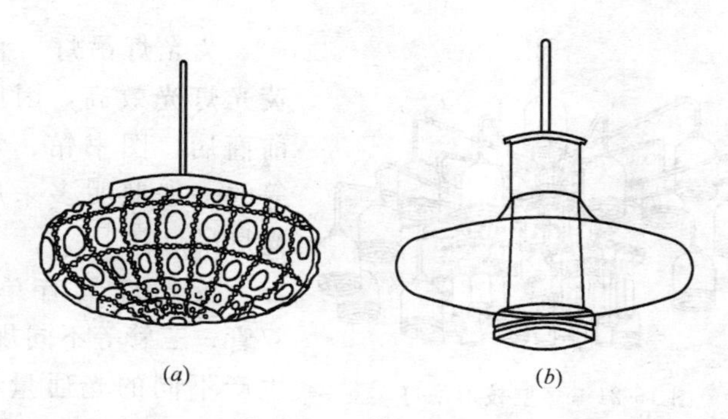

图 16-19　单灯罩吊灯

（a）吹制玻璃灯罩吊灯；（b）双色罩吊灯

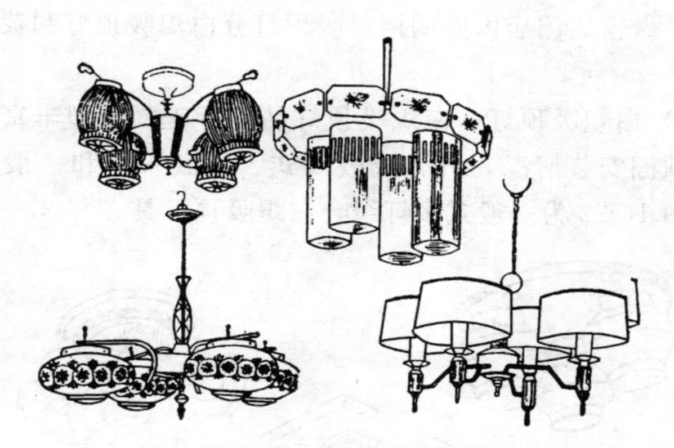

图 16-20　单层枝形吊灯

② 多层枝形吊灯　枝形吊灯向多层次空间伸展。如图 16-21 所示。

3）珠帘吊灯　这是近年来发展很快的豪华型吊灯。全灯用成千上万只经过研磨处理的玻璃珠（片、球）串连装饰。当灯开亮时，玻璃珠使光线折射。由于角度的不同，会使整个吊灯呈现出五彩之色，给人以华丽、兴奋的感受。

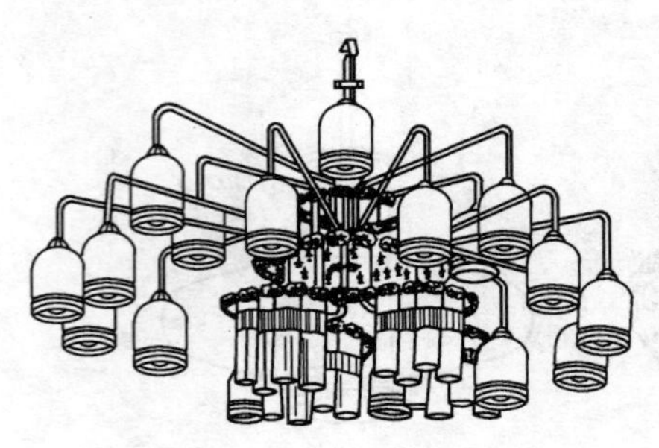

图 16-21　多层枝形吊灯

荧光灯吊灯　由于荧光灯光效高，因此目前商店、图书馆、学校等的一般照明多采用荧光灯吊灯。

荧光灯具有单管、双管、三管等不同规格，生产不同的光通量，以适应不同照度的要求。

(5) 吸顶灯　吸顶灯是直接安装在顶棚上的一种固定式灯具，做窗店门店内照明用。吸顶灯分白炽吸顶灯和荧光吸顶灯。

1) 白炽吸顶灯　白炽吸顶灯品种万千，造型丰富。按其在顶棚安装情况，可分成嵌入式、半嵌入式和一般式三类。图 16-22 为一般式多灯组合白炽吸顶灯具。

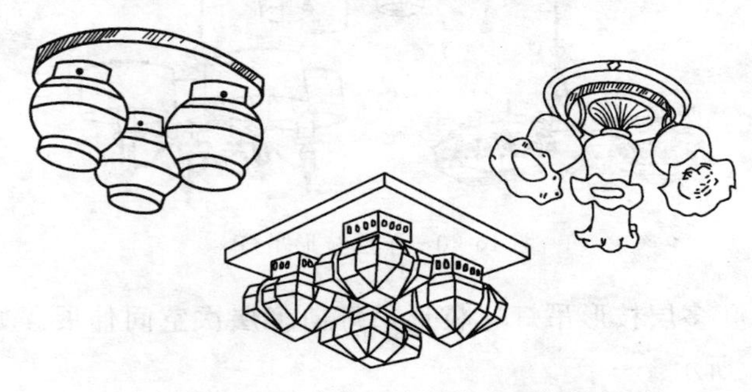

图 16-22　多灯组合白炽吸顶灯具

2) 荧光吸顶灯　荧光吸顶灯有直管荧光吸顶灯和紧凑型荧光吸顶灯。

直管荧光吸顶灯　有的采用透明压花板或乳白塑料板做

外罩，有的安装镀膜光栅，既有装饰性又有实用性，使灯具显得造型大方、清晰明亮。图 16-23 中的（*a*）、（*c*）、（*d*）均为直管荧光吸顶灯。

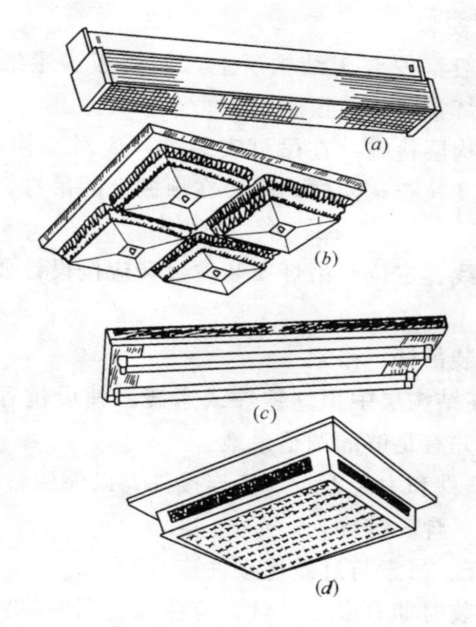

图 16-23　荧光吸顶灯具

2. 灯具安装使用材料

常用的材料有：木材（不同规格的木方、木条、木板）、铝合金（板、型材）、型钢、扁钢、钢板做支撑构件。塑料、有机玻璃板、玻璃做隔片，外装饰贴面和散热板、铜板、电化铝板做装饰构件。其他配件如螺丝、铁钉、铆钉、成品灯具、胶粘剂等。

3. 灯具安装使用工具

常用工具的钳子、螺钉旋具、锤子、手锯、直尺、漆刷、手电钻（图 3-37）、冲击电钻（图 3-38）、电动曲线锯（图 3-47）、射钉枪（图 3-65）、型材切割机（图 3-44）。

16.2.2 室内灯具安装要点

1. 吊灯安装

吊灯一般都安装于结构层上，如楼板、屋架下弦或梁上，小的吊灯常安装在顶棚上。

（1）结构层检查　在吊灯安装前，应对结构层如楼板、梁等进行强度检查；同样，安装在顶棚上的吊灯，也应对顶棚进行检查。

（2）放线、定位　吊灯安装位置，应按设计要求，事先定位放线。

（3）安装吊杆、吊索：

1）先在结构层中预埋铁件或木砖。埋设位置应与放线位置一致，并有足够的调整余地。

2）在铁件和木砖上设过渡连接件，以便调整埋件误差，可与埋件钉、焊、拧穿。

3）吊杆、吊索与过渡连接件连接。

（4）安装时如有多个吊灯，应注意它们的位置、长短关系，可在安装顶棚的同时安装吊灯，这样可以以吊顶为依据，调整灯的位置和高低。

（5）吊杆出顶棚面可直接出和加套管出两种方法。加套管法有利于安装，可保证顶棚面板完整，仅在需要出管的位置钻孔即可（图 16-24）。直接出顶棚的吊杆，安装时板面钻孔不易找正。有时可能要采用先安装吊杆再截断面板挖孔安装的方法，对装饰效果有影响。

（6）吊杆应有一定长度的细纹，以备调节高低用。吊索吊杆下面悬吊灯箱。应注意连接的可靠性。

（7）吊杆吊索与顶棚连接　吊杆吊索直接钉、拧在吊顶板次龙骨上，或采用上述板面穿孔的方法连接在次龙骨上。或吊于次龙骨间另加的十字搁栅上。如图 16-25 所示。

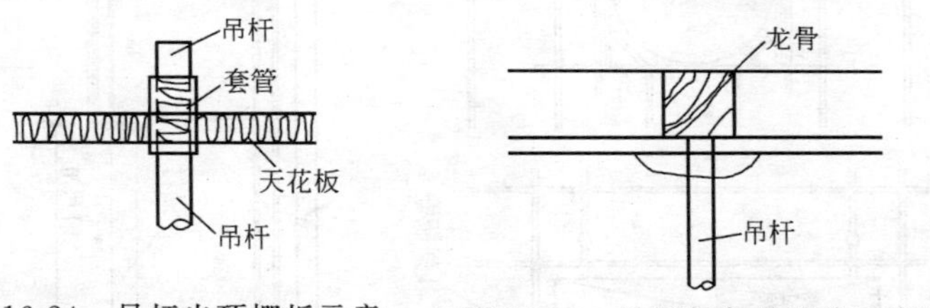

图 16-24　吊杆出顶棚板示意　　图 16-25　吊杆与龙骨连接示意图

2. 吸顶灯安装

小吸顶灯一般仅装在搁栅上，大吸顶灯安装时，则采用在混凝土板中伸出支承铁件，铁件连接的方法如图 16-26 所示。

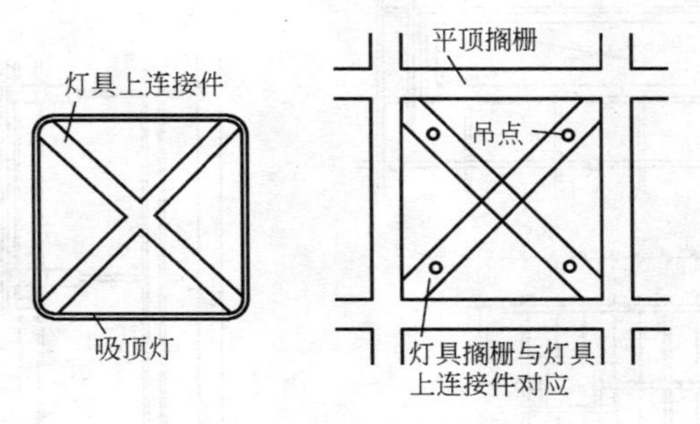

图 16-26　灯具安装示意

（1）安装前应了解灯具的形式（定型产品、组装式）、大小、连接构造，以便确定预埋件位置和开口位置及大小。重量大的吸顶灯要单独埋设吊筋，不可用射钉后补吊筋。

（2）认真研读吊灯平面图及节点详图，研读灯具布置图和节点详图，以及灯具样本。

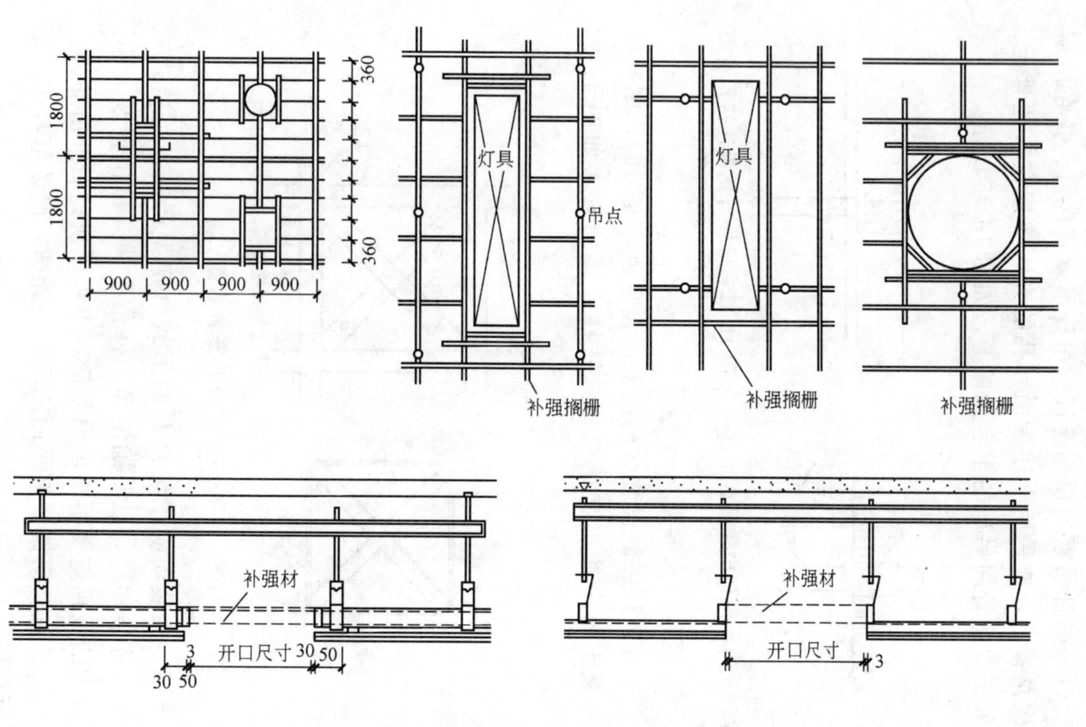

图 16-27 顶棚灯具安装开口示意

（3）安装洞口边框　以次龙骨按吸顶灯开口大小围合成孔洞边框，此边框既为灯具提供连接点，也作为抹灰面层收头和板材面层的连接点。边框一般为矩形。大的吸顶灯可在局部补强部位加斜撑做成圆开口或方开口，如图 16-27 所示。

（4）吊筋与灯具的连接　小型吸顶灯只与龙骨连接即可，大型吸顶灯要从结构层单设吊筋，在楼板施工时就应把吊筋埋上，埋设方法同吊顶埋筋方法。埋筋的位置准确，但施工中不可避免有一定的误差，为使灯具安装位置准确，在与灯具上支承件相同的位置另吊龙骨，龙骨上与吊筋连接，下与灯具上的承件连接，这样即可保证吸顶灯牢固安全，又可保证位置准确。

（5）建筑化吸顶灯安装　通常采用非一次成品灯具，即用普通的日光灯、白炽灯外热格板玻璃、有机玻璃、聚苯乙烯塑料晶体片等，组装成大面积吸顶灯。其安装程序是：

1）加补强物件，加边框开口。

2）将承托、固定玻璃的吊杆与龙骨或补强龙骨连接。

3）安装灯具。

4）安装玻璃。

由于它不是一次定型构件，安装时调整好尺寸和平整是很重要的。在搁栅水平或方正的前提下，一个顶棚的同一种灯具所用的吊杆边框和螺栓的规格要一致。

（6）吸顶灯与顶棚面板交接处，吸顶灯的边缘构件应压住面板或遮盖面板板缝。在大面积或长条板上安装点式吸顶灯，采用曲线锯挖孔。

（7）组装吸顶灯玻璃面，可选用棱形玻璃片、聚苯乙烯晶体片，或对普通玻璃、有机玻璃进行车、磨等表面处理，以增加折射和减小透射率，避免暗光。

16.2.3 室内灯具安装注意事项

1. 灯具（特别是吊灯）安装必须牢固：

（1）普通吊线灯，灯具重量在1kg以下者，可直接用软导线安装。1kg以上的灯具则须采用吊链吊装，软线宜交叉缠绕在铁链内，以避免导线承受拉力。

（2）软线吊灯时，在吊盆及灯头内应结扣。

（3）采用钢管做灯具的吊杆时，钢管内径一般不小于10mm。

（4）凡灯具重量超过3kg者，其与顶棚的连接须通过预埋的吊钩或螺栓。

（5）固定花灯的吊钩，其圆钢直径应不小于灯具吊挂销钉的直径，且不得小于6mm。

（6）用专用铰车悬挂固定大型吊灯时，应做到：

1）铰车的棘轮必须有可靠的闭锁装置。

2）铰车的钢丝绳抗拉强度应不小于花灯重量的10倍。

3）钢丝绳的长度应使灯线不承受张力，且当吊灯放下时，吊灯距地面或其他物体不少于250mm。

（7）安装在重要场所的大型灯具的玻璃罩，应有防止其碎裂后向下溅落的措施。

2. 灯具安装必须严防触电：

（1）当灯具的金属外壳必须接地时，应有接地螺栓与接地网连接。

（2）灯具采用螺口灯头时，相线应接灯头的顶心，零线接螺口。

（3）变配电所内高、低压盘及母线正上方不得安装灯具。

（4）道路灯具应装熔断器。

3. 安装灯具必须防燃：

(1) 各式灯具在易燃结构部位或暗装在木制吊顶内时，在灯具周围应做好防火隔热处理。

(2) 卤钨灯具不能在木质或其他易燃材料上吸顶安装。

4. 灯具安装要使其本身线条与室内建筑线条配合得当。

(1) 矩形灯具的边应与顶棚的装修直线平行。当灯具为对称安装时，其纵横中心轴线应在同一条直线上。

(2) 多支荧光灯管组合的开启式灯具，灯管的排列应整齐。

(3) 嵌入式灯具灯罩边框的边缘应与顶棚面紧贴。

5. 携带式照明灯具的安装应符合的要求：

(1) 灯体绝缘良好，耐热、耐潮湿。

(2) 灯头与灯体结合紧固，灯头上应无开关。

(3) 灯具玻璃罩（或裸灯泡）外应有金属保护网。

16.3 花饰装饰

建筑花饰的种类有石膏制品花饰、预制混凝土花格制品花饰、水泥石渣制品花饰、金属制品花饰、塑料制品花饰等。室内一般常采用石膏制品花饰。其他制品可作为室外花饰。

花饰工程包括花饰的制作与安装。其工艺是：首先制作花饰模型（即制作阳模），再制作阴模，然后根据阴模翻浇花饰制品，最后将预制的花饰制品安装在装饰花饰的部位。

16.3.1 花饰的制作

花饰的制作工序：制作阳模（塑实样），浇制阴模和浇制花饰三个工序。

1. 塑实样（制作阳模）

塑制实样是花饰预制的关键。塑实样前应熟悉图纸，掌握花饰图案的设计意图。塑制实样可采用木材雕刻，也可用纸筋灰和泥土塑制，还可用石膏塑制。

（1）木材雕刻实样　这种做法适用于精细、对称、体积小、线条多而复杂的花饰图案，但因成本较高，制作难度大，又加之工期长，一般都不采用。

（2）石膏塑实样　按花饰外围尺寸浇一块石膏板，待凝固后，把花饰图案用复写纸画在石膏板上，并照图案雕刻成花饰阳模。

（3）泥塑实样　采用泥塑实样，泥土应选用没有砂子的黏性土，较柔软、光滑的黄土和褐色土，能满足性质要求的陶土及瓷土也可使用。初挖的黏土是生土，要根据其干湿度加适量水，再用木锤敲打，敲打的时间越长越好，使它成为紧密的熟土。

制作泥塑实样，首先，将花纹图案用白脱纸复制在泥底板（或木底板）上，看花纹的粗细、高低、长短、曲直，把泥土捏成泥条、泥块、泥团塑在底板上，其厚度以不超过花饰剖面的 6/10 为宜，再用手将小泥块慢慢添厚加宽，完成花饰的基本轮廓，最后用小铁皮添削修饰成阳模。

（4）纸筋灰塑制实样　用稠纸筋灰按花饰的轮廓一层层堆起，再用工具雕刻而成，待纸筋灰稍干将实样表面压光。由于纸筋灰的收缩性较大，在塑实样时要按 2％的比例放大尺寸。这种实样在干燥后容易出现裂纹，因此，要注意实样的干湿程度。

阳模干燥后，表面应刷泡立水（虫胶清漆）2～3 遍，若阳模是泥塑的，应刷 3～5 遍。每次刷泡立水，必须待前一次干燥后才能涂刷，否则泡立水易起皱皮，会影响花饰阳模及花饰的质量。刷泡立水的目的有二，一是作为隔离层，使阳模易于在阴模中脱出；二是在阳模中的残余水分，不致在制作阴模时蒸发，使阴模表面产生小气孔，降低阴模质量，由于阴模表面不光滑，必将使浇翻出的花饰表面粗糙。

另一种方法是刷油脂，这可使阳模更加光滑，便于从阴模中脱出。

为了防止污染阴模，泡立水或油脂须纯净、清洁无色、不得有残渣等，否则阳模的内壁将会粗糙，影响花饰的质量。

2. 制阴模

制阴模的方法有两种：一种是硬模，一种是软模。硬模用水泥浆、水泥砂浆或细石混凝土制作；软模用明胶浇制。硬模适用于制造水泥砂浆、水刷石、斩假石等花饰；软模适用于制造石膏花饰。

（1）软模的浇制方法　软模的材料选用明胶，明胶的配制为 1∶1∶1/8（明胶∶水∶工业甘油）。先将明胶放在锅内隔水（外层盛水，内层盛胶）加热至 30℃，明胶开始溶化；温度达到 70℃时停止加热，并将其调拌均匀，待稍凉后即可灌注。温度不可过高或过低。温度过高，要损坏明胶的质量，过低则会因为明胶液流动性小而不便浇注。

明胶分甲、乙、丙、丁四种，以淡黄色耐热度较高，可重复使用。花饰数量小，可用乙种以下明胶。新、旧明胶和品种不同的明胶，不能掺合使用，否则会使胶腊脆软发毛，影响花饰的质量。

浇模时，务使胶水从花饰边缘徐徐倒入，不能猛然急冲灌下去，一般在 15min 内浇完效果最好。此外还必须注意胶的温度，温度高的应浇得慢些，温度低的应浇得快些。胶模要一次浇完，中间不应有接头，浇同一模子的胶水稠度应一致。阴模浇的太厚，使翻模不便，一般约在该花饰的最高花面上 5～20mm 为宜。浇注后经 8～12h 取出实样，用明矾和碱水洗净。如出现花纹不清、边棱残缺、模型变样、表面不平和粗糙等现象，应重新浇制。用软模浇制花饰时，每次浇制前，需在模子上撒上滑石粉或涂上其他无色隔离剂。

用明胶制作阴模，制模方便迅速、价格便宜。已废弃的明胶阴模，还可重新利用，制作新的阴模。明胶阴模表面光滑，重量轻，制作石膏花饰时操作方便，制出的花饰质量好。

(2) 硬模的浇制方法　当实样硬化后，涂一层稀机油或凡士林，再抹上 5mm 厚的素水泥浆，待稍收水放上配筋，用 1∶2 水泥砂浆浇灌。一般模子的厚度要考虑硬模的刚度，最薄处要比花饰的最高点高出 2cm。阴模浇灌后养护 3～5d 倒出样，并将阴模花纹修整清楚，用机油擦净，刷三道漆片后备用。初次使用硬模时，需让硬模吸足油分。每次浇制花饰时，模子上需涂刷掺煤油的稀机油。

3. 花饰制品制作要点

(1) 石膏花饰：

1) 在明胶阴模内，应刷清油和无色纯净的润滑油各一遍，涂刷要均匀，不应刷得过厚或漏刷，要防止清油和油脂聚积在阴模的低凹处，造成浇制的石膏花饰出现细部不清晰和孔洞等缺陷。

2) 制作时，花饰中的加固筋和锚固件的位置须准确。加固筋可用麻丝、木板条或竹片，不宜用钢筋。

3）拌制石膏浆。石膏浆的加水量，应因石膏的性质而定，50kg 石膏粉一般加水 30～40kg，石膏浆拌匀后，浇入明胶阴模内。

4）石膏浆浇注。浇注时，先浇注阴模的 2/3，待埋设好麻丝、竹片等加固筋后，继续浇注石膏浆至模口平。待其硬化后，用尖刀将其背面划毛，使花饰安装时易与基层粘结牢固。

5）脱模。石膏浆浇注后，一般经 10～15min 即可脱模。如时间过长，明胶模易损坏。脱模后，不整齐之处用石膏浆修补整齐，使花饰清晰。

（2）水泥砂浆花饰　将配制好的钢筋放入硬模内进行锚固，待花饰干硬至用手按稍有指纹但不觉下陷时，即可脱模。脱模时，将花饰底面刮平带毛，翻倒在平整处，脱模后，检查花纹进行修整，再用排笔轻刷，使表面颜色均匀。

（3）水刷石花饰　用 1∶1.5 的水泥石渣浆倒入硬模内进行捣固，石渣应颜色一致、颗粒均匀且干净，必要时，要洗净、过筛。水刷石花饰用的水泥石浆稠度以 5～6cm 为宜。浇制时，可将石渣浆放于托板上用铁皮先行抹平，然后将石渣浆的抹平面向阴模内壁覆下，再用铁皮按花纹结构形状往返抹压几遍，并用木锤敲击底板，使石子浆内所含气泡泄出去，密实地填满在模壁凹纹内。石子浆的厚度在 10～12mm 为宜，但不得小于 8mm。

为利于快速脱模，可用干水泥作吸水材料，把干水泥撒到饰件背面上吸水，将已吸湿的干水泥刮去，用铁抹子均匀压几遍，再撒些干水泥继续吸水，直至使石渣浆成干硬状，用手按不下陷，无泛水时即刮去湿水泥再压一遍，然后用铁皮将底面刮毛，以保证安装时粘结性好。

高度较大且口径较小的花饰，用铁皮无法抹刮时，可采用抽芯的方法。即在阴模内先做一个比阴模周边小2cm的铁皮内芯，然后将石粒浆从内芯与阴模相隔的2cm的缝隙中灌注捣固密实后，立即在内芯中灌满干水泥，同时将铁皮内芯抽出，这样不但可防止石子下坠损坏花饰，同时也起到吸水作用。然后将多余的干水泥取出，并用干硬性水泥砂浆或细石混凝土填心，填心时要用木锤夯打。根据花饰厚薄及大小，在中间均匀放置$\phi6\sim8$的钢筋或8号铅丝、竹条加固。

翻模时，先将底板覆盖在花饰背面，底板要与花饰背面紧贴，然后翻身，并稍加振动，花饰即可顺利翻脱。刚翻出花饰表面如有残缺不齐、孔眼或裂缝现象，应随即用小铁皮修补完整，并用软刷在修补处蘸水轻刷，使表面整齐。

花饰翻出后，硬模立即刷洗干净，并刷油一遍后，方可继续铸造花饰。

花饰翻出后，用手按其表面无凹印，即可用喷雾器或棕刷清洗。

清洗时，先用棕刷蘸水将花饰表面刷洗一遍，将表面水泥刷去，再用喷雾器喷洗，开始时水势要小，先将凹处喷洗干净，使石子颗粒露出。

(4) 斩假石（剁斧石）花饰　斩假石花饰的浇制方法基本上同水刷石。浇制后养护3～7d，待有足够的强度，经试剁不掉粒时，即可进行面层剁斧。

斩假石花饰的斩剁方法，根据制品的不同构造和安装部位可分为以下两种：

1）块件造型简单，饰件数量较大，一般采用先安装后斩剁的方法。此法可避免安装后增加大量的修补和清洗工作。

2）花饰造型细致、艺术性要求较高的饰件，采取先斩剁后安装的方法。这是因为便于按饰件花纹不同伸延卷曲的方向和设计刃纹的要求进行操作，既能提高工效、又能确保质量。但安装时注意采取成品保护措施。

斩剁时，要随花纹的形状和延伸的方向，剁凿成不同的刃纹，在花饰周围的平面上，应斩剁成垂直纹，四边应斩剁成横平竖直的圈边，才能使刃纹细致清楚，底板与花饰能清晰醒目。

采取先斩剁后安装的花饰，必须用软物（如麻袋等）垫平，并先用金刚石将饰件周围边棱磨成圆角，防止因振动而破裂。

（5）预制混凝土花格饰件　一般在楼梯间等墙体部位砌花格窗用。其制作的方法是，按花格的设计要求，采用木模或钢模拼成模型，然后放入钢筋（一般采用 $\phi 4$ 冷拔低碳钢丝），浇筑混凝土（一般采用 C20 细石混凝土）。待花格混凝土达到一定强度后脱模，并按设计要求在花格表面做水刷石或干粘石面层，继续养护至可砌筑强度。

16.3.2　花饰的安装

1. 安装前的准备工作

（1）花饰应达到一定的强度方可安装；

（2）应对被粘结体（混凝土面层或抹灰面层）表面进行冲刷、清理，不留纸屑或油污。然后在表面刷一遍 108 胶水泥浆（1∶3）或 108 胶水溶液。

（3）检查预埋件的位置是否正确、牢固。混凝土墙板上安装花饰用的锚固件，应在墙板浇筑时埋设。

(4) 凡是采用木螺丝或螺栓固定安装的花饰，要事先在基层预埋木砖、预埋铁件或预留孔洞，孔洞应洞口小、里口大。并检查预留洞位置是否正确。

(5) 弹出花饰位置的中心线。安装石膏板，应在楼板下和顶棚四周弹线找平、找正，以保证纵横平直。

(6) 复杂分块花饰安装，必须预先试拼，分块编号。对一般花饰，要检查其型号、尺寸、方正、厚度和表面平整度，不符合要求的应即时修整或调换。

(7) 塑料花饰和纸质花饰，可用胶粘剂粘贴；金属花饰可用焊接固定。

(8) 预制混凝土花格饰件，应用1：2的水泥砂浆砌筑，相互之间用钢筋销子系牢；拼砌的花格饰件四周，应用锚固件与墙、柱或梁连接牢固，以加强稳定性和牢固性。

(9) 花饰安装后应牢固、平整、美观，符合图案设计要求。

2. 花饰安装的方法

花饰安装根据花饰的品种、重量大小分为粘贴法、木螺丝固定法和螺栓固定法。

(1) 粘贴法　这种方法多用于小型、重量轻的花饰。如水泥砂浆、斩假石、水刷石及石膏等小型花饰。

1) 基层清理。清除基层上的灰尘、砂浆、油污。

2) 在基层上刮素水泥浆2～3mm。

3) 花饰背面稍浸水润湿，然后涂上水泥浆，再按位置安装并与基层贴紧。

4) 石膏花饰背面洒水湿润后改涂石膏浆。

5）用支撑临时固定，修整接缝和清除周边余浆。

6）待水泥浆达到强度后，拆除临时支撑。

（2）木螺丝固定法　重量较大、体型稍大的花饰宜用木螺丝固定法。

1）基层清理。清除基层表面灰尘、砂浆、油污等杂物，并检查预埋木砖的位置是否符合设计要求。

2）基层面刮素水泥浆 2～3mm。

3）花饰背面稍浸水湿润，然后涂上水泥浆或石膏浆。

4）安装时，把花饰上预留的孔洞对准墙上木砖。并用铜或镀锌螺栓拧紧在预埋木砖上，如图 16-28 所示。

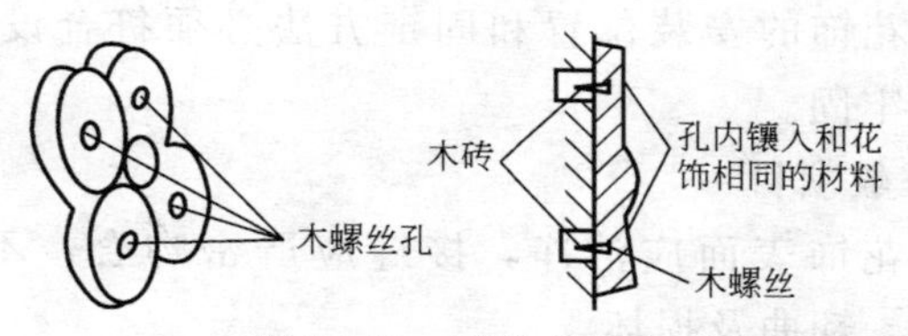

图 16-28　花饰的固定

5）安装后，用 1∶1 水泥砂浆或素水泥浆将孔眼堵严。如采用石膏花饰，则应用白水泥拌植物油堵严。

6）花饰表面及拼缝用同样的材料修理，不得留痕迹。

（3）螺栓固定法　重量大的大型花饰宜采用螺栓固定法。

1）将花饰预留孔对准基层预埋螺栓。

2）按花饰与基层表面的缝隙尺寸用螺母及垫块固定，并临时支撑。当螺栓与预留孔位置对不上时，要采用另绑扎钢筋或焊接的补救办法。

3）花饰临时固定后，将花饰与墙面之间的缝隙的两侧和底面用石膏堵住。

4）用1∶2的水泥砂浆分层灌注捣实，每次灌注10cm左右，每层终凝后再灌捣上一层。

5）待水泥砂浆有足够强度后，拆除临时支撑。

6）清理周边堵缝的石膏，周边用1∶1水泥砂浆修补整齐。

16.3.3 花饰制作安装的质量要求及检验标准

1. 主控项目

（1）花饰制作与安装所使用材料的材质、规格应符合设计要求。

（2）花饰的造型、尺寸应符合设计要求。

（3）花饰的安装位置和固定方法必须符合设计要求，安装必须牢固。

2. 一般项目

（1）花饰表面应洁净，接缝应严密吻合，不得有歪斜、裂缝、翘曲及损坏。

（2）花饰安装的允许偏差和检验方法应符合表16-2的规定。

花饰安装的允许偏差和检验方法　　表16-2

项次	项目		允许偏差(mm)		检验方法
			室内	室外	
1	条型花饰的水平度或垂直度	每米	1	2	拉线和用1m垂直检测尺检查
		全长	3	6	
2	单独花饰中心位置偏移		10	15	拉线和用钢直尺检查

16.3.4 质量通病及防治措施

1. 花饰安装不牢固

产生原因：

（1）花饰与预埋件结构中的锚固件未连接牢固。

（2）基层预埋件或预留孔洞位置不正确、不牢固。

（3）基层清理不好。

（4）在抹灰面上安装花饰时，抹灰层未硬化。

（5）花格饰件与基层（体）锚固连接不良等。

防治措施：

（1）花饰应与预埋在结构中的锚固件连接牢固。

（2）基层预埋件或预留孔位置应正确牢固。

（3）基层应清洁平整、符合要求。

（4）在抹灰面上安装花饰，必须待抹灰层硬化后进行。

（5）拼砌的花格饰件四周，应用锚固件与墙柱或梁连接牢固，花格饰件相互之间应用钢筋销子系固。

2. 花饰安装位置不正确

产生原因：

（1）基层预埋件或预留孔洞位置不正确。

（2）安装前未按设计在基层上弹出花饰位置的中心线。

（3）复杂分块花饰未预先试拼、编号，安装时花饰图案吻合不精确。

防治措施：

（1）基层预埋件或预留孔洞位置应正确。

（2）安装前应认真按设计要求在基层上弹出花饰位置的中心线。

（3）复杂分块花饰的安装，必须预先试拼、分块编号，安装时花饰图案应精确吻合。

17 室内木装修

室内木装修一般是指室内木质护墙板、窗帘盒、窗台板、筒子板、贴脸板、挂镜线以及室内装饰配套木家具制作与安装工程。在建筑室内装饰中，这些细木制品往往处于较醒目的位置，有的还是能触摸得到的，其质量令人注目。为此，这些木制品应优选木质材，精心制作，仔细安装，力求工程质量达到国家质量标准。

17.1 施工准备

17.1.1 安装工序及一般要求

1. 细木制品的安装工序

(1) 窗台板是在窗框安装后进行。

(2) 无吊顶采用明窗帘盒的房间，明窗帘盒的安装应在安装好门窗框、完成室内抹灰标筋后进行。

(3) 有吊顶的暗窗帘盒的房间，窗帘盒安装与吊顶施工可同时进行。

(4) 挂镜线、贴脸板的安装应在门窗框安装完，地面和墙面施工完毕再进行。

(5) 筒子板、木墙裙的龙骨安装，应在安装好门框与窗台板后进行。

(6) 室内装饰配套木家具安装应与护墙板安装同时进行。

2. 一般要求

(1) 细木制品制成后，应刷一遍底油（干性油）防止受潮变形。

(2) 细木制品及配件在包装、运输、堆放和安装时，要轻拿轻放，不得曝晒和受潮，防止变形和开裂。

(3) 细木制品必须按设计要求，预埋好防腐木砖及配件，保证安装牢固。

(4) 细木制品与砖石砌体、混凝土或抹灰层接触处、埋入砌体或混凝土中的木砖均应进行防腐处理。除木砖外，其他接触处应设防潮层。金属配件应涂刷防锈漆。

(5) 施工所用机具，应在使用前安装好，接好电源并进行试运转。

17.1.2 材料选用

1. 木质材料要求

(1) 细木制品所用木材要进行认真挑选，保证所用木材的树种、材质、规格符合设计要求。施工中应避免大材小用、长材短用和优材劣用的现象。

(2) 由木材加工厂制作的细木制品，在出厂时，应配套供应，并附有合格证明；进入现场后应验收，施工时要使用符合质量标准的成品或半成品。

(3) 细木制品露明部位要选用优质材，作清漆油饰显露木纹时，应注意同一房间或同一部位选用颜色、木纹近似的相同树种。细木制品不得有腐蚀、节疤、扭曲和劈裂等弊病。

(4) 细木制品用材必须干燥，应提前进行干燥处理。重要工程，应根据设计要求做含水率的检测。

2. 胶粘剂与配件

(1) 细木制品的拼接、连接处，必须加胶。可采用动物胶（鱼鳔、猪皮胶等），还可用聚醋酸乙烯（乳胶）、脲醛树脂等化学胶。

(2) 细木制品所用的金属配件、钉子、木螺丝的品种、规格、尺寸等应符合设计要求。

3. 防腐与防虫

采用马尾松、木麻黄、桦木、杨木等易腐朽、虫蛀的树种木材制作细木制品时，整个构件应用防腐与防虫药剂处理。木材防腐、防虫药剂的特性及适用范围见表17-1。

木材防腐、防虫药剂特性及适用范围　　表17-1

类别	编号	名称	特　性	适　用　范　围
水溶性	1	氟酚合剂	不腐蚀金属，不影响油漆，遇水较易流失	室内不受潮的木构件的防腐及防虫
	2	硼酚合剂	不腐蚀金属，不影响油漆，遇水较易流失	室内不受潮的木构件的防腐及防虫
	3	硼铬合剂	无臭味，不腐蚀金属，不影响油漆，遇水较易流失，对人畜无毒	室内不受潮的木构件的防腐及防虫
	4	氟砷铬合剂	无臭味，毒性较大，不腐蚀金属，不影响油漆，遇水较不易流失	防腐及防虫效果良好，但不应用于与人经常接触的木构件
	5	铜铬砷合剂	无臭味，毒性较大，不腐蚀金属，不影响油漆，遇水不易流失	防腐及防虫效果良好，但不应用于与人经常接触的木构件
	6	六六六乳剂（或粉剂）	有臭味，遇水易流失	杀虫效果良好，用于毒杀已有虫害的木构件
油溶性	7	五氯酚、林丹合剂	不腐蚀金属，不影响油漆，遇水不流失，对防火不利	用于易腐朽的木材，虫害严重地区的木构件

续表

类别	编号	名称	特　　性	适　用　范　围
油类	8	混合防腐油（或蒽油）	有恶臭，木材处理后呈黑褐色，不能油漆，遇水不流失，对防火不利	用于经常受潮或与砌体接触的木构件的防腐和防白蚁
	9	强化防腐油	有恶臭，木材处理后呈黑褐色，不能油漆，遇水不流失，对防火不利	用于经常受潮或与砌体接触的木构件的防腐和防白蚁，效果较高
浆膏	10	氟砷沥青浆膏	有恶臭，木材处理后呈黑褐色，不能油漆，遇水不流失	用于经常受潮或处于通风不良情况下的木构件的防腐和防虫

注：1. 油溶性药剂是指溶于柴油；
2. 沥青只能防水，不能防腐，用以构成浆膏。

17.1.3　工具及操作台准备

1. 工具准备

常用工具：手动电圆锯、手锯、凿、锹头、钳子、射钉枪、木工刨、电锤、电钻、气钉枪、卷尺、电动螺丝刀、电动自攻螺钉钻、风动角向磨光机、电动抛光机、气抛光机、往复锯、电动木工开槽机。

2. 操作台

在室内装饰工程中，需要有个加工木质材料的操作台。该操作台一般都自制，其方法为：

（1）先准备好一张 15mm 厚的刨花板或中密度纤维板或木板（需几条），一张 12mm 厚的中密度纤维板或木板，截面为 30mm×40mm 的木方若干，40mm×60mm 的腿料 8m。

（2）用腿料和木方钉成木架，其尺寸为：2300mm×1200mm×800mm（长×宽×高）。木架式样如图 17-1。

（3）在 15mm 厚板材上开出通槽，槽宽 8mm、长

200mm 左右。槽的位置尺寸如图 17-2。

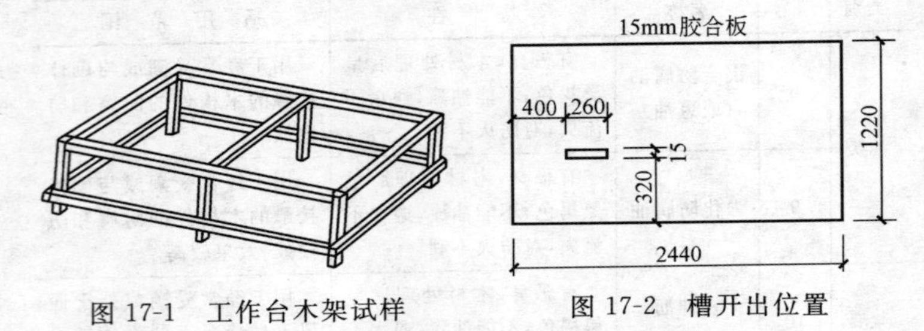

图 17-1　工作台木架试样　　　图 17-2　槽开出位置

(4) 将 15mm 厚板材钉在木架上，再把手提电锯用木螺钉固定在厚板材反面的通槽位置处。电锯的圆锯片从通槽中间伸出工作台面。

(5) 把 12mm 厚板材分为三条板，其宽分别为 400mm、500mm、320mm。将 400mm 和 320mm 的条板钉在工作台的两边，500mm 的条板居中，并可来回活动，做成的工作台如图 17-3。居中条板靠电锯盘一侧，需在中部裁切下一条长 800mm、宽 20mm 的边条。

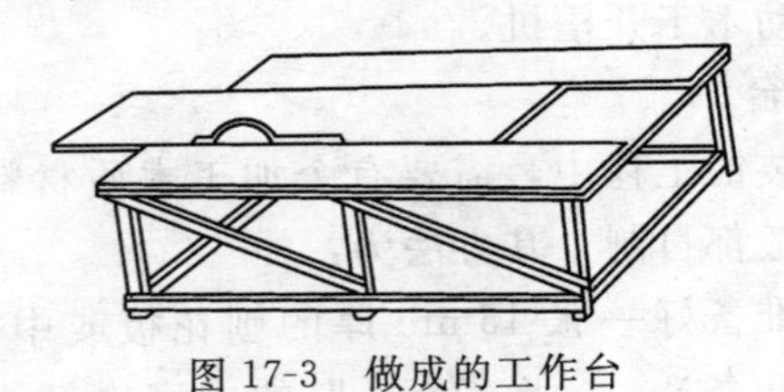

图 17-3　做成的工作台

17.2　木护墙板及其安装

木护墙板其构造形式有：

1. 木板式墙板和木条式墙板。其中包括水平或垂直板缝相接两种形式，其板宽度≤120mm。宽墙板大多数采用木材单板饰面制成。

2. 框架式镶接墙板。这种墙壁由墙板框架组成，框架内装设胶合板或贴面刨花板芯板。芯板又分为插入式和安放式两种。安放式芯板可从墙壁一侧或者外侧用压条装入框架。

3. 板式结构镶接墙面板。这种墙壁通常用贴面刨花板或者其他形式的贴面板，在其板料背面作固定结构。这种方式适宜大幅面墙壁的装修。事先可以将大块板料切割成要求幅面，然后安装于墙壁结构上。通常采用板面的最大单块尺寸为 500mm×500mm 或 625mm×625mm。

17.2.1 木质护墙板板面安装形式

木质护墙板板面安装形式与室内装饰设计要求、贴墙龙骨布置有关，并与板材的形式有关。目前室内安装木质护墙板板面形式有：

1. 条板竖向安装榫接固定形式

图 17-4 为条板竖向安装榫接固定形式示意图。

图 17-4 中ⓐ为木方；ⓑ固定螺丝；ⓒ异型板卡子；ⓓ榫接后的墙板。l_1 = 木方向距 600～800mm，l_2 = 固定螺丝间距 500～600mm，固定方式为暗式，只有最后一块板用螺钉固定或者胶接。

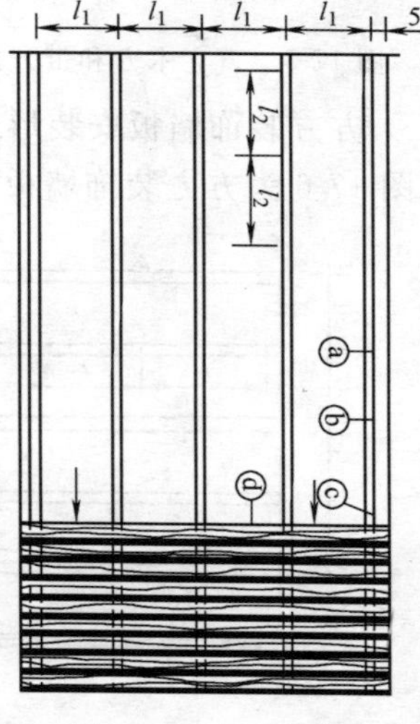

图 17-4　条板竖向安装榫接固定形式

2. 直立木方和带开槽木块的企口板卡接安装形式

图 17-5 为用直立木方和带开槽木块的企口板卡接安装形式示意图。

图 17-5 中ⓐ地板、板边木方，它的上侧一定要保持水平；ⓑ天花板、板边木方；ⓒ墙端木方；ⓓ直点木方；它可以被侧向推动直至与墙板；ⓗ接触并插入开槽木块的ⓕ内；然后将木方用螺丝固定于墙壁上。适用于 800mm 宽度以下的板式墙板。

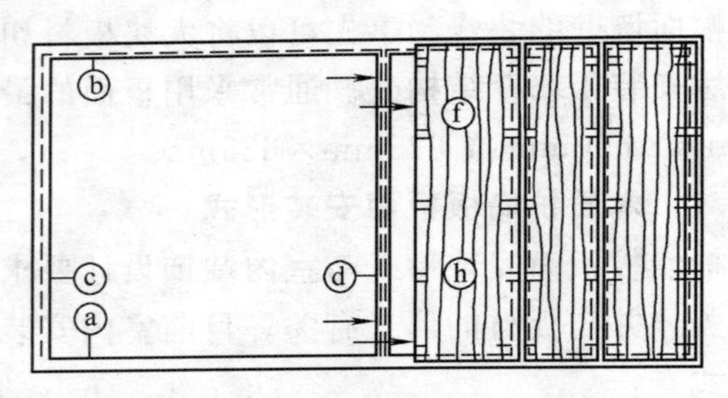

图 17-5　直立木方和带开槽木块的企口板卡接安装形式

3. 方方装饰墙板安装形式

图 17-6 为方方装饰墙板安装形式示意图。

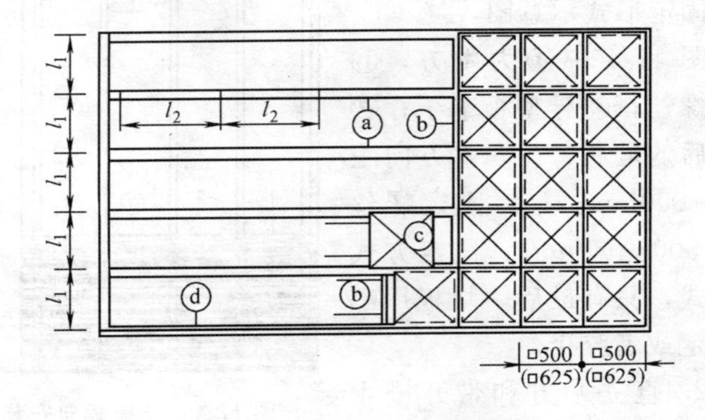

图 17-6　方方装饰板安装

图 17-6 中ⓐ木方；ⓑ异型压条；ⓒ墙板装饰板；ⓓ地板压条。l_1＝木方向距，适用于板面宽度 500～625mm。l_2＝固定螺丝间距≤800mm。

4. 利用开槽木块与龙骨连接的企口板嵌装形式

图 17-7 为利用开槽木块与龙骨连接的企口板嵌装形式示意图。

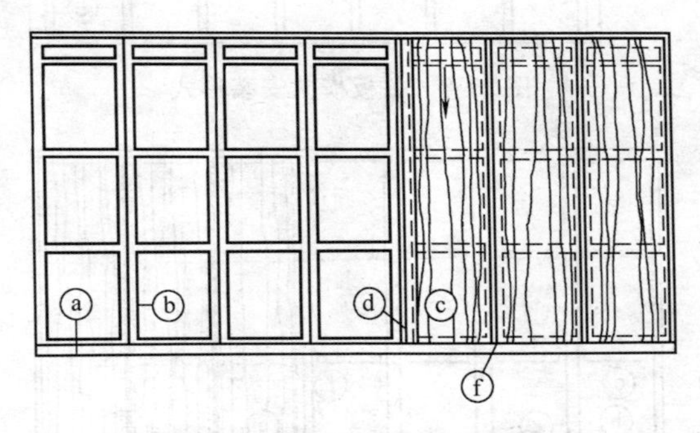

图 17-7 利用开槽木块与龙骨连接的企口板嵌装形式

图 17-7 中ⓐ地板板边木方；ⓑ安装框架；ⓒ墙板；板边带榫—榫槽结构；ⓓ开槽木块；ⓕ将墙板上抬，然后使其下沉悬挂到木框上。

5. 条板横向安装形式

图 17-8 为条板横向安装形式示意图。

图 17-8 中，ⓐ天花板、板边、木方；ⓑ地板、板边木方；ⓒ木方间距为 600～800mm，最上端的上板边为平边，墙板从上至下采用异型板卡的暗式固定方式。

6. 大幅面装饰板企口榫合并由开槽木块连接嵌装形式

图 17-9 为大幅画装饰板企口榫合并由开槽木块连接嵌装形式。

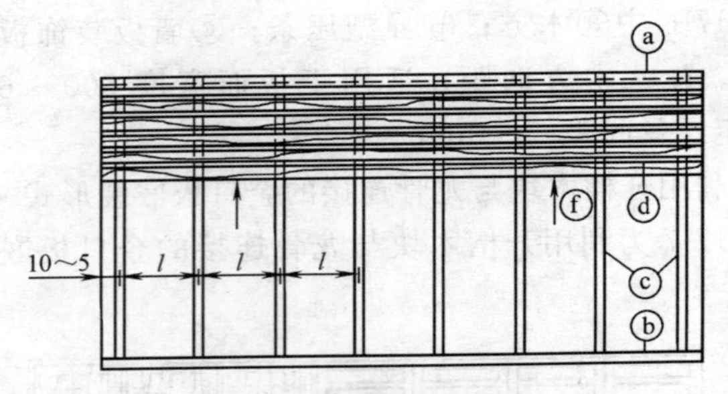

图 17-8　条板横向安装形式

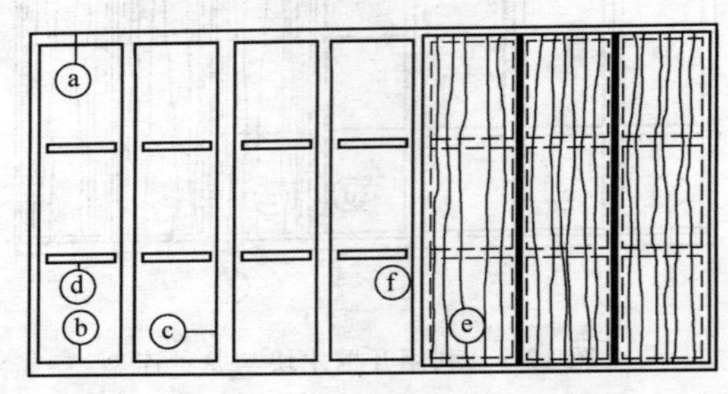

图 17-9　大幅面装饰板企口榫合并
由开槽木块连接嵌装形式

图 17-9 中，ⓐ天花板，板顶木方；ⓑ地板板边木方；ⓒ直立木方；ⓓ横向固定木方，它用于阻止墙板接缝处不平现象。墙板ⓔ利用开槽木块像滑动门那样被悬挂在木方框架上，然后推动墙板使板边的榫—榫槽结构结合，另一侧板边用异型卡ⓕ固定于立木方上。

7. 板式装饰墙的墙板背面悬挂结构形式

图 17-10 为板式装饰墙的墙板背面悬挂结构形式示意图。

图 17-10 中，ⓐ墙条木方；ⓑ天花板边木方；ⓒ地板板边木方，这些木方一定要相互联接紧密；ⓓ横木方，这两条

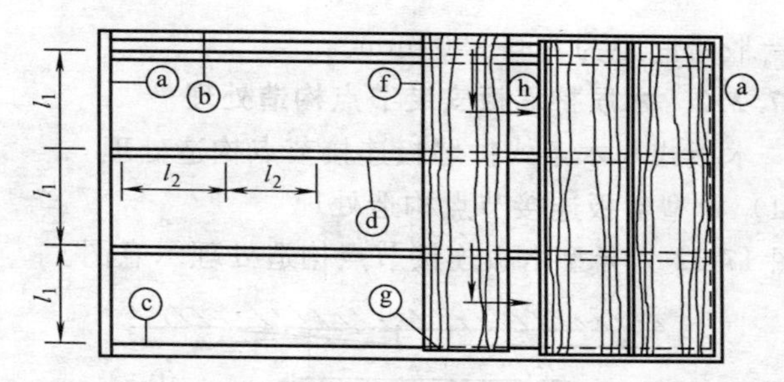

图 17-10　板式装饰墙墙板背面悬挂结构形式

木方一定要平直；ⓕ墙板，板边榫—榫槽结合；ⓖ悬挂后推向上一块墙板联接；ⓗ被固定板的板边。l_1＝木方间距800mm，l_2＝固定螺丝间距大约为600mm。

8. 用胶带固定的板面安装形式

图 17-11 为用胶带固定的板面安装形式。

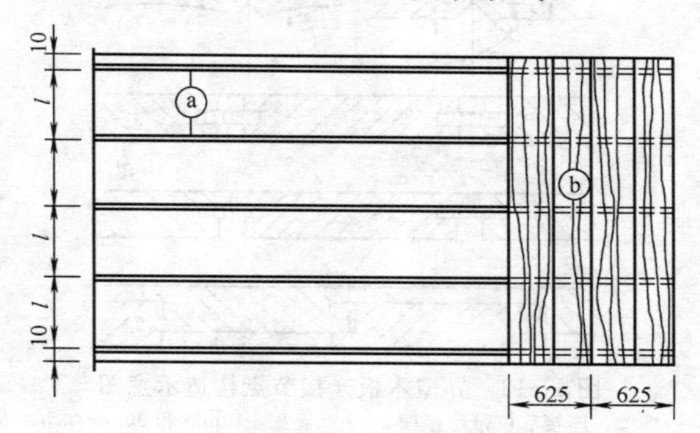

图 17-11　用胶带固定的板面安装形式

较薄，较轻的木制材料板和实木墙板，还可以采用胶带固定于墙面。不过这种结构没有板与墙体间的通风间隙，因此，墙壁应该绝对干燥。对于墙面不平整的现场，不能使用此法，胶带固定强度为 0.3MPa。粘接面应干燥，无油脂，以保证粘接强度。图 17-11 中，ⓐ为胶带；ⓑ胶合板薄墙板，l=胶带间距为400～500mm。

17.2.2 木质护墙板安装节点构造处理

1. 木板式与木条式护墙板连接节点构造处理

(1) 异型木板连接节点构造处理

图17-12为异型木板连接节点构造处理示意图。

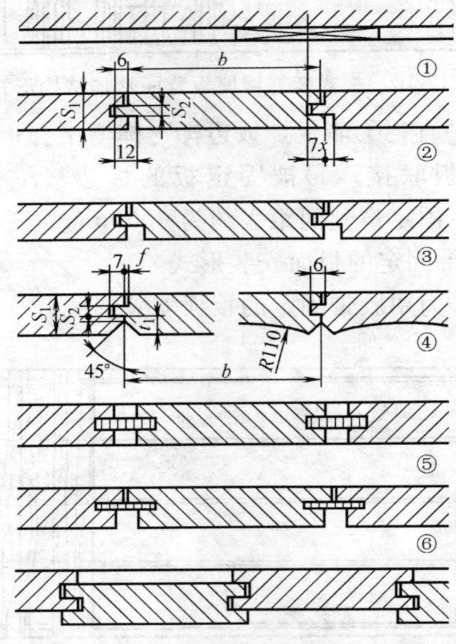

图17-12 异型木板连接节点构造示意图

①榫—榫槽，连接部位带暗影槽 $x \cdot b$=板宽，70mm和90mm，S_1=板厚(12.5)mm；13mm；15mm；19.5mm；21mm，S_2=根据不同板厚度，榫厚为4mm和6mm；②榫—榫槽连接墙板，接合部位带斜面暗影槽；③榫—榫槽接合墙板左：表面平坦，右：表面凹入，b=板宽；70mm；90mm；110mm，S_1=板厚；15mm；17mm；19.5mm；21mm；S_2=根据板厚度不同榫厚度为4和6mm；t_1=榫上部板厚度5mm、7mm用于S_1=15mm和77mm的墙板，S_1=19mm时为8mm，S_1=21mm时为9mm，t_2=根据不同墙板厚度、上部墙板厚度为2、3和4mm、f=榫下部板厚度0.5mm；④开槽、插入榫式墙板；⑤与上一种墙板相同，但是带有深陷的槽口；⑥槽接式墙板

（2）异型墙板连接节点构造处理

图 17-13 为异型墙板连接节点构造处理示意图。

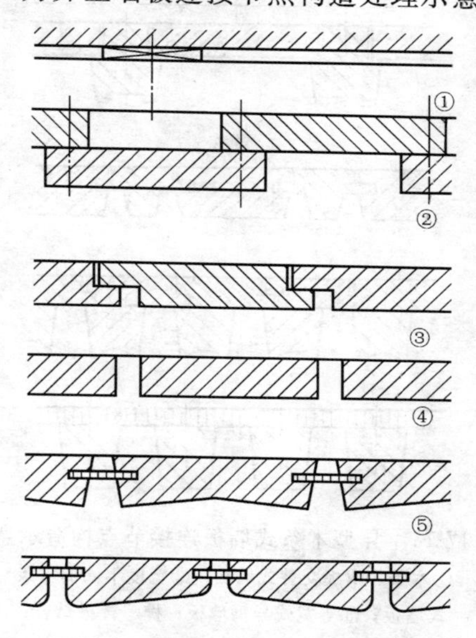

图 17-13 异型墙板连接节点构造示意图

①搭接式墙板；②裁口式墙板；③有一定间隔距离的平边墙板；④和⑤自由选定式异型面墙板

（3）异型木条式墙板连接节点构造处理

图 17-14 为异型木条式墙板连接节点构造处理示意图。

2. 木板与木条式墙板的固定节点构造

木板与木条式墙板的固定可以采用暗式或裸露式固定，或者采用开槽木块将墙板悬挂到墙板背面结构上。

（1）暗式固定法

图 17-15 在榫槽内暗式铁钉固定节点构造示意图。

（2）裸露式固定法

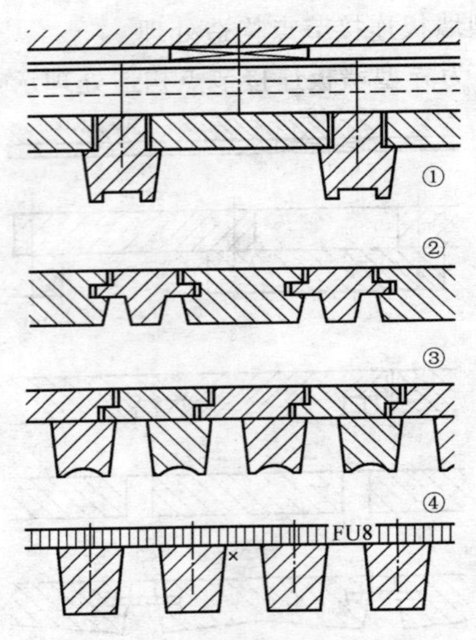

图 17-14　异型木条式墙板连接节点构造示意图

①木条、木板交替式墙板；②宽度不同的木条式墙板；③等宽式异型墙板；榫—榫槽结合；④在胶合板上暗接式固定的木条式墙板

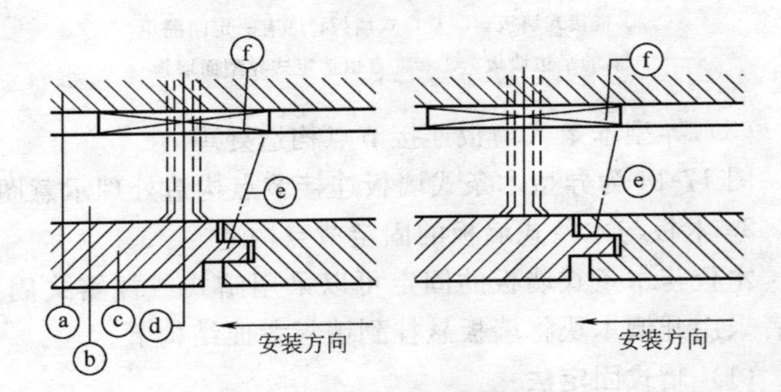

图 17-15　在榫槽内暗式铁钉固定示意图

ⓐ墙壁；ⓑ木方；ⓒ异型墙板；ⓓ胀孔销及螺丝，它将木方固定于墙壁上；ⓔ钉子；ⓕ操平木片

图 17-16 为裸露式装饰钉固定，图 17-17 为用圆帽固定螺丝做裸式固定节点构造示意图。

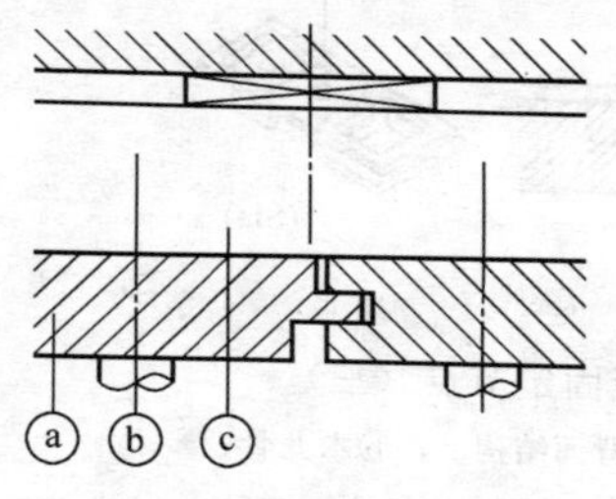

图 17-16　裸露式装饰钉固定节点构造示意图

ⓐ墙板；ⓑ木方；ⓒ锻造形铁钉或装饰片

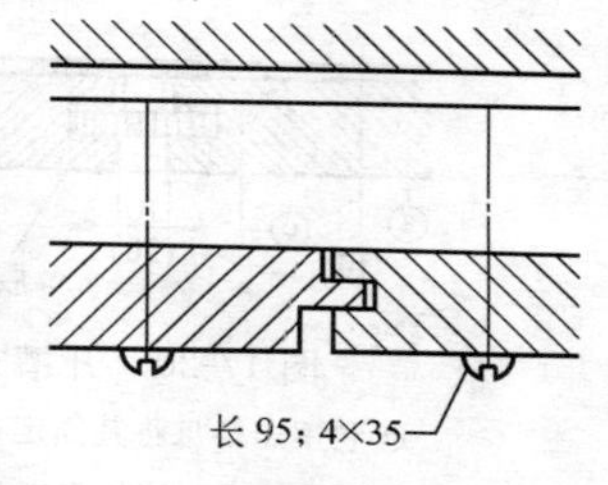

图 17-17　用圆帽固定螺丝做裸式固定节点构造示意图

（3）开槽式固定法

图 17-18、图 17-19、图 17-20 为开槽异型板固定节点构造示意图。

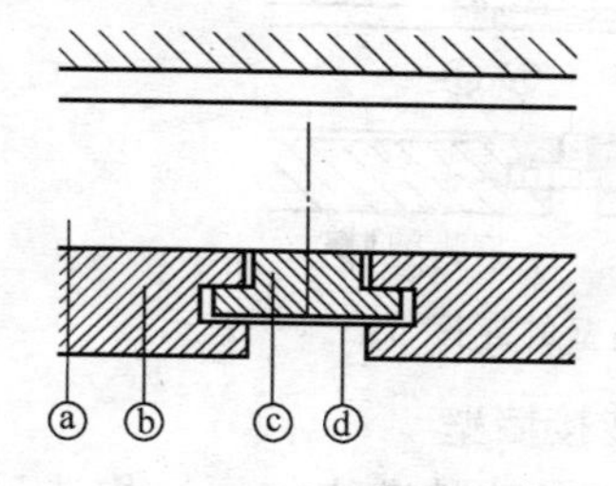

图 17-18　开槽式异型板固定节点（一）

ⓑ插入式榫条；ⓒ固定在墙板背面结构ⓐ上。固定元件用塑料带掩盖

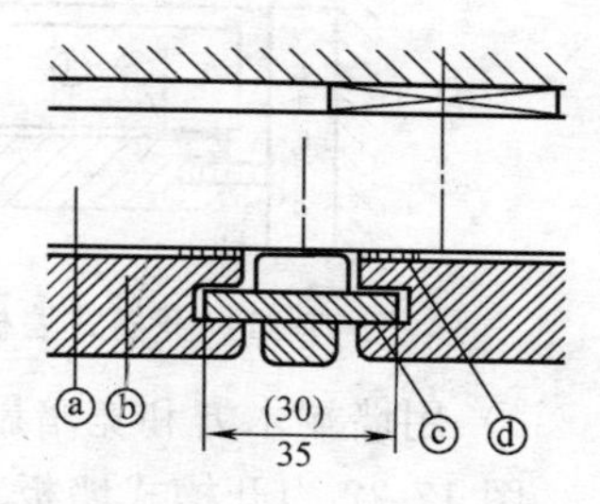

图 17-19　开槽式异型板固定节点（二）

ⓑ用异型墙板卡ⓓ固定在墙板背后结构ⓐ上。墙板固定卡用插入式榫条掩盖

3. 木制墙板与墙壁连接节点构造

（1）开槽式墙板与墙壁连接节点构造

1）插入式榫片与墙壁接触节点构造

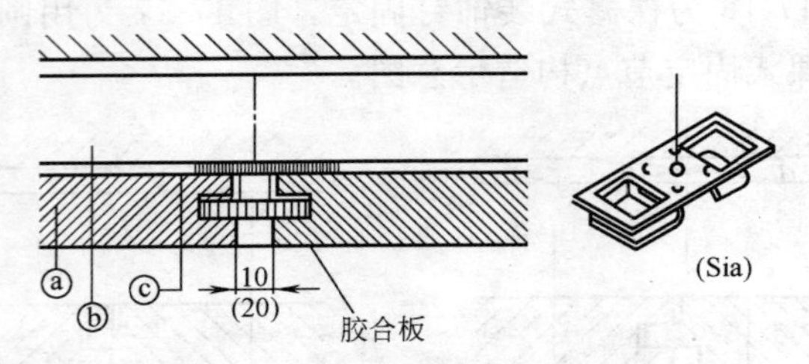

图 17-20　开槽式异板固定节点（三）

ⓐ利用连接爪将其固定在墙板背面结构上；ⓑ木龙骨；

ⓒ为连接爪，连接宽度为 10mm，15mm 和 20mm 三种

图 17-21 为开槽式墙板与墙壁的连接示意图。

这种连接是用插入式榫片与墙壁接触。图 17-21 中，ⓐ木方；ⓑ异型墙板卡用于固定端板；ⓒ异型墙板卡用于同时固定两块墙板；ⓓ插入式榫片。

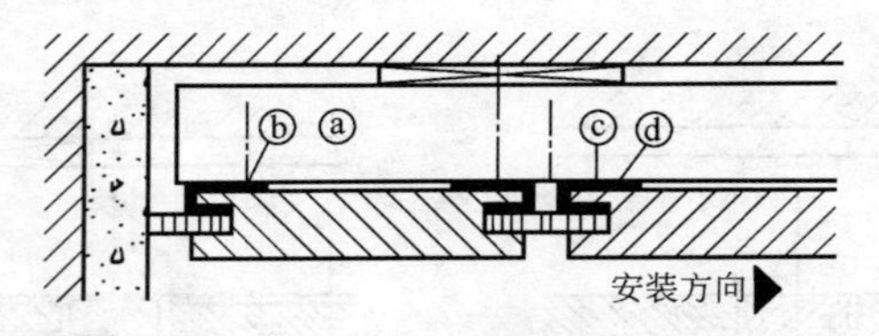

图 17-21　开槽式墙板与墙壁的连接节点（一）

2）用墙端木方和宽暗影槽连接墙壁

图 17-22 为开槽式墙板与墙壁的连接节点（二）构造示意图。

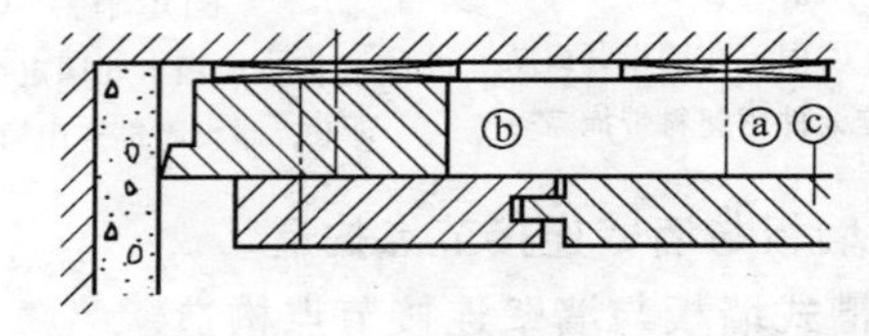

图 17-22　开槽式墙板与墙壁的连接节点（二）

这种是用墙端木方和宽暗影槽连接的墙壁。图 17-22 中，ⓐ墙板背面结构木方；ⓑ与墙紧密连接的墙端木方；ⓒ墙板，第一块墙板的榫头被削掉。

3）用异型木条连接墙壁

图 17-23 为开榫式墙板与墙壁连接节点（三）构造示意图。

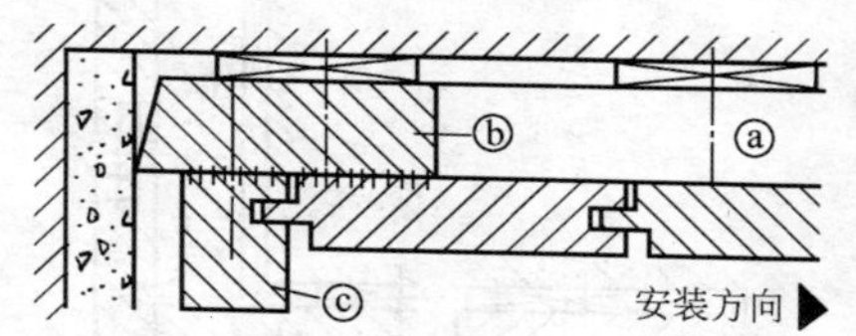

图 17-23　开槽式墙板与墙壁连接节点（三）

这种是用异型木条连接的墙壁。图 17-23 中，ⓐ木方；ⓑ墙端木方与异型连接条；ⓒ被固定于墙壁上。

（2）开槽式墙板在墙角和墙边连接节点构造

1）用榫片连接

图 17-24 为开槽式墙板在墙角和墙边连接节点（一）构造示意图。

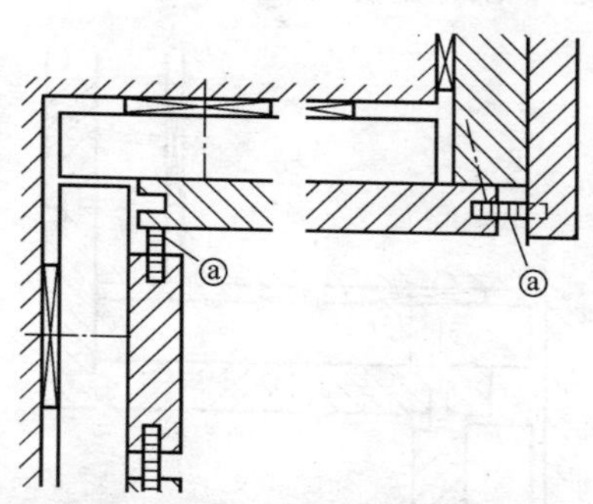

图 17-24　开槽式墙板在墙角和墙边连接节点（一）

这种连接靠连接榫片ⓐ在墙角和墙边均可以起连接作用。

2）墙角和墙边的暗影槽式连接

图 17-25 为开槽墙板在墙角和墙边连接节点（二）构造示意图。

这种连接是墙角和墙边的暗影槽式连接。墙板背面结构的木方垂直安装，在连接处的缝隙里可以看到这个木方。

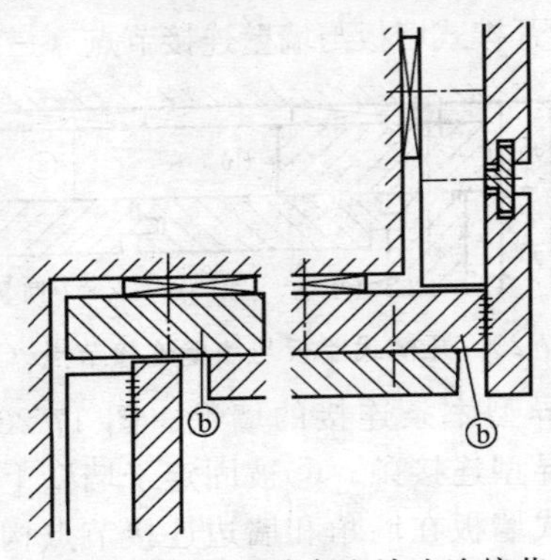

图 17-25　开槽式墙板在墙角和墙边连接节点（二）

3）用榫和榫槽连接

图 17-26 为开槽式墙板在墙角和墙边连接节点（三）构

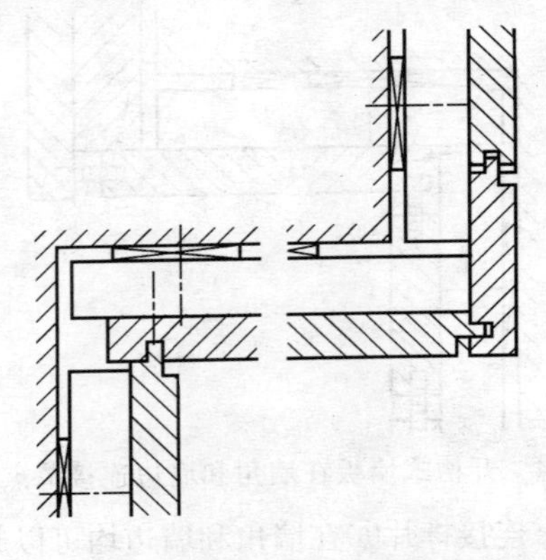

图 17-26　开槽式墙板在墙角和墙边连接节点（三）

造示意图。

这种连接是将墙角和墙边处的墙板用榫和榫槽连接。

4）用胶接方式连接

图 17-27 为开槽式墙板在墙角和墙边连接节点（四）构造示意图。

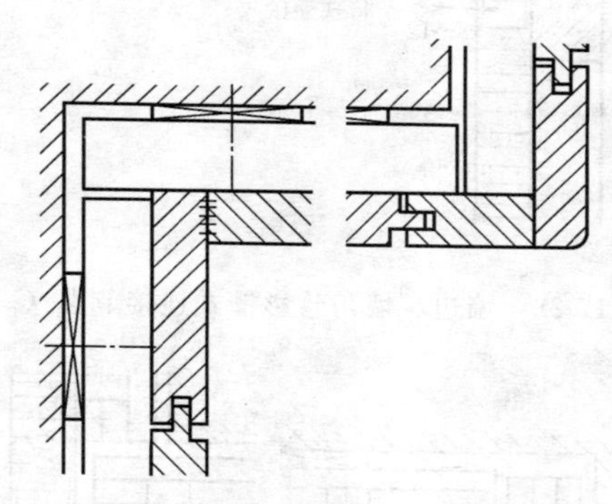

图 17-27　开槽式墙板在墙角和墙边连接节点（四）

4. 墙角和墙边的节点处理

当护墙板需绕过墙角或墙边时，两边墙壁的墙板应连接到一起，而且连接方法要同板间的连接方向对称。连接用的部件应制造简单，安装方便。连接方式有采用暗影槽式连接方式的榫接方法和墙角、墙边连接条式连接法。

(1) 榫式连接法

图 17-28 为墙板在墙边和墙角处榫式连接节点（一）构造示意图。

图 17-29 为暗影槽式墙角、墙边榫式连接节点（二）构造示意图。

(2) 条式连接法

图 17-30 为墙角和墙边用压条连接节点（一）构造示

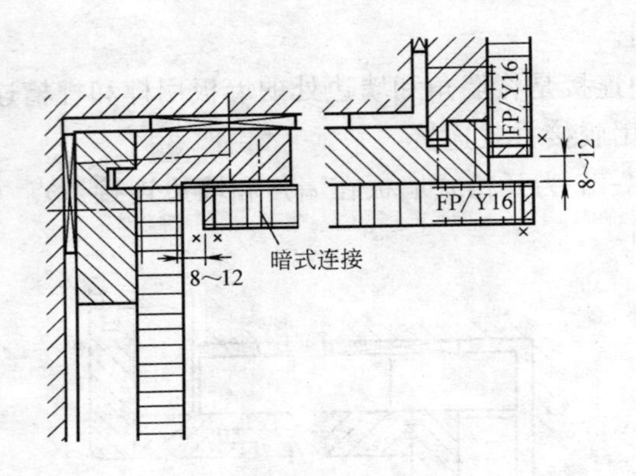

图 17-28　墙边、墙角暗影槽式连接节点（一）

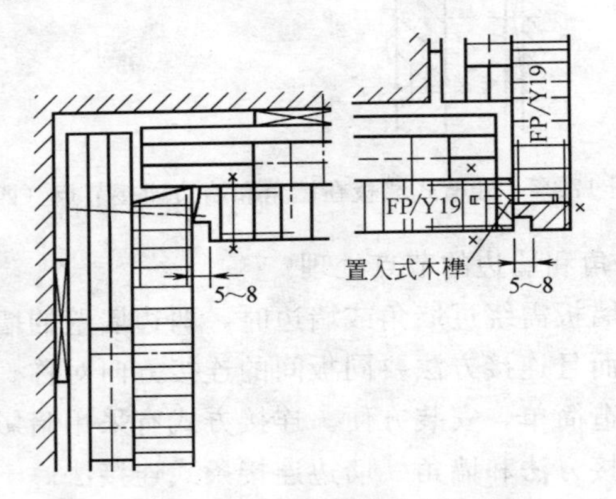

图 17-29　墙边、墙角暗影槽式连接节点（二）

意图。

图 17-31 为墙角和墙边用圆弧相同的压条和异型连接条连接节点（二）构造示意图。

17.2.3　木质护墙板安装

1. 基层处理

(1) 检查墙体材料构成情况　墙体的构成情况分为砖混

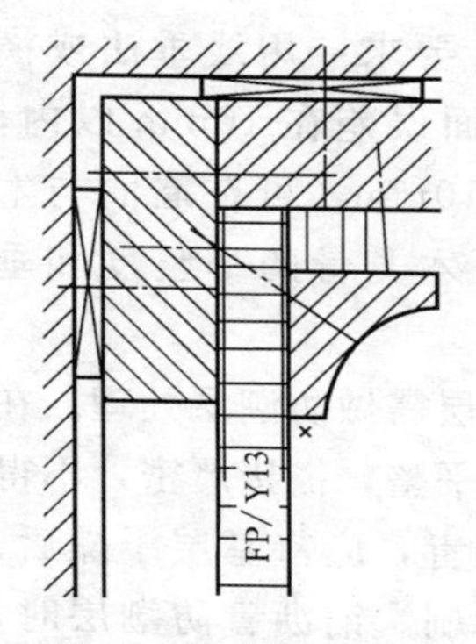

图 17-30　墙边和墙角用墙角压条连接（一）

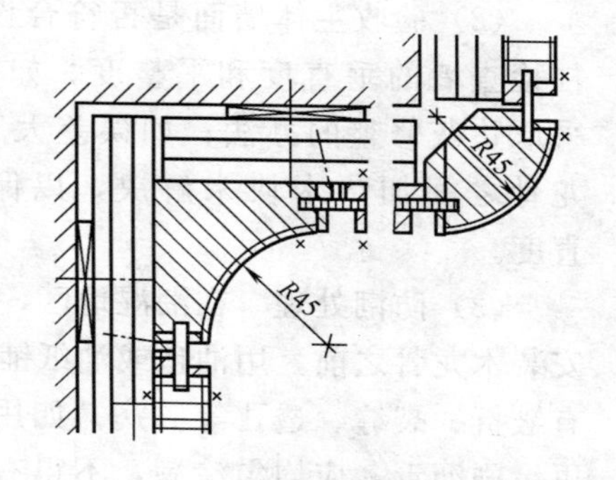

图 17-31　墙角和墙边用圆弧相同的压条和异型连接条连接节点（二）

结构、空心砖结构、加气混凝土结构、轻钢龙骨石膏板隔墙、木隔墙。因墙体结构不同，固定墙面的工艺结构也不同。

1）空心砖、加气混凝土砖墙体，需将木砖用糙油浸泡后，按设计要求位置预埋于墙体内，并用水泥砂浆砌实，表面与墙体平整。

2）轻钢龙骨石膏板隔墙、木隔墙，需将其主附龙骨位置划出，在与墙面待安装的木龙骨需固定的交点标定后，方可施工。

3）砖混结构，固定木龙骨的前期处理方式较多。可预埋木砖。可用 $\phi12\sim16$ 的冲击钻头，在墙面上按弹线位置钻孔，其钻孔深度不小于 40mm。在钻孔位置打入直径大于孔径的木楔，如在潮湿地区或墙面易受潮湿的部位，木楔可用糙油浸泡，待干后再打入墙内，并将木楔表面与墙面削平。还可采用射钉枪，用水泥钢钉把木龙骨直接钉在墙面上。

(2) 验收主体墙面是否符合设计要求　用线垂法或横杠检查墙的垂直度和平整度。如墙面误差在10mm以内，采取垫灰修整的办法；如误差大于10mm，可在墙面与木龙骨之间加垫木块来解决，以保证木龙骨的平整度和垂直度。

(3) 防潮处理　在潮湿地区，基层需做防潮层处理。在安装木龙骨之前，用油毡或油纸铺放平整，搭接严密，不得有皱折、裂缝、透孔等弊病；如用沥青，应待基层干燥后，再涂刷沥青，应均匀涂满，不得有漏刷。铺沥青防潮层时，要先在预埋木砖上钉好钉子，做好标志。

(4) 在墙身结构施工之前，吊顶的木龙骨架应吊装完毕，需要通入墙面的电气布线管路应敷设到位。

2. 弹线

弹线是技术性比较强的工作，是墙面施工中的要点。弹线的作用有两个：第一，使工作有了基准线，便于下道工序掌握施工位置：第二，检查墙面预埋件是否与设计吻合，电气布线是否影响木龙骨安装位置，空间尺寸与原设计尺寸是否适宜，标高尺寸有否改动。在弹线中如果发现有不能按原标高施工的问题、不能按原设计布局的问题，应及时向设计部门提出，以便修改设计。

(1) 标高线的作法：

1) 定出地面的地平基准线。

2) 以地平基准线为起点，在墙面上量出护墙板的装修标高，在该点画出高度线。

3) 用水柱法测量标高时应注意，一个房间的基准高度线只用一个，各个墙面的高度线测点共用。另外，操作时注意不要使软管扭曲，要保证管内的水柱活动自如。

（2）墙面造型线的作法

墙面造型线的确定，首先用曲尺测出需作装饰的墙面中心点，并用线垂法确定中心线。然后在中心线上，确定装饰图案的中心点高度，再依据设计图线要求，分别确定出装饰图案的上线和下线，左边线和右边线。再分别通过线垂法、水平仪或软管水柱法，确定边线水平高度的上下线，并连接而成。曲面造型则需在确定的上下、左右边线中间，预作模板，附在上面确定，也可通过逐步找点法，在墙面上确定造型位置。

3. 制作木骨架

木制护墙板的龙骨架，先在地面进行拼装，可省工省时，计划用料，并且容易保证施工后质量的平整度。方法如下：

（1）先把墙面上需分片或可以分片的尺寸位置定出，根据分片尺寸进行拼接前安排。

（2）通常作法是先拼装大片的木龙骨架，再拼接小片的木龙骨架。为了便于安装，木龙骨架最大组合片不大于10m。木龙骨架制作技术应按施工规范要求进行。

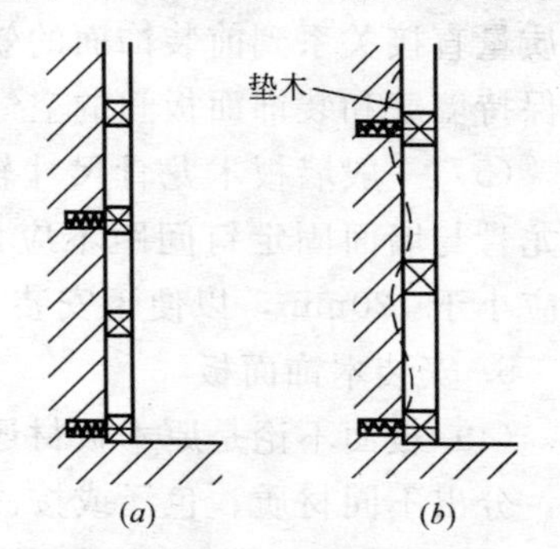

图 17-32　木龙骨与墙身的固定
（a）建筑墙身较平整时；
（b）墙身不平整时

4. 固定木骨架

固定木骨架时，应将骨架立起后靠在建筑墙面上，用垂线法检查木骨架的平整度。然后把校正好的木骨架按墙面弹线位置要求进行固定。固定前，先看木骨架与建筑墙面有无缝隙，如有缝隙，应先用木片或木块将缝隙垫实，再用圆钉将木龙骨与墙面预埋木块或木楔，做几点初步固定（见图 17-32）。然后打线，并用水平仪校正木龙骨在墙面上的水平度。经调整符合要求后，再将木龙骨钉实、钉牢固。

（1）在砖混结构的墙面固定木龙骨，也常常采用射钉枪将水泥钉射入法来固定木龙骨，但射入后，钉帽不应高于木龙骨表面，以免影响装饰面板的平整度。

（2）在轻钢龙骨石膏板墙面固定木龙骨，木龙骨必须与石膏板隔断中的主附龙骨连接，连接时可先用电钻钻孔，再拧入自攻螺钉固定，自攻螺丝帽一定要全部拧入到木龙骨中，不允许突出。

（3）在隔断墙上固定木龙骨时，木龙骨必须与木隔墙的主附龙骨吻合，再用圆钉钉入。

两个墙面阴阳角转角处，必须加钉竖向木龙骨。

（4）木骨架是装饰墙板的背面结构，它的安装方式、安装质量直接关系到前装饰面的效果。对于木骨架来讲，还起到保持墙壁和装饰面板间的空气流通作用。

（5）一般墙板木龙骨尺寸较大，是为了纠正墙面不平。木龙骨与墙面固定钉间距不应大于 500mm，木方终端距离不应小于 120mm，以便于安装，并防止开裂。

5. 安装木饰面板

（1）板面不论是原木板材还是胶合板，均应预先进行挑选，分出不同材质、色泽或按深浅颜色顺序使用，近似颜色用在同一房间内（刷磁漆时不限）。

（2）实木拼板应注意拼接时两板间色差要近似。板的背面应作卸力槽，以免板面弯曲变形。卸力槽一般间距为

100mm，槽宽 10mm，深 5mm。

(3) 为防止铁钉帽的黄锈斑破坏装饰面，要提前把钉帽砸扁，备用。铁钉长度约为板材厚度的 2～2.5 倍。一般 3 层、5 层胶合板的固定，常用 15mm 枪钉钉入；10mm 以上木板常用 30～35mm 铁钉固定（一般钉长是木板厚度 2～2.5 倍）。

(4) 在木龙骨面上刷一层乳胶，用砸好钉帽的铁钉，把木板固定在木龙骨上钉牢，要求布钉均匀。钉距一般为 100mm，钉头要用较尖的冲子，顺木纹方向打入板内 0.5～1mm。

(5) 装饰墙板固定在墙板背面结构上，对木板式墙板，可采用裸露螺丝或者暗钉或者异型卡子固定。对板式墙板，可以在板子背面安装角钢，或者开槽木块，将其悬挂在特殊结构的木方或者框架上。框架结构也可采用挂钩式连接件或者家具结构中几种暗式连接件固定墙板。

(6) 采用板间留缝工艺（图 17-33）。底部木龙骨必须进行刨光处理，也可在木龙骨表面再粘贴微薄木。龙骨与面板作对比色油漆时，可在覆面板前先在龙骨面上刷油漆。刷同色油漆时，龙骨应与面板一同刷油。

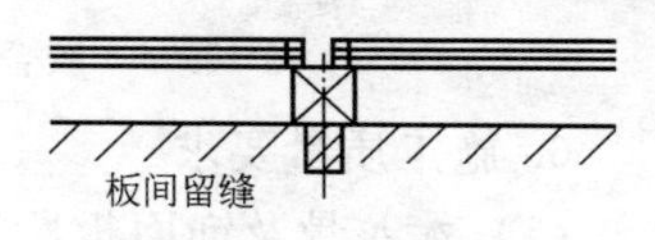

图 17-33　板间留缝

(7) 留缝工艺的面板装饰要求板面尺寸精确，缝间距一致，整齐顺直。板边裁切后，必须用 0 号砂纸砂磨，无毛刺。板面粘贴必须采用速干胶（大力胶、氯丁强力胶）。板面后背与木龙骨结合处同时涂胶，涂胶要均匀，待施胶表面干（不粘手）时，一次性准确到位贴覆。贴覆后用橡皮锤或用铁锤垫木块逐一排列敲打，敲力要均匀适度，以增强胶结性能。在湿度较大的地区或环境，还必须同时采用气钉枪射入气钉，或采用砸扁钉头钉入板边内，以防止长期潮湿环境下覆面板开裂。打入钉间距一般以 100mm 为宜。

（8）采用胶合板拼花，板间无缝工艺装饰的木墙板，对板面花纹要认真挑选，并且花纹组合后，纹理应对应协调。板与板间拼贴时，板边要直，里角要虚，外角要硬（见图 17-34）。各板面作整体试装吻合后，方可施胶贴覆。为防止贴覆与试装时移位而出现露缝或错纹等现象，可在试装时用铅笔在各接缝处作出标记，以便用铅笔标记对位、铺贴。施胶必须采用氯丁强力胶（大力胶）两面涂饰贴覆，作法同留缝工艺。

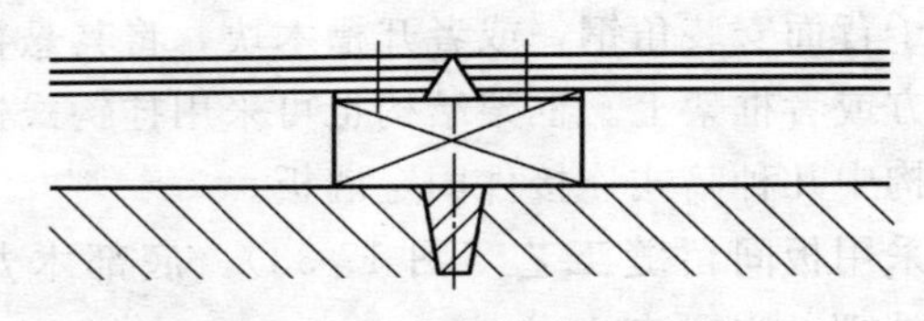

图 17-34　胶合板拼花时对缝处理

6. 施工质量要求

（1）木龙骨及饰面板所用木材均应是基本干燥的木材，防止接头不严、不平或开裂、翘曲。

（2）钉饰面前要对木龙骨的坚固性进行检查。钉饰面时，板面钉子不能过小，钉距不能太稀，否则会造成板面不平。

（3）木护墙面要预先挑好，按分块尺寸找方，试装、分块尺寸可与板材规格统筹考虑。

（4）胶合板粘贴时，表面不要遗留胶液，以免污染表面，造成局部胶迹、变色，如有胶液可用水或溶剂清理干净。

（5）木饰面板安装完后，应及时刷一道底漆，以防干裂，刷油时周围环境应清洁。

（6）生活电器等的底座，应装嵌牢固，其表面应与罩面板的座面平齐。

17.2.4 木墙裙安装

1. 木墙裙的构造

木墙裙分木板墙裙和纤维板墙裙两种，其构造如图17-35所示。

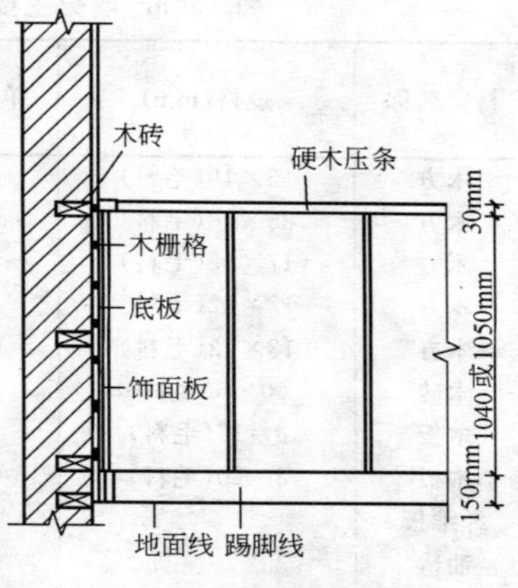

图 17-35 木墙裙构造图

2. 木墙裙施工

在砌墙时，在设计规定的木墙裙位置上，预先埋入经过防腐处理的木砖；安装前先在墙上弹线分档，钉墙筋。墙筋与板的接触面必须刨光，墙筋涂抹防腐剂。墙筋后面垫实，表面平整，并用钉子将墙筋与木砖钉牢。

钉木墙裙时，应将木板的好面向外，且木纹颜色应相近，木板的宽窄应均匀。外露钉帽必须砸扁，钉入板中3mm，钉时木面不得有伤痕。板子上口应平齐，高低相差不大于3mm，压条接头应做暗榫，线条一致，交角应严密。

如钉纤维板墙裙时，须按纤维板的宽度加钉立筋。

3. 木墙裙主要材料用量

木墙裙主要材料用量，见表17-2。

每 100m² 墙裙主要材料用量参考　　　表 17-2

材料名称	规格(mm)	单　位	需　用　数　量	
			木墙裙	纤维板墙裙
木方	15×15(毛料)	m^3	0.073	0.018
木方	35×40(毛料)	m^3	0.113	0.113
木方	17×15(毛料)	m^3	0.041	
木方	17×12(毛料)	m^3		0.049
木方	13×12(毛料)	m^3		0.021
木砖	60×60×120	m^3	0.29	0.29
木板	δ=17(毛料)	m^3	2.46	
木板	δ=20(毛料)	m^3	0.258	0.258
纤维板		m^2		108
油毡		m^2	(110)	(110)
钉子		kg	6.06	7.1

17.3　木筒子板、贴脸板及窗台板安装

17.3.1　木筒子板安装

筒子板设置在室内门窗洞口处，又称堵头板，其面板一般用五层胶合板（五夹板）制作，并采用镶钉方法，门头筒子板构造见图 17-36。

1. 施工准备

（1）验收主体结构是否符合设计要求。采用木筒子板的门、窗洞口应比门窗樘宽 40mm，洞口比门窗樘高出 25mm。

（2）检查门窗洞口垂直度和水平度是否符合设计要求。

（3）检查预埋木砖或铁连接件是否齐全、位置是否正确（中距一般为 500mm）。如发现问题必须修理或校正。

2. 安装工序

木筒子板安装工序：检查门窗洞口及预埋件→制作及安

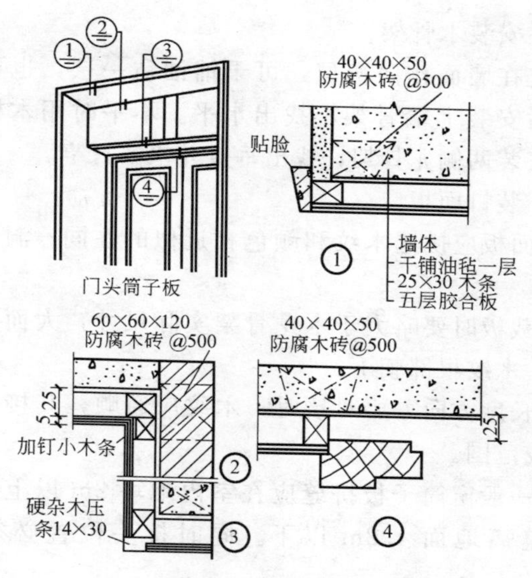

图 17-36　筒子板构造

装木龙骨→装钉面板。

3. 操作要点

(1) 制作木骨架

1) 根据门窗洞口实际尺寸，先用木方制成木龙骨架。一般骨架分三片，洞口上部一片，两侧各一片。每片两根立杆，当筒子板宽度大于 500mm 需要拼缝时，中间适当增加立杆。

2) 横撑间距根据筒子板厚度决定。当面板厚度为 10mm 时，撑间距不大于 400mm；板厚为 5mm 时，横撑间距不大于 300mm。横撑间距必须与预埋件间距位置对应。

3) 木龙骨架直接用圆钉钉成，并将朝外的一面刨光。其他三面涂刷防腐剂。

(2) 安装木骨架

首先在墙面作防潮层，可干铺油毡一层，也可涂层沥青。然后安装上端骨架，找出水平。不平时用木楔垫实打牢。再安装两侧龙骨架，找出垂直并垫实打牢。

(3) 装钉面板

1) 面板应挑选木纹和颜色相近似的在同一洞口，同一房间。

2) 裁板时要略大于木龙骨架实际尺寸，大面净光，小面刮直，木纹根部朝下；

3) 长度方向需要对接时，木纹应通顺，其接头位置应避开视线范围。

4) 一般窗筒子板拼缝应在室内地坪 2m 以上；门洞筒子板拼缝离地面 1.2m 以下。同时接头位置必须留在横撑上。

5) 当采用厚木板时，板背面应做卸力槽，以免板面弯曲。卸力槽一般间距为 100mm，槽宽 10mm，深度5～8mm。

6) 板面与木龙骨间要涂胶。固定板面所用钉子的长度为面板厚度的 3 倍，间距一般为 100mm，钉帽砸扁后冲进木材面层 1～2mm。

7) 筒子板里侧要装进门，窗框预先做好的凹槽里。外侧要与墙面齐平，割角要严密方正（见图 17-37）。

4. 注意事项

(1) 所用木材干燥后含水率应在 12%以下。

(2) 安装贴面板前，对龙骨架检查其牢固、方正、偏角；有毛病及时修正。

(3) 木筒子板与窗台板接合处要严。

5. 筒子板用料参考，见表 17-3。

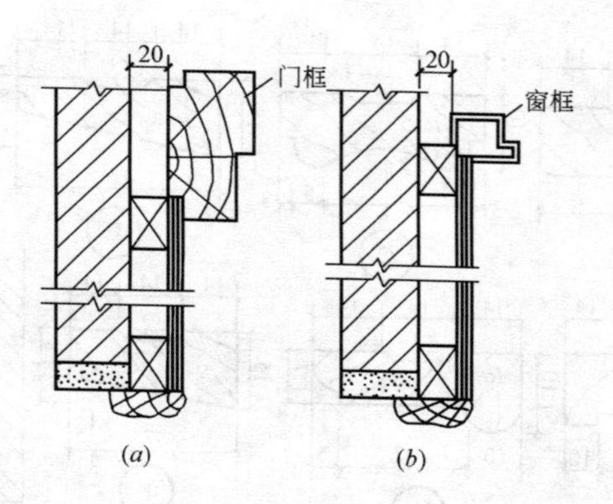

图 17-37　门窗木筒子板

（a）门樘筒子板；（b）窗樘筒子板

筒子板每 $10m^2$ 用料　　表 17-3

材料名称	规格(mm)	单位	需用数量
木方	30×30	m^3	0.05
木方	25×30	m^3	0.012
木方	19×35	m^3	0.008
木方	20×47	m^3	0.038
木砖	60×60×120	m^3	0.018
五层胶合板		m^2	10.8
油毡纸		m^2	11
钉子		kg	0.72

17.3.2 木贴脸板安装

贴脸板也称为门头线与窗头线，是装饰门窗洞口的一种木制线脚。

1. 门窗贴脸板构造及安装形式

门窗贴脸板的式样很多，尺寸各异，应按照设计图纸施工。其构造和安装形式，见图 17-38 所示。

2. 贴脸板的制作

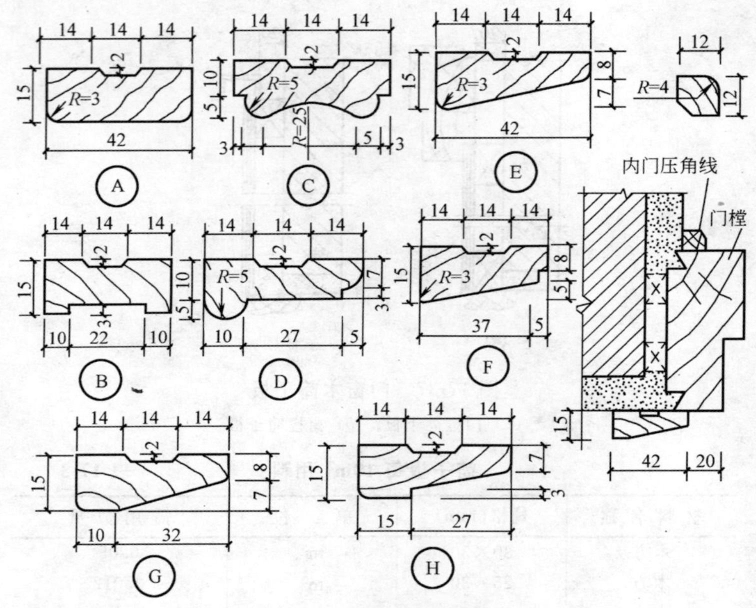

图 17-38　门窗贴脸板构造与安装

首先检查配料的规格、质量和数量，符合要求后，先用粗刨刮一遍，再用细刨子刨光。先刨大面，后刨小面。刨得平直光滑，背面打凹槽。然后用线刨子顺木纹起线，线条应清晰、挺秀，并须深浅一致。

如果做圆贴脸，必须先套出样板，然后根据样板划线刮料。

3. 贴脸板的安装

门框与窗框安装完毕，即可进行贴脸板的安装。

贴脸板距门窗口边 15～20mm。贴脸板的宽度大于 80mm 时，其接头应做暗榫；其四周与抹灰墙面须接触严密，搭盖墙的宽度一般为 20mm，最少不应少于 10mm。

装钉贴脸板，一般是先钉横的，后钉竖向的。先量出横向贴脸板所需的长度，两端锯成45°斜角（即割角），紧贴在框的上坎上，其两端伸出的长度应一致。将钉帽砸扁，顺木纹冲入板表面1～30mm，钉长宜为板厚的两倍，钉距不大于50cm。接着量出竖向贴脸板长度，钉在边框上。

贴脸板下部宜设贴脸墩，贴脸墩要稍厚于踢脚板。不设贴脸墩时，贴脸板的厚度不能小于踢脚板的厚度，以免踢脚板冒出而影响美观。

横竖贴脸板的线条要对正，割角应准确平整，对缝严密，安装牢固。

门窗贴脸板用料参考，见表17-4。

门窗贴脸每100m用料 **表17-4**

材料名称	规格(mm)	单位	数量
木方	20×47(毛料)	m^3	0.141
木方	17×17(毛料)	m^3	0.043
钉子	40	kg	0.85
钉子	50	kg	1.75

17.3.3 木窗台板安装

1. 窗台板制作

按图纸要求加工的木窗台表面应光洁，其净料尺寸厚度在20～30mm，长度比待安装的窗宽度长240mm，板宽视窗口深度而定，一般要突出窗口60～80mm，台板外沿要倒楞或起线处理。台板宽度大于150mm，需要拼接时，背面必须穿暗带以防止翘曲，窗台板背面要开卸力槽。

2. 窗台板安装

在窗台墙上，预先砌入防腐木砖，木砖间距500mm左右，每樘窗不少于两块，在窗框的下坎裁口或打槽（深

12mm、宽 10mm）。将窗台板刨光起线后，放在窗台墙顶上居中，里边嵌入下坎槽内。窗台板的长度一般比窗樘宽度长 120mm 左右，两端伸出的长度应一致。在同一房间内同标高的窗台板应拉线找平、找齐，使其标高一致，突出墙面尺寸一致。应注意，窗台板上表面向室内略有倾斜（泛水），坡度约 1%。如图 17-39 所示。

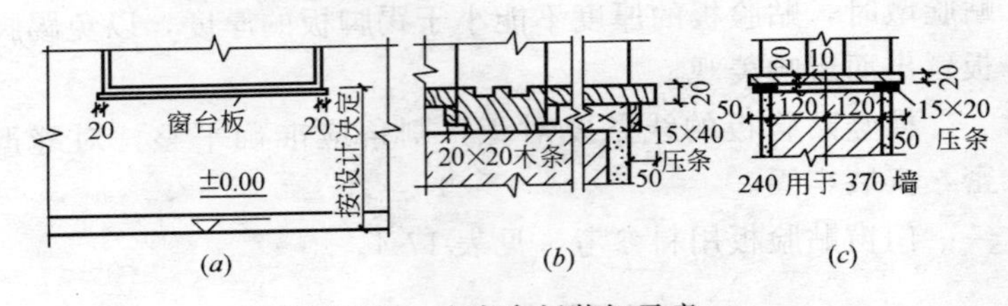

图 17-39　木窗台板装钉示意

(a) 一般窗及提拉窗窗台立面；(b) 推拉窗木窗台板；(c) 提拉窗木窗台板

如果窗台板的宽度大于 150mm，拼接时，背面应穿暗带，防止翘曲。

用明钉把窗台板与木砖钉牢，钉帽砸扁，顺木纹冲入板的表面，在窗台板的下面与墙交角处，要钉窗台线（三角压条）。窗台线预先刨光，按窗台长度两端刨成弧形线脚，用明钉与窗台板斜向钉牢，钉帽砸扁，冲入板内。

木窗台板用料参考。见表 17-5。

木窗台板每 10m 用木料参考　　　　**表 17-5**

材料名称	规格(mm)	单位	墙厚(mm)			240(mm)墙时	
			240	370	490	推拉窗	提拉窗
木板	S=25(毛料)	m^3	0.046	0.066	0.119	0.079	0.111
压条	25×25	m^3				0.0166	
压条	20×45	m^3				0.0238	
压条	20×25	m^3					0.0121

17.4 木窗帘盒安装

木窗帘盒有明、暗两种。明窗帘盒整个露明，一般是先加工成半成品，再在施工现场安装；暗帘盒的仰视部分露明，适用于有吊顶的房间。窗帘盒里悬挂窗帘，普遍采用窗帘轨道，轨道有单轨，双轨或三轨。图 17-40 和图 17-41 为普通常用的单轨明、暗窗帘盒示意图。

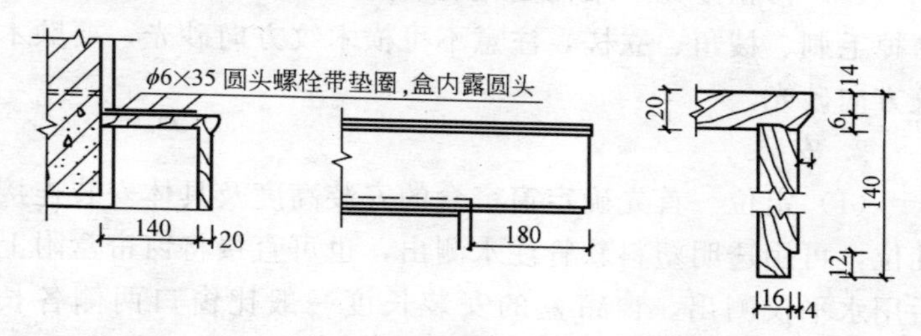

图 17-40 单轨明窗帘示意

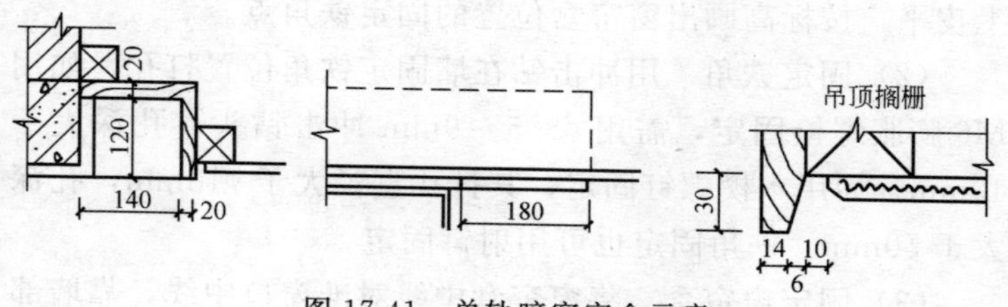

图 17-41 单轨暗窗帘盒示意

17.4.1 明窗帘盒安装

1. 制作

(1) 下料 按图纸要求截下的部件料要长于要求规格 30～50mm，厚度、宽度要分别大于 10mm。

(2) 刨光 刨光时要顺木纹操作，先刨削出相邻两个基准面，并做上符号标记，再按规定尺寸加工完另外两个基础面，要求光洁、无戗槎。

(3) 制作卯榫　最佳结构方式是采用 45°全暗燕尾卯榫，也可采用 45°斜角钉胶结合，但钉帽一定要砸扁后打入木内。上盖面可加工好后直接涂胶钉入下框体。

(4) 装配　用直角尺测准安装角度后把结构敲紧打严，注意格角处不要露缝。

(5) 修正砂光　结构固化后可修正砂光。用 0 号砂纸打磨掉毛刺、棱角、立槎，注意不可横木纹方向砂光，要顺木纹方向砂光。

2. 安装

(1) 定位　首先确定窗帘盒的安装高度及具体安装连接孔位，可用透明塑料软管注水测出，也可直接将窗帘盒附上后用水平仪测出。窗帘盒的安装长度一般比窗口两侧各长 180～200mm，高度：窗帘盒下口稍高出窗口上皮或与窗口上皮平，按标高画出窗帘盒位置的固定铁角点。

(2) 固定铁角　用冲击钻在墙固定铁角位置打孔，如用 M6 膨胀螺栓固定，需用 ϕ8.5～9mm 冲击钻头，孔深大于 40mm。如用木楔螺钉固定，其打孔直径大于 ϕ18mm，孔深大于 50mm。铁角固定也可用射钉固定。

(3) 固定窗帘盒　将窗帘盒中线对准窗口中线，靠墙部位要与墙贴严。用木螺钉将铁角与窗帘盒的木结构固定。一般成品窗帘盒都有自身固定耳，可通过固定耳将塑料或铝合金窗帘盒用膨胀螺栓或木螺钉固定于墙面。常用固定法如

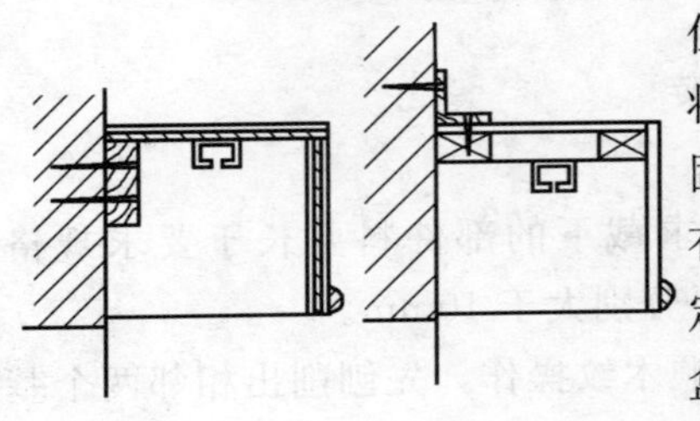

图 17-42　窗帘盒的固定

图 17-42。

17.4.2 暗窗帘盒安装

暗装形式的窗帘盒，主要特点是与吊顶部分结合在一起，常见的有内藏式和外接式（见图 17-43）。

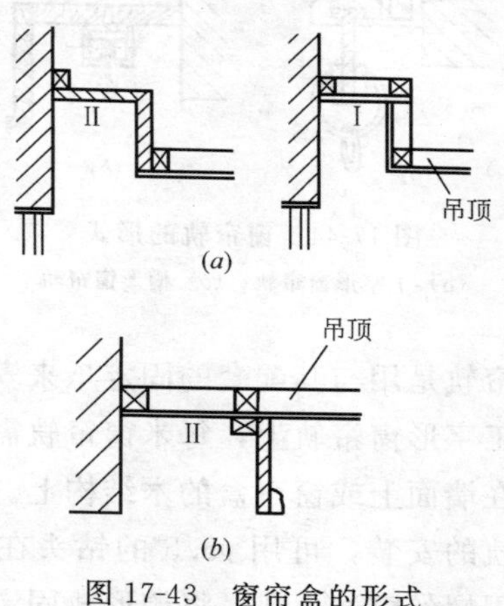

图 17-43 窗帘盒的形式

(*a*) 内藏式；(*b*) 外接式

1. 内藏式窗帘盒主要形式是在窗顶部位的吊顶处，做出一条凹槽，在槽内装好窗帘轨。作为含在吊顶内的窗帘盒，与吊顶施工一起做好。

2. 外接式窗帘盒是在吊顶平面上，做出一条通贯墙面长度的遮挡板，在遮挡板内吊顶平面上装好窗帘轨。遮挡板可采用木构架双包镶，并把底边做封边处理。遮挡板与顶棚交接线要用棚角线压住。遮挡板的固定法可采用射钉固定，也可采用预埋木楔、圆钉固定，或膨胀螺栓固定。

17.4.3 窗帘轨安装

窗帘轨有单、双或三轨道之分。单体窗帘盒一般先安轨道，暗窗帘盒后安轨道，轨道应保持在一条直线上。轨道型式有工字形、槽形和圆杆形三种（见图 17-44）。

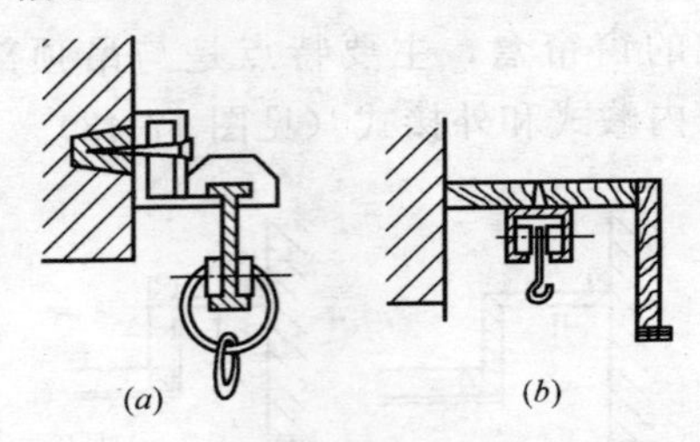

图 17-44　窗帘轨的形式

（a）工字形窗帘轨；（b）槽形窗帘轨

工字形窗帘轨是用与其配套的固定爪来安装，安装时先将固定爪套入工字形窗帘轨上，每米窗帘轨需有三个。固定爪需侧向安装在墙面上或窗帘盒的木结构上。

槽形窗帘轨的安装，可用 $\phi 5.5$ 的钻头在槽形轨的底面打出小孔，再用螺丝穿过小孔，将槽形轨固定在窗帘盒内的顶面上。

17.4.4　窗帘盒安装注意事项

1. 材料一般选用无死节、无裂纹和无过大翘曲的干燥木材，含水率不超过 12%。

2. 安装窗帘盒前，顶棚、墙面、门窗、地面的装饰做完。

3. 窗帘盒的高、宽尺寸要选择适当，净高不足时，不能起到遮挡窗帘上部结构的作用；高度过大，会造成窗帘盒下坠的感觉。

4. 窗帘盒两端伸出窗口的长度应一致，否则影响装饰效果。

5. 窗帘盒盖板厚度不宜小于 15mm，薄于 15mm 的盖板应用螺栓固定窗帘轨，否则容易造成窗帘轨道脱落。

6. 木制窗帘盒制作时，应棱角方正，线条顺直，钉帽被打入木内。

17.5 窗帘安装

窗帘安装是室内装饰最后的工序之一，也是很重要的一环。窗帘种类很多，但主要有布窗帘、铝合金百叶窗帘、垂直式百叶窗帘和塑料窗帘。安装窗帘的基本要求是窗帘轨道安装的顺直固定，窗帘的开启收放自如。

17.5.1 布窗帘安装

1. 施工准备

(1) 检查验收

在安装窗帘前，应对窗帘盒、窗帘轨进行检查，安装是否符合设计要求，安装位置、牢固程度等能否符合使用要求。

(2) 材料准备

窗帘布规格、尺寸、色调、花纹等是否符合设计要求。窗帘吊钩形式、种类、数量等是否满足使用要求。

(3) 工具准备

常用工具有：手电钻、冲击钻、钢卷尺、螺丝刀、手锤等。

2. 布窗帘的安装

(1) 布窗帘轨道安装　布窗帘常用的轨道有工字形、槽形和圆杆形三种。工字形和槽形为铝合金件，圆杆形有木圆杆、不锈钢圆杆、钢管电镀圆杆、铝合金圆杆等几种。

1) 工字形窗帘轨安装　工字形窗帘轨是用其配套的固定爪来安装。安装时先将固定爪套入工字窗帘轨上，每 m 窗帘轨需有三个。固定爪需侧向安装在墙面上或窗帘盒的木结构上，如果固定爪安装于墙面上，则需在墙面打孔埋木楔，然后用螺钉把固定爪安装在木楔处（图 17-44（*a*））。

2）槽形窗帘轨安装　槽形窗帘轨的安装，可用 ϕ5.5 的钻头在槽形轨的底面打出小孔，再用螺钉穿过小孔，将槽形轨道固定在窗帘盒内顶面（图 17-44（*b*））。

3）圆杆形窗帘轨安装　圆形窗帘轨是在圆杆的两端进行支承和固定。在两端固定之前，需将窗帘挂环先套入圆杆上。圆杆轨的支承和固定方式见图 17-45。

（2）窗帘与窗帘轨的连接　布窗帘与窗帘轨的连接是通过吊钩来实现的。常见的吊钩有窗帘布皱折钩、带夹钩、针头钩和圆头钩等（图 17-46）。

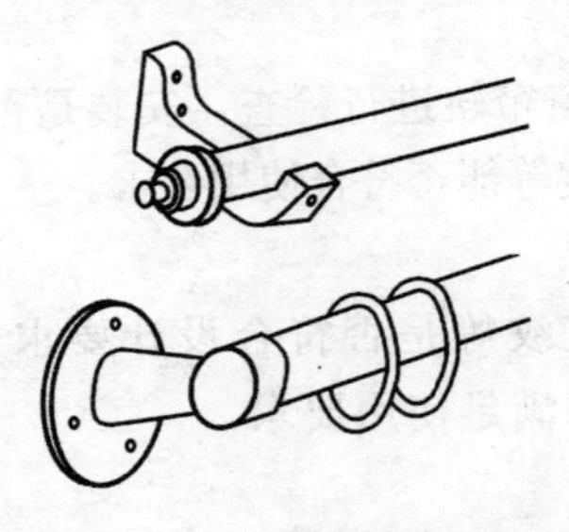

图 17-45　圆杆形窗帘轨安装

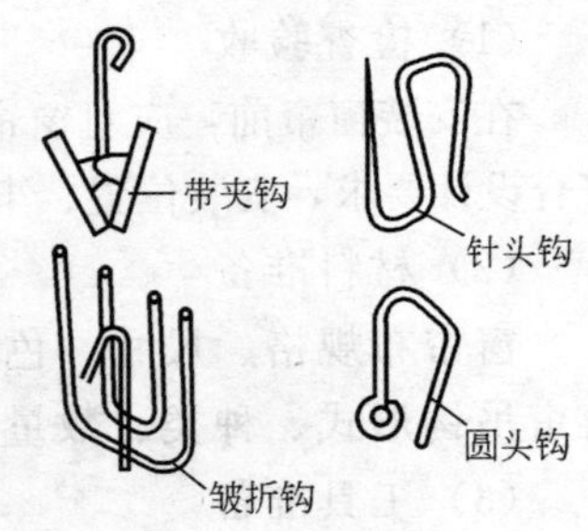

图 17-46　窗帘吊钩形式

1）皱折钩安装　布窗帘起皱法是将专用布条缝制在布窗帘上边，再将皱折钩的四条起皱爪穿入专用布条的缝内，以使布窗帘起皱。然后用皱折钩的钩子，把布窗帘吊挂在窗帘轨的挂件上。

2）带夹钩安装　带夹钩安装较简单，只要先用夹子夹住窗帘的上部边缘，再用钩子部分把布窗帘吊挂在窗帘轨的挂件上。或者先把钩子挂在窗帘轨的挂件上，然后再用夹子夹住布窗帘。

3）针头钩安装　针头钩是用于制成的起皱窗帘的吊挂。并要求窗帘的起皱处有 4mm 左右的厚度。安装时，用针头部分插入窗帘的起皱处，但注意不得使针杆针头外露。然后用针头钩的钩子，把布窗帘吊挂在窗帘轨的挂件上。

(3) 垂挂顶幔的安装　现代装饰工程中一些较豪华的窗帘常采用垂挂顶幔的装饰方式。垂挂顶幔窗帘的式样较多，但主要有 4 种形式（图 17-47)。

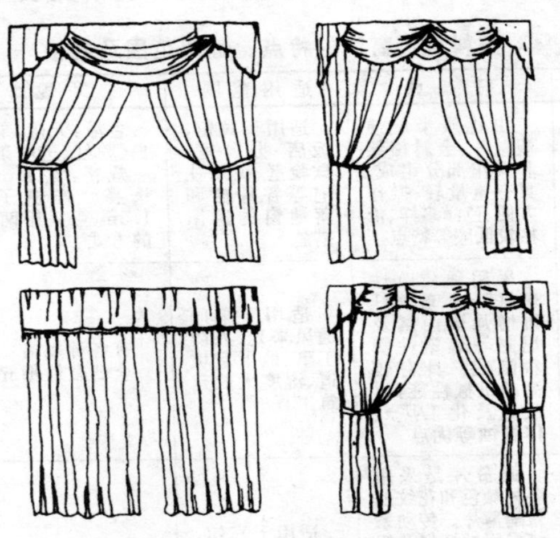

图 17-47　垂挂顶幔式样

垂挂顶幔可固定在窗帘盒的顶面或侧立面，如果不做窗帘盒，就需做垂挂顶幔支架。该支架通常也是用木方条制作，其固定方法与窗帘盒相同。安装垂挂顶幔时，先在一条小木条上钉上一排小钉，钉距 50mm 左右，按翻边的方式将小木条压着垂挂顶幔的端边，并钉牢在窗帘盒上或垂挂顶幔支架上，钉好后将垂挂顶幔翻下来即可（图 17-48）。

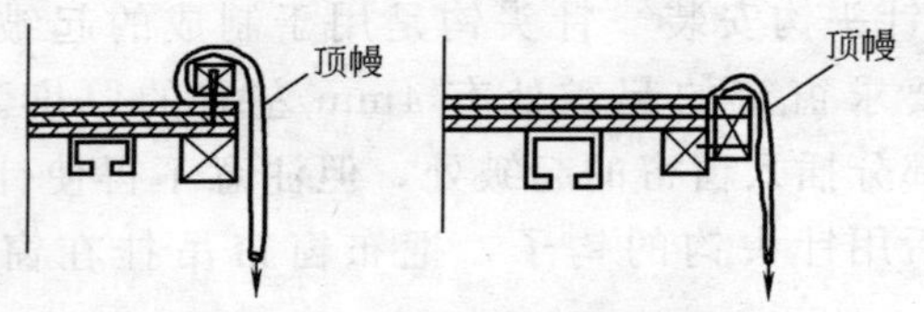

图 17-48　垂挂顶幔安装

17.5.2　塑料百页窗帘安装

1. 塑料百页窗帘的特点、规格和适用范围。

塑料百页窗帘的特点、适用范围和规格见表 17-6。

塑料百页窗帘的特点、适用范围及规格　　表 17-6

品　名	特　点	适用范围	规　格
塑料百页窗帘	由优质半硬质塑料片、金属横梁和操作部分组成。具有重量轻、操作方便、色泽多样、价格较低廉等特点	适用于宾馆、饭店、办公室、试验室、民用住宅等各种窗和落地窗的遮阳措施	色泽：天蓝、果绿，奶黄、乳白、粉红、透明茶色等。 规格：宽 1.5m 以下任意选择。若窗子宽度超过 1.5m，可采用两个以上组合的方式
塑料活动百叶窗	采用硬质改性聚氯乙烯、玻璃纤维增强聚丙烯及尼龙等热塑性塑料制成。具有较高的机械性能，耐酸碱及化工厂气体腐蚀等优点	适用于车间通风采光、人防工事、地下室坑道、湿度大的建筑工程	有各种规格 全塑配件每 m^2 60～80 元
塑料垂直百叶窗帘	窗帘片是采用各种颜色和花纹的聚酯薄片。传动系统采用丝杆付及蜗轮付机构。产品雅致美观、结构精巧、传动可靠，可以自由启闭和 180°转角，实现灵活调节光照、造成光影交错的气氛	适用于宾馆、图书馆、饭店、影剧院、科研计算中心、民用住宅等多种窗的遮阳和通风	窗帘宽度：800～5000mm 窗帘高度：1000～4000mm 用户可根据窗户实际尺寸在此规格范围内任意确定，还可按用户要求订制

2. 塑料百页窗帘安装要点

(1) 安装方法

把两固定支架根据窗帘上固定绳的距离安装在窗的上部或墙上，挂上窗帘即可。

（2）窗帘收放

窗帘收放时，首先应把页片调平。要放下窗帘时，用手拉住升降绳，向下偏左的方向拉动一下，然后徐徐松绳，窗帘即可放开。如出现倾斜，则是两股升降绳有一股被卡住，只要再拉起一点后，继续放松即可。如果收起窗帘时，用手向下拉升降绳，待窗帘百页收起后，把升降绳向右摆动大于20°角度即可自行锁住。如要中途停下，也只要向右一摆动即可。

（3）百页角度的调整

用手握住调向绳手柄，轻力向下拉动一股绳，页片可向前或向后翻转，起到调整光线，流通空气的作用（见图17-49）。

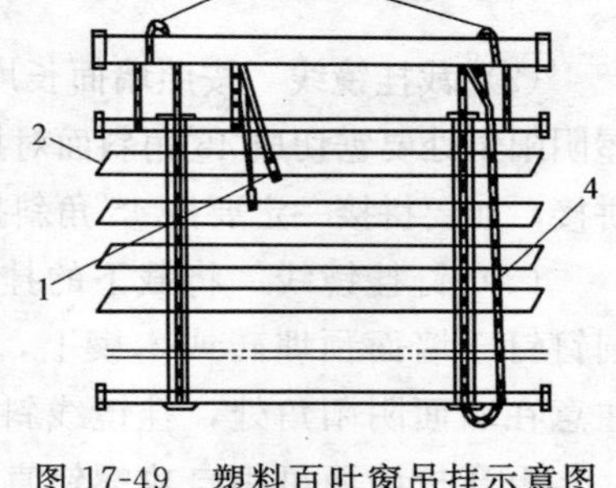

图17-49 塑料百叶窗吊挂示意图

1—调向绳；2—叶片；3—固定吊绳；4—升降绳

（4）注意事项

1）不可靠近高温处。

2）页片如有灰尘，可用鸡毛掸子拂去或用湿布擦去。

3）手拉升降、调向绳时不可用力过大，调节窗帘高度时应双股升降绳同时拉，以免出现倾斜。

17.6 木挂镜线、木收口线及木暖气罩安装

17.6.1 木挂镜线安装

挂镜线是室内装饰中不可缺少的一部分，它既可悬挂装饰品，又可作为装饰线条（见图17-50）。挂镜线材料有木

制挂镜线、塑料挂镜线、金属挂镜线。材料虽然不同，但施工方法相同。下面以木制挂镜线为例介绍施工技术。

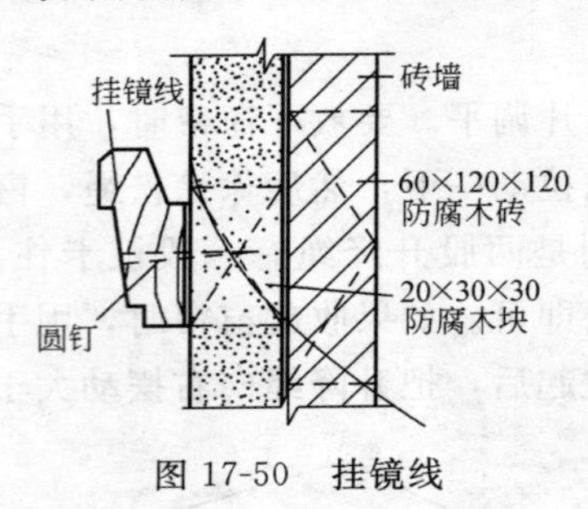

图 17-50　挂镜线

1. 安装要点

（1）弹线　根据设计图纸要求，并充分考虑与电线盒、拉线开关及窗帘盒位置之间的关系，确定实际安装位置，然后用软透明注水塑料管找出墙面水平高度，划定安装位置线。

（2）裁挂镜线　按照墙面长度尺寸截下挂镜线，注意在房屋阴阳角处要锯切成 45°角斜面对接。挂镜线最好不要在长度上拼接，如要拼接一定要按 45°角斜接，并尽量做到整体通畅。

（3）钉挂镜线　将截下的挂镜线用无头圆钉或打扁帽的圆钉钉于墙面预埋砖或木楔上，钉距以 600～700mm 为宜。注意在墙面阴阳角处，挂镜线斜接口处一定要钉牢。

石膏板墙面可用自攻螺钉直接固定在墙体内龙骨上，钉帽要拧进木线内。

2. 注意事项

（1）尽量保护制品，不得因施工使制品造成外伤和弯曲变形，以免影响装修效果。

（2）固定螺钉时，不要将螺钉拧得太紧，以免制品产生裂纹。塑料挂镜线安装前必须用手电钻钻好孔后再固定。

（3）如采用塑料内包角、外包角，连接件端部堵头等装配件施工，应事先将各配件插入各有关部位，然后再将挂镜线用螺钉固定在墙上。

（4）注意保护装修墙面的清洁，不要损坏周围装修面层。

(5) 安装时，要注意挂镜线要求四面呈水平、标高一致。标高应从地面量起，不应从吊顶往下看，因为吊顶四边不一定与标高一致。从吊顶往下看，就会产生挂镜线标高不一致的现象。

3. 挂镜线各种材料用量

挂镜线各种材料用量，见表 17-7。

挂镜线各种材料用量 **表 17-7**

材料名称	规格(mm)	单位	数量
木方	28×55	m^3	0.185
木砖	120×120×60	m^3	0.173
木垫块	30×30×20	m^3	0.004
钉子	l=80	kg	1.607

17.6.2 木收口线安装

室外装饰中的各种结构之间、各饰面之间各种材料之间，都有大量的衔接口与对缝处需处理。

1. 木收口线安装要点

(1) 木线条在条件允许时应尽量采取用胶粘固定，如果需用钉固定时，最好采用射枪钉。如用圆钉，必须将钉头砸扁再钉。钉的位置应在木线的凹槽部位或背视线的一侧（图 17-51）。半圆木线其位置高度小于 1.6m 时，应钉在木线偏下部，高于 1.7m 时应钉在木线偏上部（避开人的视线）。

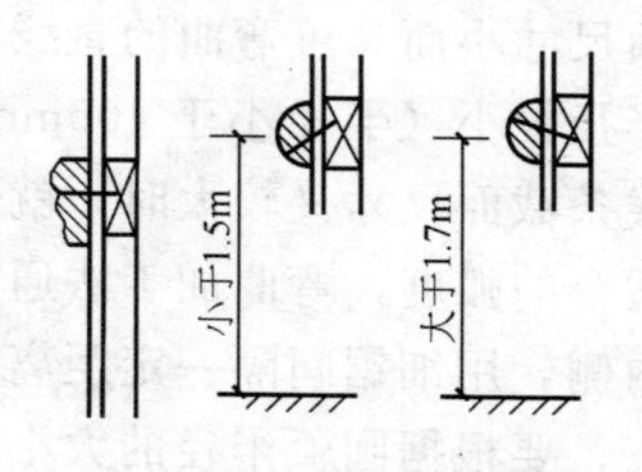

图 17-51 木线条钉固最佳位置

(2) 不锈钢和钛金板线条的安装必须在收口部位固定木衬条，木衬条的宽、厚尺寸略小于金属条槽的内径尺寸。然后在木衬条上和金属槽内涂万能胶，再将该金属条卡装在木衬条上。金属条有造型，木衬条也应做出相应造型（图 17-52）。金属条表面一般贴有一层塑料胶带保护层，该保护层需施工完毕再撕下。如金属条表面没有保护层，施工前需贴上一层，以免施工中损坏线条表面。

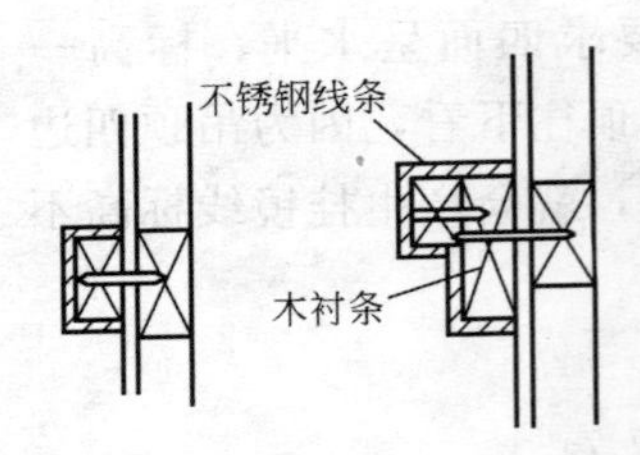

图 17-52　金属线条装法

（3）木线条的对拼方式有直接和角拼两种。对角拼接时应把线条放在 45°定角器上，用细锯锯断，截口处不得有毛边。两截口面需涂胶后进行对拼口，拼口处不得有错位和离缝现象。直拼的木线条对口处边应开成 45°角加胶拼口，拼口要求光滑顺直，不得有错位离缝现象。

（4）不锈钢和钛金板金属线条在角处对口拼缝，应用 45°角拼口，截口时应在 45°定角器上用钢锯条截断，并注意勿伤表面。不得使用砂轮片切割机，以防受热后变色。切断后的拼接面应用什锦锉修平。

（5）圆弧形收口工艺　对圆弧半径较大的弧面，可用截面尺寸小而又可弯曲的直线木线直接胶粘钉接收口。对圆弧半径较小（半径小于 400mm）的圆弧面，而要求收口的木线条截面尺寸又较大时，就需特殊加工木线条，使之弯曲成适合的弧度，弯曲加工法通常采用开槽法，即在木线弯曲的内侧，用细锯间隔一定距离开出一条条细槽。槽深和间隔距离，要根据圆弧半径的大小确定。半径大，开槽可浅，间距也可以大一些；半径小，开槽需深，间距也要小。通常开槽的最大厚度为木线条宽度的 2/5，开槽的最小间距为 5mm。开槽方式和弯曲的形式见图 17-53。

2. 木口线安装部位节点处理

（1）吊顶面的衔接节点处理

1）阴角收口节点处理

在阴角处，用木线钉压在角位上，如图 17-54 所示。

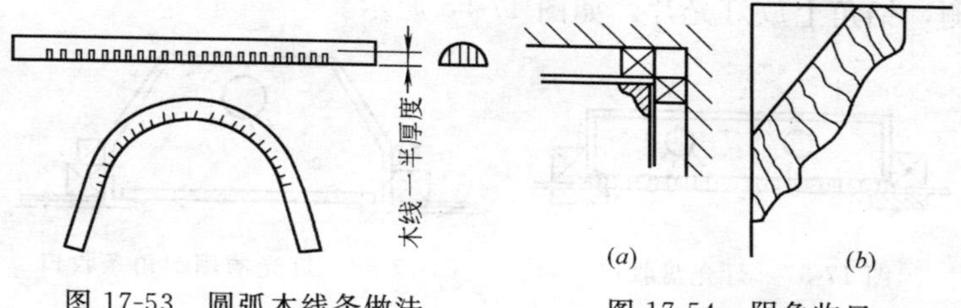

图 17-53　圆弧木线条做法　　图 17-54　阴角收口

2）阳角收口节点处理

阳角收口节点处理有三种方式：即平面、立侧面和包角收口三种方式，如图 17-55 所示。

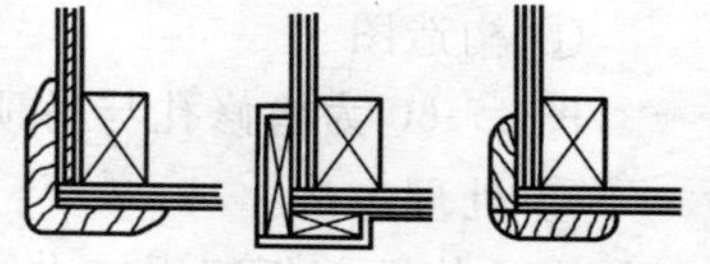

图 17-55　阳角收口

3）过渡收口节点处理

过渡收口是指两个落差高较小的面之间对接处的衔接处理，或平面上两种不同材料对接处的衔接。过渡收口常用木线条或金属线条进行处理，如图 17-56 所示。

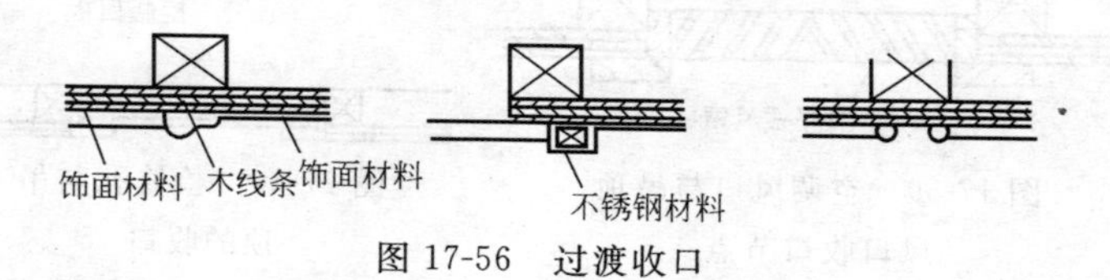

图 17-56　过渡收口

（2）木吊顶面后备的收口节点处理

1）灯光盘收口节点处理

灯光盘在吊顶上安装后，其灯光盘或灯光隔栅与吊顶之间需收口，常用木线钉钉法固定，如图 17-57 所示。

2）灯光槽收口节点处理

如果灯光槽上有灯光片或灯隔栅，常用铝角钉在灯槽内侧，铝角上放灯光片，如图 17-58 所示。

图 17-57 灯光盘收口

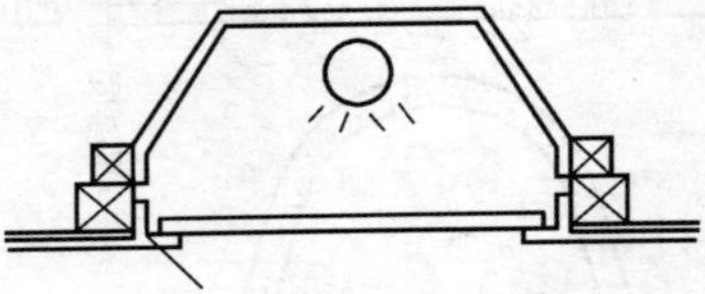

图 17-58 灯光槽用铝角条收口

3）空调风口与吊顶风口收口

空调风口与吊顶风口收口，见图 17-59 所示。

4）吊顶与检修孔收口节点处理

① 构造图

图 17-60 为检修孔与吊顶的收口构造图。

② 处理方法

在检修孔盖板四周钉木线条，或在检修孔内侧铝角进行收口。

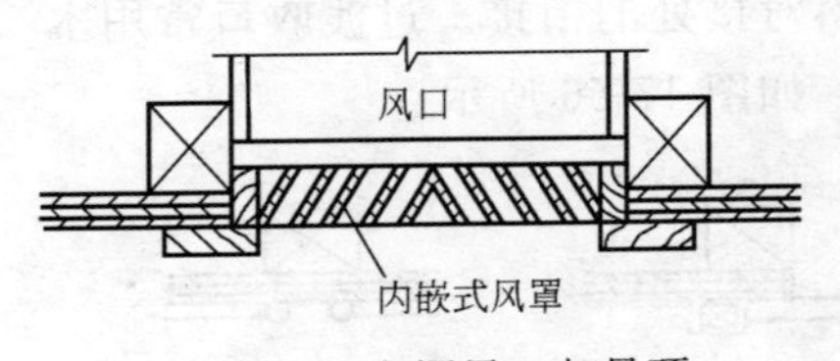

图 17-59 空调风口与吊顶风口收口节点

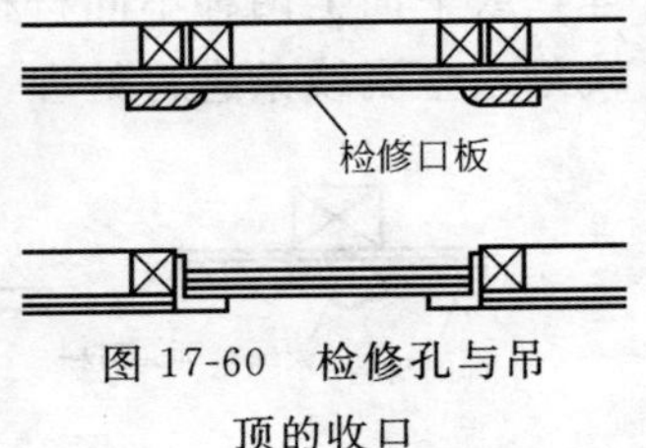

图 17-60 检修孔与吊顶的收口

3. 吊顶面、墙面、柱面收口节点处理

（1）吊顶面与墙面间的木线条收口节点处理

1）实心角线收口节点处理

① 构造图

图 17-61 为实心角线收口节点构造图。

② 处理方法

用实心的直角多曲面装饰线条，靠紧在吊顶面与墙面埋木楔法，将木线条钉固在墙面上。

2）斜位角线收口节点处理

① 构造图

图 17-62 为斜位角线收口节点构造图。

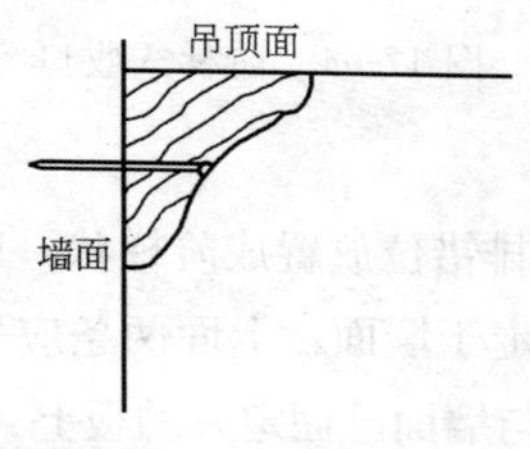

图 17-61　实心角线收口

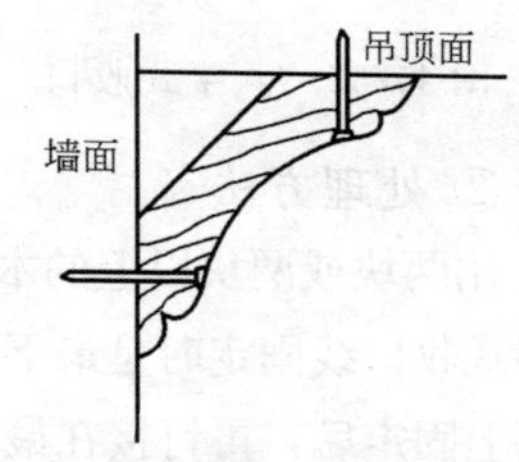

图 17-62　斜位角线收口

② 处理方法

用斜位角线，固定时用钉将斜角装饰木线条分别钉在墙面和吊顶面上。

3）八字式收口节点处理

① 构造图

图 17-63 为八字式收口节点构造图。

② 处理方法

用两块木板条和一条斜位角线组合而成。两块木板条分别固定在顶面和墙面，斜位角线固定在两板之间。

4）阶梯式收口节点处理

① 构造图

图 17-64 为阶梯式收口节点构造图。

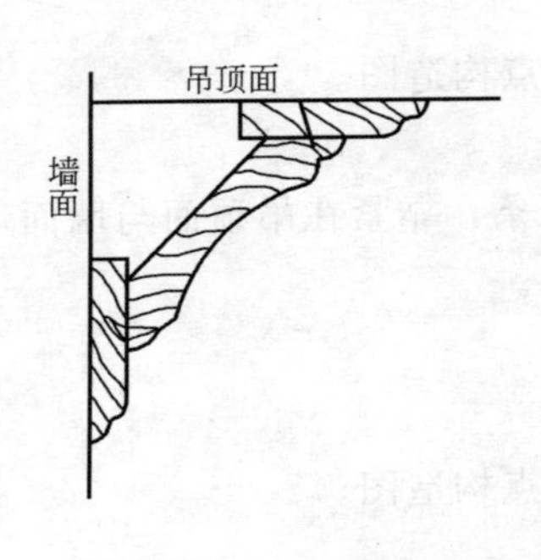

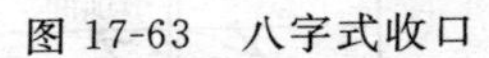
图 17-63　八字式收口

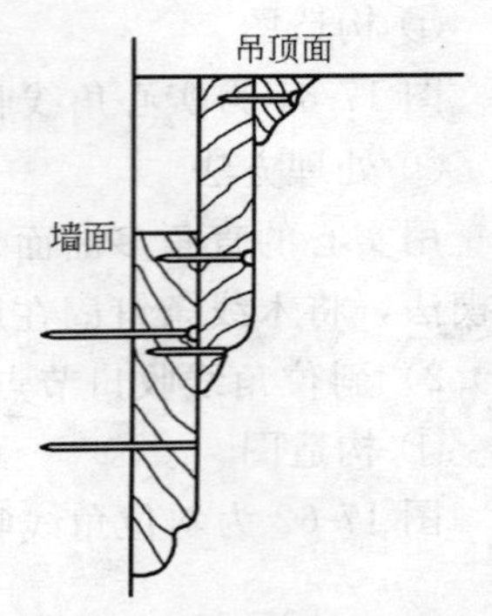

图 17-64　阶梯式收口

② 处理方法

用两块或两块以上的木板条，并排错位放置成阶梯状，这种阶梯式收口线固定时是最下面一块固定于墙面，上面两条应先在地面上固定后，再钉接在最下面一块与墙面已固定好的板上。

(2) 吊顶面与柱面相交处的收口节点处理

1) 构造图

图 17-65 为吊顶与柱体相交收口节点构造图。

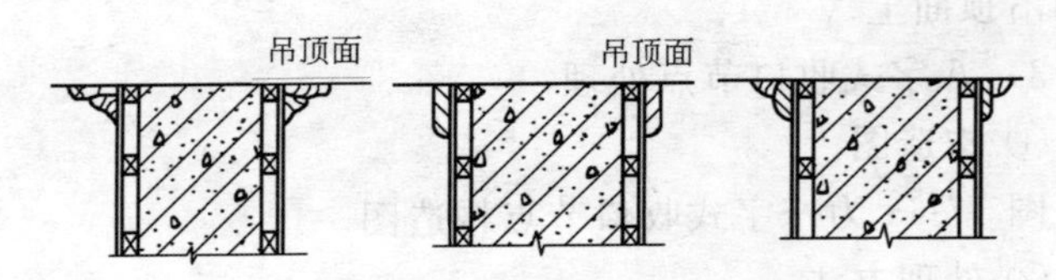

图 17-65　吊顶与柱体常见收口

2) 处理方法

各种装饰柱与大吊顶间都需收口，木面柱体可将收口线固定在柱体上，金属面柱体可将收口线固定在吊顶面上，或在柱顶与吊顶相接处不用金属而用线条收口。

方柱的木收口如是油漆面，应先将收口线油漆完毕再固定。如是不锈钢等金属表面的收口线槽，可用衬木条粘结方法固定。如果塑料贴面木线条，应先固定木线条后，再将剪好的塑料贴，粘贴在已固定的木线条表面上。常见几种柱体收口方式见图 17-65。

圆柱顶面收口也可用 15mm 胶合板弯曲制作，弯曲方法是在胶合板背面开槽。先从胶合板上截下所需宽度和长度的板条，再在长条的宽度上用细锯开槽，槽间距要根据圆柱直径而定，开槽越多弯曲越容易。槽深一般小于板厚的 1/2，开槽法见图 17-66。

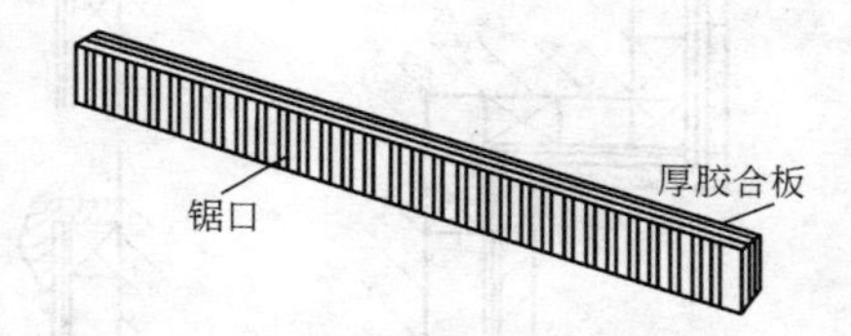

图 17-66　厚胶合板开槽弯曲法

(3) 墙面、柱面的收口节点处理

1) 墙面上不同饰面材料收口节点处理

① 构造图

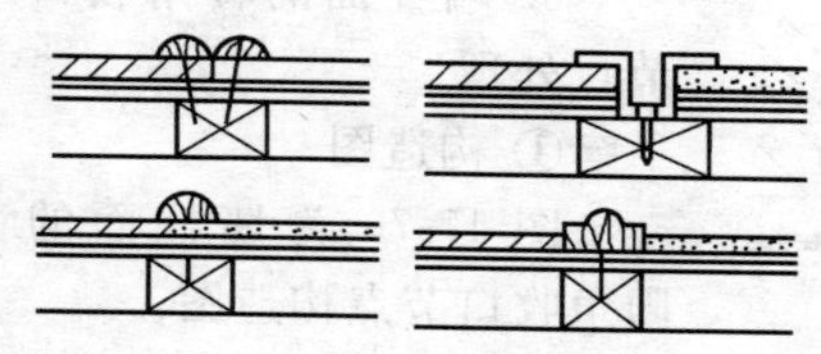
图 17-67　墙面上不同材料收口

图 17-67 为墙面上不同饰面材料收口节点构造。

② 处理方法

a. 可用木线条和不锈钢线条，也可用相同材料封口。收口方式可用单线、双线、阶梯过渡线条收口，如图 17-67 所示。

b. 自然收口法　所谓自然收口主要指两种饰面相交时，一种材料可将另一种材料边口压住，如图 17-68 所示。自然收口时，两种材料的压口必须紧密，无脱边离缝。

4. 墙裙面与墙面之间收口节点处理

① 构造图

图 17-69 为墙裙面与墙面之间收口节点构造图。

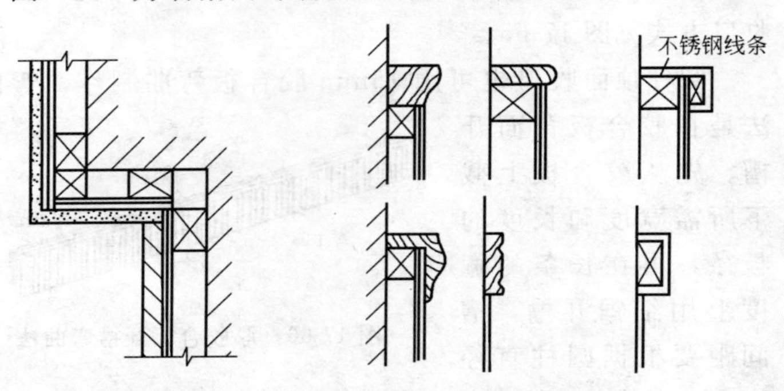

图 17-68 自然收口法　　图 17-69 墙裙面封口

② 处理方法

墙裙面上封口一般用木线条和不锈钢线条收口，收口方式有单线条上封口，侧封口和角包压线封口，如图 17-69 所示。

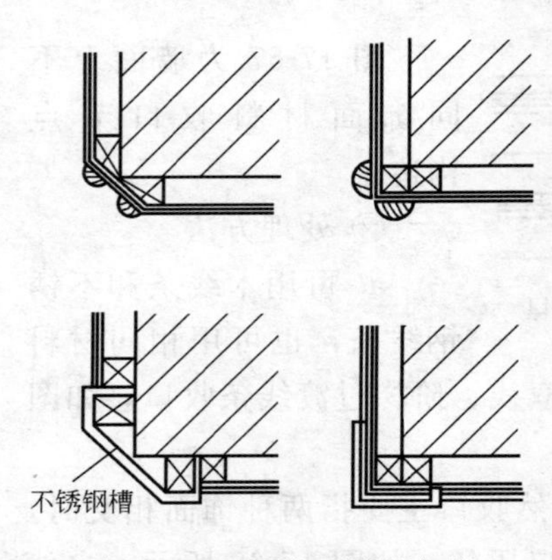

图 17-70 墙柱面的阳角收口

5. 墙柱面的转角收口节点处理

① 构造图

图 17-70 为墙柱面的阳角收口节点构造图。

② 处理方法

阳角收口有侧位收口、斜角收口和包角收口等，如图 17-70 所示。如果是相同饰面材料的阳角，也可不压收口线条，但转角处不得有缝隙，各种板材在阳角处应对缝处理。

阴角处收口一般用角木线条压口，如果相同材料也可不压木线条。两种材料在阴角处相交，可采用自然封口方式，但阴角处不得有 1mm 以上的明显缝隙。

1）墙面与墙面设备的封口节点处理

① 窗式空调机与墙面的封口节点处理

a. 构造图

图 17-71 为窗式空调机与墙面的封口节点构造图。

b. 处理方法

窗式空调机与墙面的封口处理，可以用木线和木板进行封口。如图 17-71 所示。

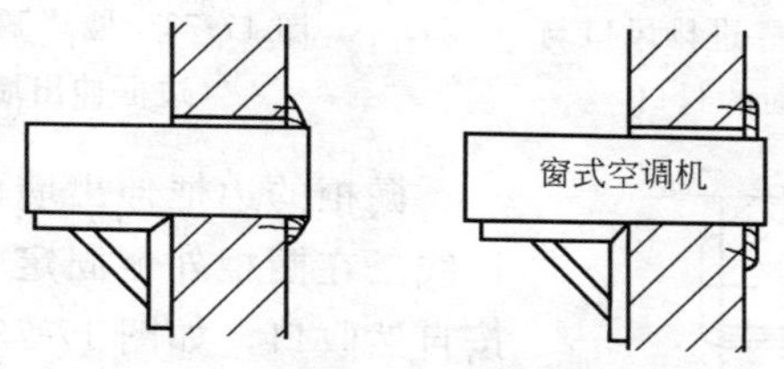

图 17-71　窗式空调机与墙的封口

② 进排风口与墙面的封口节点处理

a. 构造图

图 17-72 为进排风口与墙面的封口节点构造图。

b. 处理方法

进排风口常用预制成品的风口罩板来罩住风洞口，风口罩用钢钉或木螺丝固定在墙面的木楔内。如图 17-72 所示。

③ 墙式橱柜封口节点处理

a. 构造图

图 17-73 为墙式橱柜封口（边框伸出墙面）节点构造图。

图 17-74 为墙式橱柜封口（边框与墙面平齐）节点构造图。

b. 处理方法

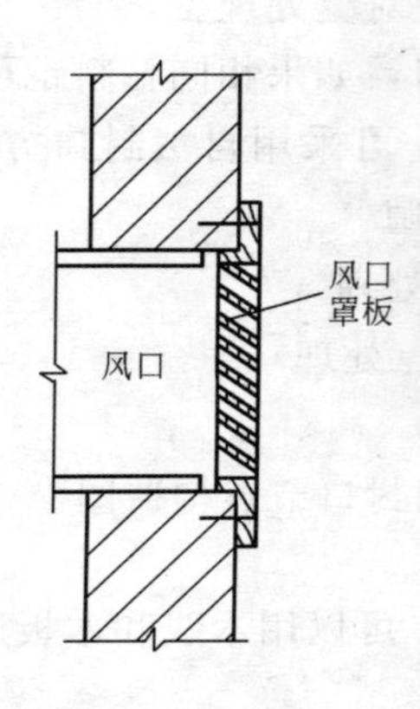

图 17-72　进排风口与墙面的封口

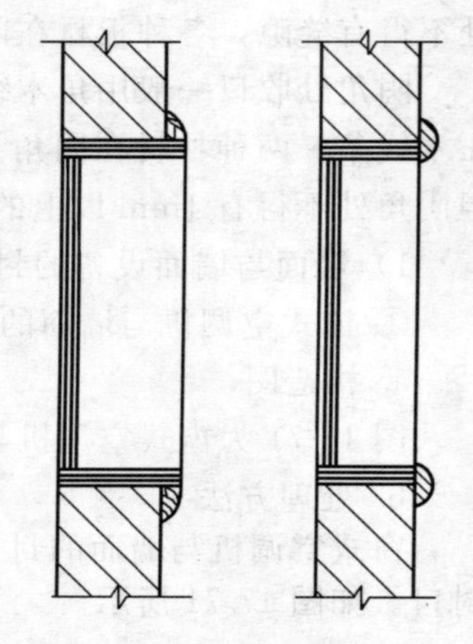

图 17-73　墙式橱柜式封口（边框伸出墙面）

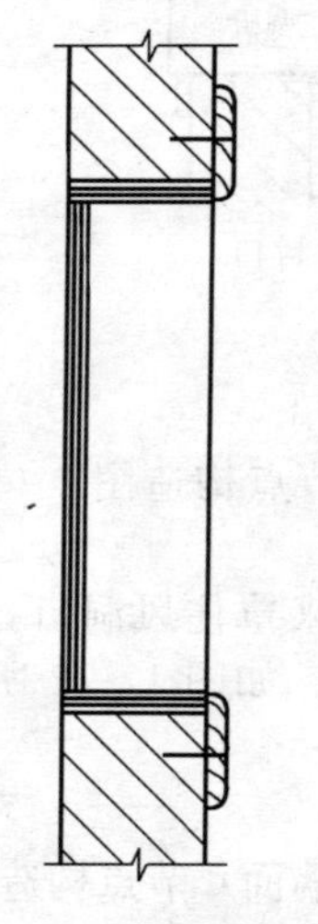

图 17-74　墙式橱柜封口（边框与墙面齐平）节点

橱柜的边框伸出墙面，可用封口线条在橱柜外侧固定收口，也可按自然收口，如图 17-73 所示。

橱柜的边框与墙面平齐时，在柜边与墙面对接处一般都需要封口，封口线条固定在橱柜边框上。如封口线条较宽，也可固定在墙上，如图 17-74 所示。

2）相同材料的对缝收口节点处理

① 构造图

图 17-75 为相同材料饰面拼接节点构造图。

② 处理方法

相同饰面板材在拼接对缝时有平面对缝和直角对缝两种。平面对缝为使缝小而平直，可在两块拼接板的对缝边后面倒 45°角。在阴角部位两块板对缝边也需倒 45°角，倒角要一直倒到边口处，使边口外形成刃锋状，但不得损坏边口，然后拼缝。在阳角对缝处也可只倒一块板的背面即可（见图 17-76）。

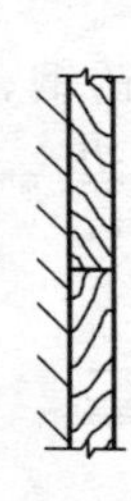

图 17-75　相同材料平面拼接

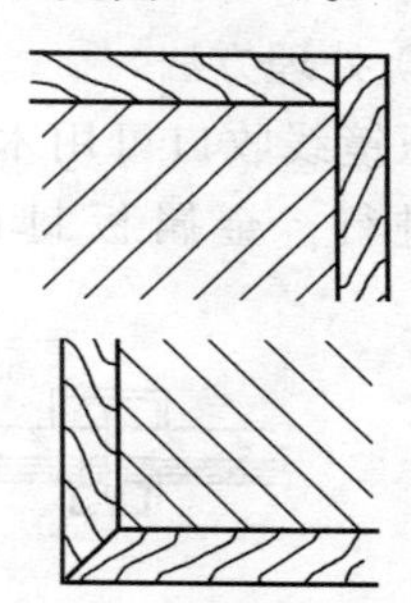

图 17-76　阳角对缝倒角做法节点

如果是同种材料、不同颜色，可采用线条收口，也可自然对缝收口。

3）墙面与地面之间的收口节点处理

① 构造图

图 17-77 为墙面与地面之间收口节点构造图。

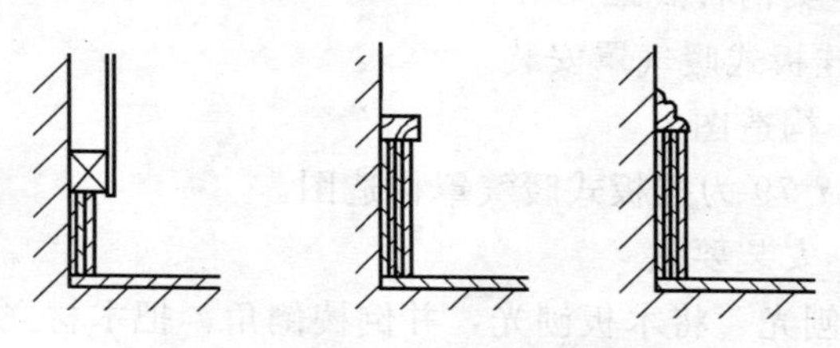

图 17-77　墙面与地面踢脚板收口

② 处理方法

主要用踢脚线或踢脚板来收口。其形式有内凹式和凸式两种。材料可用木板、厚胶合板、塑料板、石料板等，如图17-77所示。

4）镜面压镜的收口节点处理

① 构造图

图17-78为压镜线收口节点构造图。

② 处理方法

压镜线收口可用木线条、铝合金、不锈钢、钛金板等材料进行。金属板封口后可用玻璃胶封边。如图17-78所示。

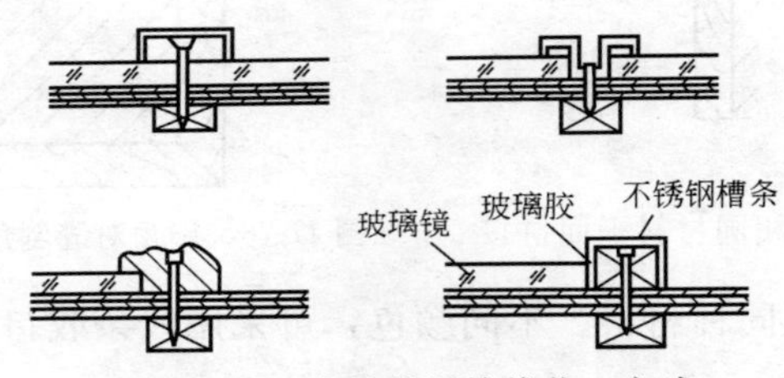

图17-78　常见的压镜线收口方式

17.6.3　木暖气罩安装

木暖气罩就其安装形式可分为挂板式罩、活架式单体罩、固定架活板式罩。

1. 挂板式暖气罩安装

（1）构造图

图17-79为挂板式暖气罩构造图。

（2）安装要点

1）刨光　将木板刨光，并倒棱倒角，把木材立槎砂光，制成同一规格。

2）焊角钢　将角钢按暖气片长度截下两根，并将钢筋勾焊于角钢距端头120mm处，如图17-79所示。

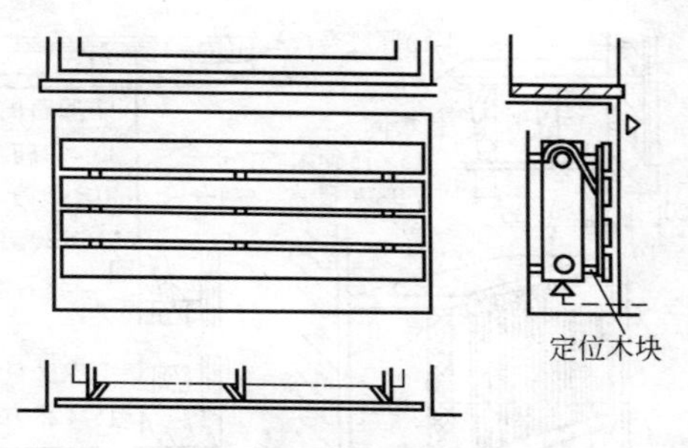

图 17-79　挂板式暖气罩

3）固定木板　在角钢上按木板排列的疏密钻 ϕ6mm 的孔，并且螺丝钉将木板固定于角钢之上。

4）挂木板　将制作好的木板挂在暖气片上。

（3）注意事项

1）木板间距不宜过大，一般以 40mm 为宜。

2）木板上端应高出暖气片 50mm 成直线。

3）木板距暖气片距离不少于 60mm。

2. 活架式单体暖气罩安装

（1）构造图

图 17-80 为活架式单体暖气罩构造图。

（2）安装要点

1）组装框架　按照设计图纸将木材加工组装成暖气罩框架。

2）钉胶合板　将胶合板按设计要求裁下后，可用强力胶直接粘贴于木框上，或用乳白胶，并用 15mm 的枪钉或砸扁打帽的圆钉，钉于设计图中要求的部位，要求留缝要均匀，平缝要严，碰角处要把三合板刨削成 45°角，或与腿料贴平。

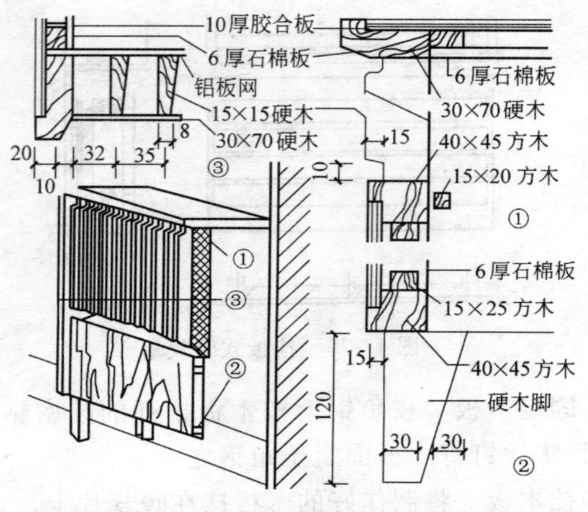

图 17-80　活架式单体暖气罩

3）安装铝网　安装铝网可采取后压条夹网法，在腿料和撑料前后用木条夹住铝网，钉于腿或撑上。

4）封边处理　暖气罩上面板可用实木板、也可用木方制成木框后粘贴胶合板，但要做封边处理。

（3）注意事项

1）暖气罩上半部和底部要做成通透式的，底部冷空气流通口不小于120mm高，上部热风出口不小于300mm高。

2）暖气罩顶面距暖气片高度不小于100mm，竖向间距不小于60mm。

3）暖气罩框架部分必须为榫卯结构。

4）制作后表面要净光、倒楞、砂光。

3. 固定架活板式暖气罩安装

（1）构造图

图 17-81 为固定架活板式暖气罩构造图。

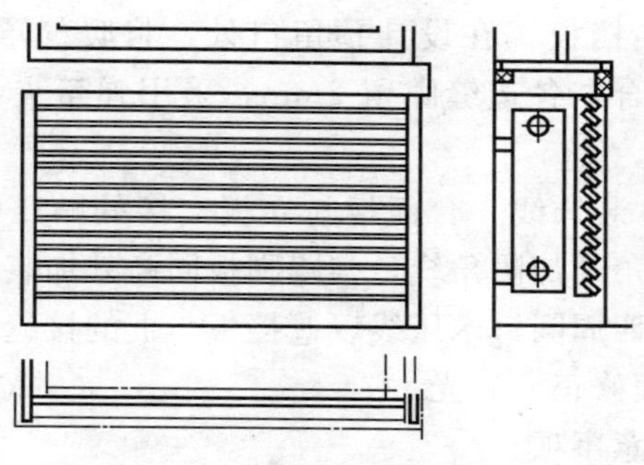

图 17-81　固定架活板式暖气罩

(2) 安装要点

1) 弹线　在准备安装暖气罩的设计位置，划出地面、墙面安装位置线。

2) 基础处理：

固定架基础处理，应根据地面做法不同而采取不同的处理方法，可以用膨胀螺栓固定。

3) 加工木龙骨架　按设计图纸要求先把木材刨光并加工成木龙骨架。顶面板与窗台板一体化操作时同时制作出顶面木龙骨架。没有窗台板则单独加工顶面木龙骨架。

4) 固定木龙骨架　把制成的木龙骨架用圆钉钉于预埋木砖或用射钉直接打入墙体、地面，同时用标线检查水平度、垂直度或用水平仪检查。

5) 顶面处理　将顶面木龙骨架做成双包镶式，在夹层中间放入硬质发泡塑料或膨胀珍珠岩，起到隔热、防止台面翘曲变形、龟裂的作用。

6) 安装面板　将胶合板按设计规格裁下后，在木骨架与胶合板后身相应部位同时刷强力胶，待表干后一次到位粘贴好，并用锤子垫木块敲打严实，保证粘贴牢度和粘贴强度。

7）安装档板　在设计预留口处，将暖气罩挡板装入，要求板框吻合，各边缝隙留 2mm，采用弹簧夹、磁铁式等碰珠卡固定。

8）贴木装饰线　台面板与立板交接处贴压收口线；墙面与台面交角处加阴角线；与踢脚板同高处加装饰压线；在暖气罩档板四周圈钉木压线以遮挡板与框的接缝。

9）表面修正、砂光。

（3）注意事项

1）暖气罩上下线应水平、垂直。

2）胶合板面应贴合严密。

3）装饰线格角处要做45°角接口。

4）台面内部必须加隔热材料。

5）暖气罩与暖气片竖向间距不小于 60mm，与顶面间距不小于 100mm。

6）暖气管道接口处、阀门处必须做活门。

17.7　软包木墙饰面装饰

软包木墙饰面装饰，它是用高级装饰材料，如装饰布和皮革或人造革，包覆室内局部饰面，以达到艺术效果上的高雅华贵，并经构造处理后达到触感柔软、温暖且具吸声和消振特点。

17.7.1　装饰布软包木墙饰面

装饰布软包木墙饰面常用形式有明压条绷布法，暗压条绷布法和木框绷布法。

1. 明压条绷布法。

（1）基层处理

1）墙面处理　表面平整、垂直度符合设计要求。

2）安装木龙骨。

3）安装五层胶合板。

（2）操作要点

1）临时固定装饰布。将装饰布（壁毡或防火面料）用其他临时性木条钉于墙面。

2）在临时固定的墙面装饰布上，按设计要求弹线，作标记，确定木板条位置及墙面分格。木板条要垂直、水平，尽量不加接头。

3）用无头钉将木板条按弹线位置压在装饰布上后，钉在墙面木龙骨上，并将临时固定木条摘下。

4）安装阴角线。沿木板条边缘加钉木阴角线。阴角线接头采用45°插接（图17-82）。

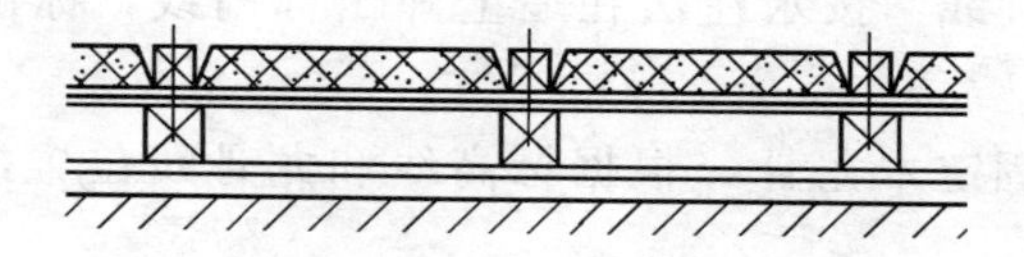

图17-82 明压条绷布法

2.暗压条绷布法

（1）基层处理

同明压条绷布法处理

（2）操作要点

1）先将装饰布按需要宽度裁下后，一端背面用加工好的木条压住钉在木龙骨上，同时找好布的经纬线、垂直度和木条的垂直度（图17-83）。

2）把装饰布翻过来，面朝上，朝相反方向拉紧，同时用第二根木条把布双折反向钉于木龙骨上。

3）把装饰布再翻过来，面朝上，同上法钉于下面木龙

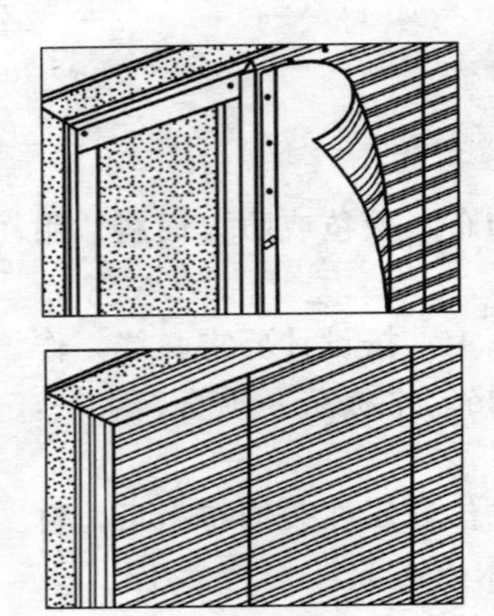

图 17-83　暗压条绷布法

骨上，每条间距 400mm 或按设计要求。

4）结尾处宜先将装饰布把木条裹起，两端找直绷紧后，把钉帽砸扁，或用无头钉钉于木龙骨上，再把钉帽压住的布纤维挑起、整理，这种装饰法各分块间隔，装饰布有线无缝。

3. 木框绷布法

（1）基层处理

同明压条绷布法。

（2）操作要点

1）弹线　按水注法在墙上弹出标高线，标出骨架位置线。

2）固定木龙骨　根据标高线和龙骨线位置，固定木龙骨。

3）制作木框　选用干燥后刨削标准的木条（木条尺寸规格由设计图纸确定，一般为 20mm×35mm）。用圆铁钉按设计要求钉成规格木框，并将三层胶合板或纤维板钉在木框上，再把木框周边加工整齐、方正。在木框竖向裁 8mm、宽 5mm 的深凹槽。

4）制作榫条　用 12mm 厚木板条制作成“T”形榫条，榫条宽度由设计决定，榫条两侧裁口深度≤5mm，宽度 8mm。

5）绷布时将防火装饰布（一般防火装饰布下覆 5～10mm 厚软泡沫塑料）平整地铺在木框上，四边折向木框背面，然后用气动订书钉固定在木框背面（也可用小铁钉固定），角边压进长约 20～30mm 面料。

6）用砸扁钉帽的圆钉，把加工好的榫条固定在墙面木龙骨上，钉一条榫条，插一块软包面板，直至最后（图 17-84）。

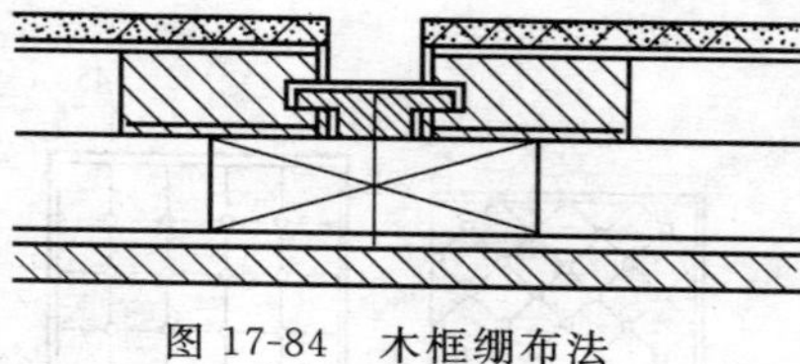

图 17-84　木框绷布法

7）横向两块装饰面板间缝，可用与榫条同厚度的木条钉于其间。

8）木框与框间预留缝隙，可用一标准木方作标尺来控制。

17.7.2　皮革和人造革软包木墙饰面

在装饰工程中，用皮革和人造革装饰局部墙裙、柱体、酒吧台及服务台立面等，已成为新的时尚。因此，在施工中应注意研究它的施工工艺，保证施工质量。

1. 基层处理

人造革包覆室内固定设置，要求基层牢固，构造合理。如果是将它直接装设于建筑墙体及柱体表面，为防止墙柱体的潮气使其基面板翘曲变形而影响装饰质量，要求基层做抹灰和防潮处理。通常的做法是，采用 1∶3 的水泥砂浆抹灰做至 20mm 厚。然后刷涂冷底子油一道并作一毡二油防潮层。

2. 木龙骨及墙板安装

当在建筑墙柱面做皮革或人造革装饰时，应采用墙筋木龙骨，墙筋一般为（20～50）mm×（40～50）mm 截面的木方条，钉于墙、柱体的预埋木砖或打入的木楔上，木砖或木楔的布置间距，与墙筋的排布尺寸一致，一般为 400～600mm 间距，按设计图纸的要求进行分格或平面造型形式进行划分。传统的常见形式为 450mm～450mm 见方划分，见图 17-85。

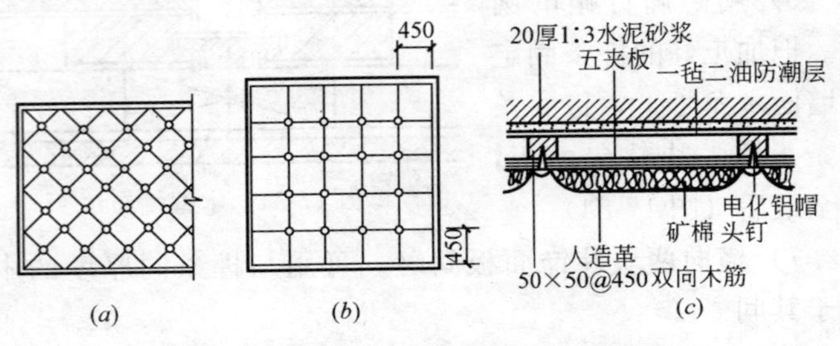

图 17-85　墙、柱人造革饰面的基本构造

(*a*)、(*b*) 包裹装饰形式示例；(*c*) 构造做法

固定好墙筋之后，即铺钉五层胶合板作基面板；然后以人造革包矿棉、泡沫塑料、玻璃棉或棕丝等填塞材料覆于基面板之上，采用暗钉将其固定于墙筋位置；最后以电化铝帽头钉按分格或其他形式的划分尺寸进行钉固。也可同时采用压条，压条的材料可用不锈钢、铜或木条，既方便施工，又可使其立面造型丰富。

3. 面层固定

皮革和人造革饰面的铺钉方法，主要有成卷铺装和分块固定两种形式。此外尚有压条法，平铺泡钉压角法等，由装饰设计而定。

(1) 成卷铺装法

由于人造革材料可成卷供应，当较大面积施工时，可进行成卷铺装。但需注意，人造革卷材的幅面宽度应大于横向木筋中距 50～80mm；并要保证基面五夹板的接缝须置于墙筋上。

(2) 分块固定

这种做法是先将皮革或人造革与五层胶合板按设计要求的分格、划块尺寸进行预裁，然后一并固定于木筋上。安装时，以五夹板压住皮革或人造革面层，压边 20～30mm，用圆钉钉于木筋上；然后将皮革或人造革与木夹板之间填入衬垫材料进而包覆固定。须注意的操作要点是：首先必须保证五夹板的接缝位于墙筋中线；其次，五夹板的另一端不压皮革或人造革而是直接钉于木筋上；再就是皮革或人造革剪裁时必须大于装饰分格划块尺寸，并足以在下一个墙筋上剩余 20～30mm 的料头。如此，第二块五夹板又可包覆着第二片革面压于其上进而固定，照此类推完成整个软包饰面。这种做法，多用于酒吧台、服务台等部位的装饰。

人造革卷材的成卷铺装及皮革或人造革的分块固定做法，见图 17-86。

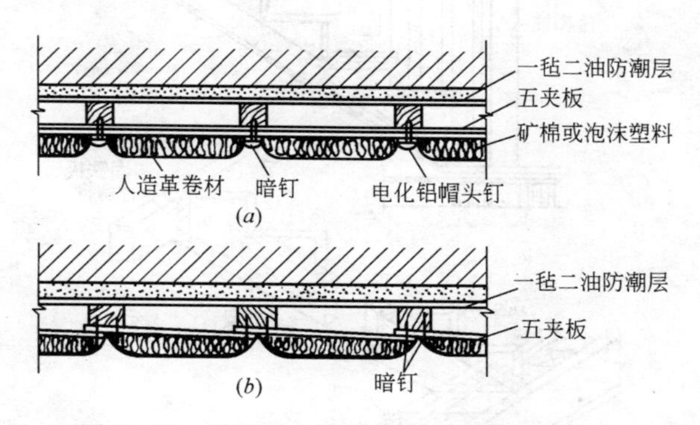

图 17-86　皮革及人造革软包饰面的施工做法

(*a*) 人造革卷材的成卷铺装固定；(*b*) 皮革或人造革的分块固定

17.7.3　楼梯栏杆扶手

1. 木楼梯

木楼梯是由踏脚板、踢脚板、平台、斜梁、楼梯柱、栏杆及扶手等几部分组成。

木楼梯的构造形式：

（1）明步楼梯。明步楼梯宽度以 800mm 为限，如超过 1000mm 时，中间加一根斜梁。明步楼梯是在斜梁上钉三角木，三角木可根据楼梯坡度及踏步尺寸预制，其上铺钉踏脚板及踢脚板，踏脚板和踢脚板用开槽方法结合。踏步靠墙处也需做踢脚板，以保护墙面和遮盖竖缝。

斜梁的上下两端做吞肩榫，与楼梯平台梁和地搁栅相结合，并用铁件加固，在底层斜梁的下端亦可做凹槽压在垫木上。明步楼梯的构造如图 17-87 所示。

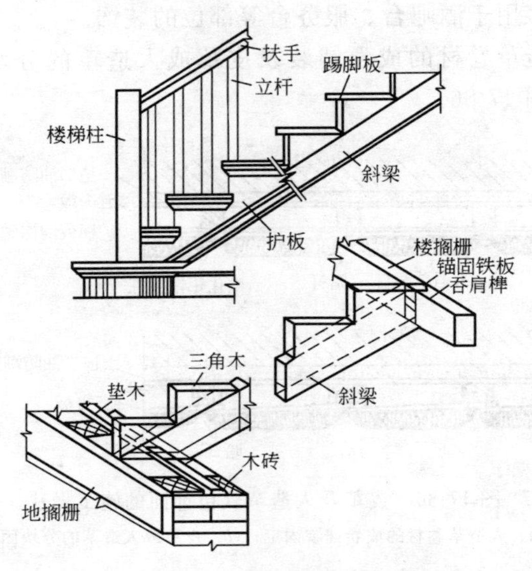

图 17-87　明步木楼梯

（2）暗步楼梯。暗步楼梯是在安装踏步板一面的斜梁上开凿凹槽，把踢脚板和踏脚板逐块镶入，然后和另一根斜梁进行合拢敲实。楼梯背面可做灰板条粉刷或钉纤维板。暗步楼梯的构造如图 17-88 所示。

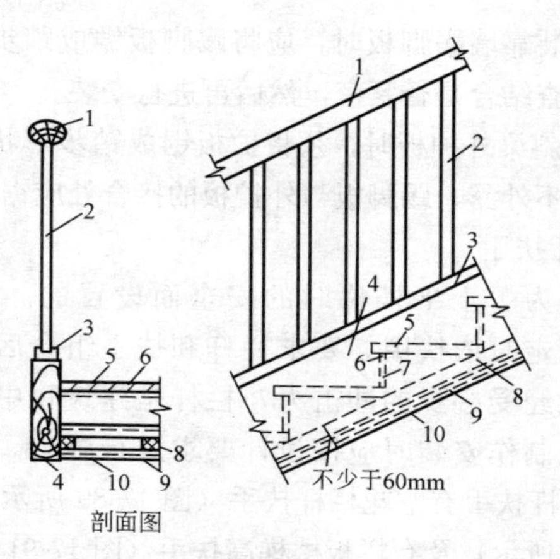

图 17-88　暗步木楼梯

1—扶手；2—立杆；3—压条；4—斜梁；
5—踏脚板；6—板口线；7—踢脚板；
8—板条筋；9—板条；10—粉刷

（3）木楼梯制作与安装。楼梯制作前，在铺好的木板上或水泥地面上，根据施工图纸，把楼梯的踏步高度、宽度、级数及平台尺寸放出足尺大样，制出样板。

配料时，应注意楼梯斜梁必须包括两端榫头尺寸在内。踏脚板须用整块木板。制作三角木、踏脚板、斜梁、扶手和栏杆时，其尺寸形状必须符合设计规定。

安装前，先定出楼搁栅和地搁栅的中心线和标高。安装了楼搁栅和地搁栅再安装楼梯斜梁。三角木应由下而上依次铺钉。三角木与楼梯肩结合处钉子打入楼梯梁内 60mm，每钉一级，需加上临时踏板，钉好三角木后，需用水平尺把三角木的顶面校正，并拉麻线使三角木顶端在同一直线。在安装踏脚板时应保持其水平，踏脚板与踏脚板，踢脚板与踢脚板之间都应相互平行。在安装靠墙踢脚板时，应将踢脚板锯成踏步形状，先进行试放，检查结合是否紧密，然后再进行安装。

在安装斜梁外护板时，须将护板锯成踏步形状，为了使踢脚板的顶头不外露，踢脚板与外护板的接合处应锯成剖角。

2. 栏杆扶手

栏杆是为了上下楼梯时的安全而设置的。其上沿为扶手，作为行走时依扶用，要求栏杆和扶手组合后应有一定的强度，须能经受必要的冲击力。栏杆是建筑物中装饰性较强的构件，在制作安装时应按设计要求进行施工。

楼梯栏杆扶手有空花栏杆扶手（图 17-89 所示）、靠墙扶手（如图 17-90 所示）及有栏板楼梯高扶手（图 17-91 所示）三种。

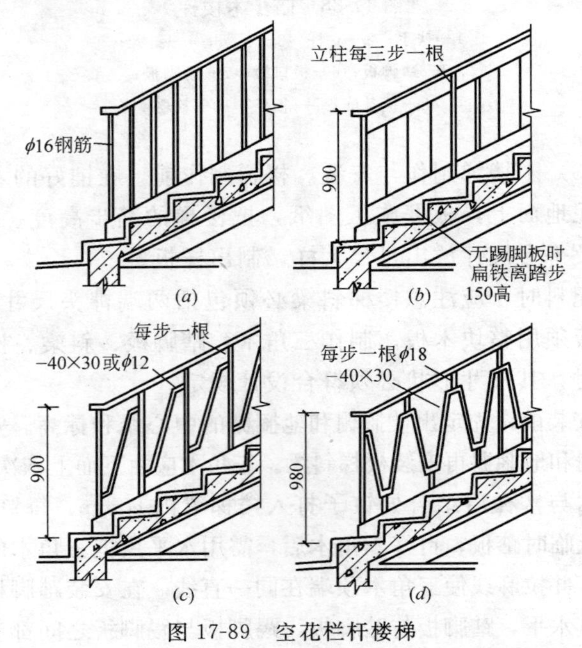

图 17-89 空花栏杆楼梯

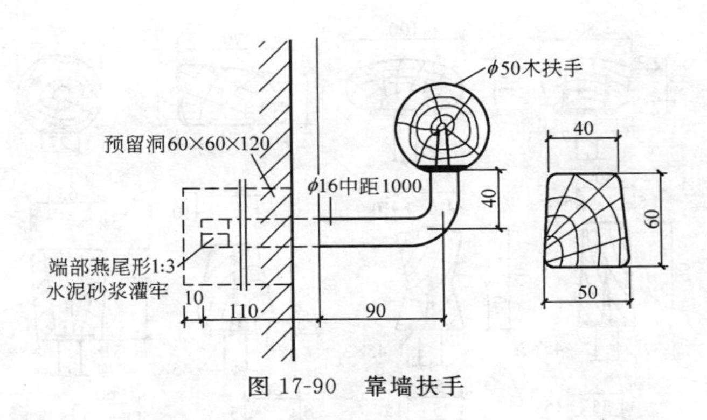

图 17-90　靠墙扶手

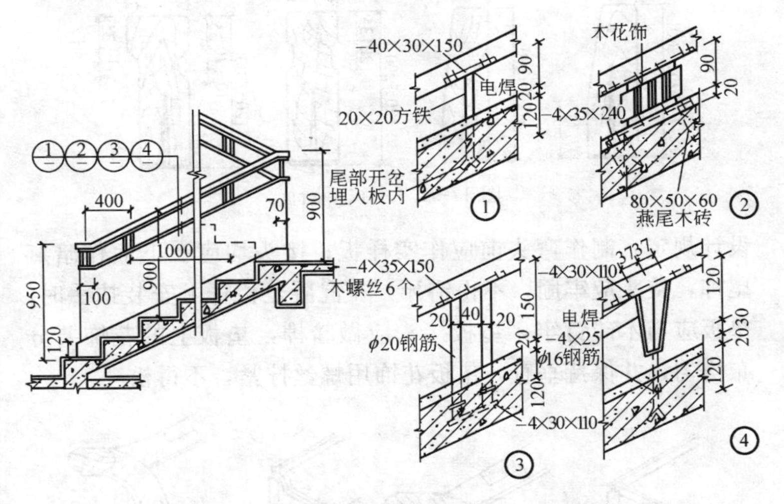

图 17-91　有栏板楼梯高扶手

（1） 木扶手

1） 木扶手断面，如图 17-92 所示。

2） 木扶手的制作与安装：

制作时，应选用顺直、少节的硬木好料，花样必须符合

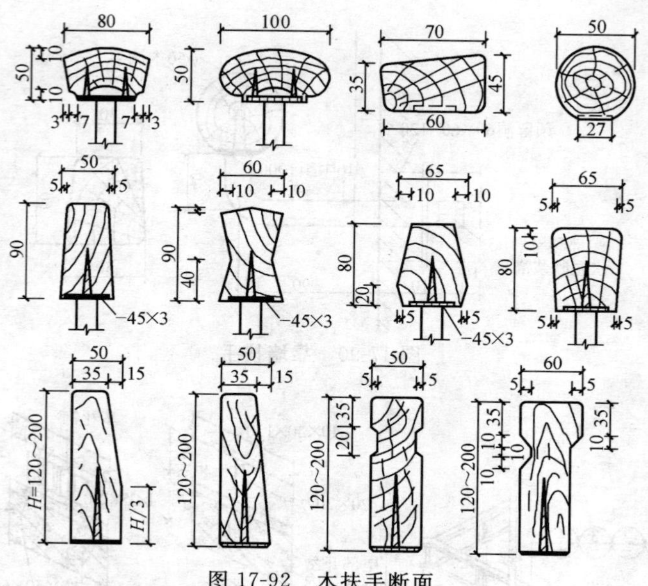

图 17-92　木扶手断面

设计规定，制作弯头前应作实样板；接头均应在下面作暗燕尾榫，接头应牢固，不得错牙，在混凝土栏杆上安装扶手时，垫板应与木砖钉牢，垫板接头应做暗榫，垫板上的花饰要分布均匀，并保持垂直，垫板花饰用螺丝拧紧，不得松动。

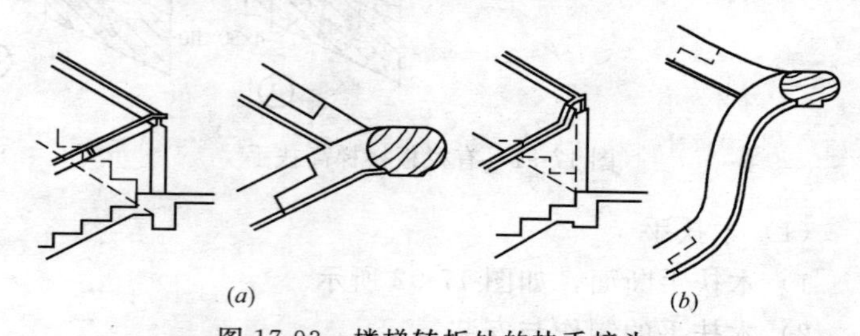

图 17-93　楼梯转折处的扶手接头

（a）栏杆伸出半步的扶手构造；（b）栏杆靠近踏步板的扶手构造

扶手在转折处的弯头可作成水平的或鹅颈式的，前者省工省料，但楼梯所占长度较大，后者特点与前者相反，如图 17-93 所示。

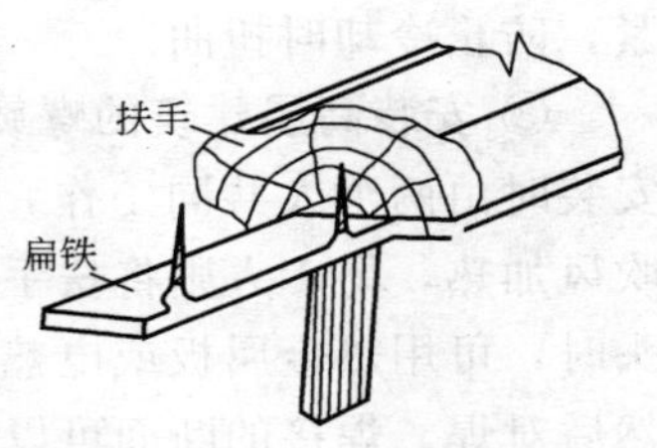

图 17-94　木扶手固定

在铁栏杆上安装扶手时，扶手面的木槽应严密的卡在栏杆的铁板上，并用螺丝拧紧，如图 17-94 所示。

安装靠墙扶手时，应按图纸要求标高弹出坡度线，预埋好木砖或稳固法兰盘，然后将木扶手与法兰盘结合牢固。木纹花饰，在花饰上做雄榫，在垫板扶手下做雌榫，用木螺丝拧紧。

（2） 塑料扶手的形式与安装

1） 塑料扶手的形式

常见塑料扶手的断面如图 17-95 所示。

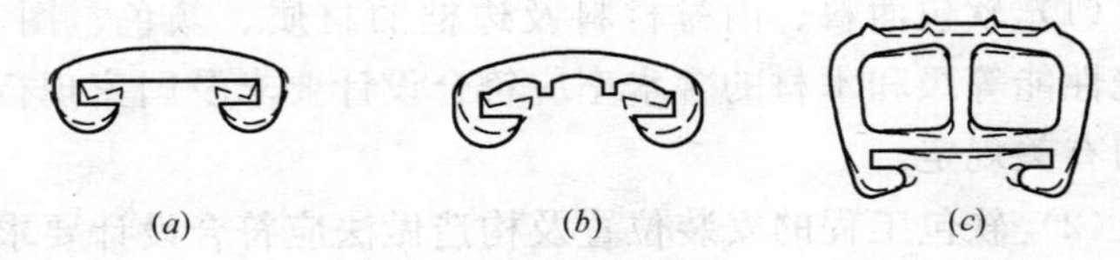

图 17-95　塑料扶手形式

2）塑料扶手安装要点

① 安装塑料扶手时，先将材料加热到 65～80℃，待其变软后将其自上而下地包覆在支承上，如图 17-96 所示。应注意避免将其拉长。

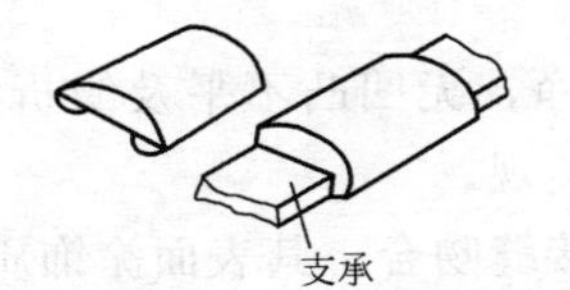

图 17-96　塑料扶手安装

② 小半径扶手安装，应用些辅助工具，最好在安装后将它们绷

紧，防止冷却时扭曲。

③ 安装高层建筑的螺旋形扶手时，可使用热吹风加热。安装时由两个人共同工作，在相距约 300mm 处由 1 人用热吹风加热，另 1 人则将扶手安装到支承上。当转角处要做接头时，可用热金属板或电热刀将塑料扶手的断面表面加热，然后对焊。焊接的断面可以是垂直的，也可以是倾斜的。

④ 塑料扶手的接头也可以胶接。常用胶接材料（如 601 型、环氧型和橡胶型等胶粘剂）进行对缝胶结时，接缝要严密，胶粘剂涂抹要饱满、粘结要牢固、胶结要平整。

⑤ 塑料扶手对接后，表面必须用锉刀和砂纸磨光、但不要使料发热，用无色蜡抛光。

17.8 软包和细部工程的质量要求及检验标准

17.8.1 软包工程

1. 主控项目

(1) 软包面料、内衬材料及边框的材质、颜色、图案、燃烧性能等级和木材的含水率应符合设计要求及国家现行标准的有关规定。

(2) 软包工程的安装位置及构造做法应符合设计要求。

(3) 软包工程的龙骨、衬板、边框应安装牢固，无翘曲，拼缝应平直。

(4) 单块软包面料不应有接缝，四周应绷压严密。

2. 一般项目

(1) 软包工程表面应平整、洁净，无凹凸不平及皱折；图案应清晰、无色差，整体应协调美观。

(2) 软包边框应平整、顺直、接缝吻合。其表面涂饰质量应符合有关规定。

(3) 清漆涂饰木制边框的颜色、木纹应协调一致。

(4) 软包工程安装的允许偏差和检验方法应符合表17-8的规定。

软包工程安装的允许偏差和检验方法　　表 17-8

项次	项　目	允许偏差(mm)	检验方法
1	垂直度	3	用 1m 垂直检测尺检查
2	边框宽度、高度	0;－2	用钢尺检查
3	对角线长度差	3	用钢尺检查
4	裁口、线条接缝高低差	1	用钢直尺和塞尺检查

17.8.2　窗帘盒、窗台板和散热器罩制作与安装工程

1. 主控项目

(1) 窗帘盒、窗台板和散热器罩制作与安装所使用材料的材质和规格、木材的燃烧性能等级和含水率、花岗石的放射性及人造木板的甲醛含量应符合设计要求及国家现行标准的有关规定。

(2) 窗帘盒、窗台板和散热器罩的造型、规格、尺寸、安装位置和固定方法必须符合设计要求。窗帘盒、窗台板和散热器罩的安装必须牢固。

(3) 窗帘盒配件的品种、规格应符合设计要求，安装应牢固。

2. 一般项目

(1) 窗帘盒、窗台板和散热器罩表面应平整、洁净、线条顺直、接缝严密、色泽一致，不得有裂缝、翘曲及损坏。

(2) 窗帘盒、窗台板和散热器罩与墙面、窗框的衔接应严密，密封胶缝应顺直、光滑。

(3) 窗帘盒、窗台板和散热器罩安装的允许偏差和检验方法应符合表 17-9 的规定。

窗帘盒、窗台板和散热器罩安装的允许偏差和检验方法

表 17-9

项次	项目	允许偏差(mm)	检验方法
1	水平度	2	用1m水平尺和塞尺检查
2	上口、下口直线度	3	拉5m线,不足5m拉通线,用钢直尺检查
3	两端距窗洞口长度差	2	用钢直尺检查
4	两端出墙厚度差	3	用钢直尺检查

17.8.3 门窗套制作与安装工程

1. 主控项目

(1) 门窗套制作与安装所使用材料的材质、规格、花纹和颜色、木材的燃烧性能等级和含水率、花岗石的放射性及人造木板的甲醛含量应符合设计要求及国家现行标准的有关规定。

(2) 门窗套的造型、尺寸和固定方法应符合设计要求,安装应牢固。

2. 一般项目

(1) 门窗套表面应平整、洁净、线条顺直、接缝严密、色泽一致,不得有裂缝、翘曲及损坏。

(2) 门窗套安装的允许偏差和检验方法应符合表 17-10 的规定。

门窗套安装的允许偏差和检验方法　　表 17-10

项次	项目	允许偏差(mm)	检验方法
1	正、侧面垂直度	3	用1m垂直检测尺检查
2	门窗套上口水平度	1	用1m水平检测尺和塞尺检查
3	门窗套上口直线度	3	拉5m线,不足5m拉通线,用钢直尺检查

17.8.4 护栏和扶手制作与安装工程

1. 主控项目

(1) 护栏和扶手制作与安装所使用材料的材质、规格、数量和木材、塑料的燃烧性能等级应符合设计要求。

(2) 护栏和扶手的造型、尺寸及安装位置应符合设计要求。

(3) 护栏和扶手安装预埋件的数量、规格、位置以及护栏与预埋件的连接节点应符合设计要求。

(4) 护栏高度、栏杆间距、安装位置必须符合设计要求。护栏安装必须牢固。

(5) 护栏玻璃应使用公称厚度不小于 12mm 的钢化玻璃或钢化夹层玻璃。当护栏一侧距楼地面高度为 5m 及以上时，应使用钢化夹层玻璃。

2. 一般项目

(1) 护栏和扶手转角弧度应符合设计要求，接缝应严密，表面应光滑，色泽应一致，不得有裂缝、翘曲及损坏。

(2) 护栏和扶手安装的允许偏差和检验方法应符合表 17-11 的规定。

护栏和扶手安装的允许偏差和检验方法　表 17-11

项次	项　目	允许偏差(mm)	检　验　方　法
1	护栏垂直度	3	用 1m 垂直检测尺检查
2	栏杆间距	3	用钢尺检查
3	扶手直线度	4	拉通线，用钢直尺检查
4	扶手高度	3	用钢尺检查

主要参考书目

1 饶勃．施工技术．北京：能源出版社，1987

2 饶勃．实用装饰工手册．上海：上海交通大学出版社，1991

3 饶勃．实用木工手册．上海：上海交通大学出版社，1991

4 饶勃．实用瓦工手册．上海：上海交通大学出版社，1991

5 王海平．董力峰．室内装饰工程手册．北京：中国建筑工业出版社，1992

6 蒋泽汉．曹艺君．钟军立．玻璃·金属板材料．成都：四川科学技术出版社，1998

7 赵西安．幕墙工程手册．北京：中国建筑工业出版社，1996

8 雍本．建筑装饰幕墙．成都：四川科学技术出版社，2000

9 建筑施工手册编写组．建筑施工手册．第四版．北京：中国建筑工业出版社

10 于永彬．金属工程施工技术．沈阳：辽宁科学技术出版社，1997

11 杨天佑．建筑装饰工程施工．北京：中国建筑工业出版社，1997

12 饶勃《金属饰面装饰工程手册》．中国建筑工业出版社 2005 年 8 月

13 中国建筑科学研究院．建筑装饰装修工程质量验收规范．北京：中国建筑工业出版社，2002 年